高等院校化学与化工类专业“互联网+”创新规划教材
高等院校化学与化工类创新型应用人才培养规划教材

全新修订

无机及分析化学

主　编　严　新　徐茂蓉
参　编　严金龙　葛成艳

内 容 简 介

本书结合作者多年来的教学实践编写而成，以理论为基础，以应用为目的，在内容和章节上做了精心的选择和安排，同时考虑到大学一年级学生的实际水平，编写时避免了复杂的理论推导，力求深入浅出，简明易懂。本书共12章，包括化学反应的基本原理、物质结构基础、各种类型的化学平衡及其在滴定分析中的应用、元素化学和常用仪器分析方法等内容，章节后附有相关的化学视野或知识拓展，具有趣味性和实用性。

本书可作为高等院校理工类专业化学基础课程的教材，也可供其他相关专业人员参考使用。

图书在版编目(CIP)数据

无机及分析化学/严新，徐茂蓉主编. —北京：北京大学出版社，2011.9
(高等院校化学与化工类创新型应用人才培养规划教材)
ISBN 978-7-301-18396-0

Ⅰ. ①无… Ⅱ. ①严…②徐… Ⅲ. ①无机化学—高等学校—教材②分析化学—高等学校—教材
Ⅳ. ①O61②O65

中国版本图书馆 CIP 数据核字(2011)第 175719 号

书　　　名： 无机及分析化学
著作责任者： 严　新　徐茂蓉　主编
责 任 编 辑： 王显超　黄红珍
标 准 书 号： ISBN 978-7-301-18396-0/O・0852
出　版　者： 北京大学出版社
地　　　址： 北京市海淀区成府路205号　100871
网　　　址： http://www.pup.cn　http://www.pup6.cn
电　　　话： 邮购部 010－62752015　发行部 010－62750672　编辑部 010－62750667
电 子 邮 箱： pup_6@163.com
印　刷　者： 北京市科星印刷有限责任公司
发　行　者： 北京大学出版社
经　销　者： 新华书店
787毫米×1092毫米　16开本　24.5印张　575千字
2011年9月第1版　2021年6月修订　2022年2月第10次印刷
定　　　价： 69.00元

修订前言

本书是化工类、近化工类专业的基础课教材，自 2010 年出版以来，至今已经十年。在这十年中，作为教材的编写者和使用者，我们一直在对本书进行检查和审视，同时，认真地听取各方意见。为了充分发挥本书在高校培养高素质、创新型人才中的作用，我们结合本书的使用情况和读者的宝贵建议，对本书进行了修订。

本书修订主要从以下几个方面进行。

(1)调整和充实了一些内容。结合最新研究成果，并根据需要，对某些章节做了部分修订和改写。例如，对第 5 章的元素周期表相关内容进行了更新；在第 6 章对化学键等内容进行了对比和总结，引导学生对重要概念进行梳理和总结。

(2)增加了许多综合性的例题。对这些精选的典型例题进行分析、解题和讨论，对相关内容有侧重地做了点拨，对某些知识要点还进行了延伸性讨论，有利于学生加深了解，巩固知识，有效地提高了学生解决实际问题的能力。

(3)尝试教材“立体化”。在本书的一些知识点处插入二维码，通过电子设备扫描，可以链接相关内容的提炼总结，既丰富了教材涵盖的信息量，又便于学生对晦涩抽象知识点的掌握和理解。

(4)修正了书中的一些错误和瑕疵，更正了部分结构内容不合理的地方。

由于编者水平有限，书中难免存在疏漏之处，敬请广大读者不吝赐教。

编　者

2020 年 10 月

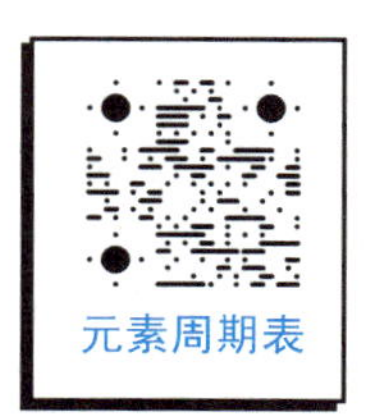

本书课程思政元素

本书课程思政元素从“格物、致知、诚意、正心、修身、齐家、治国、平天下”中国传统文化角度着眼，再结合社会主义核心价值观“富强、民主、文明、和谐、自由、平等、公正、法治、爱国、敬业、诚信、友善”设计出课程思政的主题，然后紧紧围绕“价值塑造、能力培养、知识传授”三位一体的课程建设目标，在课程内容中寻找相关的落脚点，通过案例、知识点等教学素材的设计运用，以润物细无声的方式将正确的价值追求有效地传递给读者，以期培养大学生的理想信念、价值取向、政治信仰、社会责任，全面提高大学生缘事析理、明辨是非的能力，把学生培养成为德才兼备、全面发展的人才。

每个思政元素的教学活动过程都包括内容导引、展开研讨、总结分析等环节。在课程思政教学过程，老师和学生共同参与其中，在课堂教学中教师可结合下表中的内容导引，针对相关的知识点或案例，引导学生进行思考或展开讨论。

页码	内容导引	思考问题	课程思政元素
2	实验误差与数据处理	1. 误差能不能完全消除？ 2. 如何正确对待实验中的误差	科学素养 求真务实
4	过失误差	1. 为什么会出现过失误差？ 2. 为了避免过失误差，平时实验操作时应如何做？	科学精神 专业能力
18	热力学第二定律	1. 热力学第二定律的内容是什么？ 2. 用热力学第二定律说明永动机是否能实现？	科学精神 专业与社会
28	化学平衡的移动	1. 如何改变化学平衡？ 2. 生产中如何利用化学平衡的移动降低生产成本，提高经济效益？	专业能力 专业与社会
32	有效碰撞理论	1. 为什么实测数据会与设想理论数据存在巨大差异？ 2. 每个理论是否有它的局限性？	科学素养 求真务实
37	化学视野：关于熵	1. 科学家对于熵的定义及相关推理都是正确的吗？ 2. 熵的概念能否推广至各行各业？	辩证思想 科技发展
42	共轭酸碱对	1. 酸和它的共轭碱有什么关系？ 2. 什么样的物质既可以作质子酸又可以作质子碱？	辩证思想 团队合作

续表

页码	内容导引	思考问题	课程思政元素
65	滴定分析法	1. 为什么说“量”是分析化学的核心？ 2. 如何培养严密的思维方法和严谨的科学态度？	科学素养 求真务实
77	滴定突跃	1. 溶液的 pH 为什么会发生突变？ 2. 指示剂的变色点与化学计量点是同一个点吗？	辩证思想 个人管理
94	沉淀溶解平衡的应用	1. 沉淀的重金属应如何处理降低污染？ 2. 若患者氯化钡中毒，应如何解毒？	专业与社会 可持续发展
128	测不准原理	1. 测不准的原因是仪器的精密度不够吗？ 2. 测不准原理的适用范围是什么？	科学素养 创新思维
133	鲍林近似能级图	1. 鲍林近似能级图特点是什么？ 2. 鲍林所获的两次诺贝尔奖分别是什么？	社会责任 洋为中用
141	元素周期表	1. 元素周期表有尽头吗？ 2. 推测第八周期元素	辩证思想 创新意识
181	离子极化	1. 只有纯粹的共价键，没有纯粹的离子键。这句话怎么理解？ 2. 为什么离子极化导致物质物理性质的改变？	辩证思想 科学精神
224	水的硬度的测定	1. 水的硬度的常用表示方法有哪些？ 2. 我国的生活用水国标中对硬度的要求是什么？	专业能力 环保意识
234	氧化还原反应	1. 氧化反应和还原反应能不能单独发生？ 2. 同一个物质能不能同时发生氧化反应和还原反应？	辩证思想 逻辑思维
264	实用化学原电池	1. 绿色电池的研究 2. 废弃电池如何处理？	工程伦理 环保意识 能源意识 可持续发展
298	$XePtF_6$的发现	1. 稀有气体原来的名称是惰性气体，为什么改名？ 2. $XePtF_6$的发现给了你什么启示？	科学素养 创新思维
323	稀土金属	1. 简述我国稀土资源现状。 2. 了解徐光宪院士与稀土提纯工艺。	专业与国家 责任与使命 大国风范
374	化学方法提纯和分离物质的“四原则”和“三必须”	1. 简述“四原则”和“三必须”的内容。 2. 有机混合物除杂与提纯的方法有哪些？	科学精神 专业能力 专业与社会

注：教师版课程思政内容可以联系出版社索取。

目　录

第1章
绪　论

(1)了解无机及分析化学研究的基本内容和主要任务。

(2)了解误差分析的意义；掌握误差的分类、特点、产生原因及减免方法；了解置信度与置信区间。

(3)掌握准确度和精密度的表示方法；掌握可疑数据取舍原则。

(4)了解有效数字的意义并掌握有关运算规则。

化学科学是历史悠久、涉及范围广阔同时具有巨大的发展前景的一门学科。

化学的定义有很多种。在19世纪，恩格斯认为化学是原子的科学[①]。美国化学家鲍林(Linus Carl Pauling)在20世纪中期提出“化学是研究物质的科学”。1989年出版的《中国大百科全书(化学卷)》[②] 中对化学的定义：“化学是研究物质的性质、组成、结构、变化和应用的科学”。

随着科学的发展、研究的深入，学科之间交叉和相互渗透的现象越来越普遍，化学的内涵也随时代前进而改变，所以其定义也应该与时俱进。

中国科学院院士徐光宪在他的一篇文章中[③]提出，21世纪的化学是研究泛分子的科学，泛分子泛指21世纪化学的研究对象。它可以分为10个层次：原子层次、分子片层次、结构单元层次、分子层次、超分子层次、高分子层次、生物分子层次、纳米分子和纳米聚集体层次、原子和分子的宏观聚集体层次及复杂分子体系及其组装体层次。

---

① 恩格斯，1971. 恩格斯自然辩证法[M]. 中央编译局，译. 北京：人民出版社.

② 中国大百科全书总编辑委员会《化学》编辑委员会，1989. 中国大百科全书：化学卷. 北京：中国大百科全书出版社.

③ 徐光宪，2002. 21世纪的化学是研究泛分子的科学[J]. 中国科学基金，16(2)：70-76.

1.1 无机化学与分析化学

在化学的发展过程中，根据研究的对象、方法、目的和任务等衍生出许多的分支学科，在20世纪20年代左右，形成了传统的“四大化学”，即无机化学、分析化学、有机化学和物理化学。

无机化学是基于元素周期表而建立起来的系统化学，其研究内容可分为化学基本原理和元素化学两部分。无机化学主要研究无机物的组成、性质、结构和反应。无机物包括碳以外的所有元素及其化合物，以及一氧化碳、二氧化碳和碳酸盐等。其他的碳的化合物属于有机物。分析化学研究的是物质的化学组成(定性分析)、各组分含量(定量分析)、物质的微观结构(结构分析)及有关分析理论。有机化学的研究内容是有机物的来源、制备、性质、应用及相关理论。物理化学是用物理学的原理和方法研究物质及其反应，探寻物质化学性质与物理性质之间的联系。

无机化学在20世纪中期以后，得到了迅猛的发展：一方面，现代物理学和物理化学的实验手段和理论方法的应用使得无机化学的研究进入了微观化和理论化的发展阶段；另一方面，无机化学与其他学科交叉渗透，这使得无机化学形成了许多分支，如无机合成化学、无机固体化学、配位化学、稀土元素化学等，还有一些边缘学科，如生物无机化学、无机高分子化学、金属有机化学、固体材料化学等。无机化学是化学科学中最基础的部分，是学习其他各科的基础。

分析化学是人们获得物质的化学组成和结构信息的科学。对于许多科学研究领域，例如矿物学、地质学、生理学、生物学、医学、农林学等技术学科，只要涉及化学现象就无一例外地需要分析测定，许多定律和理论都是用分析化学的方法确定的，分析化学被称为工业生产的“眼睛”。

根据分析测定原理和具体操作方式的不同，分析化学所采用的分析方法分为化学分析法和仪器分析法。以化学反应为基础的分析方法称为化学分析法，它包括滴定分析法和重量分析法。仪器分析法是以物质的物理性质和物理化学性质为基础的分析方法，由于这类分析方法都要使用特殊的仪器设备，故一般称为仪器分析法。

无机及分析化学包含了无机化学和分析化学两个分支最基础的内容，是高等院校各相关专业的第一门基础课程，它不仅为后续课程，如有机化学、物理化学、环境化学、环境监测、生物化学等奠定了必要的理论基础，也会对日后的实际工作起一定的指导作用。因此，学习本课程时，要了解化学变化过程的一些变化规律，从原子分子的角度解释元素及其化合物的性质，重视实验，切实掌握分析方法及相关原理，自觉培养严谨、认真和实事求是的科学作风，提高分析和处理实际问题的能力。

1.2 实验误差与数据处理

1.2.1 误差的产生及减免

在实际测定过程中，即使采用最可靠的分析方法，使用最精密的仪器和最纯的试剂，由技术很熟练的分析人员进行测定，也不可能每次都得到完全相同的实验结果，所以误差在客观上难以避免。

根据误差产生的原因及性质可以将误差分为系统误差和随机误差。

1. 系统误差

系统误差是指由某种确定的原因造成的误差，根据产生的原因可分为以下几种。

(1)方法误差：由分析方法本身不够完善而引入的误差。例如，滴定分析时指示剂的变色点与化学计量点不一致；重量分析法中沉淀的溶解；等等。

(2)仪器误差：由于仪器本身不够准确或未经校准引起的误差。例如，滴定管、容量瓶、砝码未经校正等。

(3)试剂误差：由于试剂不纯或蒸馏水中含有微量杂质所引起的误差。例如，蒸馏水中含有微量的待测组分或者含有干扰测定的杂质。

(4)主观误差：由于操作人员的主观原因引起的误差。例如，对颜色的敏感程度不同造成滴定终点颜色辨别不同，有人偏深，有人偏浅；平行滴定时，人的下意识总是想使这次的滴定结果与前面的结果相吻合；等等。

所以，系统误差具有以下特征：①重现性，系统误差是由确定的原因造成的，因此在相同条件下，重复测定时误差会重复出现；②可测性，系统误差也称可测误差；③单向性或周期性，即系统误差一般有固定的大小和方向(统一偏大或偏小，或按一定的规律变化)。

系统误差存在与否，可以做对照试验进行检测，即选择组成与试样相近的标准试样，用同样的测定方法，以同样的条件、同样的试剂进行分析，将测定结果与标准值比对，用统计方法检验是否存在系统误差。对照试验是检查分析过程中有无系统误差的最有效的方法。

如果系统误差确实存在，可以根据产生的原因采用相应的措施来减免。

(1)方法误差的减免：根据分析样品的含量和具体要求选择恰当的分析方法。另外，实验过程中的每一步的测量误差都会影响到最后的结果，所以要尽量减小各步的测量误差。

(2)仪器误差的减免：实验前应校准仪器，如对滴定管和砝码进行校准，计算时用校正值，在容量瓶和吸量管之间进行相对校准等。

(3)试剂误差的减免：可做空白试验进行校正，即不加待测试样，用与分析试样完全相同的方法及条件进行平行测定。进行空白试验的目的是检查和消除试剂、蒸馏水、实验器皿和环境等带入的杂质的影响，所得结果称为空白值。从分析结果中扣除空白值就可得到比较准确的分析结果。空白值不应过大，如果太大，直接扣除会引起较大误差，应该通过提纯试剂等方法来解决问题。

2. 随机误差

随机误差是指由一些难以控制的偶然原因所引起的误差，所以也称偶然误差。例如，分析过程中室温、气压、湿度等条件的微小变化都会引起实验结果的波动，或者操作人员一时辨别的差异而使读数不一致等。在实际分析中，虽然操作人员认真操作，分析方法相同，仪器相同，外界条件也尽量保持一致，但对同一试样多次重复测定，结果往往仍有差别，这类误差就属于随机误差。

所以，随机误差具有以下特征：①不可测性，造成随机误差的原因不明，因此误差的大小和方向都不固定；②双向性，误差有时大，有时小，有时正，有时负。

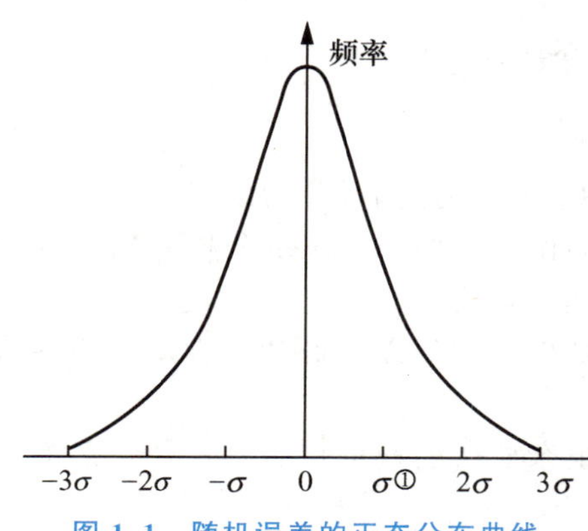

图 1.1　随机误差的正态分布曲线

随机误差是由不确定的偶然原因造成的，所以无法用实验的方法减免。但是，在同样的条件下进行多次测定，发现随机误差的大小和方向服从统计学正态分布规律，如图 1.1 所示，其中横坐标为误差的大小，纵坐标为误差出现的频率，显然，①大小相近的正、负误差出现机会相等；②小误差出现频率高，大误差出现频率较低；③无限多次测定时，误差的算术平均值极限为零。可用统计学方法来减免随机误差，即增加平行测定次数，取其平均值减小随机误差。

除了上述两类误差外，还有一种过失误差，是操作人员在操作中疏忽大意或不遵守操作规程造成的。例如，器皿不洁净、溶液溅出、加错试剂、记录及计算错误等，这些都会给分析结果带来严重影响，如果发现，应剔除所得结果。

1.2.2　误差的表示方法

1. 准确度与误差

准确度：测量值与真实值接近的程度。它说明测定结果的可靠性，两者差值越小，则分析结果准确度越高，数据越可靠。

准确度的高低可用误差的大小来衡量。误差分为绝对误差 E 和相对误差 E_r，其计算式如下。

绝对误差：测量值 x 与真实值 T 之差，用 E 表示，即

$$E_i = x_i - T \tag{1.1}$$

通常对一个试样要平行测定多次，上式中 x_i 为个别测量值，E_i 为这次测量的绝对误差。测量结果一般用平均值 $\bar{x}$ 表示，绝对误差可表示为

$$E = \bar{x} - T \tag{1.2}$$

绝对误差并不能完全反映测量的准确度，因为它与被测物质的总量没有联系起来。例如，两个试样的质量分别为 1g 和 0.1g，称量时的绝对误差都是 0.01g，用绝对误差无法显示它们的不同，所以分析结果的准确度常用相对误差来表示。

相对误差：绝对误差在真实值中所占的百分比，用 E_r 表示，即

$$E_r = \frac{E}{T} \times 100\% = \frac{\bar{x} - T}{T} \times 100\% \tag{1.3}$$

上例中，两个试样的相对误差分别为 1% 和 10%，对于同样的绝对误差，如果被测定的量较大，相对误差就比较小，测定的准确度也就比较高。因此，用相对误差来表示各种情况下测定结果的准确度比较合理。

绝对误差和相对误差都有正值和负值。正值表示分析结果偏高，负值表示分析结果偏低。

---

① σ：总体的标准偏差。

2. 精密度与偏差

在实际分析时，真实值往往是不知道的，所以准确度无法获得，常用另一种表达方式来说明分析结果的好坏，这就是精密度。

精密度：在相同条件下对同一试样进行多次测定，测定结果之间相互符合的程度。精密度体现了测定结果的再现性。

精密度与偏差

精密度的大小用偏差表示。所谓偏差，就是个别测定结果与几次测定结果的平均值之间的差别。

(1)绝对偏差 d_i 和相对偏差 d_r

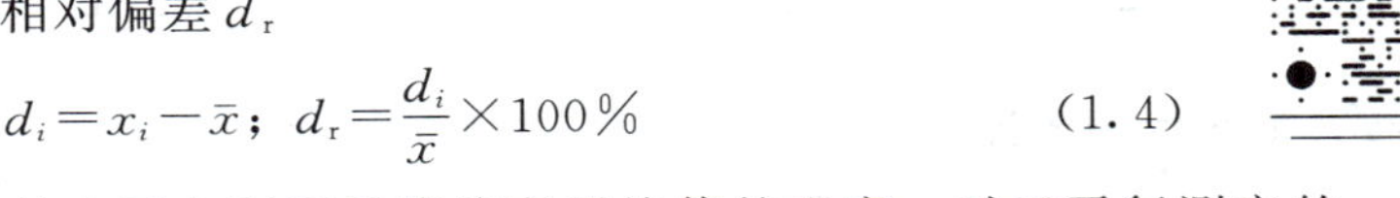

$$d_i = x_i - \bar{x};\ d_r = \frac{d_i}{\bar{x}} \times 100\% \qquad (1.4)$$

绝对偏差和相对偏差表示个别测量值偏离平均值的程度，对于平行测定的一组数据，通常用平均偏差和相对平均偏差表示。

(2)平均偏差 $\bar{d}$ 和相对平均偏差$\overline{d_r}$

平均偏差是各个偏差绝对值的平均值，相对平均偏差是平均偏差在平均值中所占的百分数。

$$\bar{d} = \frac{\sum_{i=1}^{n} |x_i - \bar{x}|}{n};\ \overline{d_r} = \frac{\bar{d}}{\bar{x}} \times 100\% \qquad (1.5)$$

式中，n 为测量次数。平均偏差和相对平均偏差没有正负号，它们取绝对值的原因是各个偏差有正有负，偏差之和为零。

用平均偏差和相对平均偏差表示精密度，计算比较简单，但是不能反映测量数据中的大偏差。在数理统计中，衡量测量结果精密度用得最多的是标准偏差。

(3)标准偏差 s 和变异系数 CV

标准偏差：各测量值对平均值的偏离程度。在一般的分析工作中，测定次数有限，统计学中有限次数的样本标准偏差 s 的表达式为

$$s = \sqrt{\frac{\sum_{i=1}^{n} (x_i - \bar{x})^2}{n-1}} \qquad (1.6)$$

变异系数(coefficient of variation)：又称相对标准偏差，指标准偏差在平均值中所占的百分数。

$$\mathrm{CV} = \frac{s}{\bar{x}} \times 100\% \qquad (1.7)$$

3. 准确度与精密度的关系

准确度是反映系统误差和随机误差（比较见表 1 - 1）两者的综合指标，是测量值与真实值接近的程度。精密度是测量值之间相互接近的程度，所以精密度是保证准确度的先决条件。精密度差，所测结果不可靠，就失去了衡量准确度的前提；精密度好，准确度不一定高。只有在消除了系统误差的前提下，精密度好，准确度才会高。而准确度高，精密度一定要高。

表 1-1　系统误差和随机误差比较

项　　目	系统误差	随机误差
产生原因	固定的因素	不定的因素
分类	方法误差、仪器误差、试剂误差、主观误差	
性质	重现性、单向性或周期性、可测性	双向性、不可测性
影响	准确度	精密度
消除或减小的方法	校正	增加平行测定的次数

1.2.3　有限量数据的统计处理

前已述及，无限次测量的随机误差分布服从正态分布，而在实际测定中，测定次数是有限的，有限次测量的平均值不一定就是无限次测量的平均值。因此，有必要在一定的概率条件下，估计一个包含真实值的范围或区间，这个区间称为置信区间。置信区间中包含真实值的概率称为置信度，表示估计的可靠程度。英国化学家古塞特(Gosset)用统计方法推导出下式，即总体平均值 μ 所在的置信区间。

$$\mu=\bar{x}\pm\frac{ts}{\sqrt{n}} \tag{1.8}$$

式中 μ 为无限次测量结果的平均值(若系统误差已消除，总体平均值 μ 可视为真实值)；$\bar{x}$ 为有限次测量结果的平均值；n 为平行测量次数；s 为样本标准偏差；t 为一定置信度下的概率系数。各置信度下的 t 值见表 1-2。

表 1-2　t 分布表

自由度 f ($f=n-1$)	置信度				
	50%	**90%**	**95%**	**99%**	**99.5%**
1	1.000	6.314	12.706	63.657	127.32
2	0.816	2.920	4.303	9.925	14.089
3	0.765	2.353	3.182	5.841	7.453
4	0.741	2.132	2.776	4.604	5.598
5	0.727	2.015	2.571	4.032	4.773
6	0.718	1.943	2.447	3.707	4.317
7	0.711	1.895	2.365	3.500	4.029
8	0.706	1.860	2.306	3.355	3.832
9	0.703	1.833	2.262	3.250	3.690
10	0.700	1.812	2.228	3.169	3.581
20	0.687	1.725	2.086	2.845	3.153
∞	0.674	1.645	1.960	2.576	2.807

显然，测量次数 n 越多，t 值越小，置信区间的范围越窄，即测定平均值与总体平均值 μ 越接近。

【例 1.1】测定某物的含量，有一组实验数据如下：38.61%、38.58%、38.50%、38.47%、38.51%、38.62%，分别求出置信度为 90%和 95%时平均值的置信区间。

解：计算可得 $\bar{x}=38.55\%$，$s=0.0006$

置信度为 90%，$f=n-1=6-1=5$ 时，$t=2.015$，

$$\mu=38.55\%\pm\frac{2.015\times0.0006}{\sqrt{6}}=(38.55\pm0.05)\%$$

即置信区间为 38.50%～38.60%，此范围内包含真实值的概率为 90%。

置信度为 95%，$n=6$ 时，$t=2.571$，$\mu=(38.55\pm0.06)\%$，即在 38.49%～38.61%区间内包含真实值的概率为 95%。

显然，置信区间越大，置信度越高。

1.2.4 可疑数据的取舍

在实验数据中，常常会有个别数据与其他数据相差很大，称为可疑值。如果确实知道这个数据是由于过失误差造成的，可以舍去，否则不能随意剔除，应该根据一定的统计学方法决定其取舍。统计学处理取舍的方法有多种，下面介绍一种常用的方法——Q 检验法，检验步骤如下。

(1)将测定值按从小到大的顺序排列：X_1，X_2，…，X_n。

(2)计算可疑值的摒弃商 Q 值，可疑值在一组测定值中不是最大(X_n)就是最小(X_1)，其 Q 值的计算方法是用可疑值与最邻近数据之差除以极差(最大值与最小值之差，X_n-X_1)即

$$Q=\frac{X_n-X_{n-1}}{X_n-X_1} \quad 或 \quad Q=\frac{X_2-X_1}{X_n-X_1} \tag{1.9}$$

(3)根据测量次数 n 和置信度查 Q 值表(表 1-3)，得 $Q_{表}$，如果 $Q>Q_{表}$，则舍去可疑值；反之，则应予保留。

表 1-3 Q 值表

测量次数 n	3	4	5	6	7	8	9	10
$Q_{0.90}$	0.94	0.76	0.64	0.56	0.51	0.47	0.44	0.41
$Q_{0.95}$	0.98	0.85	0.73	0.64	0.59	0.54	0.51	0.48
$Q_{0.99}$	0.99	0.93	0.82	0.74	0.68	0.63	0.60	0.57

表中 $Q_{0.90}$、$Q_{0.95}$ 和 $Q_{0.95}$ 分别表示置信度为 90%、95%和 99%时的 Q 值。

【例 1.2】测得某矿石中的含铁量，平行测定的数据如下。

22.42%，22.51%，22.55%，22.68%，22.54%，22.52%，22.53%，22.52%

试用 Q 检验法判断置信度为 90%时是否有可疑值要舍去。

解：(1)先按递增顺序排列，排列结果如下。

22.42%，22.51%，22.52%，22.52%，22.53%，22.54%，22.55%，22.68%。

(2)本题未指定可疑值，则先考虑最大值和最小值，计算最大值 22.68%的 Q 值。

$$Q=\frac{22.68\%-22.55\%}{22.68\%-22.42\%}=0.5$$

查表：$n=8$ 时，$Q_{0.90}=0.47$，显然 $Q>Q_{表}$，22.68%应该舍去。

再检验最小值，由于 22.68%已经舍去，此时的最大值为 22.55%。

$$Q=\frac{22.51\%-22.42\%}{22.55\%-22.42\%}=0.69$$

查表：$n=7$ 时，$Q_{0.90}=0.51$，显然 $Q>Q_{表}$，22.42%应该舍去。

再检验新的最大值 22.55%，算得其 $Q=0.25$，而 $n=6$ 时，$Q_{0.90}=0.56$，$Q<Q_{表}$，所以 22.55%应予保留。检验最小值 22.51%，算得其 $Q=0.25$，$Q<Q_{表}$，所以 22.51%应予保留。

通过检验，这组数据要舍去 22.68%和 22.42%两个数据。

分析实验结果时应该先对数据进行检验，是否有可疑值要舍弃，然后进行相关的数据处理，如计算平均值、标准偏差等。

1.2.5 有效数字

1. 有效数字的概念

实验时，不仅要尽量减免误差，准确地进行测量，还应该正确地记录和计算，这样才能得到准确的分析结果。记录的数字既表示了数量的大小，也反映了测量的精确程度。例如，用普通的分析天平称量，称出某物体的质量为 2.1680g，这个数值中，2.168 是准确的，最后一位数字 0 是估计的，可能有正负一个单位的误差，也就是说，实际质量是（2.1680±0.0001）g 范围内的某一个数值。若记录为 2.168，则说明 8 是估计的，该物体的实际质量为（2.168±0.001）g 范围内的某一数值。最后一位 0 从数学角度看写不写都行，但在实验中这样记录显然降低了测量的精确程度。

所谓有效数字，就是实际能测到的数字，它只有最后一位是可疑的。

原始数据	1.0000	0.1000	0.0330	54	0.05
有效数字的位数	5 位	4 位	3 位	2 位	1 位

有效数字中 0 具有双重意义，例如 0.0330，前面的两个 0 只起定位作用，不是有效数字，而后面的一个 0 表示该数据准确到小数点后第 3 位，第 4 位可能会有±1 的误差，所以这个 0 是有效数字。

某些数字如 3300，末位的两个 0 可能是有效数字，也可能仅是定位的非有效数字，为了防止混淆，最好用科学计数法来表示，写成 3.3×10^3、3.30×10^3 或 3.300×10^3 等。

对于 pH、pM、lg$K$ 等，其有效数字的位数取决于小数部分（尾数）数字的位数，整数部分（首数）说明相应真数 10 的方次。

例如

$$\lg(\underbrace{6.3\times10^7}_{\text{真数}})=\underbrace{7}_{\text{首数}}.\underbrace{80}_{\text{尾数}}$$

pH=7.35，其有效数字的位数为 2 位，不是 3 位。

2. 数的修约

在整理数据和运算中，几个实验数据的有效数字的位数不相同时，常常要舍去多余的数字，这就是数的修约。

舍去的方法按“四舍六入五考虑”的原则进行，即被修约的数小于或等于4，则舍去；大于或等于6，则进位。如果被修约的数等于5，并且5后面无数或为0，则分为两种情况，5的前一位是奇数，则进位；5的前一位是偶数，则舍去。例如，保留两位有效数字：0.835→0.84；65.5→66。例如，保留两位有效数字：2.148→2.1；8.396→8.4。

如果被修约的数等于5，但5后面还有非零数字，则该数字总是比5大，此时应进位。例如，保留两位有效数字：62.5001→63。

只能一次修约到所需位数，不能分次修约，这样可能会产生误差。例如，保留两位有效数字，一次修约：4.5473→4.5；两次修约：4.5473→4.55→4.6。

常用的“四舍五入”，其缺点是见五就进，会使修约后的总体值偏高。而“四舍六入五考虑”，逢五有舍有入，则由五的舍入所引起的误差本身可以自相抵消。

3. 运算规则

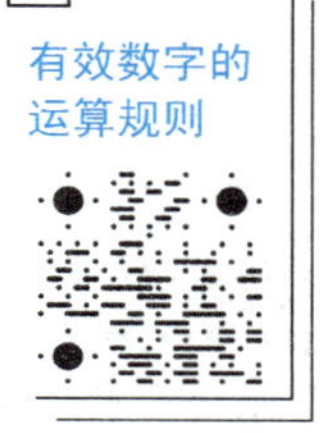

(1)几个数据相加减，和或差只保留一位可疑数字。例如：

$0.023\underline{1}+35.7\underline{4}+2.0637\underline{2}=37.8\underline{2682}$(画线部分为可疑数字)，计算结果保留这么多位可疑数字完全没有必要，结果应为37.83。

所以说，加减法的结果，小数点后保留几位，应根据原始数据中小数点后位数最少的数(即绝对误差最大的那个数)确定。

(2)几个数据的乘除运算，积或商的有效数字位数根据原始数据中有效数字位数最少(即相对误差最大)的数确定。例如：0.023×35.74=0.82202→0.82。

(3)在计算过程中，可以先计算后修约。如果先对原始数据进行修约，为避免修约造成误差的积累，可多保留一位有效数字进行运算，最后将计算结果按修约规则进行修约。

(4)进行乘除法运算时，如果遇到第一位数字是大于或等于8的大数，有效数字可多算一位。

(5)乘方或开方时，结果有效数字位数不变。例如，$3.12^2=9.73$。

(6)如果在计算过程中遇到倍数、分数关系，因为这些倍数、分数并非测量所得，不必考虑其有效数字的位数或视为无限多位有效数字。

(7)对数的有效数字的位数应与真数的有效数字的位数相等。

(8)计算误差或偏差时，有效数字取1位即可，最多两位。

【例1.3】按有效数字运算规则，计算下式。

(1)$2.187\times0.854+9.6\times10^{-5}-0.0326\times0.00814$

(2)pH=7.22，$c(H^+)=?$

解：(1) 第一项是2.187×0.854，式中0.854的第一位有效数字为8，8(1位有效数字)与10(2位有效数字)接近，故0.854可视为四位有效数字。

2.187为四位有效数字，0.854可视为四位有效数字，其运算结果应为四位有效数字，由于后面还有加减运算，故计算过程多保留一位，为1.867(7)，多保留的那位数用括号括起来，它参与后面的运算，但不参与有效数字位数的确定。同样，第三项0.0326×0.00814的运算结果应为三位有效数字，为0.000265(4)。

$$原式=1.867(7)+0.000096-0.000265(4)=1.868$$

(2) pH=7.22，有效数字为两位，所以 $c(H^+)$ 的计算结果应保留两位有效数字。

$$c(H^+)=(10^{-7.22})=6.0\times10^{-8}\text{mol}\cdot\text{L}^{-1}$$

【例 1.4】甲、乙二人同时分析某样品中蛋白质的含量，每次称取 2.6g，进行三次平行测定，分析结果分别报告为甲：5.654%；乙：5.7%。试问哪一份报告合理？

答：有效数字是仪器能测到的数字，其中最后一位是不确定的数字，它反映了仪器的精度，根据题中所述，每次称取 2.6g 进行测定，只有两位有效数字，分析结果精度不可能高于测量精度，故乙报告合理，正确反映了仪器的精度。

习　　题

1.1 判断下列误差属于何种误差。

(1)在分析过程中，读取滴定管读数时，最后一位数字 n 次读数不一致，由此对分析结果造成的误差。

(2)标定 HCl 溶液用的 NaOH 标准溶液中吸收了 CO_2，由此对分析结果造成的误差。

(3)移液管、容量瓶相对体积未校准，由此对分析结果造成的误差。

(4)在称量试样时，吸收了少量水分，由此对分析结果造成的误差。

1.2 测得 Cu 百分含量为 41.64%、41.66%、41.58%、41.60%、41.62%、41.63%，计算测定结果的平均值、平均偏差、相对平均偏差。(无须舍去数据)

1.3 测定某样品中铁的百分含量，结果如下。

30.12%、30.05%、30.07%、30.05%、30.06%、30.03%、30.02%、30.03%。

根据 Q 检验法，置信度为 90%时是否有可疑数要舍去？计算分析结果的平均值、标准偏差、变异系数和对应的置信区间。

1.4 下列数据分别有几位有效数字？

① 18.77；② 0.1877；③ 0.001877；④ 0.0187700；⑤ 18770；⑥ 1.877×10^{-4}。

1.5 将下列各数修约到 3 位有效数字，并用标准指数形式表示出来。

① 412.523300；② 73.265×10^5；③ 0.007362540；④ 0.000056412300。

1.6 根据有效数字的运算规则完成下列计算。

(1) $35.6\times27.38-0.00236\times32.45+3.825\times8.768$。

(2) $\dfrac{2.678\times362\times2.965\times10^{-5}}{(8.21\times10^{-3})^2}$。

(3) $\sqrt{\dfrac{0.1023\times(25.00-24.10)\times100.1}{0.2351\times10^3}}$。

1.7 若某溶液的 pH=6.53，其 $c(H^+)$ 为多少？若某溶液的 $c(H^+)=1\times10^{-7}\text{mol}\cdot\text{L}^{-1}$，其 pH 是多少？

第2章 化学反应的基本原理

(1)了解系统与环境、状态与状态函数、过程与途径、热和功、热力学能等概念；掌握热力学第一定律。

(2)了解化学反应进度；理解化学反应热效应、热化学方程式；掌握盖斯定律和标准摩尔反应焓的计算。

(3)了解自发过程、熵函数、热力学第二定律；掌握使用吉布斯自由能判据。

(4)掌握化学平衡的特征、化学反应的标准平衡常数表达式、反应熵的概念、影响化学平衡移动的因素和化学平衡的有关计算。

(5)了解化学反应速率、速率系数、反应级数等概念；理解影响化学反应速率的因素(浓度、温度和催化剂)；了解阿仑尼乌斯方程的物理意义及有关计算。

一个化学反应能否实现工业化生产，一般要考虑几个问题：①当几种物质放在一起时，该反应能否发生？②在一定条件下，反应物转化为生成物的最大产率是多少？③反应过程中伴随着怎样的能量变化？④反应速率多大？⑤反应机理如何？

上述问题的答案可以通过具体的实验来确定，但是如果能先从理论上做出正确的判断，就可以避免工作的盲目性和许多无谓的浪费，这就是学习本章所要达到的目的。

前三个问题属于化学热力学的范畴，后两个问题是化学动力学研究的问题，本章将依次讨论及解决上述问题。

2.1 化学热力学基础

化学热力学研究的是化学反应的方向、限度及其中能量的变化。热力学第一定律研究化学反应中能量转换问题，热力学第二定律研究化学反应的方向及反应的限度。这两个定律是人们从长期实践中总结出来的，要全面地掌握需要一定的数理基础，本节与下节对热力学仅做简单介绍。

2.1.1 基本概念和术语

1. 系统与环境

在研究过程中，常常根据不同的研究目的选取一定种类、一定数量的物质作为研究对象，化学热力学把研究的对象称为系统，又称体系、物系。在系统之外并与系统密切相关的部分称为环境。

例如，研究试管中金属锌和盐酸的反应，则锌和盐酸就是研究的系统，而锌和盐酸溶液之外且与之有联系的其他部分，如试管、溶液上方的空气等都是环境。

根据系统和环境之间是否发生物质或能量的交换可以把系统分为三类。

(1)敞开系统：系统和环境之间既有物质的交换，又有能量的交换。

(2)封闭系统：系统与环境之间只有能量的传递，而无物质的交换。

(3)隔离系统：系统与环境之间既无物质的交换，又无能量的交换。

例如，一个敞口热水瓶，如果研究的是瓶中的热水，那么这就是一个敞开系统，因为水和环境之间既有物质(水蒸气、空气等)的交换，又有能量(热量)的交换；如果将热水瓶的瓶口盖住，将瓶中的水、水蒸气和空气作为研究对象，那么这就是一个封闭系统，因为热水瓶与外界不再有物质的交换，只有热量的传递；如果热水瓶是完全封闭的且隔热性能极好，热量无法传递，瓶中物就可以看作是一个隔离系统。本章主要研究的是封闭系统。

2. 状态函数

系统的状态是由一系列的物理量来确定的，如理想气体①，表示气体状态的物理量有温度、压力、体积及物质的量等。如果这些物理量都确定，那么气体就处于一个确定的状态，反过来说，当系统的状态确定后，这些物理量也就有一个确定的值。因此，这些物理量是单值函数，它们的数值仅仅取决于系统所处的状态，如果其中一个物理量改变，系统的状态也会随之而变。这些决定系统状态的物理量称为状态函数。

其实，系统的状态函数之间是相互关联的。要描述一个状态，并不需要罗列出所有的状态函数的数值，通常只要确定其中几个，其余的状态函数也就随之而定。例如，确定某理想气体的状态只需要知道压力、体积、温度和物质的量这四个物理量中任意三个，第四个可以通过气体状态方程来确定。

状态函数有一个重要特征，就是当系统的状态发生改变时，状态函数的变化值仅取决于变化的初态和末态，而与具体变化途径如何无关。例如，把 10℃的水加热至 40℃可以通过如下的途径达到：直接加热至 40℃；先冷却至 5℃，然后加热到 40℃；等等。不管 10℃的水是如何达到 40℃的，其状态函数(温度 T)的变化值相同，即 $\Delta T=T$(终态)$-T$(始态)$=30$℃。

根据这个特点计算系统的状态函数变化量时，可以在给定的初、末态之间任意设计方便的途径，不必拘泥于实际变化的过程，这是热力学研究中一个极其重要的方法。

这里要注意过程与途径的区别，系统状态变化的经过称为过程，而完成过程的具体步骤称为途径，如水温从 10℃变到 40℃的过程可以直接加热，也可以先冷却后加热。

① 理想气体：参见 2.2 节。

3. 热和功

系统和环境的温度不相同，会发生能量的交换，热会自动地从高温的一方向低温的一方传递，直至两者的温度相等为止。这种系统和环境之间由于温度的差别而交换或传递的能量称为热，用符号 Q 表示。

热力学中除热以外，系统与环境之间其他各种被传递的能量均称为功，用符号 W 表示。

注意：热和功都是能量的传递形式，而不是能量的形式。如果系统的状态没有发生变化，就没有热和功存在，变化的途径不同，热和功的数值就可能不同，所以热和功不是状态函数。

热力学规定：系统从环境中吸收热量，热的数值为正，系统向环境释放热量，热的数值为负；环境对系统做功，功为正值，系统对环境做功，功为负值。

热力学中最常见的是体积功，即系统的体积变化时反抗外力而做的功，如图 2.1 所示，右侧为一个充有气体的气缸，截面积为 A，假设气缸中活塞为无质量无摩擦力的理想活塞。

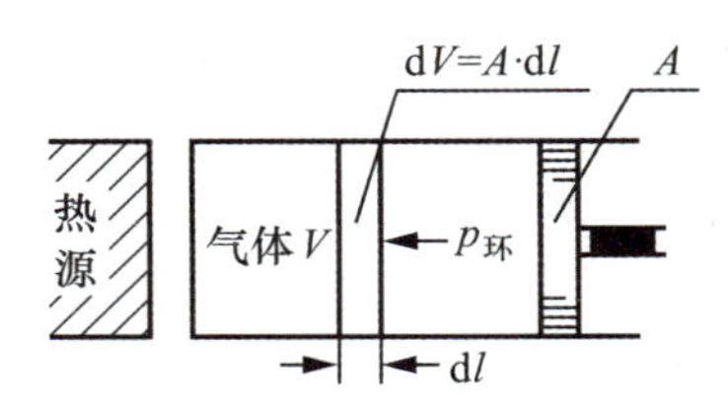

图 2.1 体积功示意图

气体受热后，气缸内气体压力增大，超过外压，使活塞向右移动 $\mathrm{d}l$，此时气体体积变化了 $\mathrm{d}V=A\cdot\mathrm{d}l$。根据机械功的定义，此过程中系统克服外力所做的功为

$$\delta W=-F\cdot\mathrm{d}l=-p\cdot A\cdot\mathrm{d}l=-p\cdot\mathrm{d}V \tag{2.1}$$

式(2.1)为体积功的计算公式，式中 p 为环境的压力[①]。系统膨胀时，对环境做功，$\mathrm{d}V>0$，$\delta W<0$；反之，若环境压力大于系统压力，系统体积受到压缩，此时环境对系统做功，$\delta W>0$。符号与前面规定的一致。

4. 热力学能

热力学能是系统内部能量的总和，包括系统内部分子(或离子、原子)运动的动能、分子之间相互作用的势能，以及分子内部各种粒子(如电子、原子核及原子核内各种粒子等)运动的动能及它们相互作用的势能等，不包括系统整体运动的宏观动能和系统整体处于外力场中具有的势能。热力学能用符号 U 表示。

所以，热力学能是系统的一种性质，即热力学能是一个状态函数，具有能量单位。

2.1.2 热力学第一定律

热力学第一定律的实质就是能量守恒定律：自然界的一切物质都具有能量，能量在任何过程中都不会自生自灭，只能从一种形式转化为另一种形式，在转化过程中能量的总值保持不变。

化学热力学所研究的通常是静止的封闭系统，系统状态的改变影响到系统热力学能的变化 ΔU，所以热力学第一定律可以用数学式表达为

$$\Delta U=Q+W \tag{2.2}$$

上式表明，如果系统从环境得到热和功，系统的热力学能将增加，增加的数值等于所

① 压力：物理学中的压强，化学上通常称为压力，后面的压力同此。

得到的功和热的总和。式(2.2)就是封闭系统的热力学第一定律的数学表达式，它表明了热力学能、热、功相互转化时的数量关系。例如，在某一过程中，某封闭系统从环境中吸收了 600kJ 的热量，同时对环境做了 400kJ 的功，则系统在此过程中的热力学能变化为

$$\Delta U=(+600\mathrm{kJ})+(-400\mathrm{kJ})=200\mathrm{kJ}$$

即系统的热力学能净增 200kJ。

2.1.3 焓与等压反应热

在化学反应过程中，当生成物的温度与反应物的温度相同时，系统放出或吸收的热量称为这个反应的反应热。绝大多数化学反应是在等压条件下(即系统的压力在反应过程中始终不变)进行的，因此研究等压过程的反应热具有实际意义。

如果某化学反应在等压条件下进行，根据热力学第一定律，其反应热 Q_p(下标 p 表示等压过程)为

$$Q_p=\Delta U-W=\Delta U+p\Delta V$$

将上式做一番整理，得

$$Q_p=(U_2-U_1)+p(V_2-V_1)=(U_2+p_2V_2)-(U_1+p_1V_1) \qquad (2.3)$$

令

$$H=U+pV \qquad (2.4)$$

式(2.4)中 H 为“系统的热力学能”与“系统的体积和压力乘积”之和。由于 U、p、V 都是状态函数，所以经它们组合而成的函数 H 也是状态函数，这是一个新的物理量，称为焓。式(2.3)可化简为

$$Q_p=H_2-H_1=\Delta H \qquad (2.5)$$

因此，ΔH 等于等压过程的反应热，这就是定义焓这个函数的目的所在。焓作为热力学能、压力和体积的组合函数，没有明确的物理意义，但是 ΔH 有物理意义，即 $\Delta H=Q_p$。这个结论对于反应热的计算具有重要的意义。

由于热不是状态函数，因此反应热的大小不仅与系统的初、末态有关，而且与变化的具体途径有关。然而，式(2.5)表明，等压条件下，反应热等于焓这个状态函数的变化值，也就是说，等压条件下，反应热的大小仅仅取决于系统的初态和末态。所以，如果某化学反应热无法直接用实验测得，那么可以利用状态函数的变化与途径无关的性质，在指定系统变化的初末态之间设计一条方便可行的途径来计算其 ΔH，从而计算出反应热 Q_p。

注意：ΔH 与 Q 只有在等压条件下才相等，在其他条件下，它们两个并无直接的关系。

焓是具有能量的量纲，其单位为 J 或 kJ。

2.1.4 热化学方程式

1. 反应进度

化学反应方程式 $d\mathrm{D}+e\mathrm{E}=f\mathrm{F}+g\mathrm{G}$，经过移项可写成

$$0=-d\mathrm{D}-e\mathrm{E}+f\mathrm{F}+g\mathrm{G}$$

上式可简写为

$$0=\sum_{\mathrm{B}}\nu_{\mathrm{B}}\mathrm{B} \qquad (2.6)$$

式(2.6)称为化学反应计量方程式，式中 B 表示参与化学反应的任意物质，包括反应物和生成物；ν_{B}称为物质 B 的化学计量数，是一个无量纲的纯数，其大小等于方程式中 B 前面

的系数，反应物的化学计量数为负值，生成物的化学计量数为正值，所以，$\nu_D=-d$，$\nu_E=-e$，$\nu_F=f$，$\nu_G=g$。

如果 $n_B(0)$代表反应开始时B的物质的量，$n_B(t)$代表反应进行到 t 时B的物质的量，其变化值为 $\Delta n_B=n_B(t)-n_B(0)$。对于参加反应的各物质来说，同一时刻 Δn_B不一定相同，如合成氨反应

$$\begin{array}{llll} & 3H_2(g)+ & N_2(g)\rightleftharpoons & 2NH_3(g) \\ t=0 & 4 & 4 & 0 \\ t=t & n(H_2) & n(N_2) & 2 \end{array}$$

如果反应开始时，N_2、H_2的物质的量都是4 mol，没有NH_3存在，测出 t 时刻NH_3的物质的量是2 mol，则 $n(H_2)=1$ mol，$n(N_2)=3$ mol，显然此时的 $\Delta n(NH_3)=2$ mol，$\Delta n(H_2)=-3$ mol，$\Delta n(N_2)=-1$ mol，三者并不相同。因此，用系统中的某一物质的 Δn_B来表示反应进行的程度不具有代表性。

但是可以发现，尽管各物质的 Δn_B不同，它们之间却存在一定的关系，$\Delta n_B/\nu_B$是相同的

$$\frac{\Delta n_B}{\nu_B}=\frac{\Delta n(NH_3)}{2}=\frac{\Delta n(H_2)}{-3}=\frac{\Delta n(N_2)}{-1}=1$$

所以，通常用参加反应的任一物质的物质的量的变化 Δn_B与其化学计量数 ν_B的比值来描述反应进行的程度。

$$\xi=\frac{n_B(\xi)-n_B(0)}{\nu_B} \tag{2.7}$$

式中，ξ 称为反应进度；$n_B(\xi)$和 $n_B(0)$分别为反应进度为 ξ 及0时B的物质的量。当 $\xi=1$ mol时，表示各反应物的物质的量的变化 $\Delta n_B=\nu_B$ mol，一般称作发生了1 mol的反应。

值得注意的是，ξ 值与 ν_B有关，而 ν_B与方程式写法有关，所以在使用 ξ 描述反应进行程度时，必须写出指定的化学反应计量方程式。例如，$3H_2+N_2=2NH_3$ $\xi=1$ mol，表示有3 mol H_2和1 mol N_2反应，生成了2 mol NH_3；$3/2H_2+1/2N_2=NH_3$ $\xi=1$ mol，表示有1.5 mol H_2和0.5 mol N_2反应，生成了1 mol NH_3。

2. 标准摩尔反应焓

热力学中定义了物质的标准状态[①](简称标准态)作为表达状态函数和计算状态函数变化的共同基准。

所谓标准状态，是指在100 kPa下该物质的状态。如果是液体或固体，其标准态指在100 kPa下的纯液体或纯固体状态；如果是气体，其标准态为在100 kPa下具有理想气体性质的纯态气体；如果是溶液，其标准态是100 kPa下各物质浓度均为1.0 $mol\cdot kg^{-1}$的溶液。

显然，标准态只规定了压力，对温度没有指定，所以不同温度下都有标准态。IUPAC（国际纯粹与应用化学联合会）推荐298.15 K(25℃)为参考温度，所以热力学数据大多是298.15 K的数据。标准压力为100 kPa，通常表示为 $p^\ominus$，标准态的状态函数是在函数符号右上角加“$\ominus$”表示。例如，$H_m^\ominus(H_2O, l, 298.15K)$和 $U_m^\ominus(CO_2, g, 298.15K)$分别

---

① 标准状态不同于标准状况，后者是指101.325kPa、273.15K时的情况。

表示液态 H_2O 和气态 CO_2 在 298.15K 的标准摩尔焓和标准摩尔热力学能。

当系统中各物质都处于标准态时，反应进度为 1mol 时，化学反应的焓的变化称为标准摩尔反应焓，用符号 $\Delta_r H_m^{\ominus}(T)$ 表示。下标 r 代表化学反应(reaction)；下标 m 代表反应进度为 1mol 反应；$\Delta_r H_m^{\ominus}(T)$ 表示在温度为 T、反应系统中各物质均处于标准态时，发生了 1mol 反应的焓变。

3. 热化学方程式

表示化学反应与热效应关系的方程式称为热化学方程式，如

$2H_2(g)+O_2(g)=2H_2O(g)$　　$\Delta_r H_m^{\ominus}(298.15K)=-483.65\ kJ\cdot mol^{-1}$

书写热化学方程式时要注意以下几点。

(1)先写出反应方程式，再写出反应的反应热，两者隔开。$\Delta_r H_m^{\ominus}(298.15K)$ 表示 298.15K 时的标准摩尔反应焓，其值等于 1mol 该反应的等压反应热。数值为正时，表示该反应为吸热反应，放热反应的 $\Delta_r H_m^{\ominus}$ 值为负。显然，氢气和氧气化合生成水的反应在标准态下是放热反应。

(2)在反应方程式中要注明物质的聚集状态，通常用 g、l、s 分别代表气体、液体和固体。如果固体存在多种晶型，要注明反应物质的晶型。如果反应在溶液中进行，要注明溶剂及溶液的浓度。例如

$C(石墨)+O_2(g)=CO_2(g)$　　$\Delta_r H_m^{\ominus}(298.15K)=-393.5\ kJ\cdot mol^{-1}$

(3)化学方程式的写法不同其热效应不同。例如

$2H_2(g)+O_2(g)=2H_2O(l)$　　$\Delta_r H_m^{\ominus}(298.15K)=-571.676kJ\cdot mol^{-1}$

$H_2(g)+1/2O_2(g)=H_2O(g)$　　$\Delta_r H_m^{\ominus}(298.15K)=-241.825\ kJ\cdot mol^{-1}$

(4)反应的温度应在 $\Delta_r H_m^{\ominus}$ 后面的括号中注明。在本书中，如果不注明温度，则都是指反应在 298.15K 下进行。由于压力对反应的 $\Delta_r H_m^{\ominus}$ 影响很小，一般也可以不注明压力。

2.1.5 盖斯定律

1840 年，盖斯(Hess)根据他多年实验的结果提出了盖斯定律：不论化学反应是一步完成，还是分几步完成，反应的热效应相同。

实验证明，盖斯定律只对等压反应或等容反应[①]才严格成立。等压反应热等于反应过程的 ΔH，H 为状态函数，其变化值 ΔH 只取决于反应的初态和末态，与具体途径无关。因此，盖斯定律实际上是热力学第一定律的必然结果。

根据盖斯定律，可以利用一些反应热的数据计算出另一些不易或不能直接测定的反应热。例如，C 和 O_2 反应生成 CO 的反应热很难准确测定，因为反应过程中不可避免地会产生 CO_2，但是 C 和 O_2 化合生成 CO_2 及 CO 和 O_2 化合成生成 CO_2 的反应热可以准确测定，因而可利用盖斯定律把生成 CO 的反应热计算出来。

【例 2.1】已知在 298.15K、100 kPa 下

① $C(石墨)+O_2(g)=CO_2(g)$　　$\Delta_r H_{m,1}^{\ominus}=-393.5\ kJ\cdot mol^{-1}$

② $2CO(g)+O_2(g)=2CO_2(g)$　　$\Delta_r H_{m,2}^{\ominus}=-565.7\ kJ\cdot mol^{-1}$

---

① 等容反应：系统的体积在反应过程中始终不变的过程称为等容过程，其反应热等于反应过程的 ΔU。

计算：③ C(石墨)+1/2O_2(g)=CO(g)　　　$\Delta_r H_{m,3}^{\ominus}$=？

解：如图2.2所示，显然，$\Delta_r H_{m,1}^{\ominus}=\Delta_r H_{m,2}^{\ominus\prime}+\Delta_r H_{m,3}^{\ominus}$，注意反应②的系数应该先进行调整，其$\Delta_r H_{m,2}^{\ominus}$也应该先除以2。所以，反应③=①$-\frac{1}{2}\times$②，即

$$\Delta_r H_{m,3}^{\ominus}=\Delta_r H_{m,1}^{\ominus}-\frac{1}{2}\Delta_r H_{m,2}^{\ominus}=-110.7\text{kJ}\cdot\text{mol}^{-1}$$

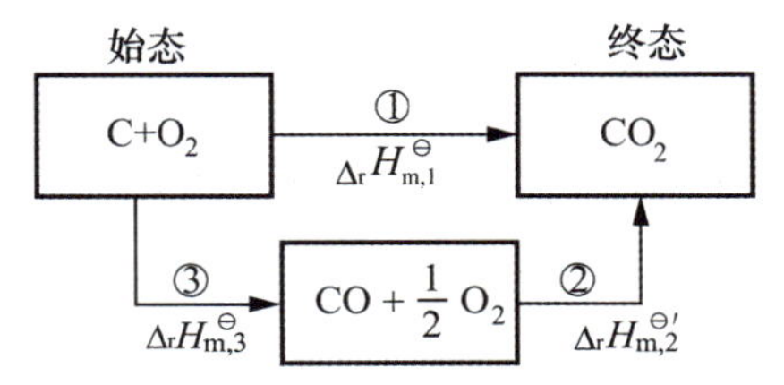

图2.2　由C和O_2转变为CO_2的两种途径

2.1.6　标准摩尔生成焓

如果已知反应系统中各物质的焓，那么反应焓就可以直接用产物的焓减去反应物的焓计算出来，可是指定状态下物质的焓是无法测得的，所以科学家给焓规定了一个相对标准值来计算反应的标准摩尔焓。其定义如下：在指定温度T时，处于标准态的稳定单质化合生成1mol标准态下指定状态的化合物，此时的反应焓称为该化合物在指定状态下于温度T时的标准摩尔生成焓，用符号$\Delta_f H_m^{\ominus}(T)$表示，下标“f”表示生成(formation)，标准摩尔生成焓的单位为J·mol^{-1}或kJ·mol^{-1}。例如反应

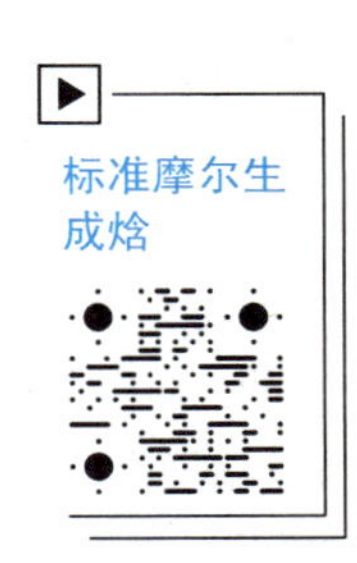

$H_2(p^{\ominus}, g)+1/2O_2(p^{\ominus}, g)=H_2O(p^{\ominus}, l)$　$\Delta_r H_m^{\ominus}(298.15\text{K})=-285.838\text{kJ}\cdot\text{mol}^{-1}$

反应系统中各物质均处于标准态，反应物均为稳定单质，产物为1mol，所以该反应的标准摩尔焓在数值上就等于液态水在298.15K时的标准摩尔生成焓。

$$\Delta_r H_m^{\ominus}(298.15\text{K})=\Delta_f H_m^{\ominus}(H_2O, l, 298.15\text{ K})$$

生成物的聚集状态不同，它们的标准摩尔生成焓的大小也不相同。例如

$$\Delta_f H_m^{\ominus}(H_2O, l, 298.15\text{K})=-285.838\text{kJ}\cdot\text{mol}^{-1}$$

$$\Delta_f H_m^{\ominus}(H_2O, g, 298.15\text{K})=-241.825\text{kJ}\cdot\text{mol}^{-1}$$

显然，液态水的标准摩尔生成焓的绝对值较大，说明水在298.15K时，处于液态更加稳定，释放的能量更多。或者说，水从气态变为液态，是放热过程。

根据标准摩尔生成焓定义可知，稳定单质的标准生成焓为零。稳定单质指在反应所进行的温度、压力下稳定存在的相态。例如，C(s)有两种常见相态：石墨和金刚石，而在100kPa、298.15K时，石墨最稳定，所以

$$\Delta_f H_m^{\ominus}(\text{C, 石墨}, 298.15\text{ K})=0$$

$$\Delta_f H_m^{\ominus}(\text{C, 金刚石}, 298.15\text{K})=1.896\text{kJ}\cdot\text{mol}^{-1}$$

CO_2(g)的标准摩尔生成焓$\Delta_f H_m^{\ominus}$应该等于石墨和氧气化合反应的标准摩尔焓$\Delta_r H_m^{\ominus}$。

标准摩尔生成焓对温度并没有规定，所以可以是任意温度，本书的附录列出了一些物质在298.15K时的$\Delta_f H_m^{\ominus}$的数值。

要计算任意化学反应的标准摩尔反应焓，可以先查出各反应物、生成物的标准摩尔生

成焓，然后用式(2.8)求得。

$$\Delta_r H_m^\ominus(T)=\sum_B \nu_B \Delta_f H_{m,B}^\ominus(T) \quad (2.8)$$

式中，ν_B为化学计量数。

对于一般化学反应 $dD+eE=fF+gG$，式(2.8)的展开式即为

$$\Delta_r H_m^\ominus=f\Delta_f H_m^\ominus(F)+g\Delta_f H_m^\ominus(G)-d\Delta_f H_m^\ominus(D)-e\Delta_f H_m^\ominus(E)$$

【例 2.2】利用附录中的数据计算反应 $CaCO_3(s)=CaO(s)+CO_2(g)$在 298.15 K 时的 $\Delta_r H_m^\ominus$。

解：$\Delta_r H_m^\ominus=\sum_B \nu_B \Delta_f H_B^\ominus$

$=\nu_{(CaO)}\Delta_f H_m^\ominus(CaO,\ s)+\nu_{(CO_2)}\Delta_f H_m^\ominus(CO_2,\ g)+\nu_{(CaCO_3)}\Delta_f H_m^\ominus(CaCO_3,\ s)$

$=(-635.6\ kJ\cdot mol^{-1})+(-393.51\ kJ\cdot mol^{-1})+(-1)\times(-1206.87\ kJ\cdot mol^{-1})$

$=177.8 kJ\cdot mol^{-1}$

2.1.7 化学反应的方向

1. 自发过程

自然界中的一切变化过程在一定条件下总是朝着一定的方向进行的。例如，一般情况下，水总是从高向低流，热总是从高温物体传递给低温物体，扩散总是从高浓度向低浓度进行，气温降到 0℃以下时，水会自动结成冰，升温后，冰又自动融化成水。这些过程都是不需要外力帮助而能自动发生的，称为自发过程。

如果不改变环境条件，不加人为的干涉作用，这些过程会自动向一定的方向进行，而不会自动地逆向进行。那么，到底是什么因素决定一个过程的自发性呢？一定条件下化学反应能否自发进行，应该如何判断呢？

在 19 世纪，人们曾用焓变 ΔH 判断过程发生的方向，认为凡是系统能量升高的过程都是不能自发进行的。这个判据的确可以解释不少现象，但是并不全面，如 KI(s)可溶于水，但是溶解过程的摩尔焓变$\Delta H>0$，其实吸热的自发过程并不少见。

为了找出所有自发过程的统一判据，必须从微观入手，找出其共同特征。单纯的热效应不是化学反应方向的判断依据。

2. 熵

KI 晶体的溶解过程是吸热过程，是什么因素促使晶体溶解呢？KI 晶体溶于水后，K^+、I^-离开了规则排列的晶格，逐渐扩散到整个溶液中，变为无序的状态，整个过程中，系统的混乱程度增大。从微观的角度分析自发过程，可以发现，在隔离系统中自发过程总是从有序到无序，或者从无序变为更加混乱，自发过程朝着系统混乱程度增大的方向进行。当混乱程度达到最大时，系统就达到了平衡状态，这是自发过程的限度。

熵是描述系统混乱程度的函数，用符号 S 表示。系统的混乱度越大，它的熵就越高。如同热力学能、焓一样，熵也是状态函数。一个过程的熵变ΔS，只取决于系统的初态和末态，与途径无关。

在隔离系统的任何自发过程中，系统的熵总是增加的，这就是熵增原理，也是热力学第二定律的一种表达形式。热力学第二定律还有其他表达形式。

热力学第三定律指出：在热力学温度 0K 时，纯净的、完美的晶体的熵等于零。因为

在绝对零度时，所有分子的运动都停止了。完美晶体指晶体内部无缺陷，并且只有一种微观结构，系统完全有序化。

根据热力学第三定律就可以确定物质在标准状态下的熵值——标准摩尔熵 $S_m^\ominus$。本书的附录列出了一些物质在298.15K时的标准摩尔熵的数值。

关于熵，要注意以下几点。

(1)同一物质所处的聚集状态不同，熵值也不同，其大小顺序是

气态>>液态>固态

例如	$H_2O(g)$	$H_2O(l)$	$H_2O(s)$
$S_m^\ominus/J\cdot mol^{-1}\cdot K^{-1}$	188.823	69.940	39.4

对于处于相同状态的同一物质，其熵值随着温度的升高而增大。

(2)物质的聚集态相同时，分子越大，越复杂，熵值越大。例如

	$O(g)$	$O_2(g)$	$O_3(g)$
$S_m^\ominus/J\cdot mol^{-1}\cdot K^{-1}$	161.063	205.138	237.7

(3)对于结构相似的物质，相对分子质量越大，其熵值越大。例如

	$F_2(g)$	$Cl_2(g)$	$Br_2(g)$	$I_2(g)$
$S_m^\ominus/J\cdot mol^{-1}\cdot K^{-1}$	203.5	222.948	245.455	260.60

(4)对于同分异构体，结构对称性越高，混乱度越小，其熵值越小。例如

	$C(CH_3)_4$	$(CH_3)_2CHCH_2CH_3$	$CH_3(CH_2)_3CH_3$
$S_m^\ominus/J\cdot mol^{-1}\cdot K^{-1}$	306.4	343.0	348.4

(5)化学反应的标准摩尔熵变可用式(2.9)求得。

$$\Delta_r S_m^\ominus(T)=\sum_B \nu_B S_B^\ominus(T) \tag{2.9}$$

即反应的 $\Delta_r S_m^\ominus$ 等于产物的标准熵之和减去反应物的标准熵之和。注意：单质的标准摩尔熵不等于零。通常，气体分子数增加的反应其 $\Delta_r S_m^\ominus>0$。

除了查表，用标准摩尔熵来计算熵变外，定性判断某些过程中系统的熵的增减，也很有实际意义。

如果变化的过程没有气体参加，液体物质（或溶质的粒子数）增多，则为熵增。固态熔化过程、晶体溶解过程均为熵增过程。

对于化学反应，如果产物的气体分子数多于反应物的气体分子数（即产物中气体的物质的量大于反应物中气体的物质的量），则该反应是熵减过程。反应前后气体分子数增加的反应是熵增反应。

3. 吉布斯(Gibbs)自由能和化学反应方向

前已述及，不能用焓变(ΔH)的正负号来判断过程的自发性，有许多吸热过程是自发的。而自发过程常常倾向于增大系统的混乱度，能否用熵变(ΔS)作为判据呢？0℃以上，冰溶化成水是自发过程，固体变为液体，熵值增加，可是0℃以下，水结成冰同样是自发过程，却是一个熵减过程。其实热力学第二定律已经告诉人们，用熵变(ΔS)的正负号来判断过程的自发性有一个条件，就是必须在隔离系统中。但是一般的化学反应通常都与外界有能量的交换。为了确定一个判断过程自发性的衡量标准，1875年吉布斯提出了吉布斯自由能的概念，其定义为

$$G=H-TS \tag{2.10}$$

因为焓(H)、温度(T)、熵(S)都是状态函数，所以它们的组合函数吉布斯自由能(G)必然也是一个状态函数。

与焓一样，吉布斯自由能(G)也是一个组合函数，自身没有物理意义，引入G的目的在于ΔG。绝大多数化学反应都是在等温、等压条件下进行的，等温过程吉布斯自由能变为

$$\Delta G=\Delta H-T\Delta S \tag{2.11}$$

ΔG综合了ΔH和$T\Delta S$两项，既考虑了过程的焓变，又考虑了熵变，因此可以用它作为判据，判断在等温等压条件下一个过程或者一个化学反应能否自发进行。

在等温等压条件下：若$\Delta G>0$，则该反应或过程不能自发进行，其逆过程可自发进行；若$\Delta G=0$，则该反应或过程处于平衡状态；若$\Delta G<0$，则该反应或过程能够自发进行。

显然，ΔG作为判据在判断化学反应方向的同时也说明了反应的限度就是平衡状态。化学反应总是向一定方向进行，最终达到平衡状态。

根据式(2.11)，如果某放热反应($\Delta H<0$)，系统能量降低，但是熵值增大($\Delta S>0$)，系统的混乱度增加，ΔH和ΔS对过程自发变化都有利，所以$\Delta G<0$，这种反应在任何温度下都可自发进行。如果某吸热反应($\Delta H>0$)又是一个熵减过程($\Delta S<0$)，则这种反应在任何温度下都不能自发进行。

如果某反应放热且熵减，或者吸热且熵增，ΔH和ΔS对ΔG的影响是相反的，此时ΔG的正负取决于ΔH和$T\Delta S$的相对大小，即由温度来决定。所以有些反应在低温下不能进行，加热后方可发生，有些反应恰恰相反，高温不行而低温可行。需要强调的是，ΔG作为判据的条件是等温等压①的过程，如果不能满足这个条件，就不能用ΔG来判断反应的方向。

如果反应系统中各物质都处于标准态，反应的摩尔吉布斯自由能的变化就称为**标准摩尔反应吉布斯自由能**，用符号$\Delta_r G_m^\ominus(T)$表示。

要计算任意化学反应的$\Delta_r G_m^\ominus$值，还可以根据标准摩尔生成吉布斯自由能$\Delta_f G_m^\ominus$来计算，$\Delta_f G_m^\ominus$的定义与标准摩尔生成焓$\Delta_f H_m^\ominus(T)$的定义类似。本书的附录列出了某些化合物及单质在298.15K的标准摩尔生成吉布斯自由能的数值。计算公式如下。

$$\Delta_r G_m^\ominus(T)=\sum_B \nu_B \Delta_f G_{m,B}^\ominus(T) \tag{2.12}$$

显然，式(2.12)和式(2.8)、式(2.9)类似，即反应的$\Delta_r G_m^\ominus$等于产物的标准生成吉布斯自由能之和减去反应物的标准生成吉布斯自由能之和。

注意：根据附录中的数据计算出的$\Delta_r G_m^\ominus$只能判断$p^\ominus$、298.15K时反应能否自发进行。

【例2.3】根据附录中的热力学数据，通过计算说明用CO还原Al_2O_3是否可行？

解：一氧化碳还原氧化铝的反应方程式为

$$Al_2O_3(s)+3CO(g) = 2Al(s)+3CO_2(g)$$

查阅附录1，计算$\Delta_r H_m^\ominus$和$\Delta_r S_m^\ominus$。

$$\begin{aligned}\Delta_r H_m^\ominus &= \sum_B \nu_B \Delta_f H_B^\ominus \\ &= 0+3\times(-393.511\text{kJ}\cdot\text{mol}^{-1})-(-1669.8\text{kJ}\cdot\text{mol}^{-1})-3\times(-110.525\text{kJ}\cdot\text{mol}^{-1}) \\ &=820.842\text{kJ}\cdot\text{mol}^{-1}\end{aligned}$$

---

① ΔG作为判据的条件应该是等温等压且没有非体积功存在的情况，关于非体积功的问题，本章不做探讨。

$\Delta_r S_m^\ominus = \sum_B \nu_B S_B^\ominus$

$= 2\times 28.315 J\cdot mol^{-1}\cdot K^{-1} + 3\times 213.76 J\cdot mol^{-1}\cdot K^{-1} - 50.92 J\cdot mol^{-1}\cdot K^{-1} - 3\times 198.016 J\cdot mol^{-1}\cdot K^{-1} = 52.942 J\cdot mol^{-1}\cdot K^{-1}$

由于 $\Delta_r G_m^\ominus = \Delta_r H_m^\ominus - T\Delta_r S_m^\ominus$，显然，$\Delta_r H_m^\ominus > 0$，$\Delta_r S_m^\ominus > 0$，温度升高时 $\Delta_r G_m^\ominus$ 会减小，因此标准态时，该反应在高温下可自发进行。

自发进行的最低温度为

$$T = \frac{\Delta_r H_m^\ominus}{\Delta_r S_m^\ominus} = 1.551\times 10^4 K$$

反应自发进行的温度高达15510K，理论上可行，但目前实际上很难达到这样高的温度。

2.2 化学平衡

上节已经讨论了利用状态函数判断一个过程的方向与限度的方法，本节就是将此结论应用于具体的化学反应。

2.2.1 化学平衡的特征

讨论化学平衡时，经常会遇到气相反应系统，为此，先来了解一下气体的性质。

1. 气体的性质

(1)理想气体状态方程

气体的最基本的宏观性质有温度、压力、体积及物质的量等，人们在长期的实践中发现，这些基本性质是互相关联的。它们之间存在这样的关系

$$pV = nRT \tag{2.13}$$

式中，p 表示气体的压力，即单位面积上承受的作用力，单位为Pa(帕斯卡)，1 Pa = 1 $N\cdot m^{-2}$。有些书也用atm(大气压)或mmHg(毫米汞柱)作为压力的单位，它们之间的换算关系为

$$1\ atm = 760\ mmHg = 101.325\ kPa$$

V 表示气体的体积，单位为 m^3(立方米)；n 表示气体的物质的量，单位为mol(摩尔)；T 表示温度，在本书的所有公式中，一律使用热力学温标(即绝对温度)，其单位为K(开或开尔文)。它与常用的摄氏温度之间的换算关系为

$$T(K) = t(℃) + 273.15$$

R 称为摩尔气体常数，其值为 8.314 $J\cdot mol^{-1}\cdot K^{-1}$。

随着实验精确度的提高，人们发现实际气体并不严格服从上述关系式，气体的压力越低、温度越高，符合的程度越好。为了更确切地概括气体的共性，人们设想了一种理想化的气体，在任何情况下能严格遵守式(2.13)，这种气体就称为**理想气体**，式(2.13)就称为**理想气体状态方程**。

真正的理想气体在实际中并不存在，它只是一种科学的抽象。从微观上来说，理想气体有两个基本特征：分子之间无相互作用力和分子本身不占有体积。在本书中，如不特别注明，气体均视为理想气体。

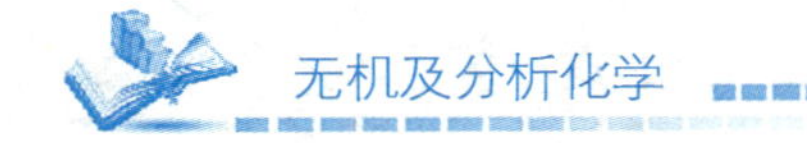

(2)分压定律

19 世纪，道尔顿(Dalton)在研究低压下的混合气体时总结出一条重要的定律——分压定律。

p=pA+pB
气体A
nA
T、V
pA
+
气体B
nB
T、V
pB
混合气体
n=nA+nB
T、V
p=pA+pB

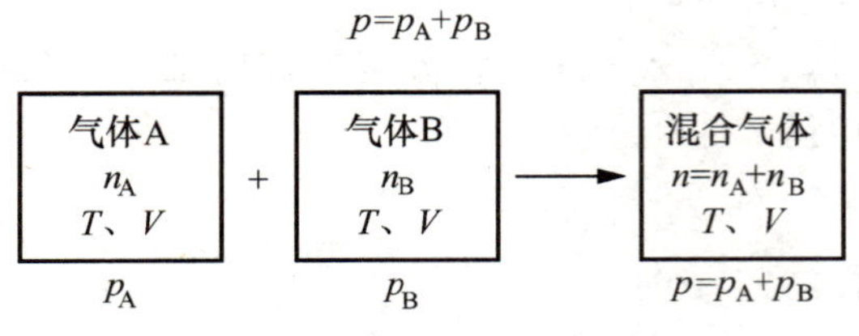

图 2.3　分压定律示意图

如图 2.3 所示，在温度 T 时，将物质的量为 n_A 的 A 气体充入体积为 V 的容器中，测得其压力为 p_A。如果将 A 全部抽出，充入物质的量为 n_B 的 B 气体，温度保持不变，测得气体的压力为 p_B。如果在同样温度下，向同一个空的容器中充入 n_A、n_B 的 A、B 混合气体，测得混合气体的总压力为 p。实验结果表明

$$p = p_A + p_B \tag{2.14}$$

混合气体中某一组分的**分压**就是该组分在与混合物同温度同体积下单独存在时具有的压力，混合气体的总压等于混合气体中各组分的分压之和，这就是**分压定律**。

分压定律很容易证明，根据理想气体状态方程，当 A、B 气体单独存在时，它们的压力分别为 $p_A = \dfrac{n_A RT}{V}$，$p_B = \dfrac{n_B RT}{V}$，混合气体的总压为

$$p = \frac{nRT}{V} = \frac{(n_A + n_B)RT}{V} = \frac{n_A RT}{V} + \frac{n_B RT}{V} = p_A + p_B$$

根据分压定律，可以得出

$$\frac{p_B}{p} = \frac{n_B}{n_A + n_B} = \frac{n_B}{\sum n} = y_B$$

所以

$$p_B = p \cdot y_B \tag{2.15}$$

式(2.15)是分压定律的另一种表现形式，其中 y_B 为气体组分 B 的物质的量与混合气体的总物质的量之比，称为**物质的量分数**或**摩尔分数**，为量纲 1 的量①。

分压定律适用于理想气体混合物，对低压下的实际气体混合物也适用。

【例 2.4】如图 2.4 所示，两个容器由细管连接(细管体积可忽略)，分别充入氧气和氮气，其温度、压力和体积如图。若把细管上的阀门打开，两种气体发生混合，混合过程温度保持不变。试求各组分气体的分压及混合气体的总压。

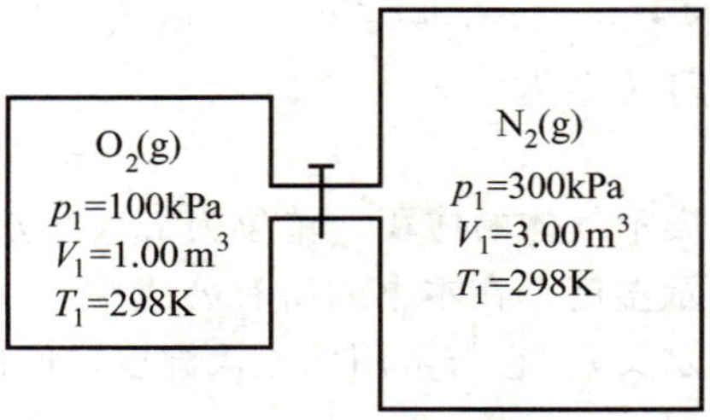

O2(g)
p1=100kPa
V1=1.00 m3
T1=298K
N2(g)
p1=300kPa
V1=3.00 m3
T1=298K

图 2.4　【例 2.4】图

解：本题中，用下标 1 和 2 分别代表混合前后的量，由于混合过程为等温过程，根据理想气体状态方程，则有

$$\frac{p_1}{p_2} = \frac{V_2}{V_1} \qquad p_2 = \frac{V_1}{V_2} p_1$$

由分压定律可知，混合后 $N_2(g)$ 和 $O_2(g)$ 的分压就是它们单独占有两个容器总容积时所具有的压力。将数据代入，可得到

① 过去称为无量纲量，现在把它们的 SI 单位统一规定为“1”。

$$p_2(O_2)=\frac{V_1(O_2)}{V_2}p_1(O_2)=\frac{1.00\ m^3}{3.00\ m^3+1.00\ m^3}\times 100\ kPa=25.0kPa$$

$$p_2(N_2)=\frac{V_1(N_2)}{V_2}p_1(N_2)=\frac{3.00\ m^3}{3.00\ m^3+1.00\ m^3}\times 300\ kPa=225kPa$$

所以，混合气体的总压力为

$$p=p_2(O_2)+p_2(N_2)=250kPa$$

2. 可逆反应

在同一条件下，既能向一个方向又能向相反方向进行的化学反应称为**可逆反应**。例如，在密闭容器中 $N_2(g)$ 和 $H_2(g)$ 合成 $NH_3(g)$ 的反应

$$N_2(g)+3H_2(g)\rightleftharpoons 2NH_3(g)$$

在一定温度下，N_2 和 H_2 能化合生成 NH_3，同时 NH_3 也能分解为 N_2 和 H_2。这两个反应同时发生且方向相反，所以在反应式中常用可逆号代替等号。通常将从左向右进行的反应称为正反应，从右向左进行的反应称为逆反应。

绝大多数化学反应都是可逆的，但可逆的程度不同。有些反应的逆反应进行程度极其微小，可以忽略，这种反应通常称为不可逆反应。例如氯酸钾受热分解，以二氧化锰为催化剂

$$2KClO_3(s)\xlongequal{MnO_2}2KCl(s)+3O_2(g)$$

这个反应向右进行的非常完全，是个不可逆的反应。

3. 化学平衡

对于任一可逆反应，反应进行到一定程度便会建立起平衡。例如合成氨反应，反应开始时，N_2 和 H_2 的浓度较大，正反应速率大，一旦有产物 NH_3 生成，逆反应就开始进行。起初逆反应速率较小，随着反应的进行，反应物的浓度逐渐减少，产物的浓度逐渐增大，相应的正反应速率逐渐减小，逆反应速率逐渐增大。当正逆反应速率相等时，反应系统所处的状态称为**化学平衡**。

4. 化学平衡的特征

化学平衡最主要的特征：正反应速率等于逆反应速率。

化学平衡是一种动态平衡。当系统达到平衡时，表面上看来反应似乎已停止，实际上正逆反应仍在进行，只是单位时间内，反应系统中每一种物质(反应物或生成物)的生成量与消耗量相等。所以平衡时，如果外界条件不变，系统内各物质的浓度不再随时间而变化。

化学平衡可以从正逆两个方向达到。例如合成氨反应，在一定条件下，无论是从正反应 N_2 和 H_2 的化合反应开始，还是从逆反应 NH_3 的分解反应开始，最后都能建立起 N_2、H_2 和 NH_3 之间的化学平衡。

化学平衡是有条件的平衡，只能在一定的外界条件下才能保持。当外界条件改变时，原有的平衡被破坏，在新的条件下建立起新的平衡。

2.2.2 平衡常数

1. 经验平衡常数

当可逆反应达到平衡时，反应物和生成物的浓度或分压将不再改变，这时这些浓度或

分压之间有什么关系呢？对于任一可逆反应，即

气相反应：

$$dD(g)+eE(g)\rightleftharpoons fF(g)+gG(g)$$

或水溶液中的反应：

$$dD(aq)+eE(aq)\rightleftharpoons fF(aq)+gG(aq)$$ [①]

实验结果表明，在一定温度下可逆反应达到平衡时，各反应物和产物的浓度或分压之间有如下关系

$$K_p=\frac{p_F^f p_G^g}{p_D^d p_E^e} \quad \text{或} \quad K_c=\frac{[F]^f[G]^g}{[D]^d[E]^e}=\frac{(c_F)^f(c_G)^g}{(c_D)^d(c_E)^e} \tag{2.16}$$

式(2.16)中的 p_F、$[F]$、c_F，前一项表示气体的分压，后两项都表示溶液中 F 的浓度。

式(2.16)表明，在一定温度下，可逆反应达到平衡时，产物的浓度（以反应式中该物质化学式前的系数为幂）的乘积与反应物的浓度（以反应式中该物质化学式前的系数为幂）的乘积之比是一个常数。这个常数称为经验平衡常数，K_p 称为压力经验平衡常数，K_c 称为浓度经验平衡常数。

显然，经验平衡常数的数值越大，说明平衡时生成物的浓度越大，反应物浓度越小，也就是说，反应进行得越彻底。经验平衡常数常用于生产工艺的设计和研究中。

平衡状态是化学反应进行的最大限度，平衡常数是反应的特性常数，它的大小与反应本身及反应温度有关，与物质的初始浓度无关，平衡常数越大，说明该反应进行得越完全。

2. 标准平衡常数

经验平衡常数的单位取决于反应方程式的化学计量数之和 $\sum_B \nu_B$，无法统一，作为常数却没有确定的量纲，在许多情况下不利。标准平衡常数对经验平衡常数略做修正，其定义为

$$K^{\ominus}=\frac{\left(\frac{p_F}{p^{\ominus}}\right)^f\left(\frac{p_G}{p^{\ominus}}\right)^g}{\left(\frac{p_D}{p^{\ominus}}\right)^d\left(\frac{p_E}{p^{\ominus}}\right)^e} \quad \text{或} \quad K^{\ominus}=\frac{\left(\frac{[F]}{c^{\ominus}}\right)^f\left(\frac{[G]}{c^{\ominus}}\right)^g}{\left(\frac{[D]}{c^{\ominus}}\right)^d\left(\frac{[E]}{c^{\ominus}}\right)^e}=\frac{\left(\frac{c_F}{c^{\ominus}}\right)^f\left(\frac{c_G}{c^{\ominus}}\right)^g}{\left(\frac{c_D}{c^{\ominus}}\right)^d\left(\frac{c_E}{c^{\ominus}}\right)^e} \tag{2.17}$$

式(2.17)中 $K^{\ominus}$ 称为标准平衡常数，与经验平衡常数相比有两点不同。其一，标准平衡常数表达式中，每种物质的浓度或分压均除以标准浓度或标准压力，所以 $K^{\ominus}$ 是量纲为 1 的纯数，可用于对数等计算。标准浓度[②]（$c^{\ominus}$）为 1 mol·dm^{-3}，标准压力（$p^{\ominus}$）为 100kPa，所以，液相反应的 K_c 与 $K^{\ominus}$ 在数值上相等，气相反应的 K_p 与 $K^{\ominus}$ 不一定相等。其二，标准平衡常数只有一种 $K^{\ominus}$，不再分为浓度常数和压力常数。在用式(2.17)计算时，如果是气体，就用分压表示；如果是溶液中的物质等，就用浓度表示。例如多相反应

$$CaCO_3(s)+2H^+(aq)\rightleftharpoons Ca^{2+}(aq)+CO_2(g)+H_2O(l)$$

其标准平衡常数表达式为

$$K^{\ominus}=\frac{[c(Ca^{2+})/c^{\ominus}](p_{CO_2}/p^{\ominus})}{[c(H^+)/c^{\ominus}]^2}$$

以后本书中所涉及的平衡常数均为标准平衡常数。

① aq：水溶液。

② 标准浓度实际为 1 mol·kg^{-1}，往往用 1mol·L^{-1} 代替，浓度不大时，一般不会引起很大的误差。

3. 书写和应用平衡常数时的注意事项

(1)平衡常数表达式中，各物质的浓度或分压必须是平衡浓度或平衡分压，并且反应物的浓度或分压要写在分母上，产物的浓度或分压则写在分子上。

(2)反应中如果有固体或纯液体参加，其浓度可视为是常数。稀溶液中进行的反应，水的浓度几乎维持不变，这些都不必写在平衡常数表达式中，如上面反应式中的 $CaCO_3$ 固体和 H_2O 就没有出现在平衡常数表达式中。

(3)同一化学反应，方程式写法不同，平衡常数 $K^\ominus$ 值就不同，并且正逆反应的平衡常数值互为倒数。所以平衡常数表达式必须与反应方程式相对应。例如

$$N_2(g)+3H_2(g) \rightleftharpoons 2NH_3(g) \qquad K_1^\ominus=\frac{(p_{NH_3}/p^\ominus)^2}{(p_{N_2}/p^\ominus)(p_{H_2}/p^\ominus)^3}$$

$$\frac{1}{2}N_2(g)+\frac{3}{2}H_2(g) \rightleftharpoons NH_3(g) \qquad K_2^\ominus=\frac{(p_{NH_3}/p^\ominus)}{(p_{N_2}/p^\ominus)^{1/2}(p_{H_2}/p^\ominus)^{3/2}}$$

$$2NH_3(g) \rightleftharpoons N_2(g)+3H_2(g) \qquad K_3^\ominus=\frac{(p_{N_2}/p^\ominus)(p_{H_2}/p^\ominus)^3}{(p_{NH_3}/p^\ominus)^2}$$

显然，$K_1^\ominus=(K_2^\ominus)^2=\frac{1}{K_3^\ominus}$

【例2.5】298.15K时，将固体 NH_4HS 放入一抽空的容器内，有如下反应

$$NH_4HS(s) \rightleftharpoons NH_3(g)+H_2S(g)$$

已知反应达到平衡后，容器内的总压力为66.6kPa。计算298.15K时 $NH_4HS(s)$ 分解反应的标准平衡常数。

解：NH_3 和 H_2S 都是 $NH_4HS(s)$ 分解而来，根据方程式可知，两者的物质的量应该相等，因而两种气体的平衡分压也相等。根据分压定律可知

$$p(NH_3)=p(H_2S)=1/2p(总)=1/2\times66.6\ \text{kPa}=33.3\text{kPa}$$

$$K^\ominus=\frac{p(NH_3)}{p^\ominus}\cdot\frac{p(H_2S)}{p^\ominus}=\left(\frac{33.3\text{kPa}}{100\ \text{kPa}}\right)^2=0.111$$

所以，$NH_4HS(s)$ 分解反应在298.15 K时的标准平衡常数为0.111。

【例2.6】1123K时，反应 $CO(g)+H_2O(g) \rightleftharpoons CO_2(g)+H_2(g)$ 的 $K^\ominus=1.0$。把3.0mol CO和4.0mol $H_2O(g)$ 混合于一密闭容器中，在1123K温度下反应并达到平衡，试计算CO的平衡转化率。

解：平衡转化率是指某物质到达平衡时已转化了的量与反应前该物质的总量之比，一般用 α 表示。计算CO的平衡转化率必须先求出其平衡时物质的量。设平衡时 H_2 物质的量为 $x$mol，则

	$CO(g)$	$+H_2O(g) \rightleftharpoons$	$CO_2(g)$	$+H_2(g)$
起始时物质的量/mol	3.0	4.0	0	0
变化量/mol	x	x	x	x
平衡时物质的量/mol	$3.0-x$	$4.0-x$	x	x

根据已知条件，用标准平衡常数 $K^\ominus=1.0$，计算 x 值，由标准平衡常数的计算公式知

$$K^\ominus=\frac{[p(CO_2)/p^\ominus][p(H_2)/p^\ominus]}{[p(CO)/p^\ominus][p(H_2O)/p^\ominus]}$$

先求出各气体的平衡分压，根据分压定律，混合气体各组分的分压 p_B 与总压 p 的关系为

$$p_B = p \cdot y_B = p \cdot \frac{n_B}{n}$$

式中，n_B、n 分别表示气体组分 B 的物质的量及系统中所有气体总的物质的量；y_B 为组分 B 的摩尔分数。平衡时反应系统中总的物质的量 $n=(3.0-x)+(4.0-x)+x+x=7.0\text{mol}$，所以各组分的平衡分压为

$$CO(g)+H_2O(g) \rightleftharpoons CO_2(g)+H_2(g)$$

平衡分压/kPa　$\frac{3.0-x}{7.0}p$　$\frac{4.0-x}{7.0}p$　$\frac{x}{7.0}p$　$\frac{x}{7.0}p$

将平衡分压代入标准平衡常数表达式中计算，得

$$x=1.7\text{mol}$$

所以，CO 的平衡转化率：$\alpha=\frac{1.7}{3.0}\times 100\%=57\%$。

注意：本题为气相反应，计算标准平衡常数时必须用分压代入，切不可直接代入各气体的物质的量或浓度。

4. 平衡常数与反应的吉布斯自由能

$\Delta_r G_m^\ominus$ 只能用来判断化学反应在标准态下能否自发进行，而大多数反应都处于非标准态，应该用 $\Delta_r G_m$ 来判断反应的方向。范托霍夫(Van' t Hoff)化学反应等温方程给出了 $\Delta_r G_m$ 的计算式。

$$\Delta_r G_m = \Delta_r G_m^\ominus + RT\ln J \tag{2.18}$$

式(2.18)中的 J 称为反应商，它的计算式与方程式有关。例如对任一化学反应

$$dD(g)+eE(g) \rightleftharpoons fF(g) + gG(g)$$

$$J=\frac{(p_F/p^\ominus)^f\ (p_G/p^\ominus)^g}{(p_D/p^\ominus)^d\ (p_E/p^\ominus)^e}$$

显然，J 的计算式与标准平衡常数表达式相同。实际上，不仅是气相反应，其他情况下，J 的计算式也与 $K^\ominus$ 表达式完全相同，不同在于 $K^\ominus$ 表达式中每一项都是平衡浓度或平衡分压，而 J 的计算式中每一项是任意时候的浓度或分压。对于指定的化学反应，$K^\ominus$ 值只受反应温度的影响，而 J 值与温度、压力、物质的初始浓度或分压等许多因素有关。

如果反应达到平衡状态，则 $\Delta_r G_m=0$，$J=K^\ominus$，根据式(2.18)可得

$$\Delta_r G_m^\ominus = -RT\ln K^\ominus \tag{2.19}$$

所以，标准平衡常数既可以根据其平衡组成来计算，也可以根据反应的 $\Delta_r G_m^\ominus$ 来计算。指定反应在一定温度下的 $\Delta_r G_m^\ominus$ 为固定值，所以该反应的标准平衡常数 $K^\ominus$ 也是固定值。因此，$K^\ominus$ 只与反应温度有关，不随物质的初始浓度(或分压)而改变，因而与平衡组成无关，所以使用标准平衡常数时要注明反应温度。

多重平衡规则

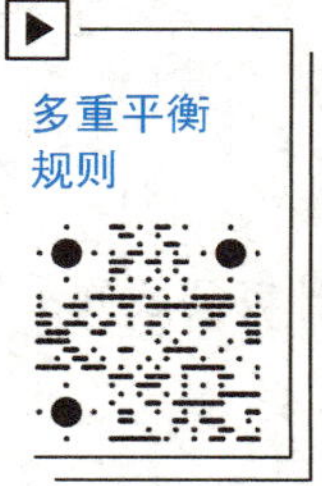

5. 多重平衡规则

如果某反应是由几个反应相加(或相减)得到的，则该反应的平衡常数就等于几个反应的平衡常数之积(或商)，这种关系称为多重平衡规则。多重平衡规则的证明如下。

设反应①、②和③在温度 T 时的标准平衡常数依次为 $K_1^\ominus$、$K_2^\ominus$ 和

$K_3^\ominus$，它们的标准摩尔反应吉布斯自由能分别为 $\Delta_r G_{m,1}^\ominus$、$\Delta_r G_{m,2}^\ominus$ 和 $\Delta_r G_{m,3}^\ominus$。

如果反应③=①+②，由于 G 是状态函数，只与反应的初、末态有关，与具体途径无关，因此，$\Delta_r G_{m,3}^\ominus = \Delta_r G_{m,1}^\ominus + \Delta_r G_{m,2}^\ominus$，根据式(2.19)可得

$$-RT\ln K_3^\ominus = -RT\ln K_1^\ominus - RT\ln K_2^\ominus$$

因此，
$$K_3^\ominus = K_1^\ominus \times K_2^\ominus$$

同样可证，如果④=①-②，则 $K_4^\ominus = K_1^\ominus / K_2^\ominus$。

如果⑤=①×3+②×$\frac{1}{2}$，则 $K_5^\ominus = (K_1^\ominus)^3 \times (K_2^\ominus)^{1/2}$

6. 平衡常数与反应商

用 $\Delta_r G_m$ 来判断反应的方向，将式(2.19)代入式(2.18)中，得

$$\Delta_r G_m = -RT\ln K^\ominus + RT\ln J = RT\ln (J/K^\ominus)$$

根据上式，只要知道 J 与 $K^\ominus$ 的相对大小，就可以得出 $\Delta_r G_m$ 的符号，进而判断化学反应的方向，不需要计算出 $\Delta_r G_m$ 的具体数值，这是一种更为简便和实用的方法。

在等温等压条件下：若 $J > K^\ominus$，即 $\Delta_r G_m > 0$，则正反应不能自发进行；若 $J = K^\ominus$，即 $\Delta_r G_m = 0$，则该反应已经达到平衡状态；若 $J < K^\ominus$，即 $\Delta_r G_m < 0$，则该反应能够自发向右进行。

【例 2.7】已知 973K 时，反应 $FeO(s) + H_2(g) \rightleftharpoons Fe(s) + H_2O(g)$ 的 $K^\ominus$ 等于 0.426。如果在该温度下，向 FeO(s)所在密闭容器内通入等物质的量的 $H_2O(g)$ 和 $H_2(g)$ 的混合气体，混合气体的总压力为 100kPa，能否将 FeO(s)还原为 Fe(s)？

解：能否将 FeO(s)还原为 Fe(s)，就是问该反应能否进行，所以应该计算该反应的反应商 J，再与 $K^\ominus$ 做比较。$H_2O(g)$ 和 $H_2(g)$ 的物质的量相等，所以它们的分压相等，各占混合气体的总压力的一半。

$$J = \frac{p(H_2O)/p^\ominus}{p(H_2)/p^\ominus} = \frac{p(H_2O)}{p(H_2)} = \frac{1/2 \times 100\text{kPa}}{1/2 \times 100\text{kPa}} = 1$$

显然 $J > K^\ominus$，所以正反应不能自发进行，即 FeO(s)不会被还原。

【例 2.8】Ag_2CO_3 受热后会发生分解，反应如下

$$Ag_2CO_3(s) \rightleftharpoons Ag_2O(s) + CO_2(g)$$

已知该反应的 $K^\ominus$ 等于 0.01194。现有潮湿的 $Ag_2CO_3(s)$，用 383.15 K 的空气进行干燥，干燥过程中要保证 $Ag_2CO_3(s)$ 不分解，所用空气中的 $CO_2(g)$ 的分压至少为多少？

解：要使 $Ag_2CO_3(s)$ 不分解，即正反应不能自发进行，则 $J > K^\ominus$，而 $J = \frac{p_{CO_2}}{p^\ominus}$，

$$p_{CO_2} > K^\ominus \cdot p^\ominus = 0.01194 \times 100\ \text{kPa} = 1.194\ \text{kPa}$$

所以，$CO_2(g)$ 的分压不得低于 1.194 kPa。

2.2.3 化学平衡的移动

化学平衡是相对的、暂时的，只能在一定条件下保持。当外界条件改变时，旧的平衡被破坏，在新的条件下重新建立起新的平衡。这种因外界条件改变使反应从一个平衡状态转变到另一个平衡状态的过程称为化学平衡的移动。平衡移动的结果是系统中反应物和生成物的浓度或分压发生了变化，如果温度不变，平衡常数也不变。

影响化学平衡的主要外界条件有浓度、压力和温度等，它们对化学平衡的影响可以用1887年法国化学家勒夏特里(Le Chatelier)提出的平衡移动原理判断：假如改变平衡系统的条件之一，如温度、压力或浓度，平衡就向减弱这个改变的方向移动。

平衡移动原理可对平衡移动的方向做出定性的判断，如果已知平衡常数就可进一步做定量的计算。

1. 浓度(或气体分压)对化学平衡的影响

在其他条件不变时，增加反应物浓度(或气体分压，对于气体，根据理想气体状态方程，$p_B=(n_B/V)RT=c_BRT$，所以气体的浓度与其分压成正比)或者降低生成物浓度(或气体分压)，反应商减小，$J<K^\ominus$，所以平衡向着正反应方向移动；反之，降低反应物浓度或增加生成物浓度，可使平衡向着逆反应方向移动。

【例2.9】向【例2.6】中已达平衡的系统中再加入4.0mol $H_2O(g)$，温度保持不变，再次达到平衡时，CO平衡转化率又为多少？

解：本题计算方法与【例2.6】一致，可以从原来的平衡态开始计算，也可以直接用初始态进行计算。设平衡时 H_2 物质的量为 x'mol，则

	$CO(g)$	+	$H_2O(g)$	$\rightleftharpoons$	$CO_2(g)$	+	$H_2(g)$
起始时物质的量/mol	3.0		8.0		0		0
平衡时物质的量/mol	$3.0-x'$		$8.0-x'$		x'		x'
平衡分压/kPa	$\frac{3.0-x'}{11.0}p$		$\frac{8.0-x'}{11.0}p$		$\frac{x'}{11.0}p$		$\frac{x'}{11.0}p$

将平衡分压代入标准平衡常数表达式中计算，即

$$K^\ominus=\frac{[p(CO_2)/p^\ominus][p(H_2)/p^\ominus]}{[p(CO)/p^\ominus][p(H_2O)/p^\ominus]}=\frac{(x')^2}{(3.0-x')(8.0-x')}=1.0$$

得

$$x'=2.2\text{mol}$$

所以，CO的平衡转化率为 $\alpha'=\frac{2.2}{3.0}\times100\%=73\%$。

增大反应物 $H_2O(g)$ 的量，CO的平衡转化率从57%增加到73%，说明平衡向正反应方向移动。所以实际生产中，几种物质参加反应时，常常使价廉易得的原料适当过量以提高另一种原料的转化率，生产上藉此降低成本，提高经济效益。

2. 压力对化学平衡的影响

压力指系统的总压力，它对化学平衡的影响分为以下几种情况。

(1)对于没有气体参加的化学反应，压力的变化对化学平衡的影响不大，可忽略。

(2)对于有气体参加的化学反应，如果反应前后气体物质总的化学计量数为零，压力的变化对它们的平衡也没有影响，【例2.6】与【例2.7】中的反应式都属于此类。

(3)对于有气体参加且反应前后气体物质总的化学计量数不为零的反应，压力的改变可以使平衡发生移动。增大系统的总压力，平衡向气体分子数目减少的方向移动；减小系统的总压力，平衡向气体分子数目增多的方向移动。

(4)在指定温度及各物质的量均不变的条件下，压力增大，则体积减小。所以加压与减小体积的效果是一致的，同样，减压相当于增大体积。

【例2.10】在973 K和1000 kPa下，将氮气和氢气按物质的量的比1∶3的比例充入一密闭容器中，发生氨的合成反应，反应方程式为

$$N_2(g)+3H_2(g)\rightleftharpoons 2NH_3(g)$$

平衡时，生成了3.85%(体积百分数)的NH_3。试求：①该反应的标准平衡常数$K^{\ominus}$；②如果要产生5%的NH_3，系统的总压是多少？

解：①反应开始时，氮气和氢气的物质的量的比与反应式中的系数之比相同，则达到平衡时，两者的物质的量的比仍为1∶3，不因生成氨而改变。

反应在等温等压下进行，所以体积百分数就等于摩尔百分数。平衡时，NH_3占3.85%，则氮气和氢气所占摩尔百分数的总数为1−3.85%=96.15%，N_2占其中的1/4，H_2占其中的3/4，因此

$$p(NH_3)=1000\ \text{kPa}\times 3.85\%=38.5\ \text{kPa}$$

$$p(N_2)=\frac{1}{4}\times 1000\ \text{kPa}\times 96.15\%=240.4\ \text{kPa}$$

$$p(H_2)=\frac{3}{4}\times 1000\ \text{kPa}\times 96.15\%=721.1\ \text{kPa}$$

将数值代入下式

$$K^{\ominus}=\frac{(p_{NH_3}/p^{\ominus})^2}{(p_{N_2}/p^{\ominus})(p_{H_2}/p^{\ominus})^3}$$

解得：$K^{\ominus}=1.64\times 10^{-4}$。

②如果要产生5%的NH_3，假设系统的总压为p，则

$$p(NH_3)=5\%p=0.05p,\quad p(N_2)=\frac{1}{4}\times 95\%p,\quad p(H_2)=\frac{3}{4}\times 95\%p$$

代入标准平衡常数表达式中，有

$$K^{\ominus}=\frac{(0.05p/100)^2}{(1/4\times 0.95p/100)(3/4\times 0.95p/100)^3}=1.64\times 10^{-4}$$

解得：$p=1.33\times 10^3$ kPa。

温度不变时，压力从1000 kPa增大到1.33×10^3 kPa，产物NH_3的含量从3.85%增加到5%，说明增加压力，平衡向正反应方向移动，即向着气体分子数减少的方向移动。

(5)在实际生产中，为了提高某些反应的平衡转化率，常常需要在反应系统中添加惰性组分。惰性组分是指存在于反应系统中但不参加反应的组分，如【例2.11】中的乙苯脱氢反应，往往掺入大量的水蒸气。

如果在等温等容下加入惰性组分，系统总体积保持不变，那么总压力就增大，各气体的分压不变，所以平衡不移动。

如果在等温等压下加入惰性组分，系统总压力保持不变，那么系统的总体积就会增大，相当于降低了系统的总压力，平衡向气体分子数目增多的方向移动。

【例2.11】800 K时，乙苯脱氢生成苯乙烯反应的$K^{\ominus}=4.69\times 10^{-2}$。

$$C_6H_5C_2H_5(g)\rightleftharpoons C_6H_5C_2H_3(g)+H_2(g)$$

若反应开始时，只有乙苯存在，反应系统的总压力保持100 kPa，试计算：①平衡时乙苯的解离度；②若反应开始时，向乙苯内掺入水蒸气，使乙苯和水蒸气的物质的量之比为1∶9，此时乙苯的解离度又是多少？

解：分解反应中，反应物的转化率称为解离度。

①假设乙苯初始的物质的量为 1 mol，则各组分的物质的量分别为

	$C_6H_5C_2H_5(g) \rightleftharpoons$	$C_6H_5C_2H_3(g)$ +	$H_2(g)$
起始时物质的量/mol	1	0	0
平衡时物质的量/mol	$1-\alpha_1$	α_1	α_1
平衡时总物质的量/mol		$\sum n=1+\alpha_1$	
平衡分压/kPa	$\dfrac{1-\alpha_1}{1+\alpha_1}p$	$\dfrac{\alpha_1}{1+\alpha_1}p$	$\dfrac{\alpha_1}{1+\alpha_1}p$

$$K^{\ominus}=\frac{[p(C_6H_5C_2H_3)/p^{\ominus}][p(H_2)/p^{\ominus}]}{[p(C_6H_5C_2H_5)/p^{\ominus}]}=\frac{\alpha_1^2}{1-\alpha_1^2}\cdot\frac{p}{p^{\ominus}}=4.69\times10^{-2}$$

解得：$\alpha_1=21.2\%$。

②假设原料气中乙苯和水蒸气的物质的量分别为 1 mol 和 9 mol，则各组分的物质的量分别为

	$C_6H_5C_2H_5(g) \rightleftharpoons$	$C_6H_5C_2H_3(g)$ +	$H_2(g)$	$H_2O(g)$
起始时物质的量/mol	1	0	0	9
平衡时物质的量/mol	$1-\alpha_2$	α_2	α_2	9
平衡分压/kPa	$\dfrac{1-\alpha_2}{10+\alpha_2}p$	$\dfrac{\alpha_2}{10+\alpha_2}p$	$\dfrac{\alpha_2}{10+\alpha_2}p$	

$$K^{\ominus}=\frac{\left(\dfrac{\alpha_2}{10+\alpha_2}\ \dfrac{p}{p^{\ominus}}\right)^2}{\dfrac{1-\alpha_2}{10+\alpha_2}\ \dfrac{p}{p^{\ominus}}}=\frac{\alpha_2^2}{(1-\alpha_2)(10+\alpha_2)}\ \frac{p}{p^{\ominus}}=4.69\times10^{-2}$$

解得：$\alpha_2=49.7\%>\alpha_1$。

显然，掺入水蒸气，其他条件不变，乙苯的解离度从 21.2%提高到了 49.7%，提高了一倍有余。所以说，在等温等压下加入惰性组分，对于气体分子数增加的反应，系统总的物质的量增加，因而参加反应的各气体分压减少相当于降低了系统的总压力，平衡向右移动，所以转化率 α 增大。对于气体分子数减少的反应，情况正好相反，加入惰性组分将使平衡逆向移动。

3. 温度对化学平衡的影响

改变浓度或压力使反应商发生变化，$J\neq K^{\ominus}$，所以化学平衡发生了移动，而温度的影响则不同，改变温度，$K^{\ominus}$ 值发生变化，导致平衡发生移动。

对于吸热反应，升高温度有利于反应，所以 $K^{\ominus}$ 值增大，则 $J<K^{\ominus}$，平衡向正反应方向移动；对于放热反应，升高温度 $K^{\ominus}$ 值减小，平衡向逆反应方向移动。总之，温度升高平衡向吸热方向移动，温度降低平衡向放热方向移动。

以上讨论了浓度、压力和温度对平衡移动的影响，其他因素的影响也可通过类似的方法进行分析。催化剂对化学平衡的移动无影响。

【例 2.12】Ag_2O 遇热分解 $2Ag_2O(s) \rightleftharpoons 4Ag(s) + O_2(g)$，已知 298.15K 时 Ag_2O 的 $\Delta_f H_m^{\ominus}=-30.59 kJ\cdot mol^{-1}$，$\Delta_f G_m^{\ominus}=-10.82\ kJ\cdot mol^{-1}$。不查表，求：①298.15K 时 $Ag_2O(s)$- Ag 平衡体系的 $p(O_2)$；②计算标准态下 Ag_2O 热分解的最低温度。（假设该反

应的 $\Delta_r H_m^{\ominus}$、$\Delta_r S_m^{\ominus}$ 不随温度而改变）

解：①反应 $2Ag_2O(s) \rightleftharpoons 4Ag(s)+O_2(g)$ 中，产物都是稳定单质，所以 $Ag(s)$ 和 $O_2(g)$ 的 $\Delta_f H_m^{\ominus}=0$，$\Delta_f G_m^{\ominus}=0$，所以该反应的 $\Delta_r G_m^{\ominus}=0-2(\Delta_f G_m^{\ominus}(Ag_2O,s))$。$\Delta_r G_m^{\ominus}=-2(\Delta_f G_m^{\ominus}(Ag_2O,s))=21.64\ kJ \cdot mol^{-1}$

$$\Delta_r H_m^{\ominus}=-2(\Delta_f H_m^{\ominus}(Ag_2O,s))=61.18\ kJ \cdot mol^{-1}$$

由 $\Delta_r G_m^{\ominus}=-RT\ln K^{\ominus}$，得 $21.64\times10^3=-RT\ln K^{\ominus}$

$K^{\ominus}=1.617\times10^{-4}$，$K^{\ominus}=p(O_2)/p^{\ominus}$，则

$$p(O_2)=0.01617\ kPa$$

②Ag_2O 分解，说明上述反应的 $\Delta_r G_m^{\ominus}<0$，可根据 $\Delta_r G_m^{\ominus}=\Delta_r H_m^{\ominus}-T\Delta_r S_m^{\ominus}=0$ 计算 T 值。$\Delta_r H_m^{\ominus}$ 已知，需要求出 $\Delta_r S_m^{\ominus}$。

由 $\Delta_r G_m^{\ominus}=\Delta_r H_m^{\ominus}-T\Delta_r S_m^{\ominus}$，得 $21.64=61.18-298.15\Delta_r S_m^{\ominus}$

$$\Delta_r S_m^{\ominus}=0.1326kJ \cdot mol^{-1} \cdot K^{-1}$$

$\Delta_r G_m^{\ominus}=\Delta_r H_m^{\ominus}-T\Delta_r S_m^{\ominus}=61.18-T\times0.1326\leqslant0$，则

$$T\geqslant461.3K$$

所以，标准状态下 Ag_2O 的热分解的最低温度是 461.3K。

2.3 化学反应速率

对于化学反应的研究，热力学和动力学是相辅相成、缺一不可的。要生产新的化学制品，应该先由化学热力学确定反应的可能性。但热力学只考虑系统的初、末态，不研究过程的具体步骤，也没有时间概念，所以如果反应可行，要对其进行动力学的研究，找出各种速率影响因素，最后将热力学中有关平衡(即最大转化率)的影响因素和动力学中有关反应速率的影响因素综合起来考虑，选择反应的最佳工艺操作条件，以求得最好的经济效益。

反应的快慢与热力学判据 $\Delta_r G_m^{\ominus}$ 的大小无关，对实际生产非常重要，有关反应速率的问题属于化学动力学的研究范围。

2.3.1 化学反应速率的表示法

反应速率可以用单位时间内反应物或产物浓度(或分压)的变化量来表示。对于某一化学反应

$$dD+eE \rightleftharpoons fF+gG$$

反应速率为标量，是正值，而反应物的浓度随着时间的推移而逐渐减小，所以用反应物浓度表示时前面要加负号。反应速率可表示为 $\pm\frac{dc}{dt}$，即在时间间隔无限小的 dt 瞬间内反应物或产物浓度的变量 dc。用 $-\frac{dc_D}{dt}$、$-\frac{dc_E}{dt}$、$\frac{dc_F}{dt}$ 或 $\frac{dc_G}{dt}$ 任何一种均可，生产中通常取其中较易测定者来表示。

由于反应式中各物质的计量系数不一定相同，各物质的浓度随时间的变化率即反应速率的数值也不一定相同，如合成氨反应 $3H_2(g)+N_2(g) \rightleftharpoons 2NH_3(g)$，每消耗 3 个 H_2 分子、1 个 N_2 分子，就生成 2 个 NH_3 分子，H_2 的消耗速率是 N_2 的 3 倍。若将上述各物质的

反应速率除以该物质的化学计量数 ν_B，结果就相同了，而且反应物的计量数为负，产物的计量数为正，表示反应速率时就不需要考虑是否要加负号。所以，对于反应 $0=\sum_B \nu_B B$，反应速率可表示为

$$v=\frac{1}{\nu_B}\frac{dc_B}{dt} \qquad (2.20)$$

式(2.20)中 v 表示反应速率，以反应式 $3H_2(g)+N_2(g) \rightleftharpoons 2NH_3(g)$ 为例，其反应速率可写作

$$v=\frac{1}{-3}\frac{dc(H_2)}{dt}=\frac{1}{-1}\frac{dc(N_2)}{dt}=\frac{1}{2}\frac{dc(NH_3)}{dt}$$

2.3.2 反应速率理论简介

1. 气体反应的碰撞理论

1918 年，路易斯(Lewis)根据气体分子运动论提出了气体反应的碰撞理论。该理论认为，反应物分子之间只有通过碰撞才能发生反应，碰撞是发生化学反应的先决条件。反应物分子碰撞的频率越高，反应速率越大。

以碘化氢气体的分解反应为例，有

$$2HI(g) \rightleftharpoons H_2(g)+I_2(g)$$

根据气体分子运动论计算，浓度为 0.0010 $mol \cdot L^{-1}$ 的 HI 气体在 723.15 K 和 101.325 kPa 的条件下，每秒钟每立方分米的空间内气体分子之间可发生 3.5×10^{28} 次碰撞。如果每次碰撞都发生反应，则反应速率应为 $1.2\times10^{5}\ mol \cdot L^{-1} \cdot s^{-1}$，而实验测得其实际速率却是 $1.2\times10^{-8}\ mol \cdot L^{-1} \cdot s^{-1}$，同时人们还发现，不同的气相反应各自的反应速率也有很大的差异。这是什么原因呢?

瑞典物理化学家阿仑尼乌斯(Arrhenius)据此提出了化学反应的有效碰撞理论，包括如下两点。

(1)并不是每一次碰撞都会发生化学反应，大多数的碰撞并不能引起反应，只有具有足够大能量的分子碰撞时才能发生化学反应。阿仑尼乌斯把这些能量较高的分子称为**活化分子**，这种能够引起化学反应的碰撞称为**有效碰撞**，而普通分子变成活化分子所需要增加的能量则称为**活化能**。

(2)活化分子之间并不是每一次碰撞都会发生化学反应，碰撞还必须有适宜的取向才能导致旧键的破坏和新键的形成。例如反应

$$NO(g)+O_3(g) \rightleftharpoons NO_2(g)+O_2(g)$$

如果 NO 的氮原子与 O_3 的氧原子相碰，氧原子才有可能转移到 NO 分子上，从而生成 NO_2 和 O_2 分子。如果是 NO 的氧原子与氧原子相碰，就不会发生氧原子的转移。对于复杂的分子，碰撞的几何方位对反应速率的影响更大。

化学反应速率的大小主要取决于单位时间内有效碰撞的次数，而有效碰撞的次数取决于活化分子数，即反应速率与活化能有关。不同的反应具有不同的活化能，反应的活化能越大，活化分子在所有分子中所占的比例就越小，单位时间内有效碰撞的次数就越少，因此反应就进行得越慢。反之，活化能越小，活化分子所占比例越大，单位时间内有效碰撞的次数越多，反应进行得越快。

碰撞理论建立在气体分子运动论的基础上，能够比较成功地解释某些实验事实，如温

度、反应物浓度等对反应速率的影响。但是，碰撞理论把反应物分子仅看作是刚性球体，没有考虑分子的内部结构，存在局限性，只适用于一些结构简单的分子的反应。

2. 过渡态理论

20世纪30年代初期，艾林（Eyring）和波兰尼（Polany）等人在统计热力学和量子力学的基础上建立和发展了过渡状态理论，又称活化络合物理论。该理论认为，化学反应的发生不只是通过分子间的简单碰撞，要经过一个中间的过渡状态，形成活化络合物，例如下列反应

$$\underset{(反应物)}{A+BC} \rightleftharpoons \underset{(活化络合物)}{A\cdots B\cdots C} \longrightarrow \underset{(产物)}{AB+C}$$

反应物A的活化分子和BC的活化分子发生碰撞，形成了活化络合物A…B…C。活化络合物的形成需要一定的能量，其中的化学键处于旧键被削弱、新键要形成的一种过渡状态，能量较高，极不稳定。当活化络合物中B…C键完全断开，新形成的A…B键进一步强化时，即形成了产物AB和C，此时整个系统的能量降低，反应就完成了。

反应速率的大小与活化络合物的浓度及活化络合物的解离速率等因素有关。图2.5表示反应过程中系统的能量变化。由稳定的反应物分子过渡到活化络合物的过程称为活化过程，活化过程中所吸收的能量就是活化能，因此活化能就是活化络合物的能量与反应物分子的平均能量之差。显然，活化能越大，活化分子数越少，反应速率就越小。

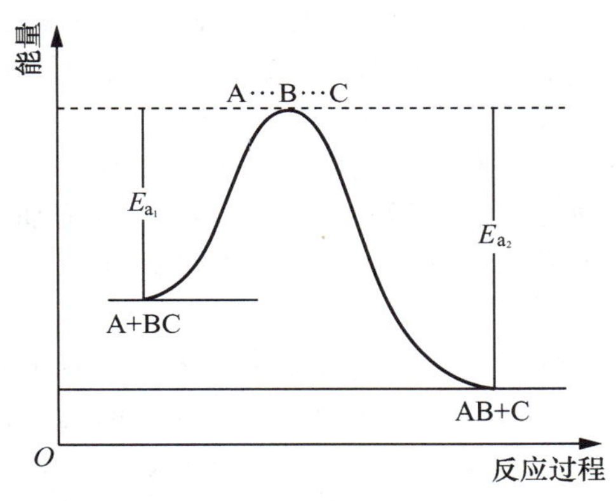

图2.5 反应过程的能量变化

图2.5中的反应的产物的平均能量低于反应物的平均能量，所以该反应是放热反应。如果反应逆向进行，也要先形成活化络合物A…B…C，然后分解。逆反应是一个吸热反应，活化能为E_{a_2}。对于可逆反应，吸热反应的活化能总是大于放热反应的活化能。

2.3.3 影响反应速率的因素

影响化学反应速率的因素有两种：一种是内因，与反应物的本性及反应类型有关；另一种是外因，化学反应速率还受一些外界条件如浓度、温度和催化剂等的影响。

1. 浓度（或分压）对反应速率的影响

大量实验证明，在一定温度下增大反应物的浓度（或分压），反应速率加快。因为增加了反应物浓度（或分压），单位体积内的分子总数增加，活化分子数也随之增多，因而单位时间内有效碰撞的机会增多，从而使反应速率加快。

不同的反应，反应速率与反应物浓度的关系是不相同的，只有通过实验来测定。对于反应

$$dD+eE+\cdots \rightleftharpoons fF+gG+\cdots$$

实验证明，反应物浓度与反应速率呈如下函数关系。

$$v=kc_D^{\alpha}c_E^{\beta}\cdots \tag{2.21}$$

式(2.21)这种表示反应速率与浓度之间关系的函数式称为速率方程，式中 k 为比例系数，称为速率系数，它与反应物的浓度无关，与温度、催化剂等因素有关，它的大小直接反映了反应的快慢程度；α，β，…是相应物质浓度的指数，其值要根据实验结果来确定，可能是正整数、负整数或分数。这些指数之和($n=\alpha+\beta+\cdots$)称为反应级数。

例如，根据实验结果测出下列反应的速率方程。

①$H_2(g)+Cl_2(g) \rightleftharpoons 2HCl(g)$　　　$v=k[H_2][Cl_2]^{1/2}$

②$H_2(g)+I_2(g) \rightleftharpoons 2HI(g)$　　　$v=k[H_2][I_2]$

③$N_2O(g) \xrightleftharpoons{Au} N_2(g)+1/2O_2(g)$　　　$v=k[N_2O]^0=k$

反应①的反应速率与 $H_2(g)$的浓度成正比，与 $Cl_2(g)$ 浓度的 0.5 次方成正比，该反应的反应级数为 1.5，或者说该反应是 1.5 级反应；反应②是 2 级反应；反应③是 0 级反应，该反应的反应速率与反应物浓度无关。

2. 温度对反应速率的影响

前面讨论的浓度与反应速率关系都是在一定温度下进行的，其实温度对反应速率的影响远远超过浓度对其的影响，如氢气和氧气混合，常温下几乎不反应，如果加热至700℃，就会猛烈反应，甚至发生爆炸。

温度升高，反应速率加快，有两个方面的因素。主要因素是温度升高，单位体积内的活化分子数增多，有效碰撞次数增加，所以反应速率加快。另外还有一个次要因素，温度升高，分子运动速度加快，所以碰撞次数增多，因而有效碰撞次数增多，反应速率加快。

升高温度不仅会加快吸热反应的速率，也会加快放热反应的速率，但是增加的程度不一样。可逆反应中，吸热反应的速率提高幅度较大，所以升高温度，化学平衡向吸热反应方向移动。另外，对于放热反应，升高温度虽然会提高反应速率，但同时也使转化率低，所以实际生产中应兼顾这些因素，包括催化剂的活化温度，然后选择最适宜的温度。

温度对反应速率的影响主要表现在对速率系数 k 的影响上。范托霍夫根据大量的实验结果总结出一条近似的经验规则，温度每升高 10℃，反应速率增大到 2～4 倍，即

$$\frac{k(T+10\mathrm{K})}{k(T)}=2\sim4 \tag{2.22}$$

这只是一个粗略的经验规则，如果温度变化不大且不需要精确数据时，可用它来进行估算。

1889 年阿仑尼乌斯总结了大量的实验数据，得出了如下结论：化学反应的速率系数 k 与温度 T 之间呈指数关系

$$k=A\mathrm{e}^{-\frac{E_a}{RT}} \tag{2.23a}$$

这就是阿仑尼乌斯方程，式中 A 称为指(数)前因子或频率因子，对于指定的反应，A 是一个常数，与温度无关；R 为摩尔气体常数；E_a为活化能，其单位为 $J \cdot mol^{-1}$或$kJ \cdot mol^{-1}$。

不同的化学反应具有不同的活化能，一般反应的活化能在 40～400 $kJ \cdot mol^{-1}$。一般情况下，活化能小于 40 $kJ \cdot mol^{-1}$，反应非常快，而活化能大于 120 $kJ \cdot mol^{-1}$，则反应

很慢。

实际应用时，阿仑尼乌斯方程可变换为多种形式，若对式(2.23a)两边取自然对数，对 T 求导，假定 E_a 与温度无关，再在 T_1、T_2 之间求定积分，可得阿仑尼乌斯方程的定积分式

$$\ln\frac{k_2}{k_1}=-\frac{E_a}{R}\left(\frac{1}{T_2}-\frac{1}{T_1}\right) \tag{2.23b}$$

根据式(2.23b)，如果已知两个温度下的速率系数，就可以求出反应的活化能；如果已知反应的活化能和某一温度下的速率系数就能求得另一温度下的速率系数。

【例2.13】鲜牛奶在28℃时放置4 h便会变酸，如果将其保存在5℃的冰箱内可以保存多长时间？已知牛奶变酸反应的活化能为 $7.5\times10^4 \text{J}\cdot\text{mol}^{-1}$，而且该条件下牛奶变酸反应的速率与变酸时间成反比。

解：根据式(2.21)速率方程，反应速率 v 与速率系数 k 成正比，题中反应速率与变酸时间 t 成反比，所以

$$\frac{v_2}{v_1}=\frac{k_2}{k_1}=\frac{t_1}{t_2}$$

将上式代入式(2.23b)中，得

$$\ln\frac{4}{t_2}=-\frac{7.5\times10^4}{8.314}\left(\frac{1}{273.15+5}-\frac{1}{273.15+28}\right)$$

解得：$t_2=48$ h

所以鲜牛奶在5℃时可保存48h。

3. 催化剂对反应速率的影响

催化剂是一种能够改变反应速率而不改变该反应的标准吉布斯自由能的物质，它对化学反应所起的作用称为催化作用。正催化剂使化学反应加快，负催化剂使反应减慢，如不特别指明，一般所说的催化剂指正催化剂。

研究表明，催化剂影响反应速率的原因在于它参加了反应，改变了反应历程，进而改变了反应的活化能。

催化反应的一般机理可用图2.6说明，由图可见，在使用催化剂前后反应A→C反应机理分别为

A	→	B	→	C	非催化反应
A＋催化剂	→	B′	→	C＋催化剂	催化反应

B、B′为活化络合物。显然，非催化反应要进行必须克服一个较高的能垒，而催化剂改变了反应的历程，催化反应只相当于要爬一个(有时是几个)小能垒。催化剂的加入使反应的活化能大大降低，正反应的活化能从 E_{a_1} 下降为 E'_{a_1}，反应速率明显提高。例如，蔗糖的水解加入无机酸作为催化剂后，反应的活化能从 107.1 kJ mol^{-1} 降为 39.3 kJ mol^{-1}；合成氨反应加入铁催化剂后，活化能从 334.7 kJ·mol^{-1} 降为 167.4 kJ·mol^{-1}。

由此可见，催化剂的加入改变了反应的历程，降低了反应的活化能，使单位体积内活化分子数大大增加，有效碰撞次数增加，从而使反应速率增大。

催化剂对化学反应速率的影响非常大，有的催化剂可以使化学反应速率加快几百万倍。催化作用具有以下基本特征。

(1)加入催化剂能改变反应机理，降低反应的活化能，使反应加速。

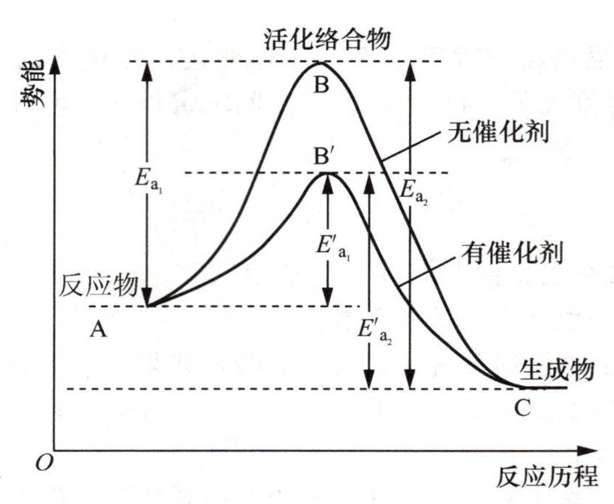

图 2.6　催化作用能量图

催化剂可使化学反应经由只需较少活化能的路径来进行，而在这种能量下，如果没有催化剂，反应通常不是无法进行，就是需要较长时间。

(2)催化剂只能加速热力学可行的反应，对平衡常数没有影响。

催化剂只能加速反应，并不能改变反应结果，因此催化剂的加入与否对反应的 $\Delta_r G_m^\ominus$ 和 $K^\ominus$ 没有影响，或者说催化剂只能加速热力学可行的反应，缩短到达平衡的时间，并不能改变平衡的组成。因此，在寻找催化剂之前应该先判断该反应在给定条件下能否进行，平衡转化率有多大。

对于可逆反应，催化剂同时降低了正、逆反应的活化能，所以对于平衡系统，催化剂使正反应和逆反应的速率以相同倍数增大。

(3)催化剂具有选择性。

催化剂一般具有选择性，它仅能加速某一反应或者某一类型的反应。例如，甲酸受热分解，加入固体 Al_2C_3 催化剂，则发生脱水反应，加入固体 ZnO 催化剂，则发生脱氢反应。

$$HCOOH \xrightarrow{Al_2O_3} H_2O + CO;\ HCOOH \xrightarrow{ZnO} H_2 + CO_2$$

催化剂只能加速特定类型的化学反应，因此工业上选择适当的催化剂可以提高主产品的产率，抑制副反应的进行。

【例 2.14】已知可逆反应 $C(s) + H_2O(g) \rightleftharpoons CO(g) + H_2(g)$ $\Delta_r H_m^\ominus > 0$，在某温度下达平衡，问：①反应物与生成物的浓度是否一定相同？②若增加任一反应物或生成物的浓度，是否影响其他反应物或生成物的浓度？③随着正反应的进行，反应物 $p(H_2O)$ 不断降低，生成物 $p(CO)$ 和 $p(H_2)$ 不断增加，那么，$K^\ominus$ 是否也应该不断增加？④温度升高，吸热反应（正反应）速率是否增加，放热反应（逆反应）速率是否减小？$K^\ominus$ 值是否增大？⑤由于该反应前后分子总数相等，因此增加压力对平衡是否没有影响？

答：①不一定相等。因为化学反应到达平衡态时，各物质浓度不再变化，而非各物质的浓度相等。

②若改变反应物或生成物的浓度，化学平衡会发生移动，使系统减弱这种改变，所以其他反应物或生成物的浓度会发生改变。

③$K^\ominus$ 表达式中的各项是指系统达到化学平衡时的分压（或浓度），而不是任意时刻的分压（或浓度），所以 $K^\ominus$ 在一定温度下是定值。

④温度升高，会使正、逆反应速率都增加。只不过是吸热方向增加得更多。由于正反应是吸热反应，因此升高温度平衡向正反应方向移动，$K^{\ominus}$增大。

⑤该反应的气体反应物和气体生成的分子总数并不相等，增大系统总压，平衡向压力减小的方向，即向逆反应方向移动。

关　于　熵

什么是熵？比利时科学家普里高津(Ilya Prigogine)讲过："在科学史的进程中，没有什么问题被如此频繁地讨论过。"

1865年，克劳修斯(R. J. E. Clausius)首先提出了熵的概念：在经典热力学中，熵等于可逆过程的热温商(热量与温度之比)。熵增原理(也就是热力学第二定律)可表述为：一个隔离系统的熵永远不会减少。

克劳修斯等人还把热力学第二定律用于解释宇宙的发展，提出了"宇宙热寂论"，即宇宙每天都在发生着熵增加过程，当宇宙熵值达到最大值时，整个宇宙将会达到热平衡，温度差消失，压力变为均匀，所有的能量都成为不可再进行传递和转化的束缚能，整个宇宙进入一个死寂的永恒状态，不再会有任何变化，这种状态称为热寂。这个结论被称为科学中最悲观的观点，它困扰了好几代物理学家和宇宙学家的想象力。

1877年，玻耳兹曼从微观统计的角度得出了熵的物理意义：熵是反映物质粒子混乱程度的物理量。1944年，薛定谔(E. Schrodinger)在他的书《生命是什么？》中明确地论述了负熵的概念，并用负熵解释生命现象，"生物以负熵为食"，薛定谔说："要摆脱死亡，就是说要活着，唯一的办法就是从环境中不断地吸取负熵。有机体就是赖负熵为生的，新陈代谢的本质就是使有机体成功地消除了当它活着时不得不产生的全部的熵。"

经典热力学中的熵描述的是微观粒子的混乱程度。如果借用熵的概念来描述其他的事物、系统或运动方式的无序度，这样就有了另一种熵的概念，称为广义熵。广义熵可定义为对事物运动状态的不肯定程度(不定度)。1948年，香农(C. E. Shannon)把熵引入信息论中，推导出信息熵计算公式。如果得到足够的信息后，消除的关于事物运动状态的不肯定性程度或者说所消除(或减少)的熵即负熵，也就是信息量，信息量(负熵)所表示的是系统的有序程度、组织结构程度、复杂性、特异性或进化发展程度，与熵(无序度、不定度、混乱度)相对立。1956年，法国物理学家布里渊(Leon Brillouin)在著作《科学与信息论》中论述了信息熵与热力学熵的关系，指出信息熵是解除不定度能力的度量，而热力学熵是系统混乱性的度量，信息的丢失意味着混乱性的增加，两者互为负值。

热力学一般研究的是封闭系统的平衡状态，熵增原理的前提是隔离系统，只有在隔离系统中熵增原理才是一条不可违背的真理。普里高津认识到了这一点，将熵推广到了与外界有能量交换的非平衡态热力学系统，他在1965年提出了耗散结构理论，他认为除了通常处于平衡状态下的有序结构(如晶体)外还有一种处于远离平衡条件下的有序结构——耗散结构，耗散结构指在非平衡和开放条件下，通过系统内部耗散能量的不可逆过程产生和维持空间或时间有序的结构。耗散结构理论在某些物理化学过程、自动控制系统及生物学过程中都有很重要的意义，有助于阐明生命现象中组织结构和有序度增长的现象，普里高津因此荣获了1977年的诺贝尔化学奖。

耗散结构理论只是部分解决了热寂论问题，爱因斯坦引力理论指出，宇宙膨胀从宇宙大爆炸开始至它的最大限度，然后收缩以致坍缩。宇宙大爆炸通常被看作是宇宙时间箭头——熵增的本原。黑洞能导致宇宙的局部收缩，但并不足以与整个宇宙的膨胀相抗衡。因此，要最终解决热寂论的问题，还必须找到宇宙收缩的机制。这个问题至今仍在探索中。有人认为，中微子对宇宙密度的贡献有可能在将来导致宇宙收缩。

从熵增原理到“热寂说”的推理，其中存在许多不严格的地方，因此无法明确地判断“热寂说”是否成立，也就是说，“热寂说”虽然不能推翻，但它自身的推理也不足以令人信服。

熵的概念被一再移植，如心理熵、环境熵、社会熵、黑洞熵、气象熵、地球熵、行为熵、基因熵、哲学熵、思想熵、政治熵、历史熵、艺术熵、生命熵、植物熵、信息熵、经济熵、教育熵、医学熵、消费熵、建筑熵、宗教熵等。今天的世界真是处处充满了熵。

习　　题

2.1 计算下列系统的热力学能的变化。

(1)系统吸收了163kJ 热量，并且对环境做了394kJ 功。

(2)系统放出了248kJ 热量，并且环境对系统做了265kJ 功。

2.2 诺贝尔发明的硝酸甘油炸药爆炸时产生的气体发生膨胀，可使体积增大1200倍，反应如下。

$$4C_3H_5(NO_3)_3(l)=6N_2(g)+10H_2O(g)+12CO_2(g)+O_2(g)$$

已知 $C_3H_5(NO_3)_3(l)$的标准摩尔生成焓为 $-355\ kJ\cdot mol^{-1}$，利用本书附录中的数据计算该爆炸反应在298 K下的标准摩尔反应焓。

2.3 在298.15 K、$p^{\ominus}$下，B_2H_6发生燃烧反应：$B_2H_6(g)+3O_2(g)=B_2O_3(s)+3H_2O(g)$，每燃烧1mol $B_2H_6(g)$就放热2020 kJ，同样条件下2 mol单质硼(B)在O_2中燃烧生成1mol $B_2O_3(s)$，放热1264 kJ。计算298.15 K时$B_2H_6(g)$的标准摩尔生成焓。

2.4 已知在298.15K、100 kPa下

(1)$CH_4(g)+4NO_2(g)=4NO(g)+CO_2(g)+2H_2O(g)$　　$\Delta_r H_{m,1}^{\ominus}=-574\ kJ\cdot mol^{-1}$

(2)$CH_4(g)+2NO_2(g)=N_2(g)+CO_2(g)+2H_2O(g)$　　$\Delta_r H_{m,2}^{\ominus}=-867 kJ\cdot mol^{-1}$

计算：$CH_4(g)+4NO(g)=2N_2(g)+CO_2(g)+2H_2O(g)$　　$\Delta_r H_{m,3}^{\ominus}=?$

2.5 推测下列过程是熵增过程还是熵减过程。

(1)水变成水蒸气。

(2)盐从过饱和溶液中结晶出来。

(3)碳酸氢钠分解。

(4)铁丝燃烧。

(5)$2NH_3(g)\rightleftharpoons N_2(g)+3H_2(g)$。

(6)$H_2(g)+I_2(s)\rightleftharpoons 2HI(g)$。

2.6 碘钨灯内发生如下可逆反应。

$$W(s)+I_2(g)\rightleftharpoons WI_2(g)$$

扩散到灯内壁的钨会与碘蒸气反应，生成气态WI_2，而WI_2气体在钨丝附近受热，又会分解出钨单质，沉积到钨丝上，如此可延长灯丝的使用寿命。已知在298.15K时，该反应的$\Delta_r S_m^{\ominus}$为$-43.19\ J\cdot mol^{-1}\cdot K^{-1}$，$\Delta_r H_m^{\ominus}$为$-40.568\ kJ\cdot mol^{-1}$。

(1)如果灯内壁的温度为600 K，计算上述反应的$\Delta_r G_m^{\ominus}(600\ K)$(假设该反应的$\Delta_r S_m^{\ominus}$和$\Delta_r H_m^{\ominus}$不随温度而改变)。

(2)计算$WI_2(g)$在钨丝上分解所需的最低温度。

2.7 根据本书附录中的数据，判断下列反应在标准态下能否自发进行。

(1)$Ca(OH)_2(s)+CO_2(g)=CaCO_3(s)+H_2O(l)$。

(2)$2H_2(g)+O_2(g)=2H_2O(l)$。

(3)$CO(g)+H_2O(g)\rightleftharpoons CO_2(g)+H_2(g)$。

2.8 汽车尾气中的一氧化氮和一氧化碳在催化剂作用下可发生如下反应。

$$2CO(g)+2NO(g) \rightleftharpoons 2CO_2(g)+N_2(g)$$

根据本书附录中的数据，计算该反应能够自发进行的温度范围，并判断这一反应能否实际发生。假设反应的 $\Delta_r S_m^\ominus$ 和 $\Delta_r H_m^\ominus$ 不随温度而改变。

2.9 在标准状态下(二氧化碳的分压达到标准压力)，将 $CaCO_3$ 加热分解为 CaO 和 CO_2，试估计进行这个反应的最低温度。假设反应的 $\Delta_r S_m^\ominus$ 和 $\Delta_r H_m^\ominus$ 不随温度而改变。

2.10 在 298.15K 时，将压力为 3.33×10^4 Pa 的氮气 0.200 L 和压力为 4.67×10^4 Pa 的氧气 0.300L 移入 0.300L 的真空容器，混合气体中各组分气体的分压力和总压力各是多少？

2.11 人在呼吸时呼出的气体与吸入的空气的组成不同。在 36.7℃与 101 kPa 时，某人呼出气体的体积组成是 N_2，75.1%；O_2，15.2%；CO_2，3.8%；H_2O，5.9%。求：①此人呼出气体的平均摩尔质量；②呼出的气体中 CO_2 的分压力。

2.12 写出下列各反应的标准平衡常数表达式。

(1) $CH_4(g)+2O_2 \rightleftharpoons CO_2(g)+2H_2O(g)$。

(2) $NH_4HCO_3(s) \rightleftharpoons NH_3(g)+CO_2(g)+H_2O(g)$。

(3) $Fe_3O_4(s)+4H_2(g) \rightleftharpoons 3Fe(s)+4H_2O(g)$。

(4) $C(s)+O_2(g) \rightleftharpoons CO_2(g)$。

(5) $Cl_2(g)+H_2O(l) \rightleftharpoons H^+(aq)+Cl^-(aq)+HClO(aq)$。

(6) $BaSO_4(s)+CO_3^{2-}(aq) \rightleftharpoons BaCO_3(s)+SO_4^{2-}(aq)$。

2.13 在 298.15K 时反应 $ICl(g) \rightleftharpoons 1/2I_2(g)+1/2Cl_2(g)$ 的平衡常数为 $K^\ominus=2.2\times10^{-3}$，试计算下列反应的平衡常数：① $1/2I_2(g)+1/2Cl_2(g) \rightleftharpoons ICl(g)$；② $I_2(g)+Cl_2(g) \rightleftharpoons 2ICl(g)$。

2.14 已知在 823 K 时

$CO_2(g)+H_2(g) \rightleftharpoons CO(g)+H_2O(g)$　　$K_1^\ominus=0.14$

$CoO(s)+H_2(g) \rightleftharpoons Co(s)+H_2O(g)$　　$K_2^\ominus=67$

求 823 K 时反应 $CoO(s)+CO(g) \rightleftharpoons Co(s)+CO_2(g)$ 的平衡常数 $K^\ominus$。

2.15 ①根据本书附录中的数据，计算反应 $2N_2O(g)+3O_2(g)=4NO_2(g)$ 在 298.15 K 时的平衡常数；②在 298.15 K 时，如果向 1.00 L 的密闭容器中充入 1.00 mol NO_2，0.10mol N_2O 和 0.10mol O_2，试判断上述反应进行的方向。

2.16 某理想气体反应 $A(g)+B(g) \rightleftharpoons 3C(g)$ 在 298 K 时标准平衡常数为 0.027，则反应 $1/3A(g)+1/3B(g)=C(g)$ 在同温度下的标准平衡常数为多少？

2.17 反应 $2CO(g)+O_2(g) \rightleftharpoons 2CO_2(g)$ 的 $\Delta_r H_m^\ominus<0$，该反应在密闭容器中达到平衡，请填写表 2-1。

表 2-1　习题 2.17 所涉及表格

固定条件	改变条件	平衡移动方向	$K^\ominus$ 如何变化
P、V	降低温度		
P、T	加入惰性气体		
V、T	加入惰性气体		
T	增加容器体积 V		
P、T	加入 O_2		
T、P	加催化剂		

2.18 在 749 K 时，反应 $CO(g)+H_2O(g) \rightleftharpoons CO_2(g)+H_2(g)$ 的平衡常数 $K^\ominus=2.6$。如果：①起始时只有 CO 和 H_2O 存在，两者的浓度都为 1.0 mol·L^{-1}；②起始时只有 CO 和 H_2O 存在，两者的物质的量之比为 1∶3，求这两种情况下 CO 的平衡转化率。

2.19 在1100K时，在8.00L的密闭容器放入3.00mol的SO_3，SO_3分解达平衡后，有0.95mol的O_2产生。试计算在该温度下下述反应的$K^{\ominus}$。

$$2SO_2(g)+O_2(g)\rightleftharpoons 2SO_3(g)$$

2.20 在298.15K、1.47×10^3 kPa下，把氨气通入1.00L的刚性密闭容器中，在623.15 K下加入催化剂，使氨气分解为氮气和氢气，平衡时测得系统的总压力为5.00×10^3 kPa，计算623.15 K时氨气的解离度及平衡时各组分的摩尔分数和分压。

2.21 某密闭容器中充有$N_2O_4(g)$和$NO_2(g)$混合物，$n(N_2O_4):n(NO_2)=10:1$。在308 K、100 kPa条件下，发生下列反应。

$$N_2O_4(g)\rightleftharpoons 2NO_2(g) \qquad K^{\ominus}=0.315$$

试计算平衡时各物质的分压。如果使该反应系统体积减小到原来的1/2，而温度及其他条件保持不变，平衡向什么方向移动？在新的平衡条件下，系统内各组分的分压又是多少？

2.22 温度相同时，3个反应的正逆反应的活化能如下表。

	反应Ⅰ	反应Ⅱ	反应Ⅲ
$E_a/kJ\cdot mol^{-1}$	30	70	16
$E_a'/kJ\cdot mol^{-1}$	55	20	35

判断上述反应中，哪个反应的正反应速率最大？哪个反应的正反应是吸热反应？

2.23 已知$2Cl_2(g)+2H_2O(g)\rightleftharpoons 4HCl(g)+O_2(g)$的$\Delta_r H_m^{\ominus}>0$，该反应在密闭容器中达到平衡，判断表2-2中几种情况下各参数如何变化？

表2-2 习题2.23所涉及表格

	正反应速率	逆反应速率	平衡移动方向	$K^{\ominus}$
增加总压				
升高温度				
加入催化剂				

2.24 在一定温度下，测得反应$4HBr(g)+O_2(g)\rightleftharpoons 2H_2O(g)+2Br_2(g)$系统中HBr起始浓度为0.0100mol·L^{-1}，10s后HBr的浓度为0.0082mol·L^{-1}，试计算反应在10s之内的平均速率为多少。如果上述数据是O_2的浓度，则该反应的平均速率又是多少？

2.25 人体内某酶催化反应的活化能是50 kJ·mol^{-1}，正常人的体温为37℃，如果某病人发烧到40℃，该反应的速率是原来的多少倍？

2.26 以下说法是否正确，说明理由。

(1)反应级数可以是整数，也可以是分数和零。

(2)使用催化剂是为了加快反应的速率。

(3)催化剂既可以降低反应的活化能，也可以降低反应的$\Delta_r G_m^{\ominus}$。

(4)化学反应达到平衡时，该反应就停止了。

(5)标准平衡常数$K^{\ominus}$受温度和浓度的影响很大。

(6)反应的平衡常数$K^{\ominus}$越大，反应物的转化率α越大。

(7)在某一气相反应系统中引入惰性气体，该反应平衡一定会改变。

(8)如果改变某一平衡系统的条件，平衡就向着能减弱这种改变的方向进行。

(9)催化剂只能改变反应的速率，不能改变反应的平衡常数。

(10)催化剂同等程度地降低了正逆反应的活化能，因此同等程度地加快了正逆反应的速率。

第3章 酸碱平衡与酸碱滴定法

(1)理解酸碱质子理论，掌握一元弱酸(碱)的解离平衡的有关计算。

(2)掌握质子平衡式的书写，理解多元弱酸(碱)、两性溶液的酸度计算。

(3)掌握缓冲溶液的缓冲原理及相关计算；了解缓冲溶液的选择与配制，了解分布分数和分布曲线。

(4)了解滴定分析中的基本概念，如标准溶液、化学计量点、指示剂、滴定终点、滴定误差；理解滴定分析法的分类、滴定方式及滴定分析对滴定反应的要求。

(5)掌握标准溶液的配制方法及浓度表示方法，以及酸碱滴定法的基本原理；理解酸碱滴定曲线的绘制原理；了解各种类型滴定曲线的特点。

(6)理解酸碱指示剂的变色原理及常用酸碱指示剂的变色范围；了解使用酸碱指示剂时应注意的问题。

(7)掌握一元酸(碱)被准确滴定的判据和多元酸(碱)分步滴定的条件及酸碱滴定法应用中的有关计算。

酸、碱在人的生活中必不可少，人们在日常生活中使用的许多种用品具有酸性或碱性。例如，醋、碳酸饮料、苹果、葡萄、柠檬等富含维生素C的水果都是酸性的，苏打、小苏打、石灰、洗衣粉、肥皂、牙膏等都是碱性的。量度溶液酸碱性的物理量是pH，如人体血液的正常pH在7.35～7.45，唾液pH在6.6～7.1，胃液pH在0.9～1.5，汗液pH在4.2～7.5，泪液pH在7.3～7.8。

工农业和科学实验都离不开酸和碱，而且，研究酸碱反应的本质和规律，研究酸碱的特性，是进行科学实验研究的必要基础。

3.1 酸碱理论

在化学史上，从1684年化学家波义耳(Boyle)提出朴素的酸碱理论至今，人们对酸碱的认识不断深化、不断完善，从不同角度、不同层次给出各种酸碱定义，本书将选择其中有代表性的酸碱理论进行解释。

3.1.1 解离理论

1887 年，瑞典化学家阿仑尼乌斯(Arrhenius S. A.)根据电解质溶液的导电等现象提出了解离[①](dissociation)理论，其主要内容：电解质在水溶液中能部分解离，形成带有正、负电荷的离子，电解质溶液能够导电，就是因为溶液中有离子存在。根据电解质在水溶液中导电能力的强弱，可将其分为强电解质和弱电解质。

根据解离理论，在水溶液中解离生成的正离子全部是氢离子(H^+)[②]的化合物为酸，在水溶液中解离生成的负离子全部是氢氧根离子(OH^-)的化合物为碱，酸碱中和反应实际就是 H^+ 和 OH^- 结合生成水的反应。

阿仑尼乌斯的解离理论对研究电解质溶液的性质做出了巨大的贡献，至今仍在普遍采用，因为它能简便地解释水溶液中的酸碱反应，而且酸碱强度的标度很明确。但它也存在一定的缺陷，如它只适用于水溶液，而很多化学反应是在非水体系中进行的，虽然不含 H^+ 和 OH^- 的成分，却也表现出酸和碱的性质。另外，它对于强弱电解质的界定也与现代观点不同。现代观点认为在水溶液中能够完全解离，生成正、负离子的电解质是强电解质，弱电解质在水溶液中只有部分解离。

3.1.2 酸碱质子理论

1923 年，丹麦物理化学家布朗斯特(Brønsted J. N.)和英国化学家劳莱(Lowry T. M.)提出了酸碱质子理论。该理论认为：凡是能够给出质子(H^+)的物质都是酸，凡是能够接受质子(H^+)的物质都是碱，它们的关系可用下式表示。

$$\text{酸} \rightleftharpoons \text{碱} + \text{质子}$$

酸给出质子(H^+)后就变成了碱，碱接受质子(H^+)后就变成了酸，酸和碱的这种对应关系称为共轭关系。因此，每一种酸(或碱)都有它自己对应的共轭碱(或共轭酸)。例如以下方程式

$$HAc^{③} \rightleftharpoons H^+ + Ac^-$$

$$HSO_4^- \rightleftharpoons H^+ + SO_4^{2-}$$

$$H_2PO_4^- \rightleftharpoons H^+ + HPO_4^{2-}$$

$$HPO_4^{2-} \rightleftharpoons H^+ + PO_4^{3-}$$

$$NH_4^+ \rightleftharpoons H^+ + NH_3(g)$$

其中，左边所列的都是酸，右边所列的除质子外都是碱。因此，酸和碱可以是分子、正离子或负离子，同一式中的酸和碱组成一个共轭酸碱对，如 HAc 和 Ac^-，HAc 的共轭碱是 Ac^-，而 Ac^- 的共轭酸是 HAc。

有些物质既可以给出质子，又可以接受质子，如 HPO_4^{2-}，它的共轭碱是 PO_4^{3-}，共轭酸是 $H_2PO_4^-$，因此 HPO_4^{2-} 既是酸又是碱，这类物质称为两性物质。

根据质子理论，有酸才有碱，有碱必有酸，酸可变碱，碱可变酸，所以酸碱是互相依

---

① 解离也称电离(ionozation)，故阿仑尼乌斯解离理论也称电离理论。

② 实际上是水合氢离子 H_3O^+，简写为 H^+。

③ HAc：乙酸或醋酸，其分子式为 CH_3COOH，通常写作 HAc。

存又可以互相转化的，彼此之间通过质子相互联系。

酸碱的强弱取决于物质给出质子或接受质子能力的强弱。根据酸碱的共轭关系可知，若酸越易放出质子，则其共轭碱就越难结合质子，即酸越强，其对应的共轭碱就越弱；反之，酸越弱，其对应的共轭碱就越强。HCl 是强酸，所以 Cl^- 接受质子的能力很差，是很弱的碱；HAc 的酸性比 HCl 弱，所以 Ac^- 的碱性比 Cl^- 强。对于两性物质，如 HPO_4^{2-}、H_2O 等，当遇到比它更强的酸时，它就接受质子，表现出碱的特性；而遇到比它更强的碱时，它就放出质子，表现出酸的特性。表 3-1 举出了几个常见的共轭酸碱对。

表 3-1 常见的共轭酸碱对

	酸	共轭碱	
酸性增强↑	$HClO_4$	ClO_4^-	碱性增强↓
	HCl	Cl^-	
	H_3O^+	H_2O	
	H_2SO_3	HSO_3^-	
	H_3PO_4	$H_2PO_4^-$	
	HAc	Ac^-	
	NH_4^+	NH_3	

酸碱质子理论认为任何酸碱反应都是两个共轭酸碱对之间的质子传递反应，即

失去 H^+，变成碱

$$\text{酸}_1+\text{碱}_2 \rightleftharpoons \text{碱}_1+\text{酸}_2$$

得到 H^+，变成酸

因此质子的传递不一定要在水溶液中进行，只要质子能从一种物质传递到另一种物质上就可以了。反应可以在非水溶剂或无溶剂等条件下进行，而且通常所谓的酸、碱、盐的离子平衡反应都可归结为酸和碱的质子传递反应，例如如下几种反应。

(1)中和反应。

H^+

$$\underset{\text{酸}_1}{HCl}+\underset{\text{碱}_2}{NH_3} \rightleftharpoons \underset{\text{碱}_1}{Cl^-}+\underset{\text{酸}_2}{NH_4^+}$$

(2)HAc 在水中解离。

H^+

$$HAc+H_2O \rightleftharpoons Ac^-+H_3O^+$$

(3)水的解离实际上是质子自递反应。

H^+

$$H_2O+H_2O \rightleftharpoons OH^-+H_3O^+$$

(4)水解反应是指弱酸根离子(如 Ac^-)接受水传递给它的质子，或弱碱的正离子(如 NH_4^+)传递质子给水分子的反应。

H^+

$$H_2O+Ac^- \rightleftharpoons HAc+OH^-$$

$$\overset{H^+}{NH_4^+ + H_2O} \rightleftharpoons NH_3(g) + H_3O^+$$

因此，酸碱反应实际上是争夺质子的过程。强碱夺取强酸的质子，转化为其共轭酸——弱酸，而强酸释放出质子后转变为它的共轭碱——弱碱。因此，酸碱反应总是由强酸与强碱作用，生成弱酸和弱碱。

酸碱质子论大大扩充了酸碱的范围，消除了盐的概念，把许多离子反应都归结为质子传递反应。同时，它还适用于非水体系，优点较多。对于无质子参加的反应，质子论无法应用，但是这类反应较少。

3.1.3　酸碱电子理论

1923年，美国化学家路易斯(G. N. Lewis)从原子的电子结构出发，提出了路易斯酸碱电子理论。酸碱电子理论认为凡是能够接受电子对的物质称为酸(或路易斯酸)，凡是能够给出电子对的物质称为碱(或路易斯碱)。碱是电子对的给予体，酸是电子对的接受体。酸碱反应的实质是形成配位键①并生成酸碱配合物的过程。例如

酸＋:碱→酸碱配合物

$$H^+ + :OH^- \rightarrow HO \rightarrow H$$
$$Ag^+ + 2\ :NH_3 \rightarrow [H_3N \rightarrow Ag \leftarrow NH_3]^+$$
$$BF_3 + :F^- \rightarrow [F \rightarrow BF_3]^-$$
$$SO_3 + CaO: \rightarrow CaO \rightarrow SO_3$$

因此，路易斯酸或路易斯碱可以是分子、离子或原子团。由于含有配位键的化合物是普遍存在的，故酸碱电子理论扩大了酸的范围，较解离理论、质子理论更为广泛全面，但由于路易斯酸碱多种多样，分类比较粗糙，反应也较复杂，过于笼统，酸碱的特征不明显，没有统一的酸碱强度的标度，这是酸碱电子理论的不足之处。

3.2　水溶液中酸碱的解离平衡(一)

3.2.1　一元弱酸、弱碱的解离平衡

弱电解质在水溶液中部分解离，如HAc在水溶液中只有很少一部分解离成离子，大部分仍然以未解离的分子状态存在，存在如下解离平衡。

$$HAc \rightleftharpoons H^+ + Ac^-$$

根据化学平衡原理，有

$$\frac{[c(H^+)/c^\ominus][c(Ac^-)/c^\ominus]}{[c(HAc)/c^\ominus]} = K_a^\ominus \tag{3.1}$$

式中，$c(H^+)$、$c(Ac^-)$、$c(HAc)$分别表示达到平衡时H^+、Ac^-和HAc的浓度，其单位

① 关于配位键的内容参阅本书6.1.2节。

为 $mol \cdot L^{-1}$；$c^{\ominus}$为标准浓度，其值为 $1mol \cdot L^{-1}$①；$K_a^{\ominus}$ 为 HAc 解离反应的平衡常数，称为解离常数。

根据酸碱质子论，HAc 在水溶液中的解离反应实际上是质子传递的反应。

$$HAc + H_2O \rightleftharpoons H_3O^+ + Ac^-$$

H_3O^+ 通常简写为 H^+，故上式可简写为

$$HAc \rightleftharpoons H^+ + Ac^-$$

其解离常数为

$$K_a^{\ominus} = \frac{[c(H^+)/c^{\ominus}][c(Ac^-)/c^{\ominus}]}{[c(HAc)/c^{\ominus}]}$$

式中，$K_a^{\ominus}$ 为酸的质子传递常数，显然，它在数值上与解离常数相等。出于习惯，下面仍称解离平衡、解离常数等。后面所提到的酸碱的概念都为质子酸和质子碱。

对于水的质子自递平衡，其平衡可简写为

$$H_2O \rightleftharpoons H^+ + OH^-$$

$$K_w^{\ominus} = [c(H^+)/c^{\ominus}][c(OH^-)/c^{\ominus}] \qquad (3.2)$$

$K_w^{\ominus}$ 称为水的质子自递常数，通常叫作水的离子积，其数值与温度有关，当温度为 25℃时，$K_w^{\ominus} = 1.00 \times 10^{-14}$。

弱酸的解离常数一般用 $K_a^{\ominus}$ 表示，弱碱的解离常数用 $K_b^{\ominus}$ 表示②。解离常数越大，表示弱电解质的解离能力越强（$K_a^{\ominus}$ 越大，表示质子酸给出质子的能力越强；$K_b^{\ominus}$ 越大，表示质子碱接受质子的能力越强）。对于给定的电解质来说，$K_a^{\ominus}$、$K_b^{\ominus}$ 的数值与温度有关，与浓度无关。而且，温度对解离常数的影响并不显著，表 3－2 列出了不同温度下 HAc 在水溶液中的解离常数。

表 3－2 不同温度下 HAc 在水溶液中的解离常数

T/K	278	288	298	308	318
$K_a^{\ominus}$ $(\times 10^{-5})$	1.700	1.745	1.755	1.728	1.670

因此在一般情况下可不考虑温度对 $K_a^{\ominus}$、$K_b^{\ominus}$ 的影响。

HAc 的共轭碱是 Ac^-，$K_a^{\ominus}(HAc)$ 与 $K_b^{\ominus}(Ac^-)$ 之间有什么样的关系呢？质子碱 Ac^- 在水中与质子酸 H_2O 有如下反应（即水解反应）。

$$Ac^- + H_2O \rightleftharpoons HAc + OH^-$$

当反应达平衡时，有

$$K_b^{\ominus} = \frac{[c(HAc)/c^{\ominus}][c(OH^-)/c^{\ominus}]}{[c(Ac^-)/c^{\ominus}]}$$

显然

$$K_a^{\ominus}(HAc) \cdot K_b^{\ominus}(Ac^-) = [c(H^+)/c^{\ominus}][c(OH^-)/c^{\ominus}] = K_w^{\ominus} \qquad (3.3)$$

因此，一对共轭酸碱对的解离常数的乘积等于水的离子积。

除了解离常数以外，还常用解离度 α 来表示弱电解质的解离程度。解离度是指解离平衡时已解离的分子数占解离前原有分子总数的百分数，其含义与第 2 章的平衡转化率相

① 标准浓度实际为 $1mol \cdot kg^{-1}$，浓度不大时，用 $1mol \cdot L^{-1}$ 代替，不会引起很大误差。

② 酸：acid；碱：base。

似，通常用下式进行计算。

$$解离度(\alpha)=\frac{解离平衡时已解离的弱电解质的浓度}{电解质溶液的初始浓度}\times 100\% \quad (3.4)$$

在温度、浓度相同的条件下，解离度越小，电解质越弱。

以一元弱酸 HA 的水溶液为例，计算溶液的氢离子浓度。

在一般情况下，如果弱酸的浓度和解离常数都不是很小，溶液中的 H^+ 主要来自于弱酸的解离，这时由 H_2O 解离出来的 H^+ 浓度很小，可忽略不计。假设弱酸的解离度为 α，解离平衡时：$c(H^+)=c(A^-)=c\alpha$，$c(HA)=c-c(H^+)=c-c\alpha$，则

	HA	$\rightleftharpoons H^+$	$+\ A^-$
起始浓度/$mol\cdot L^{-1}$	c	0	0
平衡浓度/$mol\cdot L^{-1}$	$c-c\alpha$	$c\alpha$	$c\alpha$

代入式（3.1），得

$$K_a^{\ominus}=\frac{(c/c^{\ominus})\alpha^2}{1-\alpha} \quad 或\ K_a^{\ominus}=\frac{c\alpha^2}{1-\alpha} \quad (3.5)$$

当 $c/K_a^{\ominus}\geqslant 500$ 或 $\alpha<5\%$时，弱酸的解离程度非常小，$1-\alpha\approx 1$，上式可改写成

$$\alpha=\sqrt{K_a^{\ominus}/(c/c^{\ominus})} \quad 或 \quad \alpha=\sqrt{K_a^{\ominus}/c} \quad (3.6)$$

上式表明：对于弱电解质来说，溶液的解离度与其浓度的平方根成反比，即浓度越稀，解离度越大。这个定量关系式称为**稀释定律**。

在一定温度下，解离常数一定，解离度随溶液浓度的降低而增大，但对应的离子浓度并不一定相应地增大。因为离子浓度不仅与解离度有关，还与溶液的浓度有关。例如，对较浓的 HAc 溶液来说，随着溶液的稀释、解离度的增大，溶液中的 $c(H^+)$确实是增大的。但当稀释到一定程度以后，再继续稀释时，此时溶液体积增大的因素起了主导作用，溶液中的 $c(H^+)$反而减小。因此，用解离度来比较弱电解质的相对强弱时，必须指明弱电解质溶液的浓度，只有在相同浓度下才能比较，而解离常数是平衡常数，与浓度无关。

一元弱酸 HB 的水溶液中，当 $c/K_a^{\ominus}\geqslant 500$ 时，有

$$c(H^+)=c\alpha=c^{\ominus}\cdot\sqrt{K_a^{\ominus}\cdot(c/c^{\ominus})} \quad 或 \quad c(H^+)=\sqrt{cK_a^{\ominus}} \quad (3.7)$$

这是计算一元弱酸溶液中 $c(H^+)$最常用的近似公式，计算结果的相对误差约为 2%。同样，当 $c/K_b^{\ominus}\geqslant 500$ 时，计算一元弱碱溶液中 $c(OH^-)$最常用的近似公式为

$$c(OH^-)=c^{\ominus}\cdot\sqrt{K_b^{\ominus}(c/c^{\ominus})} \quad 或 \quad c(OH^-)=\sqrt{cK_b^{\ominus}} \quad (3.8)$$

【例 3.1】计算 $0.100mol\cdot L^{-1}$氨水溶液中 OH^- 的浓度、解离度和 pH。

解：NH_3在溶液中存在下列平衡。

$$NH_3\cdot H_2O \rightleftharpoons NH_4^+ + OH^-$$

查表，氨水的解离常数 $K_b^{\ominus}=1.77\times 10^{-5}$。

$c/K_b^{\ominus}=0.100/(1.77\times 10^{-5})>500$，根据式(3.8)得

$$c(OH^-)=1mol\cdot L^{-1}\times\sqrt{1.77\times 10^{-5}\times\frac{0.100mol\cdot L^{-1}}{1mol\cdot L^{-1}}}=1.33\times 10^{-3}mol\cdot L^{-1}$$

$$\alpha=\frac{c(OH^-)}{c}=\frac{1.33\times10^{-3}mol\cdot L^{-1}}{0.100mol\cdot L^{-1}}=1.33\%$$

$$c(H^+)=c^{\ominus}\cdot\frac{K_w^{\ominus}}{c(OH^-)/c^{\ominus}}=7.52\times10^{-12}mol\cdot L^{-1}$$

$$pH=-\lg\frac{c(H^+)}{c^{\ominus}}=11.12$$

【例3.2】计算0.100mol·L^{-1} NH_4Cl溶液的pH。

解：NH_4^+为弱酸，在溶液中有下列平衡。

$$NH_4^+ \rightleftharpoons NH_3+H^+$$

$$K_a^{\ominus}=\frac{K_w^{\ominus}}{K_b^{\ominus}}=\frac{1.00\times10^{-14}}{1.77\times10^{-5}}=5.65\times10^{-10}$$

$c/K_a^{\ominus}=0.100/(5.65\times10^{-10})>500$，可以近似计算。

$$c(H^+)=\sqrt{cK_a^{\ominus}}=7.52\times10^{-6}mol\cdot L^{-1}$$

$$pH=-\lg\frac{c(H^+)}{c^{\ominus}}=5.12$$

3.2.2 同离子效应

解离平衡和其他化学平衡一样，是有条件的、相对的平衡，外界条件发生变化会引起平衡的移动。由于解离平衡是在溶液中进行的，因此外界的压强、温度对平衡的影响比较小，下面着重讨论浓度的改变对平衡的影响。

以HAc溶液为例，在溶液中加入少量NaAc之后，会发现溶液的酸度下降($c(H^+)$减小)，说明HAc的解离度降低了，原因如下。

HAc溶液原来处于平衡状态。

$$HAc \rightleftharpoons H^++Ac^-$$

加入强电解质NaAc后，它在溶液中全部解离为Na^+和Ac^-，使得溶液中的$c(Ac^-)$增加，增加产物浓度，导致平衡向逆反应方向移动。当溶液重新达到平衡后，$c(H^+)$降低了，而$c(HAc)$却增大了，因此可以认为加入的Ac^-对HAc的解离起到了抑制的作用，使其解离度降低。另外，人们发现在HAc中加入强酸如HCl时，由于$c(H^+)$增大，平衡同样向逆反应方向移动，溶液中的$c(Ac^-)$也减小，同样使HAc溶液的解离度降低。

加入NaAc和加入HCl都可以使HAc的解离度降低，这是因为强电解质NaAc和HCl在溶液中解离出与HAc解离产物相同的离子Ac^-或H^+，增加了产物的浓度，使得平衡向逆反应方向移动，HAc的解离度降低。这种在弱电解质(弱酸或弱碱等)的溶液中，加入具有相同离子的易溶的强电解质使得弱电解质的解离度降低的现象称为同离子效应。

同样，在弱碱(如$NH_3\cdot H_2O$)溶液中加入含有相同离子的强电解质(如NH_4Cl或NaOH)，弱碱的解离平衡会向生成弱碱分子的方向移动，导致弱碱($NH_3\cdot H_2O$)的解离度降低。

同离子效应对解离度的影响可以通过计算来说明。

【例3.3】在0.10mol·L^{-1}氨水溶液中，加入NH_4Cl固体，使其浓度为0.20mol·

L^{-1}。求此混合溶液的浓度和氨水的解离度。(不考虑加入的固体对溶液体积的影响。)

解：NH_4Cl 为强电解质，在水溶液中完全解离，因此 $c(NH_4^+)=0.20mol \cdot L^{-1}$。

忽略 H_2O 的解离，设由氨水解离的 OH^- 浓度为 $x mol \cdot L^{-1}$。

	$NH_3 \cdot H_2O \rightleftharpoons$	OH^-	$+ \ NH_4^+$
起始浓度/$mol \cdot L^{-1}$	0.10	0	0.20
平衡浓度/$mol \cdot L^{-1}$	$0.10-x$	x	$0.20+x$

$$\frac{(x/c^{\ominus})\ [(0.20+x)/c^{\ominus}]}{(0.10-x)/c^{\ominus}}=K_b^{\ominus}=1.77\times10^{-5}$$

$c/K_b^{\ominus}>500$，同时由于同离子效应的作用，解离程度更小。因此，$0.10-x\approx 0.10$，$0.20+x\approx 0.20$，解得：$c(OH^-)=x=8.85\times10^{-6} mol \cdot L^{-1}$，$\alpha=0.00885\%$。

与例 3.1 比较，显然，由于同离子效应，$c(OH^-)$和氨水的解离度都大为降低，约为原来数值的 1/150，可见同离子效应对弱电解质的解离起了较大的抑制作用。

同离子效应可以使解离度大大降低，但是对解离常数没有影响，因为解离常数与离子浓度无关。

3.2.3 多元弱酸的解离

在亚硫酸(H_2SO_3)、氢硫酸(H_2S)、磷酸(H_3PO_4)等酸中，一个分子可以解离出两个或两个以上的 H^+，这类酸称为多元酸。多元弱酸在溶液中的解离是分步进行的。以 H_2SO_3 为例，解离过程如下。

第一步：$H_2SO_3 \rightleftharpoons H^+ + HSO_3^-$　　$K_{a_1}^{\ominus}=\dfrac{[c(H^+)/c^{\ominus}]\ [c(HSO_3^-)/c^{\ominus}]}{[c(H_2SO_3)/c^{\ominus}]}$

第二步：$HSO_3^- \rightleftharpoons H^+ + SO_3^{2-}$　　$K_{a_2}^{\ominus}=\dfrac{[c(H^+)/c^{\ominus}]\ [c(SO_3^{2-})/c^{\ominus}]}{[c(HSO_3^-)/c^{\ominus}]}$

每一步解离平衡都有其相应的解离常数，$K_{a_1}^{\ominus}$、$K_{a_2}^{\ominus}$分别表示第一步解离和第二步解离的解离常数，称为一级解离常数和二级解离常数。H_2SO_3 的 $K_{a_1}^{\ominus}$、$K_{a_2}^{\ominus}$ 值为：$K_{a_1}^{\ominus}=1.54\times10^{-2}$，$K_{a_2}^{\ominus}=1.02\times10^{-7}$。显然 $K_{a_2}^{\ominus}\ll K_{a_1}^{\ominus}$，这可以从两方面说明：一方面，第一步解离出来的 H^+ 对第二步解离产生了同离子效应，大大抑制了第二步的解离；另一方面，SO_3^{2-} 带有两个负电荷，它吸引 H^+ 的能力比 HSO_3^- 强得多，因此 HSO_3^- 解离的能力弱于 H_2SO_3，相应地，解离常数就小得多。

对于多元弱酸，往往有 $K_{a_2}^{\ominus}\ll K_{a_1}^{\ominus}$ 或 $K_{a_3}^{\ominus}\ll K_{a_2}^{\ominus}\ll K_{a_1}^{\ominus}$。酸性的强弱主要取决于 $K_{a_1}^{\ominus}$ 的大小，溶液中的 H^+ 也主要来源于酸的第一步解离。计算这些酸溶液中的 $c(H^+)$时，可以近似地只考虑第一步解离。

【例 3.4】计算室温下 $0.10mol \cdot L^{-1}$ H_2SO_3 溶液中的 $c(H^+)$和 $c(SO_3^{2-})$各是多少？

解：H_2SO_3 的解离常数 $K_{a_2}^{\ominus}\ll K_{a_1}^{\ominus}$，故求 $c(H^+)$时，一般只须考虑第一步解离，第二步解离可忽略。

设平衡时溶液中的 $c(H^+)=x mol \cdot L^{-1}$。

	H_2SO_3 $\rightleftharpoons$	H^+	+ HSO_3^-
起始浓度/$mol \cdot L^{-1}$	0.10	0	0
平衡浓度/$mol \cdot L^{-1}$	$0.10-x$	x	x

$c/K_{a_1}^{\ominus}=\dfrac{0.10}{1.54\times10^{-2}}=6.49<500$，不能使用近似式，因此

$$\frac{(x/c^{\ominus})^2}{(0.10-x)/c^{\ominus}}=1.54\times10^{-2}$$

解得：$c(H^+)=x=3.2\times10^{-2}mol \cdot L^{-1}$。

溶液中的SO_3^{2-}是由第二步解离产生的，根据第二步解离平衡可知

$$HSO_3^- \rightleftharpoons H^+ + SO_3^{2-}$$

$$K_{a_2}^{\ominus}=\frac{[c(H^+)/c^{\ominus}][c(SO_3^{2-})/c^{\ominus}]}{[c(HSO_3^-)/c^{\ominus}]}$$

由于 $K_{a_2}^{\ominus} \ll K_{a_1}^{\ominus}$，故 $c(HSO_3^-)\approx c(H^+)$，得：$c(SO_3^{2-})\approx K_{a_2}^{\ominus}=1.02\times10^{-7}mol \cdot L^{-1}$。

由此可见，二元弱酸（如 H_2SO_3）溶液中的酸根离子浓度（如 $c(SO_3^{2-})$）近似地等于 $K_{a_2}^{\ominus}$。

对于多元弱酸的解离平衡，需要说明的有以下几点。

(1)多元弱酸的各步解离平衡同时存在，在各步平衡常数表达式中，各离子的浓度皆是平衡浓度，同时满足这几个平衡。如在 H_2SO_3溶液中的 $K_{a_1}^{\ominus}$、$K_{a_2}^{\ominus}$ 的计算式中，$c(H^+)$是 H^+ 的平衡浓度，不能误解为 $K_{a_1}^{\ominus}$ 式中的 $c(H^+)$是 H_2SO_3 第一步解离出的 H^+ 浓度，$K_{a_2}^{\ominus}$式中的 $c(H^+)$是第二步解离出的 H^+ 浓度。

(2)如果已知 $c(H^+)$浓度，计算SO_3^{2-}浓度时，可以将两步解离平衡方程式相加，得到 H_2SO_3总的解离方程式，即

$$H_2SO_3 \rightleftharpoons 2H^+ + SO_3^{2-}$$

此时总的平衡常数应为两步解离常数之积。

$$K^{\ominus}=\frac{[c(H^+)/c^{\ominus}]^2[c(SO_3^{2-})/c^{\ominus}]}{[c(H_2SO_3)/c^{\ominus}]}$$

$$=\frac{[c(H^+)/c^{\ominus}][c(HSO_3^-)/c^{\ominus}]}{[c(H_2SO_3)/c^{\ominus}]}\times\frac{[c(H^+)/c^{\ominus}][c(SO_3^{2-})/c^{\ominus}]}{[c(HSO_3^-)/c^{\ominus}]}$$

所以

$$K^{\ominus}=K_{a_1}^{\ominus}\times K_{a_2}^{\ominus} \tag{3.9}$$

上式表明了二元弱酸(H_2SO_3)溶液中未解离的 $c(H_2SO_3)$和 $c(H^+)$、$c(SO_3^{2-})$之间的关系。

(3)对于多元弱碱(质子碱)，如CO_3^{2-}，它的 $K_b^{\ominus}$ 和 $K_a^{\ominus}$ 的关系为

$$K_{b_1}^{\ominus}=\frac{K_w^{\ominus}}{K_{a_2}^{\ominus}} \qquad K_{b_2}^{\ominus}=\frac{K_w^{\ominus}}{K_{a_1}^{\ominus}} \tag{3.10}$$

显然，H_3PO_4及 PO_4^{3-} 各级解离常数之间的关系为

$$K_{a_1}^{\ominus}\cdot K_{b_3}^{\ominus}=K_{a_2}^{\ominus}\cdot K_{b_2}^{\ominus}=K_{a_3}^{\ominus}\cdot K_{b_1}^{\ominus}=K_w^{\ominus}$$

【例 3.5】计算 $0.10mol \cdot L^{-1} Na_2CO_3$溶液的 pH。

解：CO_3^{2-} 是二元弱碱，根据式(3.10)得

$$K_{b_1}^{\ominus}=\frac{K_w^{\ominus}}{K_{a_2}^{\ominus}}=\frac{1.0\times10^{-14}}{5.61\times10^{-11}}=1.8\times10^{-4}$$

同样，$K_{b_2}^{\ominus}=2.3\times10^{-8}$。$K_{b_2}^{\ominus}\ll K_{b_1}^{\ominus}$，只考虑第一步解离即可。

因为 $c/K_{b_1}^{\ominus}>500$，可采用近似式计算，即

$$c(OH^-)=c^{\ominus}\cdot\sqrt{K_b^{\ominus}\cdot(c/c^{\ominus})}=4.2\times10^{-3}\,mol\cdot L^{-1}$$

$$c(H^+)=c^{\ominus}\cdot\frac{K_w^{\ominus}}{c(OH^-)/c^{\ominus}}=2.4\times10^{-12}\,mol\cdot L^{-1}$$

$$pH=11.62$$

3.2.4 缓冲溶液

1. 缓冲溶液 pH 的计算

在 50mL 纯水中加入 1.0mL、$1.0mol\cdot L^{-1}$ 的 NaOH 溶液，溶液的 pH 变化了多少？

纯水的 pH 为 7，加入碱后，溶液中 OH^- 的浓度为

$$c(OH^-)=\frac{1.0\times10^{-3}L\times1.0mol\cdot L^{-1}}{(50+1)\times10^{-3}L}=2.0\times10^{-2}\,mol\cdot L^{-1}$$

pOH=1.7，pH=12.3

加入少量碱后，溶液的 pH 变化了，$\Delta pH=12.3-7.0=5.3$。

如果在 50mL 由 $1.0mol\cdot L^{-1}$ 的氨水和 $1.0mol\cdot L^{-1}$ 的 NH_4Cl 组成的混合溶液中加入 1.0mL、$1.0mol\cdot L^{-1}$ 的 NaOH 溶液，溶液的 pH 又变化了多少？

忽略 H_2O 的解离，加入 NaOH 溶液之前，溶液中存在下列平衡。

	NH_4^+	$\rightleftharpoons$	H^+	+	NH_3
起始浓度/$mol\cdot L^{-1}$	$c(NH_4^+)$		0		$c(NH_3)$
平衡浓度/$mol\cdot L^{-1}$	$c(NH_4^+)-c(H^+)$		$c(H^+)$		$c(NH_3)+c(H^+)$

由于同离子效应的作用，解离程度很小，因此

$$c(NH_4^+)-c(H^+)\approx c(NH_4^+)\qquad c(NH_3)+c(H^+)\approx c(NH_3),$$

根据 $K_a^{\ominus}=\frac{[c(NH_3)/c^{\ominus}][c(H^+)/c^{\ominus}]}{[c(NH_4^+)/c^{\ominus}]}$

得

$$c(H^+)/c^{\ominus}=K_a^{\ominus}\frac{c(NH_4^+)}{c(NH_3)}\tag{3.11}$$

$$pH=pK_a^{\ominus}-\lg\frac{c(NH_4^+)}{c(NH_3)}\tag{3.12}$$

式中 $pK_a^{\ominus}=-\lg K_a^{\ominus}$，所以

$$pH=-\lg\frac{1.0\times10^{-14}}{1.77\times10^{-5}}-\lg\frac{1.0mol\cdot L^{-1}}{1.0mol\cdot L^{-1}}=9.25$$

加入 NaOH 溶液后，少量的 OH^- 与溶液中的NH_4^+ 完全反应。（加入的 OH^- 并不是不与溶液中的 H^+ 反应，而是因为此溶液中的 $c(NH_4^+)\approx1.0mol\cdot L^{-1}$，$c(H^+)=5.65\times10^{-10}\,mol\cdot L^{-1}$，$OH^-$ 接触到 H^+ 的机会少之又少。）

	OH^-	+	NH_4^+	$\rightleftharpoons$	NH_3	+	H_2O
反应前物质的量/mol	0.0010		0.050		0.050		
反应后物质的量/mol	0		0.049		0.051		
反应后浓度/mol·L^{-1}	0		$\frac{0.049}{0.051}=0.96$		$\frac{0.051}{0.051}=1.0$		

因此

$$pH=-\lg K_a^\ominus-\lg\frac{c(NH_4^+)}{c(NH_3)}=-\lg\frac{1.0\times10^{-14}}{1.77\times10^{-5}}-\lg\frac{0.96\text{mol}\cdot L^{-1}}{1.0\text{mol}\cdot L^{-1}}=9.27$$

在由 $NH_3\cdot H_2O$ 和 NH_4Cl 组成的上述混合溶液中加入少量强碱后，溶液的 pH 从 9.25 变为 9.27，增加了 0.02，而在同样情况下，水的 pH 变化了 5.3。同样可以算出，在上述溶液和水中加入同量的盐酸，它们的 pH 分别减小了 0.02 和 5.3。

显然，在由 $NH_3\cdot H_2O$ 和 NH_4Cl 组成的混合溶液中加入少量强酸、强碱后，溶液的 pH 基本保持不变。这种能抵抗少量强酸、强碱的冲击，溶液的 pH 基本保持不变的溶液称为**缓冲溶液**。

缓冲溶液一般由弱酸及其共轭碱组成，称为一个**缓冲对**，如 $HAc-Ac^-$、$NH_4^+-NH_3$、$H_2PO_4^--HPO_4^{2-}$。缓冲溶液中含有大量的弱酸及其共轭碱，溶液中的 $c(H^+)$ 并不大，以 $HA-A^-$ 缓冲溶液为例，忽略水的解离平衡，溶液中存在如下解离平衡。

$$HA \rightleftharpoons H^+ + A^-$$

大量　少量　大量

根据式(3.11)和式(3.12)，溶液中的 $c(H^+)$ 及 pH 为

$$c(H^+)/c^\ominus=K_a^\ominus\frac{c(HA)}{c(A^-)} \tag{3.13}$$

$$pH=pK_a^\ominus-\lg\frac{c(HA)}{c(A^-)} \tag{3.14}$$

由于指定弱酸的 $K_a^\ominus$ 为常数，因此溶液中的 pH 只取决于酸与共轭碱的浓度之比。当在缓冲溶液中加入少量强酸时，强酸释放出的 H^+ 与溶液中大量的 A^- 结合生成 HA，由于该反应速度很快，而且反应近乎完全，因此加入的少量 H^+ 几乎全部反应转变为 HA，溶液中只是 A^- 的浓度略有减小，HA 的浓度略有增大而已，酸与共轭碱的浓度之比 $c(HA)/c(A^-)$ 的变化并不大，因此溶液中的 $c(H^+)$ 或 pH 变化甚微；当在缓冲溶液中加入少量强碱，溶液中存在大量的 HA，强碱释放出的 OH^- 与之完全反应，使溶液中 HA 的浓度略有减小而 A^- 的浓度略有增大，$c(HA)/c(A^-)$ 的改变同样很小，溶液中的 $c(H^+)$ 或 pH 仍能基本上维持不变。因此，缓冲溶液对酸、碱的缓冲作用是由于溶液中存在大量的抗碱成分——弱酸(HA)，可以消耗外加的碱(OH^-)，同时溶液中还存在大量的抗酸成分——共轭碱(A^-)，可以消耗外加的酸(H^+)，维持溶液的 pH 基本不变。

缓冲溶液除了可以缓冲少量酸、碱的作用，对其稍加稀释时，溶液的 pH 仍能维持基本不变。因为稀释时，弱酸与其共轭碱的平衡浓度几乎以等比例下降，$c(HA)/c(A^-)$ 保持基本不变。

缓冲溶液只能缓冲少量酸、碱的作用及稍微的稀释，如果加入大量的酸或碱，溶液中的抗酸成分(A^-)、抗碱成分(HA)就会被耗尽，不再有缓冲能力。如果稀释程度太大，溶液浓度太稀，弱酸的解离度就会大大增加，同时水本身的解离也不能再忽略，此时溶液的 pH 就会发生较大变化。

2. 缓冲容量与缓冲范围

缓冲溶液不同，它们的缓冲能力也不同，通常用缓冲容量来表示缓冲能力的大小，它的定义是

$$\beta = \frac{dn_B}{dpH} = -\frac{dn_A}{dpH} \qquad (3.15)$$

式(3.15)的物理意义：为使缓冲溶液的 pH 改变 1 个单位所需加入的强酸或强碱的物质的量，加酸使溶液的 pH 降低，所以在 dn_A/dpH 前加一个负号，以保证 β 为正值。β 是衡量缓冲溶液缓冲能力大小的依据，β 值越大，缓冲能力也越大。

实验表明，当 $pH = pK_a^\ominus$ 时，溶液的缓冲容量最大，当 $\frac{1}{10} \leqslant \frac{c(HA)}{c(A^-)} \leqslant 10$ 时，缓冲溶液有较好的缓冲效果，超出该范围，缓冲能力显著下降。

根据式(3.14)可知，当 $c(HA) = c(A^-)$ 时，缓冲溶液的缓冲能力最强，其有效缓冲的 pH 范围为 $pK_a^\ominus - 1 \sim pK_a^\ominus + 1$。常用缓冲溶液的 $pK_a^\ominus$ 见表 3-3。

表 3-3　常用缓冲溶液的 $pK_a^\ominus$

缓冲溶液	$pK_a^\ominus$
$HCOOH-HCOONa$	3.75
$HAc-NaAc$	4.76
$NaH_2PO_4-Na_2HPO_4$	7.21
$NH_4Cl-NH_3 \cdot H_2O$	9.25
$H_3BO_3-Na_2B_4O_7$	9.14
$NaHCO_3-Na_2CO_3$	10.25

3. 缓冲溶液的选择及应用

许多化学反应和生产过程必须在一定的 pH 范围内才能进行，因此必须根据需要来选择合适的缓冲溶液，选择时必须注意以下几点。

(1)所选择的缓冲溶液不能与反应系统中的其他物质发生反应，对实验过程没有干扰。

(2)缓冲溶液能控制 pH 的范围为 $pK_a^\ominus - 1 \sim pK_a^\ominus + 1$，因此应尽量选择弱酸的 $pK_a^\ominus$ 接近于所需 pH 的缓冲对，如需要用 pH 在 4～6 的缓冲溶液，可以选用 $HA-A^-$ 作为缓冲对，再通过调节 $c(HA)/c(A^-)$ 来达到要求；需要用 pH 在 6～8 的缓冲溶液，可以选用 $H_2PO_4^- - HPO_4^{2-}$ 缓冲对；需要用 pH 在 8～10 的缓冲溶液，可以选用 $NH_4^+ - NH_3$ 缓冲对。

(3)缓冲溶液的总浓度越大，则其缓冲能力越强。一般缓冲溶液的总浓度在 0.01～0.2 $mol \cdot L^{-1}$ 为宜。如果缓冲组分的总浓度一定，那么当 $c(HA)/c(A^-)$ 接近于 1 时，溶液的 $pK_a^\ominus \approx pH$，对酸、碱的缓冲能力都较大。$c(HA)/c(A^-)$ 越大于 1，抗碱能力就越强于抗酸能力，$c(HA)/c(A^-)$ 越小于 1，抗酸能力就越强于抗碱能力，可根据需要进行选择。当 $c(HA)/c(A^-)$ 大于 10 或小于 0.1 时，缓冲能力很小，通常认为它不再具有缓冲能力。

【例 3.6】10 mL 0.20 $mol \cdot L^{-1}$ HAc 溶液与 5.5 mL 0.20 $mol \cdot L^{-1}$ 的 NaOH 溶液混合，求该混合溶液的 pH。

解：加入 HAc 的物质的量：$0.20\ mol\cdot L^{-1}\times 10.0\ mL\times 10^{-3}=2.0\times 10^{-3}\ mol$。

加入 NaOH 的物质的量：$0.20\ mol\cdot L^{-1}\times 5.5\ mL\times 10^{-3}=1.1\times 10^{-3}\ mol$。

显然，NaOH 溶液全部反应，HAc 过量，溶液是由剩余 HAc 与新生成的 Ac^- 组成的缓冲溶液。反应后生成 Ac^- 的物质的量为 $1.1\times 10^{-3}\ mol$。

$$c(Ac^-)=1.1\times 10^{-3}\ mol/(15.5\times 10^{-3}\ L)=0.071\ mol\cdot L^{-1}$$

剩余 HAc 的物质的量：$2.0\times 10^{-3}\ mol-1.1\times 10^{-3}\ mol=9\times 10^{-4}\ mol$。

$$c(HAc)=0.9\times 10^{-3}\ mol/(15.5\times 10^{-3}\ L)=0.058\ mol\cdot L^{-1}$$

$$pH=pK_a^{\ominus}-\lg\frac{c(HAc)}{c(Ac^-)}=-\lg 1.76\times 10^{-5}-\lg\frac{0.058\ mol\cdot L^{-1}}{0.071\ mol\cdot L^{-1}}=4.84$$

3.3 水溶液中酸碱的解离平衡(二)

3.3.1 酸碱溶液中的平衡关系

3.2 节介绍了在一般情况下酸碱水溶液中各离子浓度的计算。如果对计算结果的精度要求比较高，上面的计算方法就不能满足要求，因为只考虑了弱酸解离出来的 H^+，对水解离出来的 H^+ 未加考虑。例如，计算 $0.0010\ mol\cdot L^{-1}$ HAc 溶液的氢离子浓度。HAc 的水溶液中存在如下平衡。

$$HAc \rightleftharpoons H^+ + Ac^- \qquad K_a^{\ominus}=\frac{[H^+][Ac^-]}{[HAc]}$$ ①

同时存在水的平衡。

$$H_2O \rightleftharpoons H^+ + OH^- \qquad K_w^{\ominus}=[H^+][OH^-]$$

以上两式中的 $[H^+]$ 相等，HAc 溶液的 H^+ 浓度应该为 HAc 及 H_2O 解离出来的 H^+ 浓度之和。式中，K_a、K_w 数值已知，另外还有四个未知量，必须再列两个方程才能求出 $[H^+]$。

1. 物料平衡式

在一个化学平衡体系中，某给定物质的总浓度等于各相关物种平衡浓度之和，此关系称为物料平衡，其数学表达式称为物料平衡方程，用 MBE(mass balance equation)表示。

在 $0.0010\ mol\cdot L^{-1}$ HAc 溶液中，HAc 分子有部分发生了解离，生成了 Ac^-，所以 HAc 分子的浓度并不是 $0.0010\ mol\cdot L^{-1}$，而是 HAc 分子与 Ac^- 的总浓度为 $0.0010\ mol\cdot L^{-1}$。此处及后面，用 c 表示某种物质在溶液中的总浓度(也称分析浓度)，用 [ ] 表示某离子或分子的平衡浓度。即 $c(HAc)=0.0010\ mol\cdot L^{-1}$，[HAc] 表示 HAc 分子的平衡浓度。所以 $[HAc]+[Ac^-]=c$ 为 HAc 溶液的物料平衡式。

2. 电荷平衡式

根据电中性原则，溶液中阳离子所带的总电荷数与阴离子所带的总电荷数恰好相等，此电中性原则称为电荷平衡，其数学表达式称为电荷平衡式，用 CBE(charge balance

---

① 为了简化，从本节开始，所有公式中的 $c^{\ominus}$ 项不再写出，解离常数 $K_a^{\ominus}$、$K_b^{\ominus}$ 简写成 K_a、K_b。

equation)表示。在上例中

$$[H^+] = [Ac^-] + [OH^-]$$

这样，将上面四个公式联立，可求出 $[H^+]$。此外，还可以用质子平衡式来计算溶液的 $[H^+]$。

3. 质子平衡式

根据酸碱质子理论，酸碱反应达到平衡时，酸失去的质子数应该等于碱得到的质子数。酸碱之间质子转移的平衡关系称为质子平衡，其数学表达式称为质子平衡式，用 PBE (proton balance equation)表示。书写酸碱溶液的 PBE 一般需要经过以下步骤。

(1)选取参考水准(也称零水准)。通常选取溶液中大量存在的且参与质子传递的物质，如溶质、溶剂等。也就是说，溶液中有关质子转移的一切反应都以它们为参考水准。

(2)从参考水准出发，根据得失质子平衡原理，写出 PBE。

例如，写出弱酸 HA 水溶液的 PBE。

先选取 HA 和 H_2O 作为参考水准，弱酸溶液存在的质子传递反应如下。

HA 与 H_2O 的质子传递反应： $HA + H_2O \rightleftharpoons H_3O^+ + A^-$

H_2O 的质子自递反应： $H_2O + H_2O \rightleftharpoons H_3O^+ + OH^-$

相对于参考水准，HA 和 H_2O 得质子的产物是 H_3O^+(即 H^+)，失去质子的产物是 OH^- 和 A^-，其得失关系如下。

得质子的产物	参考水准物	失质子的产物
	HA	A^-
H^+	H_2O	OH^-

根据得失质子数相等的原则，其 PBE 为

$$[H^+] = [A^-] + [OH^-]$$

再写出 NaH_2PO_4 水溶液的 PBE。

选择 $H_2PO_4^-$ 和 H_2O 作为参考水准(Na^+ 不参与质子传递，不必考虑)，其得失关系如下。

得质子的产物	参考水准物	失质子的产物
H_3PO_4	$H_2PO_4^-$	HPO_4^{2-}
		PO_4^{3-}
H^+	H_2O	OH^-

所以，其 PBE 为

$$[H^+] + [H_3PO_4] = [HPO_4^{2-}] + 2[PO_4^{3-}] + [OH^-]$$

式中，PO_4^{3-} 是参考水准物 $H_2PO_4^-$ 失去两个 H^+ 后才得到的，所以它的浓度项前应乘以 2。

书写 PBE 时应注意以下两点。

(1)与参考水准物比较得失质子数为两个或更多时，应乘以系数。

(2)当一对共轭酸碱对同时存在于溶液中时，只能选择其中一种作为参考水准物。

例如，浓度为 c_1 的 $NH_3 \cdot H_2O$ 和浓度为 c_2 的 NH_4Cl 的混合溶液。

选取 NH_3 和 H_2O 作为参考水准物，其 PBE 为

$$[H^+] + [NH_4^+] - c_2 = [OH^-]$$

上式中的 $[NH_4^+]$ 并非全部由 NH_3 得质子而来，其中一部分为溶液原有的，所以应该把这部分减去；选取 $NH_4{}^+$ 和 H_2O 作为参考水准物，其 PBE 为

$$[H^+]=[NH_3]-c_1+[OH^-]$$

两式同时成立。

3.3.2 酸碱溶液中各物种的分布

在溶液中，存在多种物种(指平衡系统中存在的化学物质，也称型体)，如 HAc 溶液中存在的物种有 H^+、Ac^-、HAc 及 OH^-。各物种的浓度分布往往与溶液的 pH 有关，了解它们之间的关系，对于掌握和控制反应条件有很大作用。

物种在溶液中的总浓度(也称分析浓度)用 c 表示；物种的平衡浓度用 [] 表示；物种在溶液中的平衡浓度占总浓度的比例称为该物种分布的摩尔分数，也称分布分数，用 x 表示。

$$x=\frac{平衡浓度}{总浓度} \tag{3.16}$$

例如，在 HAc 溶液中，HAc 分子与 Ac^- 分布的摩尔分数分别为

$$x_{HAc}=\frac{[HAc]}{c(HAc)}=\frac{[HAc]}{[HAc]+[Ac^-]}$$

$$x_{Ac^-}=\frac{[Ac^-]}{c(HAc)}=\frac{[Ac^-]}{[HAc]+[Ac^-]}$$

知道了物种分布的摩尔分数就可以计算出该物种的平衡浓度。

1. 一元弱酸(碱)中各物种的分布

在一元酸 HA 溶液中除 H^+ 外，还有 HA 和 A^- 两个物种，并且 $[HA]+[A^-]=c(HA)$，

则

$$x_{HA}=\frac{[HA]}{[HA]+[A^-]}=\frac{1}{1+\frac{[A^-]}{[HA]}}=\frac{1}{1+\frac{K_a}{[H^+]}}=\frac{[H^+]}{[H^+]+K_a} \tag{3.17}$$

同样

$$x_{A^-}=\frac{[A^-]}{[HA]+[A^-]}=\frac{K_a}{[H^+]+K_a} \tag{3.18}$$

显然

$$x_{HA}+x_{A^-}=1 \tag{3.19}$$

由式(3.17)、式(3.18)可知，物种分布的摩尔分数只与溶液的 $[H^+]$ 有关，与物种在溶液中的总浓度 $c(HA)$ 无关，它仅仅是溶液酸度的函数。

【例 3.7】计算 pH＝5.00 和 10.00 时，HAc 与 Ac^- 分布的摩尔分数。

解：查表，HAc 的 $K_a(HAc)=1.76\times10^{-5}$，在 pH＝5.00 时

$$x_{HAc}=\frac{[H^+]}{[H^+]+K_a}=\frac{1.00\times10^{-5}}{1.00\times10^{-5}+1.76\times10^{-5}}=0.36$$

$$vx_{A^-}=1-x_{HA}=1-0.36=0.64$$

同样，在 pH＝10.00 时，$x_{HA}=5.7\times10^{-6}$，$x_{A^-}=1-5.7\times10^{-6}\approx1$。

在酸(碱)溶液中，某物种的平衡浓度随溶液中 H^+ 浓度(酸度)的变化而变化。以溶液的 pH 为横坐标，物种分布的摩尔分数 x 为纵坐标，可以绘制出各物种的 x－pH 曲线，如图 3.1 所示。

x—pH 曲线可以直观地描述溶液的酸度对酸碱溶液中各物种分布的影响。图 3.1 中有两条曲线，分别代表两个物种 HAc 和 Ac^-。它们相交于 $pH=pK_a$处，在交点处，两物种的浓度相等。当 $pH<pK_a$时，溶液中存在的主要物种是 HAc，而在 $pH>pK_a$区域，Ac^-占优势。

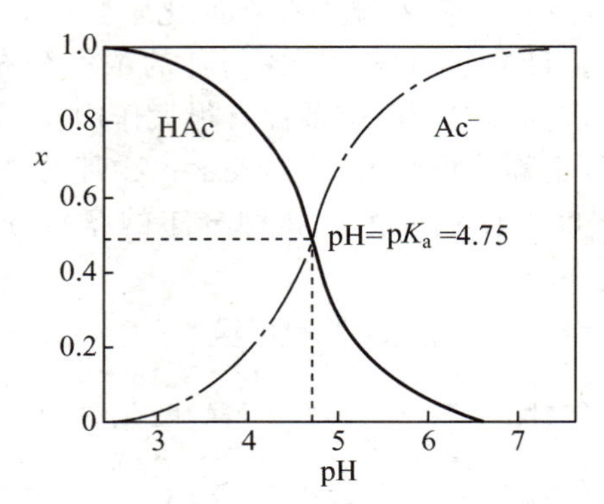

图 3.1 一元弱酸(HAc)溶液的 x—pH 曲线

2. 多元酸溶液

二元酸 H_2A 除 H^+ 外，还有 H_2A、HA^- 和 A^{2-} 三个物种，并且 $[H_2A]+[HA^-]+[A^{2-}]=c(H_2A)$。

则

$$x_{H_2A}=\frac{[H_2A]}{[H_2A]+[HA^-]+[A^{2-}]}=\frac{1}{1+\frac{[HA^-]}{[H_2A]}+\frac{[A^{2-}]}{[H_2A]}}=\frac{1}{1+\frac{K_{a_1}}{[H^+]}+\frac{K_{a_1}K_{a_2}}{[H^+]^2}}$$

整理，得

$$x_{H_2A}=\frac{[H^+]^2}{[H^+]^2+[H^+]K_{a_1}+K_{a_1}K_{a_2}} \tag{3.20}$$

同样，

$$x_{HA^-}=\frac{[H^+]K_{a_1}}{[H^+]^2+[H^+]K_{a_1}+K_{a_1}K_{a_2}} \tag{3.21}$$

$$x_{A^{2-}}=\frac{K_{a_1}K_{a_2}}{[H^+]^2+[H^+]K_{a_1}+K_{a_1}K_{a_2}} \tag{3.22}$$

显然，它们也仅是溶液酸度的函数。

图 3.2 中有三条曲线：1 代表 $H_2C_2O_4$；2 代表$HC_2O_4^-$；3 代表 $C_2O_4^{2-}$。它们分别相交于 $pH=pK_{a_1}$ 和 $pH=pK_{a_2}$ 处。pK_{a_1} 和 pK_{a_2} 相差越小，$HC_2O_4^-$ 占优势的区域就越窄。若要形成草酸盐沉淀，需要有较大的 $C_2O_4^{2-}$ 浓度，此时溶液的 pH 应大于 pK_{a_2}。

各物种分布的摩尔分数是有规律的，以后可以不必推导，直接写出。对于 n 元酸，其分母为 $n+1$ 项相加，第一项为 $[H^+]^n$，之后按 $[H^+]$ 的降次幂排列，分别增加 K_{a_1}、K_{a_2}、K_{a_3} 等项。

图 3.3 为 H_3PO_4的 x—pH 曲线，H_3PO_4溶液中各物种分布的摩尔分数留给读者推导。

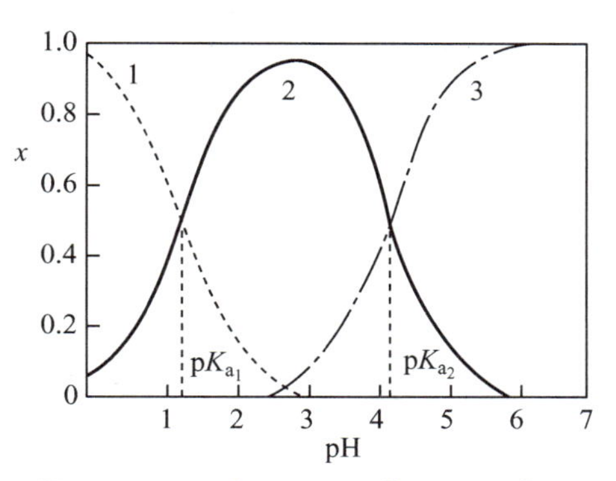

图 3.2 二元酸($H_2C_2O_4$)的 x—pH 曲线

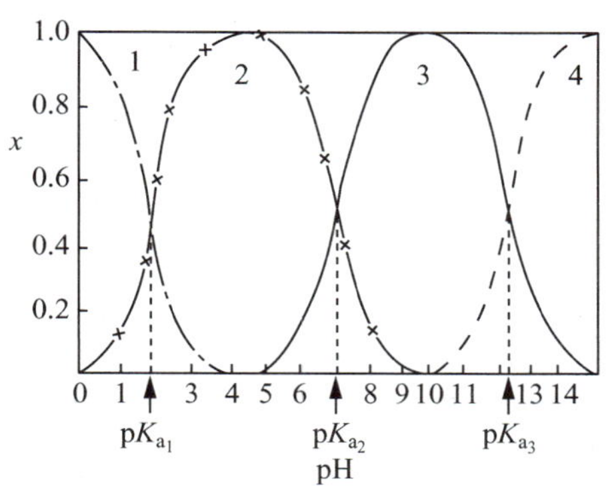

图 3.3 三元酸(H_3PO_4)的 x—pH 曲线

3.3.3 酸碱溶液 pH 计算

本节将介绍用质子平衡式计算溶液 H^+ 浓度的方法，具体步骤如下。首先，写出有关的 PBE，代入由物种分布的摩尔分数导出的各种物种的平衡浓度表达公式，整理得到计算 $[H^+]$ 的精确公式；其次，根据具体情况对精确式进行适当的简化，得到计算 $[H^+]$ 的近似式或最简式。

1. 强酸(碱)溶液

以浓度为 c 的强酸 HA 水溶液为例，强酸在水溶液中是完全解离的，参考水准不能选取 HA，应选取 H_2O，其 PBE 为

$$[H^+]-c=[OH^-]$$

根据 $[OH^-][H^+]=K_w$ 可得

$$[H^+]=c+\frac{K_w}{[H^+]}$$

即

$$[H^+]^2-c[H^+]-K_w=0$$

解一元二次方程，得

$$[H^+]=\frac{c+\sqrt{c^2+4K_w}}{2} \tag{3.23}$$

式(3.23)为计算强酸水溶液中 H^+ 浓度的精确式，可根据不同情况进行简化。

两项相加或相减时，如果其中一项比另一项的 20 倍还要大，则在近似计算中可忽略小的一项。在式 3.23 中，如果 $c^2\geqslant 80K_w$，则 $c^2+4K_w\approx c^2$。所以，当 $c\geqslant 10^{-6}\ \text{mol}\cdot\text{L}^{-1}$ 时，水的解离可以忽略，此时 $[H^+]=c$；当 $c\leqslant 10^{-8}\ \text{mol}\cdot\text{L}^{-1}$ 时，$[H^+]\approx\sqrt{K_w}=1.0\times10^{-7}\text{mol}\cdot\text{L}^{-1}$，强酸的浓度太低，可忽略，这时溶液中的 H^+ 主要来自于水的解离；当 $10^{-8}\ \text{mol}\cdot\text{L}^{-1}<c<10^{-6}\ \text{mol}\cdot\text{L}^{-1}$ 时，两者都不能忽略，必须用精确式计算。强碱的情况与此类似，可自行推导。

2. 一元弱酸(碱)溶液

对于浓度为 c 的一元弱酸 HA 的水溶液，其 PBE 为 $[H^+]=[A^-]+[OH^-]$。由弱酸

的解离平衡可得：$K_a=\frac{[H^+][A^-]}{[HA]}$，所以 $[A^-]=\frac{K_a[HA]}{[H^+]}$。由水的离子积可得：$[OH^-]=\frac{K_w}{[H^+]}$，代入 PBE 中，得

$$[H^+]=\frac{K_a[HA]}{[H^+]}+\frac{K_w}{[H^+]}$$

所以

$$[H^+]=\sqrt{K_a[HA]+K_w} \tag{3.24}$$

式(3.24)为计算一元弱酸水溶液中 H^+ 浓度的精确式，但是式中 [HA] 未知，根据式(3.17)，有

$$x_{HA}=\frac{[HA]}{c}=\frac{[H^+]}{[H^+]+K_a}$$

可求出 [HA]，代入式(3.24)中，得一元三次方程，计算相当麻烦。在实际工作中常按具体情况进行合理的近似处理。

当 $K_a[HA]\approx cK_a\geqslant 20K_w$时，可忽略水的解离。同时，由于弱酸 HA 部分解离生成 H^+ 和 A^-，所以未解离的 $[HA]=c-[H^+]$，故有

$$[H^+]\approx\sqrt{K_a[HA]}=\sqrt{K_a(c-[H^+])} \tag{3.25}$$

即

$$[H^+]^2+K_a[H^+]-cK_a=0$$

解一元二次方程，得

$$[H^+]=\frac{-K_a+\sqrt{K_a^2+4cK_a}}{2} \tag{3.26}$$

式(3.26)为计算一元弱酸水溶液中 H^+ 浓度的近似式。

在式(3.25)中，如果$\frac{c}{K_a}\geqslant 500$ 时，此时弱酸自身的解离也可忽略，即 $c-[H^+]\approx c$（或 $c(HA)\approx[HA]$），所以

$$[H^+]=\sqrt{cK_a} \tag{3.27}$$

式(3.27)为计算一元弱酸水溶液中 H^+ 浓度的最简式，它与式(3.7)的形式完全一样，它的使用条件：$cK_a\geqslant 20K_w$，$c/K_a\geqslant 500$。

H^+ 浓度的计算有精确式、近似式和最简式，每个公式都有使用条件，应根据具体的情况进行选择。

【例 3.8】计算 0.20 $mol\cdot L^{-1}$ $CHCl_2COOH$ 的 pH。

解：查表，$CHCl_2COOH$ 的 $K_a=3.32\times10^{-2}$。

$cK_a=3.32\times10^{-2}\times0.20=6.64\times10^{-3}>>20K_w$，水解离出的 $[H^+]$ 可忽略。

$c/K_a=0.20/(3.32\times10^{-2})=6.0<500$，弱酸自身的解离对平衡浓度的影响不可忽略，即 $c(HA)\neq[HA]$，应该用近似式(3.26)，解得：$[H^+]=0.067\ mol\cdot L^{-1}$，所以 pH=1.17。

如不考虑水的解离，用最简式，得 $[H^+]=0.082\ mol\cdot L^{-1}$，pH=1.09。则 $[H^+]$ 的相对误差为 $E_r=22\%$。

【例 3.9】计算 $1.0\times10^{-4}\ mol\cdot L^{-1}$ HCN 的 pH。

解：查表，HCN 的 $K_a=4.93\times10^{-10}$。

$cK_a=1.0\times10^{-4}\times4.93\times10^{-10}=4.93\times10^{-14}<20K_w$，水解离出的 [$H^+$] 不可忽略。

$c/K_a=1.0\times10^{-4}/(4.93\times10^{-10})=2.0\times10^5>500$，弱酸自身的解离对平衡浓度的影响可忽略。

故根据式(3.24)可得：$[H^+]=\sqrt{cK_a+K_w}=2.4\times10^{-7}\text{mol}\cdot\text{L}^{-1}$，pH=6.62。如不考虑水的解离，$[H^+]=\sqrt{cK_a}=2.2\times10^{-7}\text{mol}\cdot\text{L}^{-1}$，pH=6.66。[$H^+$] 的相对误差为 $E_r=-8\%$。

一元弱碱 A^- 水溶液中 [OH^-] 的计算所用的公式与一元弱酸类似，只需将 K_a 换成 K_b，[H^+] 换成 [OH^-] 即可。例如

精确式： $$[OH^-]=\sqrt{K_b[A^-]+K_w} \tag{3.28}$$

近似式：当 $cK_b\geqslant20K_w$ 时，$$[OH^-]=\frac{-K_b+\sqrt{K_b^2+4cK_b}}{2} \tag{3.29}$$

最简式：当 $cK_b\geqslant20K_w$ 且 $c/K_b\geqslant500$ 时，$$[OH^-]=\sqrt{cK_b} \tag{3.30}$$

3. 多元酸(碱)溶液

多元酸(碱)在水溶液中是分步解离的，物种多，得出的公式很复杂，难以计算，需要简化。通常从以下三方面来考虑简化公式。

(1)忽略水的解离对 [H^+] 的影响，删去计算式中的 K_w 项。

(2)忽略弱酸(碱)自身的解离对平衡浓度的影响，用总的浓度(即分析浓度)来代替平衡浓度。

(3)在多元酸(碱)溶液中，由于同离子效应，通常以第一步解离为主，考虑能否将多元酸(碱)简化为一元酸(碱)进行计算。

以二元酸 H_2A 为例，其 PBE 为

$$[H^+]=[HA^-]+2[A^{2-}]+[OH^-]$$

根据弱酸的解离平衡及水的离子积进行代换，得

$$[H^+]=\frac{K_{a_1}[H_2A]}{[H^+]}+\frac{2K_{a_1}K_{a_2}[H_2A]}{[H^+]^2}+\frac{K_w}{[H^+]}$$

为了避免得到难解的三次方程，整理为

$$[H^+]=\sqrt{K_{a_1}[H_2A]\left(1+\frac{2K_{a_2}}{[H^+]}\right)+K_w}$$

若 $\frac{2K_{a_2}}{[H^+]}\leqslant0.05$，上式可简化为

$$[H^+]=\sqrt{K_{a_1}[H_2A]+K_w} \tag{3.31}$$

此式与一元弱酸的计算公式(3.24)类似，也就是说，当满足条件 $\frac{2K_{a_2}}{[H^+]}\leqslant0.05$ 时，第二步解离可忽略，近似地按一元弱酸处理，其后的处理方法与一元弱酸一样。实际计算时，先按一元弱酸计算出 [H^+]，然后进行验证。

【例 3.10】计算 0.250 $\text{mol}\cdot\text{L}^{-1}$ 酒石酸溶液的 pH，已知酒石酸的 $pK_{a_1}=3.04$，$pK_{a_2}=4.37$。

解：

$$cK_{a_1}=0.250\times10^{-3.04}>>20K_w$$

$$c/K_{a_1}=0.250/10^{-3.04}=274<500$$

应采用近似公式(3.26)计算，得：$[H^+]=1.47\times10^{-2}\ mol\cdot L^{-1}$，pH=1.83。

检验：$\dfrac{2K_{a_2}}{[H^+]}=\dfrac{2\times10^{-4.37}}{1.47\times10^{-2}}=5.8\times10^{-3}<0.05$，所以按一元酸计算是可以的。

酒石酸的 K_{a_1} 与 K_{a_2} 相差不大，ΔpK_a 仅为 1.33，可按一元酸计算。大部分多元弱酸，只要浓度不是太低，均可按一元酸近似处理。

对于多元弱碱溶液的 pH，其计算方法与一元弱碱的处理方法相同。

【例 3.11】计算 $0.40\ mol\cdot L^{-1}\ Na_2CO_3$ 溶液的 pH。

解：查表，H_2CO_3 的 $K_{a_1}=4.30\times10^{-7}$，$K_{a_2}=5.61\times10^{-11}$。

CO_3^{2-} 为二元弱碱，则

$$K_{b_1}=\frac{K_w}{K_{a_2}}=\frac{1.00\times10^{-14}}{5.61\times10^{-11}}=1.78\times10^{-4}$$

$$K_{b_2}=\frac{K_w}{K_{a_1}}=\frac{1.00\times10^{-14}}{4.30\times10^{-7}}=2.33\times10^{-8}$$

又由于 $cK_{b_1}\gg20K_w$，$c/K_{b_1}>500$，则

$$[OH^-]=\sqrt{cK_{b_1}}=\sqrt{0.40\times1.78\times10^{-4}}=8.44\times10^{-3}\ mol\cdot L^{-1}$$

$$pH=11.93$$

检验：$\dfrac{2K_{b_2}}{[OH^-]}=\dfrac{2\times2.33\times10^{-8}}{8.44\times10^{-3}}=5.5\times10^{-6}<0.05$，所以按一元碱计算是可以的。

4. 两性物质溶液

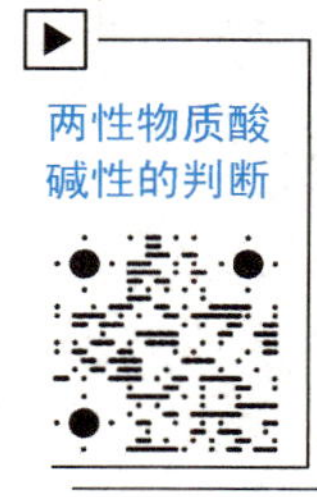

有一类物质在水溶液中既可给出质子，也可接受质子，表现出两性。这类物质常见的有三类：多元酸的酸式盐（如 $NaHCO_3$、K_2HPO_4、NaH_2PO_4 等）、弱酸弱碱盐（如 NH_4Ac、NH_4CN 等）和氨基酸。在计算这类溶液的 $[H^+]$ 时，要同时考虑到两性，应视具体情况做简化处理。

以酸式盐 NaHA 为例，其 PBE 为 $[H^+]+[H_2A]=[A^{2-}]+[OH^-]$。

$$H_2A\xrightarrow[-H^+]{K_{a_1}}HA^-\xrightarrow[-H^+]{K_{a_2}}A^{2-}$$

代入平衡关系，得

$$[H^+]+\frac{[H^+][HA^-]}{K_{a_1}}=\frac{K_{a_2}[HA^-]}{[H^+]}+\frac{K_w}{[H^+]}$$

整理，得

$$[H^+]=\sqrt{\frac{K_{a_1}(K_{a_2}[HA^-]+K_w)}{K_{a_1}+[HA^-]}}\tag{3.32}$$

式(3.32)为计算两性物质在水溶液中 H^+ 浓度的精确式，式中 $[HA^-]$ 未知。在一般情况下，HA^- 的酸式解离与碱式解离倾向都很小，所以 $[HA^-]\approx c$，代入上式，可得近似式。

$$[H^+]=\sqrt{\frac{K_{a_1}(K_{a_2}c+K_w)}{K_{a_1}+c}}\tag{3.33}$$

若 $cK_{a_2} \geqslant 20K_w$，上式的分子可进一步简化，为

$$[H^+] = \sqrt{\frac{K_{a_1} K_{a_2} c}{K_{a_1} + c}} \tag{3.34}$$

若 $cK_{a_2} \geqslant 20K_w$ 且 $c \geqslant 20K_{a_1}$，上式的分母可继续简化，得最简式。

$$[H^+] = \sqrt{K_{a_1} K_{a_2}} \tag{3.35}$$

显然，两性物质溶液如果满足最简式的条件，pH 与溶液的浓度无关。

【例 3.12】分别计算 0.050 mol·L^{-1} NaH_2PO_4 溶液和 3.3×10^{-2} mol·L^{-1} Na_2HPO_4 溶液的 pH。

解：查表，H_3PO_4 的 $K_{a_1} = 7.52 \times 10^{-3}$，$K_{a_2} = 6.23 \times 10^{-8}$，$K_{a_3} = 2.2 \times 10^{-13}$。

对于 NaH_2PO_4 溶液，有

$$H_3PO_4 \xrightarrow[-H^+]{K_{a_1}} H_2PO_4^- \xrightarrow[-H^+]{K_{a_2}} HPO_4^{2-}$$

由于 $cK_{a_2} = 0.050 \times 6.23 \times 10^{-8} > 20K_w$，$c/K_{a_1} = 0.050/(7.52 \times 10^{-3}) = 6.6 < 20$，应该采用近似式(3.34)，则

$$[H^+] = \sqrt{\frac{7.52 \times 10^{-3} \times 6.23 \times 10^{-8} \times 0.050}{7.52 \times 10^{-3} + 0.050}} = 2.0 \times 10^{-5} \text{mol} \cdot \text{L}^{-1}$$

$$\text{pH} = 4.70$$

对于 Na_2HPO_4 溶液，有

$$H_2PO_4^- \xrightarrow[-H^+]{K_{a_2}} HPO_4^{2-} \xrightarrow[-H^+]{K_{a_3}} PO_4^{3-}$$

K_{a_2}、K_{a_3} 与式(3.35)中的 K_{a_1}、K_{a_2} 相对应。由于 $cK_{a_3} = 3.3 \times 10^{-2} \times 2.2 \times 10^{-13} = 7.3 \times 10^{-15} \approx K_w$，故 K_w 不能忽略。

$c/K_{a_2} = 3.3 \times 10^{-2}/(6.23 \times 10^{-8}) > 20$，$K_{a_2} + c \approx c$，根据近似式(3.33)，得

$$[H^+] = \sqrt{\frac{K_{a_2}(K_{a_3}c + K_w)}{K_{a_2} + c}} = \sqrt{\frac{K_{a_2}(K_{a_3}c + K_w)}{c}} = 1.8 \times 10^{-10} \text{mol} \cdot \text{L}^{-1}$$

$$\text{pH} = 9.74$$

对于弱酸弱碱盐，可参照上式。如 NH_4Ac 水溶液，HAc 的 K_a 为 K_{a_1}，NH_4^+ 的 K_a（NH_3 共轭酸的解离常数）为 K_{a_2}。

【例 3.13】计算 0.10 mol·L^{-1} NH_4Ac 水溶液的 pH。

解：查表，$K_a(HAc) = 1.76 \times 10^{-5}$，$K_b(NH_3) = 1.77 \times 10^{-5}$。

$$K_{a_1} = 1.76 \times 10^{-5}，K_{a_2} = \frac{K_w}{K_b} = \frac{1.00 \times 10^{-14}}{1.77 \times 10^{-5}} = 5.65 \times 10^{-10}$$

$cK_{a_2} \geqslant 20K_w$ 且 $c/K_{a_1} > 20$，可采用最简式，则

$$[H^+] = \sqrt{1.76 \times 10^{-5} \times 5.65 \times 10^{-10}} = 9.97 \times 10^{-8} \text{mol} \cdot \text{L}^{-1}$$

$$\text{pH} = 7.00$$

氨基酸也是两性物质，它在溶液中以双极离子形式存在，如氨基乙酸（$^+NH_3CH_2COO^-$），既可以给出质子，又可以得到质子。

$$H_3N^+CH_2COOH \underset{K_{a_1}}{\overset{-H^+}{\rightleftharpoons}} H_3N^+CH_2COO^- \underset{K_{a_2}}{\overset{-H^+}{\rightleftharpoons}} H_2NCH_2COO^-$$

氨基酸水溶液中 pH 的计算与酸式盐、弱酸弱碱盐相同。

5. 弱酸及其共轭碱($HA+A^-$)混合溶液

弱酸及其共轭碱混合溶液也就是缓冲溶液。下面以浓度为$c(HA)$的HA和浓度为$c(A^-)$的A^-混合溶液为例，选取HA和H_2O作为参考水准物，其PBE为$[H^+]=[OH^-]+[A^-]-c(A^-)$，整理后可得

$$[A^-]=c(A^-)+[H^+]-[OH^-]$$

选取A^-和H_2O作为参考水准物，其PBE为$[H^+]+[HA]-c(HA)=[OH^-]$，整理后可得

$$[HA]=c(HA)-[H^+]+[OH^-]。$$

因为$K_a=\frac{[H^+][A^-]}{[HA]}$，所以$[H^+]=K_a\frac{[HA]}{[A^-]}$。将整理后的两式代入解离常数表达式，得

$$[H^+]=K_a\frac{[HA]}{[A^-]}=K_a\frac{c(HA)\ [-H^+]+[OH^-]}{c(A^-)+[H^+]-[OH^-]} \quad (3.36)$$

式(3.36)为计算缓冲溶液H^+浓度的精确式，公式很复杂，可视具体情况进行简化。

当溶液为酸性时，上式中的$[OH^-]$可忽略，可得近似式为

$$[H^+]=K_a\frac{c(HA)-[H^+]}{c(A^-)+[H^+]} \quad (pH<6) \quad (3.37)$$

若$c(HA)>20[H^+]$，$c(A^-)>20[H^+]$，上式可简化至最简式。

$$[H^+]=K_a\frac{c(HA)}{c(A^-)} \quad (3.38)$$

式(3.38)与3.2.4节中推导出的计算缓冲溶液H^+浓度的公式(3.13)完全一样。

同样，当溶液为碱性时，式(3.36)中的$[H^+]$可忽略，可得近似式。

$$[H^+]=K_a\frac{c(HA)+[OH^-]}{c(A^-)-[OH^-]} \quad (pH>8) \quad (3.39)$$

若$c(HA)>20[OH^-]$，$c(A^-)>20[OH^-]$，上式也可简化至最简式(3.38)。

在进行缓冲溶液H^+浓度实际计算时，先按最简式计算出$[H^+]$，然后进行验证。

【例3.14】在20.00 mL 0.1000 $mol \cdot L^{-1}$ HA($K_a=1.0\times10^{-7}$)溶液中，加入0.1000 $mol \cdot L^{-1}$ NaOH溶液19.96 mL，求该混合溶液的pH。

解：混合溶液中剩余的HA的浓度为

$$c_a=\frac{0.1000\ mol\cdot L^{-1}\times20.00\ mL-0.1000\ mol\cdot L^{-1}\times19.96\ mL}{20.00\ mL+19.96\ mL}$$
$$=1.001\times10^{-4}\ mol\cdot L^{-1}$$

生成的A^-浓度为

$$c_b=\frac{0.1000\ mol\cdot L^{-1}\times19.96\ mL}{20.00\ mL+19.96\ mL}=4.995\times10^{-2}\ mol\cdot L^{-1}$$

先按最简式计算，得

$$[H^+]=K_a\frac{c_a}{c_b}=2.002\times10^{-10}\ mol\cdot L^{-1}$$

显然溶液呈碱性，验证时应该将酸、碱的浓度与$[OH^-]$进行比较。

$$[OH^-]=K_w/[H^+]=5.0\times10^{-5}\ mol\cdot L^{-1}$$

验证：$c_a<20[OH^-]$，$c_b>20[OH^-]$，计算结果不合理，应该采用近似式(3.39)，则

$$[H^+]=\frac{K_w}{[OH^-]}=K_a\frac{c_a+[OH^-]}{c_b}$$

解一元二次方程，得

$$[OH^-]=3.6\times10^{-5}\ mol\cdot L^{-1}$$

$$pH=9.56$$

例 3.14 中的计算都是以总浓度代入的，如需计算更加精确，还必须考虑离子强度的影响，应代入组分的活度。离子强度和活度的概念将在下一节中讨论。

3.4 强电解质溶液

强电解质是指在水溶液中能够完全解离，生成正、负离子的电解质。在晶体的 X 射线研究中发现，固态的离子晶体中没有分子存在，如在 NaCl 晶体中没有发现 NaCl 分子存在，实际存在的微粒是 Na^+ 和 Cl^-，因此可以推断它们在水溶液中也是全部以离子形式存在的。大部分离子晶体和一些具有强极性键的分子晶体都是强电解质。可是，对强电解质溶液进行导电性实验，测定它们在水中的解离度，却发现达不到 100%，本节就将对此进行说明。

3.4.1 离子氛、活度和活度因子

1923 年，德拜(Debye P. J.)和休克尔(Hüekcl. E)提出了强电解质离子互吸理论(也称非缔合式电解质理论)，解释了这个现象。德拜和休克尔认为强电解质在水中是完全解离的，生成的正、负离子之间存在静电作用力，同性相斥，异性相吸，因此在正离子的周围带负电荷离子的分布相对较多，在负离子的周围正离子的分布也相对多一点，所以离子在水中的分布并不是非常均匀的。在任意一个离子周围都聚集着较多的带有相反电荷的离子组成的"离子氛"。溶液的导电能力取决于离子所带的电荷数和离子的运动速度，当溶液通电时，正离子向负极移动，而它周围的离子氛由负电荷组成，要向正极移动。由于彼此的牵制作用，降低了离子的运动速度，影响了离子的导电性，因此溶液表现出来的解离度达不到 100%。

由于溶液中存在离子氛，造成了离子之间的相互牵制作用，使得溶液表现出来的浓度小于实际浓度。例如在 1.0 $mol\cdot L^{-1}$ 的 NaCl 溶液中，Na^+ 和 Cl^- 表现出来的浓度仅为 0.7 $mol\cdot L^{-1}$。为此，通常把在电解质溶液中实际发挥作用的离子的"有效浓度"称为活度，用符号 α 来表示。活度和浓度的关系为

$$\alpha=\gamma\frac{b}{b^{\ominus}} \tag{3.40}$$

式中，γ 为活度因子，反映了溶液中离子之间相互作用的程度；b 是溶液的质量摩尔浓度，即 1kg 溶液中所含溶质的物质的量；$b^{\ominus}$ 为标准质量摩尔浓度，其值为 1 $mol\cdot kg^{-1}$，所以活度 α 为量纲 1 的量，SI 单位为 1。

对于强电解质溶液来说，电解质是全部电离成离子的，因此讨论整个电解质的活度没有多大意义，为此必须引入离子的活度和活度的概念。权 NaCl 水溶液为例，由于 1mol NaCl 在水中完全电离成 1mol Na^+ 和 1mol Cl^-，离子的活度定义为

$$\alpha(Na^+)=\gamma(Na^+)\frac{b(Na^+)}{b^{\ominus}}$$

$$a(Cl^-)=\gamma(Cl^-)\cdot\frac{b(Cl^-)}{b^{\ominus}}$$

式中，$\gamma(Na^+)$、$\gamma(Cl^-)$分别为 Na^+ 和 Cl^- 的活度因子；$b(Na^+)$、$b(Cl^-)$分别为溶液中 Na^+ 和 Cl^- 的质量摩尔浓度。

对于任意价型的强电解质 $M_{\nu_+}A_{\nu_-}$，它在水中全部电离，即

$$M_{\nu_+}A_{\nu_-}\longrightarrow\nu_+M^{z+}+\nu_-A^{z-}$$

式中，z_+、z_-分别为正、负离子的电荷数；ν_+、ν_-分别为强电解质 $M_{\nu_+}A_{\nu_-}$ 分子中正、负离子的个数，令 $\nu=\nu_++\nu_-$，正、负离子的活度、活度因子分别用 a_+、a_-、γ_+ 和 γ_- 表示，则强电解质 $M_{\nu_+}A_{\nu_-}$ 的活度 a 为

$$a=a_+^{\nu_+}a_-^{\nu_-} \tag{3.41}$$

电解质溶液总是电中性的，目前无法测出单独的正离子或负离子的活度和活度因子，因此定义了正、负离子的活度及活度因子的几何平均值，称为离子的平均活度和平均活度因子，并用 $a_\pm$ 和 $\gamma_\pm$ 表示，即离子的平均活度 $a_\pm$ 为

$$a_\pm=(a_+^{\nu_+}a_-^{\nu_-})^{1/\nu} \tag{3.42}$$

离子的平均活度因子 $\gamma_\pm$ 为

$$\gamma_\pm=(\gamma_+^{\nu_+}\gamma_-^{\nu_-})^{1/\nu} \tag{3.43}$$

平均活度因子 $\gamma_\pm$ 可以通过实验测定。表 3－4 是 298.15 K 时水溶液中电解质的离子平均活度因子 $\gamma_\pm$。

表 3－4　298.15K 时水溶液中电解质的离子平均活度因子 $\gamma_\pm$

b/mol·kg^{-1}	0.001	0.005	0.01	0.05	0.1	0.5	1.0
HCl	0.965	0.928	0.904	0.830	0.796	0.757	0.809
NaCl	0.965	0.929	0.904	0.823	0.778	0.682	0.658
KCl	0.965	0.927	0.901	0.815	0.769	0.650	0.605
HNO_3	0.965	0.927	0.902	0.823	0.785	0.715	0.720
NaOH			0.899	0.818	0.765	0.693	0.679
$CaCl_2$	0.887	0.789	0.732	0.584	0.524	0.510	0.725
$BaCl_2$	0.88	0.77	0.72	0.56	0.49	0.39	0.39
H_2SO_4	0.830	0.639	0.544	0.340	0.265	0.154	0.130
K_2SO_4	0.89	0.78	0.71	0.52	0.43		
$CuSO_4$	0.74	0.530	0.410	0.210	0.160	0.068	0.047
$ZnSO_4$	0.734	0.477	0.387	0.202	0.148	0.063	0.043

3.4.2　离子强度和德拜－休克尔极限公式

从表 3－4 中的实验数据可以看出如下规律。

(1)电解质的离子平均活度因子 $\gamma_\pm$ 与溶液的质量摩尔浓度 b 有关。在稀溶液范围内，$\gamma_\pm$ 总是小于 1 且随 b 的减小而增加，当 $b\to0$ 时，$\gamma_\pm\to1$。

(2)在稀溶液范围内，具有相同价型的电解质溶液，如 1－1 价型的 HCl 和 NaCl、2－1价型的 $CaCl_2$ 和 $BaCl_2$、2－2 价型的 $CuSO_4$ 和 $ZnSO_4$，浓度相同时，其 $\gamma_{\pm}$ 值基本相同。

(3)对于不同价型的电解质溶液，浓度相同时，$\gamma_{\pm}$ 并不相同，正、负离子价数的乘积的绝对值越大，电解质的 $\gamma_{\pm}$ 偏离 1 越大。

1921 年，路易斯根据大量实验结果得出：在电解质的稀溶液中，影响电解质的离子平均活度因子 $\gamma_{\pm}$ 的主要因素是离子的浓度 b 和电荷数 z，其中离子的电荷数影响更大些。据此，路易斯提出了离子强度 I 的概念，用它来反映离子浓度与价数对 $\gamma_{\pm}$ 的综合影响。离子强度 I 的定义为

$$I=\frac{1}{2}\sum_{B} b_B z_B^2 \qquad (3.44)$$

式中，b_B、z_B分别代表溶液中离子 B 的质量摩尔浓度与电荷数。

路易斯同时还总结出电解质的离子平均活度因子 $\gamma_{\pm}$ 与离子强度 I 的经验公式，该经验式与后来德拜和休克尔根据强电解质离子互吸理论推导出的公式一致。

$$\lg \gamma_{\pm}=-A|z_+ z_-|\sqrt{I} \qquad (3.45)$$

式中，A 是与温度及溶剂性质有关的常数，在 298.15K 的水溶液中，$A=0.509(mol \cdot kg^{-1})^{-1/2}$。式(3.45)称为德拜－休克尔极限公式。因为此公式是在假设溶液为无限稀释的条件下推导出来的，所以只适用于计算稀溶液中的离子平均活度因子。溶液的离子强度增大，电解质的离子平均活度因子减小。

3.5 滴定分析法简介

3.5.1 滴定分析的方法及方式

滴定分析法(因其主要操作是滴定)又称容量分析法(因以测量溶液体积为基础)，是定量化学分析中最重要的分析方法之一。将一种已知准确浓度的滴定剂滴加到待测物质的溶液中，直到所加的滴定剂与被测物质按一定的化学计量关系完全反应为止，然后依据所消耗标准溶液的体积和浓度及试样质量(或试液体积)，即可计算出被测物质的含量(或浓度)，这一类分析方法称为滴定分析法。

进行滴定分析时，一般是将滴定剂由滴定管逐滴加到被测试样的溶液中(通常置于锥形瓶中)，这样的操作过程称为滴定。已知准确浓度的试剂溶液称为标准溶液。被测物与加入的滴定剂恰好反应完全的点称为化学计量点。化学计量点是否到达，一般不易从溶液外观上观察出来，常借助于指示剂颜色的突变来判断。当指示剂在化学计量点附近变色时停止滴定，称为滴定终点。滴定终点与化学计量点不可能完全符合，由此而产生的分析误差称为**终点误差**(又称滴定误差)。

由于滴定分析法所需要的仪器设备比较简单，又易于掌握和操作，可应用于多种化学反应类型的测定，故滴定分析法在生产实践和科学研究中被广泛应用，通常用于测定常量组分，即被测组分含量在 1%(质量百分数)以上，分析结果的相对误差一般可小于 0.2%，准确度较高。采用微量滴定管也可进行微量分析。

1. 滴定分析法的分类

根据滴定时化学反应类型的不同，可以将滴定分析方法分为以下四种。

(1)酸碱滴定法(中和滴定法)

酸碱滴定法是以酸碱反应(实质是质子转移反应)为基础的滴定分析法。其反应实质可用 $H^+ + B^- = HB$ 表示。该滴定法主要用于测定碱、酸、弱碱盐或弱酸盐。

(2)氧化还原滴定法

氧化还原滴定法是以氧化还原反应为基础的滴定分析法。例如，用高锰酸钾法测铁，其反应如下：$MnO_4^- + 5Fe^{2+} + 8H^+ = Mn^{2+} + 5Fe^{3+} + 4H_2O$。还包括重铬酸钾法、碘量法等。

(3)沉淀滴定法

沉淀滴定法是以沉淀反应为基础的滴定分析法。例如，用银量法测定卤素离子，其反应如下：$Ag^+ + Cl^- = AgCl\downarrow$。

(4)配位滴定法

配位滴定法是以配位反应为基础的滴定分析法，可用来测定金属离子，如用 EDTA(乙二胺四乙酸)作为配位剂，发生如下反应：$M^{n+} + Y^{4-} = MY^{n-4}$。式中，$M^{n+}$表示 n 价金属离子；Y^{4-}表示 EDTA 的阴离子。

2. 滴定分析对滴定反应的要求

虽然化学反应形式很多，但并不是全可用于滴定分析。用于滴定分析的化学反应必须满足下列要求。

(1)反应必须定量完成。即被测物与标准溶液之间的反应必须按一定的化学计量关系定量进行，其反应的完全程度应达到 99.9%以上，没有副反应发生，这是定量计算的基础。

(2)反应必须迅速完成。滴定反应最好在滴定剂加入后即可完成。对反应速度较慢的反应，应能采取某些措施，如可用加热或加入催化剂等方法加快反应速度。

(3)有比较简单可行的方法来确定滴定终点。如有适当的指示剂指示滴定终点。

3. 常用的滴定方法

(1)直接滴定法

凡能满足滴定分析要求的反应就可以用标准溶液对试样溶液直接滴定，称之为直接滴定法。例如，用 HCl 标准溶液滴定 NaOH 溶液；用 $KMnO_4$ 标准溶液滴定 Fe^{2+} 溶液。直接滴定法是最常用和最基本的一种滴定方式，引入的误差较小。

(2)返滴定法

当滴定剂与被测物的反应不满足滴定分析的要求，如反应速度较慢或被测物质是难溶的固体时，可先准确加入过量的一种标准溶液，待其完全反应后，再用另一种标准溶液滴定剩余的前一种标准溶液，这种方法称为返滴定法，又称回滴法。例如，测定 $CaCO_3$ 中的钙含量，可先准确加入过量的 HCl 标准溶液，待 HCl 与 $CaCO_3$ 完全反应后，再用 NaOH 标准溶液滴定过量的 HCl 溶液。

(3)置换滴定法

对于不遵循一定的化学计量关系，伴有副反应或缺乏合适的指示剂的反应，可用置换滴定法进行测定，即先用适当的试剂与被测物质发生反应，使其置换出另一种可以直接滴定的物质，再用标准溶液滴定，这种滴定方法称为置换滴定法。例如，$Na_2S_2O_3$ 不能直接

滴定 $K_2Cr_2O_7$ 及其他强氧化剂，因为强氧化剂在酸性溶液中将 $S_2O_3^{2-}$ 氧化为 $S_4O_6^{2-}$ 和 SO_4^{2-} 等混合物，反应没有一定的计量关系，没有计算依据。但在酸性 $K_2Cr_2O_7$ 溶液中加入过量的KI，就可以从KI中定量置换出 I_2，而 I_2 就可用 $Na_2S_2O_3$ 标准溶液直接滴定。

(4)间接滴定法

某些不能直接与标准溶液反应的物质有时可以通过适当的化学反应将其转化为可被滴定的物质，用间接的方法进行滴定，这种滴定方法称为间接滴定法。例如，$KMnO_4$ 标准溶液不能直接滴定 Ca^{2+}，但可利用 Ca^{2+} 与 $C_2O_4^{2-}$ 作用形成 CaC_2O_4 沉淀，将其过滤洗涤后，加入稀 H_2SO_4 使其溶解，用 $KMnO_4$ 标准溶液滴定与 Ca^{2+} 结合的 $C_2O_4^{2-}$，就可间接测定出 Ca^{2+} 的含量。

3.5.2 标准溶液

1. 标准溶液的配制

标准溶液的配制通常采用下列两种方法。

(1)直接配制法

准确称取一定量的基准物质，溶解后定量转移到一定体积的容量瓶中，稀释、定容、摇匀。根据所称取基准物质的质量和容量瓶的体积即可算出标准溶液的准确浓度。能用于直接配制标准溶液的物质称为基准物质(基准试剂)。基准物质应符合下列条件。

(1)纯度高。一般要求纯度在99.9%以上，杂质含量少到可以忽略不计。

(2)组成恒定，与化学式完全相符。若含结晶水，如硼砂($Na_2B_4O_7 \cdot 10H_2O$)，其结晶水的含量应符合化学式。

(3)稳定性高。在配制和储存中均应有足够的稳定性，如加热干燥时不易分解，称量时不吸湿，不吸收空气中的 CO_2，在空气中不被氧化等。

(4)具有较大的摩尔质量。这样称取的质量较多，可减小称量的相对误差。

滴定分析中常用基准物质的干燥条件和应用见表3-5。

表3-5 滴定分析中常用基准物质的干燥条件和应用

标定对象	基准物质	干燥后组成	干燥条件
酸	碳酸氢钠($NaHCO_3$)	Na_2CO_3	270～300℃
	十水合碳酸钠($Na_2CO_3 \cdot 10H_2O$)	Na_2CO_3	270～300℃
	无水碳酸钠(Na_2CO_3)	Na_2CO_3	270～300℃
	硼砂($Na_2B_4O_7 \cdot 10H_2O$)	$Na_2B_4O_7 \cdot 10H_2O$	放在装有NaCl和蔗糖饱和溶液的恒湿器中
碱	邻苯二甲酸氢钾($KHC_8H_4O_4$)	$KHC_8H_4O_4$	110～120℃
	二水合草酸($H_2C_2O_4 \cdot 2H_2O$)	$H_2C_2O_4 \cdot 2H_2O$	室温空气干燥
还原剂	重铬酸钾($K_2Cr_2O_7$)	$K_2Cr_2O_7$	120℃
	溴酸钾($KBrO_3$)	$KBrO_3$	180℃
	碘酸钾(KIO_3)	KIO_3	180℃
	铜(Cu)	Cu	室温干燥器保存

（续表）

标定对象	基准物质	干燥后组成	干燥条件
氧化剂	三氧化二砷（As_2O_3） 草酸钠（$Na_2C_2O_4$） 二水合草酸（$H_2C_2O_4 \cdot 2H_2O$）	As_2O_3 $Na_2C_2O_4$ $H_2C_2O_4 \cdot 2H_2O$	室温干燥器保存 130℃ 室温空气干燥
EDTA	碳酸钙（$CaCO_3$） 锌（Zn） 氧化锌（ZnO）	$CaCO_3$ Zn ZnO	110℃ 室温干燥器保存 800℃
$AgNO_3$	氯化钠（NaCl）	NaCl	500～600℃
氯化物	硝酸银（$AgNO_3$）	$AgNO_3$	220～250℃

例如，欲配制 0.01000 $mol \cdot L^{-1}$ $K_2Cr_2O_7$ 溶液 1L 时，首先在分析天平上准确称取 2.9419 g 已干燥的 $K_2Cr_2O_7$ 置于烧杯中，加入适量的水溶解后，定量转移到 1000 mL 容量瓶中，再稀释、定容即得。

(2)间接配制法

有些试剂不能完全符合基准物质的要求。例如，NaOH 性质不稳定，易吸收空气中的 CO_2 和水分，纯度不高；市售盐酸中 HCl 易挥发，准确含量无法确定。它们都不能用直接法配制标准溶液，而只能采用间接配制法，即先配成接近于所需浓度的溶液，再用基准物质(或另一种标准溶液)来确定它的准确浓度。这种利用基准物质来确定标准溶液准确浓度的操作过程称为标定，因此间接配制法也称标定法。例如，标定 NaOH 标准溶液的浓度，可准确称取一定质量的邻苯二甲酸氢钾(KHP)基准试剂，溶解后，用待标定的 NaOH 溶液滴定，至两者完全反应，然后根据邻苯二甲酸氢钾的质量、摩尔质量及消耗 NaOH 标准溶液的体积，计算出 NaOH 标准溶液的准确浓度。标定一般至少做三次平行实验，标定的相对平均偏差通常要求不大于 0.2%。

2. 标准溶液的浓度表示方法

在滴定分析中，标准溶液的浓度一般用物质的量浓度表示，有时也用滴定度表示。物质的量浓度：溶液中溶质 B 的物质的量浓度是指溶质 B 的物质的量除以混合溶液的体积，用符号 $c(\mathrm{B})$ 表示，即

$$c(\mathrm{B})=\frac{n(\mathrm{B})}{V} \tag{3.46}$$

物质的量浓度的 SI 单位为 $mol \cdot m^{-3}$，常用单位为 $mol \cdot L^{-1}$。

物质的量是表示组成物质的基本单元数目的多少的物理量。系统所含的基本单元数与 0.012kg ^{12}C 的原子数目相等(6.023×10^{23} 个，阿伏加德罗常数)，则为 1mol。符号为 n，单位为摩［尔］(mole)、mol。

$$n(\mathrm{B})=m(\mathrm{B})/M(\mathrm{B}) \tag{3.47}$$

使用物质的量单位 mol 时，要指明物质的基本单元。例如，$c(H_2SO_4)=0.10\ mol \cdot L^{-1}$ 与 $c(\frac{1}{2}H_2SO_4)=0.10\ mol \cdot L^{-1}$ 表示的意义不同。

基本单元：系统中组成物质的基本组分，可以是分子、离子、电子及这些粒子的特定

组合，如 O_2、$\frac{1}{2}H_2SO_4$、$(H_2+\frac{1}{2}O_2)$。

【例3.15】已知浓硫酸的质量百分数为95.6%，其密度 ρ 为 $1.84\ g\cdot mL^{-1}$，问1L浓硫酸中含有 $n(H_2SO_4)$、$n(\frac{1}{2}H_2SO_4)$ 各为多少摩尔？$c(H_2SO_4)$、$c(\frac{1}{2}H_2SO_4)$ 各为多少？

解：$n(H_2SO_4)=1.84\times1000\times0.956/98.08=17.9\ mol$

$n(\frac{1}{2}H_2SO_4)=1.84\times1000\times0.956/49.04=35.9\ mol$

$c(H_2SO_4)=17.9\ mol/1\ L=17.9\ mol\cdot L^{-1}$

$c(\frac{1}{2}H_2SO_4)=35.9\ mol/1\ L=35.9\ mol\cdot L^{-1}$

规律：基本单元越大，物质的量的数值越小。

同一物质用不同的基本单元表示的物质的量之间的换算公式如下。

$$n(B)=\frac{1}{2}n(\frac{1}{2}B)=2n(2B) \tag{3.48}$$

【例3.16】用分析天平称取1.2346 g $K_2Cr_2O_7$ 基准物质，溶解后转移至100.0 mL容量瓶中定容，试计算 $c(K_2Cr_2O_7)$ 和 $c(\frac{1}{6}K_2Cr_2O_7)$。

解：$M(K_2Cr_2O_7)=294.19\ g\cdot mol^{-1}$

$$M\left(\frac{1}{6}K_2Cr_2O_7\right)=\frac{1}{6}\times294.19\ g\cdot mol^{-1}=49.03\ g\cdot mol^{-1}$$

$$c(K_2Cr_2O_7)=\frac{m(K_2Cr_2O_7)}{M(K_2Cr_2O_7)\cdot V}=\frac{1.2346}{294.19\times100.0\times10^{-3}}=0.04197\ mol\cdot L^{-1}$$

$$c(\frac{1}{6}K_2Cr_2O_7)=\frac{m(K_2Cr_2O_7)}{M(\frac{1}{6}K_2Cr_2O_7)\cdot V}=\frac{1.2346}{49.03\times100.0\times10^{-3}}=0.2518\ mol\cdot L^{-1}$$

滴定度(T)有两种表示方法：一种是指每毫升标准溶液中含有溶质的质量，例如，$T(NaOH)=0.004010g\cdot mL^{-1}$，即表示1mL该NaOH溶液中含有NaOH的质量是0.004010g；另一种是指每毫升标准溶液相当于待测物质的质量，以 T(待测物/滴定剂)表示，例如，$T(Fe/K_2Cr_2O_7)=0.005382g\cdot mL^{-1}$ 表示1mL的 $K_2Cr_2O_7$ 标准溶液能把0.005382g Fe^{2+} 氧化成 Fe^{3+}。测定大批量试样中同一组分的含量时，用滴定度比较方便。

浓度 $c(B)$ 与滴定度 $T(A/B)$ 之间关系的推导如下。

对于一个化学反应

$$aA+bB=eE+fF$$

A为待测物，B为标准溶液，若反应完成时标准溶液B消耗的体积为 $V(B)$(mL)，$m(A)$(g)和 $M(A)$($g\cdot mol^{-1}$)分别代表待测物A的质量和摩尔质量。当反应进行到计量点时，有

$$\frac{a\times c(B)\times V(B)}{1000}=\frac{b\times m(A)}{M(A)}$$

整理得

$$\frac{m(\mathrm{A})}{V(\mathrm{B})}=\frac{a\times c(\mathrm{B})\times M(\mathrm{A})}{b}\times 10^{-3}$$

由滴定度定义 $T(\mathrm{A/B})=m(\mathrm{A})/V(\mathrm{B})$ 可得

$$T(\mathrm{A/B})=\frac{a\times c(\mathrm{B})\times M(\mathrm{A})}{b}\times 10^{-3} \tag{3.49}$$

【例 3.17】求 $0.1012\mathrm{mol\cdot L^{-1}}$ NaOH 标准溶液对 $H_2C_2O_4$ 的滴定度。

解：由反应 $H_2C_2O_4+2NaOH=Na_2C_2O_4+2H_2O$ 知 $a=1$，$b=2$，按式(3.49)得

$$T(\mathrm{H_2C_2O_4/NaOH})=\frac{a\times c(\mathrm{NaOH})\times M(\mathrm{H_2C_2O_4})}{b}\times 10^{-3}$$

$$=\frac{1\times 0.1012\times 90.04}{2}\times 10^{-3}=0.004556(\mathrm{g\cdot mL^{-1}})$$

3. 滴定分析法的计算

(1)被测组分的物质的量 $n(\mathrm{A})$ 与滴定剂的物质的量 $n(\mathrm{B})$ 的关系

①在直接滴定法中，被测物 A 与滴定剂 B 的反应为

$$a\mathrm{A}+b\mathrm{B}=e\mathrm{E}+f\mathrm{F}$$

滴定至化学计量点时，两者的物质的量按 $a:b$ 的关系进行反应。

$$n(\mathrm{B}):n(\mathrm{A})=b:a$$

$$n(\mathrm{A})=\frac{a}{b}n(\mathrm{B})\text{或}\ n(\mathrm{B})=\frac{b}{a}n(\mathrm{A}) \tag{3.50}$$

例如，用基准物 $H_2C_2O_4\cdot 2H_2O$ 标定 NaOH 溶液的浓度，其反应为

$$H_2C_2O_4+2NaOH=Na_2C_2O_4+2H_2O$$

则

$$n(\mathrm{NaOH})=2n(\mathrm{H_2C_2O_4\cdot 2H_2O})$$

$$n(\mathrm{H_2C_2O_4\cdot 2H_2O})=\frac{1}{2}n(\mathrm{NaOH})$$

②在置换滴定法或间接滴定法中，通常要经过多个反应，这时需通过总反应确定待测物的物质的量与滴定剂的物质的量之间的关系。例如，在酸性介质中，$Na_2S_2O_3$ 溶液用基准物 $K_2Cr_2O_7$ 标定的反应为

$$Cr_2O_7^{2-}+6I^-+14H^+=2Cr^{3+}+3I_2+7H_2O$$

$$I_2+2S_2O_3^{2-}=2I^-+S_4O_6^{2-}$$

总的计量关系为

$$1Cr_2O_7^{2-}\sim 6I^-\sim 3I_2\sim 6S_2O_3^{2-}$$

则

$$n(\mathrm{K_2Cr_2O_7})=\frac{1}{6}n(\mathrm{Na_2S_2O_3})$$

或

$$n(\mathrm{Na_2S_2O_3})=6n(\mathrm{K_2Cr_2O_7})$$

(2)被测物质的质量百分数的计算

在滴定分析中，被测物的物质的量 $n(\mathrm{A})$ 是由滴定剂 B 的浓度 $c(\mathrm{B})$ 和体积 $V(\mathrm{B})$ 及被

测物与滴定剂之间反应的化学计量关系求得的，即

$$n(\mathrm{A})=\frac{a}{b}n(\mathrm{B})=\frac{a}{b}\times c(\mathrm{B})\times V(\mathrm{B}) \tag{3.51}$$

故被测物的质量为

$$m(\mathrm{A})=\frac{a}{b}\times c(\mathrm{B})\times V(\mathrm{B})\times M(\mathrm{A}) \tag{3.52}$$

在滴定分析中，若准确称取试样的质量为 $m(\mathrm{s})$，被测物的质量为 $m(\mathrm{A})$，则被测物的质量百分数 $w(\mathrm{A})$表示为

$$w(\mathrm{A})=\frac{m(\mathrm{A})}{m(s)} \tag{3.53}$$

故

$$w(\mathrm{A})=\frac{\frac{a}{b}\times c(\mathrm{B})\times V(\mathrm{B})\times M(\mathrm{A})}{m(\mathrm{s})} \tag{3.54}$$

【例 3.18】欲标定 $0.2\mathrm{mol}\cdot\mathrm{L}^{-1}$ NaOH 标准溶液的浓度，控制消耗的 NaOH 溶液的体积在 25mL 左右，若采用邻苯二甲酸氢钾（$KHC_8H_4O_4$）作基准物，应称取多少克？如改用草酸（$H_2C_2O_4\cdot 2H_2O$）作为基准物，应称取多少克？

解：

$$KHC_8H_4O_4+NaOH=KNaC_8H_4O_4+H_2O$$

$$H_2C_2O_4\cdot 2H_2O+2NaOH=Na_2C_2O_4+4H_2O$$

$$m(KHC_8H_4O_4)=0.2\times 25\times 10^{-3}\times 204.22\approx 1\ \mathrm{g}$$

$$m(H_2C_2O_4\cdot 2H_2O)=\frac{0.2\times 25\times 10^{-3}\times 126.07}{2}\approx 0.3\ \mathrm{g}$$

采用邻苯二甲酸氢钾作为基准物，应称取 1g 左右；改用草酸（$H_2C_2O_4\cdot 2H_2O$）作为基准物，应称取 0.3g 左右。由此可见，采用邻苯二甲酸氢钾作基准物可减小称量的相对误差。

【例 3.19】为了标定 HCl 标准溶液，称取硼砂（$Na_2B_4O_7\cdot 10H_2O$）0.4710g，用甲基红作为指示剂，滴定时消耗 HCl 标准溶液 25.20mL，求 HCl 标准溶液的浓度。

解：滴定反应为

$$Na_2B_4O_7+2HCl+5H_2O=4H_3BO_3+2NaCl$$

故

$$n(\mathrm{HCl})=2n(Na_2B_4O_7\cdot 10H_2O)$$

$$c(\mathrm{HCl})\times V(\mathrm{HCl})=2n(Na_2B_4O_7\cdot 10H_2O)=\frac{2m(Na_2B_4O_7\cdot 10H_2O)}{M(Na_2B_4O_7\cdot 10H_2O)}$$

$$c(\mathrm{HCl})=\frac{2\times 0.4710}{381.37\times 25.20\times 10^{-3}}=0.09802\ \mathrm{mol}\cdot\mathrm{L}^{-1}$$

【例 3.20】计算下列溶液的滴定度，以 $\mathrm{g}\cdot\mathrm{mL}^{-1}$ 表示。

(1)以 $0.2015\mathrm{mol}\cdot\mathrm{L}^{-1}$ HCl 溶液来测定 Na_2CO_3、NH_3。

(2)以 $0.1896\mathrm{mol}\cdot\mathrm{L}^{-1}$ NaOH 溶液来测定 HNO_3、CH_3COOH。

解：(1) $T(Na_2CO_3/HCl)=\frac{1}{2}\times 0.2015\times 105.99\times 10^{-3}=0.01068\ \mathrm{g}\cdot\mathrm{mL}^{-1}$

$$T(NH_3/HCl)=0.2015\times 17.03\times 10^{-3}=0.003432\ \mathrm{g}\cdot\mathrm{mL}^{-1}$$

(2)$T(HNO_3/NaOH)=0.1896\times63.01\times10^{-3}=0.01195\ g\cdot mL^{-1}$

$T(CH_3CCOH/NaOH)=0.1896\times60.053\times10^{-3}=0.01139\ g\cdot mL^{-1}$

3.6 酸碱指示剂

3.6.1 酸碱指示剂的变色原理

在酸碱滴定的过程中，被滴定的溶液在外观上通常没有明显的变化，终点的确定通常要借助于酸碱指示剂(acid－base indicator)颜色的改变。酸碱指示剂一般是有机弱酸或弱碱，有酸式型和碱式型两种不同结构，其在不同 pH 的溶液中，存在的结构不同，颜色也不相同，并且颜色伴随结构的转变是可逆的。当滴定至计量点附近时，随着溶液 pH 的改变，指示剂得到质子由碱式型转变为酸式型，或失去质子由酸式型变为碱式型，指示剂不同型体的浓度之比迅速改变，溶液的颜色也随着发生变化。例如，酚酞（简称 PP）是一种二元弱酸，当溶液为酸性时，酚酞以内酯式结构存在，是无色的；当溶液为碱性时，酚酞以醌式结构存在，显红色；当溶液在强碱性条件下(如 $c(NaOH)=0.5mol\cdot L^{-1}$)时，则形成羧酸盐形式，是无色的。

另外常用酸碱指示剂甲基橙（简称 MO）、甲基红（简称 MR），是有机碱，碱式型是偶氮结构，呈黄色；酸式型结构是醌式结构，呈红色。甲基橙在水溶液中存在以下平衡。

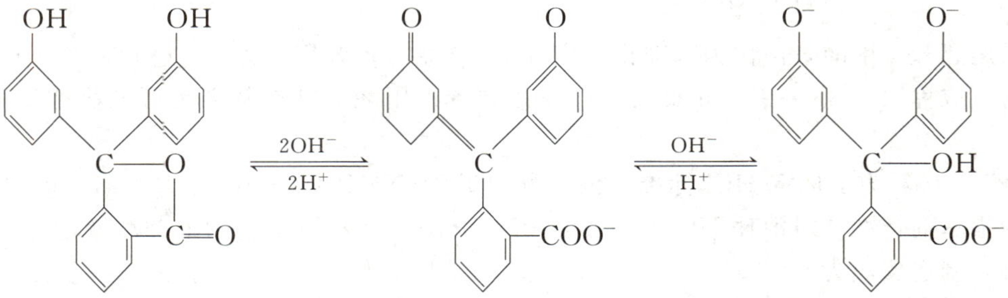

无色(内酯式) $\underset{2H^+}{\overset{2OH^-}{\rightleftharpoons}}$ 红色(醌式) $\underset{H^+}{\overset{OH^-}{\rightleftharpoons}}$ 无色(羧酸盐式)

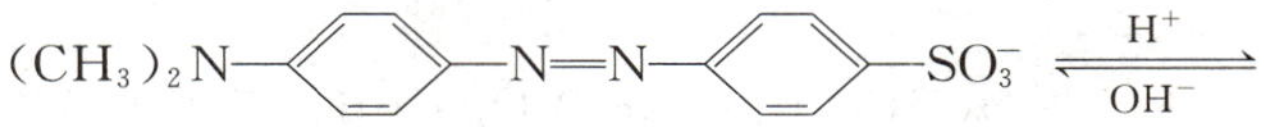

$(CH_3)_2N-C_6H_4-N{=}N-C_6H_4-SO_3^-$ $\underset{OH^-}{\overset{H^+}{\rightleftharpoons}}$

黄色
（偶氮式）

$(CH_3)_2\overset{+}{N}{=}C_6H_4{=}N-NH-C_6H_4-SO_3^-$

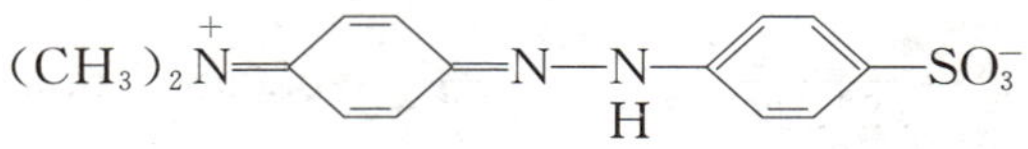

红色
（醌式）

从平衡关系可以看出，增大溶液的酸度，甲基橙主要以醌式结构的形式存在，溶液显红色；降低溶液的酸度，则转化为偶氮式结构为主，溶液呈黄色。

滴定过程中酸碱指示剂在一定 pH 范围内发生颜色变化，通过人眼观察到溶液颜色的变化，指示滴定终点的到达。

3.6.2 酸碱指示剂的变色范围

酸碱指示剂的颜色变化与溶液酸度有关。下面以 HIn 表示指示剂的酸式型，以 In^- 表示指示剂的碱式型。酸式型与碱式型在水溶液中存在以下的电离平衡。

$$HIn \rightleftharpoons H^+ + In^-$$

$$K_a = \frac{[H^+][In^-]}{[HIn]}$$

$$\frac{[In^-]}{[HIn]} = \frac{K_a}{[H^+]} \tag{3.55}$$

式中，K_a为指示剂酸的电离平衡常数，在温度一定的条件下，指示剂确定后，其 K_a为常数。$[In^-]/[HIn]$ 与 $[H^+]$ 成反比关系，指示剂在水溶液中显示的颜色取决于 $[In^-]/[HIn]$。一般来说，当 $[In^-]/[HIn] \geqslant 10$ 时，显示的是碱式型 In^- 的颜色；当 $[In^-]/[HIn] \leqslant 1/10$ 时，显示的是酸式型 HIn 的颜色；$[In^-]/[HIn]$ 在 1/10～10，显示的是酸式型和碱式型的混合颜色。由式(3.52)可以看出，当指示剂确定以后，K_a为常数，溶液中显示的颜色取决于 $[H^+]$。当 $[In^-]/[HIn]=1$ 时，$K_a=[H^+]$，即溶液的 $pH=pK_a$，此时称为指示剂的理论变色点。

$[In^-]/[HIn] \geqslant 10$ 时，$[H^+] \leqslant K_a/10$，$pH \geqslant pK_a+1$，呈碱式色。

$[In^-]/[HIn] \leqslant 1/10$ 时，$[H^+] \geqslant 10K_a$，$pH \leqslant pK_a-1$，呈酸式色。

不同的指示剂的 pK_a不同，则它们的变色范围也不相同。从理论上讲，指示剂的变化范围应该是两个 pH 单位。但在实际工作中，人眼对各种颜色的敏感程度不同，加上酸式型、碱式型颜色的相互遮盖，指示剂的实测变色范围与理论变色范围不完全一致。例如，甲基橙指示剂的 $pK_a=3.4$，则其理论变色范围为 2.4～4.4，而实测变色范围为 3.1～4.4。$pH<3.1$ 时溶液呈红色；$pH>4.4$ 时溶液呈黄色；在 3.1～4.4 时呈混合色——橙色。当 $pH=3.1$ 时，$[H^+]=8.0\times10^{-4}mol \cdot L^{-1}$，则

$$\frac{[In^-]}{[HIn]} = \frac{K_a}{[H^+]} = \frac{4.0\times10^{-4}}{8.0\times10^{-4}} = \frac{1}{2}$$

也就是说，对于甲基橙指示剂而言，当 $[In^-]/[HIn] \geqslant 10$ 时，人眼可观察出碱式型的颜色，而人眼对酸式型颜色(红色)更敏感，当 $[In^-]/[HIn]$ 达到 1/2 时，即酸式型的浓度是碱式型浓度的 2 倍时，就可分辨出酸式型的颜色。指示剂的实际变色范围通常比理论变色范围小，指示剂的实际变色范围一般不大于两个 pH 单位，也不小于一个 pH 单位。指示剂的变色范围越窄，指示剂的变色对 pH 的变化越敏锐。

表 3-6 中列出了几种常用酸碱指示剂及其在室温下的变色范围。

表 3-6 几种常用酸碱指示剂及其在室温下的变色范围

指示剂	酸色～碱色	变色范围(pH)	指示剂	酸色～碱色	变色范围(pH)
甲基橙	红～黄	3.1～4.4	百里酚酞	无～蓝	9.4～10.6
甲基红	红～黄	4.4～6.2	溴甲酚绿	黄～蓝	4.0～5.6
中性红	红～橙黄	6.8～8.0	溴酚蓝	黄～紫	3.0～4.6
酚酞	无～红	8.0～10.0	百里酚蓝	黄～蓝	8.0～9.6

3.6.3 混合指示剂

前面介绍的是单一指示剂，其变色范围一般较宽，有的在变色过程中还出现难以辨别

的过渡色。如果指示剂变色不敏锐，滴定的精密度会较差。若采用混合指示剂可使变色更敏锐，可以将滴定终点限制在更窄的 pH 范围之内。

混合指示剂是利用颜色互补作用使终点颜色变化更为明显。混合指示剂有两种配制方法：一种是由两种或两种以上的 pK_a 比较接近的指示剂混合而成，如溴甲酚绿($pK_a=4.9$)和甲基红($pK_a=5.0$)按一定比例混合后，酸式型颜色是酒红色，碱式型颜色是绿色，中间色是灰色，变化很明显；另一种是由某种指示剂和一种惰性染料(如次甲基蓝、靛蓝二磺酸钠等)组成，染料在 pH 变化时颜色不变化，仅起背景作用，当溶液的 pH 改变时，指示剂变色，与原来背景颜色差异变大，使指示剂变色更敏锐，如由甲基橙和靛蓝二磺酸钠组成的混合指示剂，靛蓝二磺酸钠在滴定过程中不改变颜色，仅作为甲基橙颜色的背景色，混合指示剂随 pH 改变发生的颜色变化见表 3－7。

表 3－7　混合指示剂随 pH 变化而发生的颜色变化

溶液的酸度	甲基橙的颜色	混合指示剂的颜色
$pH\geq4.4$	黄	绿
$pH=4.1$	橙	浅灰
$pH\leq3.1$	红	紫

混合指示剂的绿色与紫色之间的相互转化要经过浅灰色的中间色，该中间色的变色范围较窄而使变化较敏锐，从而使终点更易辨认。实验室中常用的 pH 试纸就是基于混合指示剂的原理制成的。

3.6.4　酸碱指示剂使用时应注意的问题

1. 指示剂的用量

在酸碱滴定中指示剂用量的多少也会影响变色的敏锐程度。用量太少，颜色太浅，不易观察溶液的变色情况；用量太多，由于指示剂本身是弱酸或弱碱，会在滴定过程中消耗一定量的标准溶液。对于双色指示剂，颜色过深会使终点颜色变化不容易观察；对于单色指示剂，用量的多少将会改变指示剂的变色范围。例如，酚酞是单色指示剂，指示剂的用量会影响变色范围。设酚酞的总浓度为 c，碱式型浓度达到 m(一个固定值)时，人眼才能观察到红色，则

$$\frac{K_a}{[H^+]}=\frac{[In^-]}{[HIn]}=\frac{m}{c-m}$$

如果 c 增大，K_a 和 m 为定值，$[H^+]$ 也要相应地增大，酚酞就要在较低的 pH 时变色。可见，单色指示剂的用量增大，其变色范围向 pH 减小的方向移动。例如，在 50～100mL 溶液中加入 2～3 滴 0.1%酚酞乙醇溶液，pH≈9 时出现红色；若在其他条件相同时加入 10～15 滴，则 pH≈8 时即出现微红色。

2. 温度

由于 pK_a 是一个与温度有关的常数，因此温度会影响指示剂的变色范围。例如，甲基橙在室温下变色范围为 pH＝3.1～4.4，而在 100℃时其变色范围则为 pH＝2.5～3.7，所以滴定应在室温下进行。若因加快溶解等需要加热时，要将溶液冷却到室温时再滴定。

3. 指示剂的颜色变化方向

人眼对各种颜色的敏感程度不同，选择指示剂时，应注意联系滴定过程中指示剂颜色变化的方向。例如，使用酚酞作为指示剂时，由无色变红色容易观察；反之，由红色变为无色，变色不明显，不易观察。因此酚酞指示剂最好用于强碱滴定酸的体系，终点颜色由无色变为红色，而不宜用于强酸滴定碱的体系。

3.7 酸碱滴定法及应用

3.7.1 酸碱滴定曲线和指示剂的选择

酸碱滴定法是以酸碱反应为基础的一类滴定分析方法，所以又称中和滴定法。此方法反应过程简单，反应速度快，副反应少，操作简便，而且终点确定方便。因而，酸碱滴定法是滴定分析中最重要、应用最广泛的方法之一。

在酸碱滴定中，滴定的标准溶液多是强酸或强碱，如 HCl、H_2SO_4 或 NaOH、KOH 等。它们既可以直接测定一般是酸或碱的物质，也能间接测定产生酸或碱的物质，如 HAc、H_3PO_4、NaOH、Na_2CO_3 或 $(NH_4)_2SO_4$ 等。

在酸碱滴定的过程中，溶液的 pH 随着滴定剂的加入不断变化。若以滴定剂的加入量(或滴定百分数)为横坐标，溶液的 pH 为纵坐标，便可得到一条关系曲线，称为酸碱滴定曲线。根据滴定曲线就可清楚滴定过程中溶液 pH 的变化情况，以便选择合适的指示剂指示终点。

下面主要讨论强碱(酸)滴定强酸(碱)及强碱(酸)滴定弱酸(碱)的过程和指示剂的选择。

1. 强碱(酸)滴定强酸(碱)

(1)滴定曲线

这类滴定包括用强酸滴定强碱和用强碱滴定强酸。强酸和强碱都是强电解质，在水中几乎完全电离，滴定发生的反应为

$$H^+ + OH^- = H_2O$$

现以 $0.1000 mol \cdot L^{-1}$ 的 NaOH 溶液滴定 20.00mL $0.1000 mol \cdot L^{-1}$ HCl 溶液为例，研究滴定过程中溶液 pH 的变化及滴定曲线。

①滴定前，溶液中的组分为：未反应的 HCl。溶液中的 $[H^+]$ 决定于 HCl 的原始浓度。

$$[H^+] = c(HCl) = 0.1000 mol \cdot L^{-1}$$

$$pH = 1.00$$

②滴定开始至化学计量点前，溶液中的组分为反应剩余的 HCl、产物 NaCl 和 H_2O。溶液中的 $[H^+]$ 取决于 HCl 剩余的量。

$$[H^+] = \frac{c(HCl) \times V(HCl) - c(NaOH) \times V(NaOH)}{V(HCl) + V(NaOH)}$$

也可通过滴定开始至化学计量点前的滴定百分率计算(设滴定百分率为 $a\%$)。

$$[H^+] = \frac{(100\% - a\%) \times c(HCl)}{100\% + a\%}$$

当加入 NaOH 溶液为 10.00mL 时，HCl 有 50%被中和，总体积为 30.00mL，则

$$[H^+] = \frac{0.1000 mol \cdot L^{-1} \times 20.00 mL \times 10^{-3} - 0.1000 mol \cdot L^{-1} \times 10.00 mL \times 10^{-3}}{(20.00 mL + 10.00 mL) \times 10^{-3}}$$

$$=3.3\times10^{-2}\text{mol}\cdot\text{L}^{-1}$$

$$\text{pH}=1.48$$

当加入的 NaOH 溶液为 18.00mL 时，HCl 有 90%被中和，滴定百分率为 90%，则

$$[\text{H}^+]=\frac{(100\%-90\%)\times0.1000}{100\%+90\%}$$

$$=5.3\times10^{-3}\text{mol}\cdot\text{L}^{-1}$$

$$\text{pH}=2.28$$

当加入的 NaOH 溶液为 19.98mL 时，HCl 有 99.9%被中和，滴定百分率为 99.9%，则

$$[\text{H}^+]=\frac{(100\%-99.9\%)\times0.1000}{100\%+99.9\%}$$

$$=5.0\times10^{-5}\text{mol}\cdot\text{L}^{-1}$$

$$\text{pH}=4.30$$

③在计量点时，溶液中的组分为 NaCl 和 H_2O。酸碱刚好完全反应，HCl 100%被中和，此时溶液中的 $[H^+]$ 取决于水的质子自递反应。

$$[\text{H}^+]=\sqrt{K_w}=10^{-7.00}\text{mol}\cdot\text{L}^{-1}$$

$$\text{pH}=7.00$$

④在计量点之后，溶液中的组分为酸碱中和产物 NaCl、过量的 NaOH 及 H_2O，此时溶液中的 $[OH^-]$ 取决于强碱 NaOH 的过剩量。

$$[\text{OH}^-]=\frac{c(\text{NaOH})\times V(\text{NaOH})-c(\text{HCl})\times V(\text{HCl})}{V(\text{HCl})+V(\text{NaOH})}$$

也可通过计量点后的滴定百分率计算(设滴定百分率为 $b\%$)。

$$[\text{OH}^-]=\frac{(b\%-100\%)\times c(\text{NaOH})}{100\%+b\%}$$

当加入的 NaOH 溶液为 20.02mL 时，NaOH 过量 0.1%，滴定百分率为 100.1%，溶液的总体积为 40.02mL，则

$$[\text{OH}^-]=\frac{0.1000\text{mol}\cdot\text{L}^{-1}\times20.02\text{mL}\times10^{-3}-0.1000\text{mol}\cdot\text{L}^{-1}\times20.00\text{mL}\times10^{-3}}{(20.02\text{mL}+20.00\text{mL})\times10^{-3}}$$

$$=5.0\times10^{-5}\text{mol}\cdot\text{L}^{-1}$$

$$\text{pOH}=4.30,\ \text{pH}=9.70$$

根据上述方法逐一计算滴定过程中溶液的 pH，计算结果见表 3-8，由计算结果绘制滴定曲线，如图 3.4 所示。

表 3-8　0.1000mol·L⁻¹ NaOH 溶液滴定 20.00mL 0.1000mol·L⁻¹ HCl 溶液的 pH 变化

NaOH 加入量/mL	HCl 被滴定百分数/%	剩余 HCl/mL	过量 NaOH/mL	pH
0.00	0.00	20.00	—	1.00
10.00	50.00	10.00	—	1.48
18.00	90.00	2.00	—	2.28
19.80	99.00	0.20	—	3.30
19.98	99.90	0.02	—	4.30
20.00	100.0	0.00	—	7.00
20.02	100.1	—	0.02	9.70

（续表）

NaOH 加入量/mL	HCl 被滴定百分数/%	剩余 HCl/mL	过量 NaOH/mL	pH
20.20	101.0	—	0.20	10.70
22.00	110.0	—	2.00	11.68
40.00	200.0	—	20.00	12.50

(2)滴定突跃范围与指示剂选择

从表3-8和图3.4中可看出，在滴定初始时曲线比较平坦，从滴定开始到加入NaOH溶液18.00mL，溶液的pH仅改变了1.28个单位，这是因为溶液中的酸量大，处于强酸缓冲容量最大的区域。随着滴定的继续，溶液中的酸量减少，缓冲容量下降，再加入1.80mL NaOH溶液，pH就改变了1.02个单位，pH变化速度加快了，因此滴定曲线逐渐向上倾斜。加入NaOH溶液从19.98到20.02mL(大约1滴)，pH从4.30变为9.70，改变了5.40个单位，此时滴定曲线呈现为近似垂直的一段。即在化学计量点附近，99.9% HCl被中和到NaOH过量0.1%，终点误差在±0.1%以内，溶液的pH发生了剧烈的变化。把化学计量点前后±0.1%范围内pH的急剧变化称为**滴定突跃**，滴定突跃所在的pH范围称为**滴定突跃范围**。经过滴定突跃之后，溶液由酸性变成碱性，溶液的性质由量变产生了质变。此后再加入碱，则进入了强碱的缓冲区，溶液的pH变化幅度减小，滴定曲线又变得比较平坦。例如，加入NaOH溶液从20.20到40.00mL，pH从10.70变到12.50只改变了1.80个单位。

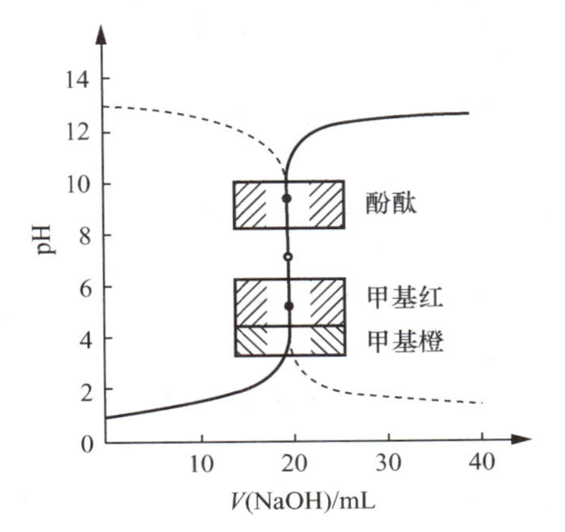

图3.4 0.1000mol·L^{-1} NaOH滴定20.00mL 0.1000mol·L^{-1} HCl的滴定曲线

根据化学计量点附近的滴定突跃范围，可选择适当的酸碱指示剂。指示剂的变色点正好是计量点，这种情况很少见，所以选择指示剂的变色范围全部或部分落在滴定突跃范围之内即可。对于NaOH滴定HCl的反应，在计量点时产物为NaCl和H_2O，pH=7.00，上例的滴定突跃范围为4.30～9.70，可以选择的指示剂有甲基橙、甲基红、酚酞等。

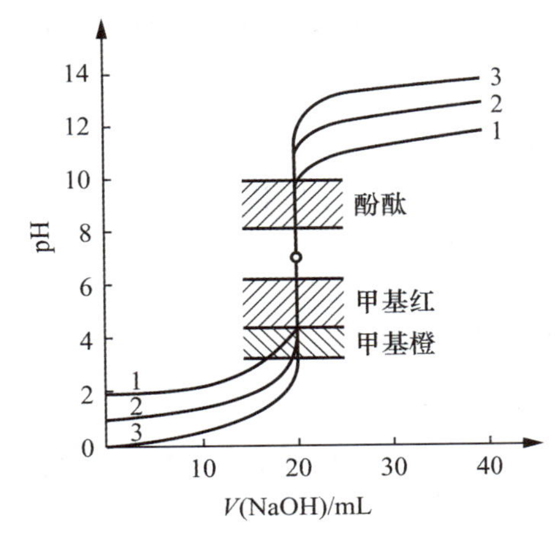

图3.5 不同浓度NaOH滴定HCl的滴定曲线

1—0.01000mol·L^{-1}；2—0.1000mol·L^{-1}；3—1.000mol·L^{-1}

如果用0.1000mol·L^{-1}的HCl溶液滴定20.00mL 0.1000mol·L^{-1} NaOH溶液，其滴定曲线与NaOH滴定HCl的滴定曲线绘制方法相似，如图3.4中的虚线所示。两滴定曲线形状相似，不同点是pH变化方向相反，滴定突跃范围为pH=9.70～4.30，用甲基红作为指示剂最合适。

强酸与强碱相互滴定的突跃范围的大小只与强酸、强碱溶液的浓度有关。图3.5显示了不同浓度时的滴定曲线。从图 3.5 和表 3-9 中可看出，浓度越大，滴定突跃范围越大，指示剂选择范围越大；浓度越小，滴定突跃范围越小，可供选择的指示剂也越少，当用 $0.01000\text{mol}\cdot\text{L}^{-1}$ NaOH 溶液滴定 $0.01000\text{mol}\cdot\text{L}^{-1}$ HCl 溶液时，若再用甲基橙指示终点就不合适了。

表 3-9　不同浓度 NaOH 溶液滴定相同浓度 HCl 溶液

$c(\text{HCl})=c(\text{NaOH})/\text{mol}\cdot\text{L}^{-1}$	pH 突跃范围	适用的指示剂
1.000	3.3～10.7	酚酞、甲基红、甲基橙
0.1000	4.3～9.7	酚酞、甲基红、甲基橙
0.01000	5.3～8.7	甲基红

2. 强碱(酸)滴定一元弱酸(碱)

(1)滴定曲线

强碱滴定一元弱酸的基本反应为

$$HA+OH^-=H_2O+A^-$$

强酸滴定一元弱碱的基本反应为

$$H^++BOH=H_2O+B^+$$

此类反应不如强碱(酸)滴定强酸(碱)的反应完全程度高，滴定突跃范围也小。下面以 $0.1000\text{mol}\cdot\text{L}^{-1}$ NaOH 溶液滴定 20.00mL 相同浓度的 HAc($K_a=1.76\times10^{-5}$)溶液为例，讨论此类滴定的滴定曲线和指示剂的选择。

①滴定前，溶液的组分为未反应的 HAc。溶液中的 $[H^+]$ 取决于 HAc 溶液，利用一元弱酸 $[H^+]$ 最简式计算。

$$[H^+]=\sqrt{c_aK_a}=\sqrt{1.76\times10^{-5}\times0.1000}=1.33\times10^{-3}\text{mol}\cdot\text{L}^{-1}$$

$$\text{pH}=2.88$$

②滴定开始到计量点前，溶液的组分为溶液中未反应完的 HAc 及产物 NaAc，是由 HAc、NaAc 组成的缓冲溶液，溶液 pH 按下式计算。

$$\text{pH}=\text{p}K_a+\lg\frac{c(\text{NaAc})}{c(\text{HAc})}$$

也可通过滴定开始至化学计量点前的滴定百分率计算(设滴定百分率为 $a\%$)。

$$\text{pH}=\text{p}K_a+\lg\frac{c(\text{NaAc})}{c(\text{HAc})}=\text{p}K_a+\lg\frac{a\%}{100\%-a\%}$$

当加入的 NaOH 为 19.98mL 时，滴定百分率为 99.9%，得

$$\text{pH}=4.75+\lg\frac{99.9\%}{100\%-99.9\%}=7.75$$

③在计量点时，HAc 和 NaOH 刚好全部反应，溶液的组分为 NaAc，浓度为 $0.05000\text{mol}\cdot\text{L}^{-1}$，按下式计算 $[OH^-]$。

$$[OH^-]=\sqrt{c_bK_b}=\sqrt{\frac{0.1000}{2}\times\frac{10^{-14}}{1.76\times10^{-5}}}=5.3\times10^{-6}\text{mol}\cdot\text{L}^{-1}$$

$$\text{pOH}=5.28$$

$$\text{pH}=14.00-5.28=8.72$$

④在计量点后，溶液的组分为 NaAc 和过量 NaOH，溶液的 $[OH^-]$ 取决于 NaOH 过量的多少，按下式计算 $[OH^-]$。

$$[OH^-]=\frac{c(NaOH)\times V(NaOH)-c(HAc)\times V(HAc)}{V(NaOH)+V(HAc)}$$

也可通过计量点后的滴定百分率计算(设滴定百分率为 $b\%$)。

$$[OH^-]=\frac{(b\%-100\%)c(NaOH)}{100\%+b\%}$$

当 NaOH 滴入 20.02mL 时，滴定百分率为 100.1%，得

$$[OH^-]=\frac{(100.1\%-100\%)\times 0.1000}{100.1\%+100\%}$$

$$=5.0\times 10^{-5}mol\cdot L^{-1}$$

$$pOH=4.30,\ pH=9.70$$

按上述方法可逐一计算出整个滴定过程中的 pH，计算结果列于表 3-10，由计算结果绘制滴定曲线，如图 3.6 所示。

表 3-10　用 $0.1000mol\cdot L^{-1}$ NaOH 溶液滴定 20.00mL $0.1000mol\cdot L^{-1}$ HAc 溶液

加入 NaOH 体积/mL	中和百分数/(%)	剩余 HAc 溶液的体积/mL	过量 NaOH 溶液的体积/mL	pH
0.00	0.00	20.00	—	2.88
10.00	50.00	10.00	—	4.75
18.00	90.00	2.00	—	5.70
19.80	99.00	0.20	—	6.75
19.98	99.90	0.02	—	7.75
20.00	100.0	0.00	—	8.72
20.02	100.1	—	0.02	9.70
20.20	101.0	—	0.20	10.70
22.00	110.0	—	2.00	11.70
40.00	200.0	—	20.00	12.50

(2)滴定突跃范围与指示剂选择

由图 3.6 可看出，强碱滴定弱酸与强碱滴定强酸(NaOH 滴定 HCl)的滴定曲线相比较有以下特点。

①在计量点之前溶液的 pH 高于 NaOH 滴定 HCl 的曲线的 pH。滴定曲线的起点变高(由原来 pH=1.00 变为 2.88)，因为 HAc 是弱酸，故滴定开始前溶液的 pH 较高。曲线形状也有不同之处，滴定刚开始和接近计量点时，溶液的 pH 升高较快，滴定曲线较陡，中间区域曲线较平坦。这是因为开始和接近计量点时所形成的 $HAc-Ac^-$ 缓

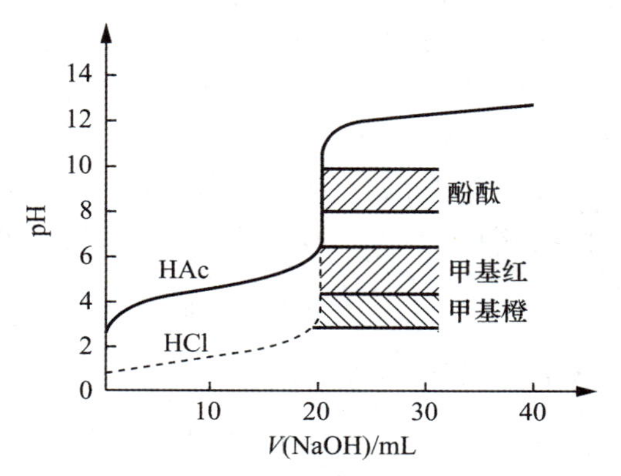

图 3.6　$0.1000mol\cdot L^{-1}$ NaOH 滴定 20.00mL $0.1000mol\cdot L^{-1}$ HAc 的滴定曲线

冲体系的缓冲能力弱，而中间区域的缓冲能力较强。

②滴定突跃范围明显变小。NaOH 溶液滴定 HCl 溶液的突跃范围为 4.30～9.70，改变了 5.40 个 pH 单位；而 NaOH 溶液滴定 HAc 溶液突跃范围变为 7.75～9.70，改变了不足 2 个 pH 单位，而且在碱性区域内，这是由于强碱滴定弱酸的突跃范围大小不仅与溶液的浓度有关，还与酸的强度有关。

③在计量点时溶液不呈中性，而是呈弱碱性，所以不能选择甲基橙、甲基红等酸性范围内变色的指示剂指示终点，只能选择碱性区域内变色的指示剂指示终点，如酚酞或百里酚蓝等。

④计量点后的曲线与 NaOH 滴定 HCl 的曲线重合。

可见，在强碱滴定弱酸的过程中溶液 pH 的计算方法与强碱滴定强酸的过程有所不同，NaOH 加入体积为 0～20mL 时 pH 按缓冲溶液的计算方法得到。

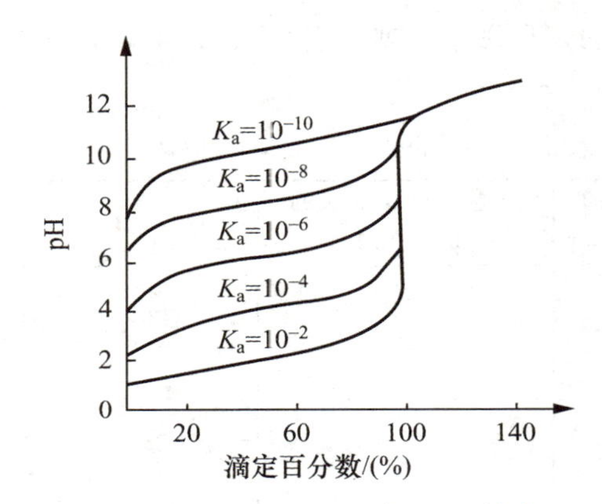

图 3.7　0.1000mol · L^{-1} NaOH 滴定 0.1000mol · L^{-1}不同 K_a的一元弱酸的滴定曲线

强碱滴定一元强酸，滴定突跃范围的大小与溶液的浓度有关。酸的浓度越大，突跃范围越大，如图 3.5 所示；强碱滴定一元弱酸的突跃范围不仅与酸的浓度有关，而且与酸的强弱有关，即与弱酸的 K_a有关。当 K_a值一定时，弱酸的浓度越大，突跃范围越大；当浓度一定时，酸越强（K_a值越大），突跃范围越大，如图 3.7 所示。

滴定突跃范围的大小取决于浓度 c 和 K_a值。当酸很弱或浓度很低，弱酸的浓度 c 与其解离常数 K_a值的乘积小到一定程度时，滴定突跃就不明显了，将无法准确滴定。实验证明，当 $cK_a \geqslant 10^{-8}$时，滴定有 0.3 个 pH 单位以上较明显的突跃才能保证指示剂发生明显的颜色变化，因此 $cK_a \geqslant 10^{-8}$是一元弱酸被准确滴定的判据。

如果是强酸滴定一元弱碱，情况与强碱滴定一元弱酸相似。其滴定突跃范围在酸性区域内，因此只能选择酸性区域内变色的指示剂指示终点，如甲基红或甲基橙等。同理，$cK_b \geqslant 10^{-8}$是一元弱碱能被准确滴定的判据。

【例 3.21】用 0.1000mol · L^{-1} HCl 溶液滴定 20.00mL 0.1000mol · L^{-1} NH_3（K_b = 1.77×10^{-5}，pK_b = 4.75）溶液，计算此滴定体系的化学计量点 pH 及突跃范围，并选择合适的指示剂。

解：滴定开始至化学计量点前，溶液组分为反应剩余的 NH_3 及反应生成的 NH_4Cl，它们组成了 $NH_3-NH_4^+$缓冲体系，故可按下式计算（设滴定百分率为 a%）。

$$\text{pOH}=\text{p}K_b+\lg\frac{c(NH_4^+)}{c(NH_3)}=\text{p}K_b+\lg\frac{a\%}{100\%-a\%}$$

加入 HCl 溶液 19.98mL 时，滴定百分率为 99.9%，则

$$\text{pOH}=4.75+\lg\frac{99.9\%}{100\%-99.9\%}=7.75$$

$$\text{pH}=6.25$$

在化学计量点时，溶液组分为 0.05000mol · L^{-1}的 NH_4Cl 溶液，故

$$[H^+] = \sqrt{c_a K_a} = \sqrt{\frac{1.0\times10^{-14}}{1.77\times10^{-5}}\times\frac{0.1000}{2}} = 5.3\times10^{-6}\,\text{mol}\cdot\text{L}^{-1}$$

$$\text{pH}=5.28$$

在化学计量点后，溶液组分为 NH_4Cl 和过量 HCl 组成的混合溶液，溶液酸度由过量的 HCl 决定，可通过滴定百分率来计算(设滴定百分率为 b%)，则

$$[H^+] = \frac{(b\% - 100\%)\times c(\text{HCl})}{b\% + 100\%}$$

加入 HCl 溶液 20.02mL 时，滴定百分率为 100.1%，得

$$[H^+] = \frac{(100.1\% - 100\%)\times 0.1000}{100\% + 100.1\%}$$

$$= 5.0\times10^{-5}\,\text{mol}\cdot\text{L}^{-1}$$

$$\text{pH}=4.30$$

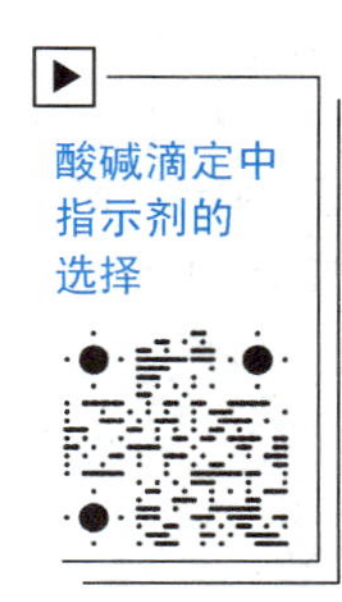

因此强酸 HCl 滴定一元弱碱 NH_3 反应的计量点 pH=5.28，突跃范围为 6.25～4.30，故选甲基红比较理想。

一元酸碱滴定小结见表 3-11。

表 3-11　一元酸碱滴定小结

浓度 0.10 mol·L^{-1}	突越范围	指示剂	突越范围的影响因素
强碱滴定强酸	4.30 ～ 9.70	甲基橙、甲基红、酚酞	c 都增加 10 倍，突越范围增加 2 个 pH 单位
强碱滴定弱酸	(pK_a+3) ～9.70	酚酞	c 都增加 10 倍，突越范围增加 1 个 pH 单位 $K_a^{\ominus}$ 增加 10 倍，突越范围增加 1 个 pH 单位
强酸滴定强碱	9.70 ～ 4.30	甲基红、酚酞	c 都增加 10 倍，突越范围增加 2 个 pH 单位
强酸滴定弱碱	(pK_a−3) ～4.3	甲基红	c 都增加 10 倍，突越范围增加 1 个 pH 单位 $K_b^{\ominus}$ 增加 10 倍，突越范围增加 1 个 pH 单位

3. 多元酸(碱)的滴定

(1)多元酸的滴定

多元酸一般是弱酸，在水中分步电离，因此多元酸的滴定比一元酸的滴定要复杂，重点是能否被准确分步滴定。由于滴定突跃较小，因此允许误差一般较大。

对于多元酸的滴定，首先应判定多元弱酸的各级质子能否被准确滴定，取决于其浓度 c_0(酸的起始浓度)和各级 K_a 的大小，即 $c_0K_a \geq 10^{-8}$ 可以准确滴定；其次，判断能否分步滴定，取决于相邻两级 K_a 比值的大小，即 $K_{a_n}/K_{a_{n+1}} \geq 10^4$(允许±1%的误差)可以分步滴定；再次，根据计量点时的 pH 确定合适的指示剂。

下面以强碱滴定二元弱酸 H_2B 为例来讨论。

①若 $c_0 \cdot K_{a_1} \geq 10^{-8}$，$c_0 \cdot K_{a_2} \geq 10^{-8}$，而且 $K_{a_1}/K_{a_2} \geq 10^4$，则两步电离的质子可以被准确滴定，有两个突跃，可以滴定至两个计量点 HB^- 和 B^{2-}。

②若 $c_0 \cdot K_{a_1} \geqslant 10^{-8}$，$c_0 \cdot K_{a_2} \geqslant 10^{-8}$，$K_{a_1}/K_{a_2} < 10^4$，则两步电离的质子均可被准确滴定，只能一步被滴定至第二个计量点 B^{2-}。

③若 $c_0 \cdot K_{a_1} \geqslant 10^{-8}$，$c_0 \cdot K_{a_2} < 10^{-8}$，$K_{a_1}/K_{a_2} \geqslant 10^4$，则只有第一步电离的质子能被准确滴定，只有一个突跃，能被滴定至第一个计量点 HB^-，而第二步电离的质子不能被准确滴定。

由于多元酸的滴定曲线的计算较复杂，一般通过实验测得。通常先分析计量点时的溶液组成，确定计量点时 pH 的计算公式并计算，然后选用在此 pH 附近变色的指示剂确定滴定终点。

【例 3.22】用 $0.100 mol \cdot L^{-1}$ NaOH 溶液滴定 $0.100 mol \cdot L^{-1}$ $H_2C_2O_4$ 溶液，能否分步滴定？滴定计量点时溶液的组成是什么？在计量点时，溶液的 pH 是多少？可选择什么指示剂指示终点？

解：$c_0 \cdot K_{a_1} = 0.100 \times 5.90 \times 10^{-2} = 5.90 \times 10^{-3} > 10^{-8}$

$c_0 \cdot K_{a_2} = 0.100 \times 6.40 \times 10^{-5} = 6.40 \times 10^{-6} > 10^{-8}$

$$K_{a_1}/K_{a_2} = \frac{5.90 \times 10^{-2}}{6.40 \times 10^{-5}} = 9.20 \times 10^2 < 10^4$$

根据判断的标准可知：两步电离的质子均可被准确滴定，只能一步被滴定至第二个计量点 $C_2O_4^{2-}$，即

$$H_2C_2O_4 + 2NaOH = Na_2C_2O_4 + 2H_2O$$

故计量点时溶液的 pH 由 $Na_2C_2O_4$ 决定。达到计量点时 $c(Na_2C_2O_4) = 0.0333 mol \cdot L^{-1}$。$C_2O_4^{2-}$ 是 $HC_2O_4^-$ 的共轭碱，则

$$K_{b_1} = \frac{K_w}{K_{a_2}} = \frac{10^{-14}}{6.40 \times 10^{-5}} = 1.56 \times 10^{-10}$$

$$[OH^-] = \sqrt{K_{b_1} \times c(Na_2C_2O_4)}$$

$$= \sqrt{1.56 \times 10^{-10} \times 0.0333} = 2.28 \times 10^{-6} mol \cdot L^{-1}$$

$$pOH = 5.64, \quad pH = 8.36$$

计量点时，溶液的 pH=8.4，可以选择酚酞作为指示剂，终点时由无色变为红色。

对于三元、四元弱酸的滴定，由于第三级以后的电离常数较小，一般无法准确滴定。

【例 3.23】用 $0.100 mol \cdot L^{-1}$ NaOH 滴定 20.00mL $0.100 mol \cdot L^{-1}$ 的 H_3PO_4 溶液，有几个滴定突跃？能否分步滴定？应选择什么指示剂指示终点？

解：$c_0 \cdot K_{a_1} = 0.100 \times 7.52 \times 10^{-3} = 7.52 \times 10^{-4} > 10^{-8}$

$c_0 \cdot K_{a_2} = 0.100 \times 6.23 \times 10^{-8} = 6.23 \times 10^{-9} \approx 10^{-8}$

$c_0 \cdot K_{a_3} = 0.100 \times 2.2 \times 10^{-13} = 2.2 \times 10^{-14} < 10^{-8}$

$$K_{a_1}/K_{a_2} = \frac{7.52 \times 10^{-3}}{6.23 \times 10^{-8}} = 1.2 \times 10^5 > 10^4$$

$$K_{a_2}/K_{a_3} = \frac{6.23 \times 10^{-8}}{2.2 \times 10^{-13}} = 2.8 \times 10^5 > 10^4$$

根据上面的计算可知，H_3PO_4 有两步质子可以被准确滴定，不能滴定至第三级，第一步和第二步可以分步滴定，有两个滴定突跃。

在第一化学计量点时，H_3PO_4 被滴定至 $H_2PO_4^-$，溶液组成为 NaH_2PO_4，这是两性物质，溶液浓度为 $c(NaH_2PO_4) = \frac{0.100}{2} = 0.0500 mol \cdot L^{-1}$，其水溶液 pH 可按下式计算。

$$[H^+]=\sqrt{K_{a_1}K_{a_2}}=\sqrt{7.52\times10^{-3}\times6.23\times10^{-8}}=2.2\times10^{-5}\text{mol}\cdot\text{L}^{-1}$$

$$pH=4.66$$

故可选甲基红作为指示剂，滴定达到终点时，溶液由红色变为橙色。

在第二化学计量点时，溶液组成为 Na_2HPO_4，也是两性物质，溶液浓度为$c(Na_2HPO_4)=0.033\text{mol}\cdot\text{L}^{-1}$，则

$$[H^+]=\sqrt{K_{a_2}K_{a_3}}=\sqrt{6.23\times10^{-8}\times2.2\times10^{-13}}=1.2\times10^{-10}\text{mol}\cdot\text{L}^{-1}$$

$$pH=9.92$$

故可以选择酚酞或百里酚酞作为指示剂。以酚酞作为指示剂时，终点溶液由无色变为红色；以百里酚酞作为指示剂时，终点溶液由无色变为蓝色。

NaOH 滴定 H_3PO_4 的滴定曲线如图 3.8 所示。

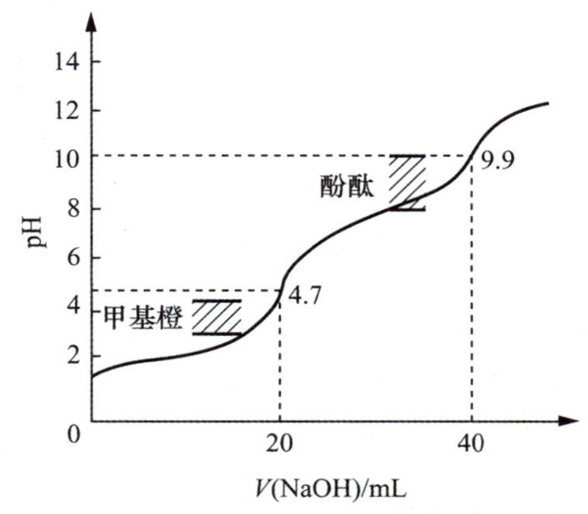

图 3.8 NaOH 滴定 H_3PO_4 溶液的滴定曲线

(2)多元碱的滴定

多元碱的滴定与多元酸的滴定相似，有关准确滴定和分步滴定的判据与多元酸相似，只需将 K_a 换成 K_b 即可。

【例 3.24】用 $0.1000\text{mol}\cdot\text{L}^{-1}$ HCl 溶液滴定 20.00mL $0.1000\text{mol}\cdot\text{L}^{-1}$ Na_2CO_3 溶液，能否分步滴定？有几个滴定突跃？计量点时溶液组成是什么？应选择什么指示剂指示终点？

解：Na_2CO_3 为二元弱碱，在水中存在两级电离。

$CO_3^{2-}+H_2O \rightleftharpoons HCO_3^-+OH^-$

$$K_{b_1}=\frac{K_w}{K_{a_2}}=\frac{10^{-14}}{5.61\times10^{-11}}=1.78\times10^{-4}$$

$HCO_3^-+H_2O \rightleftharpoons H_2CO_3+OH^-$

$$K_{b_2}=\frac{K_w}{K_{a_1}}=\frac{10^{-14}}{4.30\times10^{-7}}=2.33\times10^{-8}$$

$c_0\cdot K_{b_1}=0.1000\times1.78\times10^{-4}=1.78\times10^{-5}>10^{-8}$

$c_0\cdot K_{b_2}=0.1000\times2.33\times10^{-8}=2.33\times10^{-9}\approx10^{-8}$

$$K_{b_1}/K_{b_2}=\frac{1.78\times10^{-4}}{2.33\times10^{-8}}=7.6\times10^3\approx10^4$$

故用 HCl 滴定 Na_2CO_3 时，可分两步滴定，有两个滴定突跃，可以分别滴至 HCO_3^-

和 H_2CO_3。

当加入 20.00mL HCl 时，达到第一个化学计量点，溶液组成为 $NaHCO_3$，是两性物质，溶液 pH 按下式计算。

$$[H^+]=\sqrt{K_{a_1}K_{a_2}}=\sqrt{4.30\times10^{-7}\times5.61\times10^{-11}}=4.9\times10^{-9}\text{mol}\cdot L^{-1}$$

$$pH=8.31$$

可以选择酚酞作为指示剂，达到滴定终点时，溶液的红色褪去。

当加入 40.00mL HCl 时到达第二个计量点，溶液为 CO_2 的饱和水溶液，H_2CO_3 的饱和浓度为 $0.040mol\cdot L^{-1}$，则

$$[H^+]=\sqrt{cK_{a_1}}=\sqrt{0.040\times4.30\times10^{-7}}=1.3\times10^{-4}\ \text{mol}\cdot L^{-1}$$

$$pH=3.89$$

可选甲基橙作为指示剂，达到滴定终点时，溶液的颜色变化为黄色到橙色。

用 HCl 溶液滴定 Na_2CO_3 的曲线如图 3.9 所示。

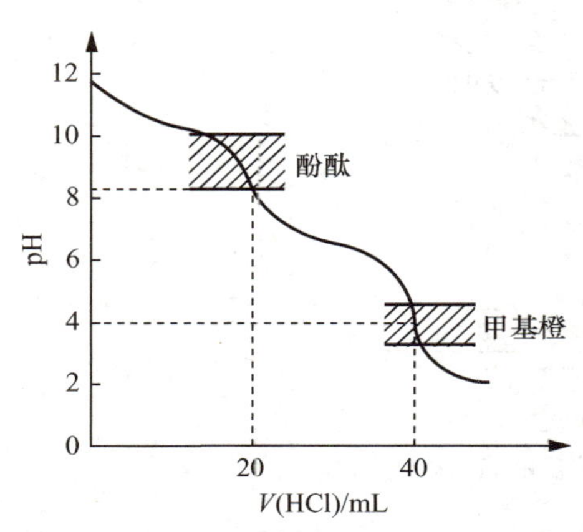

图 3.9　HCl 溶液滴定 Na_2CO_3 溶液的滴定曲线

从图 3.9 中可看出，在 pH 为 8.31 附近时有一个不很明显的滴定突跃，原因是 K_{b_1}/K_{b_2} 稍小于 10^4，两步酸碱反应交叉进行，严格地讲，不存在真正的第一化学计量点；在 pH 为 3.89 附近突跃范围也不够大，滴定结果也不算理想。但是，在一般分析工作中，对于多元碱的滴定准确度要求不太高，虽然误差稍大，也能满足分析要求。因此，人们认为 Na_2CO_3 能够进行分步滴定。

计量点之后为 H_2CO_3 和过量的 HCl 的混合溶液。CO_2 易形成过饱和溶液，使溶液的酸度稍有增大，会使终点稍稍提前到达，因此滴定到终点附近时，应剧烈摇动溶液。

(3) CO_2 对酸碱滴定的影响

在酸碱滴定中，CO_2 的影响有时不能忽略。CO_2 的来源有很多，如 CO_2 溶解于所用纯水中，在滴定过程中 CO_2 不断被溶液吸收，CO_2 被碱标准溶液及配制碱标准溶液的试剂吸收(生成碳酸盐)等。CO_2 对酸碱滴定影响程度由滴定终点时溶液的 pH 决定，即与确定终点所选用的指示剂有关。

若滴定终点为碱性，如 pH≈9，用酚酞作为指示剂，此时 CO_2 的存在形式是 HCO_3^-，也就是说，如果溶液存在 CO_2，就会被滴至 HCO_3^-，若在 NaOH 溶液中存在 Na_2CO_3，也将被滴至 HCO_3^-。强碱滴定强酸，用酚酞作为指示剂，CO_2 就有明显的影响；强碱滴定弱酸，终点为碱性，CO_2 的影响不能忽略。

若滴定终点为酸性，如 pH≈4，用甲基橙作为指示剂，此时 CO_2 形式不变，滴定液中由各种途径引入的 CO_2 此时基本上不参与反应，而 NaOH 溶液吸收了 CO_2 生成的 Na_2CO_3 最终也变成了 CO_2。强酸滴定强碱或强酸滴定弱碱，用甲基橙作为指示剂，CO_2 对测定结果的影响很小。

强碱滴定弱酸，终点为碱性，CO_2 对测定结果的影响不能忽略。一般对同一指示剂在

相同条件下进行标定和测定，可以部分抵消 CO_2 的影响。

消除 CO_2 影响的方法总结如下：①配制 NaOH 的纯水应加热煮沸，赶尽溶解于水中的 CO_2；②配制不含 CO_3^{2-} 的碱标准溶液，因 Na_2CO_3 在浓 NaOH 溶液中的溶解度很小，故先配成 NaOH 浓溶液(约 50%)，用去除 CO_2 的纯水稀释至所需浓度，然后标定；③配好的碱标准溶液要妥善保存，防止再吸收 CO_2，标定好的 NaOH 标准溶液应当保存在装有虹吸管及碱石棉管(含 $Ca(OH)_2$)的试剂瓶中，防止再吸收空气中的 CO_2；④标定和测定在相同条件下进行，CO_2 的影响可大部分抵消；⑤为了避免 CO_2 的影响，对于强酸滴定强碱及强酸滴定弱碱，应尽可能地选用酸性范围变色的指示剂，如甲基橙。

【例 3.25】如果 NaOH 标准溶液吸收了空气中的 CO_2，当以其测定某一强酸的浓度，分别用甲基橙或酚酞指示终点时，对测定结果的准确度各有何影响？

答：采用甲基橙指示终点时，吸收的 CO_2 在滴定至终点时（pH≈3.4）又会以 CO_2 的形式释放出来，因此对测定结果不会产生影响；而采用酚酞作指示终点时，吸收的 CO_2 在滴定至终点（pH≈9）时被 NaOH 中和为 HCO_3^-，因此会使测定结果偏高。

3.7.2 酸碱滴定分析的应用

1. 酸碱标准溶液的配制和标定

酸碱标准溶液是实验室最常用的溶液之一。酸碱滴定法中常用的标准溶液是 HCl 溶液和 NaOH 溶液，一般其浓度在 0.01～1.0mol·L^{-1}，标准溶液最常用的浓度在 0.1mol·L^{-1} 左右。

(1)盐酸标准溶液

市售分析纯浓盐酸质量百分数为 36%～38%，相对密度为 1.19 左右，故浓度为 12mol·L^{-1}左右。由于盐酸具有易挥发性，因此盐酸标准溶液一般不能直接配制，而是采用间接法配制。标定盐酸常用的基准物质有硼砂($Na_2B_4O_7 \cdot 10H_2O$)和无水碳酸钠(Na_2CO_3)。

①硼砂。硼砂($Na_2B_4O_7 \cdot 10H_2O$)基准物的优点是摩尔质量大(M=381.37g·mol^{-1})，称量误差小，不易吸水，易制得纯品。但在相对湿度为 39%以下易风化失去结晶水，因此应保存在相对湿度为 60%的恒湿器中。

用硼砂标定 HCl 溶液时发生的反应是

$$Na_2B_4O_7 + 2HCl + 5H_2O = 4H_3BO_3 + 2NaCl$$

计量点时溶液的 pH 由 H_3BO_3 溶液决定。若计量点时 H_3BO_3 的浓度为 $c(H_3BO_3)$ = 0.10mol·L^{-1}，则

$$[H^+] = \sqrt{cK_a} = \sqrt{0.10 \times 7.3 \times 10^{-10}} = 8.5 \times 10^{-6}\,\text{mol} \cdot L^{-1}$$

$$pH = 5.07$$

所以滴定时应选甲基红作为指示剂，终点时溶液呈橙色。根据化学计量关系，标定结果可按下式计算。

$$c(HCl) = \frac{2m(Na_2B_4O_7 \cdot 10H_2O)}{M(Na_2B_4O_7 \cdot 10H_2O) \times V(HCl)} \tag{3.56}$$

②碳酸钠。由于碳酸钠(Na_2CO_3)易吸收空气中的 CO_2 和 H_2O，因此使用前应将无水

Na_2CO_3在 270～300℃下干燥 2～2.5h，而后密封于瓶内，保存于干燥器中冷却至室温备用。称量时要快，以免吸收水分而引入误差。

用 Na_2CO_3作为基准物标定 HCl 溶液发生的反应是

$$Na_2CO_3 + 2HCl = 2NaCl + H_2O + CO_2\uparrow$$

在计量点时溶液 pH＝3.9，应选甲基橙作为指示剂，终点颜色变化为由黄色变为橙色，标定结果可按下式计算。

$$c(HCl) = \frac{2m(Na_2CO_3)}{M(Na_2CO_3) \times V(HCl)} \tag{3.57}$$

(2)氢氧化钠标准溶液

NaOH 为片状固体，易吸湿，也易吸收空气中的 CO_2，不能直接配制成准确浓度的标准溶液，而是采用间接法配制，再用基准物标定。标定 NaOH 的基准物质常用的有邻苯二甲酸氢钾和草酸。

①邻苯二甲酸氢钾。邻苯二甲酸氢钾($KHC_8H_4O_4$)摩尔质量大(M＝204.22g·mol^{-1})，容易得到纯品，在空气中不吸水，易于保存，通常只需在 110～120℃烘 1～2h，在干燥器中冷却后即可使用。

用邻苯二甲酸氢钾作为基准物质标定 NaOH 的反应式是

$$NaOH + KHC_8H_4O_4 = NaKC_8H_4O_4 + H_2O$$

邻苯二甲酸氢钾的 pK_a＝5.54，在化学计量点时的产物为邻苯二甲酸钠钾，此时溶液 pH＝9.1，用酚酞作为指示剂。标定结果可按下式计算。

$$c(NaOH) = \frac{m(KHC_8H_4O_4)}{M(KHC_8H_4O_4) \times V(NaOH)} \tag{3.58}$$

②草酸。草酸($H_2C_2O_4 \cdot 2H_2O$)在空气中非常稳定，相对湿度在 5%～95%时不会风化失水。$H_2C_2O_4 \cdot 2H_2O$ 摩尔质量较小(M＝126.07g·mol^{-1})，与 NaOH 按 1∶2 反应。若采取平行几份基准试剂直接用于滴定，称量误差较大，也可用取大样法配在容量瓶中，再移取部分溶液来标定。

草酸是二元弱酸，pK_{a_1}＝1.23，pK_{a_2}＝4.19，只能一次滴定到 $C_2O_4^{2-}$。

$$H_2C_2O_4 + 2NaOH = Na_2C_2O_4 + 2H_2O$$

在计量点时，溶液的 pH＝8.4，应选用酚酞作为指示剂。标定结果可按下式计算。

$$c(NaOH) = \frac{2m(H_2C_2O_4 \cdot 2H_2O)}{M(H_2C_2O_4 \cdot 2H_2O) \times V(NaOH)} \tag{3.59}$$

2. *应用实例*

酸碱滴定法在生产实际中应用非常广泛，农业、食品、卫生、医药等方面都有应用。例如，蔬菜、水果、食醋的总酸度，天然水的总碱度，以及工业上混合碱的成品分析、硫酸铵等成分的测定，土壤、肥料、食品中蛋白质(N)及磷含量的测定，钢铁、岩石矿物原料中的碳、硫、硼、硅、铝和氮等元素的测定，都可采用酸碱滴定法。

滴定分析中常用的滴定方法有直接滴定法、间接滴定法、置换滴定法和返滴定法。下面介绍直接滴定法、间接滴定法的应用。

(1)混合碱的分析(直接滴定法)

工业产品 NaOH、Na_2CO_3 往往会在生产、储藏、运输等过程中引进杂质，如烧碱 NaOH 中含有 Na_2CO_3，纯碱 Na_2CO_3中含有 $NaHCO_3$。

①双指示剂法测定固体烧碱 NaOH 中 Na_2CO_3 的含量。

所谓双指示剂法，就是滴定中的两个化学计量点各用一种指示剂(共需两种指示剂)来确定，然后根据标准溶液的浓度和到达各终点所消耗的标准溶液体积，计算各组分的含量。

准确称取一定质量 $m(s)$ 的试样，溶于水后，先加入酚酞指示剂，用 HCl 标准溶液滴定至溶液由红色变为无色，到达第一终点，NaOH 被滴定为 NaCl，Na_2CO_3 被滴定至 $NaHCO_3$，所消耗的 HCl 标准溶液体积为 V_1；然后加入甲基橙指示剂，用 HCl 标准溶液继续滴定，滴定至溶液由黄色变为橙色，到达第二终点，此时 $NaHCO_3$ 被中和为 H_2CO_3，所消耗的 HCl 标准溶液体积为 V_2。在第一终点时发生的反应为

$$NaOH + HCl = NaCl + H_2O$$

$$Na_2CO_3 + HCl = NaHCO_3 + NaCl$$

在第二终点时发生的反应为

$$NaHCO_3 + HCl = CO_2 + H_2O + NaCl$$

双指示剂法的滴定过程可用图 3.10 所示的框图表示。

根据反应原理，可推得计算 Na_2CO_3 和 NaOH 含量的公式。

$$w(Na_2CO_3) = \frac{m(Na_2CO_3)}{m(s)} = \frac{c(HCl) \times V_2 \times M(Na_2CO_3)}{m(s)} \tag{3.60}$$

$$w(NaOH) = \frac{m(NaOH)}{m(s)} = \frac{c(HCl) \times (V_1 - V_2) \times M(NaOH)}{m(s)} \tag{3.61}$$

②双指示剂法测定纯碱 Na_2CO_3 中 $NaHCO_3$ 的含量。

准确称取一定质量的 $m(s)$ 试样，溶解后以酚酞作为指示剂，HCl 标准溶液滴定，Na_2CO_3 被中和至 $NaHCO_3$，消耗的 HCl 溶液体积为 V_1；加入甲基橙，继续用 HCl 溶液滴定，$NaHCO_3$ 被中和至 CO_2 和 H_2O 时消耗的 HCl 溶液体积为 V_2。此滴定过程可用图 3.11 所示的框图表示。

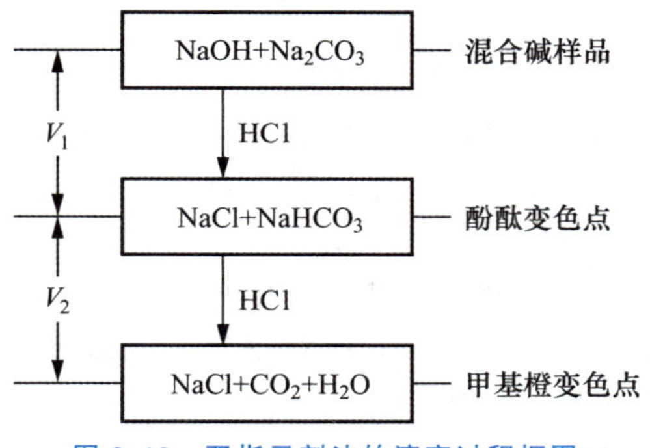

图 3.10 双指示剂法的滴定过程框图

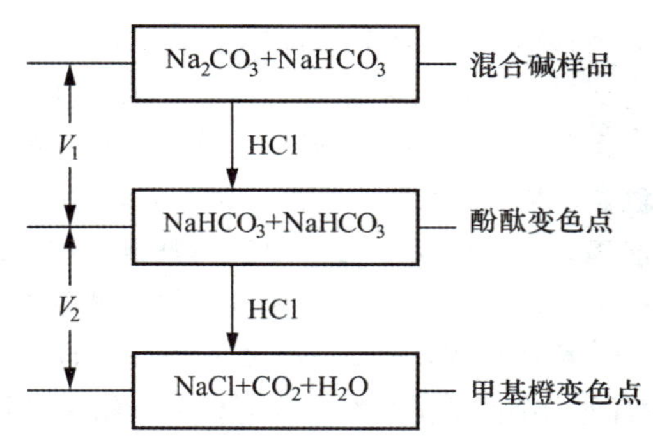

图 3.11 测定 Na_2CO_3 中 $NaHCO_3$ 含量的滴定过程框图

同样，根据反应原理，可推得计算 Na_2CO_3 和 $NaHCO_3$ 的含量公式。

$$w(Na_2CO_3) = \frac{m(Na_2CO_3)}{m(s)} = \frac{c(HCl) \times V_1 \times M(Na_2CO_3)}{m(s)} \tag{3.62}$$

$$w(NaHCO_3) = \frac{m(NaHCO_3)}{m(s)} = \frac{c(HCl) \times (V_2 - V_1) \times M(NaHCO_3)}{m(s)} \tag{3.63}$$

某混合碱样品中可能含有 NaOH、$NaHCO_3$ 或 Na_2CO_3，可根据 V_1 和 V_2 之间的关系，采用双指示剂法确定混合碱的组成。混合碱组成的判断依据见表 3-12。

表 3-12 混合碱组成的判断依据表

V_1 和 V_2 的关系	组成
$V_1=V_2\neq0$	Na_2CO_3
$V_1=0$，$V_2>0$	$NaHCO_3$
$V_1>0$，$V_2=0$	NaOH
$V_1>V_2>0$	NaOH 和 Na_2CO_3
$V_2>V_1>0$	Na_2CO_3 和 $NaHCO_3$

【例 3.26】称取含有惰性杂质的混合碱样 0.9486g，以酚酞作为指示剂时到达滴定终点消耗 0.2786mcl·L^{-1} HCl 标准溶液 34.10mL，加入甲基橙后继续滴定又用去 HCl 标准溶液 23.62mL。除惰性杂质外，试样由哪些组分组成？各组分的质量百分数分别为多少？

解：因为 $V_1>V_2>0$，所以混合碱组成为 NaOH、Na_2CO_3。

酚酞为指示剂所发生的反应为

$$NaOH+HCl=NaCl+H_2O$$

$$Na_2CO_3+HCl=NaCl+NaHCO_3$$

甲基橙为指示剂所发生的反应为

$$NaHCO_3+HCl=NaCl+CO_2\uparrow+H_2O$$

$$w(Na_2CO_3)=\frac{0.2786\times23.62\times10^{-3}\times105.99}{0.9486}\times100\%=73.53\%$$

$$w(NaOH)=\frac{0.2786\times(34.10-23.62)\times10^{-3}\times40.01}{0.9486}\times100\%=12.31\%$$

(2)氮含量的测定(间接滴定法)

如果待测组分不满足直接滴定的条件，则可考虑使用间接滴定法。

食品、动植物、肥料、土壤、饲料等样品中的氮含量是一个重要技术指标。常用**凯氏定氮法**①将有机氮(蛋白质、生物碱等)转化成 NH_4^+，NH_4^+ 的 K_a 值太小(5.6×10^{-10})，不能用直接滴定法。铵盐中氮的测定方法有以下两种。

①蒸馏法：向置有铵盐试液的蒸馏瓶中加入 NaOH 的浓溶液并加热，使 NH_4^+ 转化成 NH_3。释放出来的 NH_3 用过量 HCl 标准溶液吸收，再用 NaOH 标准溶液回滴剩余的 HCl，选用甲基红作为指示剂。分析结果的计算公式为

$$w(N)=\frac{[c(HCl)\times V(HCl)-c(NaOH)\times V(NaOH)]\times M(N)}{m(s)} \quad (3.64)$$

释放出的 NH_3 也可用过量的 H_3BO_3 溶液吸收，吸收反应为

$$NH_3+H_3BO_3=NH_4H_2BO_3$$

H_3BO_3 酸性极弱，它的存在不影响滴定。用 HCl 标准溶液滴定 $NH_4H_2BO_3$，在计量点时

① 关于凯氏定氮法，参看本书第 11 章的化学视野。

pH=5，可选用甲基红和溴甲酚绿混合指示剂，终点时为粉红色。滴定反应为

$$NH_4H_2BO_3 + HCl = NH_4Cl + H_3BO_3$$

所以该法的分析结果可按下式计算。

$$w(N) = \frac{c(HCl) \times V(HCl) \times M(N)}{m(s)} \tag{3.65}$$

【例 3.27】用凯氏定氮法测定蛋白质中氮的含量，称取粗蛋白质试样 1.787g，将试样中的氮转化为 NH_3，并以 25.00mL 0.2016mol·L^{-1} 的 HCl 标准溶液吸收，剩余的 HCl 用 0.1285mol·L^{-1} NaOH 标准溶液返滴定，消耗 NaOH 溶液 10.16mL，计算此粗蛋白质试样中氮的百分含量。

解：

$$NH_3 + HCl = NH_4Cl$$

$$HCl + NaOH = NaCl + H_2O$$

$$w(N) = \frac{[c(HCl) \times V(HCl) - c(NaOH) \times V(NaOH)] \times M(N)}{m(s)}$$

$$= \frac{(0.2016 \times 25.00 \times 10^{-3} - 0.1285 \times 10.16 \times 10^{-3}) \times 14.01}{1.787} = 2.93\%$$

②甲醛法：在试液中加入过量的甲醛，与 NH_4^+ 反应生成六次甲基四胺。

$$4NH_4^+ + 6HCHO = (CH_2)_6N_4H^+ + 3H^+ + 6H_2O$$

在上述反应式中，由 4mol NH_4^+ 置换出的 4mol H^+ 中，有 1mol H^+ 使六次甲基四胺质子化，以其共轭酸$(CH_2)_6N_4H^+$($K_a = 7.41 \times 10^{-6}$)的形式存在。用 NaOH 标准溶液滴定至终点时，仍被中和成六次甲基四胺，因此 NaOH 与 $NH_4{}^+$ 的化学计量关系仍为 1∶1。在计量点时，溶液 pH 在 8～9，可选酚酞作为指示剂。甲醛中常含有甲酸，使用前应预先用酚酞作为指示剂通过碱中和除去。本法的测定结果可按下式计算。

$$w(N) = \frac{c(NaOH) \times V(NaOH) \times M(N)}{m(s)} \tag{3.66}$$

试样中若有游离酸，应以甲基红作为指示剂，做空白实验，扣除游离酸消耗的 NaOH 标准溶液的体积。

注意：甲醛法只适用于 NH_4Cl、$(NH_4)_2SO_4$、NH_4NO_3 等强酸铵盐中铵氮的测定，不包括 NO_3^- 中氮的测定。对于 NH_4HCO_3、$(NH_4)_2CO_3$ 等弱酸铵盐则不能直接用甲醛法测定。

化学视野

血液的 pH 平衡

正常动物体的血液的 pH 一般在 7.24～7.54，人体血液的 pH 保持在 7.35～7.45，若 pH 低于 7.35，人就会出现酸中毒，严重的酸中毒可危及生命，若 pH 高于 7.45 会引起碱中毒。

动物体在正常的生命活动中，一方面不断由肠道吸收一些酸性或碱性物质，同时在新陈代谢过程中，也不断地产生一些酸性物质(硫酸、磷酸等)或碱性物质(碳酸氢盐、磷酸氢二钠)。这些物质不断进入血液，在正常的生理条件下，动物体为什么不发生酸中毒或碱中毒呢，因为血液是一种缓冲溶液，内含多种缓冲对，如 H_2CO_3—HCO_3^-、$H_2PO_4^-$—HPO_4^{2-}、NaPr—HPr、KHb—HHb、$KHbO_2$—$HHbO_2$ 等。其中，HPr 是血浆中的几种弱酸性蛋白质，NaPr—HPr 缓冲对只存在于血浆中，缓冲能力较小，约为 H_2CO_3—HCO_3^{2-}

缓冲对的 1/10。KHb—HHb、$KHbO_2$—$HHbO_2$ 两个缓冲对只存在于红细胞中，HHb 是血红蛋白，它是一种弱酸，血红蛋白与氧结合后生成的氧合血红蛋白 $HHbO_2$ 也是一种弱酸。血液中各种缓冲对的缓冲能力是不同的，以 H_2CO_3—HCO_3^- 的缓冲能力最大。表 3-13 列出了血液中各种缓冲对的弱酸的 pK_a。所以，人体血液不会因为食用少量酸、碱性食物而使 pH 发生较大改变。

表 3-13 血液中各种缓冲对的弱酸的 pK_a

缓冲对	pK_a
H_2CO_3—HCO_3^-	6.10
$H_2PO_4^-$—HPO_4^{2-}	7.16
NaPr—HPr	血浆中含有数种 HPr，其 pK_a 各不相同
$KHbO_2$—$HHbO_2$	7.30
KHb—HHb	6.8

食物的酸碱性是指食物中的无机盐属于酸性还是碱性。钾、钠、钙、镁、铁等元素进入人体后呈现碱性反应，磷、氯、硫等元素进入人体后显酸性，食物的酸碱性取决于其中所含矿物质的种类及含量。酸性食品包括肉类、淀粉类、甜食、奶油类、油炸食物等；碱性食物包括蔬菜、水果类、海藻类、坚果类、豆类等。中国人讲究“食不厌精”，其实那些精米白面、鸡鸭鱼肉蛋等基本属于酸性食品，所以过于讲究美味容易造成酸性体质。专家建议，人每天摄入的酸性食物和碱性食物的比例应该为 20%和 80%，这样才有利于身体健康。

习　题

3.1 根据酸碱质子理论，下列物种哪些是酸？哪些是碱？哪些具有两性？分别写出各物质的共轭酸或共轭碱。

NH_3　HSO_4^-　HS^-　HPO_4^{2-}　PO_4^{3-}　S^{2-}　SO_3^{2-}　NH_4^+　H_2S　H_2O

3.2 计算下列质子碱的解离常数，并比较它们的碱性强弱。

CN^-　CO_3^{2-}　Ac^-　SO_3^{2-}

3.3 根据相关的解离常数，判断 $NaHCO_3$ 溶液的酸碱性。

3.4 已知 0.010mol·L^{-1} H_2SO_4 溶液的 pH=1.84，求 HSO_4^- 的解离常数及解离度。

3.5 已知 0.10mol·L^{-1} HCN 溶液的解离度为 0.0063%，求溶液的 pH 和 HCN 的解离常数。

3.6 向 0.050mol·L^{-1}的盐酸中通 H_2S 至饱和，此时 $c(H_2S)\approx$0.10mol·L^{-1}。计算溶液的 $c(HS^-)$、$c(S^{2-})$、$c(H_2S)$及 pH。

3.7 在 25℃、标准压力下，水中溶解的 CO_2 气体的浓度为 $c(H_2CO_3)$=0.034mol·L^{-1}，求该溶液的 pH 及 $c(CO_3^{2-})$。

3.8 尼古丁($C_{10}H_{12}N_2$，以 A^{2-} 表示)是二元弱碱，其 $K_{b_1}=7.0\times10^{-7}$，$K_{b_2}=1.4\times10^{-11}$。计算 0.050mol·L^{-1}的尼古丁水溶液的 pH 及 $c(A^{2-})$、$c(HA^-)$和 $c(H_2A)$。

3.9 健康人血液的 pH 在 7.35～7.45，患某种疾病的人血液的 pH 可暂时降到 7.00，此时血液中的 $c(H^+)$为正常状态人的多少倍？

3.10 计算下列混合溶液的 pH。

(1)将 pH 为 8.00 和 10.00 的两种 NaOH 溶液等体积混合后的溶液。

(2)将 pH 为 2.00 的强酸溶液和 pH 为 13.00 的强碱溶液等体积混合后的溶液。

3.11 欲配制pH=5.0的缓冲溶液，需称取多少克$NaAc \cdot 3H_2O$固体溶解在300mL 0.50mol·L^{-1}的HAc溶液中？(不考虑体积的变化)

3.12 有三种酸：$CH_2ClCOOH$、HCOOH和CH_3COOH，要配制pH=3.50的缓冲溶液，应选用哪种酸最好？如果该酸的浓度为4.0mol·L^{-1}，要配制1L、共轭酸碱对的总浓度为1.0mol·L^{-1}的缓冲溶液，需要多少毫升的酸和多少克的NaOH？

3.13 写出下列物质在水溶液中的质子平衡式。

NH_4CN　　$Na_2NH_4PO_4$　　$(NH_4)_2HPO_4$

Na_2CO_3　　Na_2HPO_4　　H_2CO_3

3.14 计算下列混合溶液的pH。

(1)20mL 0.10mol·L^{-1}HAc+20mL 0.10mol·L^{-1} NaOH。

(2)20mL 0.20mol·L^{-1}HAc+20mL 0.10mol·L^{-1} NaOH。

(3)20mL 0.10mol·L^{-1}HCl+20mL 0.20mol·L^{-1} NaAc。

(4)20mL 0.10mol·L^{-1}NaOH+20mL 0.10mol·L^{-1} NH_4Cl。

(5)30mL 0.10mol·L^{-1}HCl+20mL 0.10mol·L^{-1} NaOH。

(6)20mL 0.10mol·L^{-1}HCl+20mL 0.10mol·L^{-1} $NH_3 \cdot H_2O$。

(7)20mL 0.10mol·L^{-1}HCl+20mL 0.20mol·L^{-1} $NH_3 \cdot H_2O$。

(8)20mL 0.10mol·L^{-1}NaOH+20mL 0.20mol·L^{-1} NH_4Cl。

3.15 计算下列溶液的pH。

(1)50mL 0.10mol·L^{-1} H_3PO_4。

(2)50mL 0.10mol·L^{-1} H_3PO_4 +25mL 0.10mol·L^{-1}NaOH。

(3)50mL 0.10mol·L^{-1} H_3PO_4+50mL 0.10mol·L^{-1}NaOH。

(4)50mL 0.10mol·L^{-1} H_3PO_4 +75mL 0.10mol·L^{-1}NaOH。

3.16 解释下列名词：滴定分析法、滴定、基准物质、标准溶液(滴定剂)、标定、化学计量点、指示剂、滴定终点。

3.17 用下列物质标定NaOH溶液浓度时，所得的浓度偏高、偏低还是准确？为什么？

(1)部分风化的$H_2C_2O_4 \cdot 2H_2O$。

(2)带有少量湿存水的$H_2C_2O_4 \cdot 2H_2O$。

(3)含有少量不溶性杂质(中性)的邻苯二甲酸氢钾。

(4)用混有少量邻苯二甲酸的邻苯二甲酸氢钾标定NaOH溶液的浓度。

3.18 基准物质若发生以下情况：①$H_2C_2O_4 \cdot 2H_2O$因保存不当而部分风化；②Na_2CO_3因吸潮带有少量湿存水。用①标定NaOH溶液的浓度时，结果是偏高还是偏低？用②标定HCl溶液的浓度时，结果是偏高还是偏低？用此NaOH溶液测定某有机酸的摩尔质量时结果偏高还是偏低？用此HCl溶液测定某有机碱的摩尔质量时结果偏高还是偏低？

3.19 下列物质中哪些可以用直接法配制成标准溶液？哪些只能用间接法配制成标准溶液？

KSCN　　$H_2C_2O_4 \cdot 2H_2O$　　NaOH　　$KMnO_4$

$K_2Cr_2O_7$　　$KBrO_3$　　$Na_2S_2O_3 \cdot 5H_2O$　　HCl

3.20 已知浓硝酸的密度为1.42g·mL^{-1}，其中HNO_3含量约为70%，求其浓度。如欲配制1.0L 0.25mol·$L^{-1}$$HNO_3$溶液，应取这种浓硝酸多少毫升？

3.21 已知浓盐酸的密度为1.19g·mL^{-1}，其中HCl的含量约为37%，求盐酸的物质的量浓度。

3.22 用基准物邻苯二甲酸氢钾($KHC_8H_4O_4$)标定0.1mol·L^{-1} NaOH溶液，若滴定需要耗去NaOH溶液25mL左右，需称取的邻苯二甲酸氢钾约为多少克？

3.23 以硼砂($Na_2B_4O_7 \cdot 10H_2O$)为基准物，用甲基红指示终点，标定HCl溶液，称取硼砂0.9854g，耗去HCl溶液23.76mL，求HCl溶液的浓度。

3.24 标定NaOH溶液的浓度，称取0.5026g基准物邻苯二甲酸氢钾，以酚酞为指示剂滴定至终点，

用去 NaOH 溶液 21.38mL，求 NaOH 溶液的浓度。

3.25 准确称取 0.5877g 基准试剂 Na_2CO_3，配制成 100.0mL 溶液，其浓度为多少？移取该标准溶液 25.00mL 标定某 HCl 溶液，滴定用去 HCl 溶液 27.06mL，计算该 HCl 溶液的浓度。

3.26 称取 0.5987g 基准物质 $H_2C_2O_4 \cdot 2H_2O$，溶解后，定量转移到 100mL 容量瓶中定容、摇匀，移取该草酸溶液 25.00mL 标定 NaOH 溶液，耗去 NaOH 溶液 21.10mL，计算 NaOH 溶液的浓度。

3.27 称取 14.7090g 基准试剂 $K_2Cr_2O_7$，配成 500.0mL 溶液，试计算：①$K_2Cr_2O_7$ 溶液的浓度；②$K_2Cr_2O_7$溶液对 Fe 和 Fe_2O_3的滴定度。（提示：$Cr_2O_7^{2-}+14H^++6e^- \rightleftharpoons 2Cr^{3+}+7H_2O$）

3.28 计算 0.01135mol·L^{-1} HCl 溶液对 CaO 的滴定度。

3.29 计算 0.2015mol·L^{-1} HCl 溶液对 $Ca(OH)_2$和 NaOH 的滴定度。

3.30 某酸碱指示剂的 $pK_a(HIn)=9$，推算其理论变色范围。

3.31 在酸碱滴定中，指示剂的选择原则是什么？

3.32 判断下列各物质能否用酸碱滴定法直接准确滴定？如果能，计算计量点时的 pH，并选择合适的指示剂。

(1)0.10mol·L^{-1} NaF 溶液。

(2)0.10mol·L^{-1} HCN 溶液。

(3)0.10mol·L^{-1} $CH_2ClCOOH$ 溶液。

3.33 判断下列多元酸能否分步滴定？若能，有几个滴定突跃？能滴至第几级？

(1)0.10mol·L^{-1} H_2SO_3。

(2)0.10mol·L^{-1} H_2SO_4。

3.34 有一种三元酸，已知其 $pK_{a_1}=2$，$pK_{a_2}=6$，$pK_{a_3}=12$，用 NaOH 溶液滴定时，第一和第二化学计量点的 pH 分别为多少？两个化学计量点附近有无滴定突跃？可选用何种指示剂指示终点？能否直接滴定至酸的质子全部被中和？

3.35 用 0.10mol·L^{-1} NaOH 溶液滴定 0.10mol·L^{-1} HCOOH 溶液至计量点时，溶液的 pH 为多少？选择何种指示剂指示终点？

3.36 称取 1.250g 某一弱酸(HA)纯试样，用蒸馏水溶解并稀释至 50.00 mL，用 0.09000 mol·L^{-1} NaOH 溶液滴定至计量点需要 41.20mL。若加入 NaOH 溶液 8.24mL 时，溶液的 pH=4.30。求该弱酸的摩尔质量。计算弱酸的解离常数 K_a和计量点的 pH。应选择何种指示剂？

3.37 某弱酸的 $pK_a=9.21$，现有其浓度为 0.1000mol·L^{-1}的共轭碱 NaA 溶液 20.00mL，当用 0.1000mol·L^{-1} HCl 溶液滴定，化学计量点时的 pH 为多少？化学计量点附近的滴定突跃范围如何？应选用何种指示剂指示终点？

3.38 取含惰性杂质的混合碱(含 NaOH、Na_2CO_3、$NaHCO_3$或它们的混合物)试样一份，溶解后，以酚酞作为指示剂，滴至终点消耗盐酸标准溶液 V_1 mL；另取相同质量的该试样一份，溶解后以甲基橙作为指示剂，用相同浓度的盐酸标准溶液滴定至终点，消耗盐酸标准溶液 V_2 mL。如果滴定中消耗的盐酸溶液体积关系为 $2V_1=V_2$，则试样组成如何？如果试样仅含等物质的量的 NaOH 和 Na_2CO_3，则 V_1与 V_2有何数量关系？

3.39 某试样中仅含 NaOH 和 Na_2CO_3。称取 0.3720g 该试样，用水溶解后，以酚酞为指示剂，消耗 0.1500mol·L^{-1} HCl 溶液 40.00mL，还需要消耗多少毫升 0.1500mol·L^{-1} HCl 溶液才达到甲基橙的变色点？

3.40 试样中含有 Na_2CO_3、NaOH 和 $NaHCO_3$ 中的两种物质。称取该试样 0.2075g，溶解后，用 0.1037mol·L^{-1} HCl 溶液滴定到酚酞终点，耗去 HCl 溶液 35.84mL。接着加入甲基橙指示剂指示终点，需再加 HCl 溶液 5.96mL。试判断试样中含有上述三种物质中的哪两种(设其他物质不与 HCl 作用)，其质量百分数各为多少？

3.41 称取含有惰性杂质的混合碱试样 0.3010g，以酚酞为指示剂时到达滴定终点消耗 0.1060mol·L^{-1}

HCl 标准溶液 20.10mL，加入甲基橙后继续滴定又用去 HCl 标准溶液 27.60mL。试样中有哪些组分？各组分的质量百分数分别为多少？

3.42 某溶液中可能含有 H_3PO_4 或 NaH_2PO_4 或 Na_2HPO_4，或是它们不同比例的混合溶液。酚酞为指示剂时，以 $1.000mol \cdot L^{-1}$ NaOH 标准溶液滴定至终点用去 46.85mL，接着加入甲基橙，再以 $1.000mol \cdot L^{-1}$ HCl 溶液回滴至甲基橙终点(橙色)用去 31.96mL，该混合溶液组成如何？并求出各组分的物质的量。

3.43 在 0.5010g $CaCO_3$ 试样中加入 $0.2510mol \cdot L^{-1}$ HCl 溶液 50.00mL，待完全反应后再用 $0.2035mol \cdot L^{-1}$ NaOH 标准溶液返滴定过量的 HCl 溶液，用去 NaOH 溶液 23.65mL。求 $CaCO_3$ 的纯度。

3.44 称取土样 1.000g 溶解后，将其中的磷沉淀为磷钼酸铵，用 20.00mL $0.1000mol \cdot L^{-1}$ NaOH 溶液溶解沉淀，过量的 NaOH 用 $0.2000mol \cdot L^{-1}$ HNO_3 溶液 7.50mL 滴至酚酞终点，计算土样中 $w(P)$、$w(P_2O_5)$。已知

$$H_3PO_4 + 12MoO_4^{2-} + 2NH_4^+ + 22H^+ = (NH_4)_2HPO_4 \cdot 12MoO_3 \cdot H_2O + 11H_2O$$

$$(NH_4)_2HPO_4 \cdot 12MoO_3 \cdot H_2O + 24OH^- = 12MoO_4^{2-} + HPO_4^{2-} + 2NH_4^+ + 13H_2O$$

3.45 称取粗铵盐试样 1.000g，加入过量 NaOH 溶液并加热，逸出的氨吸收于 56.00mL $0.2500mol \cdot L^{-1}$ H_2SO_4 溶液中，过量的酸用 $0.5000mol \cdot L^{-1}$ NaOH 溶液回滴，用去 NaOH 溶液 1.560mL。计算试样中 NH_3 的质量百分数。

3.46 用凯氏定氮法测定蛋白质的含氮量，称取粗蛋白试样 1.6580g，将试样中的氮转变为 NH_3，并以 25.00mL 浓度为 $0.2018mol \cdot L^{-1}$ 的 HCl 标准溶液吸收，剩余的 HCl 以 $0.1600mol \cdot L^{-1}$ NaOH 标准溶液返滴定，用去 NaOH 溶液 9.15mL，计算此粗蛋白试样中氮的质量百分数。

第4章

沉淀溶解平衡、重量分析法与沉淀滴定法

(1)掌握溶度积规则及相互计算，理解影响溶解度的因素，了解分步沉淀及沉淀的转化。

(2)了解沉淀的类型、沉淀的形成过程及影响沉淀的纯度的主要原因、提高沉淀纯度的方法。

(3)了解重量分析法对沉淀的要求；理解重量分析中进行沉淀的条件；掌握重量分析法相关计算。

(4)理解莫尔法、佛尔哈德法和法扬司法的滴定，了解相关应用原理。

沉淀溶解平衡的应用是多方面的，如在医疗诊断中用于消化道检查的钡餐是药用$BaSO_4$。在透视之前，患者要吃入$BaSO_4$在Na_2SO_4溶液中的糊状物。由于X射线不能透过$BaSO_4$，这样在屏幕上或照片上就能很清楚地将消化系统显现出来。虽然Ba^{2+}属于重金属离子，对人体危害很大，但是由于同离子效应，$BaSO_4$在Na_2SO_4溶液中的溶解度很小，故对患者没有影响。医药上，若错把可溶性钡盐(氯化钡或硝酸钡)当作硫酸钡使用而使患者中毒，急救中一般用可溶性硫酸盐(如硫酸钠或硫酸镁)来解毒，使Ba^{2+}生成难溶的$BaSO_4$沉淀，从而解除其毒性。

本章将讨论难溶物质的沉淀溶解平衡，这是一种多相平衡。沉淀的生成和溶解在科研和生产实践中经常用于物质的制备、分离、提纯等。以沉淀溶解平衡为基础，建立了沉淀重量分析法和沉淀滴定法。

4.1 沉淀溶解平衡

各种物质在水中有不同的溶解度，通常将在100g水中溶解度大于1g的物质称为易溶

物；在100g水中溶解度小于0.01g的物质称为难溶物；在100g水中溶解度大于0.01g而小于0.1g的物质称为微溶物；在100g水中溶解度大于0.1g而小于1g的物质称为可溶物。

4.1.1 溶度积常数

难溶电解质溶解度较小，但并不是完全不溶，绝对不溶的物质是没有的。难溶电解质在水中会发生一定程度的溶解，当溶解的速率与沉淀的速率相等时，溶液达到饱和，未溶解的电解质固体与溶解在溶液中的离子建立起动态平衡，这种状态称为难溶电解质的沉淀溶解平衡。例如，将难溶强电解质固体$BaSO_4$放入水中，固体表面的Ba^{2+}和SO_4^{2-}在极性水分子作用下，会逐渐减弱其与固体内部离子间的吸引，使Ba^{2+}和SO_4^{2-}不断进入溶液，成为水合离子$Ba^{2+}(aq)$和$SO_4^{2-}(aq)$，这就是$BaSO_4$溶解(dissolution)的过程。同时，溶液中的水合离子$Ba^{2+}(aq)$和$SO_4^{2-}(aq)$在不停地做无规则运动，一旦碰到固体的表面，有可能被吸引并脱水而重新回到固体的表面上，这就是$BaSO_4$的沉淀(precipitation)过程。

当溶解和沉淀的速率相等时，就建立了$BaSO_4$固体和溶液中的Ba^{2+}和SO_4^{2-}之间的动态平衡，此时溶液为$BaSO_4$饱和溶液。这是一种多相平衡，它可表示为

$$BaSO_4(s) \rightleftharpoons Ba^{2+}(aq) + SO_4^{2-}(aq)$$

该反应的标准平衡常数为

$$K^{\ominus} = [Ba^{2+}] \times [SO_4^{2-}]$$

对于一般的难溶强电解质A_nB_m而言，其沉淀溶解平衡可表示为

$$A_nB_m(s) \rightleftharpoons nA^{m+}(aq) + mB^{n-}(aq)$$

$$K_{sp}^{\ominus} = [A^{m+}]^n \times [B^{n-}]^m \tag{4.1}$$

式(4.1)表明，在温度一定时，任意难溶电解质的饱和溶液中，有关离子浓度以其计量数为指数的幂的乘积为一常数，此常数称为该难溶电解质的**溶度积常数**，简称溶度积，用符号$K_{sp}^{\ominus}$表示。$K_{sp}^{\ominus}$的大小反映了难溶电解质的溶解能力，其值与温度有关，与浓度无关。一些常见难溶强电解质的$K_{sp}^{\ominus}$见附录。

严格地说，溶度积应该是沉淀溶解平衡时离子活度以其计量数为指数的幂的乘积。但因溶液中难溶电解质的离子浓度很低，离子的活度系数趋近于1，故离子浓度与离子活度相差很小，可用离子浓度代替活度进行有关计算。

4.1.2 溶解度

溶度积$K_{sp}^{\ominus}$和溶解度S都是表示物质溶解性能的物理量。但$K_{sp}^{\ominus}$只用来表示难溶电解质的溶解性能，反映的是难溶电解质溶解作用进行的倾向，与难溶电解质的离子浓度无关。难溶电解质离子浓度的改变会引起沉淀溶解平衡发生移动，但不论离子浓度如何变化，重新达到平衡时，离子浓度以其计量数为指数的幂的乘积仍为常数，即$K_{sp}^{\ominus}$值不变。如在一定温度时，增大$BaSO_4$的饱和溶液中SO_4^{2-}浓度，此时沉淀溶解平衡被破坏，就会有$BaSO_4$沉淀生成，使溶液中Ba^{2+}浓度降低，重新达到平衡时，Ba^{2+}和SO_4^{2-}浓度的乘积仍为常数。而溶解度S除与难溶电解质的本性和温度有关外，还与溶液中难溶电解质的离子浓度有关，如在Na_2SO_4溶液中，$BaSO_4$的溶解度就要比纯水中低。通常讲某物质的溶解度是指在纯水中的溶解度。根据溶度积$K_{sp}^{\ominus}$的表达式可看出，难溶电解质的溶度积$K_{sp}^{\ominus}$和溶解度S可以相互换算。注意：本章中所说的**溶解度**指的是一定温度下1L饱和溶液中

所含溶质的物质的量，其单位是 $mol \cdot L^{-1}$。

【例 4.1】已知 298.15 K 时 AgCl 和 Ag_2CrO_4 的溶度积分别为 $K_{sp}^{\ominus}(AgCl)=1.77\times10^{-10}$ 和 $K_{sp}^{\ominus}(Ag_2CrO_4)=1.12\times10^{-12}$，求它们在纯水中的溶解度。

解：设 AgCl 的溶解度为 $S_1 mol \cdot L^{-1}$，AgCl 的沉淀溶解平衡为

$$AgCl(s) \rightleftharpoons Ag^+(aq)+Cl^-(aq)$$

$$K_{sp}^{\ominus}(AgCl)=[Ag^+]\times[Cl^-]=S_1{}^2=1.77\times10^{-10}$$

$$S_1=1.33\times10^{-5} mol \cdot L^{-1}$$

设 Ag_2CrO_4 的溶解度为 $S_2 mol \cdot L^{-1}$，Ag_2CrO_4 的沉淀溶解平衡为

$$Ag_2CrO_4(s) \rightleftharpoons 2Ag^+(aq)+CrO_4^{2-}(aq)$$

$$K_{sp}^{\ominus}(Ag_2CrO_4)=[Ag^+]^2\times[CrO_4^{2-}]=(2S_2)^2\times S_2=1.12\times10^{-12}$$

$$S_2=6.54\times10^{-5} mol \cdot L^{-1}$$

【例 4.2】已知 298.15 K 时，$Mg(OH)_2$ 在纯水中的溶解度为 $1.12\times10^{-4} mol \cdot L^{-1}$，试求 298.15 K 时 $Mg(OH)_2$ 的 $K_{sp}^{\ominus}$。

解：设 $Mg(OH)_2$ 的溶解度为 $S mol \cdot L^{-1}$，$Mg(OH)_2$ 的沉淀溶解平衡为

$$Mg(OH)_2(s) \rightleftharpoons Mg^{2+}(aq)+2OH^-(aq)$$

$$K_{sp}^{\ominus}(Mg(OH)_2)=[Mg^{2+}]\times[OH^-]^2=S\times(2S)^2=4S^3$$

$$K_{sp}^{\ominus}(Mg(OH)_2)=4\times(1.12\times10^{-4})^3=5.62\times10^{-12}$$

由前面两例可归纳出不同类型难溶电解质的溶度积与其在纯水中形成饱和溶液时溶解度的关系如下。

(1)AB 型(如 AgBr、$BaSO_4$)：　$K_{sp}^{\ominus}=S^2$ 或 $S=\sqrt{K_{sp}^{\ominus}}$

(2)A_2B 或 AB_2 型(如 Ag_2CrO_4、$Mg(OH)_2$)：　$K_{sp}^{\ominus}=4S^3$ 或 $S=\sqrt[3]{\frac{K_{sp}^{\ominus}}{4}}$

(3)A_3B 或 AB_3 型(如 Ag_3PO_4、$Fe(OH)_3$)：　$K_{sp}^{\ominus}=27S^4$ 或 $S=\sqrt[4]{\frac{K_{sp}^{\ominus}}{27}}$

$K_{sp}^{\ominus}$ 可由实验测定，也可以利用热力学函数计算，即

$$\ln K_{sp}^{\ominus}=-\frac{\Delta_r G_m^{\ominus}}{RT} \tag{4.2}$$

【例 4.3】已知 298.15 K 时，$\Delta_f G_m^{\ominus}(AgCl)=-109.8\ kJ \cdot mol^{-1}$，$\Delta_f G_m^{\ominus}(Ag^+)=77.11\ kJ \cdot mol^{-1}$，$\Delta_f G_m^{\ominus}(Cl^-)=-131.168\ kJ \cdot mol^{-1}$。计算 298.15 K 时 AgCl 的溶度积。

解：AgCl 的沉淀溶解平衡反应为

$$AgCl(s) \rightleftharpoons Ag^+(aq)+Cl^-(aq)$$

$$\begin{aligned}\Delta_r G_m^{\ominus}&=\Delta_f G_m^{\ominus}(Ag^+)+\Delta_f G_m^{\ominus}(Cl^-)-\Delta_f G_m^{\ominus}(AgCl)\\&=77.11kJ \cdot mol^{-1}-131.168kJ \cdot mol^{-1}-(-109.8kJ \cdot mol^{-1})\\&=55.74kJ \cdot mol^{-1}\end{aligned}$$

$$\ln K_{sp}^{\ominus}=-\frac{\Delta_r G_m^{\ominus}}{RT}=\frac{-55.74\times10^3}{8.314\times298.15}=-22.49$$

$$K_{sp}^{\ominus}(AgCl)=1.71\times10^{-10}$$

关于溶解度和溶度积的关系还有一点须注意。一般来说溶度积越大的难溶电解质其溶解度也越大，但绝对不能简单地认为溶度积越大，溶解度就一定越大。也就是说，用 $K_{sp}^{\ominus}$

比较难溶电解质的溶解性能只能在相同类型化合物之间进行，而溶解度则比较直观。通过表4-1的数据就可理解这一点。

表4-1 AgCl、AgBr、AgI、Ag_2CrO_4的溶度积与纯水中溶解度的比较

化学式	溶度积	溶解度/mol·L^{-1}	$K_{sp}^{\ominus}$的表达式
AgCl	1.77×10^{-10}	1.33×10^{-5}	$K_{sp}^{\ominus}=[Ag^+]\times[Cl^-]$
AgBr	5.35×10^{-13}	7.31×10^{-7}	$K_{sp}^{\ominus}=[Ag^+]\times[Br^-]$
AgI	8.51×10^{-17}	9.22×10^{-9}	$K_{sp}^{\ominus}=[Ag^+]\times[I^-]$
Ag_2CrO_4	1.12×10^{-12}	6.54×10^{-5}	$K_{sp}^{\ominus}=[Ag^+]^2\times[CrO_4^{2-}]$

从表4-1可以看出，AgCl和AgBr相比，AgCl的溶度积比AgBr的大，AgCl的溶解度也比AgBr的大；AgBr和AgI相比，AgBr的溶度积比AgI的大，AgBr的溶解度也比AgI的大。然而，AgCl和Ag_2CrO_4相比，AgCl的溶度积比Ag_2CrO_4的大，但AgCl的溶解度反而比Ag_2CrO_4的小，这是由于AgCl与Ag_2CrO_4不是相同类型化合物，它们的溶度积表达式也不同。因此，不能简单地讲溶度积大的难溶电解质的溶解度一定也大。只有对相同类型的难溶电解质才可以通过溶度积来比较它们的溶解度，才可以确定溶度积大的难溶电解质的溶解度也大。对于不同类型的难溶电解质，只有通过实际计算才能确定它们溶解度的大小。

4.2 沉淀溶解平衡的移动

4.2.1 溶度积规则

热力学公式为

$$\Delta_r G_m^{\ominus}=-RT\ln K_{sp}^{\ominus}+RT\ln J \tag{4.3}$$

难溶电解质溶液中离子浓度以其计量数为指数的幂的乘积称为离子积，而溶度积仅指平衡状态下难溶电解质溶液中离子浓度以其计量数为指数的幂的乘积。这种关系与反应商和标准平衡常数之间的关系具有相同的实质，故可用与反应商同样的符号来表示离子积。

对于一般的难溶电解质A_nB_m而言，其沉淀溶解平衡可表示为

$$A_nB_m(s)\rightleftharpoons nA^{m+}(aq)+mB^{n-}(aq)$$

任一状态时，离子浓度以其计量数为指数的幂的乘积就是离子积，即

$$J=[A^{m+}]^n\times[B^{n-}]^m \tag{4.4}$$

在任何给定的难溶电解质的溶液中，离子积J可能有以下三种情况。

(1)$J>K_{sp}^{\ominus}$，为过饱和溶液，有沉淀生成直至饱和。

(2)$J<K_{sp}^{\ominus}$，为不饱和溶液，无沉淀析出。若原来有沉淀，则沉淀溶解。

(3)$J=K_{sp}^{\ominus}$，为饱和溶液，处于沉淀溶解平衡状态。

以上关系就是判断沉淀生成、溶解的溶度积规则，也可用于判断沉淀溶解平衡移动的方向。

4.2.2 沉淀的生成与溶解

1. 沉淀的生成

根据溶度积规则，在难溶电解质溶液中，要想有沉淀析出，则必须使离子积 J 大于该难溶电解质的溶度积常数 $K_{sp}^{\ominus}$，这是生成沉淀的必要条件。因此，当要求溶液中有沉淀产生或使某种离子沉淀完全时，就必须创造条件，确保 $J > K_{sp}^{\ominus}$。例如，要除去溶液中的 SO_4^{2-} 离子，可往其溶液中加入可溶性的钡盐，使其形成 $BaSO_4$ 沉淀。对于某些离子沉淀时，溶液的 pH 也会影响沉淀的溶解度。例如，可以通过控制溶液 pH 的途径使难溶的氢氧化物或弱酸的难溶盐产生沉淀。

【例 4.4】等体积的 $0.20 mol \cdot L^{-1}$ 的 $Pb(NO_3)_2$ 和同浓度 KI 水溶液混合是否会产生 PbI_2 沉淀？

解：等体积混合后，浓度为原来的一半。

$$[Pb^{2+}] = [I^-] = 0.10 mol \cdot L^{-1}$$

PbI_2 的沉淀溶解平衡反应为

$$PbI_2(s) \rightleftharpoons Pb^{2+}(aq) + 2I^-(aq)$$

$$J = [Pb^{2+}] \times [I^-]^2 = 0.10 \times 0.10^2 = 1.0 \times 10^{-3} >> K_{sp}^{\ominus}(PbI_2) = 8.49 \times 10^{-9}$$

所以有沉淀析出。

【例 4.5】向 1.0×10^{-3} $mol \cdot L^{-1}$ 的 K_2CrO_4 溶液中滴加 $AgNO_3$ 溶液，求开始有 Ag_2CrO_4 沉淀生成时的 $[Ag^+]$。CrO_4^{2-} 沉淀完全时，$[Ag^+]$ 是多大？

解：Ag_2CrO_4 的沉淀溶解平衡反应为

$$Ag_2CrO_4(s) \rightleftharpoons 2Ag^+(aq) + CrO_4^{2-}(aq)$$

$J = [Ag^+]^2 \times [CrO_4^{2-}] \geq K_{sp}^{\ominus}$ 时，有沉淀生成。

$$[Ag^+] \geq \sqrt{\frac{K_{sp}^{\ominus}(Ag_2CrO_4)}{[CrO_4^{2-}]}} = \sqrt{\frac{1.12 \times 10^{-12}}{1.0 \times 10^{-3}}} = 3.35 \times 10^{-5} mol \cdot L^{-1}$$

当 $[Ag^+] = 3.35 \times 10^{-5}$ $mol \cdot L^{-1}$ 时，开始有 Ag_2CrO_4 沉淀生成。

一般来说，一种离子与沉淀剂生成沉淀物后，在溶液中的残留量不超过 1.0×10^{-5} $mol \cdot L^{-1}$ 时，则认为该离子已沉淀完全。因此，当 $[CrO_4^{2-}] = 1.0 \times 10^{-5}$ $mol \cdot L^{-1}$ 时的 $[Ag^+]$ 为

$$[Ag^+] = \sqrt{\frac{K_{sp}^{\ominus}(Ag_2CrO_4)}{[CrO_4^{2-}]}} = \sqrt{\frac{1.12 \times 10^{-12}}{1.0 \times 10^{-5}}} = 3.35 \times 10^{-4} mol \cdot L^{-1}$$

【例 4.6】向 0.10 $mol \cdot L^{-1}$ 的 $ZnCl_2$ 溶液中通入 H_2S 气体至饱和(0.10 $mol \cdot L^{-1}$)时，溶液中刚好有 ZnS 沉淀生成，求此时溶液的 $[H^+]$。

解：体系中存在如下两组平衡。

$$ZnS \rightleftharpoons Zn^{2+} + S^{2-} \qquad\qquad H_2S \rightleftharpoons 2H^+ + S^{2-}$$

由 $K_{sp}^{\ominus}(ZnS) = [Zn^{2+}] \times [S^{2-}]$，得

$$[S^{2-}] = \frac{K_{sp}^{\ominus}(ZnS)}{[Zn^{2+}]} = \frac{2.93 \times 10^{-25}}{0.10} = 2.93 \times 10^{-24} mol \cdot L^{-1}$$

由 $K_{a_1} \times K_{a_2} = \frac{[H^+]^2 \times [S^{2-}]}{[H_2S]}$，得

$$[H^+]=\sqrt{\frac{K_{a_1}\times K_{a_2}\times[H_2S]}{[S^{2-}]}}=\sqrt{\frac{1.3\times10^{-7}\times7.1\times10^{-15}\times0.10}{2.93\times10^{-24}}}=5.6\text{mol}\cdot L^{-1}$$

2. 沉淀的溶解

根据溶度积规则，只要采取一定的措施使溶液中有关离子浓度降低，达到 $J<K_{sp}^{\ominus}$，沉淀就会不断溶解。使沉淀溶解常用的方法有以下几种。

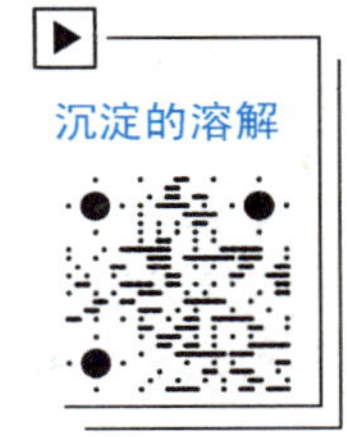

(1)生成弱电解质

①生成弱酸：难溶的弱酸盐，如 ZnS、$CaCO_3$、FeS 等都可溶解于稀盐酸等强酸中，这是由于难溶盐的阴离子能与 H^+ 作用生成难电离的弱酸，致使溶液中弱酸根的浓度降低，导致 $J<K_{sp}^{\ominus}$，使沉淀溶解。例如，ZnS(s)溶于盐酸中的反应为

$$\begin{array}{l}ZnS(s)\rightleftharpoons Zn^{2+}(aq)+S^{2-}(aq)\\ \qquad\qquad\qquad\qquad\qquad +\\ \qquad\qquad\qquad\qquad 2H^+(aq)\rightleftharpoons H_2S(aq)\end{array}$$

总反应为

$$ZnS(s)+2H^+(aq)\rightleftharpoons Zn^{2+}(aq)+H_2S(aq)$$

总反应平衡常数为

$$K^{\ominus}=\frac{[H_2S]\times[Zn^{2+}]}{[H^+]^2}=\frac{[H_2S]\times[Zn^{2+}]\times[S^{2-}]}{[H^+]^2\times[S^{2-}]}=\frac{K_{sp}^{\ominus}}{K_{a_1}\times K_{a_2}}$$

由上式可看出，对于同类硫化物，$K_{sp}^{\ominus}$越大，弱酸的 K_a 越小，硫化物越易溶解，总反应就进行得越完全。

难溶的弱酸盐在强酸中能否溶解，除与酸的强弱有关外，还与其自身溶解的难易程度有关。有许多金属硫化物，因为它们的溶度积很小而难溶于盐酸等强酸中，如 CuS 只能溶于 HNO_3 中，而 HgS 只能溶于王水中。

【例 4.7】计算使 0.10 mol ZnS、CuS 和 HgS 分别溶于 1.0 L 盐酸中所需盐酸的最低浓度。已知 H_2S 饱和溶液的浓度为 0.10 mol·L^{-1}。

解：H_2S 在水溶液中的总反应为

$$H_2S\rightleftharpoons S^{2+}+2H^+$$

$$[S^{2-}]=\frac{K_{a_1}\times K_{a_2}\times[H_2S]}{[H^+]^2}$$

由满足 $J<K_{sp}^{\ominus}$，沉淀就会不断溶解可得

$$[M^{2+}]\times[S^{2-}]<K_{sp}^{\ominus}$$

$$[H^+]>\sqrt{\frac{[M^{2+}]\times K_{a_1}\times K_{a_2}\times[H_2S]}{K_{sp}^{\ominus}}}$$

由上式可计算出分别溶解 0.10 mol ZnS、0.10 mol CuS 和 0.10 mol HgS 于 1.0L 盐酸中需盐酸的最低浓度分别为 5.6 mol·L^{-1}、2.6×10^6 mol·L^{-1}和 3.8×10^{14} mol·L^{-1}，由计算结果看出 CuS 和 HgS 不能溶解于盐酸中(浓盐酸浓度约为 12 mol·L^{-1})。

②生成弱碱：如 $Mg(OH)_2$(s)、$Mn(OH)_2$(s)难溶于水却易溶于足量的铵盐中，这是因为其阴离子与NH_4^+ 结合生成了弱碱——氨水，降低了氢氧根离子的浓度，破坏了金属氢氧化物在水中的沉淀溶解平衡，导致 $J<K_{sp}^{\ominus}$，平衡将向沉淀溶解的方向移动，致使金

属氢氧化物溶解。以 $Mg(OH)_2(s)$溶于铵盐为例，其溶解反应如下。

$$Mg(OH)_2(s)+2NH_4^+ \rightleftharpoons Mg^{2+}+2NH_3 \cdot H_2O$$

③生成水：难溶的金属氢氧化物可溶于强酸，原因是其阴离子与 H^+ 结合生成了水，降低了氢氧根离子的浓度，破坏了金属氢氧化物在水中的沉淀溶解平衡，导致 $J<K_{sp}^{\ominus}$，平衡将向沉淀溶解的方向移动，致使金属氢氧化物溶解，如

$$Fe(OH)_3(s)+3H^+ \rightleftharpoons Fe^{3+}+3H_2O$$

(2)发生氧化还原反应

有些难溶电解质可利用氧化还原反应使其溶解，如 CuS、Ag_2S 在盐酸中不能溶解，但可溶于硝酸中；而 HgS 不溶于硝酸却能溶于王水中。

$$3CuS(s)+8HNO_3 \rightleftharpoons 3Cu(NO_3)_2+2NO(g)+3S(s)+4H_2O$$

$$3HgS(s)+2HNO_3+12HCl \rightleftharpoons 3H_2(HgCl_4)+2NO(g)+3S(s)+4H_2O$$

(3)生成配合物

有些难溶电解质可利用生成配合物使其溶解，如 AgCl、$Cu(OH)_2$ 可以溶于氨水；HgI_2 可溶于 KI 溶液。

$$Cu(OH)_2(s)+4NH_3 \rightleftharpoons [Cu(NH_3)_4]^{2+}+2OH^-$$

$$AgCl(s)+2NH_3 \rightleftharpoons [Ag(NH_3)_2]^+ + Cl^-$$

$$HgI_2(s)+2I^- \rightleftharpoons [HgI_4]^{2-}$$

4.2.3 分步沉淀和沉淀转化

1. 分步沉淀

在实际工作中，溶液中往往不可能只存在一种离子。若溶液中含有几种可被同一种沉淀剂所沉淀的离子，当加入沉淀剂时，由于各种沉淀的溶度积不同，形成沉淀的先后顺序就不同。通常是离子积 J 首先达到溶度积 $K_{sp}^{\ominus}$ 的难溶物质先析出沉淀。这种混合溶液中离子发生先后沉淀的现象称为**分步沉淀**。

【例 4.8】在一溶液中 KCl 和 KI 浓度均为 0.010mol · L^{-1}，若逐滴加入 $AgNO_3$ 溶液（假设总体积不变），I^- 和 Cl^- 沉淀顺序如何？能否用分步沉淀的方法将两者分离？

解：AgI、AgCl 的沉淀溶解平衡反应为

$$AgI(s) \rightleftharpoons Ag^+(aq)+I^-(aq)$$

$$AgCl(s) \rightleftharpoons Ag^+(aq)+Cl^-(aq)$$

下面分别计算生成 AgI 和 AgCl 沉淀所需要 Ag^+ 的最低浓度。

$$AgI：[Ag^+] > \frac{K_{sp}^{\ominus}(AgI)}{[I^-]} = \frac{8.51\times10^{-17}}{0.010} = 8.5\times10^{-15}\,mol \cdot L^{-1}$$

$$AgCl：[Ag^+] > \frac{K_{sp}^{\ominus}(AgCl)}{[Cl^-]} = \frac{1.77\times10^{-10}}{0.010} = 1.8\times10^{-8}\,mol \cdot L^{-1}$$

由结果可见，沉淀 Cl^- 和 I^- 所需的 $[Ag^+]$ 分别为 1.8×10^{-8} mol · L^{-1} 和 8.5×10^{-15} mol · L^{-1}，沉淀 I^- 所需 $[Ag^+]$ 比沉淀 Cl^- 所需 $[Ag^+]$ 小得多，所以 AgI 先沉淀。

随着不断滴加 $AgNO_3$ 溶液，当 Ag^+ 浓度刚大于 1.8×10^{-8} mol · L^{-1} 时，AgCl 就开始沉淀，此时溶液中的 I^- 浓度为

$$[I^-] = \frac{K_{sp}^{\ominus}(AgI)}{[Ag^+]} = \frac{8.51\times10^{-17}}{1.8\times10^{-8}} = 4.7\times10^{-9}\,mol \cdot L^{-1}$$

当 AgCl 开始沉淀时，$[I^-]<1.0\times10^{-5}\,mol\cdot L^{-1}$，说明 I^- 已经被沉淀完全。因此，根据具体情况，适当地控制反应条件，就可使 Cl^- 和 I^- 分离。

如果被沉淀的离子起始浓度不同，各离子形成沉淀的顺序不仅与它们的溶度积有关，还与它们的起始浓度有关。总之，当溶液中同时存在几种可被同一种沉淀剂所沉淀的离子时，离子积先达到溶度积的离子先形成沉淀。对于同一类型的难溶电解质，溶度积相差越大，用分步沉淀分离得就越完全。

除了碱金属和部分碱土金属外，许多金属氢氧化物的溶解度都比较小。在科研和生产实际中，常常根据金属氢氧化物的溶解度的差别，通过控制溶液的 pH，使某些金属氢氧化物被沉淀出来，另一些金属离子却仍留在溶液中，从而达到分离去杂的目的。

【例 4.9】在含 $0.10\,mol\cdot L^{-1}\,Cu^{2+}$、$0.10\,mol\cdot L^{-1}\,Fe^{3+}$ 的溶液中加入 NaOH 溶液使其分离，判断沉淀次序，计算溶液的 pH 的控制范围。

解：$Fe(OH)_3$ 的沉淀溶解平衡反应为

$$Fe(OH)_3 \rightleftharpoons Fe^{3+} + 3OH^-$$

Fe^{3+} 沉淀开始时的 $[OH^-]$ 为

$$[OH^-]=\sqrt[3]{\frac{K_{sp}^{\ominus}(Fe(OH)_3)}{[Fe^{3+}]}}=\sqrt[3]{\frac{2.64\times10^{-39}}{0.10}}=2.98\times10^{-13}\,mol\cdot L^{-1}$$

$Cu(OH)_2$ 的沉淀溶解平衡反应为

$$Cu(OH)_2 \rightleftharpoons Cu^{2+} + 2OH^-$$

Cu^{2+} 开始沉淀时的 $[OH^-]$ 为

$$[OH^-]=\sqrt{\frac{K_{sp}^{\ominus}(Cu(OH)_2)}{[Cu^{2+}]}}=\sqrt{\frac{2.2\times10^{-20}}{0.10}}=4.69\times10^{-10}\,mol\cdot L^{-1}$$

由前面计算结果可见，Fe^{3+} 先于 Cu^{2+} 形成沉淀。

Fe^{3+} 沉淀完全时的 $[OH^-]$ 为

$$[OH^-]>\sqrt[3]{\frac{K_{sp}^{\ominus}(Fe(OH)_3)}{[Fe^{3+}]}}=\sqrt[3]{\frac{2.64\times10^{-39}}{1.0\times10^{-5}}}=6.42\times10^{-12}\,mol\cdot L^{-1}$$

$$pH>2.81$$

Cu^{2+} 不形成沉淀，则 $[OH^-]<4.69\times10^{-10}\,mol\cdot L^{-1}$，即 $pH<4.67$。

因此，只要控制 pH 在 2.81～4.67，即可使 Fe^{3+} 沉淀完全而 Cu^{2+} 不沉淀，达到分离的目的。这就是硫酸铜的提纯实验中去除杂质离子 Fe^{3+} 所需控制 pH 的范围的原理。

2. 沉淀的转化

在生产实际中，常需用到将沉淀从一种形式转化为另一种形式。

有些沉淀既不溶于水也不溶于酸，也不能用生成配合物的方法及发生氧化还原反应的方法将它溶解。这时，可以采用先将难溶强酸盐转化为难溶弱酸盐，然后用酸溶解。例如，锅垢中含有难溶的 $CaSO_4$，不易除去，可以用饱和 Na_2CO_3 溶液加以处理，使之逐渐转化为易溶于酸、便于除去的 $CaCO_3$ 沉淀。这种将难溶电解质通过加入某种试剂使之转化为另一种难溶电解质的过程称为**沉淀的转化**。例如

$$CaSO_4(s)+CO_3^{2-}(aq) \rightleftharpoons CaCO_3(s)+SO_4^{2-}(aq)$$

该反应的平衡常数为

$$K^{\ominus}=\frac{[SO_4^{2-}]}{[CO_3^{2-}]}=\frac{[Ca^{2+}]\times[SO_4^{2-}]}{[Ca^{2+}]\times[CO_3^{2-}]}=\frac{K_{sp}^{\ominus}(CaSO_4)}{K_{sp}^{\ominus}(CaCO_3)}=\frac{7.10\times10^{-5}}{4.96\times10^{-9}}=1.43\times10^{4}$$

$K^{\ominus}$值比较大，说明 $CaSO_4$转变为 $CaCO_3$的反应易于实现。如果从溶解度较小的难溶电解质转化为溶解度比较大的难溶电解质，转化过程比较困难。

4.2.4 影响沉淀溶解度的因素

影响沉淀溶解度的因素有同离子效应、盐效应、酸效应和配位效应。另外，温度、介质、晶体颗粒的大小等对溶解度也有影响。现分别讨论如下。

1. 同离子效应——减小溶解度

为了减少沉淀的溶解损失，当沉淀反应达到平衡后，应加入过量的沉淀剂以增大构晶离子(与沉淀组成相同的离子)浓度，从而降低沉淀的溶解度，这种现象称为同离子效应。

【例 4.10】计算 298.15 K 时 $BaSO_4$在纯水和 0.10mol·L^{-1} Na_2SO_4溶液中的溶解度。

解：$BaSO_4$在纯水中的溶解度为

$$S=\sqrt{K_{sp}^{\ominus}(BaSO_4)}=\sqrt{1.07\times10^{-10}}=1.03\times10^{-5}\text{mol}\cdot\text{L}^{-1}$$

设 $BaSO_4$在 0.10mol·L^{-1} Na_2SO_4溶液中的溶解度为 S_1 mol·L^{-1}，则有如下平衡关系。

$$BaSO_4(s)\rightleftharpoons Ba^{2+}(aq)+SO_4^{2-}(aq)$$

平衡浓度/mol·L^{-1}　　　　S_1　　　$S_1+0.10$

$$K_{sp}^{\ominus}(BaSO_4)=S_1\times(S_1+0.10)=1.07\times10^{-10}$$

由于 $S_1\ll0.10$，式中的($S_1+0.10$)可用 0.10 代替，从而算得

$$S_1=1.07\times10^{-9}\text{mol}\cdot\text{L}^{-1}$$

这说明在平衡体系中增大SO_4^{2-} 浓度后，$BaSO_4$的溶解度降低。

一般采取加入过量的沉淀剂使溶液中某离子沉淀完全。所谓沉淀完全并不是指溶液中该离子的浓度为零，而是溶液中残余离子的浓度小于 1.0×10^{-5} mol·L^{-1}。易挥发除去的沉淀剂一般以过量理论计算值的 50%～100%为宜，不易挥发除去的沉淀剂过量 20%～50%。如果过量太多，溶液中离子总浓度太大，此时盐效应就会显著增大，反而会增大难溶物溶解度。此外，加入过多沉淀剂还会使被沉淀离子发生一些副反应，使难溶电解质的溶解度增大。例如，要沉淀 Ag^+离子，若加入太多过量的 NaCl，则可形成 $[AgCl_2]^-$配离子，反而增大 AgCl 的溶解度。

2. 盐效应——增大溶解度

如前所述，沉淀剂过量太多，除了有同离子效应外，还会产生不利于沉淀完全的其他效应，盐效应就是其中之一。在难溶电解质饱和溶液中，加入易溶强电解质(可能含有共同离子或不含共同离子)而使难溶电解质的溶解度增大，这种现象称为盐效应。

产生盐效应的原因：当增大强电解质的浓度时，将使溶液中离子强度增大。而离子强度增大时，离子相互碰撞生成沉淀的机会减小，使其溶解度增大。显然，造成沉淀溶解度增大的基本原因是强电解质盐类的存在。

注意：在难溶电解质饱和溶液中加入含有共同离子的强电解质时，同离子效应和盐效应会同时出现。例如，在一定温度下向 $PbSO_4$饱和溶液中加入 Na_2SO_4时，$PbSO_4$的溶解度的变化情况见表 4-2。

表 4-2 $PbSO_4$ 在 Na_2SO_4 溶液中的溶解度(25℃)

$c(Na_2SO_4)/mol \cdot L^{-1}$	0	0.001	0.01	0.02	0.04	0.10	0.20
$S(PbSO_4)/mol \cdot L^{-1}$	0.148	0.024	0.016	0.014	0.013	0.016	0.023

由表 4-2 可得以下结论。

(1)当 $c(Na_2SO_4)<0.04\ mol \cdot L^{-1}$时，增大 SO_4^{2-} 浓度，$PbSO_4$ 溶解度显著减小，同离子效应占主导地位。

(2)当 $c(Na_2SO_4)>0.04\ mol \cdot L^{-1}$时，增大$SO_4^{2-}$ 浓度，$PbSO_4$溶解度缓慢增大，盐效应占主导地位。

如果在溶液中存在非共同离子的其他盐类，盐效应的影响必定更为显著。例如在$NaNO_3$强电解质溶液中，AgCl 和 $BaSO_4$的溶解度比在纯水中大，当溶液中 $NaNO_3$浓度由0 增大到 $0.010\ mol \cdot L^{-1}$ 时，AgCl 的溶解度由 $1.3\times10^{-5}\ mol \cdot L^{-1}$ 增大到 $1.5\times10^{-5}mol \cdot L^{-1}$；$BaSO_4$的溶解度由 $1.0\times10^{-5}\ mol \cdot L^{-1}$增大到 $1.6\times10^{-5}\ mol \cdot L^{-1}$。

应该注意，如果沉淀本身的溶解度很小，一般来讲，盐效应的影响很小，可以不予考虑。只有当沉淀的溶解度比较大，而且溶液的离子强度很高时，才考虑盐效应的影响。

3. 酸效应——增大溶解度

溶液的酸度对沉淀溶解度的影响称为**酸效应**。当酸度增大时，组成沉淀的阴离子与H^+结合，使溶液中阴离子的浓度降低，使平衡向沉淀溶解的方向移动。当酸度降低时；则组成沉淀的金属离子可能发生水解，而形成带电荷的羟基配合物如 $Fe(OH)_2^+$、$Al(OH)_2^+$ 等，由于阳离子的浓度降低而使沉淀的溶解度增大。

酸效应对于不同类型的沉淀的影响情况是不一样的，若沉淀是强酸盐(如 $BaSO_4$、AgCl 等)，其溶解度受酸度影响较小，但对弱酸盐如 CaC_2O_4，则酸效应影响就很显著，如 CaC_2O_4沉淀在溶液中有下列平衡。

$$CaC_2O_4 \rightleftharpoons Ca^{2+} + C_2O_4^{2-}$$

$$C_2O_4^{2-} \underset{-H^+}{\overset{+H^+}{\rightleftharpoons}} HC_2O_4^- \underset{-H^+}{\overset{+H^+}{\rightleftharpoons}} H_2C_2O_4$$

当酸度较高时，沉淀溶解平衡向右移动，从而使沉淀溶解度增大。若已知平衡时溶液的 pH，就可以计算分布系数，结合溶度积常数，就可计算出溶解度。

【例 4.11】计算 CaC_2O_4沉淀在 pH=5.00 和 pH=2.00 溶液中的溶解度。

解：pH=5.00 时，$C_2O_4^{2-}$ 的分布系数 $x(C_2O_4^{2-})$为

$$x(C_2O_4^{2-}) = \frac{K_{a_1}\times K_{a_2}}{[H^+]^2 + K_{a_1}\times[H^+] + K_{a_1}\times K_{a_2}}$$

$$= \frac{5.90\times10^{-2}\times6.40\times10^{-5}}{(1.0\times10^{-5})^2 + 5.90\times10^{-2}\times1.0\times10^{-5} + 5.90\times10^{-2}\times6.40\times10^{-5}}$$

$$= 0.865$$

设 pH=5.00 时，CaC_2O_4在溶液中的溶解度为 S_1，则

$$K_{sp}^{\ominus} = [Ca^{2+}]\times[C_2O_4^{2-}] = [Ca^{2+}]\times c[C_2O_4^{2-}]_{总}\times x(C_2O_4^{2-})$$

$$= S_1\times S_1\times x(C_2O_4^{2-}) = 0.865S_1^2$$

$$S_1 = 5.2\times10^{-5}mol \cdot L^{-1}$$

同理可求出 pH＝2.00 时，CaC_2O_4的溶解度为 6.6×10^{-4} mol·L^{-1}。

由计算结果可知，CaC_2O_4在 pH＝2.00 的溶液中的溶解度比 pH＝5.00 的溶液中的溶解度大。

为了防止沉淀溶解损失，对于弱酸盐沉淀，如 CaC_2O_4、$CaCO_3$、CdS 等，通常应在较低的酸度下进行沉淀。如果沉淀本身是弱酸，如硅酸（$SiO_2\cdot xH_2O$）、钨酸（$WO_3\cdot xH_2O$）等，由于其易溶于碱，故应在强酸性介质中进行沉淀。如果沉淀是强酸盐，如 AgCl 等，在酸性溶液中进行沉淀时，溶液的酸度对沉淀的溶解度影响不大。对于硫酸盐沉淀，如 $SrSO_4$、$BaSO_4$等，由于 H_2SO_4 的 K_{a_2} 不大，当溶液的酸度太高时，沉淀的溶解度也随酸度的增大而增大。

4. 配位效应——增大溶解度

进行沉淀反应时，若溶液中存在能与构晶离子生成可溶性配合物的配位剂，其将与构晶离子发生配位反应而使沉淀溶解度增大，这种现象称为**配位效应**（又称络合效应）。

配位剂主要来自两方面：一是沉淀剂本身就是配位剂；二是加入的其他试剂。例如，用 Cl^- 沉淀 Ag^+ 时，生成 AgCl 白色沉淀，若向此溶液加入氨水，则因 NH_3 配位形成 $[Ag(NH_3)_2]^+$，使 AgCl 的溶解度增大，甚至全部溶解。如果在沉淀 Ag^+ 时，加入过量的 Cl^-，则 Cl^- 能与 AgCl 沉淀进一步形成 $AgCl_2^-$、$AgCl_3^{2-}$ 和 $AgCl_4^{3-}$ 等配离子，使 AgCl 沉淀的溶解度增大，这时 Cl^- 既是沉淀剂也是配位剂，故既要考虑同离子效应，又要考虑配位效应。由此可见，在用沉淀剂进行沉淀时，应严格控制沉淀剂的用量，同时注意外加试剂的影响。表 4－3 列出了 AgCl（s）在不同浓度的 NaCl 溶液中的溶解度。

表 4－3　AgCl(s)在不同浓度的 NaCl 溶液中的溶解度

c(NaCl)/mol·L^{-1}	S(AgCl)/mol·L^{-1}
0	1.3×10^{-5}
3.9×10^{-3}	7.2×10^{-7}
3.6×10^{-2}	1.9×10^{-6}
3.5×10^{-1}	1.7×10^{-5}

配位效应使沉淀的溶解度增大的程度与沉淀的溶度积、配位剂的浓度和形成配合物的稳定常数有关。沉淀的溶度积越大，配位剂的浓度越大，形成的配合物越稳定，沉淀就越容易溶解。

综上所述，在实际工作中应根据具体情况来考虑哪种效应是主要的。对无配位反应的强酸盐沉淀，主要考虑同离子效应和盐效应，对弱酸盐或难溶盐的沉淀，多数情况主要考虑酸效应。对于有配位反应且沉淀的溶度积又较大，易形成稳定配合物时，应主要考虑配位效应。

5. 影响沉淀溶解度的其他因素

除上述因素外，温度和其他溶剂的存在、沉淀颗粒大小和结构等都对沉淀的溶解度有影响。

(1)温度的影响

沉淀的溶解一般是吸热过程，因此沉淀的溶解度一般是随着温度的升高而增大的。所以对于一些在热溶液中溶解度较大的沉淀，如 $MgNH_4PO_4$、CaC_2O_4 等，应在室温下进行过滤和洗涤。如果沉淀的溶解度很小(如 $Fe(OH)_3$、$Al(OH)_3$ 等)，温度低时又较难过滤和洗涤的沉淀则采用趁热过滤，并用热的洗涤液进行洗涤。

(2)溶剂的影响

无机物沉淀大部分是离子型晶体，所以它们在极性较强的水中的溶解度大，在有机溶剂中的溶解度小，而有机物沉淀则相反。

(3)沉淀颗粒大小的影响

对于同一种沉淀，若颗粒越小，其总表面积越大，则溶解度越大。因此，在进行沉淀时，总是希望得到粗大颗粒的沉淀。在实际分析中，要尽量创造条件以利于形成大颗粒晶体。

(4)沉淀结构的影响

许多沉淀在初生成时的亚稳态型溶解度较大，经过放置之后转变成为稳定晶型的结构，溶解度大大降低。例如，初生成的亚稳定型草酸钙的组成为 $CaC_2O_4 \cdot 3H_2O$ 或 $CaC_2O_4 \cdot 2H_2O$，经过放置后则变成稳定的 $CaC_2O_4 \cdot H_2O$。

4.3 沉淀的类型与纯度

在重量分析中，希望获得的是粗大的晶形沉淀，而生成的沉淀是什么类型主要取决于沉淀物质的本性，但与沉淀进行的条件也有密切的关系。因此，必须了解沉淀的形成过程和沉淀条件对颗粒大小的影响，以便控制适宜的条件得到符合重量分析要求的沉淀。

4.3.1 沉淀的类型

根据其物理性质不同，主要是颗粒的大小，可分为三类，即晶形沉淀、凝乳状沉淀和无定形沉淀。

颗粒直径为 0.1～1 μm 的为**晶形沉淀**，如 $BaSO_4$、$MgNH_4PO_4$ 等。晶形沉淀内部排列较规则，结构紧密，容易沉降于容器底部，总表面积小，吸附杂质少，易于过滤、洗涤。

颗粒直径在 0.02 μm 以下的为**无定形沉淀**(或称**非晶形沉淀**、胶状沉淀)，如 $Fe_2O_3 \cdot xH_2O$、$Al_2O_3 \cdot xH_2O$ 等。由于其是无晶体结构特征的一类沉淀，沉淀内部离子排列杂乱无章，结构疏松，总表面积大，吸附杂质多，不能很好地沉降，不易过滤、洗涤。

介于晶形沉淀与无定形沉淀之间，颗粒直径在 0.02～0.1 μm 的沉淀为**凝乳状沉淀**，如 AgCl 等。其性质也介于晶形沉淀与无定形沉淀之间。

4.3.2 沉淀的形成过程

沉淀的形成过程包括晶核的生成和沉淀颗粒的生长两个过程，现分别讨论如下。

1. 晶核的生成过程

对于晶核的形成机理，目前还没有成熟的理论。一般认为，溶质的分子在溶液中可以互相聚集成分子群。如果溶质是以水合离子状态存在的，则由于静电引力作用在脱水之后缔合成离子对，并进一步形成离子聚集体。同时分子群或离子聚集体也可以分解成分子或离子状态，这种聚集和分解处于动态平衡中。若溶液处于过饱和时，则聚集的倾向大于分解的倾向，聚集体逐步长大，便形成晶核。那些最先析出的微小颗粒是以后结晶的中心，称为**晶核**。

不同的沉淀组成晶核的离子数目不同，如 CaF_2 的晶核由 9 个构晶离子组成，$BaSO_4$ 的晶核由 8 个构晶离子组成，Ag_2CrO_4 和 AgCl 的晶核由 6 个构晶离子组成。

晶核的形成可以分为均相成核和异相成核。在过饱和溶液中，构晶离子由于静电作用自发地缔合形成晶核的过程称为**均相成核**。

如果溶液中存在外来悬浮颗粒，如尘埃、杂质等微粒，则将能促进晶核的生成。即在沉淀过程中，构晶离子在外来固体微粒的诱导下，聚合在固体微粒周围形成晶核的过程称为**异相成核**。溶液中的晶核数目取决于溶液中混入固体微粒的数目。一般情况下，使用的玻璃容器壁上总附有一些很小的固体微粒，所用的溶剂和试剂中难免含有一些微溶性物质颗粒，因此异相成核作用肯定或多或少地存在。

2. 沉淀颗粒的成长过程

晶核形成之后，溶液中的构晶离子仍在向晶核表面扩散，并沉积在晶核表面上，使晶核逐渐长大形成沉淀微粒，沉淀微粒又可聚集为更大的聚集体，此过程称为**聚集过程**。在聚集过程发生的同时，构晶离子按一定的晶格排列而形成晶体，此过程称为**定向过程**。

在沉淀形成过程中，由构晶离子聚集成晶核的速度称为**聚集速度**；构晶离子按一定晶格定向排列的速度称为**定向速度**。如果定向速度大于聚集速度，溶液中构晶离子生成晶核的速度较缓慢，这样就有更多的构晶离子有足够的时间以晶核为中心，依次定向排列长大，形成颗粒较大的晶形沉淀。反之如果聚集速度大于定向速度，则有很多构晶离子很快聚集成大量晶核，却来不及按一定的顺序定向排列到晶核上，于是沉淀就迅速聚集成许多微小的颗粒，因而得到无定形沉淀。

定向速度主要取决于沉淀物质的本性。对于极性较强的物质，如 $MgNH_4PO_4$、$BaSO_4$ 和 CaC_2O_4 等，一般定向速度较大，容易形成晶形沉淀。AgCl 的极性较弱，易生成凝乳状沉淀。氢氧化物，特别是高价金属离子的氢氧化物，如 $Fe(OH)_3$、$Al(OH)_3$ 等，由于含有大量水分子，阻碍离子的定向排列，一般生成无定形沉淀。

聚集速度不仅取决于物质的性质，同时还与沉淀的条件有关，其中最重要的是溶液中生成沉淀时的相对过饱和度。

早在 20 世纪初期，冯·韦曼(VanWeimarn)就以 $BaSO_4$ 沉淀为对象，对沉淀颗粒大小与溶液浓度的关系做过研究。结果发现，沉淀颗粒的大小与形成沉淀的聚集速度(即形成沉淀的初速度)有关，而聚集速度(v)又与溶液的相对过饱和度成正比。

$$v=K\times\frac{Q-S}{S} \tag{4.5}$$

式中，Q 为加入沉淀剂瞬间产生沉淀物质的浓度；S 为沉淀的溶解度；$Q-S$ 为沉淀物质的过饱和度，此数值越大，生成晶核的数目就越多；K 为常数，它与沉淀的性质、介质、温度等因素有关。

溶液相对过饱和度越大，聚集速度越大，晶核生成多，易形成无定形沉淀；反之，溶液相对过饱和度小，聚集速度小，晶核生成少，有利于生成颗粒较大的晶形沉淀。因此，通过控制溶液的相对过饱和度，可以改变形成沉淀颗粒的大小，有可能改变沉淀的类型。例如，$Al(OH)_3$一般为无定形沉淀，但在含$AlCl_3$的溶液中加入稍过量的NaOH使Al^{3+}成为AlO_2^-形式存在，然后通入CO_2使溶液的碱性逐渐减小，最后可以得到较好的晶形$Al(OH)_3$沉淀。而$BaSO_4$在通常情况下为晶形沉淀。

4.3.3 共沉淀与后沉淀

重量分析不仅要求沉淀的溶解度要小，而且要求获得的沉淀是纯净的。但是当沉淀从溶液中析出时，总会或多或少地夹杂溶液中的其他组分，影响沉淀的纯度。因此必须了解影响沉淀纯度的各种因素，找出减少杂质混入的方法，以获得符合重量分析要求的沉淀。影响沉淀纯度的主要因素有共沉淀和后沉淀。

1. 共沉淀

当一种难溶物质从溶液中沉淀析出时，溶液中的某些可溶性组分也被沉淀带下来而混杂于沉淀之中，这种现象称为共沉淀。共沉淀是引起沉淀不纯的主要原因，也是重量分析中误差的主要来源之一。例如，以$BaCl_2$沉淀SO_4^{2-}时，如果试液中有Fe^{3+}存在，当析出$BaSO_4$沉淀时，Fe^{3+}以可溶的$Fe_2(SO_4)_3$的形式夹杂在$BaSO_4$沉淀中一起析出，使灼烧后的$BaSO_4$中混有棕色的Fe_2O_3而被玷污。产生共沉淀的原因是表面吸附、吸留和包夹、生成混晶。

(1)表面吸附

表面吸附是在沉淀的表面上吸附了杂质。产生这种现象的原因是晶体表面上离子电荷的不完全等衡。例如，在$BaSO_4$沉淀内部，每个构晶离子都被带相反电荷的离子所包围，处于静电平衡状态。但在沉淀表面，Ba^{2+}或SO_4^{2-}至少有一面未被相反电荷的离子所包围，从而具有吸引相反电荷离子的能力。

从静电引力的作用来说，在溶液中任何带相反电荷的离子都同样有被吸附的可能性。但是，实际上表面吸附是有选择性的，选择吸附的规律如下。

①第一吸附层吸附的选择性：构晶离子首先被吸附，如加入过量Ba^{2+}到SO_4^{2-}的溶液中，生成$BaSO_4$沉淀，沉淀表面上的SO_4^{2-}由于静电引力强烈地吸引溶液中的Ba^{2+}，形成第一吸附层；其次，是与构晶离子大小相近、电荷相同的离子容易被吸附，如$BaSO_4$沉淀比较容易吸附Pb^{2+}。

②第二吸附层吸附的选择性：吸附离子的价数越高越容易被吸附，如Fe^{3+}比Fe^{2+}容易被吸附。与构晶离子生成难溶化合物或溶解度较小的化合物的离子也容易被吸附，如在稀硫酸作为沉淀剂沉淀Ba^{2+}时，若加入稀硫酸的量不足，溶液中除Ba^{2+}外还含有NO_3^-、Cl^-、Na^+和H^+，则$BaSO_4$沉淀首先吸附Ba^{2+}形成第一吸附层而带正电荷，然后第二吸附层吸附NO_3^-而不易吸附Cl^-，因为$Ba(NO_3)_2$的溶解度小于$BaCl_2$。若加入的稀硫酸过量，则$BaSO_4$沉淀先吸附SO_4^{2-}形成第一吸附层而带负电荷，然后第二吸附层吸附Na^+而不易吸附H^+，因为Na_2SO_4的溶解度比H_2SO_4要小。

第一吸附层和第二吸附层形成的双电层能随颗粒一起下沉，因而使沉淀被污染。

此外，沉淀的总表面积越大，吸附杂质的量越大。无定形沉淀较晶形沉淀吸附杂质多，细小的晶形沉淀较粗大的晶形沉淀吸附杂质多。溶液中杂质的浓度越大，吸附量越大。吸附作用是放热过程，因此温度升高时，杂质吸附量减少。

在沉淀重量法中，用洗涤沉淀的方法减小吸附的杂质，使沉淀纯净。

(2)吸留和包夹

沉淀反应发生时，由于沉淀生成太快，被吸附在沉淀表面的杂质或母液来不及离开沉淀，就被生成的沉淀覆盖而被包夹在沉淀内部，这种现象称为**吸留和包夹共沉淀**。吸留和包夹的程度也符合吸附规则，如 $BaSO_4$ 沉淀时，$Ba(NO_3)_2$ 被包夹的量大于 $BaCl_2$，因为前者溶解度较小而易被吸附，进而包夹至沉淀内部，包夹是造成晶形沉淀玷污的主要原因。这种现象造成的沉淀不纯是无法洗涤除去的，但可以采用改变沉淀条件、陈化或重结晶的方法来减免。

(3)生成混晶

当溶液中的杂质离子与构晶离子半径相近，晶体结构相似时，杂质离子将进入晶核排列中，这种现象称为**混晶共沉淀**(mixed crystal precipitation)。例如 Pb^{2+} 和 Ba^{2+} 半径相近，电荷相同，在用 H_2SO_4 沉淀 Ba^{2+} 时，Pb^{2+} 能够取代 $BaSO_4$ 中的 Ba^{2+} 进入晶核形成 $PbSO_4$ 与 $BaSO_4$ 的混晶共沉淀；又如 AgCl 和 AgBr、$BaSO_4$ 和 $BaCrO_4$、$MgNH_4PO_4 \cdot 6H_2O$ 和 $MgNH_4AsO_4 \cdot 6H_2O$ 等都可以生成混晶，从而引起共沉淀。

为避免混晶的生成，最好事先将这类杂质分离除去。因为生成混晶后，杂质进入沉淀内部，用洗涤和陈化的方法净化沉淀时，效果不显著。

2. 后沉淀

后沉淀是指被测组分沉淀结束后，另一种本来难以析出沉淀的组分在该沉淀表面上随后也析出沉淀的现象，并且沉淀的量随放置时间延长而增多。例如，在含有 Cu^{2+}、Zn^{2+} 等离子的酸性溶液中，通入 H_2S 时最初得到的 CuS 沉淀中并不夹杂 ZnS。但是如果沉淀与溶液长时间地接触，则由于 CuS 沉淀表面从溶液中吸附了 S^{2-}，而使 CuS 沉淀表面吸附的 S^{2-} 浓度大大增加，致使 S^{2-} 浓度与 Zn^{2+} 浓度的乘积大于 ZnS 的溶度积常数，于是 ZnS 就后沉淀在 CuS 的表面上。

后沉淀引入的杂质玷污量比共沉淀要多，特别是长期放置后更为严重。缩短沉淀和母液共置的时间是减少后沉淀的方法。

共沉淀和后沉淀是消极因素，但有时也可将其转化为积极因素。例如，共沉淀分离法就是利用共沉淀现象将溶液中的痕量组分富集于某一沉淀之中。共沉淀分离法在工业生产和科学研究中应用广泛。

4.3.4 提高沉淀纯度的方法

为了得到纯净的沉淀，应针对上述造成沉淀不纯的原因采取下列各种措施。

(1)选择适当的分析程序

当分析试液中含有几种组分时，若被测组分含量较少，而杂质含量较多，首先应沉淀低含量组分，再沉淀高含量组分。反之，如果先分离含量较高的杂质，则由于大量沉淀的生成会使少量被测组分随之共沉淀，产生测定误差。

(2)降低易被吸附的杂质离子浓度

由于吸附作用具有选择性，因此在实际分析工作中，对于易被吸附的杂质离子可采用适当的掩蔽方法或改变杂质离子价态来降低其浓度以减少吸附共沉淀。例如沉淀 $BaSO_4$

时，如溶液中含有易被吸附的Fe^{3+}时，可将Fe^{3+}预先还原为不易被吸附的Fe^{2+}，或加酒石酸、柠檬酸、EDTA等使Fe^{3+}生成稳定的配离子，以减少沉淀对Fe^{3+}的吸附。

(3)选择适当的沉淀条件

沉淀条件包括溶液浓度、温度、试剂的加入顺序和速度、陈化与否等，对不同类型的沉淀，应根据沉淀的具体情况选用不同的沉淀条件，以获得符合重量分析要求的沉淀。

(4)再沉淀

必要时将沉淀过滤、洗涤、溶解后，再进行一次沉淀。再沉淀时，溶液中杂质的量降低很多，共沉淀和后沉淀自然减少。

(5)选择适当的洗涤剂进行洗涤

由于吸附作用是一种可逆过程，因此用适当的洗涤液通过洗涤交换的方法可洗去沉淀表面吸附的杂质离子，从而达到提高沉淀纯度的目的。当然，所选择的洗涤剂必须是在灼烧或烘干时容易挥发除去的物质。例如，$Fe(OH)_3$吸附Mg^{2+}，用NH_4NO_3稀溶液洗涤时，被吸附在表面的Mg^{2+}与洗涤液的NH_4^+发生交换，NH_4^+被吸附在沉淀表面，而NH_4^+可在高温灼烧沉淀时分解除去。

为了提高沉淀洗涤的效率，应尽可能将一定体积的洗涤液分多次洗涤沉淀，通常称为“少量多次”的洗涤原则。

(6)选择合适的沉淀剂

无机沉淀剂选择性不高，易形成无定形沉淀，吸附杂质多，难以过滤和洗涤。有机沉淀剂选择性高，常能形成结构较好的晶形沉淀，吸附杂质少，易过滤和洗涤。因此，在可能的情况下，应尽量选择有机试剂作为沉淀剂。

4.4 重量分析法

4.4.1 重量分析法概述

重量分析法是定量分析方法之一，它是根据生成物的重量来确定被测物质组分含量的方法。**重量分析法**是用适当的方法先将试样中待测组分与其他组分分离，然后用称量的方法测定该组分的含量。一般是先使被测组分从试样中分离出来转化为一定的称量形式，然后用称量的方法测定该组分的含量。

根据被测组分与试样中共存组分分离方法的不同，重量分析法分为沉淀法、气化法、提取法和电解法。

1. 沉淀法

利用沉淀反应使被测组分生成溶解度很小的沉淀，将沉淀经过滤、洗涤、烘干或灼烧成为组成一定的物质，然后称其质量，再计算被测组分的含量，这是重量分析法的主要方法。

2. 气化法(又称挥发法)

利用物质的挥发性质，用加热或其他方法使试样中被测组分挥发逸出，然后根据气体逸出前后试样质量的减少来计算被测成分的含量，如试样中湿存水或结晶水的测定。有时，也可以在该组分逸出后，用某种吸收剂来吸收逸出的组分，这时可以根据吸收剂质量的增加来计算含量，如试样中CO_2的测定以碱石灰为吸收剂。

3. 提取法

利用被测组分在两种互不相溶的溶剂中分配比的不同，加入某种提取剂使被测组分从原来的溶剂中定量转入提取剂中，称量剩余物的质量，或将提出液中的溶剂蒸发除去，称量剩下的被提取物的质量，以计算被测组分的含量。例如，测定农产品中油脂的含量时，可以将一定量的试样用有机溶剂(如乙醚、石油醚等)反复提取，将油脂完全浸提到有机溶剂中，然后称量剩余物的质量，或蒸发除去提取液中的溶剂，称量剩余油脂的质量，以计算油脂的含量。

4. 电解法

利用电解原理，控制适当电位，使被测金属离子在电极上还原析出，然后称量，根据电极增加的质量即可计算出被测金属离子的含量。

重量分析法的优点：准确度较高。重量分析法的分析结果直接由分析天平称量而获得，不需要标准试样或基准物质进行比较。因此，其准确度较高，通常测定的相对误差约为0.1%～0.2%。其缺点：手续烦琐、费时，而且难以测定微量组分。目前已逐渐被其他方法所代替，不过对于某些常量元素(如硅、磷、硫、钨、稀土元素)及水分、灰分、挥发物等的测定仍采用重量法，故其仍是定量分析的基本内容之一。

重量分析法中以沉淀重量分析法应用最为广泛，故习惯上也常把其简称为重量分析法，它与滴定分析法同属于经典的定量化学分析方法。

4.4.2 重量分析法对沉淀的要求

利用沉淀重量分析法进行分析时，首先将试样分解为试液，然后往试液中加入适当的沉淀剂，使被测组分沉淀出来，所得的沉淀称为**沉淀形式**。沉淀形式经过滤、洗涤、烘干或灼烧之后所得的用于称量的物质称为**称量形式**。然后由称量形式的化学组成和质量便可算出被测组分的含量。沉淀形式与称量形式可以相同，也可以不相同。例如测定Cl^-时，加入沉淀剂$AgNO_3$以得到AgCl沉淀，此时沉淀形式和称量形式相同；但测定Mg^{2+}时，沉淀形式为$MgNH_4PO_4$，经灼烧后得到的称量形式为$Mg_2P_2O_7$，则沉淀形式与称量形式不同。

在重量分析法中，为获得准确的分析结果，沉淀形式和称量形式必须满足以下要求。

1. 对沉淀形式的要求

(1)沉淀要完全，沉淀的溶解度要小

沉淀的溶解度必须很小，才能使被测组分沉淀完全。根据一般分析结果的误差要求，要求测定过程中沉淀的溶解损失不应超过分析天平的称量误差，一般要求溶解损失应小于0.2mg。

(2)沉淀要纯净，并易于过滤和洗涤

沉淀应该是纯净的，不应混有杂质(如沉淀剂或其他杂质)，否则不能获得准确的分析结果。沉淀要易于洗涤和过滤，即确保沉淀纯度高且便于操作。这就要求尽可能得到粗大的晶形沉淀。粗大的晶形沉淀(如$MgNH_4PO_4\cdot 6H_2O$)在过滤时不易塞住滤纸的小孔，过滤容易，沉淀的总表面积小，吸附的杂质少，沉淀较纯净；颗粒细小的晶形沉淀（如CaC_2O_4、$BaSO_4$）其总表面积大，吸附的杂质多，洗涤次数也相应增多。无定形沉淀（如 $Al(OH)_3$、$Fe(OH)_3$）体积庞大疏松，表面积很大，吸附杂质较多，过滤费时且不易洗净，因此对于这类沉淀必须选择适当的沉淀条件，以便得到易于洗涤和过滤的沉淀形式。

(3)沉淀形式应易于转变为称量形式

沉淀经烘干、灼烧时，应易于转化为称量形式。例如 Al^{3+} 的测定，若沉淀为 8-羟基喹啉铝（$Al(C_9H_6NO)_3$），在 130℃烘干后即可称量；若沉淀为 $Al(OH)_3$，则必须在1200℃灼烧才能转变为无吸湿性的 Al_2O_3，之后方可称量。因此，测定 Al^{3+} 时选用前一种方法比后一种方法好。

2. 对称量形式的要求

(1)组成必须与化学式符合，这是定量计算的基本依据

称量形式必须符合一定的化学式，才能根据化学式进行结果的计算。例如测定PO_4^{3-}，可以形成磷钼酸铵沉淀，但组成不固定，无法利用它作为测定PO_4^{3-} 的称量形式。若采用磷钼酸喹啉法测定PO_4^{3-}，则可得到组成与化学式相符的称量形式。

(2)要有足够的化学稳定性

沉淀的称量形式不应受空气中的 CO_2、O_2 的影响而发生变化，本身也不应分解或变质。

(3)称量形式的摩尔质量应尽可能大

这样可以由少量的待测组分得到质量较多的称量形式，减小称量的相对误差，提高分析准确度。例如重量分析法测定 Al^{3+} 时，分别采用氨水和 8-羟基喹啉为沉淀剂。若被测组分 Al^{3+} 的质量为 0.1000g，则可分别得到 0.1888g Al_2O_3 和 1.704g$(C_9H_6NO)_3Al$(8-羟基喹啉铝)。一般分析天平称量的绝对误差为±0.2mg，则两种沉淀剂的重量分析方法的相对误差分别为±0.1%和±0.01%，即用 8-羟基喹啉重量分析法测定铝的准确度要比氨水的高。

3. 对沉淀剂的要求

采用沉淀重量分析法时，首先应考虑选择什么试剂作为沉淀剂。作为一种合适的沉淀剂，其应满足以下要求。

①沉淀剂应具有较好的选择性和特效性。当有多种离子同时存在时，所选的沉淀剂只与待测组分生成沉淀，而与试液中的其他组分不起作用。例如，丁二酮肟和 H_2S 都可以与 Ni^{2+} 形成沉淀，但在测定 Ni^{2+} 时常选用前者。又如沉淀锆离子时，选用在盐酸介质中与锆有特效反应的苦杏仁酸作为沉淀剂，这时即使有钡、铝、铬、钛、铁等十几种离子存在，也不发生干扰。

②形成沉淀的溶解度应尽可能小，以达到沉淀完全的目的。例如，生成难溶性的钡盐有 $BaCO_3$、$BaCrO_4$、BaC_2O_4 和 $BaSO_4$ 等多种形式，但 $BaSO_4$ 的溶解度最小，因此以$BaSO_4$的形式沉淀 Ba^{2+} 比生成其他难溶化合物好。

③沉淀剂本身溶解度应较大，被沉淀吸附的量较少且易于洗涤除去。例如沉淀SO_4^{2-}时，应选用 $BaCl_2$而不选用 $Ba(NO_3)_2$，因为 $BaCl_2$在水中的溶解度大于 $Ba(NO_3)_2$，$BaSO_4$吸附 $Ba(NO_3)_2$比吸附 $BaCl_2$严重。

④尽可能选用易挥发或经灼烧易除去的沉淀剂。即使沉淀中带有的沉淀剂未被洗净，

也可以借烘干或灼烧而除去。一些铵盐和有机沉淀剂都能满足此项要求，如利用形成氢氧化物沉淀 Fe^{3+} 时，选用氨水而不用 NaOH 作为沉淀剂。

⑤形成的沉淀应易于分离和洗涤，一般晶形沉淀比无定形沉淀易于分离和洗涤。例如，沉淀 Al^{3+} 时，若用氨水沉淀则形成无定形沉淀，而用 8-羟基喹啉则形成晶形沉淀，易于过滤和洗涤。

⑥所形成的沉淀摩尔质量应较大，称量的相对误差较小。一般有机沉淀剂形成的沉淀其称量形式的摩尔质量都比较大。

4. 有机沉淀剂

(1)有机沉淀剂具有的优点

$H_3C—C═N—OH$
$H_3C—C═N—OH$

①有机沉淀剂的选择性好。有机沉淀剂种类多，性质各不相同，在一定条件下与单个离子起沉淀反应，可根据分析要求的不同选择不同的沉淀剂，这样可大大提高沉淀的选择性。

②沉淀的溶解度较小，有利于被测物质沉淀完全。由于有机沉淀的疏水性强，因此溶解度较小。

③沉淀对无机杂质的吸附能力小，因为沉淀表面不带电荷，所以易获得纯净的沉淀，易于过滤、洗涤。

④有些有机沉淀物组成恒定，只须烘干而无须灼烧即可称重。

⑤有机沉淀物的称量形式的摩尔质量大，有利于提高分析准确度。

(2)有机沉淀剂应用举例

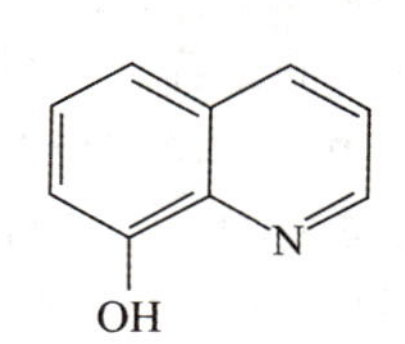

①丁二酮肟：丁二酮肟是选择性较高的有机沉淀剂，只有 Ni^{2+}、Pt^{2+}、Pd^{2+}、Fe^{2+} 等金属离子与其形成螯合物沉淀。

在氨性溶液中，丁二酮肟与 Ni^{2+} 生成红色螯合物沉淀，此反应不仅应用于 Ni^{2+} 的鉴定，而且由于沉淀组成恒定，烘干后即可称重，故常用于重量法测镍。铁、铝、铬等离子在氨性溶液中会生成水合氧化物沉淀，可通过加入柠檬酸或酒石酸掩蔽消除。

②8-羟基喹啉：在弱酸性或弱碱性溶液中，8-羟基喹啉能与许多金属离子(如 Zn^{2+}、Mg^{2+}、Co^{2+}、Sr^{2+}、Ba^{2+}、Ca^{2+}、Cu^{2+}、Mn^{2+}、Al^{3+} 等)形成沉淀，沉淀组成恒定，烘干后即可称重，常用于重量分析法测铝，生成的 8-羟基喹啉铝螯合物沉淀其结构与 EDTA 金属螯合物相似，但它不带电荷，所以不易吸附其他离子，沉淀比较纯净，而且溶解度很小。

Na^+

③四苯硼酸钠：能与 K^+、NH_4^+、Rb^+、Ag^+ 等生成离子缔合物沉淀。$KB(C_6H_5)_4$ 的溶解度很小，组成恒定，烘干后即可直接称量，所以 $NaB(C_6H_5)_4$ 是测定 K^+ 的较好沉淀剂。

4.4.3 进行沉淀的条件

为了获得纯净、易于过滤和洗涤的沉淀，对于不同类型的沉淀，应当采取不同的沉淀条件。

1. 晶形沉淀的沉淀条件

从式(4.5)可知，在生成晶形沉淀时，为了得到便于过滤、洗涤和颗粒较大的晶形沉淀，必须减小聚集速度，增大定向速率，减少晶核的形成，这些都有助于晶体的长大。但是，晶形沉淀的溶解度一般都比较大，因此还应注意沉淀的溶解损失。一般应控制以下条件。

①稀：沉淀反应须在适当稀的溶液中进行，并加入沉淀剂的稀溶液。在稀溶液中进行沉淀是为了降低相对过饱和度，得到较大颗粒沉淀，并且在较稀的溶液中杂质的浓度较小，共沉淀现象也相应较小，有利于得到纯净的沉淀。但是溶液如果过稀，则沉淀溶解较多，也会造成溶解损失。

②热：沉淀反应须在热溶液中进行。这样一方面可使沉淀的溶解度略有增加，降低相对过饱和度，以利于生成少而大的结晶颗粒；另一方面又能减少杂质的吸附量。

③慢：加入沉淀剂的速度要慢，以防止溶液局部过浓，以免生成大量的晶核，有利于晶体定向成长。

④搅：加入沉淀剂时应不断搅拌，防止局部过饱和度大而形成大量的晶核。

⑤陈："陈"是指"陈化"，即沉淀作用完毕后，将沉淀和溶液放置一段时间，使沉淀晶形完整、纯净，这个过程叫作陈化。因为小晶体溶解度相对较大，所以陈化时小晶体溶解并转移至大晶体上沉积，可使晶体小晶粒变成大晶粒；不完整晶粒可变为较完整晶粒；"亚稳态"沉淀变为"稳定态"沉淀。由于小晶体溶解，原来吸附、包夹的杂质重新进入溶液，因此杂质量可减小。但陈化过程对混晶共沉淀不一定有效，对后沉淀则会起相反作用。

晶形沉淀的沉淀条件可简单地概括为稀、热、慢、搅、陈。

2. 无定形沉淀的沉淀条件

无定形沉淀如 $Fe_2O_3 \cdot xH_2O$ 和 $Al_2O_3 \cdot xH_2O$ 等溶解度一般都很小，所以沉淀的性质很难通过控制其相对过饱和度的方法来改变，而且沉淀的结构疏松，体积庞大，吸附杂质多，又容易胶溶，而且含水量大，不易过滤和洗涤。对于这种类型的沉淀，沉淀时主要考虑如何加速沉淀微粒的凝聚，便于过滤，防止形成胶体溶液；同时尽量减少杂质的吸附，使沉淀更纯净。一般控制条件如下。

①浓：沉淀反应在较浓的溶液中进行，加入沉淀剂的速度也可适当快些。因为溶液浓度大，可以减小离子的水化程度，有利于得到结构紧密、含水量少的沉淀。但也要考虑到，此时吸附的杂质多，可在沉淀完毕后，立即用大量热水适当稀释并充分搅拌，使被吸附的部分杂质离开沉淀表面而转移到溶液中去。

②热：沉淀反应在热溶液中进行，这样可以减小离子的水化程度，使生成的沉淀紧密些，防止形成胶体，而且还可以减少沉淀表面对杂质的吸附。

③凝：沉淀时加入大量电解质以防止胶体溶液的生成。为避免电解质的共沉淀带来的污染，一般采用易挥发的铵盐或稀酸作为电解质，以便在灼烧时除去。

④趁：沉淀完毕后，趁热过滤，不必陈化。无定形沉淀放置后将逐渐失去水分而凝聚得更加紧密，使已吸附的杂质难以洗去，沉淀难以洗涤和过滤。无定形沉淀吸附杂质严重，一次沉淀很难保证纯净，若准确度要求较高，应当进行再沉淀。

3. 均相沉淀法

在进行沉淀的过程中，尽管沉淀剂是在不断搅拌下加入的，即使是逐滴加入，局部过浓现象总是难于避免。为了消除这种现象可改用另一种途径的沉淀方法，即均相沉淀法。这种方法是先控制一定的条件，使加入的沉淀剂不立刻与被测离子生成沉淀，而是通过溶液中发生的化学反应使沉淀剂从溶液中逐步而均匀地产生出来，从而使沉淀在整个溶液中均匀地、缓慢地析出。这样就可避免局部过浓的现象，获得的沉淀是颗粒较粗、结构紧密、吸附杂质少、易于过滤的沉淀。例如测定 Ca^{2+} 时，在中性或碱性溶液中加入 $(NH_4)_2C_2O_4$ 沉淀剂，产生的是细晶形 CaC_2O_4 沉淀。如果将溶液先酸化之后再加入 $(NH_4)_2C_2O_4$，由于酸效应，溶液中的草酸根主要以 $HC_2O_4^-$ 和 $H_2C_2O_4$ 形式存在，不会产生沉淀。混合均匀后，再加入尿素，加热煮沸。尿素水解产生 NH_3，反应方程式如下。

$$CO(NH_2)_2 + H_2O = CO_2\uparrow + 2NH_3\uparrow$$

生成的 NH_3 中和溶液中的 H^+，溶液 pH 渐渐升高，此时 $C_2O_4^{2-}$ 的浓度渐渐增大，最后均匀而缓慢地析出粗大的 CaC_2O_4 晶形沉淀。

4.4.4 称量形式的获得

沉淀完成后，还须经过滤、洗涤、烘干或灼烧才能得到符合要求的称量形式。这些操作的完成情况同样影响分析结果的准确度。下面对过滤、洗涤、烘干或灼烧等做简要介绍。

1. 沉淀的过滤和洗涤

沉淀常用定量滤纸(也称无灰滤纸)或玻璃砂芯滤器过滤。对于需要灼烧的沉淀，应根据沉淀的性状选用紧密程度不同的滤纸在玻璃漏斗中过滤。一般无定形沉淀如 $Fe(OH)_3$、$Al(OH)_3$ 等选用疏松的快速滤纸过滤，以免过滤太慢；粗粒的晶形沉淀如 $MgNH_4PO_4 \cdot 6H_2O$ 等选用较紧密的中速滤纸；颗粒较小的晶形沉淀如 $BaSO_4$、CaC_2O_4 等选用紧密的慢速滤纸，以防沉淀穿过滤纸。

对于只需烘干即可作为称量形式的沉淀，则用玻璃砂芯滤器过滤。用玻璃砂芯滤器前，应将其洗净，并在烘干沉淀的温度下(一般不超过 200℃)反复烘干，放置干燥器中冷却至室温(约需 30min)，准确称量，直至恒重。

洗涤沉淀的目的是洗去沉淀表面吸附的杂质和混杂在沉淀中的母液。洗涤时要尽量降低沉淀的溶解损失和避免形成胶体。因此，洗涤液的选择很关键。洗涤液的选择原则如下：对于溶解度足够小，并且不易形成胶体的沉淀，可用蒸馏水洗涤；对于溶解度较大的晶形沉淀，可用沉淀剂的稀溶液洗涤，但沉淀剂必须在烘干或灼烧时易挥发或易分解除去，如以 $BaCl_2$ 为沉淀剂，用硫酸钡重量分析法测水样中 SO_4^{2-} 含量时，这时 $BaSO_4$ 沉淀的洗涤不能用 $BaCl_2$ 稀溶液，因为 Ba^{2+} 易被吸附在沉淀表面，后续的烘干或灼烧都不能将其除去，所以要用蒸馏水洗涤，洗去吸附在沉淀表面的杂质离子，而硫酸钡重量分析法测 Ba^{2+} 含量时，可以用稀硫酸溶液作沉淀剂和洗涤剂，稀硫酸被吸附在沉淀表面，后续的烘干或灼烧，可以分解除去稀硫酸，这种情况下可用沉淀剂的稀溶液洗涤沉淀；对于溶解度较小而又能形成胶体的沉淀，应用易挥发的电解质稀溶液洗涤，如用 NH_4NO_3、NH_4Cl 稀溶液洗涤 $Al(OH)_3$ 沉淀。

用热洗涤液洗涤，则过滤较快，并且能防止形成胶体，但溶解度随温度升高而增大较快的沉淀不能用热洗涤液洗涤。

为提高洗涤效率，既要将沉淀洗净，又不能增加沉淀的溶解损失，常采用倾泻法及少量多次的洗涤原则。用适当少的洗涤液，分多次洗涤，每次加洗涤液前，使前次洗涤液尽量流尽，这样可以提高洗涤效果。

2. 沉淀的烘干和灼烧

沉淀的烘干是为了除去沉淀中的水分和挥发性物质，使沉淀组成固定。烘干的温度和时间随沉淀的性质而定，如丁二酮肟镍，只须在110～120℃烘40～60min即可冷却、称量。沉淀烘干时所用的玻璃砂芯滤器须已烘到恒重(滤器烘干前后两次质量之差小于0.2 mg)，沉淀也应烘到恒重。

灼烧除为了除去沉淀中水分和易挥发物以外，有时还为了使沉淀在高温下分解为组成固定的称量形式。例如，沉淀得到的硅酸含有化合水($SiO_2 \cdot xH_2O$)，经烘干也不易除尽，必须通过高温灼烧才能除去化合水。灼烧温度一般在800℃以上，常用瓷坩埚盛放沉淀。若需用氢氟酸处理沉淀，则应用铂坩埚。灼烧沉淀前应用滤纸包裹好沉淀，放入已灼烧至恒重的瓷坩埚中，先加热烘干、炭化、灰化后再进行灼烧。坩埚和沉淀经灼烧也应达到恒重。

沉淀经烘干或灼烧至质量恒定后，由其质量即可计算测定结果。

【例4.12】判断下列情况对$BaSO_4$沉淀法测定结果的影响，是偏高、偏低还是无影响?

①测Ba含量时，如果$BaSO_4$沉淀中有少量$BaCl_2$或Na_2SO_4共沉淀。

②测S含量时，如果$BaSO_4$沉淀中带有少量$BaCl_2$或Na_2SO_4共沉淀。

答：①测Ba含量时，如果形成了$BaCl_2$共沉淀，说明有少量Ba^{2+}形成了$BaCl_2$沉淀，因为$M(BaCl_2)<M(BaSO_4)$，所以测定结果偏低。如果形成了Na_2SO_4共沉淀，说明原有$BaSO_4$沉淀中多出了Na_2SO_4这部分质量，沉淀的质量增加了，所以测定结果偏高。

②测S含量时，如果形成了$BaCl_2$共沉淀，说明原有$BaSO_4$沉淀中多出了$BaCl_2$这部分质量，沉淀的质量增加了，所以测定结果偏高。如果形成了Na_2SO_4共沉淀，说明少量SO_4^{2-}形成了Na_2SO_4沉淀，因为$M(Na_2SO_4)<M(BaSO_4)$，所以测定结果偏低。

4.4.5 重量分析法的计算与应用示例

1. 重量分析法的计算

重量分析是根据沉淀经烘干或灼烧后所得称量形式的质量来计算待测组分的含量的。如果最后称量形式与待测组分不相同时，就要进行一定的换算。若测定试样中钡的含量时，最后的称量形式是$BaSO_4$。此时被测组分与最后称量形式不相同，因此，必须通过称量形式的质量换算出被测组分的质量。例如测定钡时得到$BaSO_4$沉淀0.6017g，已知Ba的摩尔质量为137.327g·mol^{-1}，$BaSO_4$的摩尔质量为233.39g·mol^{-1}，可以利用下面的关系式求得Ba^{2+}的质量。

$Ba^{2+} + SO_4^{2-} \rightarrow BaSO_4\downarrow$ →过滤、洗涤→800℃灼烧→$BaSO_4$

137.327　　　　　　　　233.39

x　　　　　　　　　　　0.6017

$$x = 0.6017\text{g} \times \frac{137.327\text{g}\cdot\text{mol}^{-1}}{233.39\text{g}\cdot\text{mol}^{-1}} = 0.3540\text{g}$$

以上关系式中$\frac{137.327}{233.39}$就是将$BaSO_4$换算成Ba的换算因数(也称化学因数)，它是待测组分的摩尔质量与称量形式的摩尔质量之比。在计算换算因数时，必须给待测组分的摩尔质量或称量形式的摩尔质量乘以适当系数，使分子分母中主体元素的原子数目相等。换算因数F的计算公式如下。

$$F=\frac{a\times \text{被测组分的摩尔质量}}{b\times \text{沉淀称量形式的摩尔质量}} \tag{4.6}$$

式中，a、b是使分子和分母中所含主体元素的原子个数相等时须乘以的系数。

若待测组分为Fe，称量形式为Fe_2O_3，则有

$$F=\frac{2M(\mathrm{Fe})}{M(\mathrm{Fe_2O_3})}$$

$$m(\mathrm{Fe})=\frac{2M(\mathrm{Fe})}{M(\mathrm{Fe_2O_3})}\times m(\mathrm{Fe_2O_3})$$

【例4.13】用$BaSO_4$重量分析法测定黄铁矿中硫含量时，称取试样0.2107g，最后得到$BaSO_4$沉淀为0.5013g，求试样中硫的质量分数。

解：$$w(\mathrm{S})=\frac{m(\mathrm{BaSO_4})\times\frac{M(\mathrm{S})}{M(\mathrm{BaSO_4})}}{m(s)}=\frac{0.5013\times\frac{32.066}{233.39}}{0.2107}=0.3269=32.69\%$$

【例4.14】测定磁铁矿中铁含量时，称取试样0.2645g，经过溶解与处理，使Fe^{3+}沉淀为$Fe(OH)_3$，灼烧后得0.2537g Fe_2O_3。计算该试样中Fe及Fe_3O_4的质量分数。

解：$$w(\mathrm{Fe})=\frac{m(\mathrm{Fe_2O_3})\times\frac{2\times M(\mathrm{Fe})}{M(\mathrm{Fe_2O_3})}}{m(s)}=\frac{0.2537\times\frac{2\times 55.845}{159.69}}{0.2645}=0.6709=67.09\%$$

$$w(\mathrm{Fe_3O_4})=\frac{m(\mathrm{Fe_2O_3})\times\frac{2\times M(\mathrm{Fe_3O_4})}{3\times M(\mathrm{Fe_2O_3})}}{m(s)}=\frac{0.2537\times\frac{2\times 231.54}{3\times 159.69}}{0.2645}=0.9272=92.72\%$$

在重量分析中，试样的称取量并不是随意的。为了操作方便而又确保准确度，对重量分析中得到沉淀的称量形式的量有一定的范围要求。一般而言，晶形沉淀为0.3～0.5g，无定形沉淀为0.1～0.2g。沉淀过多，对过滤和洗涤不便，由杂质引入的误差较大；沉淀过少，则溶解损失及称量误差较大。根据这些要求，结合被测组分含量的估计，可以估算出称取试样的大致质量。

2. 重量分析法应用示例

(1)可溶性硫酸盐中硫酸根的测定(氯化钡沉淀法)

测定硫酸根时一般采用以$BaCl_2$溶液为沉淀剂，将试样中的SO_4^{2-}沉淀成$BaSO_4$，陈化后，沉淀经过滤、洗涤、炭化、灰化和灼烧至恒重，但操作较费时。多年来，对于重量法测定SO_4^{2-}曾进行过不少改进，力图克服其烦琐、费时的缺点。

由于$BaSO_4$是一种细晶形沉淀，要注意控制条件以便得到颗粒较大的沉淀，因此必须在热的稀盐酸溶液中进行。若试样是可溶性硫酸盐，用水溶解时，有不溶于水的残渣，应该过滤除去。试样中若含有Fe^{3+}等将干扰测定，常采用EDTA配位掩蔽。

采用玻璃砂芯滤器抽滤$BaSO_4$，烘干、称量，虽然其准确度比灼烧法稍差，但可缩短分析时间。

硫酸钡重量分析法测定SO_4^{2-}的方法应用非常广泛，如铁矿石中的钡和硫的含量测定(参见 GB/T 6730.29—2016 和 GB/T 6730.16—2016)，磷肥、水泥中的硫酸根和许多其他可溶硫酸盐都可用此法测定。

(2)钢铁中镍含量的测定(丁二酮肟重量法)

丁二酮肟($C_4H_8O_2N_2$)又名二甲基乙二肟、丁二肟、镍试剂等，难溶于水，通常使用其乙醇溶液或氢氧化钠溶液。丁二酮肟是一种二元弱酸，以 H_2D 表示，在氨性溶液中以 HD^- 为主，与 Ni^{2+} 发生配位反应，生成丁二酮肟镍沉淀，故沉淀时应控制溶液的 pH 在 7～10 之间。沉淀应在热溶液中进行，这样可减少试剂和其他杂质的共沉淀，但溶液的温度不能太高，否则会引起乙醇挥发太多，造成丁二酮肟本身沉淀。

由于铁、铝等离子能被氨水沉淀，对镍的测定有干扰，因此须用柠檬酸或酒石酸进行掩蔽。当试样中钙离子含量高时，而酒石酸钙的溶解度小，此时采用柠檬酸作为掩蔽剂更好。

测定钢铁中的 Ni 时，将试样用酸溶解，然后加入酒石酸掩蔽剂，并用氨水调节溶液 pH=8～9，加入丁二酮肟有机沉淀剂，就生成丁二酮肟镍红色螯合物沉淀，反应式如下。

$$2C_4H_8O_2N_2 + Ni^{2+} = Ni(C_4H_7O_2N_2)_2\downarrow + 2H^+$$

该沉淀经过滤、洗涤后，在 110℃烘干、称量，直至恒重。根据所得沉淀的质量就可计算出 Ni 的含量。

4.5 沉淀滴定法及其应用

沉淀滴定法是以沉淀反应为基础的滴定分析法。形成沉淀的反应有很多，但能用于滴定的却为数不多。这是因为沉淀滴定法的反应必须满足下列几点要求：①生成的沉淀溶解度必须很小且组成恒定；②沉淀反应速度快且定量地进行；③有适当的方法确定滴定终点。这些条件的限制将多数沉淀反应排除在外，目前在生产上应用最广的是生成难溶银盐的反应。例如

$$Ag^+ + Cl^- = AgCl\downarrow$$

$$Ag^+ + SCN^- = AgSCN\downarrow$$

利用这类反应的沉淀滴定法简称银量法，可用来测定 Cl^-、Br^-、I^-、CN^-、SCN^- 和 Ag^+ 等，还可以测定经过处理而能定量地产生这些离子的有机物。例如，用于化学工业和冶金工业如烧碱厂食盐水的测定，电解液中 Cl^- 的测定及农业、三废等方面 Cl^- 的测定。

本节只讨论银量法。银量法根据所用指示剂的不同，按创立者的名字命名，分为三种：莫尔(Mothr)法、佛尔哈德法(Volhard)法和法扬司(Fajans)法。

4.5.1 莫尔法

以 K_2CrO_4 为指示剂，用 $AgNO_3$ 标准溶液直接滴定 Cl^-(或 Br^-)的银量法称为莫尔法。

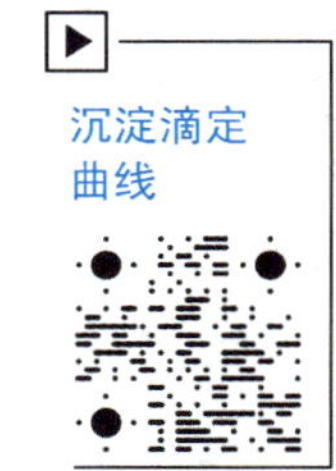

1. 方法原理

以 $AgNO_3$ 标准溶液测定 Cl^- 为例，有

滴定反应：$Ag^+ + Cl^- = AgCl\downarrow$(白色)　　$K_{sp}^{\ominus}(AgCl) = 1.77\times10^{-10}$

指示反应：$2Ag^{+}+CrO_4^{2-}=Ag_2CrO_4\downarrow$（砖红色） $K_{sp}^{\ominus}(Ag_2CrO_4)=1.12\times10^{-12}$

由于 AgCl 的溶解度小于 Ag_2CrO_4 的溶解度，根据分步沉淀原理，在滴定过程中首先发生滴定反应析出 AgCl 白色沉淀。随着 $AgNO_3$ 溶液的不断加入，白色 AgCl 沉淀不断生成，溶液中的 Cl^- 浓度越来越小，Ag^+ 的浓度相应地越来越大，直至 $[Ag^+]^2\times[CrO_4^{2-}]>K_{sp}^{\ominus}(Ag_2CrO_4)$ 时便出现砖红色的 Ag_2CrO_4 沉淀，借此可以指示滴定的终点。

2. 滴定条件

(1)指示剂的用量：指示剂 K_2CrO_4 的浓度必须合适。根据溶度积原理，指示剂 K_2CrO_4 浓度太大，Ag_2CrO_4 沉淀将过早析出，使终点提前到达，对待测离子而言，将引起负误差；而浓度太小时，终点拖后，引起正误差。若要求终点与化学计量点恰好一致，理论上溶液中 CrO_4^{2-} 的合适浓度可由相应的两个溶度积常数计算出来。

$$[Ag^+]=[Cl^-]=\sqrt{1.77\times10^{-10}}=1.33\times10^{-5}\,mol\cdot L^{-1}$$

$$[CrO_4^{2-}]=\frac{K_{sp}^{\ominus}(Ag_2CrO_4)}{[Ag^+]^2}=\frac{1.12\times10^{-12}}{(1.33\times10^{-5})^2}=6.33\times10^{-3}\,mol\cdot L^{-1}$$

即溶液中 CrO_4^{2-} 的合适浓度应为 $6.33\times10^{-3}\ mol\cdot L^{-1}$。由于 K_2CrO_4 溶液显黄色，浓度大时颜色深，对终点的颜色判断有影响。因此，在实际测量中，加入 K_2CrO_4 使 $[CrO_4^{2-}]\approx5\times10^{-3}\,mol\cdot L^{-1}$，如在 20～50mL 试液中加 5% K_2CrO_4 溶液 1mL 即可。浓度比理论值略低，虽会引入正误差，但有利于观察终点颜色的变化，并且满足滴定分析对误差的要求。

(2)溶液的酸度：滴定应在中性或弱碱性介质中进行，最适宜酸度为 pH=6.5～10.5。若酸度太高，CrO_4^{2-} 将因酸效应致使其浓度降低，导致 Ag_2CrO_4 沉淀出现过迟，甚至沉淀不产生。

$$CrO_4^{2-}+H^+\rightleftharpoons HCrO_4^- \qquad 2HCrO_4^-\rightleftharpoons Cr_2O_7^{2-}+H_2O$$

若碱性太强，将生成 Ag_2O 沉淀。

$$Ag^++OH^-=AgOH\downarrow \qquad 2AgOH=Ag_2O+H_2O$$

如果待测液碱性太强，可加入 HNO_3 中和；酸性太强可用 $NaHCO_3$ 或 $CaCO_3$ 中和。

如果溶液中有铵盐存在，应控制溶液的 pH 在 6.5～7.2 为宜，否则易生成 $[Ag(NH_3)_2]^+$，而使 AgCl 和 Ag_2CrO_4 溶解，引入误差。如果溶液中有氨存在，则必须用 HNO_3 中和。

(3)滴定时应剧烈摇动：莫尔法测定 Cl^- 时，AgCl 沉淀易吸附溶液中的 Cl^-，使溶液中的 Cl^- 浓度降低，导致与其平衡的 Ag^+ 浓度升高，以致 Ag_2CrO_4 沉淀过早出现，终点提前而引入误差，故滴定时须剧烈摇动，使被 AgCl 沉淀吸附的 Cl^- 尽量释放出来。当测定 Br^- 时，AgBr 沉淀吸附溶液中的 Br^- 更为严重，所以滴定时更要剧烈摇动，否则会引入较大的误差。

(4)干扰情况：凡能与 Ag^+ 生成沉淀的阴离子会干扰测定，如 PO_4^{3-}、$C_2O_4^{2-}$、AsO_4^{3-}、S^{2-}、CO_3^{2-}、SO_3^{2-} 等；能与 CrO_4^{2-} 生成沉淀的阳离子也干扰测定，如 Ba^{2+}、Pb^{2+} 等；大量的有色离子 Cu^{2+}、Co^{2+}、Ni^{2+} 等也干扰测定；以及在滴定所需的 pH 范围内易发生水解的离子，如 Fe^{3+}、Al^{3+}、Bi^{3+}、Sn^{4+} 等离子也干扰测定。若存在这些离子，应预先分离。

3. 应用范围

莫尔法选择性差，只适用于以 $AgNO_3$ 标准溶液直接滴定法测定 Cl^-、Br^-，而且滴定时须剧烈摇动；不适合测定 I^- 和 SCN^-，因为 AgI 和 AgSCN 沉淀对 I^- 和 SCN^- 吸附作用更强。如测定 Ag^+，可采用返滴定法，即先加入一定量过量的 NaCl 标准溶液，待沉淀完全以后，再用 $AgNO_3$ 标准溶液返滴定。

4.5.2 佛尔哈德法

用铁铵矾［$NH_4Fe(SO_4)_2 \cdot 12H_2O$］作为指示剂的银量法称为**佛尔哈德法**。此方法利用生成有色配合物指示终点，分为直接滴定法和返滴定法两种方式。

1. 方法原理

(1)直接滴定法(测 Ag^+)

在 HNO_3 介质中，以铁铵矾为指示剂，用 NH_4SCN(或 KSCN)标准溶液滴定 Ag^+，其反应式如下。

$$Ag^+ + SCN^- = AgSCN\downarrow \text{(白色)}$$

当滴定达到计量点附近时，Ag^+ 的浓度迅速降低，而 SCN^- 浓度迅速增加，于是稍过量的 SCN^- 与 Fe^{3+} 生成红色配合物［$Fe(SCN)]^{2+}$，从而指示终点的到达。

$$Fe^{3+} + SCN^- = [Fe(SCN)]^{2+} \text{(红色)}$$

(2)返滴定法(测定 Cl^-、Br^-、I^-、SCN^-)

在硝酸介质中，用返滴定法测定卤素离子或 SCN^- 时，应先准确加入过量的 $AgNO_3$ 标准溶液，使卤素离子或 SCN^- 生成银盐沉淀，然后以铁铵矾作为指示剂，用 NH_4SCN 标准溶液滴定剩余的 $AgNO_3$，所发生的反应如下。

$$Ag^+ + X^- = AgX\downarrow$$

$$Ag^+ + SCN^- = AgSCN\downarrow$$

$$Fe^{3+} + SCN^- = [Fe(SCN)]^{2+}$$

需特别指出的是，测 Cl^- 时由于 AgCl 的溶解度大于 AgSCN 的溶解度，计量点后，稍过量的 SCN^- 与 AgCl 易引起沉淀转化反应。

$$AgCl + SCN^- = AgSCN + Cl^-$$

这会使测定结果偏低。

为了避免该误差，通常采用以下两种措施。①将溶液煮沸：待测液中加入过量 $AgNO_3$ 溶液后，将溶液加热煮沸，使 AgCl 沉淀凝聚，过滤出 AgCl，并用稀 HNO_3 洗涤，洗涤液并入滤液中，再用 NH_4SCN 标准溶液返滴定其中的过量的 Ag^+。②加入保护沉淀的有机溶剂：待测液中加入过量 $AgNO_3$ 溶液后，加入有机溶剂(硝基苯或 1，2-二氯乙烷)，在剧烈摇动下，它将覆盖包住 AgCl 沉淀，阻止其与滴定剂 SCN^- 发生沉淀转化反应。若用此法测定 Br^- 和 I^-，则不存在以上沉淀转化的问题。

2. 滴定条件

(1)溶液酸度：滴定时，若酸度较低，Fe^{3+} 会水解生成深色配合物，影响终点的观察，故控制酸度为 $0.1 \sim 1\ mol \cdot L^{-1}$ 的硝酸介质。这时，Fe^{3+} 主要以［$Fe(H_2O)_6]^{3+}$ 形式存在，颜色较浅。

(2)指示剂的用量：Fe^{3+} 的浓度大时呈较深的橙黄色，影响终点的观察，故一般采用 Fe^{3+} 浓度为 $0.015 mol \cdot L^{-1}$，比理论值低。这样引起的误差不超过滴定分析的要求，又不影响终点的观察。

(3)振摇问题：用直接滴定法滴定 Ag^+ 时，为防止 Ag^+ 被 AgSCN 吸附，临近终点时必须剧烈摇动锥形瓶，以防滴定结果偏低；用返滴定法滴定 Cl^- 时，为了避免 AgCl 沉淀发生转化，应轻轻摇动。

(4)测定 I^- 时，必须待 I^- 全部沉淀为 AgI 以后，才能加入指示剂，否则 Fe^{3+} 会氧化 I^-，影响分析结果的准确性。

$$2Fe^{3+} + 2I^- = 2Fe^{2+} + I_2$$

(5)强氧化剂和氮的低价氧化物及铜盐、汞盐等都与 SCN^- 作用，干扰测定，应预先除去。

3. 应用范围

由于佛尔哈德法在酸性溶液中滴定，莫尔法中会产生干扰的弱酸根离子(如 PO_4^{3-}、AsO_4^{3-}、CrO_4^{2-} 等)，此时不会与 Ag^+ 反应，因为它们以弱酸的形式存在，免除了许多离子的干扰，因此它的适用范围广泛，比莫尔法选择性好。佛尔哈德法可用于 Ag^+、Cl^-、Br^-、I^- 及 SCN^- 等离子的测定。在生产上常用来测定有机氯化物，如农药中的“666”(六氯环己烷)等。

4.5.3 法扬司法

1. 原理

用吸附指示剂指示滴定终点，以 $AgNO_3$ 标准溶液滴定卤化物的银量法称为**法扬司法**。吸附指示剂一般是有色的有机化合物，这类化合物的阴离子被带相反电荷的胶体微粒吸附而引起的颜色变化可用来指示滴定终点。下面以 $AgNO_3$ 标准溶液滴定溶液中 Cl^- 离子时，荧光黄吸附指示剂指示终点的原理为例来说明。

荧光黄是一种有机弱酸，用符号 HFIn 表示。它在水溶液中解离出的荧光黄阴离子呈黄绿色。

$$HFIn(aq) + H_2O(l) \rightleftharpoons H_3O^+ + FIn^-(aq，黄绿色)$$

化学计量点之前，溶液中 Cl^- 过量，AgCl 沉淀吸附 Cl^-，而使胶体表面带负电，这种带负电荷的胶粒不吸附指示剂阴离子，溶液呈黄绿色。

$$AgCl(s) + Cl^-(aq) + FIn^-(aq) \rightleftharpoons AgCl \cdot Cl^-(吸附态) + FIn^-(aq，黄绿色)$$

化学计量点之后，溶液中 Ag^+ 过量，AgCl 沉淀吸附 Ag^+，而使胶体表面带正电，这种带正电荷的胶粒则吸附荧光黄阴离子而显粉红色。

$$AgCl(s) + Ag^+(aq) + FIn^-(aq，黄绿色) \rightleftharpoons AgCl \cdot Ag^+ \cdot FIn^-(吸附态，粉红色)$$

可能由于在 AgCl 沉淀表面上形成荧光黄银化合物，使其结构发生变化而呈现粉红色，指示滴定终点的到达。

2. 滴定条件

采用法扬司法时，为了使终点变色敏锐，应用吸附指示剂时应注意下列滴定条件。

(1)由于吸附指示剂的颜色变化发生在沉淀微粒的表面上，因此应尽可能使 AgCl 沉淀呈胶体状态，具有较大的表面积。因此，滴定时常加入糊精或淀粉等胶体保护剂，防止沉淀聚沉。

(2)应控制溶液适当的酸度，以保证有机弱酸类吸附指示剂能电离出足够的阴离子；pH也不能过大，避免生成Ag_2O沉淀。合适的酸度范围与指示剂的电离常数K_a有关，如荧光黄的$K_a=10^{-7}$，应在pH=7～10的范围内滴定；二氯荧光黄的$K_a=10^{-4}$，应在pH=4～10的范围内滴定；曙红的电离常数较大($K_a=10^{-2}$)，可在pH=2～10的范围内滴定。

(3)溶液中待测离子的浓度不能太低，否则会因沉淀太少(吸附在其上的指示剂也随之减少)而影响终点颜色的观察。

(4)滴定要求沉淀对指示剂的吸附力要略小于对待测离子的吸附力，否则终点颜色将提前出现。实验证明，卤化银对卤离子和常用指示剂的吸附顺序为$I^->SCN^->Br^->$曙红$>Cl^->$荧光黄。因此用$AgNO_3$标准溶液滴定Cl^-时应选荧光黄为指示剂，而滴定Br^-、I^-时，应选曙红为指示剂。

(5)由于AgX见光易分解，应避免强光照射。

4.5.4 沉淀滴定分析的应用

1. 银量法常用标准溶液的配制和标定

银量法常用的标准溶液是$AgNO_3$和NH_4SCN溶液。

(1)$AgNO_3$标准溶液

对于纯度很高的基准物$AgNO_3$试剂，则可在280℃干燥后直接用来配制$AgNO_3$标准溶液。如果$AgNO_3$纯度不高，须用间接法配制。在配制$AgNO_3$溶液时，应用不含Cl^-的纯水，配制好的$AgNO_3$溶液应保存在密闭的棕色试剂瓶中。标定$AgNO_3$溶液常用的基准物质是NaCl固体。NaCl易吸潮，使用前在500～600℃干燥，直到不再有爆裂声为止，然后放入干燥器中备用。为了抵消方法的系统误差，标定方法应与测定方法相同。

(2)NH_4SCN标准溶液

NH_4SCN试剂一般含有杂质，又易吸潮，只能用间接法配制。标定时，可用铁铵矾作为指示剂，取一定量已标定过的$AgNO_3$标准溶液，用NH_4SCN溶液直接滴定，这一方法最为简单。

2. 银量法的应用示例

(1)自来水中Cl^-含量的测定

自来水中Cl^-含量一般采用莫尔法进行测定，步骤如下：准确移取一定体积的自来水样于锥形瓶中，加入适量的K_2CrO_4指示剂，用$AgNO_3$标准溶液(0.005 mol·L^{-1}左右)滴定到体系由黄色(AgCl沉淀在黄色的K_2CrO_4溶液中的颜色)变为浅红色(有少量砖红色的Ag_2CrO_4沉淀产生)，即为终点。分析结果可按下式计算。

$$Cl^-\text{含量}=\frac{c(AgNO_3)\times V(AgNO_3)\times 10^{-3}\times M(Cl)}{V(\text{水样})}(g\cdot mL^{-1}) \tag{4.7}$$

可溶性氯化物中氯的测定，如天然水中氯含量的测定、饲料中氯含量的测定等，一般采用莫尔法。但如果试样中含有PO_4^{3-}、$C_2O_4^{2-}$、AsO_4^{3-}、S^{2-}、CO_3^{2-}、SO_3^{2-}等能与Ag^+生成沉淀的阴离子，那就必须在酸性条件下用佛尔哈德法进行测定。

(2)有机卤化物中卤素的测定

有机物中所含卤素多数不能直接滴定，测定前，必须经过适当的预处理，使之转化为卤素离子后再用银量法测定。以农药“666”为例，先将试样与 KOH 的乙醇溶液一起加热回流，使有机氯转化为 Cl^- 而进入溶液。

$$C_6H_6Cl_6 + 3OH^- = C_6H_3Cl_3 + 3Cl^- + 3H_2O$$

待溶液冷却后，加入 HNO_3 调节溶液酸度，用佛尔哈德法测定其中 Cl^- 的含量。

(3)银合金中银含量的测定

用 HNO_3 溶解银合金试样后，加热煮沸除去氮的低价氧化物，防止发生氮的低价态氧化物氧化 SCN^-，影响滴定终点；然后用佛尔哈德法测定 Ag^+，计算银含量。

【例 4.15】用银量法测定下列试样中 Cl^- 含量时，选用哪种方法较合适？说明理由。

①$BaCl_2$；②$NaCl+Na_3PO_4$；③$FeCl_2$；④$NaCl+Na_2SO_4$。

答：①采用莫尔法、佛尔哈德法和法扬司法都行。

采用莫尔法时，由于 Ba^{2+} 与 $Cr_2O_4^{2-}$ 会生成沉淀，干扰滴定，因此应先加入过量的 Na_2SO_4，使 Ba^{2+} 转化为 $BaSO_4$。

②采用佛尔哈德法。因为溶液中存在 PO_4^{3-}，只有在强酸性介质中，才不会有 Ag_3PO_4 沉淀生成。

③采用法扬司法。如果采用莫尔法，Fe^{2+} 本身为浅绿色，会有颜色干扰。如果采用佛尔哈德法，Fe^{2+} 在酸性介质中不稳定，容易被氧化成 Fe^{3+}，也不合适。

④采用莫尔法、佛尔哈德法和法扬司法都行。采用莫尔法和佛尔哈德法时，Ag_2SO_4 沉淀溶解度小于 AgCl，不会影响滴定。

重量分析中试样称取量的确定

在重量分析中，试样称取量过多或过少都将直接影响后续步骤的操作与分析结果的准确度。若称取量太多，则在后一步中将得到大量的沉淀，从而对过滤、洗涤等操作都将造成困难，由杂质等引入的误差较大；若称取量太少，则称量误差及其他各个步骤中不可避免的误差(如溶解损失等)等将产生较大的影响，致使分析结果的准确度下降。

重量分析中试样称取量的多少主要取决于沉淀类型。对于生成体积小，易于过滤、洗涤的晶形沉淀，试样可多称取一些，但不可过多，否则过滤、洗涤费时；对于生成体积大，不易过滤和不易洗涤的无定形沉淀，称取的量应适当少一些，也不可太少，否则称量误差等较大。一般来说，晶形沉淀的称量形式质量应在 0.3～0.5 g，无定形沉淀的称量形式质量在 0.1～0.2 g 为宜。大多数情况下，被分析物质的组成是大体知道的，根据不同类型沉淀的质量范围可以估算出称取多少试样才最合适。例如，欲以 $BaSO_4$ 沉淀重量分析法测定 $BaCl_2 \cdot 2H_2O$ 中的钡含量，应该称取多少克 $BaCl_2 \cdot 2H_2O$ 样品？

由于 $BaSO_4$ 是晶形沉淀，因此可以采用较多的试样，使沉淀的称量形式质量在 0.3～0.5 g。假如生成 $BaSO_4$ 沉淀为 0.3～0.5 g，需 $BaCl_2 \cdot 2H_2O$ 试样 y g，则

$$\begin{array}{ll} BaCl_2 \cdot 2H_2O \rightarrow & BaSO_4 \\ 244.27 & 233.39 \\ y & 0.3\sim0.5 \end{array}$$

所以应称取 $BaCl_2 \cdot 2H_2O$ 试样的质量为 0.31～0.52 g。

习　题

4.1 写出下列难溶电解质的溶度积表达式。

NiS、$BaCrO_4$、Ag_2SO_4、$Cr(OH)_3$和$Ca_3(PO_4)_2$。

4.2 在室温下，由下列各难溶电解质的溶度积求其溶解度。

①AgBr；②Ag_2SO_4；③$Cd(OH)_2$。

4.3 25℃时$BaCrO_4$在纯水中溶解度为2.74×10^{-3} g·L^{-1}，求$BaCrO_4$的溶度积。

4.4 在室温下，已知下列各难溶电解质在纯水中的溶解度，求其溶度积。（不考虑水解的影响）

①$CaSO_4$，8.42×10^{-3} mol·L^{-1}；②CaF_2，3.32×10^{-4} mol·L^{-1}。

4.5 将3滴（假设1滴等于0.05 mL）0.20 mol·L^{-1} KI溶液加入到100.0 mL 0.010 mol·L^{-1} $Pb(NO_3)_2$溶液中，能否形成PbI_2沉淀？

4.6 在0.10 mol·L^{-1} NH_3与0.10 mol·L^{-1} NH_4^+的混合溶液中含有0.010 mol·L^{-1}的$MgCl_2$，是否有$Mg(OH)_2$沉淀生成？

4.7 在0.10 mol·L^{-1}的Mn^{2+}溶液中含有少量的Pb^{2+}，现欲使Pb^{2+}形成PbS沉淀除去，而Mn^{2+}不产生沉淀，溶液中S^{2-}浓度应控制在什么范围内？若通入H_2S气体来实现上述目的，溶液的[H^+]应控制在什么范围内？已知H_2S在水中的饱和溶液浓度为0.10 mol·L^{-1}。

4.8 设溶液中Cl^-和CrO_4^{2-}均为0.010 mol·L^{-1}，当慢慢滴加$AgNO_3$溶液时，AgCl和Ag_2CrO_4哪个先沉淀出来？（通过计算来说明）Ag_2CrO_4开始沉淀时，溶液中[Cl^-]是多少？

4.9 Ag_2CrO_4沉淀在0.0010 mol·L^{-1} $AgNO_3$溶液中与在0.0010 mol·L^{-1} K_2CrO_4溶液中，通过计算说明哪种情况溶解度大？

4.10 已知$AgIO_3$和Ag_2CrO_4的溶度积分别为9.2×10^{-9}和1.12×10^{-12}，通过计算说明：①哪种物质在水中的溶解度大？②哪种物质在0.01 mol·L^{-1}的$AgNO_3$溶液中溶解度大？

4.11 计算下列溶液中CaC_2O_4的溶解度。

①pH=3；②pH=3的0.010 mol·L^{-1}的草酸钠溶液中。

4.12 解释下列现象。

(1)硫酸钡重量分析法测水样中SO_4^{2-}含量时，$BaSO_4$沉淀用蒸馏水洗涤；而硫酸钡重量分析法测$BaCl_2$中钡含量时，$BaSO_4$沉淀用稀硫酸溶液洗涤。

(2)$BaSO_4$沉淀要陈化，而AgCl或$Fe_2O_3\cdot xH_2O$沉淀不要陈化。

4.13 计算下列换算因数。

(1)根据$Mg_2P_2O_7$的质量计算P_2O_5和$MgSO_4\cdot7H_2O$的质量。

(2)根据$PbCrO_4$的质量计算Cr_2O_3的质量。

(3)根据$(NH_4)_3PO_4\cdot12MoO_3$的质量计算$Ca_3(PO_4)_2$和P_2O_5的质量。

(4)根据$(C_9H_6NO)_3Al$的质量计算Al_2O_3的质量。

4.14 称取0.8641 g含镍合金钢试样，溶解后使Ni^{2+}沉淀为丁二酮肟镍($NiC_8H_{14}O_4N_4$)，过滤、洗涤、烘干后，称得沉淀的质量为0.3463 g，计算合金钢中Ni的质量分数。

4.15 称取0.4891 g过磷酸钙肥料试样，经处理后得到$Mg_2P_2O_7$称量形式0.1136 g，试计算试样中P_2O_5和P的质量分数。

4.16 称取0.4327 g含NaCl、NaBr和其他惰性杂质的混合物，用$AgNO_3$溶液将其沉淀为AgCl和AgBr，烘干后称得质量为0.6847 g。此烘干后的沉淀再在Cl_2中加热，使AgBr转化成AgCl，再称重，其质量为0.5982 g，求样品中NaCl和NaBr的质量分数。

4.17 分别写出用莫尔法、佛尔哈德法和法扬司法测定Cl^-的主要反应式，并指出各种方法选用的指示剂及酸度条件。

4.18 称取 NaCl 基准试剂 0.1357 g，溶解后加入 $AgNO_3$ 标准溶液 30.00 mL，过量的 Ag^+ 用 NH_4SCN 溶液滴定至终点耗去 2.50 mL，已知 20.00 mL $AgNO_3$ 标准溶液与 19.85 mL NH_4SCN 标准溶液能完全作用，$AgNO_3$ 溶液与 NH_4SCN 溶液的浓度各为多少？

4.19 称取 2.145 g 含 KI 和 K_2CO_3 的样品，用佛尔哈德法进行测定，加入 0.2429 mol·L^{-1} $AgNO_3$ 溶液 50.00 mL 后，用 0.1212 mol·L^{-1} KSCN 标准溶液返滴定，用去 3.32 mL，求样品中 KI 的质量分数。

4.20 称取 0.3177 g 仅含 NaCl 和 NaBr 的某混合物，溶解后用莫尔法测定各组分含量，用去 0.1085 mol·L^{-1} $AgNO_3$ 溶液 38.76 mL，求混合物的各组分的百分含量。

4.21 称取含有 NaCl、NaBr 和惰性物质的混合物 0.6127 g，溶解后用 $AgNO_3$ 溶液处理，称得烘干后的 AgCl 和 AgBr 沉淀质量为 0.8785 g。再取一份该混合样 0.5872 g，用 0.1552 mol·L^{-1} $AgNO_3$ 标准溶液进行滴定，耗去 29.98 mL，计算试样中 NaCl 和 NaBr 的质量分数。

4.22 在下列情况下，测定结果是偏高、偏低，还是无影响？并说明其原因。

(1)在 pH=4 或 11 的条件下用莫尔法测定 Cl^-。

(2)用佛尔哈德法测定 Cl^- 或 Br^-，既没有将 AgX 沉淀加热促其凝聚或滤去，又没加有机溶剂。

(3)用法扬司法测定 Cl^-，曙红作为指示剂。

第5章 原子结构和元素周期律

(1)了解氢原子光谱与玻尔理论。

(2)了解核外电子运动状态及相关基本概念；掌握描述核外电子运动状态的4个量子数；了解波函数、原子轨道、电子云图和原子轨道。

(3)理解多电子原子的轨道能级、屏蔽效应和钻穿效应等；掌握核外电子排布规则；掌握原子的电子层结构和元素周期系；掌握元素原子的价电子层构型。

(4)理解元素基本性质的周期性变化规律。

原子(atom)这个词来自于希腊的"atomos"，它的意思是不可分割的。古希腊哲学家德谟克利特(Democritus)在讨论物质能否无限分割时，提出了原子的概念，他认为物质是由很小的、不可再分的微粒——"原子"组成的。英国科学家道尔顿(John Dalton)在1803年创立了现代原子论，首次把元素和原子两个概念真正联系起来，但他认为原子只是简单的实体，不可再分，所以无结构可言。19世纪后半叶，许多新的发现使人们对原子的认识发生了飞跃。1897年，汤姆森(J. J. Thomson)发现了电子的存在；1911年，英国物理学家卢瑟福(E. Rutherford)根据研究结果提出了原子有核模型，1919年，他用α粒子散射发现了质子；1932年英国科学家查德威克(J. Chadwick)发现了中子。显然，原子并非不可再分，它具有复杂的结构。

1897年，汤姆森发现电子之后，提出原子结构的"蛋糕"模型。他认为原子是正电荷连续分布的球体，电子之间以最大的距离分布在该球体之中，就像将葡萄干"镶嵌"在松软的蛋糕中一样。但是该模型对1911年在曼彻斯特大学完成的一项有关α粒子散射的实验结果无法解释。

1911年，英国物理学家卢瑟福根据α粒子散射实验提出了有核原子模型：所有原子都有一个原子核，核的体积只占很小的一部分，原子中大部分空间是空的，正电荷和绝大部分质量集中在原子核上，电子像行星绕着太阳那样绕核运动。新模型正确地回答了原子的组成问题，然而对于核外电子的分布规律和运动状态及近代原子结构理论的研究和确立，则都是从氢原子光谱实验开始的。

5.1 原子的玻尔模型

5.1.1 氢原子光谱

20 世纪初，人们将原子受高温火焰、电弧等激发时发射出来的特定波长的光谱称为**原子光谱或发射光谱**，它是由许多分裂的谱线组成的，所以又称**线状光谱**，它是不连续的，与太阳光经过棱镜后得到的七色**连续光谱**不同，如图 5.1 所示。

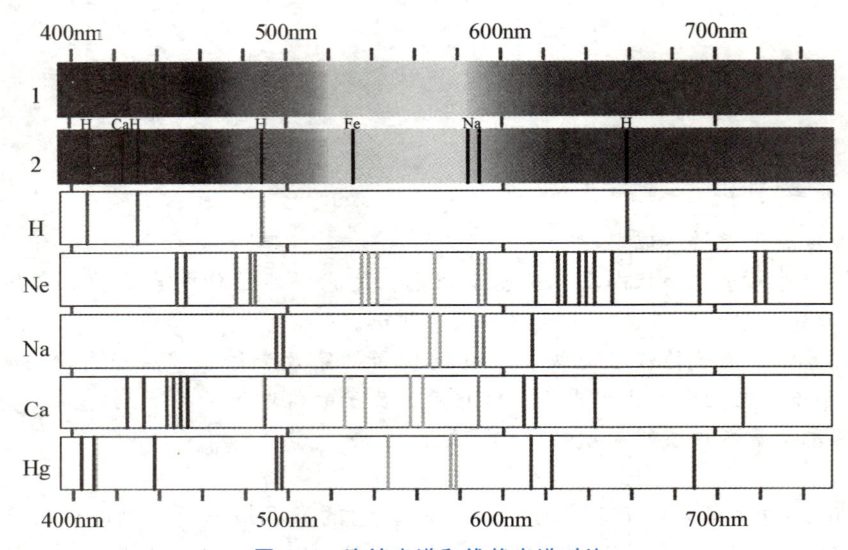

图 5.1 连续光谱和线状光谱对比

每种元素的原子都有其特征的线状光谱，发出特定颜色的光，如高压钠灯在 589nm① 处发出黄光。这是现代光谱分析的基础——根据谱线的位置(即波长)可测定样品中的元素种类，根据谱线的相对强度可测定元素的含量。

所有原子中氢原子的光谱最简单，氢气受到激发会放出玫瑰红色光。在可见光、紫外区、红外区可得到一系列按波长次序排列的不连续氢光谱，由五组线系组成，即可见光区的巴尔末(Balmer)线系、紫外区的拉曼(Lyman)线系、红外区的帕邢(Paschen)线系、布拉克特(Brackett)线系和普丰特(Pfund)线系。这些谱线的波长满足简单的经验关系式。

$$\frac{1}{\lambda}=R_{\mathrm{H}}\left(\frac{1}{n_1^2}-\frac{1}{n_2^2}\right) \tag{5.1}$$

式中，R_{H}为里德伯(Rydberg)常量，实验测定其值为 $109737\mathrm{cm}^{-1}$，各线系 n 的取值如下。

拉曼线系　$n_1=1$　$n_2=2, 3, 4\cdots$

巴尔末线系　$n_1=2$　$n_2=3, 4, 5\cdots$

帕邢线系　$n_1=3$　$n_2=4, 5, 6\cdots$

① nm：纳米，$1\mathrm{nm}=10^{-9}\mathrm{m}$。

布拉克特线系　$n_1=4$　　　$n_2=5，6，7\cdots$

普丰特线系　　$n_1=5$　　　$n_2=6，7，8\cdots$

在可见光区域内，氢原子有五条比较明显的谱线，为红、青、蓝、紫、紫色，通常用 H_α、H_β、H_γ、H_δ、H_ε 来表示，如图 5.2 所示，其波长分别为 656.3、486.1、434.1、410.2 和 397.0nm。如何解释氢原子的线状光谱？卢瑟福原子模型显然已无能为力，如果电子与原子核的关系类似于行星与太阳的关系，按经典的电磁学理论，电子绕核做圆周运动，应该不断发射连续的电磁波，并且电子的能量应该逐渐降低，最后堕入原子核，那么得到原子光谱应该是连续的，电子应该湮灭。事实并非如此。氢原子光谱与氢原子核外电子的运动状态究竟有着怎样的关系？

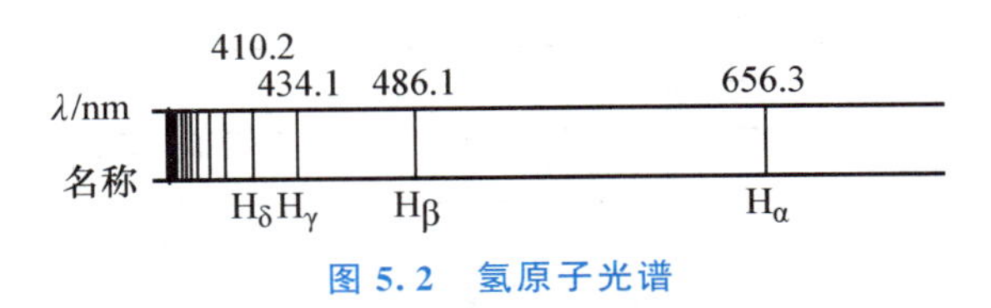

图 5.2　氢原子光谱

5.1.2　玻尔的氢原子模型

1913 年，丹麦原子物理学家玻尔(N. Bohr)在卢瑟福的原子有核模型、普朗克的量子论和爱因斯坦的光子学说基础上，根据氢原子谱线有间隔，辐射是不连续的，以及氢原子谱线频率与不明物理意义的正整数(式 5.1 中 n_1、n_2)相关联等事实，提出了玻尔氢原子模型。他认为原子内部的能量是量子化的，并以此解释了氢原子光谱的形成和氢原子的结构，玻尔理论包含以下要点。

(1)氢原子由原子核和一个电子组成，原子核内只有一个质子，电子在若干圆形的固定轨道上绕核运动。

(2)所谓固定轨道是指符合一定条件的轨道，这个条件是电子的轨道角动量 mvr 只能等于 $h/2\pi$ 的正整数倍，所以说轨道角动量是量子化的。

$$mvr=n\frac{h}{2\pi} \tag{5.2}$$

式中，m 为电子质量；v 为电子的运动速度；r 为轨道半径；n 称为量子数，为 1、2、3 等正整数；h 为普朗克常数，其值为 6.626×10^{-34} J·s。

(3)一定的轨道上的电子所具有的能量是固定的，电子在不同轨道运动时，能量是不相同的。玻尔推算出氢原子固定轨道的能量 E 为

$$E=-\frac{B}{n^2} \tag{5.3}$$

式中，n 为量子数；B 值为 2.18×10^{-18} J。当 $n=1$ 时，轨道离核最近，电子被原子核束缚最牢，能量最低；$n=2，3，4\cdots$离核越远，电子能量越高；当 $n\to\infty$时，$E\to0$，原子核与电子距离太远，没有吸引力，E 值为零。显然，固定轨道的能量也是不连续的，故称为**能级**。电子在固定轨道上运动时，既不吸收能量也不放出能量。

当电子在离核最近的轨道上运动时处于最低的能量状态，称为**基态**。如果受到激发，获得能量，就会跃迁到高能量的轨道上，这种状态称为**激发态**。应用玻尔理论可以说明原子的稳定性问题。原子不受激发时，电子处在低能级的轨道上，既不吸收能量也不放出能

量。电子的能量是量子化的，其允许值符合式(5.3)，不可能出现中间值。

(4)当电子从一个较高能量的固定轨道向较低能量的固定轨道跃迁时，多余的能量以辐射一定频率的光的形式放出，光子能量的大小取决于两条轨道间的能量差。

$$E_2-E_1=h\gamma \tag{5.4}$$

应用玻尔理论可以解释氢原子光谱，光谱的不连续来自能级的不连续。如果电子从 $n_2=3\sim7$ 等轨道跃迁至 $n_1=2$ 的轨道，根据式(5.3)、式(5.4)等可计算出相应的波长，与可见光区的巴尔末线系的实验值较为一致。如果电子从其他轨道向基态 $n_1=1$ 的轨道跃迁，由于释放的能量较多，光的频率高，波长就比较短，在紫外区，为拉曼线系；电子从其他轨道向 $n_1\geqslant3$ 的轨道跃迁，就得到红外区的谱线，如图 5.3 所示。

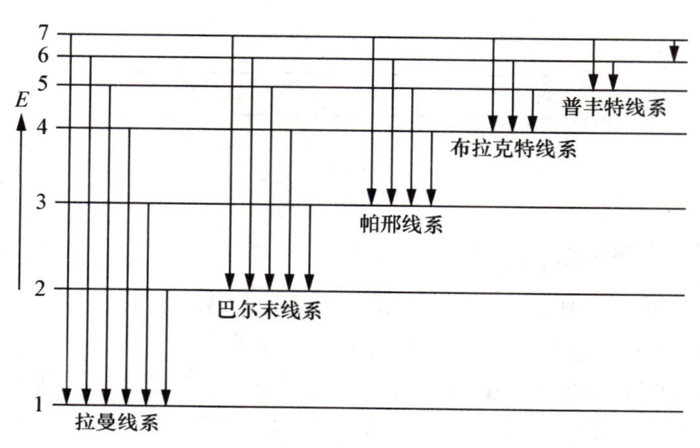

图 5.3 氢原子光谱能量图

另外根据式(5.2)计算出来的氢原子 $n=1$ 的轨道半径($r=52.9$ pm[①])与实验测出的氢原子的有效半径($r=53$pm)非常接近。

玻尔理论引入了量子化条件，成功地解释了氢原子光谱，还能够解释仅含一个电子的类氢离子光谱，如 He^{+}、Li^{2+}、Be^{3+} 等。但它只能解释氢原子光谱的一般现象，不能说明氢原子光谱的精细结构[②]，也不能说明多电子原子光谱，更不能用来研究化学键的形成。其根本原因在于它将电子看作有固定轨道运动的宏观粒子，没有摆脱经典力学的束缚。爱因斯坦已证明经典力学对于速度接近光速的物体不适用，因此玻尔理论必定要被随后发展完善起来的量子力学理论所代替。

5.2 原子的量子力学模型

5.2.1 微观粒子的波粒二象性

光具有波粒二象性。1924 年，法国物理学家德布罗意(L. de Broglie)受到光的启发，

① pm：皮米，$1\text{pm}=10^{-12}$ m。

② 氢原子光谱的精细结构：用精密分光镜观测时发现每一条谱线分解成若干条波长相差极小的谱线。

大胆提出了电子等微粒也有波粒二象性。他将反映光的二象性的公式应用到微粒上，提出了德布罗意关系式。

$$\lambda=\frac{h}{p}=\frac{h}{mv} \tag{5.5}$$

式中，p 为微粒的动量。动量、质量、速度是粒子性的物理量，而波长是波动性的物理量，两者通过普朗克常数 h 联系起来。对于宏观物体，$mv>>h$，波长很短，可以忽略，因而不显示波动性；当实物粒子的 mv 值等于或小于 h 值时，波长不能忽略，就显示波动性。

【例 5.1】电子的质量为 9.11×10^{-31} kg，如果它的速度为 $1.0\times10^{6}\ \mathrm{m\cdot s^{-1}}$，则其德布罗意波长为多少？

$$\lambda=\frac{h}{mv}=\frac{6.626\times10^{-34}}{(9.11\times10^{-31})(1.0\times10^{6})}\ \mathrm{m}=7.3\times10^{-10}\ \mathrm{m}$$

1927 年，美国两位科学家戴维森(C. J. Davisson)和革默(L. S. Germer)用已知能量的电子在晶体上进行衍射试验，证实了德布罗意的预言，后来又用中子、质子、α 粒子、原子等粒子流进行实验，也观察到同样的衍射现象。这充分说明了微观粒子具有波动性的特征。

波粒二象性是量子力学的基础，是理解核外电子运动状态的关键。电子既有粒子性也有波动性，经典力学无法理解，但在微观世界，波粒二象性是普遍的现象。

5.2.2 测不准原理

在经典力学中，宏观物体运动时，其位置和速度可以同时准确地测量出来，所以可以知道宏观物体运动轨道(或轨迹)，如子弹和行星的运动轨道。但是，对具有波粒二象性的微观粒子来说，情况却完全不同。

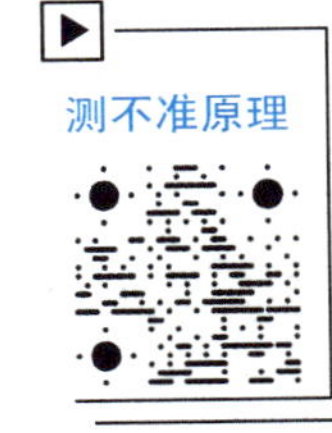

1927 年，德国物理学家海森堡(W. Heisenberg)提出了著名的测不准原理。该原理可通俗地表达为不可能同时准确测定微观粒子的位置和动量(或速度)，微粒的位置和动量之间存在如下不确定的关系式。

$$\Delta x\cdot\Delta p\geqslant\frac{h}{4\pi}\quad 或\quad \Delta x\cdot\Delta v_x\geqslant\frac{h}{4\pi m} \tag{5.6}$$

式中，Δx 为粒子在 x 方向上位置的不准确量；Δp 为粒子在 x 方向上动量的不准确量；Δv_x 为粒子 x 方向上速度的不准确量。式(5.6)说明，粒子的位置测定得越精确，Δx 越小，则 Δp 就越大，即它的动量的不准确度就越大，反之亦然。对于宏观物体来说，因为 m 值很大，h 值很小，所以 Δx 或 Δv_x 很小，宏观物体因此有确定的运动轨道。

式(5.6)称为海森堡测不准关系式。测不准的原因并不是测量技术不够精确，也不是微观粒子的运动无法认识，其根本原因在于微观粒子运动具有波粒二象性，这是微观粒子的固有属性。

测不准原理从另一方面说明了玻尔原子模型中电子在原子核外有确定运动轨道的说法是错误的，用经典力学的方法来描述微观粒子的运动状态和规律是行不通的。

根据测不准原理，一个电子在某一时刻的位置无法准确测定，但对于大量电子来说或者对一个电子多次在空间重复出现来说，电子出现的概率分布是一定的。所以微观粒子的运动轨迹可以用统计的方法来描述。

5.2.3 薛定谔方程

1926 年，奥地利物理学家薛定谔(E. Schrödinger)根据电子的波粒二象性，提出了著名的描述微观粒子运动状态的量子力学方程——薛定谔方程。

$$\frac{\partial^2\psi}{\partial x^2}+\frac{\partial^2\psi}{\partial y^2}+\frac{\partial^2\psi}{\partial z^2}+\frac{8\pi^2 m}{h^2}(E-V)\psi=0 \tag{5.7}$$

薛定谔方程是一个复杂的二阶偏微分方程，式中 ψ 为波函数；x、y 和 z 是空间坐标；E 为总能量；V 为总势能。显然，方程中既包含着体现微粒性的物理量，如 m，也包含着体现波动性的物理量，如 ψ。关于薛定谔方程的建立及如何求解是一个复杂的数学问题，不是本门课程的任务。

薛定锷方程的解不是一个具体数值，而是一个描述波的数学函数式，从数学上来说可以有许多个，但从物理意义上来讲并非都是合理的。通常将有合理解的函数式叫作波函数 ψ，它们以 n、l、m 的合理取值为前提。n、l、m 是描述原子轨道的量子数。

5.2.4 四个量子数

在求解薛定谔方程时，发现它的解波函数和一系列整数有关，这些整数分别是主量子数 n、角量子数 l 和磁量子数 m。这些量子数是解薛定谔方程时自然得到的，并不是人为的假定，不像玻尔理论中的量子数是假定的。

1. 主量子数 n

主量子数表示原子中电子出现概率最大区域离核的远近及其能量的高低，或者说它是决定电子层数的。n 可取 1、2、3 等正整数，迄今已知的最大值为 7，在光谱学上也常用字母来表示 n 值，对应关系见表 5-1。

表 5-1 对应关系

n	1	2	3	4	5	6	7
电子层符号	K	L	M	N	O	P	Q

n 值越大，表示电子出现概率最大的区域离原子核越远，它的能量 E_n 也越高。

2. 角量子数 l

根据光谱实验结果及理论推导，发现处于同一电子层中的电子的能量还稍有差别，它们的原子轨道和电子云的形状也不相同，也就是说，同一电子层还可以分成几个亚层，角量子数就是用来描述电子所处的亚层。角量子数又称副量子数，表示原子轨道的形状，是影响轨道能量的次要因素。

不同的电子层内形成的亚层数目并不相同，亚层数随 n 值的增大而增多。例如，$n=1$ 时，K 层只有一个亚层，称为 s 亚层；$n=2$ 时，L 层内形成了两个亚层，s 和 p 亚层；$n=$3、4 的电子层内，分别有 3 个和 4 个亚层，4 个亚层的符号分别为 s、p、d 和 f。

l 的取值受制于 n 值，只能取 0 到$(n-1)$在内的正整数。s、p、d 和 f 亚层对应的 l 值依次为 0、1、2、3。

$n=1$ 时，$l=0$ ——s 亚层
$n=2$ 时，$l=0$，1 ——s，p 亚层
$n=3$ 时，$l=0$，1，2 ——s，p，d 亚层
$n=4$ 时，$l=0$，1，2，3 ——s，p，d，f 亚层
同一电子层中各亚层的能量略有不同，按 s、p、d、f 的顺序增大。
除了氢原子外，多电子原子的核外电子的能量都由 n 和 l 来决定。

3. 磁量子数 m

原子轨道是一个三维空间，除了球形轨道外，可能还会出现其他形状的轨道，所以存在轨道的空间取向问题。磁量子数就是用来描述轨道在空间的伸展方向的，它的取值受 l 的限制，$m=0$，±1，±2，…，$\pm l$，共$(2l+1)$个值。磁量子数的取值和亚层轨道数见表 5-2。

表 5-2 磁量子数的取值和亚层轨道数

亚层	l	m	轨道数
s	0	0	1
p	1	0，±1	3
d	2	0，±1，±2	5
f	3	0，±1，±2，±3	7

$l=0$ 时，$m=0$，只有一个取值，说明 s 亚层只有一种取向；$l=1$ 时，m 的取值为 0 和±1，光谱学符号为 p_x、p_y、p_z，说明 p 亚层有 3 种取向即 3 条轨道。n、l 值相同而 m 值不同的轨道具有相同的能量，如 $3p_x$、$3p_y$和 $3p_z$轨道能量完全相同，这种能量相同的轨道称为等价轨道或简并轨道。同理，d、f 亚层的轨道数分别为 5 和 7，n、l 相同时分别具有 5 个和 7 个等价轨道。

薛定锷方程描述了核外电子的空间运动状态，当 n、l、m 的数值确定后，波函数的具体表达式就确定下来，电子在空间的运动状态也就确定了。在量子力学中，把三个量子数都有确定值的波函数称为一条原子轨道，所以说波函数就是原子轨道，波函数的空间图形反映了核外空间找到电子的可能性的区域，因此又称原子轨函(原子轨道函数之意)。原子轨道通常可以用两种方式表示，如 $n=2$，$l=0$，$m=0$ 的轨道可表示为 $\psi_{2,0,0}$或 ψ_{2s}。

这里的原子轨道(orbital)概念是指特定能量的某一电子在核外空间出现机会最多的区域，与宏观物体运动的固定轨道(orbit)在本质上完全不同，英语中分别用“orbital”和“orbit”两个术语表示，中文里却往往容易混淆。除非特别指明，本书后面提到的“原子轨道”是指“orbital”。

由三个确定的量子数 n、l、m 可以描述出波函数的特征，而核外电子运动状态的描述尚须引入第四个量子数——自旋量子数，该量子数不是薛定锷解的必然结果。

4. 自旋量子数 m_s

自旋量子数描述电子自旋的运动特征，与轨道无关。m_s的取值为±1/2，表示电子按顺时针或逆时针方向自旋。自旋方向也常用向上和向下的箭头“↑”和“↓”表示。

综上所述，多电子原子的原子轨道能量的高低由两个量子数 n 和 l 决定；描述原子轨道要用三个量子数 n、l 和 m；而描述原子轨道上电子的运动状态要用四个量子数 n、l、m 和 m_s。

5.2.5 波函数与电子云

薛定锷方程的合理解 $\psi_{n,l,m}$ 是一个三维的波函数，即 $\psi_{n,l,m}=\psi_{n,l,m}(x, y, z)$。由于原子核具有球形对称的库仑场，因此波函数的形状、大小用球坐标系表示更方便。

$$\psi_{n,l,m}(x, y, z)\xrightarrow{\text{坐标转换}}\psi_{n,l,m}(r, \theta, \phi)$$

直角坐标系　　　　　　球坐标系

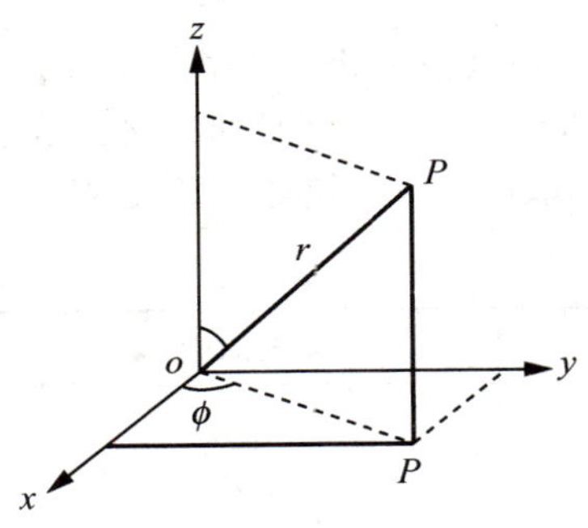

图 5.4　直角坐标与球坐标的转换

转换时，$z=r\cos\theta$，$y=r\sin\theta\sin\phi$，$x=r\sin\theta\cos\phi$，$r=\sqrt{x^2+y^2+z^2}$，如图 5.4 所示。

波函数 $\psi_{n,l,m}(r, \theta, \phi)$ 中包含 ψ、r、θ 和 ϕ 四个变量，在三维空间无法表示其图像，可以将球坐标波函数分离成两部分函数的乘积，即

$$\psi_{n,l,m}(r, \theta, \phi)\rightarrow R_{n,l}(r)\cdot Y_{l,m}(\theta, \phi)$$

其中 $R_{n,l}(r)$ 是波函数的径向分布，与电子离核距离 r 有关，由 n、l 确定；而 $Y_{l,m}(\theta, \phi)$ 是波函数的角度分布，与角度 θ、ϕ 有关，由 l、m 确定。对于氢原子，用 $n=1$、$l=0$、$m=0$ 解薛定锷方程，可得

$$R_{1,0}(r)=2\left(\frac{1}{a_0}\right)^{3/2}e^{-r/a_0}\quad Y_{0,0}(\theta, \phi)=\sqrt{\frac{1}{4\pi}}$$

式中，$a_0=52.9\,\text{pm}$。根据量子力学计算，在半径等于52.9 pm处电子出现的概率最大，这个数值正好与玻尔根据式(5.2)计算出来的氢原子 $n=1$ 的轨道半径相等。玻尔理论认为，电子只能在半径为 52.9 pm 的圆形轨道上运动，而量子力学认为电子在离核 52.9 pm 处出现的概率最大，而大于或小于 52.9pm 处也会有电子出现，只是概率比较小而已。

电子在核外空间某处出现的概率通常用概率密度来表示。概率密度是电子在核外某处单位体积内出现的概率。根据光传播理论，波函数 ψ 描述了电场或磁场的大小，所以 $|\psi|^2$ 与光强度(即光子密度)成正比。而电子同样能产生衍射图象，所以电子出现的概率密度就可以用电子波的 $|\psi|^2$ 表示。

波函数本身没有具体的物理意义，它的物理意义通过 $|\psi|^2$ 来理解。如果把电子在核外出现的概率密度用点的疏密来表示，$|\psi|^2$ 大的区域小黑点密集，$|\psi|^2$ 小的区域小黑点稀疏，这样得到的图像称为电子云。电子云是电子在核外空间出现的机会统计的结果，它只是电子行为的统计结果的一种形象化表示法，也称电子云密度。

5.2.6 角度分布图

1. 波函数(原子轨道)角度分布图

将原子轨道角度分布函数 $Y_{l,m}(\theta, \phi)$ 随角度 (θ, ϕ) 的变化作图，就可以得到波函数的角度分布图，如图 5.5 所示。

图 5.5 是原子轨道的角度分布图。图 5.5(a)表示 s 态电子轨道的角度分布，$l=0$ 时的 $Y_{l,m}(\theta, \phi)$ 是常数，与 (θ, ϕ) 无关，所以其角度分布图为球形，只存在一种取向；图 5.5(b)表示 p 态电子轨道，为“8”字形，3 条轨道分别沿空间直角坐标的 x、y、z 轴取向，这种取向有利于各个 p 轨道上的电子保持最大距离；图 5.5(c)表示 d 态电子轨道，为花瓣形，有 5

种取向，其中3条取向于 xy、yz、xz 平面上坐标轴夹角的中线（d_{xy}、d_{yz}、d_{xz}），一条的花瓣沿 x 和 y 轴取向（$d_{x^2-y^2}$），另一条 d_{z^2} 和 p_z 轨道有些相似，但是腰部沿 xy 坐标平面多了一个救生圈状的区域；f轨道的形状非常复杂，这里不做介绍。

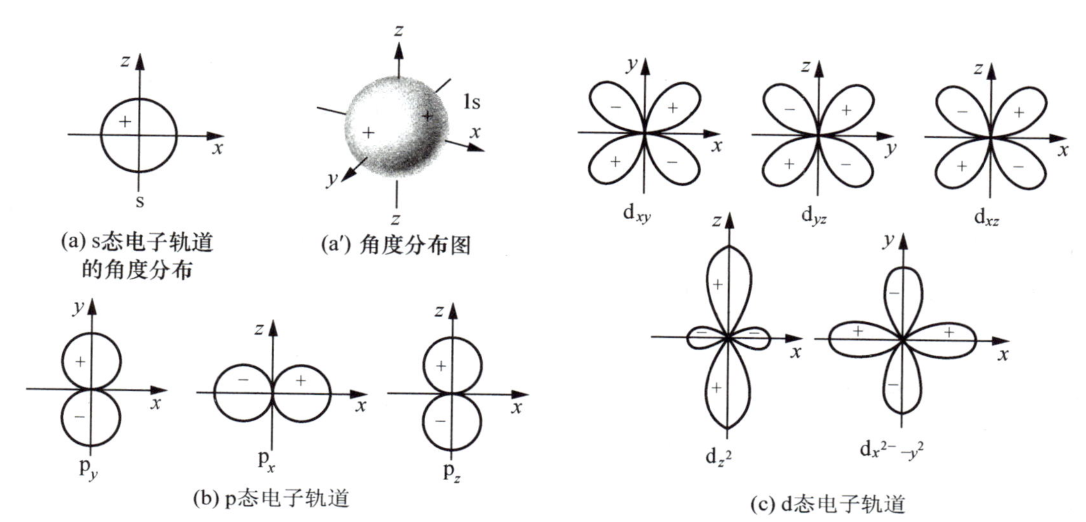

图5.5 波函数（原子轨道）的角度分布图

对波函数的角度分布图，应注意如下几点。

（1）角度坐标（θ，ϕ）实际表示的是三维空间，所以角度分布图应该是曲面，如s轨道的角度分布图为球面，如图5.5（a′）所示，为表达方便清楚，通常用剖面图表示。

（2）由于角度波函数与量子数 n 无关，因此这些图形不随 n 取值的不同而变化。例如，L层与M层的 p_z 轨道的角度分布图都是 xz 平面上方和下方两个相切的球，呈"8"字型，伸展方向在 z 轴上。

（3）图上的正负号分别表示各区域内 Y 值的正与负，不是表示正、负电荷。

2. 电子云的角度分布图

电子云是电子在核外空间出现的概率密度分布的形象化描述，以 $|\psi|^2$ 的角度部分 $|Y|^2$ 随（θ，ϕ）变化的情况作图，可以得到电子云的角度分布图，如图5.6所示。

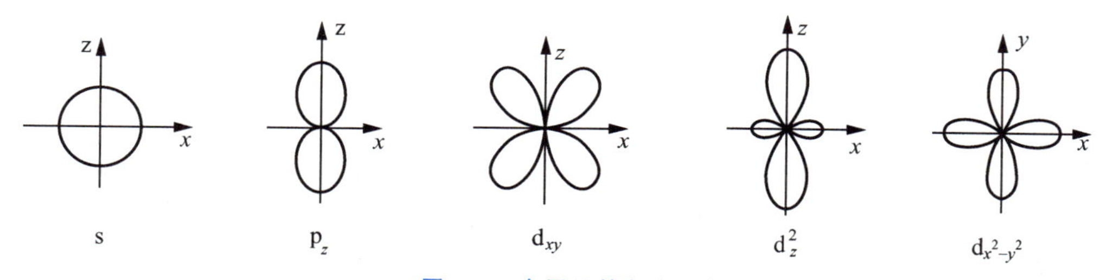

图5.6 电子云的角度分布图

电子云的角度分布图和相应的原子轨道的角度分布图形状相似，但由于 $|Y|$ 值小于1，因此 $|Y|^2$ 小于 Y，故电子云的角度分布图要比原子轨道的角度分布图要"瘦"些。另外，原子轨道的角度分布图有正、负之分，而电子云的角度分布图全部为正，因为

$|Y|^2$总是正值。

原子的量子力学模型修正了玻尔模型的缺陷，不但能够很好地解释氢原子和多电子原子光谱，还能解释化学键的形成。它较好地反映了核外电子的运动状态、规律及电子层结构，当然它绝非完善，有待继续发展。

5.3 多电子原子结构

氢原子核外只有一个电子，其能量取决于主量子数，与角量子数无关。在多电子原子中，由于原子轨道间的相互排斥作用，使主量子数相同的各轨道产生分裂，能量不再相等。因此多电子原子中各轨道的能量不仅取决于主量子数，还和角量子数有关。各轨道能量的高低主要由光谱实验结果得到。

5.3.1 原子轨道能级图

1. 鲍林近似能级图

1939 年，美国化学家鲍林从大量光谱实验数据出发，总结出多电子原子中各轨道能级相对高低的情况，并用图近似地表示出来，如图 5.7 所示。

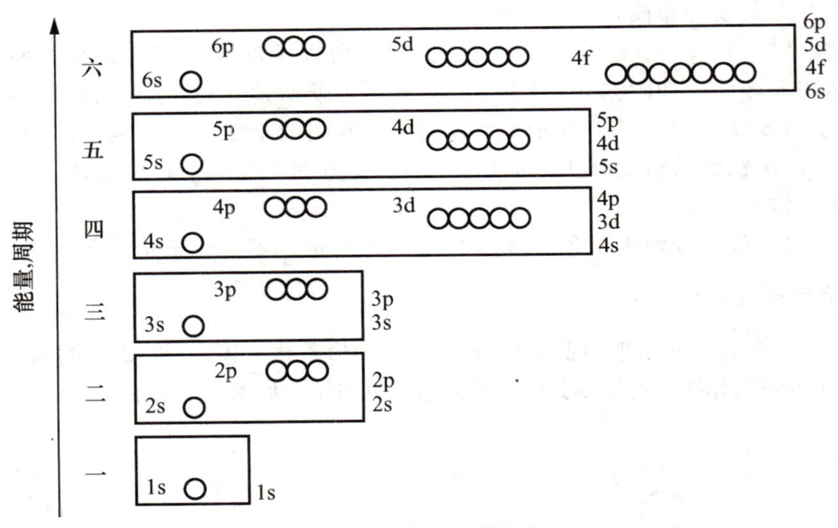

图 5.7 鲍林近似能级图

图 5.7 称为鲍林近似能级图，图中箭头所指表示轨道能量升高的方向；每一个小圆圈代表一条轨道，其位置的高低表示了轨道能量的相对高低(但并未按真实比例绘出)，同一水平的圆圈为等价轨道。图中出现的 1s、2p 等符号的数字和字母分别代表了决定轨道的能量的主量子数与角量子数，由于各种状态的能量像阶梯一样有高有低，因而称为**能级**。

鲍林将能量比较接近的能级归为一组，用方框框起，称为**能级组**，如图 5.7 所示。能级组从能量最低的开始，分别叫作第一、第二、……能级组。除第一能级组外，各组均以 s 轨道开始，以 p 轨道结束。在 5.4 节中，将会了解这些能级组与元素周期表的“周期”是相对应的。元素周期表中周期划分的本质在于原子轨道的能量关系。

根据图5.7，可得出如下结论。

(1)角量子数 l 相同时，主量子数 n 越大，轨道能量越高，$E_{1s}<E_{2s}<E_{3s}\cdots$。

(2)n 相同时，l 越大，轨道能量越高，$E_{ns}<E_{np}<E_{nd}<E_{nf}$。

(3)n 和 l 都不同时，轨道能量的顺序比较复杂，如 $E_{4s}<E_{3d}$，$E_{6s}<E_{4f}<E_{5d}$。主量子数小的能级可能高于主量子数大的能级，这种现象称为**能级交错**。

值得注意的是，鲍林的近似能级图是根据各元素的原子轨道能级图归纳出来的，适用于多电子原子。它只能反映同一原子内各轨道能级相对高低的一般顺序。所以，不能用来比较不同原子的轨道能量的相对高低，而且并不能适用于所有元素，只有近似的意义。

2. 科顿原子轨道能级图

鲍林的近似能级图反映了同一原子内各轨道能级的顺序，对于不同原子，能级的相对高低可由科顿原子轨道能级图得出。美国化学家科顿(Cotton)根据光谱实验结果和量子力学理论指出，原子轨道的能量主要取决于原子序数，随着原子序数的递增，原子核对电子的吸引力增强，轨道能量降低。他根据相关数据绘制了科顿原子轨道能级图，如图5.8所示，与鲍林的近似能级图相比，在高能级组两者的轨道能级顺序一致，而在低能级组有一定差异。

由图5.8可知，对于原子序数为1的氢原子，轨道能级只取决于主量子数 n 值，n 越大，能级越高；n 值相同，各亚层、轨道的能量都相同。

随着原子序数的增大，各轨道的能量都在下降。其中，s、p轨道的能量几乎平行地降低，d、f轨道的能量开始时几乎不降低，但当填充电子接近它们时，轨道能量急剧下降。

随着原子序数的增加，有些轨道出现能级交错现象。例如，原子序数较小和较大时，$E_{4s}>E_{3d}$；原子序数在15～20之间，$E_{3d}>E_{4s}$。但是原子序数很大时，相同主量子数的各亚层的轨道能量在下降过程中逐渐接近，呈现出正常的(没有交错)能级高低顺序。

原子轨道的能级交错现象可用屏蔽效应和钻穿效应来解释。

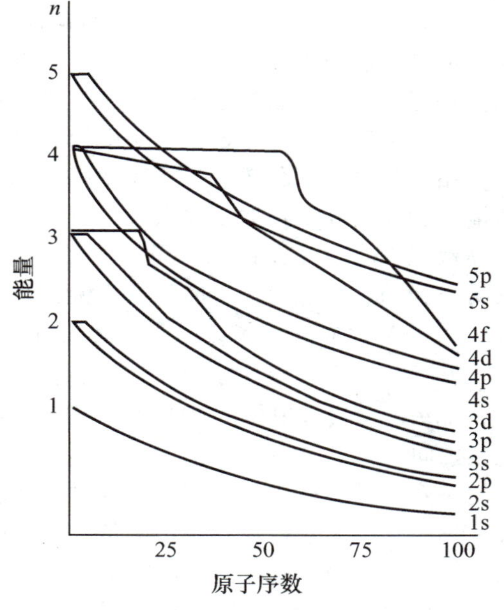

图5.8 科顿原子轨道能级图

5.3.2 屏蔽效应和钻穿效应

1. 屏蔽效应

在多电子原子中，电子除了受到原子核的正电荷(数值为 Z)对其的吸引外，还受到其他电子的排斥。斯莱特(Slater)认为，这种排斥作用相当于屏蔽或削弱了原子核对该电子的吸引作用，电子实际所受的原子核引力减小，总效果相当于核的正电荷由 Z 减小到 Z^*，即

$$Z^*=Z-\sigma \tag{5.8}$$

式中，Z^* 称为**有效核电荷数**，它与核电荷数的差值 σ 称为**屏蔽参数**。这种将其他电子对某个电子的排斥作用归结为对核电荷的抵消作用称为**屏蔽效应**。

σ 值与原子中所含电子数及电子运动状态有关，一般认为，外层电子对内层电子的屏蔽作用可忽略。角量子数 l 相同时，主量子数 n 越大，电子所受屏蔽作用越强；n 相同时，l 越大，电子所受屏蔽作用也越强。由于屏蔽效应，电子受到的有效核电荷数的吸引就会减少，屏蔽效应越强，电子所具有的能量也就越大。

2. 钻穿效应

在多电子原子中，每个电子既被其他电子所屏蔽，也对其他电子起屏蔽作用。如果电子进入原子核附近空间，就可以较多地避免其他电子的屏蔽。

根据原子的量子力学理论，电子出现在原子内任何位置都有可能，因此最外层电子也可能出现在离原子核很近的地方，也就是说，外层电子可能会钻入内层。这种电子钻入内层空间，更靠近原子核的现象称为**钻穿**。

电子钻穿得越靠近原子核，它受到的吸引力就越强，其他电子的屏蔽作用也就越小，因而能量越低。这种由于电子钻穿而引起能量发生变化的现象称为**钻穿效应**或**穿透效应**。

一般认为，电子的钻穿能力有如下顺序：角量子数 l 相同时，电子钻入内层的能力为 1s＞2s＞3s＞4s＞…，因而轨道能量顺序为 $E_{1s}<E_{2s}<E_{3s}<E_{4s}<\cdots$；主量子数 n 相同时，电子的钻穿能力为 ns＞np＞nd＞nf，钻穿能力不同，导致同一电子层的电子的能量有所不同，这就是产生能级的原因。能级按 $E_{ns}<E_{np}<E_{nd}<E_{nf}$ 顺序分裂，如果能级分裂的程度很大，就可能导致与临近电子层中的亚层能级发生交错，如 $E_{4s}<E_{3d}$，$E_{6s}<E_{4f}<E_{5d}$。

钻穿效应和屏蔽效应是相互联系的，可用来解释科顿原子轨道能级图中的 3d 和 4s 轨道能量的相对高低：原子序数较小时，轨道能量主要由主量子数决定，此时 $E_{4s}>E_{3d}$；原子序数在 15～20 之间，由于电子数增加，角量子数对钻穿效应的影响增大，因此 4s 电子具有较强的钻穿能力，对能量的降低起着更大作用，因而 $E_{3d}>E_{4s}$；随着原子序数继续增加，4s 轨道内充满电子，4s 电子会受到 3d 电子的屏蔽作用，使其受原子核的吸引力降低，钻穿效应也相应地减少，4s 轨道能量又升高，$E_{4s}>E_{3d}$。

能级的交错现象往往出现在钻穿能力强的 ns 轨道和钻穿能力较弱的(n－1)d、(n－2)f 轨道之间。

注意，屏蔽效应和钻穿效应针对的是多电子原子，对于氢原子及 He^+、Li^{2+}、Be^{3+} 等类氢离子，由于它们仅含一个电子，既无屏蔽效应，又无钻穿效应，因此不会发生能级分裂，也没有能级交错现象，故“氢原子的 3s 轨道比 3p 轨道能量低”这句话是错的，因为氢原子的第三电子层没有发生能级分裂，不存在 3s、3p 和 3d 轨道，或者也可以说，氢原子的 3s、3p 和 3d 轨道能量相同。

因此，单电子原子轨道的能量只取决于主量子数 n，多电子原子轨道的能量不仅取决于主量子数 n，而且还与角量子数 l 有关。

5.3.3 核外电子排布的一般规则

根据原子光谱实验和量子力学理论，基态原子的核外电子排布要遵循以下的三个规则。

1. 能量最低原理

系统的能量越低就越稳定，这是自然界一切事物共同遵守的法则。核外电子的排布也是如此，应使整个原子的能量处于最低。所以，电子总是优先占据能量最低的空轨道，低能量轨道占满后才进入能量较高的轨道，这一原则称为**能量最低原理**。根据图5.7，各能级由低到高的顺序如下。

1s 2s 2p 3s 3p 4s 3d 4p 5s 4d 5p 6s 4f 5d 6p 7s 5f 6d 7p

由于出现了能级交错现象，各原子轨道的能级高低顺序难以记住，图5.9提供了一种记忆方法。另外，我国化学家徐光宪教授归纳出$(n+0.7l)$规则，也可以帮助记忆，即计算该轨道的$(n+0.7l)$值，值越小，能级越低。例如，比较3d和4s两种轨道，它们的$(n+0.7l)$值分别为4.4和4.0，即$E_{3d}>E_{4s}$。

2. 泡利不相容原理

能量最低原理确定了电子进入轨道的次序，但是，每个轨道上的电子数是多少呢？1925年，泡利(W. Pauli)根据原子的光谱现象，提出了**泡利不相容原理**：同一原子中，不可能存在运动状态完全相同的电子，或者说同一原子中不可能存在四个量子数完全相同的电子。例如，氦(He)原子有两个电子，根据能量最低原理，应该排在能量最低的第一层(K层)的s轨道上。它们的量子数为$n=1$，$l=0$，$m=0$，已有三个量子数相同，根据泡利不相容原理，第四个量子数——自旋量子数m_s必须不同，所以m_s分别为$+1/2$和$-1/2$，这两个电子自旋方式不同。同时，轨道上也绝不可能容纳第三个电子，因为该电子不论是顺时针自旋还是逆时针自旋，都将违背泡利不相容原理。

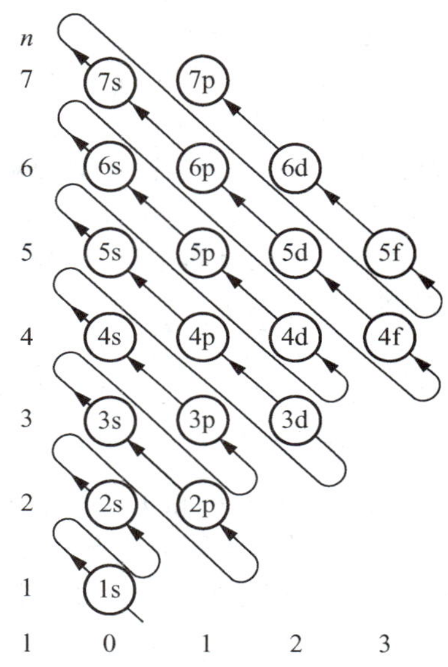

图5.9 电子填充顺序

前三个量子数相同说明这两个电子处于同一层、同一亚层和同一轨道上，自旋量子数分别取$+1/2$和$-1/2$表示两个电子在这个轨道上的运动状态不相同，因此可以推论：同一轨道上最多只能容纳两个自旋方向相反的电子。

如表5-3，可以推算出某一电子层或亚层中的最大容量。显然，每层电子的最大容量为$2n^2$。

表5-3 量子数与原子轨道的关系

主量子数 n	角量子数 l	亚层或轨道	磁量子数 m	轨道数	总轨道数	自旋量子数 m_s	电子数
1	0	1s	0	1	1	±1/2	2
2	0	2s	0	1	4	±1/2	8
	1	2p	0，±1	3			
3	0	3s	0	1	9	±1/2	18
	1	3p	0，±1	3			
	2	3d	0，±1，±2	5			
4	0	4s	0	1	16	±1/2	32
	1	4p	0，±1	3			
	2	4d	0，±1，±2	5			
	3	4f	0，±1，±2，±3	7			

核外电子排布式是指将原子中全部电子填入亚层轨道而得出的序列，又称电子(层)构型、电子(层)结构。书写时用从低到高的顺序排列的能级符号表示电子的排布，如$_{19}$K：$1s^2 2s^2 2p^6 3s^2 3p^6 4s^1$。

原子序数超过 20 的原子其电子的填充会遇到能级交错现象，要注意填充时按能级顺序，而书写电子排布式时则必须按电子层顺序，如$_{26}$Fe 的电子填充顺序为$_{26}$Fe：$1s^2 2s^2 2p^6 3s^2 3p^6 4s^2 3d^6$，通常表示为$_{26}$Fe：$1s^2 2s^2 2p^6 3s^2 3p^6 3d^6 4s^2$。

需要说明的是，原子失电子时，往往先失去最外层电子。例如

Fe^{2+}：$1s^2 2s^2 2p^6 3s^2 3p^6 3d^6$　　Fe^{3+}：$1s^2 2s^2 2p^6 3s^2 3p^6 3d^5$

另外，在书写电子排布式时，常把内层已达到稀有气体的电子结构用该稀有气体的元素符号加上方括号表示，称为**原子实**，如 [He] 表示 $1s^2$，这样可以避免电子排布式过长，如$_{56}$Ba：可表示为 $1s^2 2s^2 2p^5 3s^2 3p^6 3d^{10} 4s^2 4p^6 4d^{10} 5s^2 5p^6 6s^2$ 或 [Xe] $6s^2$

为了避免冗长，有时只需要写出化学反应中参与成键的电子构型，实际就是原子实外面的部分，称为**价(层)电子构型**(或结构)或特征电子构型。价（层）电子构型中的电子称为**价(层)电子**，所在的轨道称为**价轨道**，如 Fe 的价电子构型为 $3d^6 4s^2$，Ba 的价电子构型为 $6s^2$。

核外电子的排布还可以用轨道图示，以方框(或圆圈、横线)表示轨道，填入以箭号代表自旋方向的电子，如$_{19}$K。

	1s	2s	2p	3s	3p	4s
$_{19}$K:	↑↓	↑↓	↑↓ ↑↓ ↑↓	↑↓	↑↓ ↑↓ ↑↓	↑

3. 洪特规则

洪特(F. Hund)根据大量的光谱实验结果提出**洪特规则**：电子在等价轨道上排布时，总是尽可能分占不同的轨道，并且自旋方向相同，这样才能使原子的能量最低。例如$_7$N：$2s^2 2p^3$，p 轨道上的 3 个电子应该分占 3 条轨道，而且自旋方向相同平行。

	1s	2s	2p
$_7$N:	↑↓	↑↓	↑ ↑ ↑
而不是	↑↓	↑↓	↑↓ ↑

洪特规则是一个经验规则，但根据量子力学理论，也可以证明这样的排布可以使系统能量达到最低。因为轨道中已有一个电子占据时，电子再填入就必须克服其斥力，需要一定的能量，这个能量称为电子成对能。所以说，电子分占不同的等价轨道有利于体系的能量降低。另外，等价轨道在电子全充满(p^6、d^{10}、f^{14})、半充满(p^3、d^5、f^7)和全空(p^0、d^0、f^0)状态下较为稳定，这可以看作**洪特规则的特例**。例如，$_{24}$Cr 是 [Ar] $3d^5 4s^1$，而不是 [Ar] $3d^4 4s^2$；$_{29}$Cu 是 [Ar] $3d^{10} 4s^1$，而不是 [Ar] $3d^9 4s^2$。

	1s	2s	2p	3s	3p	3d	4s	
$_{24}$Cr	↑↓	↑↓	↑↓ ↑↓ ↑↓	↑↓	↑↓ ↑↓ ↑↓	↑ ↑ ↑ ↑ ↑	↑	3d轨道半充满
$_{29}$Cu	↑↓	↑↓	↑↓ ↑↓ ↑↓	↑↓	↑↓ ↑↓ ↑↓	↑↓ ↑↓ ↑↓ ↑↓ ↑↓	↑	3d轨道全充满

洪特规则使总电子数为偶数的原子也可能含有未成对电子，如$_{24}$Cr 就有 6 个单电子。实际上，电子的自旋运动会使周围产生一个小磁场，如果一对自旋方向相反的电子在一个轨道上运动时，它们产生的磁场方向正好相反，相互抵消。所以，如果分子中没有未成对电子，物质会显示**逆磁性**，即受磁场排斥的性质。如果分子中有单电子存在，则在外磁场中会显示**顺磁性**，即物体受磁场吸引的性质。物质在磁场中的行为可通过实验来确定，相关实验证实了洪特规则。

表 5-4 列出了 1～105 元素基态原子的电子排布情况。表中绝大多数元素原子的核外电子排布都遵循前面所讲的几项原则，但在第五、第六和第七周期有一些元素不符合，

如$_{41}$Nb、$_{44}$Ru、$_{45}$Rh 等。这是因为随着原子序数递增，电子受到的有效核电荷数的吸引力增加，原子轨道的能量逐渐下降，但不同轨道能量下降的程度并不相同，各能级的相对位置并非一成不变。而且，主量子数越大，原子的 ns 轨道和$(n-1)$d 轨道之间的能量差越小，ns 电子激发到$(n-1)$d 轨道上只要很少的能量。如果激发后能增加自旋平行的单电子数或形成全充满等情况，降低的能量将超过激发能，就会造成特殊排布。例如，$_{41}$Nb 不是［Kr］$4d^3 5s^2$，而是［Kr］$4d^4 5s^1$；钯不是［Kr］$4d^8 5s^2$，而是［Kr］$4d^{10} 5s^0$。光谱实验的数据不容否认，上述核外电子排布的原则需要进一步充实与完善。

表 5－4　元素原子的电子层结构

周期	原子序数	元素名称	元素符号	电子层																	
				K	L		M			N				O				P			Q
				1s	2s	2p	3s	3p	3d	4s	4p	4d	4f	5s	5p	5d	5f	6s	6p	6d	7s
1	1	氢	H	1																	
	2	氦	He	2																	
2	3	锂	Li	2	1																
	4	铍	Be	2	2																
	5	硼	B	2	2	1															
	6	碳	C	2	2	2															
	7	氮	N	2	2	3															
	8	氧	O	2	2	4															
	9	氟	F	2	2	5															
	10	氖	Ne	2	2	6															
3	11	钠	Na	2	2	6	1														
	12	镁	Mg	2	2	6	2														
	13	铝	Al	2	2	6	2	1													
	14	硅	Si	2	2	6	2	2													
	15	磷	P	2	2	6	2	3													
	16	硫	S	2	2	6	2	4													
	17	氯	Cl	2	2	6	2	5													
	18	氩	Ar	2	2	6	2	6													
4	19	钾	K	2	2	6	2	6		1											
	20	钙	Ca	2	2	6	2	6		2											
	21	钪	Sc	2	2	6	2	6	1	2											
	22	钛	Ti	2	2	6	2	6	2	2											
	23	钒	V	2	2	6	2	6	3	2											
	24	铬	Cr	2	2	6	2	6	5	1											
	25	锰	Mn	2	2	6	2	6	5	2											
	26	铁	Fe	2	2	6	2	6	6	2											
	27	钴	Co	2	2	6	2	6	7	2											
	28	镍	Ni	2	2	6	2	6	8	2											
	29	铜	Cu	2	2	6	2	6	10	1											
	30	锌	Zn	2	2	6	2	6	10	2											
	31	镓	Ga	2	2	6	2	6	10	2	1										

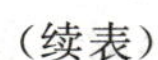
（续表）

周期	原子序数	元素名称	元素符号	电子层																	
				K	L		M			N				O				P			Q
				1s	2s	2p	3s	3p	3d	4s	4p	4d	4f	5s	5p	5d	5f	6s	6p	6d	7s
	32	锗	Ge	2	2	6	2	6	10	2	2										
	33	砷	As	2	2	6	2	6	10	2	3										
4	34	硒	Se	2	2	6	2	6	10	2	4										
	35	溴	Br	2	2	6	2	6	10	2	5										
	36	氪	Kr	2	2	6	2	6	10	2	6										
	37	铷	Rb	2	2	6	2	6	10	2	6			1							
	38	锶	Sr	2	2	6	2	6	10	2	6			2							
	39	钇	Y	2	2	6	2	6	10	2	6	1		2							
	40	锆	Zr	2	2	6	2	6	10	2	6	2		2							
	41	铌	Nb	2	2	6	2	6	10	2	6	4		1							
	42	钼	Mo	2	2	6	2	6	10	2	6	5		1							
	43	锝	Tc	2	2	6	2	6	10	2	6	5		2							
	44	钌	Ru	2	2	6	2	6	10	2	6	7		1							
	45	铑	Rh	2	2	6	2	6	10	2	6	8		1							
5	46	钯	Pd	2	2	6	2	6	10	2	6	10									
	47	银	Ag	2	2	6	2	6	10	2	6	10		1							
	48	镉	Cd	2	2	6	2	6	10	2	6	10		2							
	49	铟	In	2	2	6	2	6	10	2	6	10		2	1						
	50	锡	Sn	2	2	6	2	6	10	2	6	10		2	2						
	51	锑	Sb	2	2	6	2	6	10	2	6	10		2	3						
	52	碲	Te	2	2	6	2	6	10	2	6	10		2	4						
	53	碘	I	2	2	6	2	6	10	2	6	10		2	5						
	54	氙	Xe	2	2	6	2	6	10	2	6	10		2	6						
	55	铯	Cs	2	2	6	2	6	10	2	6	10		2	6			1			
	56	钡	Ba	2	2	6	2	6	10	2	6	10		2	6			2			
	57	镧	La	2	2	6	2	6	10	2	6	10		2	6	1		2			
	58	铈	Ce	2	2	6	2	6	10	2	6	10	1	2	6	1		2			
	59	镨	Pr	2	2	6	2	6	10	2	6	10	3	2	6			2			
	60	钕	Nd	2	2	6	2	6	10	2	6	10	4	2	6			2			
	61	钷	Pm	2	2	6	2	6	10	2	6	10	5	2	6			2			
6	62	钐	Sm	2	2	6	2	6	10	2	6	10	6	2	6			2			
	63	铕	Eu	2	2	6	2	6	10	2	6	10	7	2	6			2			
	64	钆	Gd	2	2	6	2	6	10	2	6	10	7	2	6	1		2			
	65	铽	Tb	2	2	6	2	6	10	2	6	10	9	2	6			2			
	66	镝	Dy	2	2	6	2	6	10	2	6	10	10	2	6			2			
	67	钬	Ho	2	2	6	2	6	10	2	6	10	11	2	6			2			
	68	铒	Er	2	2	6	2	6	10	2	6	10	12	2	6			2			
	69	铥	Tm	2	2	6	2	6	10	2	6	10	13	2	6			2			

（续表）

周期	原子序数	元素名称	元素符号	电子层																	
				K	L		M			N				O				P			Q
				1s	2s	2p	3s	3p	3d	4s	4p	4d	4f	5s	5p	5d	5f	6s	6p	6d	7s
	70	镱	Yb	2	2	6	2	6	10	2	6	10	14	2	6			2			
	71	镥	Lu	2	2	6	2	6	10	2	6	10	14	2	6	1		2			
	72	铪	Hf	2	2	6	2	6	10	2	6	10	14	2	6	2		2			
	73	钽	Ta	2	2	6	2	6	10	2	6	10	14	2	6	3		2			
	74	钨	W	2	2	6	2	6	10	2	6	10	14	2	6	4		2			
	75	铼	Re	2	2	6	2	6	10	2	6	10	14	2	6	5		2			
	76	锇	Os	2	2	6	2	6	10	2	6	10	14	2	6	6		2			
	77	铱	Ir	2	2	6	2	6	10	2	6	10	14	2	6	7		2			
6	78	铂	Pt	2	2	6	2	6	10	2	6	10	14	2	6	9		1			
	79	金	Au	2	2	6	2	6	10	2	6	10	14	2	6	10		1			
	80	汞	Hg	2	2	6	2	6	10	2	6	10	14	2	6	10		2			
	81	铊	Tl	2	2	6	2	6	10	2	6	10	14	2	6	10		2	1		
	82	铅	Pb	2	2	6	2	6	10	2	6	10	14	2	6	10		2	2		
	83	铋	Bi	2	2	6	2	6	10	2	6	10	14	2	6	10		2	3		
	84	钋	Po	2	2	6	2	6	10	2	6	10	14	2	6	10		2	4		
	85	砹	At	2	2	6	2	6	10	2	6	10	14	2	6	10		2	5		
	86	氡	Rn	2	2	6	2	6	10	2	6	10	14	2	6	10		2	6		
	87	钫	Fr	2	2	6	2	6	10	2	6	10	14	2	6	10		2	6		1
	88	镭	Ra	2	2	6	2	6	10	2	6	10	14	2	6	10		2	6		2
	89	锕	Ac	2	2	6	2	6	10	2	6	10	14	2	6	10		2	6	1	2
	90	钍	Th	2	2	6	2	6	10	2	6	10	14	2	6	10		2	6	2	2
	91	镤	Pa	2	2	6	2	6	10	2	6	10	14	2	6	10	2	2	6	1	2
	92	铀	U	2	2	6	2	6	10	2	6	10	14	2	6	10	3	2	6	1	2
	93	镎	Np	2	2	6	2	6	10	2	6	10	14	2	6	10	4	2	6	1	2
	94	钚	Pu	2	2	6	2	6	10	2	6	10	14	2	6	10	6	2	6		2
	95	镅	Am	2	2	6	2	6	10	2	6	10	14	2	6	10	7	2	6		2
7	96	锔	Cm	2	2	6	2	6	10	2	6	10	14	2	6	10	7	2	6	1	2
	97	锫	Bk	2	2	6	2	6	10	2	6	10	14	2	6	10	9	2	6		2
	98	锎	Cf	2	2	6	2	6	10	2	6	10	14	2	6	10	10	2	6		2
	99	锿	Es	2	2	6	2	6	10	2	6	10	14	2	6	10	11	2	6		2
	100	镄	Fm	2	2	6	2	6	10	2	6	10	14	2	6	10	12	2	6		2
	101	钔	Md	2	2	6	2	6	10	2	6	10	14	2	6	10	13	2	6		2
	102	锘	No	2	2	6	2	6	10	2	6	10	14	2	6	10	14	2	6		2
	103	铹	Lr	2	2	6	2	6	10	2	6	10	14	2	6	10	14	2	6	1	2
	104	铲	Rf	2	2	6	2	6	10	2	6	10	14	2	6	10	14	2	6	2	2
	105	钍	Db	2	2	6	2	6	10	2	6	10	14	2	6	10	14	2	6	3	2

5.4 元素周期表

根据表 5－4，可以发现随着原子序数的增加，元素原子的电子层结构出现了周期性的变化，元素的性质是由其电子构型决定的，因此元素的性质也呈现周期性的变化，这一规律称为元素周期律，其表达形式就是元素周期表。

现代的元素周期表有很多种形式，如长式、短式、宝塔式、环形、扇形等，讨论核外电子排布与周期律关系通常使用长式周期表，如附录所示。

5.4.1 周期与能级组

在元素周期表中，每一横行称为一个周期。周期的划分与鲍林近似能级组的划分是一致的，七个周期分别对应于七个能级组，见表 5－5。由于有能级交错，因此各能级组内所含能级数目不同，导致周期有长短之分。长周期包含了过渡元素和内过渡元素。所谓过渡元素是指最后一个电子填充在$(n-1)$d 轨道上的原子的元素；内过渡元素是指最后一个电子填充在$(n-2)$f 轨道上的那些原子的元素。内过渡元素分为两个单行，单独排列在周期表的下方，习惯上把 57～71 号元素称为镧系元素；把 89～103 号元素称为锕系元素。

表 5－5　周期与能级组的关系

周期	能级组	能级组内各原子轨道	能级组内轨道所能容纳的电子数	各周期含元素总数	周期类型
一	1	1s	2	2	特短周期
二	2	2s，2p	8	8	短周期
三	3	3s，3p	8	8	短周期
四	4	4s，3d，4p	18	18	长周期
五	5	5s，4d，5p	18	18	长周期
六	6	6s，4f，5d，6p	32	32	特长周期
七	7	7s，5f，6d，7p	32	32	特长周期

除第一周期外，每个周期的最外电子层的结构重复 ns^1～ns^2np^6 的变化(第一周期是 $1s^1$～$1s^2$)，呈现出明显的周期性规律，所以每一周期从碱金属元素开始，以稀有气体元素结束。

元素所在的周期数就是该元素原子所具有的电子层数，也等于该元素原子最外电子层的主量子数 n。例如，Ca 原子的价电子构型为 $4s^2$，故位于第四周期；而 Ag 原子的价电子构型为 $4d^{10}5s^1$，最外电子层的主量子数是 5，所以 Ag 位于第五周期；只有 Pd 例外，其价电子构型为 $4d^{10}5s^0$，但属于第五周期。

各周期所含的元素的数目等于相应能级组中原子轨道所能容纳的电子总数，如第四能级组内 4s、3d 和 4p 轨道总共可容纳 18 个电子，故第四周期共有 18 种元素。

5.4.2 主族与副族

元素周期表共有 18 列，周期表中除第Ⅷ族有三列外，其他每一列为一个族，共有 16 个族，7个主族、7个副族，一个零族，一个第Ⅷ族。族数用罗马数字表示，主族加A，副族加B，如ⅦA和ⅤB分别表示第七主族和第五副族。同族元素具有相似的价电子构型，所以具有相似的化学性质。

主族：电子最后填充在最外层的s或p轨道上。主族元素的价电子层就是最外电子层，价电子数与所属的族数相同，如F：$2s^2 2p^5$，价电子数为7，属于ⅦA。

副族：电子最后填充在d或f轨道上。副族元素的价电子层不仅仅是最外电子层，还要加上$(n-1)$d轨道，有些元素还要加上$(n-2)$f轨道，所以副族元素就是上面所说的过渡元素和内过渡元素。ⅢB～ⅦB，价电子数等于族数，如Mn：$3d^5 4s^2$，价电子数为7，属于ⅦB；而ⅠB、ⅡB，由于$(n-1)$d轨道已填满，所以最外层上电子数等于其族数。由于元素的性质主要取决于最外电子层上的电子数，因此副族元素的性质递变比较缓慢。

零族：稀有气体，其最外层为$ns^2 np^6$（He例外，是$1s^2$），呈稳定结构。

Ⅷ族：位于周期表的中间位置，共有三列，也属于过渡元素，Ⅷ的价电子数不等于族数。

有些参考书把元素周期表划分为18个族，不区分主族或副族，从左向右依次排列；还有些参考书把稀有气体称为第ⅧA族，把第Ⅷ族称为第ⅧB族。

5.4.3 五个区

一般情况下，化学反应只与原子的价电子有关，按原子的价电子构型可把周期表中的元素分成如下五个区域，如图5.10所示。

	ⅠA															0
1		ⅡA									ⅢA	ⅣA	ⅤA	ⅥA	ⅦA	
2			ⅢB	ⅣB	ⅤB	ⅥB	ⅦB	Ⅷ	ⅠB	ⅡB						
3																
4	s区												p区			
5						d区			ds区							
6																
7																

镧系	f区
锕系	

图5.10 周期表中元素的分区

s区元素：最后一个电子填充在s轨道上，其价电子构型为$ns^{1\sim2}$，包括ⅠA和ⅡA元素，位于周期表的左侧。除氢以外，都是活泼的金属元素，容易失去1～2个电子，形成+1或+2价离子。

p区元素：最后一个电子填充在p轨道上，其价电子构型为$ns^2 np^{1\sim6}$（He例外，为

$1s^2$)，包括ⅢA～0族元素，位于周期表的右侧。p区元素包括金属元素和除氢外的所有非金属元素。s区和p区元素是主族元素。

d区元素：最后一个电子基本上填充在$(n-1)$d轨道上，其价电子构型为$(n-1)d^{1\sim9}ns^{1\sim2}$(Pd例外，为$4d^{10}5s^0$)，包括ⅢB～Ⅷ族元素，位于周期表长周期的中部。d区元素全部是金属元素，性质相似，d电子对元素性质影响较大。

ds区元素：价电子构型为$(n-1)d^{10}ns^{1\sim2}$，包括ⅠB和ⅡB族元素，位于d区与p区之间。ds区元素的电子构型只是在$(n-1)$d上和d区元素有差别，因此这两区元素的性质比较相似，并且都是金属元素。

f区元素：最后一个电子填充在$(n-2)$f轨道上，其价电子构型为$(n-2)f^{1\sim14}(n-1)d^{0\sim2}ns^2$，包括镧系和锕系元素。由于大多数f区元素仅在$(n-2)$f轨道上的电子数不同，因此它们的化学性质非常相似。d区、ds区和f区元素属于副族元素，全部是金属元素。

总之，元素原子的电子构型与其在周期表中的位置关系密切，通常可以根据元素的原子序数，写出其电子构型，进而判断它在周期表中的位置，或者根据它的位置，推断其电子构型和原子序数。

5.5 原子参数的周期性

原子参数是指表达原子特征的参数，如核电荷数、相对原子质量、原子半径、电离能、电子亲和能和电负性等。原子参数与元素性质密切相关，下面讨论几个参数及其周期性变化规律。

5.5.1 原子半径

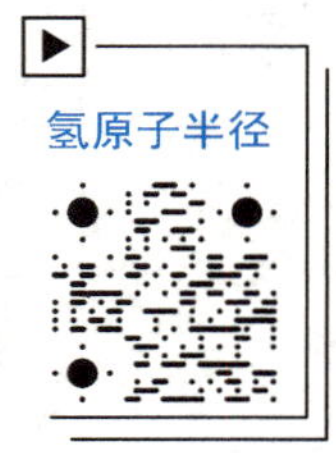

根据量子力学理论，自由原子的核外电子从核附近到无穷远处都有可能出现，所以严格地说，原子(及离子)没有固定的半径。5.1节中提及的实验测出氢原子的有效半径实际是指电子云密度最大处离核的距离，也可以通过最外层电子云径向分布函数计算出来，这是自由原子的半径。

通常所说的原子半径指原子与另一个原子结合时所表现的大小。由于结合方式不同，原子半径可分为共价半径、金属半径和范德华(J. D. Vander Waals)半径。

共价半径：同种元素的两个原子以共价单键相结合时，核间距的一半称为共价半径。例如H_2，测得分子中两个氢原子的核间距离是74pm，所以氢原子的共价半径是37pm，因为形成共价键时两个氢原子的电子云有部分发生了重叠，所以共价半径比自由原子半径(53pm)小。

金属半径：在金属晶体中，相邻两个原子核间距的一半就是该元素的金属半径。

范德华半径：两个原子之间没有形成化学键而只靠范德华力(分子之间的作用力)相互接近时，核间距的一半称为范德华半径。一般范德华半径比同种元素的共价半径大得多。

表5-6为各元素的原子半径，其中0族稀有气体的半径为范德华半径，其余为共价半径。

表 5－6 原子半径 （单位：pm）

ⅠA	ⅡA	ⅢB	ⅣB	ⅤB	ⅥB	ⅦB	Ⅷ			ⅠB	ⅡB	ⅢA	ⅣA	ⅤA	ⅥA	ⅦA	0
H																	He
37																	54
Li	Be											B	C	N	O	F	Ne
156	105											91	77	71	60	67	80
Na	Mg											Al	Si	P	S	Cl	Ar
186	160											143	117	111	104	99	96
K	Ca	Sc	Ti	V	Cr	Mn	Fe	Co	Ni	Cu	Zn	Ga	Ge	As	Se	Br	Kr
231	197	161	154	131	125	118	125	125	124	128	133	123	122	116	115	114	99
Rb	Sr	Y	Zr	Nb	Mo	Tc	Ru	Rh	Pd	Ag	Cd	In	Sn	Sb	Te	I	Xe
243	215	180	161	147	136	135	132	132	138	144	149	151	140	145	139	138	109
Cs	Ba		Hf	Ta	W	Re	Os	Ir	Pt	Au	Hg	Tl	Pb	Bi	Po	At	Rn
265	210		154	143	137	138	134	136	139	144	147	189	175	155	167	145	

镧系元素

La	Ce	Pr	Nd	Pm	Sm	Eu	Gd	Tb	Dy	Ho	Er	Tm	Yb	Lu
187	183	182	181	181	180	199	179	176	175	174	173	173	194	172

引自 MacMillian. Chemical and Physical Data(1992)

从表 5－6 可以看出以下内容。

(1)同一周期从左到右，原子半径逐渐减小。因为在同一周期，电子层数相同，随着核电荷数的增加，原子核对外层电子的吸引力增加，从而使原子半径逐渐减小。

原子半径减小的幅度与电子构型有关。主族元素减小的幅度最大，过渡元素次之，内过渡元素最小。这是因为主族元素的新增电子填入的是最外层的 s 亚层或 p 亚层，屏蔽作用较小，所以原子半径以较大幅度减小。

副族的 d 区元素新增电子进入的是次外层的 d 亚层，内层电子对外层电子的屏蔽作用大于同层电子之间的相互屏蔽力，所以有效核电荷数增加缓慢，导致原子半径从左向右缓慢减小。到了 ds 区元素，由于次外层的 d 轨道已经全充满，d^{10} 有较大的屏蔽作用，超过了核电荷数增加的影响，原子半径反而略为增大。在第六、七周期中，f^{7} 和 f^{14} 的电子构型也会出现原子半径略有增大的现象。

镧系元素的新增电子进入的是倒数第三层的 f 亚层。电子层越靠内，处在该层的电子对外层电子的屏蔽力越强，所以原子半径从左向右减小的幅度更小，这种现象称为**镧系收缩**。由于镧系收缩的影响，使镧系后面的各过渡元素的原子半径都变得较小，以致第五、六周期过渡元素的原子半径非常接近，如 Zr 与 Hf、Nb 与 Ta、Mo 与 W，化学性质也极相似，难以分离。

值得注意的是，表中每个周期最后的稀有气体的原子半径突然特别大，这是因为稀有气体的原子半径是范德华半径，不能与共价半径进行比较。

(2)同族元素自上而下，原子半径逐渐增大，但有极少数例外。

主族元素从上往下，尽管核电荷数增多，但电子层数增加是主要因素，所以原子半径显著增大；副族元素从上到下，原子半径一般只是稍有增大。其中第五、六周期元素的原子半径相差极小，有些则基本一样，这主要是镧系收缩所造成的结果。

原子半径的这种变化趋势是电子层数和屏蔽效应这两个因素共同作用的结果。同周期内主要由屏蔽作用来决定，同族内主要由电子层数来决定。

5.5.2 电离能与电子亲和能

电离能与电子亲和能的概念用于讨论化合物形成过程的能量关系。

1. 电离能

电离能是指气态原子在基态时失去电子所需的能量，又称电离势，常用 $kJ \cdot mol^{-1}$ 为单位。气态原子失去最外层的一个电子，成为气态一价正离子所需的能量称为元素的第一电离能，再从气态一价正离子逐个失去电子所需的能量称为第二、第三、……电离能。各级电离能的符号分别用 I_1，I_2，I_3，…表示，并且 $I_1 < I_2 < I_3$，原子失去电子的难度要小于正离子失去电子，而且，同一元素的离子，电荷越高越难失去电子，所以，同一原子各级电离能越来越大。例如

$$\begin{cases} Na(g) - e^- \rightarrow Na^+(g) & I_1 = 494\ kJ \cdot mol^{-1} \\ Na^+(g) - e^- \rightarrow Na^{2+}(g) & I_2 = 4560\ kJ \cdot mol^{-1} \\ Na^{2+}(g) - e^- \rightarrow Na^{3+}(g) & I_3 = 6940\ kJ \cdot mol^{-1} \end{cases}$$

$$\begin{cases} Mg(g) - e^- \rightarrow Mg^+(g) & I_1 = 736\ kJ \cdot mol^{-1} \\ Mg^+(g) - e^- \rightarrow Mg^{2+}(g) & I_2 = 1450\ kJ \cdot mol^{-1} \\ Mg^{2+}(g) - e^- \rightarrow Mg^{3+}(g) & I_3 = 7740\ kJ \cdot mol^{-1} \end{cases}$$

显然，钠的 I_2 相比于 I_1 迅速增大，说明钠失去第二个电子需要很多能量，很难失去，所以钠通常为+1 价，同样，镁通常为+2 价。

电离能可以定量地比较气态原子失去电子的难易，电离能越大，原子越难失去电子。电离能总为正值，通常不特别说明时，指的都是第一电离能。影响电离能大小的因素是有效核电荷数、原子半径和原子的电子构型。

由图 5.11 可见元素第一电离能的周期性变化。曲线的各个高点都是稀有气体元素，因为它们的原子具有稳定的 2 电子或 8 电子构型，最难失去电子，所以电离能最高。而曲线的各个低点的都是碱金属元素，它们的最外层只有一个电子，易失去，所以电离能最低，这说明它们是最活泼的金属元素。其他元素的电离能则介于这两者之间。

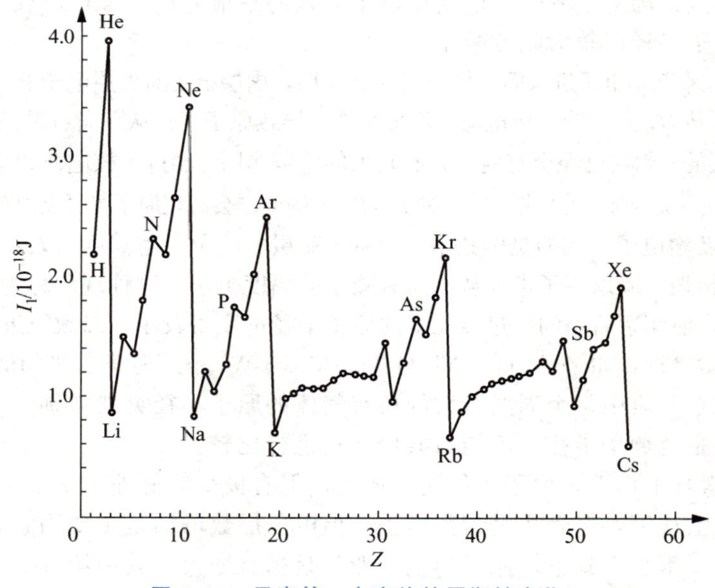

图 5.11 元素第一电离能的周期性变化

所以，同一周期从左到右，I_1 在总趋势上依次增大，因为此时有效核电荷数起主要作用。随着原子序数的递增，电子层数相同，核电荷数逐渐增多，原子半径减小，原子核对

外层电子的吸引力增大，失去电子变得越来越难，元素的电离能逐渐增大，金属性慢慢减弱，由活泼的金属元素过渡到非金属元素。

同一族中自上而下，元素的最外层电子数相同，电子层数不同，此时原子半径起主要作用。原子半径越大，核对外层电子的吸引力越小，越易失去电子，电离能越小。ⅠA下方的铯的 I_1 最小，它是最活泼的金属元素，而稀有气体氦的 I_1 最大。

副族元素由于新增电子填入 $(n-1)$d 轨道，屏蔽效应大，抵消了核电荷数增加所产生的影响，而且 ns 与 $(n-1)$d 轨道的能量比较接近，因此 I_1 的变化幅度较小且规律性不强。除ⅢB外，其他副族元素从上到下，金属性有逐渐减小的趋势。

此外，图5.11中曲线有小起伏。例如，第二周期元素，从Li到Ne这一段，第二个元素Be的第一电离能大于第三个元素B的第一电离能，第五个元素N的第一电离能大于第六个元素O的第一电离能。由于它们是同一周期相邻元素，此时电子构型起主要作用，Be的最外电子层的p轨道处于全空状态，N的最外电子层的p轨道处于半充满状态，都属于比较稳定的电子结构，失去一个电子会破坏其稳定状态，需较高能量，所以这些元素的第一电离能较高。

另外，与Be情况相似的Mg，与N情况相似的P、As，以及具有全充满的 $(n-1)$d 轨道Zn、Cd、Hg等元素，都具有较高的第一电离能。

2. 电子亲和能

与电离能相反，原子的**电子亲和能**是指气态原子在基态时得到一个电子形成气态负离子所需要的能量，又称电子亲合势，常用 $kJ \cdot mol^{-1}$ 为单位。和电离能相似，电子亲和能也有第一、第二、……电子亲和能，分别用 E_{A_1}、E_{A_2} 等表示。

原子的第一电子亲和能大多为负值，表示放出能量。当负一价离子再获得电子时，需要克服负电荷之间的排斥力，因此需要吸收能量，所以第二电子亲和能都是较高的正值。例如

$$O(g)+e^- \rightarrow O^-(g) \qquad E_{A_1}=-141.8kJ \cdot mol^{-1}$$

$$O^-(g)+e^- \rightarrow O^{2-}(g) \qquad E_{A_2}=+780kJ \cdot mol^{-1}$$

电子亲和能的大小反映了原子得到电子的难易程度，元素的第一电子亲和能的绝对值越大，原子得到电子的能力就越强，其非金属性也越强。元素第一电子亲和能的周期性变化如图5.12所示。

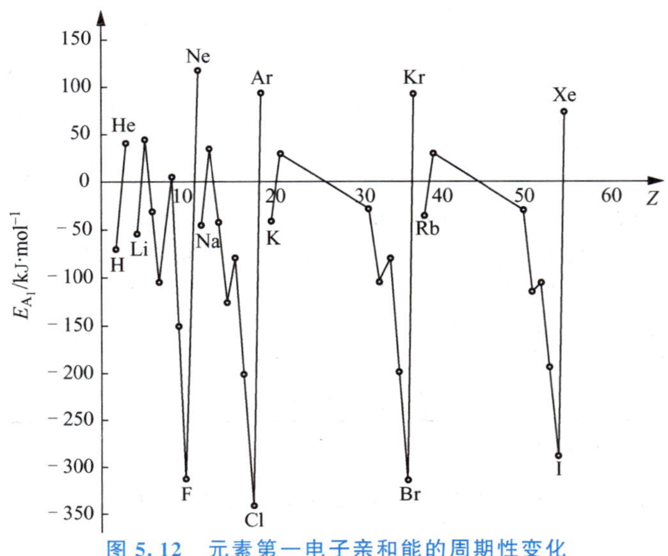

图5.12 元素第一电子亲和能的周期性变化

电子亲和能的测定比较困难，数据不完整，准确性也差。一般说来，同周期元素从左到右，原子的有效核电荷数逐渐增多，原子半径减小，同时最外层电子数逐渐增多，越来越容易结合电子形成 8 电子稳定结构，所以释放的能量越来越多，元素原子的第一电子亲和能在总趋势上逐渐减小(代数值)。每一周期卤素的电子亲和能最小。如果原子具有稳定的半充满或全充满的电子构型，该元素的电子亲和能就明显变大，如碱土金属(ⅡA)的半径较大，并且具有 ns^2 电子层结构，不易得电子，而稀有气体原子具有 ns^2np^6 的稳定电子层结构，更不易结合电子，要得到电子都需要吸收能量，因此ⅡA 与ⅧA 的原子第一电子亲和能均为正值。另外，N、Mn、Zn、As 等也具有半充满或全充满的电子构型，再增加一个电子不容易，所以它们的第一电子亲和能都明显变大。

同一主族中，自上而下，随原子半径的增大，元素的电子亲和能在总趋势上逐渐增大(代数值)。但第二周期的氧和氟的 E_{A_1} 分别比第三周期的硫和氯的 E_{A_1} 要大，出现这种反常现象的原因是氧、氟原子半径很小，电子密度大，因此结合一个电子形成负离子时，需要克服电子之间较大的排斥力，使得释放的能量减小。

5.5.3 电负性

电离能和电子亲和能分别反映了原子得失电子的能力，可用来判断元素的非金属性和金属性，但这两者仅仅是从各自的角度出发，只能反映元素一方面的性质，事实上，有些原子既难失电子，也难得电子，如碳、氢等。把原子在与其他原子结合时失去电子和结合电子的难易程度统一起来考虑，这就是元素的电负性。

电负性是元素的原子在分子中吸引电子的能力，用 χ 表示。根据元素电负性的大小，可以衡量元素的金属性和非金属性的强弱。电负性越大，非金属性越强。1932 年，鲍林首先提出了电负性的概念，他指定氟的电负性为 4.0，并根据热化学数据和分子的键能比较各元素原子吸引电子的能力，计算出其他元素的电负性数值。表 5－7 中数据已经过后人的修正。

表 5－7 鲍林的元素电负性

ⅠA	ⅡA	ⅢB	ⅣB	ⅤB	ⅥB	ⅦB		Ⅷ		ⅠB	ⅡB	ⅢA	ⅣA	ⅤA	ⅥA	ⅦA	0
H																	He
2.18																	—
Li	Be											B	C	N	O	F	Ne
0.98	1.57											2.04	2.55	3.04	3.44	3.98	—
Na	Mg											Al	Si	P	S	Cl	Ar
0.93	1.31											1.61	1.90	2.19	2.58	3.16	—
K	Ca	Sc	Ti	V	Cr	Mn	Fe	Co	Ni	Cu	Zn	Ga	Ge	As	Se	Br	Kr
0.82	1.0	1.36	1.54	1.63	1.66	1.55	1.8	1.88	1.91	1.90	1.65	1.81	2.01	2.18	2.55	2.96	—
Rb	Sr	Y	Zr	Nb	Mo	Tc	Ru	Rh	Pd	Ag	Cd	In	Sn	Sb	Te	I	Xe
0.82	0.95	1.22	1.33	1.60	2.16	1.9	2.28	2.2	2.2	1.93	1.69	1.73	1.96	2.05	2.1	2.66	—
Cs	Ba	La	Hf	Ta	W	Re	Os	Ir	Pt	Au	Hg	Tl	Pb	Bi	Po	At	Rn
0.79	0.89	1.10	1.3	1.5	2.36	1.9	2.2	2.2	2.38	2.54	2.0	2.04	2.33	2.02	2.0	2.2	—

引自 MacMillian. Chemical and Physical Data(1992)

在周期表中，右上方氟的电负性最大，非金属性最强，而左下方铯的电负性最小，金属性最强。

由表5-7可见，元素的电负性也呈现周期性变化。在同一周期中，从左到右，元素的电负性逐渐增大，非金属性增强；在同一主族中，自上而下，电负性减小，金属性增强；副族元素的电负性没有明显的变化规律。

电负性数据主要用来讨论形成共价键的原子间电子密度的分布，是研究化学键性质的重要参数。电负性差值越大，化学键的极性就越强。

正电子与反物质

1930年，英国物理学家狄拉克①(Dirac P. A. M.)在建立符合狭义相对论的电子的量子力学方程时，发现必须有与电子质量相等、电荷相反的粒子存在才能保持理论在逻辑上的一致性，他预测了正电子的存在。1932年，美国科学家安德森②(Anderson C. D.)在云雾室(cloud chamber)的宇宙射线(cosmic ray)照片中发现了正电子。1933年，狄拉克与安德森获得了诺贝尔物理奖，狄拉克在领奖时大胆预测，在宇宙的某一角落可能有由反原子构成的反物质，甚至反星球、反星系乃至于反人。

反物质是由反粒子构成的物质，每一种粒子都有对应的反粒子，正电子是电子的反粒子，它的质量、电荷量均与电子相同，狄拉克预言的反质子直到1955年才发现。2002年，在日内瓦的欧洲核子研究中心，物理学家大批量地制造出了反氢原子③，所谓反氢原子指的是一个正电子与一个反质子的组合。2007年9月，Cassidy和Mills④创造出第一个反物质Ps_2分子。

Ps指Positronium，即电子偶素，一个电子和一个正电子组成的类原子系统也叫Ps原子。由于正电子和电子的电荷差异，它们很容易发生吸引。正电子和气体原子间碰撞，俘获原子中的一个电子，就形成了电子偶素。粒子和反粒子相遇其实只是非常短暂的过程，它们在瞬间以γ射线的形式释放出能量并湮没，在实验室中，Ps原子在毁灭之前的存活时间仅有不到百万分之一秒。从理论上来说，Ps原子之间也能够相互配对，形成Ps_2分子，这就好比两个氢原子形成H_2，这一点已被Cassidy和Mills所证实。他们还发现Ps_2中电子-正电子的湮没速度比单独的Ps原子更快，这是由于结合成分子后，电子和正电子碰撞概率更大。此外，在低温时Ps原子结合成分子的可能性更大，因为低温下分子更稳定。

狄拉克对反电子的预测根据的理论是相对论和量子力学。狭义相对论认为质量也是能量的一种形式，因此可以与其他形式的能量相互转换。以前，人们认为宇宙是有史以来就存在的，既不是从虚无中产生出来的，也不会凭空消失。爱因斯坦认为，可以把宇宙看作是由能量转换为质量而来的，即宇宙是由全无粒子的真空状态转换为正反物质而来的，这是一个量子过程，核分裂过程所释放的大量能量就是原子核中的质子和中子的质量转化而来的。狄拉克首先结合了相对论和量子力学，预测了物质和能量完全转换的可能。

1960年，瑞典天体物理学家爱尔分(Alfv'en H.)在他的书《世界与反世界(*Worlds and Anti-worlds*)》中，提出整个宇宙应是由物质和反物质以对称方式组成的。可是，所有证据都显示宇宙早期是处于均匀的浓汤状态(primordial soup)，物质和反物质要如何不相湮没，而后分离开来，保持对称，他并没有令人满意的解释。

那么物质和反物质是对称的吗？孤立的物质和反物质，它们的质量相等，电荷相反，从这些性质来

---

① Dirac P A M. Proc Cambridge PhilSoc，1930，26：361.

② Anderson C D. Phys Rev，1933，43：491-494.

③ Amoretti M，Amsler C，Blnomi G，etal. Nature，2002，419：456-459.

④ Cassidy D B，A P Mills，Jr. The production of molecular positronium，Nature，2007，449：195-197.

说，它们是对称的。如果考虑它们的相互作用力，其实它们并不对称。宇宙中共有四种基本作用力，即强相互作用力、弱相互作用力、电磁力和万有引力。1955年，杨振宁和李政道在研究弱相互作用力的反应时，提出宇称(parity)是不守恒的，通俗一点说，就是宇宙中物质比反物质多，杨、李的观点随后被吴健雄女士以精巧的实验证实。大物理学家鲍利(Pauli W)得知后惊叹道："我真不敢相信上帝是个左撇子！"在宇宙中，物质和反物质之间不相等分布，其原因目前仍然是一个谜。

反物质的研究引起科学家们深深的兴趣，相关的技术应用更为广泛，如化学、材料学及医学(如正电子发射断层显像PET)。反物质在军事上也有多种潜在用途，因为正电子湮没时，正电子及与其湮没的电子的质量全部转化为湮没光子能量，因此它具有最大能量密度，1mg反物质就能释放出180MJ能量，相当于22个美国航天飞机燃料箱储存的能量，而且湮没产物仅为0.511MeV的γ射线，不会引起任何核反应和产生核废料，可用作光子武器。有人提出用正电子能量转换作航天飞机推进器的设想，因为作为未来宇宙飞船的燃料，10mg的反物质就相当于数吨化学燃料①。

反物质代表了宇宙世界的一面镜子，为人们开辟了一个意想不到的科学新领域——一种全新的化学。

习　　题

5.1 区分下列概念。

①连续光谱和线状光谱；②电子云与原子轨道；③电子的粒子性与波动性；④核电荷数和有效核电荷数；⑤屏蔽效应和钻穿效应；⑥电离能和电子亲和能。

5.2 以下原子或离子的电子组态是基态、激发态还是不可能的组态？

$1s^2 2p^1$　　$1s^2 2d^1$　　$1s^2 3d^3$

[Ne] $3s^2 3p^1$　　[Ar] $3d^5 4s^2$　　$1s^2 2s^2 2p^6 3s^2 3p^3$

5.3 下列各组量子数哪些是不合理的？为什么？

①$n=2$，$l=3$，$m=0$；②$n=2$，$l=2$，$m=1$；③$n=5$，$l=0$，$m=0$；④$n=3$，$l=-1$,$m=1$；⑤$n=3$，$l=0$，$m=1$；⑥$n=2$，$l=1$，$m=-1$。

5.4 写出硫原子最外层的所有电子的四种量子数。

5.5 原子核外电子排布时，为什么最外层电子不超过8个，次外层电子不超过18个？

5.6 写出下列元素原子或离子的价电子排布式，并画出其轨道图式。

Be　P　Cl　Br^-　Ar^+　Mn^{3+}　Ge^{2+}

5.7 下面是某多电子原子中的几个电子，试按照能量从低到高的顺序将它们排列。

①$n=3$，$l=1$；②$n=2$，$l=0$；③$n=4$，$l=0$；④$n=3$，$l=0$；⑤$n=2$，$l=1$；⑥$n=3$，$l=2$。

5.8 写出下列元素原子的电子排布式，并给出原子序数和元素名称。

①第四周期的稀有气体元素；②第四周期的第ⅥB的元素；③3d填8个电子的元素；④4p半充满的元素；⑤原子序数比价层电子构型为$3d^2 4s^2$的元素小4的元素。

5.9 已知元素原子的价电子构型分别为：$3s^2 3p^5$、$3d^6 4s^2$、$5s^2$、$4f^9 6s^2$、$5d^{10} 6s^1$。试判断它们在周期表中属于哪个区？哪个族？哪个周期？

5.10 由下列元素在周期表中的位置给出元素名称、元素符号及其价（层）电子构型。

①第四周期第ⅠB族；②第五周期第ⅠA族；③第四周期第ⅤA族；④第六周期第ⅡA族。

5.11 推测117号元素的核外电子排布式，并预言它在周期表中的位置。

5.12 某元素原子的最外层为$5s^2$，共有4个价电子，判断该元素位于周期表哪个区？第几周期？第几族？写出它的+4价离子的电子构型。

① 吴奕初，胡懿，王少阶. 基于正电子的反物质研究进展. 物理学进展，2008，1.

5.13 某元素的原子序数为33，试回答：①该元素原子有多少个电子？有几个未成对电子？②原子中填有电子的电子层、轨道各有多少？价电子数有几个？③该元素属于第几周期？第几族？哪个区？是金属元素还是非金属元素？

5.14 某元素原子的最外层仅有一个电子，该电子的量子数是(4，0，0，+1/2)，试判断：①符合上述条件的元素可以有几种？原子序数各为多少？②写出相应元素原子的电子排布式，并指出它们在周期表中的位置(区、周期、族)。

5.15 有A、B、C、D四种元素，其中A、B和C为第四周期元素；A、C和D为主族元素；D为所有元素中电负性第二大的元素；A有4个价电子；B为d区元素；C和B都有7个价电子。给出四种元素的元素符号，并按电负性由大到小排列。

5.16 在元素周期表中，从上到下、从左到右原子半径呈现什么变化规律？为什么？主族元素与副族元素的变化规律是否相同？为什么？

5.17 判断下列各组元素原子半径的大小，并简要说明原因。

①Ca与Cr；②Ca和Rb；③As与S。

5.18 铬(Cr)是24号元素，位于第四周期，第ⅥB族，与它同一族的元素有第五周期的钼(Mo)，第六周期的钨(W)，Mo和W具有相近的金属半径，与Cr的半径却相差较大，为什么？

5.19 Na^+和Ne的电子构型相同都是$1s^2 2s^2 2p^6$，气态Ne原子失去一个电子时I_1的值是2081 kJ·mol^{-1}，而气态Na^+失去第二个电子时I_2的值是4562 kJ·mol^{-1}，为什么？

5.20 在元素周期表中，从上到下、从左到右原子的电负性呈现什么变化规律？电负性最大和最小的元素分别是哪一个？

5.21 判断各组元素第一电离能的相对大小，并简要说明原因。

①S和P；②Al和Mg；③Sr和Rb。

5.22 解释下列现象。

(1)He^+中3s和3p轨道的能量相等，而在Ar^+中3s和3p轨道的能量不相等。

(2)第一电离能：B<Be，O<N。

(3)第一电子亲和能的绝对值：Cl>F，S>O。

第6章 化学键和晶体结构

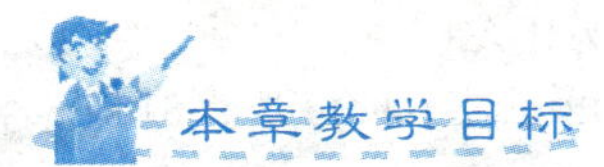

(1)掌握三种化学键的形成、特征和一些描述化学键性质的键参数。

(2)掌握共价键的特征及分类，掌握分子轨道理论和杂化轨道理论的基本要点，理解价键理论和价层电子对互斥理论。

(3)掌握范德华力的种类及对物质性质的影响和氢键的相关内容。

(4)了解金属键理论，理解离子极化的概念及离子极化对物质结构和性质的影响。

(5)掌握四种典型晶体的结构特征和性质。

自然界中的物质绝大多数都不是以单独的原子状态存在的，而是以原子之间相互结合形成分子或晶体的状态存在的。例如，金属钠是以许多钠离子结合形成的金属晶体的形式存在的；氯气是以两个氯原子结合形成的氯气分子的形式存在的；而氯化钠是以钠离子和氯离子结合形成的离子晶体的形式存在的。第5章中所介绍的原子结构的内容可以解释某些物质的一些宏观性质，如金属性、非金属性等，但对于一些现象，如石墨、金刚石和 C_{60} 性质的不同，CO_2 分子的空间结构是直线形而 H_2O 分子却呈V形等，还无法做出解释。实际上物质的性质不仅与原子结构有关，还与物质的分子结构或晶体结构有关。

由原子、离子或分子在空间有规则地排列而成的、具有整齐外形的固体物质称为**晶体**。自然界中的大多数固体物质都是晶体，晶体一般可分为原子晶体、分子晶体、离子晶体和金属晶体。

各种晶体都具有三大特征：具有整齐规则的几何外形、固定的熔点和各向异性。所谓**各向异性**是指由于晶体在各个方向上排列的微粒(分子、离子、原子)之间的距离和取向不同导致光学、力学等性质在各个方向上表现出差异。晶体的这些特征是由其内部结构决定的。如果把晶体中整齐排列的微粒抽象为几何学中的质点，这些质点以确定的位置在空间作有规律的排列，把这些点连接起来，就可以得到描述晶体内部结构的几何图像——晶体的结晶格子，简称晶格。每个质点在晶格中所占的位置称为晶体的**结点**。每种晶体都可找出其具有代表性的最小重复单位，称为**晶胞**。晶胞在三维空间无限重复，就产生了宏观的晶体，故晶体的性质是由晶胞的大小、形状和质点的种类及质点间的作用力所决定的。晶格、晶胞和结点如图 6.1 所示。

分子或晶体之所以存在，说明分子或晶体内原子(或离子)之间存在较强的相互作用力，这就是**化学键**，化学键一般可分为共价键、离子键和金属键等。

本章将着重介绍三种化学键和四种晶体的性质和结构，并讨论分子间的作用力及其对分子晶体的一些性质的影响。

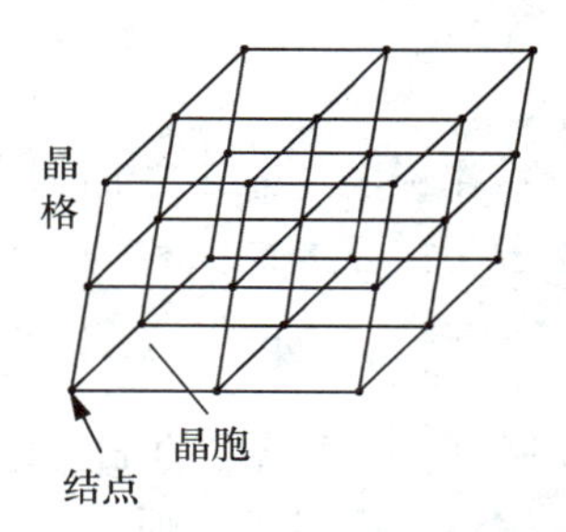

图 6.1 晶格、晶胞与结点

6.1 共价键与原子晶体

6.1.1 共价键的键参数

1916 年，美国的路易斯(Lewis)提出了共价键理论，他认为在分子中，原子和原子之间可以形成共用电子对，彼此共享电子，使每一个原子都达到稀有气体电子构型，以求得本身的稳定。例如

H· + ·H → H:H　　　:Cl· + ·Cl: → :Cl:Cl:

·O· + ·O· → O::O　　　·N· + ·N· → N⋮⋮N

原子通过共用电子对形成的化学键称为**共价键**。共用一对电子的称为共价单键，共用多对电子的称为共价重键，通常简称为单键、双键、三键等。

表征共价键性质的物理量称为键参数，主要有键能、键长、键角和键的极性等。

1. 键长

分子中成键的两个原子核间的平衡距离(因为成键原子总是在一定范围内来回振动，所以是平衡距离)称为**键长**，其数据可以通过衍射或光谱法测定，见表 6-1。一般来说，AB 两原子之间形成的单键键长>双键键长>三键键长，即键数越多，键长越短，键也越牢固。

表 6-1 部分共价键的键能和键长

共价键	键长/pm	键能/kJ · mol^{-1}	共价键	键长/pm	键能/kJ · mol^{-1}
H—F	92	570	H—H	74	436
H—Cl	127	432	C—C	154	346
H—Br	141	366	C=C	134	602
H—I	161	298	C≡C	120	835
F—F	141	159	N—N	145	159
Cl—Cl	199	243	N≡N	110	946
Br—Br	228	193	O—O	145	142
I—I	267	151	O=O	121	498

2. 键能

在标准状态下，断开 1mol 某理想气体 AB 的化学键，形成气态的 A 原子和气态的 B 原子所需要的能量称为 AB 的**键能**，也称离解能，用 D_{A-B}表示。例如

$$HCl(g) \xrightarrow[298.15K]{标准状态} H(g) + Cl(g) \quad D_{H-Cl}(298.15K) = 432kJ \cdot mol^{-1}$$

要断开 1mol 气态的 H—Cl 共价键，需要提供 432kJ 的能量。对于双原子分子，键能就是离解能，而对于多原子分子，如 NH_3分子有三个 N—H 键，氢逐级离解时，各级离解能都不相同，N—H 键的键能应取这 3 个离解能的平均值。

键长越短，键能就越大，键也就越稳定。如表 6-1 所示，对双原子分子来说，如 H—F、H—Cl、H—Br、H—I，键长逐渐增大，键能逐渐下降，这是因为从 F 到 I，原子半径增大，成键能力下降。另外，单键、双键及三键的键能依次增大，但双键和三键的键能与单键键能并非 2 倍、3 倍的关系。

F—F、O—O、N—N 单键的键能反常地低，这是由于半径太小，电子密度大，孤电子对的斥力较强引起的。

另外，相同的键在不同化合物中的键长和键能不一定相等。例如，CH_3OH 和 C_2H_6 中均有 C—H 键，它们的键长和键能就不相同，表 6-1 中的数据为平均值。

3. 键角

分子中键与键之间的夹角称为**键角**。键角在多原子分子中才涉及，它说明了键的方向，是反映分子几何构型的重要参数。例如，H_2S 分子的 H—S—H 的键角为 92°，说明H_2S分子的构型为 V 字形；CO_2分子的 O—C—O 的键角为 180°，则 CO_2分子为直线形。根据键长和键角的数据就可以确定分子的空间构型。

4. 键的极性

键的极性是由于成键原子吸引电子的能力不同引起的。原子吸引电子的能力可以用电负性的大小来衡量，电负性越大，吸引力越强。

如果形成共价键的两个原子相同，它们对共用电子对的吸引力完全一样，则电子云密集的区域恰好在两个原子核的正中间，不偏不倚，原子核的正电荷重心和成键电子对的负电荷重心正好重合，这种共价键称为**非极性共价键**，如 H_2、Cl_2、N_2中的共价键等。

如果形成共价键的两个原子不相同，吸引电子对的能力就不同，则共用电子对发生偏移，电子云密集的区域偏向电负性较大的原子，使之带有部分负电荷(用 $\delta-$ 表示)，而电负性较小的原子则带有部分正电荷(用 $\delta+$ 表示)，正电荷重心和负电荷重心不重合，这种共价键称为**极性共价键**。$\delta-$ 和 $\delta+$ 都低于元电荷，数值相等，整个分子仍保持电中性。极性共价键的极性大小与成键的两个原子的电负性之差有关，差值越大，键的极性就越大。

一般来说，相同原子形成化学键，如果两个原子所处的环境相同，则形成非极性键，而不同原子形成的化学键则肯定是极性键。对共价键来说，键的极性越大，键能越大。

6.1.2 价键理论

1927 年，海特勒(Heitler)和伦敦(London)应用量子力学研究氢气分子结构，初步解答了共价键的本质。1930 年，鲍林和斯莱特等在此基础上提出现代价键理论、杂化轨道理论和价层电子对互斥理论。

1. 氢分子的形成

如图6.2所示，横坐标为两个氢原子核之间的距离 d，纵坐标为系统的势能 E。当两个氢原子距离无限大时，不存在相互作用力，系统的势能为零。随着距离逐渐减小，相互间开始产生吸引力和排斥力。如果两个氢原子所带电子的自旋方向相反，相互接近到一定距离时，每个氢原子核除吸引自己的一个电子外，同时还吸引另一个氢原子的电子。在到达平衡距离(R_0)之前，氢的两个原子核之间及两个电子云之间都有排斥作用，但原子核对另一个氢原子电子的吸引力更大，系统的能量随着核间距的减小而逐渐降低，当吸引力和排斥力相等时，核间距达到 R_0(74pm)，系统的能量降到最低点($436kJ \cdot mol^{-1}$)，低于原来两个孤立氢原子的能量之和，说明两个氢原子之间已经形成了稳定的共价键，形成了 H_2 分子。如果核间距进一步减小，此时吸引力小于排斥力，系统的能量会急剧升高。

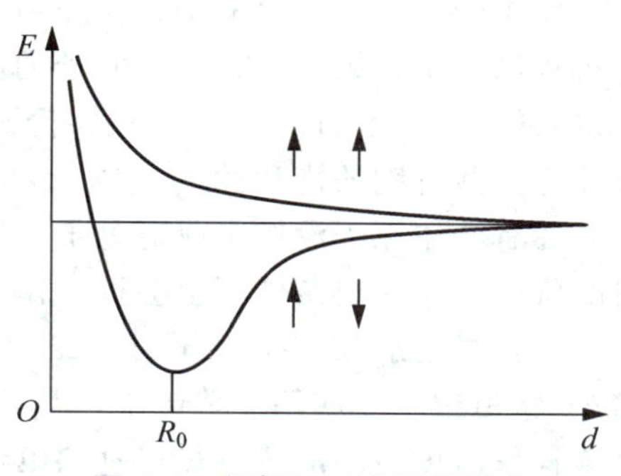

图6.2 氢气(H_2)分子的形成

如果两个氢原子所带电子的自旋方向相同，相互接近时，彼此之间始终是排斥力，使系统的能量升高，所以不能成键。

氢原子的半径为53pm，而 H_2 分子的核间距为74pm，小于其半径的两倍，说明 H_2 分子中两个氢原子的1s轨道发生了重叠。所以说共价键是成键电子的原子轨道重叠而形成的，原子轨道相互重叠使两个原子核之间的电子密度增大，降低了两个原子核之间的排斥力，使系统的能量降低，因而能形成牢固的共价键。

2. 现代价键理论

现代价键理论(valence bond theory，即VB理论，也称电子配对法)，其要点如下。

(1)A、B两原子中都有未成对电子，而且它们的自旋方向相反时，两原子相互接近，电子可互相配对形成稳定的共价键。

对于自旋方向相反的单电子，原子轨道(波函数)的正、负号相同(即量子力学中的对称性匹配)，配对时原子核之间的电子云密集，会降低系统的能量，从而形成稳定的化学键，符合能量最低原理和对称性匹配原理。

形成的共价键越多，系统的能量就越低，形成的分子就越稳定。因此，应使各原子中的未成对电子尽可能多地形成共价键。

(2)原子之间形成共价键的数目取决于其未成对电子的数目。

如果A、B两原子各有一个单电子，并且自旋方向相反，就可以配对形成共价单键；如果A、B各有两个或三个单电子，则自旋相反的单电子可两两配对形成共价双键或三键；如果A有两个单电子，B只有一个单电子，电子自旋方向相反时可以形成 AB_2 型分子。

(3)共价键的形成应尽可能使原子轨道重叠部分最大。原子轨道重叠得越多，原子核之间的电子密度越大，形成的共价键就越牢固，分子就越稳定。因此，原子轨道要尽可能沿着能发生最大重叠的方向进行重叠，称为最大重叠原理。

3. 共价键的特征

(1)共价键具有饱和性

原子的一个未成对电子，在和别的原子的一个自旋方向相反的电子配对成键后，就不能再跟第三个、第四个、……原子的电子配对成键。例如，氢原子只有一个未成对电子，所以只能形成 H_2(H－H，一根共价键)分子，不会形成 H_3、H_4、…分子。共价键的这种特征称为共价键的饱和性。

稀有气体原子没有未成对电子，所以通常以单原子分子的形式存在。有些原子本来成对的价电子在一定条件下也会拆开作为单电子参与成键。例如，碳原子本来只有两个未成对电子，当它形成 CH_4 分子时，2s 轨道的价电子对拆开，一个电子受到激发，跃迁到空的 2p 轨道中，形成四个单电子，与四个氢原子形成四个共价键，这样比形成两个共价键能够释放出更多的能量，足以补偿电子激发时所吸收的能量。

$_6$C: 1s [↑↓] 2s [↑↓] 2p [↑][↑][ ] → 1s [↑↓] 2s [↑] 2p [↑][↑][↑]

(2)共价键具有方向性

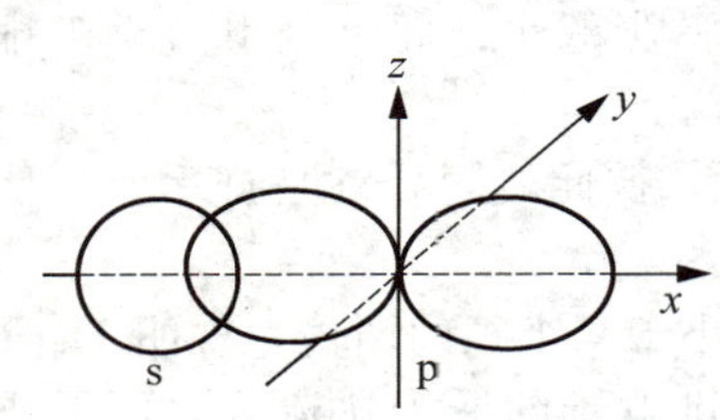

图 6.3　共价键方向性示意图

根据原子轨道最大重叠原理，成键时要尽可能让原子轨道进行最大程度的重叠。除了 s 轨道为球形，无方向性外，p、d、f 等轨道在空间都有着各自特定的伸展方向。成键时只有沿一定的方向靠近，才能实现最大程度的重叠，所以共价键有方向性。例如 HCl 分子，假设 Cl 的未成对电子在 $3p_x$ 轨道上，H－Cl 键是 Cl 的 $3p_x$ 和 H 的 1s 轨道重叠，s 轨道只有沿着 p_x 的对称轴(即 x 轴)方向，才能达到最大程度的重叠，如图 6.3 所示。

对于 H_2S 分子，假设 S 的未成对电子分别在 $3p_x$ 和 $3p_y$ 轨道上，两个 H 的 1s 轨道分别与 S 的 $3p_x$ 和 $3p_y$ 轨道沿着 x 轴和 y 轴的方向进行最大程度的重叠，而 x 轴和 y 轴的夹角为 90°，所以 H_2S 分子的键角应接近于 90°(实际上是 92°)。

4. 共价键的类型

(1)σ 键和 π 键

成键的两个原子的原子核之间的连线称为键轴，根据成键与键轴之间的关系，共价键的键型主要有两种。

①σ 键：两个原子轨道沿着键轴的方向以“头碰头”方式重叠形成的共价键称为 **σ 键**，如图 6.4(a)所示。

当两个原子轨道以“头碰头”方式重叠时，将重叠部分沿着键轴旋转任意角度，图形及符号均保持不变，说明 σ 键成键轨道沿键轴呈圆柱型对称。由于成键轨道在轴向上有最大程度的重叠，故 σ 键键能较大，比较稳定。

②π 键：原子轨道沿键轴接近时相互平行的 p_y－p_y、p_z－p_z 轨道以“肩碰肩”的方式发生重叠而形成的共价键称为 **π 键**，如图 6.4(b)所示。

当两个原子轨道以“肩并肩”方式进行重叠时，将轨道重叠部分围绕键轴旋转 180°时图形重合，但符号相反，说明成键轨道对一个通过键轴的平面呈镜面反对称。

形成 π 键时，轨道重叠的程度较 σ 键小，因此 π 键的键能小于 σ 键，也不如 σ 键稳

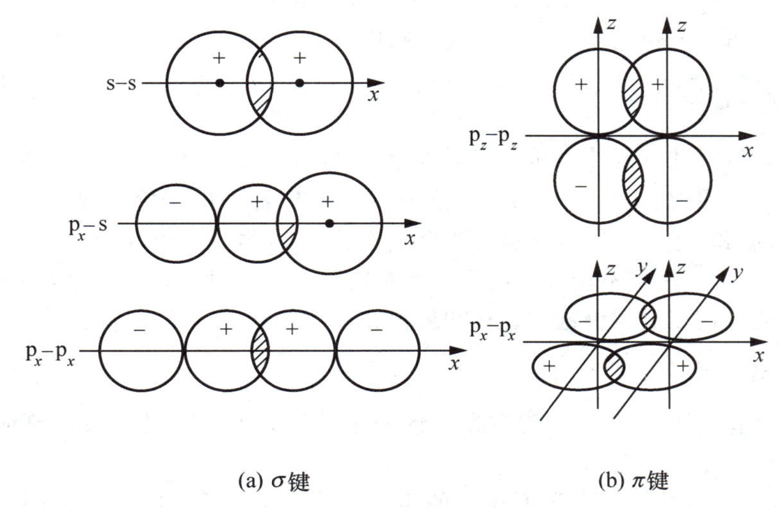

图 6.4 σ键与π键形成示意图

定。所以原子之间总是优先形成σ键，一般π键存在于具有双键或三键的分子中，如N_2分子，如图6.5所示，两个氮原子的$2p_x$轨道沿x轴方向以“头碰头”的方式重叠形成了一个σ键，氮原子的另外两个p轨道$2p_y$和$2p_z$只能以“肩并肩”的方式与平行的另一个氮原子的$2p_y$和$2p_z$轨道重叠，形成两个π键，N≡N三键实际上是一个σ键、两个π键。

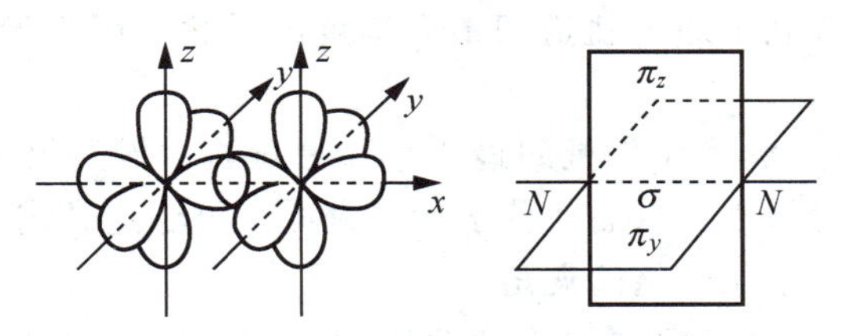

图 6.5 N_2分子结构示意图

如果形成双键，如C_2H_4中C=C是一个σ键和一个π键，因此双键和三键的键能与单键键能并不是两倍和三倍的关系。

(2)配位键

前面介绍的共价键构成电子对的电子一般由成键双方原子各提供一个。如果电子对只由单方面提供，另一方提供空轨道，这样形成的共价键称为配位共价键，简称**配位键**或配价键。提供电子对的原子称为电子对给予体，另一方称为电子对接受体。配位键通常以箭头“→”表示，方向是电子对给予体指向电子对接受体。例如CO分子

	2s	2p		
$_6$C:	↑↓	↑	↑	
$_8$O:	↑↓	↓	↓	↑↓

氧原子的两个成单的2p电子与碳原子的两个成单的2p电子自旋方向相反，形成一个σ键和一个π键，另外氧原子还有一对孤对电子，碳原子还有一个2p空轨道，形成了一个配位键，其结构式表示为C$\overset{\leftarrow}{\equiv}$O。

配位键形成条件：一个原子的价电子层有孤对电子，另一个原子的价电子层有空轨道，二者缺一不可。配位键多见于配位化合物中。

6.1.3 杂化轨道理论

现代价键理论对共价键的本质及特征进行了成功的描述，但是有不少实验事实它无法做出解释。例如，甲烷(CH_4)分子中形成的四个C－H键，根据价键理论，应该是碳原子中的一条2s轨道和三条2p轨道分别与四个氢原子的1s轨道重叠而成，三条2p轨道为等价轨道，但与2s轨道能量不相等，这就意味着这四个共价键中，有一个与其他三个不同，但实验结果表明，这四个共价键的键长和键角完全相等。

1. 杂化轨道理论

为了解决这些问题，1931年鲍林在价键理论的基础上，引进了杂化轨道的概念，提出了杂化轨道理论。其要点如下。

(1)原子在形成分子时，由于原子间的相互影响，中心原子的几个不同类型、能量相近的原子轨道混合起来，重新组合成能量、形状和方向与原来都不相同的新的原子轨道。这种轨道重新组合的过程称为杂化，杂化形成的新的原子轨道称为杂化轨道。

(2)杂化前后原子轨道数目不变，即参加杂化的原子轨道的数目与形成的杂化轨道的数目相同。

(3)杂化轨道成键能力大于杂化前的原子轨道，因为杂化以后轨道角度分布图的形状发生了变化，所有杂化轨道都形成一头大一头小的形状。成键时杂化轨道用大的一头与其他原子的轨道重叠，更有利于原子轨道间最大程度的重叠，因而形成的化学键比较牢固，所生成的分子更为稳定。

(4)杂化轨道成键时要满足化学键间最小排斥原理，即键与键之间在空间尽可能采取最大键角，使相互间斥力最小，从而使分子能量最低，更稳定。键与键之间斥力的大小取决于键的方向，即取决于杂化轨道的夹角。

(5)杂化又可分为等性杂化和不等性杂化两种：如果杂化后形成的杂化轨道能量、成分完全相同，这种杂化称为等性杂化；如果杂化后形成的杂化轨道能量不完全相同，则称为不等性杂化。

2. 杂化轨道类型与分子的空间构型

(1)**sp杂化**：由同一原子内的一个ns轨道和一个np轨道组合成两个sp杂化轨道的过程称为sp杂化，如$BeCl_2$分子中的Be原子。

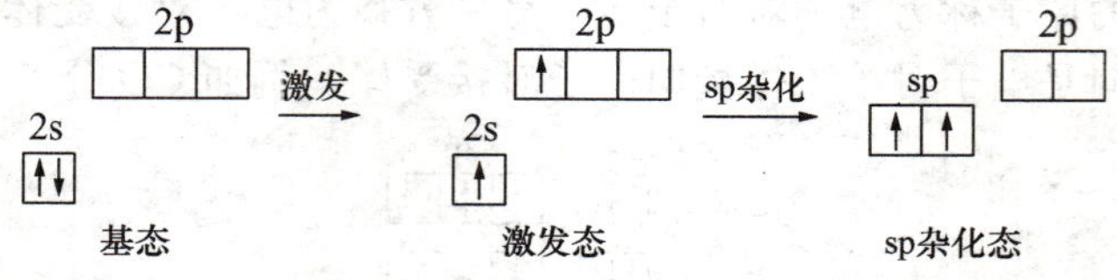

上面是$BeCl_2$分子的形成过程，Be的2s轨道在下，2p轨道在上，表示它们的轨道能量的相对高低。中心原子Be受到激发，一个2s电子跃迁到2p空轨道上，然后一个2s轨道和一个2p轨道杂化形成两个sp杂化轨道，杂化轨道的能量高于2s轨道的能量，低于2p轨道的能量。这两个sp杂化轨道是等价轨道，其中每个sp杂化轨道都含有1/2的s轨

道成分和 1/2 的 p 轨道成分，能量、成分完全相同。新轨道的电子密度相对集中在一方，见表 6－2 中 sp 杂化轨道的几何构型。以杂化轨道比较大的一头与 Cl 原子的 3p 轨道重叠而形成 σ 键，重叠部分显然比未杂化轨道大得多。

表 6－2　杂化轨道的类型与分子的空间构型

杂化类型		sp	sp^2	sp^3		sp^3d^2
				等性	不等性	
参与杂化轨道	s	1	1	1		1
	p	1	2	3		3
	d	0	0	0		2
杂化轨道数		2 个	3 个	4 个		6 个
杂化轨道几何构型						
分子空间构型		直线形	正三角形	正四面体	V 字形或三角锥形	八面体
杂化轨道之间的夹角		180°	120°	109°28′	略小于 109°28′	90 °(轴与平面、平面内) 180 °(轴向)
实例		$BeCl_2$ $HgCl_2$	BCl_3 BF_3	CH_4 SiH_4	H_2O NH_3	SF_6 SiF_6^{2-}

根据化学键间最小排斥原理，sp 杂化轨道间的夹角为 180°，$BeCl_2$ 分子呈直线形，两个 Be—Cl 键的键长和键能都相等，键角为 180°。实验数据证实了这个结果。

值得注意的是，原子轨道的杂化只有在形成分子时才会发生，孤立的原子是不会发生杂化的，只有同一原子的能量相近的轨道才能发生杂化。发生杂化的是中心原子，如 Be 原子发生 sp 杂化，而不是 $BeCl_2$ 分子发生杂化，杂化轨道的空间伸展方向与杂化类型有关。

(2)**sp^2 杂化**：由同一原子内的一个 ns 轨道和两个 np 轨道组合形成三个 sp^2 杂化轨道的过程称为 sp^2 杂化，如 BF_3 分子中的 B 原子。

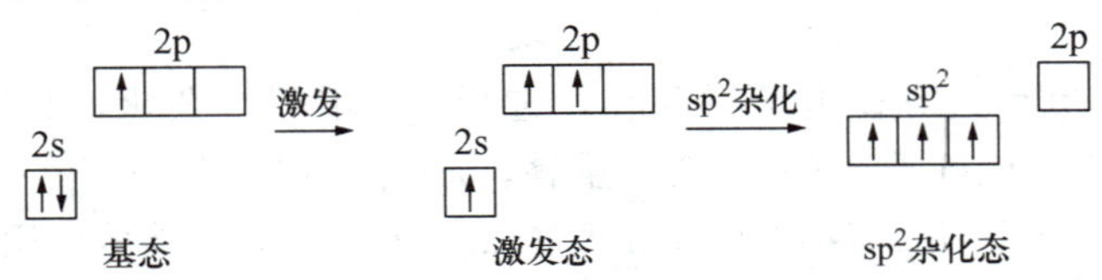

B 原子进行 sp^2 杂化，形成等价的三个 sp^2 杂化轨道，其中每个 sp^2 杂化轨道都含有 1/3 的 s 轨道成分和 2/3 的 p 轨道成分，sp^2 杂化轨道间的夹角为 120°，所以 BF_3 分子呈平面三角形，如图 6.6 所示。

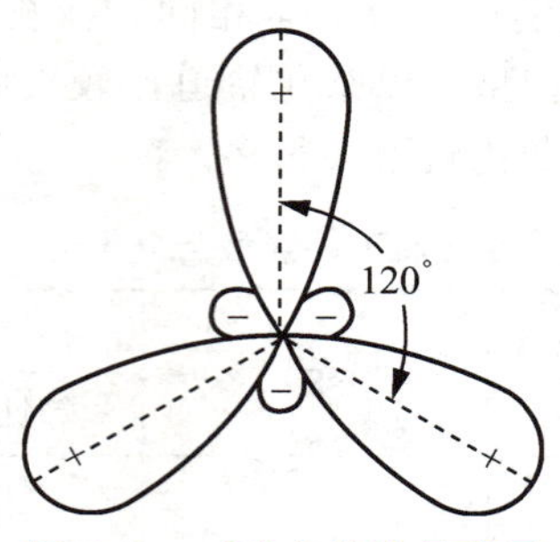

图 6.6　sp^2 杂化轨道示意图

(3)**sp^3 杂化**：由同一原子内一个 *n*s 轨道和三个 *n*p 轨道组合成四个 sp^3 杂化轨道的过程称为 sp^3 杂化。

sp^3 等性杂化：如 CH_4 分子的中心原子 C 原子。

2s [↑↓]　2p [↑|↑|]（基态）—激发→ 2s [↑]　2p [↑|↑|↑]（激发态）—sp^3杂化→ sp^3 [↑|↑|↑|↑]（sp^3杂化态）

C 原子发生 sp^3 杂化，形成四个 sp^3 等价杂化轨道，每个 sp^3 杂化轨道都含有 1/4 的 s 轨道成分和 3/4 的 p 轨道成分，四个杂化轨道分别指向正四面体的四个顶点。杂化轨道间的夹角为 109°28′，所以 CH_4 分子的空间构型为正四面体形。

对于前面所述的几种类型的杂化，杂化轨道的能量和成分完全相等，称为**等性杂化**。如果参加杂化的原子轨道中有孤电子对存在，并且孤电子对不参与成键，则由于孤电子对占据了部分杂化轨道，使杂化轨道的成分分布不均匀，孤电子对离核较近，所占轨道的 s 成分较多，其他轨道离核较远，所占的 p 成分较多，这种由于孤电子对占据杂化轨道引起杂化轨道成分分布不均匀的杂化称为**不等性杂化**。由于孤电子对的排斥作用，所形成的分子的键角比正常键角要小一些。

sp^3 不等性杂化：如 NH_3 分子的中心原子 N 原子、H_2O 分子的中心原子 O 原子。

N:　2s [↑↓]　2p [↑|↑|↑]　—sp^3不等性杂化→　不等性sp^3 [↑↓|↑|↑|↑]

O:　2s [↑↓]　2p [↑↓|↑|↑]　—sp^3不等性杂化→　不等性sp^3 [↑↓|↑↓|↑|↑]

N 原子的 2s 轨道有一对孤电子对存在，进行 sp^3 不等性杂化，其中三个含单电子的 sp^3 杂化轨道分别与三个 H 原子的 1s 轨道重叠，形成三个 σ 键，余下一个 sp^3 杂化轨道被孤电子对占据。电子云密集于 N 原子周围，对三个 N—H 键有排斥作用，结果使得 N—H 键间的夹角比等性 sp^3 杂化轨道的夹角略小一些，为 107°18′，与实验测定结果相符，所以 NH_3 分子的空间构型为三角锥形，如图 6.7 所示。

同样，O 原子在 2s 和 2p 轨道上各有一对孤电子对存在，如果 O 原子没有发生杂化，则另外两个 2p 轨道各有一个未成对电子，与两个 H 原子的 1s 轨道重叠形成两个O—H

键，键角应为90°，但实验测得H_2O分子中两个O—H键间的夹角为104°45′。这说明O原子采用了sp^3不等性杂化，两对孤电子对对成键电子对有排斥作用，结果使O—H键间的夹角比NH_3分子的键角还略小，H_2O分子的空间构型为V字形，如图6.8所示。

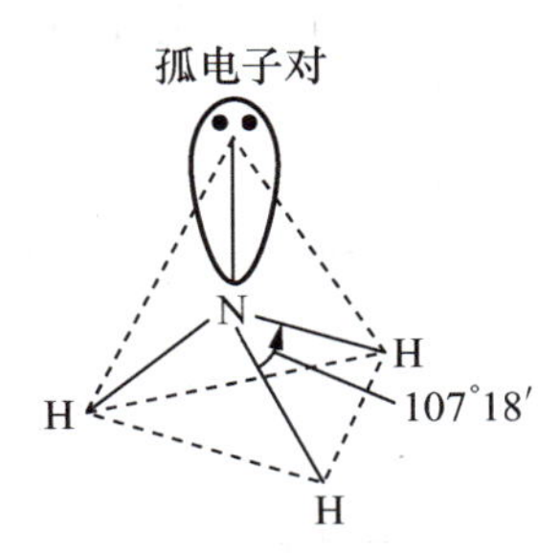

图6.7 NH_3分子的空间构型

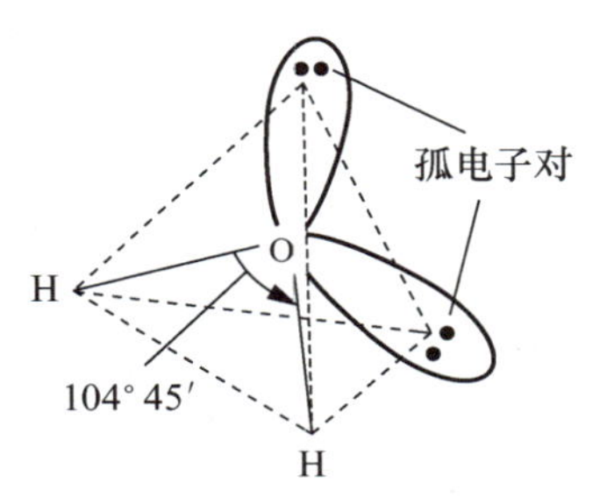

图6.8 H_2O分子的空间构型

除上述s和p轨道参与的杂化外，由于原子的$(n-1)$d轨道或nd轨道与ns、np的能量比较接近，d轨道也可以参与杂化。

(4)**sp^3d^2杂化**：由同一原子内的一个ns轨道、三个np轨道和两个nd轨道组合形成六个sp^3d^2杂化轨道的过程称为sp^3d^2杂化。

例如在SF_6分子中，S原子的3s、3p轨道上各一个电子先被激发到两个3d空轨道，再发生sp^3d^2杂化，形成六个sp^3d^2等价杂化轨道，杂化轨道间的夹角为90°、180°，空间构型为八面体，所以SF_6分子的空间构型如图6.9所示。

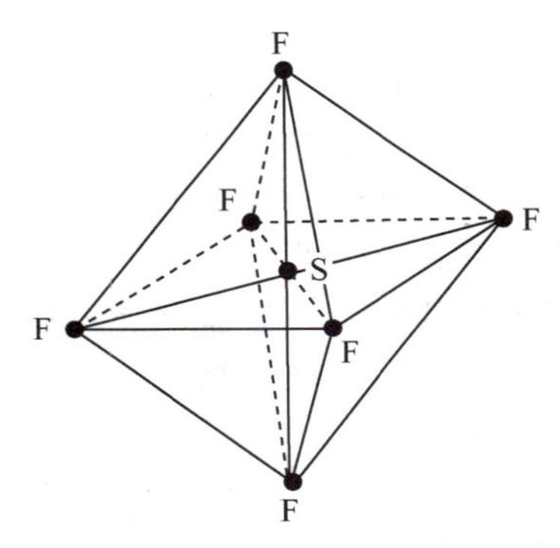

图6.9 SF_6分子的空间构型

此外，还有一些杂化类型，将在第7章配位化合物中介绍。

杂化轨道理论很好地解释了多原子分子的空间构型，但是事实上只有知道分子的几何构型，才能确定中心原子的杂化类型。例如，已知BF_3为平面三角形，而NF_3为三角锥形，可以推断BF_3中的B原子采取sp^2杂化，NF_3中的N原子采取sp^3杂化。而且同一原子在不同分子中可以采取不同的杂化类型，如C原子在C_2H_6中采取sp^3杂化，在C_2H_4中采取sp^2杂化，而在C_2H_2中采取sp杂化，所以难以直接用杂化轨道理论去预测分子的空间构型。因此，继杂化轨道理论之后，出现了价层电子对互斥理论，可用来推测分子的空间构型。

6.1.4 价层电子对互斥理论

1940年，希德威克(Sidgwich N. V.)和鲍威尔(Powell H. M.)最先提出了相关概念，后来发展成为**价层电子对互斥理论**(valence - shell electron - pair repulsion，VSEPR)，这个理论能比较简单而又准确地判断多原子分子的空间构型。

1. 价层电子对互斥理论的基本要点

(1)在共价分子或共价型离子中，中心原子周围的价层电子对由于相互排斥作用，应尽可能地彼此远离。把分子内中心原子的价电子层看作一个球面，价层电子对在球面上分布，由于排斥作用，电子对距离越远，分子越稳定。所以分子的几何构型总是采取电子对相互排斥最小的结构，见表6-3。例如BeH_2分子，中心原子Be的价电子层只有两对成键电子对，这两对电子只有处于Be原子核的两侧、键角为180°时，如“H∶Be∶H”状，电子对之间的距离才达到最大，其静电排斥作用才最小，所以BeH_2分子的空间构型应为直线形。

表6-3　中心原子的价层电子对的几何构型

价层电子对数	2	3	4	5	6
球面上价层电子对的几何构型	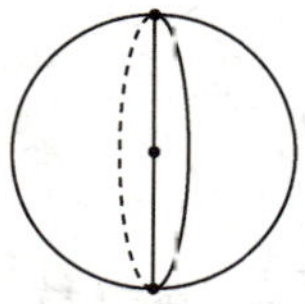	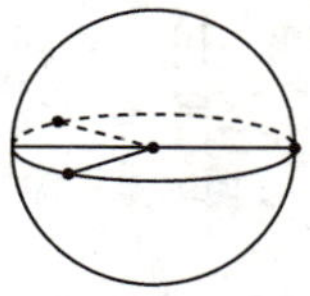	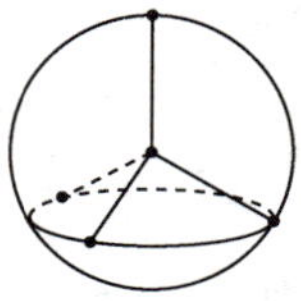	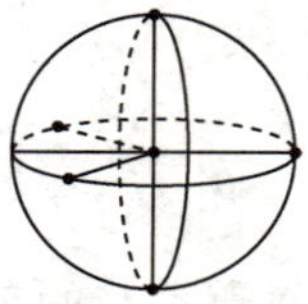	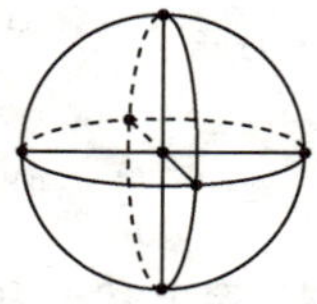
排布形式	 直线	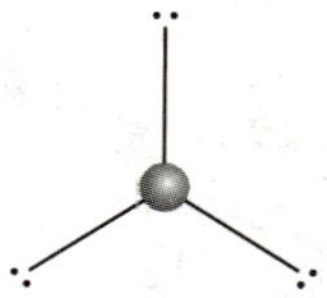 平面三角形	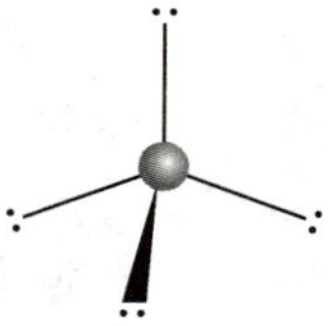 四面体	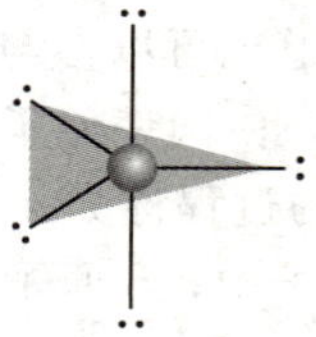 三角双锥	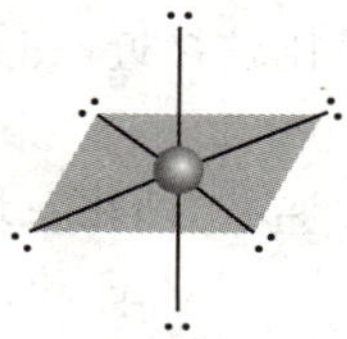 八面体

(2)价层电子对之间排斥力的大小取决于电子对的成键情况和电子对之间的夹角。

中心原子的价层电子对包括成键电子对和孤电子对两种，成键电子对同时受到两个原子核的吸引，而孤电子对只受中心原子核的吸引，所以孤电子对的电子云比成键电子对的电子云略微“肥大”一些，静电排斥作用也较强，因此电子对之间排斥力大小顺序如下。

孤电子对－孤电子对＞孤电子对－成键电子对＞成键电子对－成键电子对

另外，电子对之间的夹角越小，静电排斥力越大。

(3)对于含有多重键(双键或三键)的分子，可把多重键作为一个电子对来看待。因为多重键具有较多的电子，所以排斥力大小顺序是三键＞双键＞单键。

2. 判断分子空间构型的基本步骤

(1)计算中心原子的价层电子对数。

以AX_m为例，A为中心原子，X为配位原子，则

$$\text{价层电子对数}=\frac{1}{2}\left(\text{A的价电子数}+\text{X提供的电子数}\begin{cases}-\text{正离子电荷数}\\+\text{负离子电荷数}\end{cases}\right) \tag{6.1}$$

A的价电子数一般就是它的主族序数，配体X如果是氢和卤素，则每个原子各提供一个价电子；如果是氧与硫，则不提供价电子；若是离子，正离子应减去电荷数，负离子应加上电荷数。计算电子对时，若剩余一个电子，也应当作一对电子处理。例如，PO_4^{3-}：价层电子对数＝1/2(5＋0＋3)＝4对。

根据表6-3可知价层电子对的几何构型，但这不一定就是分子的几何构型，因为价层电子对包括成键电子对和孤电子对两种。如果中心原子只有成键电子对，没有孤电子

对，那么价层电子对的几何构型就是分子的几何构型，如 BeH_2 分子的中心原子 Be，其价层电子对数为 2，没有孤电子对，BeH_2 分子为直线形。如果中心原子有孤电子对，则价层电子对的几何构型与分子的几何构型就不相同，如 H_2O 分子的中心原子 O，其价层电子对数为 4，其中有两对孤电子对，水分子的几何构型实际为 V 字形而不是四面体形。这是因为电子对的空间布局包括成键电子对和孤电子对，而分子的几何构型要考虑成键电子对数及孤电子对的排斥作用。

(2)根据成键电子对、孤电子对之间的斥力，确定斥力最小的稳定结构。表 6－4 为 AX_mE_n 型分子的稳定几何构型，AX_mE_n 并非化学式，只代表 A 的价层电子对类型，它表示中心原子 A 与配位原子 X 有 m 个成键电子对，另外还有 n 个孤电子对。例如 CH_4 分子和 NH_3 分子，根据其简单的电子式，可找出成键电子对数和孤电子对数。

$$\begin{array}{c}H\\ H:\overset{..}{\underset{..}{C}}:H\\ H\end{array}\qquad\qquad \begin{array}{c}H\\ H:\overset{..}{\underset{..}{N}}:H\end{array}$$

CH_4 有四对成键电子对，没有孤电子对，属于 AX_4 型，为四面体形；NH_3 分子有三对成键电子对，一对孤电子对，属于 AX_3E 型，为三角锥形。

表 6－4 AX_mE_n 型分子的稳定几何构型

价层电子对数	价层电子对几何构型	成键电子对数	孤电子对数	分子类型	分子几何构型	实例
2	直线形	2	0	AX_2	直线形	BeH_2、$HgCl_2$
3	平面三角形	3	0	AX_3	平面三角形	BF_3、SO_3
		2	1	AX_2E	V 形	SO_2、$PbCl_2$
4	四面体	4	0	AX_4	四面体	CH_4、SO_4^{2-}
		3	1	AX_3E	三角锥形	NH_3、$AsCl_3$
		2	2	AX_2E_2	V 形	H_2O、H_2S
5	三角双锥	5	0	AX_5	三角双锥	PCl_5、AsF_5
		4	1	AX_4E	变形四面体	SF_4、$SeCl_4$
		3	2	AX_3E_2	T 形	ClF_3、BrF_3
		2	3	AX_2E_3	直线形	XeF_2、I_3^-
6	八面体	6	0	AX_6	八面体	SF_6、$[FeF_6]^{3-}$
		5	1	AX_5E	四方锥形	BrF_5、IF_5
		4	2	AX_4E_2	四方形	XeF_4、BrF_4

例如 ClF_3 分子，根据式(6.1)，可算出其价层电子对数$=1/2(7+3)=5$，其中 Cl 与三个 F 形成三个共价键，即五对价层电子对中有三对成键电子对，还剩两对是孤电子对，属于 AX_3E_2 型，ClF_3 分子为 T 形。

ClF_3 分子的价电子对为五对，其空间构型为三角双锥。ClF_3 分子的空间构型可能有如图 6.10 所示的三种情况。

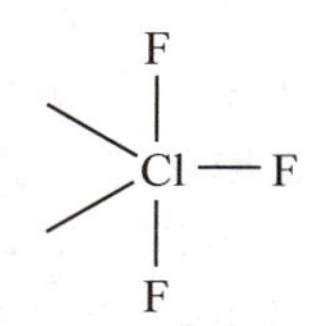

(a)两对都在水平面上

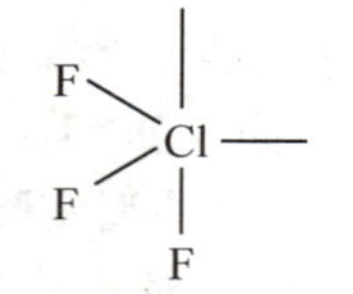

(b)水平面和轴向各一对

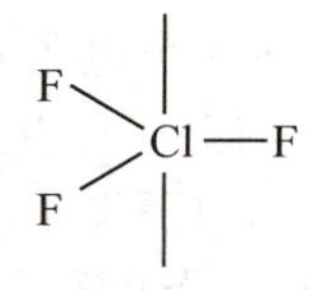

(c)两对都在水平面的轴向上

图 6.10 ClF_3分子的结构

图 6.10(a)所示的情况是两对孤电子对都放在水平面上，图 6.10(b)表示水平面和轴向各有一对，图 6.10(c)表示两对都处于水平面的轴向上。根据孤电子对、成键电子对之间排斥力的大小可确定排斥力最小的稳定结构。三种构型的排斥力情况见表 6-5。

表 6-5 三种构型的排斥力情况

最小夹角 90°	(a)	(b)	(c)
孤电子对—孤电子对	0	1	0
孤电子对—成键电子对	4	3	6
成键电子对—成键电子对	2	2	0

前面已讲到，键角越小，排斥力越大，孤电子对之间的排斥力最大。显然，图 6.10(a)、图 6.10(c)所示构型都没有孤电子对之间成 90°夹角的情况，图 6.10(a)中孤电子对与成键电子对之间成 90°夹角的有四对，而图 6.10(c)中有六对，所以图 6.10(a)所示构型最稳定，ClF_3分子为 T 形。

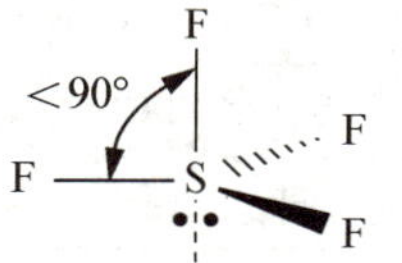

图 6.11 SF_4分子的结构

根据同样的方法，可判断出 SF_4分子属于 AX_4E 型，其几何构型为变形四面体，如图 6.11 所示。

价层电子对互斥理论在判断分子的几何构型方面简单实用，应用范围很广，但它也有一些缺陷，最主要的就是它不能很好地说明键的形成原理和键的相对稳定性，在这些方面还要依靠分子轨道理论。

6.1.5 分子轨道理论

1932 年，美国化学家密立根(Millikan R. A.)和德国化学家洪特提出分子轨道理论，它是以薛定谔方程处理氢分子离子 H_2^+的结果为基础发展而来的。现代价键理论认为电子是在原子轨道上运动的，而分子轨道理论认为原子轨道先组合成分子轨道，然后电子在分子轨道上填充、运动。

1. 分子轨道理论的基本要点

(1)分子是一个整体，在分子中电子的空间运动状态称为分子轨道。与原子轨道类似，分子轨道也用相应的波函数 ψ 来描述，同样 $|\psi|^2$表示电子在分子空间出现的概率密度或电子云。每个分子轨道都有相应的能量和形状。原子轨道常用 s、p、d、f、…表示，分子轨道用 σ、π、δ、…表示。

(2)分子轨道是由原子轨道线性组合(linear combination of atomic orbitals，LCAO)而成的，组合形成的分子轨道的数量与参加组合的原子轨道的总数量相同，即有几个原子轨道就组合形成几个分子轨道。在组合形成的分子轨道中，一部分轨道的能量低于原来的原子轨道，称为**成键轨道**；还有一部分轨道的能量高于原来的原子轨道，称为**反键轨道**。例如，由 ψ_a、ψ_b 两个原子轨道线性组合，产生 ψ_1、ψ_1^* 两个分子轨道。

$$\psi_1 = c_1\psi_a + c_2\psi_b$$

$$\psi_1^* = c_1\psi_a - c_2\psi_b$$

式中，ψ_1 为成键分子轨道；ψ_1^* 为反键分子轨道；c_1、c_2 为系数，表示原子轨道对分子轨道的贡献程度。

有时还有少量原子轨道找不到能与之组合的其他原子轨道，则会形成非键分子轨道，非键分子轨道的能量基本上与原来的原子轨道的能量相等。

(3)电子在分子中不再专属于某个原子，而是在整个分子范围内运动。电子在分子轨道中的排布也遵守能量最低原理、泡利不相容原理和洪特规则。

分子轨道与原子轨道的不同之处在于分子轨道是多中心的，即多原子核的，而原子轨道只有一个中心，是单核的。原子轨道组合形成分子轨道也不同于轨道的杂化，组合是不同原子的原子轨道线性组合，而杂化是同一原子内能量相近的轨道重新组合。

2. 组成分子轨道的原则

并不是任意两个原子轨道都能有效地组合成分子轨道，必须符合以下三条原则。

(1)对称性匹配原则

只有对称性相同的原子轨道才能组成分子轨道。图 6.12 简单地表示了原子轨道图形的重叠，如果同号区域重叠(即＋、＋重叠或－、－重叠)，则满足对称性匹配原则；如果一部分同号重叠，另一部分异号重叠，则对称性不匹配。在图 6.12 中，(a)、(b)、(e)对称性匹配，而(c)、(d)对称性不匹配。

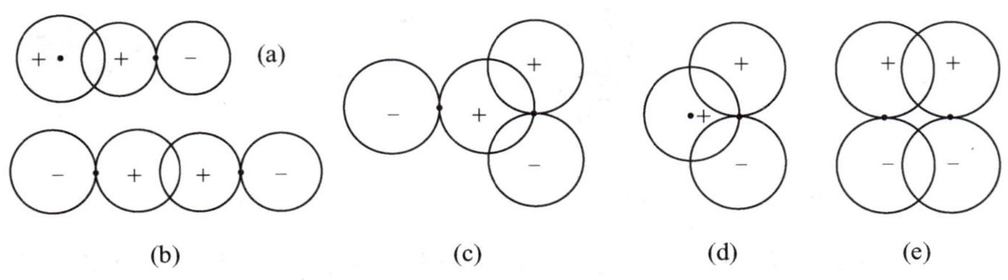

图 6.12 对称性匹配原则

一般来说，s－s、s－p_x、p_x－p_x、p_y－p_y 和 p_z－p_z 是对称性匹配的，它们可以组合成分子轨道；而 s－p_y、p_x－p_y、p_x－p_z 是对称性不匹配的，不能组合成分子轨道。

如果是同号区域重叠，则重叠相加，使核间电子的概率密度增大，形成的分子轨道能量比原先的原子轨道的能量低，即形成了成键分子轨道；异号区域重叠，则重叠相减，形成了反键分子轨道。

(2)能量近似原则

对称性匹配的两个原子轨道只有能量相近时才能组合成有效的分子轨道，而且能量越接近越好。

(3)轨道最大重叠原则

两个原子轨道对称性匹配，进行线性组合时，重叠程度越大，则组合成的分子轨道能量越低，形成的化学键就越牢固。例如，s－s、s－p_x 及 p_x－p_x 等轨道的组合是以“头碰头”方式进行最大程度的重叠，组合成为σ分子轨道，而 p_y-p_y、p_z-p_z 及 p_y-d_{xy} 等轨道的组合以“肩并肩”方式进行，形成π分子轨道。

如图6.13(a)所示，两个原子的s轨道相加，形成成键分子轨道 σ_{ns}，两者相减形成反键分子轨道 σ_{ns}^*，由两个原子轨道组合形成了两个分子轨道，轨道的能量为

反键分子轨道＞原子轨道＞成键分子轨道

若为两个1s轨道组合，则形成的分子中各分子轨道按能级高低顺序排列，分子轨道能级图如6.13(a′)所示。图中，AO、MO的意思分别是原子轨道(atomic orbital)和分子轨道(molecular orbital)。图6.13(b)为两个原子的 p_x 轨道以“头碰头”的方式进行重叠，形成 σ_{np} 和 σ_{np}^*。当两个原子的 p_z 轨道以“肩并肩”的方式进行重叠时，形成的分子轨道称为π分子轨道，如图6.13(c)所示，形成成键分子轨道 π_{np} 和反键分子轨道 π_{np}^*。

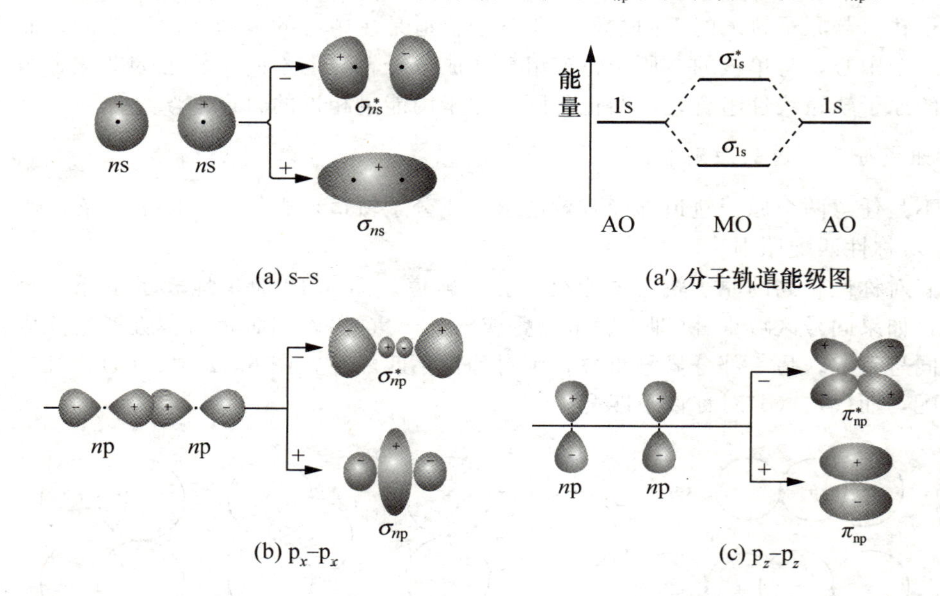

图6.13 s-s、p_x-p_x 和 p_z-p_z 原子轨道线性组合形成分子轨道

在以上组成分子轨道的原则中，对称性匹配是最重要的，它决定了原子轨道能否组合成分子轨道，另外两条原则只决定了组合的效率问题。

3. 几种简单分子轨道的形成

(1) H_2 分子的形成

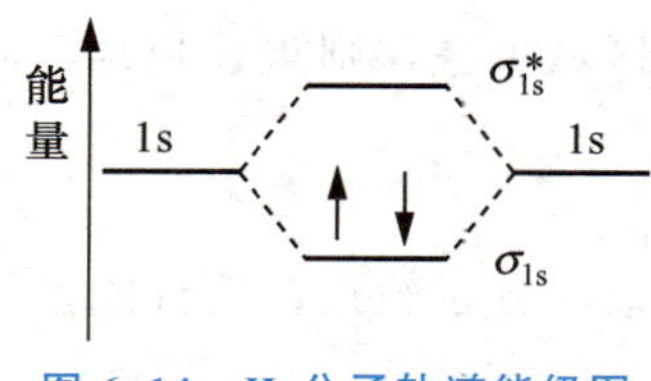

图6.14 H_2 分子轨道能级图

在 H_2 分子中，两个1s原子轨道组合形成两个分子轨道，而在 H_2 分子中只有两个电子，根据能量最低原理和泡利不相容原理，两个电子应该填充在能量较低的成键分子轨道 σ_{1s} 上，并且自旋方向相反，如图6.14所示。

H_2 分子轨道能级也可用分子轨道式表示，即 $H_2[(\sigma_{1s})^2]$。

(2) N_2 分子和 O_2 分子的形成

N、O等第二周期原子形成同核双原子分子时，由于两个原子各有三个2p轨道，可

组合成六个分子轨道，即 σ_{p_x}、$\sigma_{p_x}^*$、π_{p_y}、$\pi_{p_y}^*$、π_{p_z} 和 $\pi_{p_z}^*$，其中三个成键轨道、三个反键轨道。这六个轨道的能量大小的顺序根据光谱实验数据来确定，分子轨道能级图如图 6.15 所示。

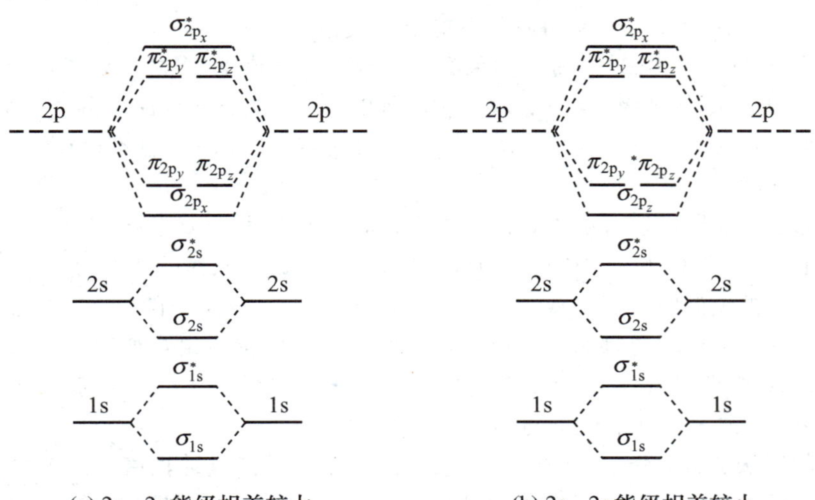

图 6.15　同核双原子分子轨道能级图

根据组成分子轨道的能量近似原则，当一个原子的 2s 轨道和组成分子的另一个原子的 2p 轨道能级相差较大时，2s 和 2p 之间不能有效地组合成分子轨道，这样形成的分子轨道能级顺序如图 6.15(a)所示，$E(\pi_{2p_y})=E(\pi_{2p_z})>E(\sigma_{2p_x})$。如果 2s、2p 能级相差较小，两个原子靠近时，除了 s-s、p-p 重叠外，还会发生 s-p 重叠，形成的分子轨道的能级顺序发生了改变，如图 6.15(b)所示，$E(\pi_{2p_y})=E(\pi_{2p_z})<E(\sigma_{2p_x})$。在第二周期中，只有 O、F 的 2s、2p 原子轨道能级相差较大，所以第二周期同核双原子分子能级顺序为

$$O_2、F_2：\sigma_{1s}<\sigma_{1s}^*<\sigma_{2s}<\sigma_{2s}^*<\sigma_{2p_x}<\pi_{2p_y}=\pi_{2p_z}<\pi_{2p_y}^*=\pi_{2p_z}^*<\sigma_{2p_x}^*$$

其他双原子分子：$\sigma_{1s}<\sigma_{1s}^*<\sigma_{2s}<\sigma_{2s}^*<\pi_{2p_y}=\pi_{2p_z}<\sigma_{2p_x}<\pi_{2p_y}^*=\pi_{2p_z}^*<\sigma_{2p_x}^*$

所以，N_2分子的分子轨道表示式为

$$2N(1s^2 2s^2 2p^3)\rightarrow N_2[(\sigma_{1s})^2(\sigma_{1s}^*)^2(\sigma_{2s})^2(\sigma_{2s}^*)^2(\pi_{2p_y})^2(\pi_{2p_z})^2(\sigma_{2p_x})^2]$$

当 σ_{1s} 和 σ_{1s}^* 各填满两个电子时，可用 KK 表示内层(K 层)，所以 N_2 分子又可表示为

$$N_2[KK(\sigma_{2s})^2(\sigma_{2s}^*)^2(\pi_{2p_y})^2(\pi_{2p_z})^2(\sigma_{2p_x})^2]$$

O_2分子的分子轨道表示式为

$$2O(1s^2 2s^2 2p^4)\rightarrow O_2[KK(\sigma_{2s})^2(\sigma_{2s}^*)^2(\sigma_{2p_x})^2(\pi_{2p_y})^2(\pi_{2p_z})^2(\pi_{2p_y}^*)^1(\pi_{2p_z}^*)^1]$$

O_2分子有两个自旋方向相同的未成对电子，具有顺磁性，与实验结果相符，这是分子轨道理论获得成功的一个重要例子。

4. 键级和 σ 键、π 键等

(1)键级

分子轨道理论一般用**键级**来表示所形成的共价键的牢固程度，其定义为成键轨道上的电子数与反键轨道上电子数差值的一半。

$$键级=\frac{1}{2}\times(成键电子总数-反键电子总数)$$

对于同一周期、同一区的元素来说，键级越大，说明成键轨道中的电子数越多，因而系统的总能量越低，共价键越牢固，形成的分子越稳定。键级的数值可以是整数、分数，也可以是零。当键级为零时，表明原子不能组合成稳定分子。

H_2分子的键级=(2−0)/2=1。如果有He_2分子，它比H_2多两个电子，应该填充在反键分子轨道σ_{1s}^*上，则其键级=(2−2)/2=0，所以He不能形成双原子分子。同样，Be_2的分子轨道式为$Be_2[(\sigma_{1s})^2(\sigma_{1s}^*)^2(\sigma_{2s})^2(\sigma_{2s}^*)^2]$，键级为零，所以$Be_2$也不存在。

(2)σ键、π键等

如果一个σ分子轨道填有电子，而它的反键轨道没有电子或未被填满时，就形成了一个**σ键**，如上述N_2和O_2分子中的$(\sigma_{2p_x})^2$；如果一个π分子轨道填有电子，而它的反键轨道没有电子或未被填满时，就形成了一个**π键**，如上述N_2分子中的$(\pi_{2p_y})^2(\pi_{2p_z})^2$；如果一个成键轨道和它的反键轨道都填满了电子，它们的能量效应将相互抵销，相当于这些电子未参与成键，通常把处于这种状态的电子称为**非键电子**，如上述N_2和O_2分子中的$(\sigma_{1s})^2(\sigma_{1s}^*)^2(\sigma_{2s})^2(\sigma_{2s}^*)^2$电子就是非键电子。

N_2分子的键级为3，分子中$(\sigma_{2s})^2$与$(\sigma_{2s}^*)^2$，两个电子在成键轨道，两个电子在反键轨道，对成键的贡献基本抵消，起作用的是$(\pi_{2p_y})^2(\pi_{2p_z})^2(\sigma_{2p_x})^2$，即形成了一个$\sigma$键和两个$\pi$键，与价键理论的结果一致。

O_2分子的键级为2，$(\pi_{2p_y})^2(\pi_{2p_y}^*)^1$及$(\pi_{2p_z})^2(\pi_{2p_z}^*)^1$构成了两个3电子的$\pi$键，每个3电子$\pi$键有两个电子在成键轨道上，一个在反键轨道上，相当于半个键，两个3电子π键相当于一个正常的π键，所以O_2分子仍相当于双键，其电子式可写为 :O $\overset{\cdots}{\underset{\cdots}{—}}$ O: 。

6.1.6 原子晶体

有一种晶体，晶格结点上排列的是原子，原子之间以共价键相结合，如金刚石(C)、二氧化硅(SiO_2)、碳化硅(SiC)等，这种晶体就是**原子晶体**。

如图6.16所示，金刚石的每一个碳原子以sp^3杂化轨道与相邻的四个碳原子形成四个共价键，成为正四面体结构，这种连接向整个空间延伸，就形成了巨型的三维网状结构。所以，原子晶体内没有单个的分子存在，通常用化学式表示其组成。

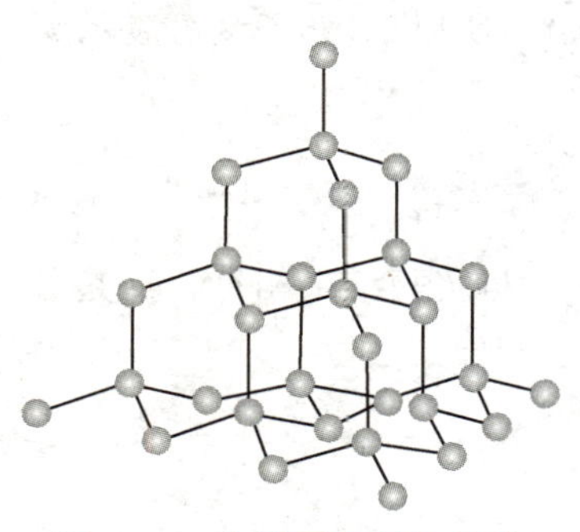

图6.16 金刚石的晶体结构

由于原子之间以共价键相连接，结合力比较强，因此原子晶体一般化学性质十分稳定，具有很高的熔点、很大的硬度，而且不导电、不易溶于任何溶剂。例如金刚石，由于碳原子的半径较小，键能较大，要同时破坏四个共价键需要很大能量，因此金刚石的硬度最大，熔点很高。

工业上常用的耐磨、耐熔或耐火材料多半是原子晶体多，如金刚石和金刚砂(SiC)是重要的磨料，SiO_2是应用广泛的耐火材料，SiC和立方BN等是性能良好的高温结构材料。

6.2 分子之间的作用力和分子晶体

6.2.1 分子的极性

1. 分子的极性

分子是电中性的，但每个分子内都有带正电的原子核和带负电的电子，所以任何分子内都可找到一个正电荷重心和一个负电荷重心。如果正、负电荷重心重合，那么这个分子就是非极性分子，不重合的就是极性分子。

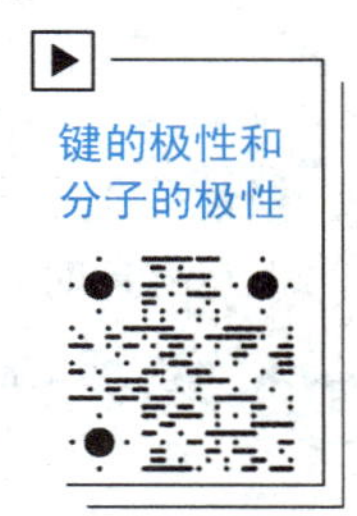

单原子分子一定是非极性分子；双原子分子如果由非极性键构成，则该分子一定是非极性分子，由极性键构成的双原子分子一定是极性分子，而多原子分子的情况比较复杂，如 CO_2 和 H_2O，虽然都是极性键，但 CO_2 具有直线形结构，键的极性相互抵消，所以它是非极性分子，而 H_2O 具有V字形结构，键的极性不能抵消，是极性分子。

分子极性的大小一般用偶极矩 μ 来衡量，其定义是：若分子内正负电荷重心的电量为 $\pm q$，两重心之间的距离为 d，分子的偶极矩等于 $\mu=q\cdot d$，其单位是 C·m(库仑·米)。偶极矩是一个矢量，方向为从正电荷重心指向负电荷重心。

非极性分子的偶极矩为零。偶极矩越大，分子的极性就越大。偶极矩一般可通过实验测定，根据偶极矩的数值可以推测某些分子的空间构型。一些分子的偶极矩 μ 见表6-6。

表6-6 分子的偶极矩 $\mu(\times10^{-30}\,C\cdot m)$

分子式	偶极矩	分子式	偶极矩
H_2	0	SO_2	5.33
N_2	0	H_2O	6.23
CO_2	0	NH_3	4.33
CS_2	0	HCN	9.85
CH_4	0	HF	6.40
CO	0.33	HCl	3.61
$CHCl_3$	3.50	HBr	2.63
H_2S	3.67	HI	1.27

2. 分子的极化

极性分子的正、负电荷重心本来就不重合，始终存在一个正极和一个负极。极性分子的这种固有的偶极称为永久偶极。

非极性分子的正、负电荷的重心本来重合在一起，如果将其置于外加电场中，正电荷

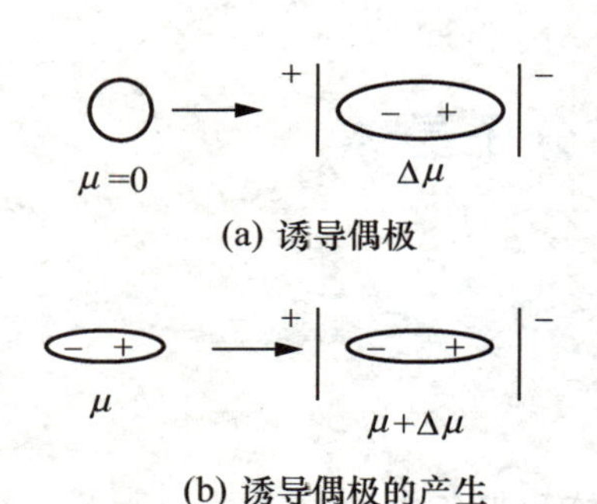

图 6.17 外电场对分子极性的影响

重心会向负极移动，而负电荷重心会向正极移动，结果使正、负电荷重心之间发生了相对位移，分子发生了变形，在外电场中产生偶极，如图 6.17(a)所示，这种偶极称为诱导偶极。而极性分子的永久偶极在外电场作用下也会发生相对位移使分子变形，产生诱导偶极，如图 6.17(b)所示，一旦外加电场消失，诱导偶极也会消失，分子就恢复原状。

这种分子在外电场的作用下，正负电荷重心发生相对位移使分子变形而产生诱导偶极或偶极矩增大的现象称为分子的极化。

极性分子本身的永久偶极相当于一个微电场，所以极性分子之间或极性分子与非极性分子之间相互靠近时，同样也会发生极化作用。这种极化作用对分子之间的范德华力有重要影响。

6.2.2 范德华力

分子之间存在一种较弱的作用力，其大小比化学键能小 1～2 个数量级。它最早是由荷兰物理学家范德华(Vander Waals)提出的，故称范德华力，也称分子间力，可分为取向力、诱导力和色散力三种。

1. 范德华力

(1)取向力

当两个极性分子相互接近时，异性相吸，同性相斥。一个分子带负电荷的一端要与另一个分子带正电荷的一端接近，使分子发生相对转动，以便极性分子按一定方向(异性相邻)排列。这种发生在极性分子的永久偶极之间的相互作用力称为取向力，也称定向力，其本质是静电引力。

取向力的大小与温度及分子的极性有关。温度越高，分子的取向越困难，因而取向力越弱；分子的极性越强，偶极矩越大，取向力越强。

(2)诱导力

极性分子的永久偶极相当于一个外电场，使周围的非极性分子发生变形，产生诱导偶极，这种由于诱导偶极而产生的吸引力称为诱导力。诱导力发生在极性分子与非极性分子之间及极性分子之间，其本质也是静电引力。

诱导力与极性分子的极性强弱有关，也和非极性分子的变形性有关。极性分子的偶极矩越大，非极性分子的变形性越大，诱导力也越强。

(3)色散力

分子中，每个电子、每个原子核都在不断地运动，因此电子与原子核之间会发生瞬时的相对位移，使正、负电荷重心偏移，这样产生的偶极称为瞬时偶极。色散力是发生在瞬时偶极之间的作用力。瞬时偶极存在时间极短，却在每个瞬间不断地重复发生着，因此无论是极性分子还是非极性分子，色散力存在于任何共价分子之间，并且它在范德华力中占有相当大的比重。

色散力的大小主要与分子的变形性有关。分子的变形性越大，色散力也就越强。

总之，在非极性分子之间只有色散力存在；在极性分子和非极性分子之间既有色散力，又有诱导力；而在极性分子之间，取向力、诱导力、色散力三者并存。三种力的总和就是范德华力。范德华力不属于化学键，它是存在于分子之间的一种近距离的吸引力，它的作用范围仅有几百皮米，比化学键作用的距离长。随着距离增大，范德华力迅速减小。由于范德华力的本质是静电引力，所以一般不具有饱和性和方向性。在三种作用力中，除了极性很大的分子(如 H_2O)之外，大多数分子的色散力是最主要的，见表 6-7，三种力的相对大小一般为

色散力>取向力>诱导力

表 6-7　分子间的范德华力　(单位：$kJ \cdot mol^{-1}$)

分子	取向力	诱导力	色散力	总和
Ar	0	0	8.49	8.49
CO	0.003	0.008	8.74	8.75
HCl	3.30	1.00	16.8	21.1
HBr	0.686	0.502	21.9	23.1
HI	0.025	0.113	25.8	25.9
H_2O	36.3	1.92	8.99	47.2
NH_3	13.3	1.55	14.9	29.8

2. 范德华力对物质性质的影响

范德华力主要影响的是物质的物理性质。虽然它由色散力、取向力和诱导力组成，但在一般情况下只需判断色散力的大小即可。所以，一般由相对分子质量的大小来大致判断范德华力的大小。

(1)对熔点、沸点的影响

对于同类型的单质或化合物，熔点、沸点随相对分子质量的增加而升高。因为随着相对分子质量的增加，分子体积的增大，分子变形性也相应地加大，因而分子之间的色散力逐渐增大，熔点、沸点逐渐升高。例如

同类化合物：	CH_4	SiH_4	GeH_4	SnH_4
沸点/℃：	−164	−112	−90	−52

(2)对溶解度的影响

分子极性相似的物质易于相互溶解，即相似相溶，如 CCl_4(非极性分子)与 H_2O 不能互溶，而 NH_3 在水中的溶解度很大，I_2 易溶于 CCl_4、苯等非极性溶剂中，却难溶于水中。

稀有气体由 He 到 Xe 在水中的溶解度虽然很小，却有逐渐增大的趋势，这是因为稀有气体是非极性分子，从 He 到 Xe，随着分子的体积逐渐增大，变形性也加大，在水分子的永久偶极诱导下产生的诱导偶极也逐渐增大，导致溶解度按同一顺序依次增加。

氢键

6.2.3 氢键

有些物质的分子之间除了具有范德华力之外，还存在另外一种特殊的

作用力，这就是氢键。

1. 氢键的形成

当氢原子与电负性很大、半径很小的原子(F、O、N)以共价键结合成分子后，由于原子之间的共用电子对向电负性大的原子强烈偏移，使该原子带有部分负电荷，氢原子成为几乎裸露的质子，带有部分正电荷，如果附近有另一个电负性很大、半径很小，外层有孤对电子且带有部分负电荷的原子(F、O、N)充分靠近它，它们之间就会产生静电引力，这种引力称为氢键。

氢键可以用 X—H…Y 来表示，H 与 Y 之间形成了氢键，用“…”表示。X、Y 可以是同种元素的原子，如 F—H…F、O—H…O，也可以是不同元素的原子，如 N—H…O。

形成氢键 X—H…Y 的条件如下。

(1)必须是含氢化合物。

(2)氢必须与电负性极大、半径很小的元素 X 成键才能形成极性很强的共价键，共用电子对强烈偏移，使氢带有部分正电荷。

(3)与氢形成氢键的另一原子 Y 必须有孤电子对且半径小，以保证作用距离较近。

通常能符合上述条件形成氢键的主要是 F、O 和 N。

氢键的本质是静电吸引作用，它的键能一般小于 $42kJ \cdot mol^{-1}$，比共价键的键能小得多，与范德华力比较接近。氢键的强弱与 X、Y 原子的电负性及半径大小有关。X、Y 原子的电负性越大，半径越小，形成的氢键越强。

2. 氢键的特点

氢键与范德华力不同，氢键有饱和性和方向性。

(1)氢键的饱和性：氢原子在形成一个共价键后，通常只能再形成一个氢键。因为氢原子体积很小，当它与体积相对较大的 X、Y 原子形成氢键 X—H…Y 后，再有较大体积的其他原子就难以靠近。同时它的电子还会和 X、Y 原子的电子产生排斥力，所以每个氢原子只能再形成一个氢键，这就是氢键的饱和性。

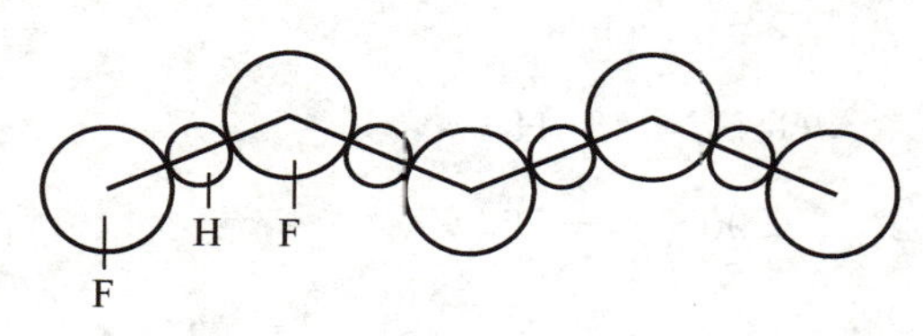

图 6.18 氢键的方向性

(2)氢键的方向性：由于氢原子体积小，为了减少 X 和 Y 之间的排斥力，使它们尽量远离，因此以氢原子为中心的三个原子尽可能在一条直线上，键角接近 180°，这就是氢键的方向性，如图 6.18 所示。

3. 氢键对物质性质的影响

氢键一般存在于分子之间，如 HF、H_2O、NH_3，此外在有机羧酸、醇、酚、胺、氨基酸和蛋白质中也有氢键的存在，如甲酸靠氢键形成二聚体。

```
        O…H—O
      //       \
  H—C           C—H
      \        //
        O—H…O
```

也有一些分子的分子内有氢键存在，如 HNO_3 中就存在分子内氢键，苯酚的邻位上有硝基($-NO_2$)、醛基($-CHO$)、羧基($-COOH$)等基团时也可形成分子内氢键。

硝酸　　邻硝基苯酚

(1)对熔点、沸点的影响

如果化合物的分子之间形成了氢键，会使物质的熔点、沸点大大升高。例如

同类化合物：	HF	HCl	HBr	HI
沸点/℃：	20	−85	−67	−36

HF的沸点大大高于其他卤素氢化物。如图6.19所示，由于 H_2O 和 NH_3 的分子之间也形成了氢键，因此它们的沸点同样比同族其他元素氢化物的沸点高出很多。

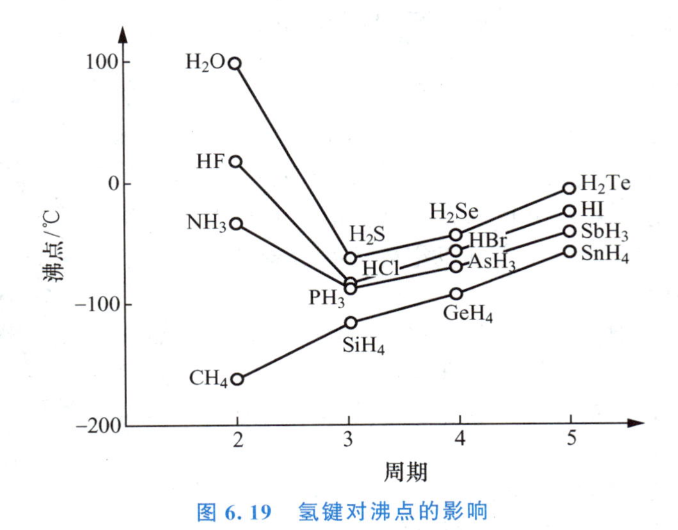

图6.19　氢键对沸点的影响

如果化合物形成的是分子内氢键，会使分子极性下降，熔点、沸点不但不会升高，反而会降低，例如邻硝基苯酚可形成分子内氢键，其熔点为45℃，而对硝基苯酚分子内不能形成氢键，可形成分子间氢键，其熔点为114℃。

(2)对溶解度的影响

如果在溶质和溶剂之间能形成氢键，则溶解度增大。如果溶质分子形成分子内氢键，根据“相似相溶”的规则，在极性溶剂中溶质的溶解度减小，在非极性溶剂中溶质的溶解度增大。

(3)对密度和黏度的影响

如果在溶质分子和溶剂分子之间形成氢键，则使溶液的密度和黏度都增大；如果溶质形成的是分子内氢键，则不会增加溶液的密度和黏度。

4. 关于水

由于氢键的存在，水具有许多特别的性质。如果水分子之间没有氢键存在，根据 H_2Te、H_2Se、H_2S 的沸点外推，水的沸点应该在−50℃左右。氢键的存在使水的沸点提

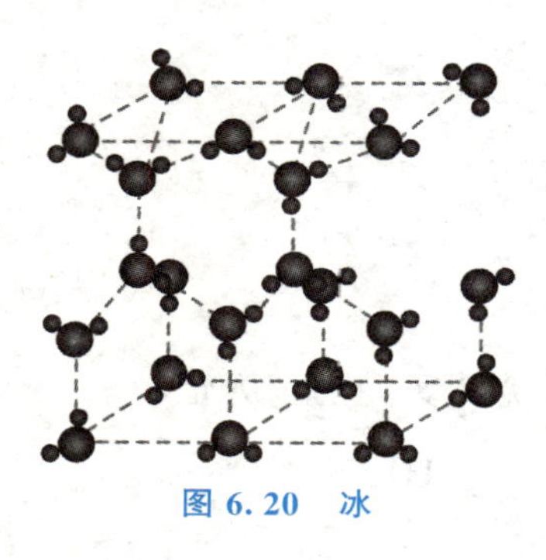
图 6.20　冰

高了 150℃。还有，固体冰的密度小于液态水，这也是氢键的作用效果，如图 6.20 所示，一个 H_2O 分子可以形成四个氢键，与 O 相连的两个 H 原子可以和其他 H_2O 分子中的 O 原子形成两个氢键。另外，H_2O 分子中的 O 以 sp^3 杂化轨道与两个 H 原子成键后，还有两对孤对电子可以和另外两个 H_2O 分子中的 H 原子形成两个氢键。sp^3 杂化轨道是正四面体结构，O 原子位于四面体的中心，连接四个 H 原子、两个 O－H共价键、两个 O…H 氢键，这种氧氢四面体在三维空间无限延伸，就形成了一个巨大的缔合分子结构，是一个有着许多“空洞”的蜂窝状结构，疏松的排布使冰的密度小于水。寒冬到来时，冰浮在水面上，阻止水中热量散发，使水中生物免遭冻死。

水在生命中不可或缺，没有氢键，世界上就不会是现在这个样子。地球上能够拥有欣欣向荣、生生不息的繁华生命，水分子之间的氢键起了关键作用。

6.2.4　分子晶体

在分子晶体中，晶格结点上排列的是分子，分子之间以较弱的范德华力相结合。例如二氧化碳晶体，如图 6.21 所示，CO_2分子占据了立方体的八个顶点和六个面的中心位置。二氧化碳是非极性分子，虽然分子内部以牢固的共价键结合，分子之间只存在微弱的色散力。

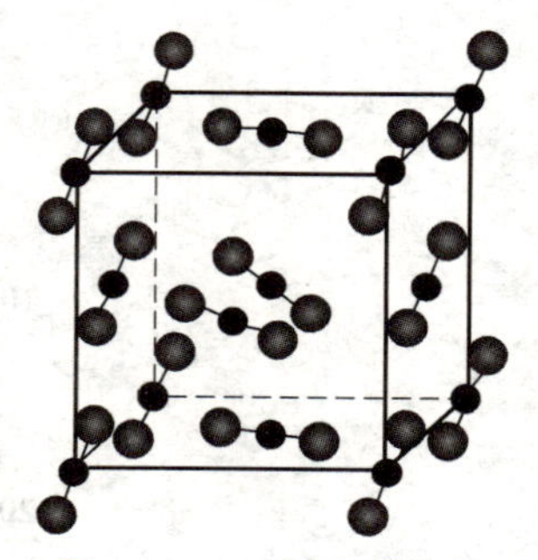
图 6.21　二氧化碳晶体

此外，还有一类如固体氯化氢、冰等极性分子晶体，晶体内存在色散力、取向力、诱导力，有的还有氢键，所以它们的分子之间的作用力大于相对分子质量接近的非极性分子晶体内的作用力。

但是，相对于其他类型的晶体来说，分子之间的作用力很弱，要破坏晶体只需要提供较少的能量，所以分子晶体的硬度较小，熔点也较低，挥发性大，常温下一般以气体或液体的形式存在。有些分子晶体在常温下能够以固态形式存在，但它们的挥发性大，蒸气压高，常具有升华性，如碘(I_2)、萘($C_{10}H_8$)等。分子晶体的水溶性与其极性有关。

由于分子晶体的结点上是电中性的分子，因此分子晶体在固态和熔融态时都不导电，是性能较好的绝缘材料，如 SF_6是工业上极好的气体绝缘材料。

分子晶体与原子晶体不同，是以独立的分子出现的，因此它的化学式就是分子式。属于分子晶体的有非金属单质（如卤素、H_2、N_2、O_2等），也有非金属化合物（如 CO_2、HCl、NH_3、H_2S等），以及绝大部分的有机化合物。在稀有气体的晶体中，虽然占据晶格结点的是原子，但这些原子之间并不存在化学键，而是以色散力相结合，所以是单原子分子晶体。除了少部分共价化合物形成原子晶体外，大部分的共价化合物形成的都是分子晶体。

6.3　金属键与金属晶体

在元素周期表中，金属元素约占了 4/5，非金属元素通过共用电子对相互结合达到稳定结构，本节将对金属原子之间如何成键进行详细介绍。

6.3.1 金属键的改性共价键理论

金属的电负性一般比较小，容易失去价电子变成正离子。从金属原子上脱下的电子不再固定在某个原子或离子的附近，而是在整个晶体中自由地运动，通常把它们称为自由电子。这些自由电子减少了带正电荷的金属离子之间的排斥力，将整个晶体结合在一起。形象地说，在金属中，失去电子的金属离子浸在自由电子的海洋中，这就是金属键的改性共价键理论，也称自由电子理论。金属键可看成是许多原子和离子共用许多电子而形成的特殊共价键，只不过该共价键没有方向性，也没有饱和性，因此金属晶体中原子或离子是以紧密堆积的形式存在的。金属键的强弱和自由电子的多少有关，也和半径、电子层结构等其他许多因素有关。

金属键的改性共价键理论可以解释金属的许多特性，如自由电子可以吸收波长范围极广的光，再反射出来，所以金属大多具有银白色光泽；自由电子可以定向移动，所以金属具有导电性。金属某一部分受热时，热量可通过自由电子的碰撞传递给邻近的金属原子或离子，所以金属是热的良导体。但是，改性共价键理论过于简单，没有考虑电子的波动性。将分子轨道理论延伸到金属晶体中就形成了金属键的能带理论。

6.3.2 金属键的能带理论

用分子轨道理论处理金属键，把整个金属晶体看作一个“大分子”，把金属中能级相同的原子轨道线性组合起来，成为整个金属晶体共有的若干分子轨道，合称为能带。能带理论要点如下。

(1)电子是离域的

所有电子都属于整个金属晶体，为所有金属原子或离子所共有。

(2)组成金属能带

这里以金属锂(Li：$2s^1$)为例，

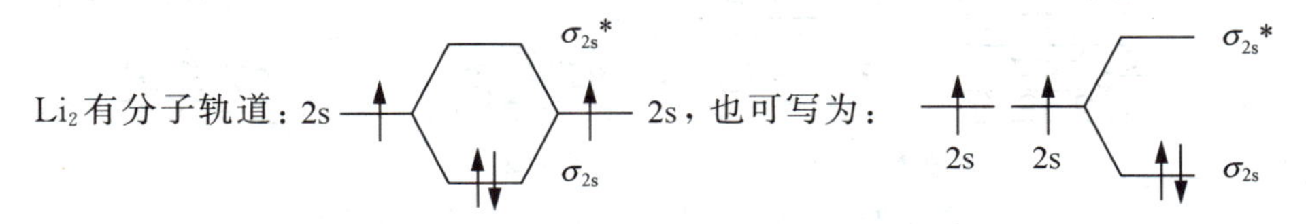

Li_n 的 2s 能带如图 6.22 所示。在金属锂晶体中，n 个锂原子的能量相等的 2s 轨道重叠组成了 n 条分子轨道，这些分子轨道之间能量差很小，组成了一个能带。

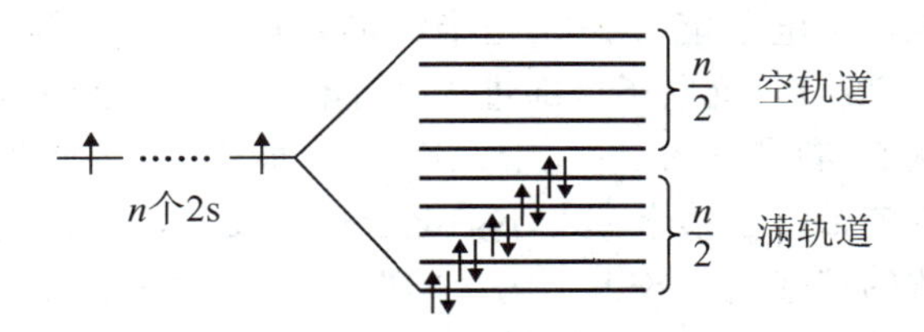

图 6.22 Li_n 的 2s 能带

能带分为满带、导带和禁带，如图 6.23 所示。

满带：由若干个相同的充满电子的原子轨道重叠所形成的能带。

导带：由若干个未充满电子的原子轨道重叠所形成的高能量能带。因为能带没有填满，电子受到激发后，可以从低能态跃迁到高能态，产生电流，这就是金属具有导电性的原因。

禁带：满带顶与导带底之间的能量间隔，是电子不能存在的区域。

(3)能带重叠

相邻的能带有时能量范围有交叉，可以重叠，如 Be 的 2s 能带是满带，与全空的 2p 能带能量非常接近，由于原子之间的相互作用，2s 能带和 2p 能带可以部分重叠，之间没有禁带，2s 电子可以很容易跃迁到 2p 空带上去，如图 6.24 所示。

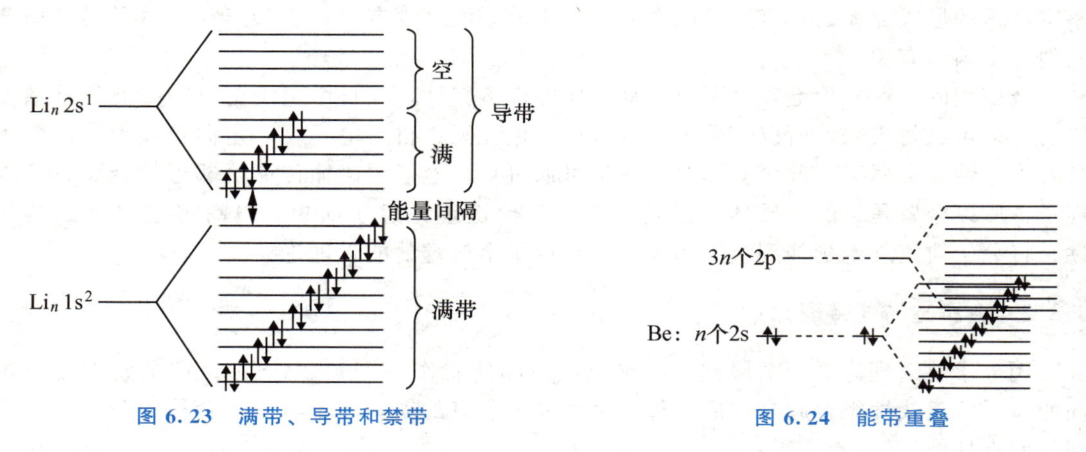

图 6.23　满带、导带和禁带

图 6.24　能带重叠

根据能带理论可以区别导体、绝缘体和半导体，这取决于禁带的宽度，即能量间隔 E_g 的大小，如图 6.25 所示。

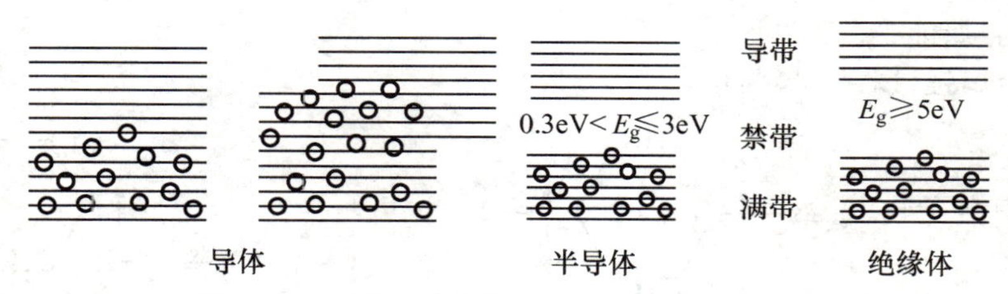

图 6.25　导体、半导体与绝缘体的能量示意图

一般来说，能量间隔 $E_g \leqslant 0.3eV$ 的物质属于导体，$0.3eV < E_g \leqslant 3eV$ 的物质属于半导体，而 $E_g \geqslant 5eV$ 的物质属于绝缘体。

对于金属来说，价电子能带往往是半满的，如 Li、Na 等存在自由电子，能够导电，或者如金属铍(Be：$2s^2$)，价电子全部进入 2s 能带，2s 虽是满带，但它能与 2p 能带重叠，所以电子很容易从 2s 满带进入 2p 能带，这样 2s 能带和 2p 能带都变成了导带。半导体的导带和满带之间有禁带，但禁带宽度小，电子被激发后，可以越过禁带进入导带，因而也可以导电；绝缘体的禁带宽度较大，满带的电子不能激发上去，所以不能导电。

金属能带理论中，金属键的实质是电子填充在低能量的能级中，使晶体的能量低于金属原子单独存在时的能量总和。

6.3.3 金属晶体

1. 金属的紧密堆积方式

和原子晶体一样，在金属晶体中不存在孤立的原子或分子。金属键的特征是无饱和性和方向性，所以金属原子或离子总是与尽量多的其他金属原子或离子结合，以紧密堆积的方式降低势能，而且空间利用率大，金属原子的配位数都很高。

金属通常有三种紧密堆积方式，如图6.26所示。

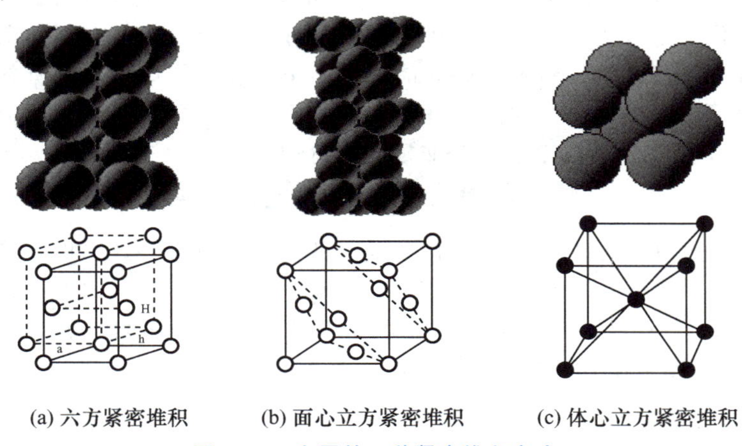

(a) 六方紧密堆积　(b) 面心立方紧密堆积　(c) 体心立方紧密堆积

图6.26　金属的3种紧密堆积方式

六方紧密堆积和面心立方紧密堆积的配位数都是12，空间利用率为74.05%；体心立方紧密堆积的配位数为8，空间利用率为68.02%。一些金属的堆积方式如下。

(1)六方紧密堆积：ⅢB、ⅣB。

(2)面心立方紧密堆积：ⅠB、Ni、Pd、Pt。

(3)体心立方紧密堆积：ⅠA、ⅤB、ⅥB。

2. 金属晶体的物理性质

在金属晶体中，晶格结点上排列的是金属原子或金属离子，原子或离子之间以金属键相结合。金属键是在整个晶体范围内起作用的，因此要断开比较困难。由于金属键没有方向性，因此在外力作用下，两层之间可以产生滑动，金属能带不受破坏，并且在滑动过程中自由电子的流动性可以帮助克服势能障碍，故金属一般有较好的延性、展性和可塑性。

6.4 离子键和离子晶体

6.4.1 离子键

1. 离子键的形成

(1)离子键的形成过程

当活泼的金属原子遇到活泼的非金属原子时，原子之间首先发生了电子转移，金属原子失去电子，而非金属原子得到电子，两者都形成了具有稀有气体稳定构型的正负离子，正负离子之间靠静电作用形成了**离子键**。由离子键形成的化合物称为离子型化合物，以 NaCl 的形成为例。

$$\left.\begin{array}{l} n\mathrm{Na}(3s^1) \xrightarrow{-ne^-} n\mathrm{Na}^+(2s^2\,2p^6) \\ n\mathrm{Cl}(3s^2 3p^5) \xrightarrow{+ne^-} n\mathrm{Cl}^-(3s^2 3p^6) \end{array}\right\} n\mathrm{Na}^+\mathrm{Cl}^-$$

(2)离子键的形成条件

两个成键原子的电负性差值必须比较大。一般来说，当两种元素的电负性差值 $\Delta\chi \geqslant 1.7$ 时，形成的化学键以离子键为主。其实化合物内不可能有百分之百的离子键，即使是电负性最高的 F 和最低的 Cs 形成的 CsF 晶体也不全是静电作用力，仍有部分原子轨道的重叠，CsF 的离子性约占 92%。离子键和共价键之间，并不能截然分开，离子键可以看作极性共价键的一个极端，另一个极端是非极性共价键。

$$\xrightarrow{\text{非极性共价键 极性共价键 离子键}} \text{极性增强}$$

成键原子电负性的差值越大，离子键的成分就越高。当 $\Delta\chi \geqslant 1.7$ 时，离子键的成分超过 50%。

通常，活泼金属（如ⅠA、ⅡA 元素）与活泼非金属（如卤素、氧等）的电负性相差较大，它们之间形成的化合物大多为离子型化合物。

2. 离子键的特征

离子键的本质是静电作用力，它除了有异号离子之间的吸引力之外，还有同号离子间的排斥力，所以正负离子之间具有适当的距离，不可能无限接近。在平衡距离上斥力和引力相等，此时系统最稳定，形成了离子键。

离子键没有方向性，离子的电荷分布是球形对称的，带有相反电荷的离子可在任何方向上吸引它，所以离子键没有方向性。

离子键没有饱和性，只要空间允许，离子总是尽可能多地吸引带有相反电荷的离子。

3. 晶格能

在标准态下，拆开 1mol 离子晶体，使其变成相距无穷远的气态正、负离子所吸收的能量称为**晶格能**，用符号 U 表示。例如

$$\mathrm{NaCl(s)} \xrightarrow[298.15\mathrm{K}]{\text{标准态}} \mathrm{Na^+(g)} + \mathrm{Cl^-(g)} \qquad U_{\mathrm{NaCl}}(298.15\mathrm{K}) = 785\mathrm{kJ \cdot mol^{-1}}$$

晶格能是衡量离子键强弱、离子化合物稳定性大小的参数。晶格能越大，正、负离子间结合力越强，即离子键越强，相应的离子化合物的熔点越高、硬度越大。晶格能一般无法直接测定，只有通过热力学循环求得。

4. 影响离子化合物性质的主要因素

(1)离子的电荷

对于离子化合物来说，离子所带的电荷数越高，正、负离子之间的静电吸引力就越大，离子键就越强，晶格能越大，见表 6-8.

表 6-8 离子的电荷对晶格能的影响(298.15K)

离子化合物	电荷数	熔点/℃	晶格能/kJ·mol^{-1}
NaF	+1/−1	988	902
MgO	+2/−2	3643	3889

(2)离子半径

在离子晶体中，把离子看成是相切的球体，正、负离子中心之间的距离(即核间距)作为两种离子的半径之和。核间距可以通过X射线衍射实验测定。

根据表6-9，离子半径的变化规律如下。

①在同一周期中，正离子的半径随离子电荷数的增加而减小，负离子的半径随离子电荷数的增加而增大。例如

$$Na^{+} > Mg^{2+} > Al^{3+} \qquad F^{-} < O^{2-}$$

②同一主族中，具有相同电荷的离子的半径自上而下逐渐递增。例如

$$Li^{+} < Na^{+} < K^{+} < Rb^{+} < Cs^{+} \qquad F^{-} < Cl^{-} < Br^{-} < I^{-}$$

③相邻两主族左上方和右下方两元素的正离子半径相近。例如，Li^{+} 和 Mg^{2+}，Na^{+} 和 Ca^{2+}。

④正离子的半径比较小，为10～170pm；而负离子半径比较大，为130～250pm。另外，同一元素处于不同价态时负离子半径大于原子半径；正离子半径小于原子半径，并且电荷高的半径小，如 $S^{2-} > S$，$Fe^{3+} < Fe^{2+} < Fe$。

表 6-9 常见离子的半径 (单位：pm)

Li^{+} 68	Be^{2+} 31	(鲍林半径)										O^{2-} 140	F^{-} 133
Na^{+} 98	Mg^{2+} 66											S^{2-} 184	Cl^{-} 181
K^{+} 133	Ca^{2+} 99	Sc^{3+} 81	…	Cr^{2+} 89	Mn^{2+} 80	Fe^{2+} 72	Co^{2+} 72	Ni^{2+} 69	Cu^{2+} 72	Zn^{2+} 74	…	Se^{2-} 198	Br^{-} 196
Rb^{+} 148	Sr^{2+} 113	Y^{3+} 96	…						Ag^{+} 126	Cd^{2+} 97	…	Te^{2-} 221	I^{-} 220
Cs^{+} 167	Ba^{2+} 135	La^{3+} 115	…						Au^{+} 137	Hg^{2+} 110	…		

对于离子化合物来说，离子半径越小，核间距就越短，正、负离子之间的静电吸引力就越大，离子键越强，晶格能越高，见表6-10。

表 6-10 离子半径对晶格能的影响(298.15K)

离子化合物	核间距/pm	熔点/℃	晶格能/kJ·mol^{-1}
NaCl	279	801	771
NaI	318	660	684

(3)离子的电子构型

KCl 与 AgCl 两种化合物的正负离子所带的电荷数相同，核间距也相差不大，但 KCl 易溶于水，AgCl 不溶于水，这种差异就是由于它们的阳离子的电子构型不同造成的。

简单的负离子如 O^{2-}、F^-、Cl^- 等一般都是稳定的稀有气体构型；正离子的电子构型可分为几类，见表 6-11。

表 6-11　正离子的电子构型

类型	价电子构型	例子	所在区域
2 电子构型	ns^2	Li^+、Be^{2+}	s 区
8 电子构型	ns^2np^6	Ca^{2+}、Na^+、K^+	s 区
18 电子构型	$ns^2np^6nd^{10}$	Zn^{2+}、Ag^+、Cu^+	ds 区、p 区
18+2 电子构型	$(n-1)s^2(n-1)p^6(n-1)d^{10}ns^2$	Tl^+、Pb^{2+}、Bi^{3+}	p 区
9～17 电子构型	$ns^2np^6nd^{1\sim9}$	Fe^{2+}、Fe^{3+}、Cu^{2+}	d 区、ds 区

6.4.2 离子晶体

1. 离子晶体的结构类型

在离子晶体中，晶格结点上交替排列着阴阳离子，离子之间以静电引力相结合。如图 6.27 为典型的离子晶体 NaCl，为立方体结构，八个顶点和六个面的中心为同一种离子所占据，每个 Na^+ 周围有六个 Cl^- 包围，每个 Cl^- 的周围也有六个 Na^+，NaCl 晶体的配位数为 6。实验测出 CsCl 晶体的配位数为 8，此外离子晶体还有其他的配位数。

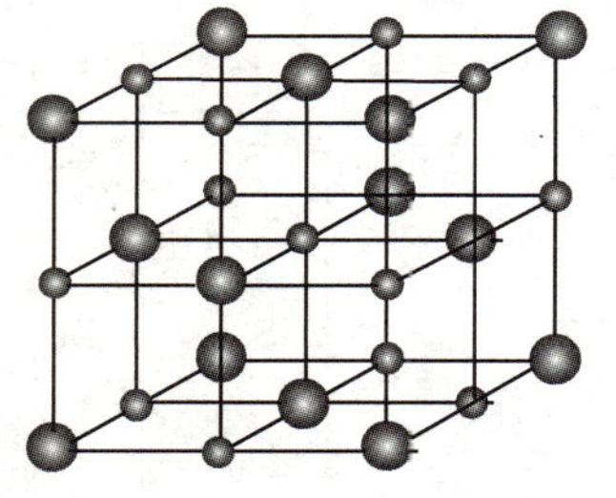

图 6.27　NaCl 晶体

正负离子之间以离子键相结合，而离子键没有方向性和饱和性，所以离子周围应该尽可能多地排列带有相反电荷的离子。离子的半径越大，周围可容纳的异号离子就越多，因而离子晶体的配位数与阴阳离子的半径大小有关。

如图 6.28 所示，如果正负离子半径大小如图 6.28(a)所示，则同号的负离子相切，显然不稳定；在图 6.28(b)中，同号负离子分开，异号离子相邻，处于稳定状态；在图 6.28(c)中，同号负离子相切，异号离子相邻，处于一种亚稳状态。

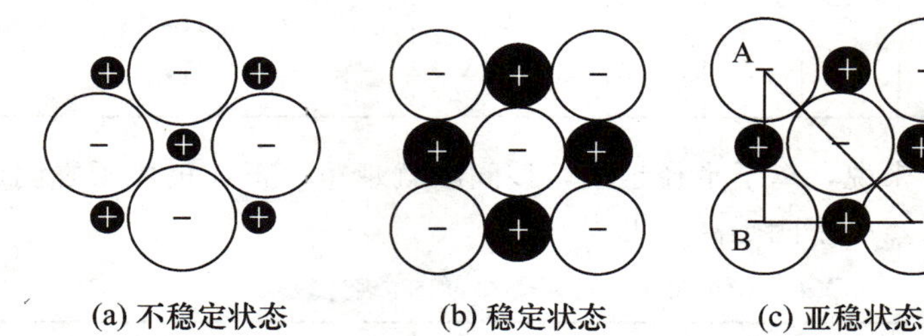

图 6.28　配位数为 6 的离子晶体中正负离子接触方式

在图 6.28(c)中，如果正离子的半径再略大一点就可以变成稳定的图 6.28(b)所示的状态。根据图 6.28(c)可求出其正负离子的半径之比，根据 $AB^2+BC^2=AC^2$ 可得

$$2(2r_+ + 2r_-)^2 = (4r_-)^2$$

整理得 $r_+/r_- = 0.414$。

所以，当正负离子的半径之比 $r_+/r_- > 0.414$ 时，正负离子相邻，负离子分离。这样的排列方式可使吸引力最大，排斥力最小，结构稳定。当正负离子的半径之比增大到 0.732 以上时，正离子就可以和 8 个负离子相邻，形成更稳定的八配体结构；而当正负离子的半径之比小于 0.414 时，正负离子分离，作用力减弱，结构不稳定，会向配位数小的构型转化；如果正负离子的半径之比在交界处时，可能会有两种晶体结构。

离子晶体常见的类型是 NaCl 型、CsCl 型、ZnS 型，见表 6－12。

表 6－12　离子晶体的常见类型与正负离子的半径比

晶体类型	ZnS 型	NaCl 型	CsCl 型
晶胞	○S^{2-} ●Zn^{2+} 立方	●Na^+ ○Cl^- 面心立方	●Cs^+ ○Cl^- 体心立方
r_+/r_-	0.225～0.414	0.414～0.732	0.732～1
配位数	4	6	8
实例	ZnO、BeS、CuCl	KCl、LiF、CaS	CsBr、TlCl、NH_4Cl

其实，离子半径的数据是从测定晶体结构得来的，本身不够准确。另外，离子晶体的结构类型不仅与正负离子的半径比有关，还受许多其他因素的影响，如晶体的组成、离子的极化等，所以正负离子的半径比对于确定晶体类型只能作为参考。

2. 离子晶体的物理性质

离子晶体中不存在分子，如 NaCl 晶体中并无单独的 NaCl 分子存在，所以 NaCl 只是化学式，不是分子式，离子晶体只有式量，没有分子量。

离子晶体在常温下一般为固体，不导电，因为正负离子只能在晶格结点附近振动，无法自由移动。在水溶液中或处于熔融状态下离子晶体能够导电，此时离子键被破坏，正负离子可以定向移动。

离子晶体一般具有较高的熔点、沸点，因为晶体内正负离子以离子键相连，交替排列构成一个“巨型分子”，要破坏它需要提供大量的能量，所以离子晶体的那些与状态变化有关的性质如熔点、沸点、熔化热、汽化热等数值都比较高。

离子晶体的熔沸点与晶格能大小有关，离子的核间距越小，所带电荷数越多，晶格能就越大，晶体的熔沸点也就越高。

离子晶体通常硬而脆。硬度较大是因为整个晶体浑然一体，离子键强度大，破坏晶格需要较强的外力，但离子晶体的延展性差，在外力作用下，容易发生位错①，如图 6.29 所示。

---

① 实际晶体中原子偏离理想的周期性排列的区域称为晶体缺陷，位错是晶体中最为常见的缺陷之一。晶体受到一些外界因素的影响，使晶体内部质点排列变形，原子行间相互滑移，不再符合理想晶体的有序排列，由此形成的缺陷称为位错。

图 6.29　位错

离子排列发生位错，带有相同电荷的离子相邻，同性排斥，所以离子晶体性脆，无延展性。

离子化合物为强极性，所以大多数离子晶体易溶于水。

6.4.3　离子的极化对物质性质的影响

1. 离子的极化作用和变形性

在外电场作用下，或者在另外的离子影响下，离子的原子核与电子云会产生相对位移，离子发生变形，这种现象称为**离子的极化**。被相反电荷的离子极化而发生电子云变形的能力称为**变形性**。

离子带有电荷，如果有其他原子或离子靠近，会使其他原子或离子的电子云发生变形，同时离子本身的电子云在与其他离子接近时也会发生变形，所以无论是正离子还是负离子都有极化作用和变形性两个方面。

原子失去电子形成了正离子，所以正离子外层电子的电子云发生收缩，离子半径减小很多，因而电荷密度高，极化能力强，相应地变形性就比较小。因此正离子主要表现出较强的极化作用。正离子的极化作用与离子的半径、电荷与电子构型有关。正离子的半径越小，所带电荷越多，则极化作用越强。正离子的电子构型对离子的极化作用也有影响，极化作用的大小顺序如下。

8 电子构型＜9～17 电子构型＜(2、18、18＋2)电子构型

原子得到电子形成了负离子，所以负离子的外层电子云发生膨胀，离子半径增大很多，因而电荷密度低，极化能力弱，相应地变形能力就非常强。因此负离子主要表现为较强的变形性。离子的变形性大小主要取决于其半径，半径越大，原子核对外层电子的吸引力越弱，电子与核之间越容易产生相对位移，变形性也就越强；对于负离子来说，半径相近时，所带负电荷数越多，变形性也越强，如 S^{2-}(184pm)的变形性比 Cl^{-}(181pm)的变形性大得多。另外，复杂的负离子团(如ClO_4^-)的变形能力通常很弱。

离子的极化大多指正离子的极化作用和负离子的变形性。实际上某些最外层 d 电子较多的正离子的变形性不容忽视，某些离子半径很小而非金属性强的负离子对正离子的极化作用也必须重视。负离子被极化变形后，其极化能力在一定程度上又得到了增强，结果使正离子变形而被极化，正离子被极化后，又增加了它对负离子的极化作用。这种加强的极化作用称为附加极化。

2. 离子的极化对物质性质的影响

当极化能力强的正离子和变形性大的负离子接近时，发生了极化现象。负离子的电子云变形被拉向两核之间，导致双方的电子云相互靠近，部分互相重叠，核间距缩短，键的极性减弱，出现了“离子对”(类似于分子单位)。极化作用加强了“离子对”的内部作用力，同时削弱了“离子对”与“离子对”之间的作用力，其结果使键型发生转变，从离子键逐步过渡到共价键，如图 6.30 所示。从左到右，离子键的百分数减少，共价键的百分数增大，离子型晶体转变为共价型分子晶体。

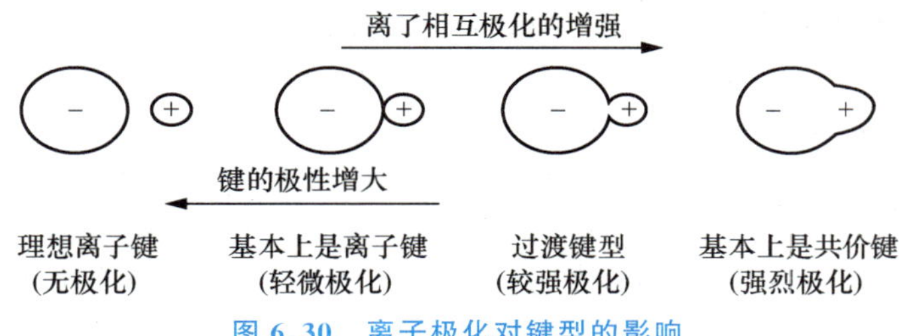

图 6.30 离子极化对键型的影响

离子极化的结果使离子晶体向分子晶体过渡，因而化合物的许多性质都受到了影响。

(1)对熔点和沸点的影响

离子极化使熔点和沸点降低，极化程度越大，熔点和沸点越低。例如，$BeCl_2$、$MgCl_2$、$CaCl_2$的熔点依次为410℃、714℃、782℃。$BeCl_2$的熔点比$MgCl_2$和$CaCl_2$的低了很多，这是因为Be^{2+}半径最小，并且为2电子构型，而Mg^{2+}、Ca^{2+}都是8电子构型，Be^{2+}的极化能力远远超过了Mg^{2+}和Ca^{2+}，使Cl^-发生明显变形，$BeCl_2$晶体内共价键的百分数大大增加，离子晶体向分子晶体过渡，因此$BeCl_2$具有较低的熔点、沸点。

(2)对溶解度的影响

离子极化使化学键型发生转变，从离子键过渡到共价键，化合物的极性降低，根据相似相溶的原理，化合物在水中的溶解度降低。例如，在AgF、AgCl、AgBr、AgI中，AgF易溶于水，其他三种难溶于水，而且溶解度逐渐降低，因为Ag^+为18电子构型，具有较强的极化能力和变形性，而负离子F^-、Cl^-、Br^-、I^-的半径逐渐增大，变形性也随之增大。

(3)对化合物颜色的影响

离子极化使化合物的颜色加深。例如，AgF和AgCl为白色，AgBr为浅黄色，而AgI为黄色，ZnS为白色，CdS为黄色，HgS为红色或黑色。

(4)对晶体类型的影响

离子极化使核间距缩短，使晶体向配位数减小的构型转变。例如，AgI的正负离子半径之比为0.51，应该是配位数为6的NaCl型，而实际上AgI是配位数为4的ZnS型。

6.5 混合键型晶体

晶体除了上述四种基本类型外，还有一种混合键型晶体，晶体内微粒间的作用力不只一种，又称过渡型晶体。

石墨就是一种典型的混合键型晶体，碳原子以sp^2杂化轨道与同一平面上相邻的三个碳原子形成三个σ键，键角为120°，最终形成由无数个正六边形构成的蜂窝层状结构，如图6.31所示。碳原子之间的结合力很强，极难破坏，所以石墨的熔点很高，化学性质很稳定。

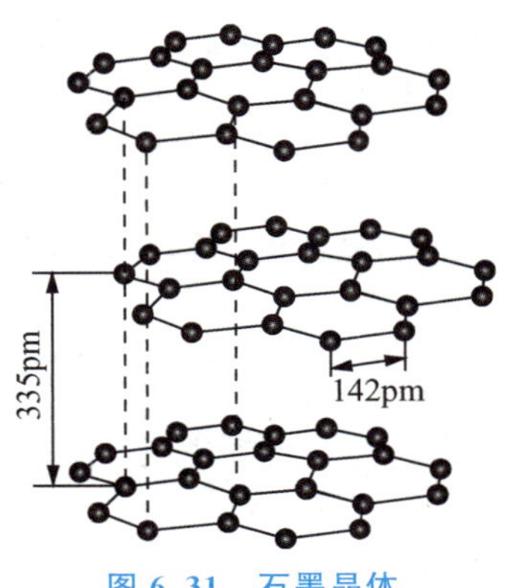

图 6.31 石墨晶体

每个碳原子都还剩下一个垂直于每层平面的2p轨道，这些轨道彼此平行，相互重叠形成了大π键，这种包含着很多原子的π键称为大π键。大π键的电子并不定域在两个原子之间，而是在整个层内自由运动，相当于金属键中的自由电子，所以石墨具有金属光泽，有良好的导电性、传热性，可用做电极材料。相邻两层相隔335pm，距离较大，结合力比较弱，与范德华力接近，所以石墨层与层之间容易滑动、质软，可作为润滑剂。

总之，石墨晶体内存在三种不同的键型，所以石墨兼有原子晶体、分子晶体和金属晶体的特征。

除石墨外，实际晶体中还有很多混合型晶体，如黑磷、碘化钙等都是层状晶体，纤维状石棉属链状过渡型晶体。

分子之间的作用力与化学键比较见表6-13，化学键的比较见表6-14。

表6-13 分子之间的作用力与化学键比较

	分子之间的作用力	化学键
概念	存在于相邻的分子之间 微弱的相互作用力	存在于相邻的原子、离子之间 强烈的相互作用
强弱程度	作用力小于100 $kJ\cdot mol^{-1}$，克服它只需要较低的能量	键能为120～800 $kJ\cdot mol^{-1}$，克服它需要较高的能量
应用	主要影响物质的物理性质，对化学性质无影响	决定物质的化学性质，还会影响除分子晶体以外的其他物质的物理性质

表6-14 化学键的比较

项目	共价键	金属键	离子键
成键微粒	原子	自由电子 金属阳离子 金属原子	正离子 负离子
价键本质	原子轨道重叠	自由电子与金属阳离子之间的相互作用	正负离子之间的静电引力
成键要素	非金属元素与非金属元素之间	金属内部或合金内部	活泼金属元素与活泼的非金属元素之间
实例	HCl、HNO_3	Fe、Mg	NaCl、MgO
成键理论	路易斯理论 价键理论 价层电子对互斥理论 杂化轨道理论 分子轨道理论	改性共价键理论 金属能带理论	离子键理论

各类晶体的结构及特性见表6-15。

表6-15 各类晶体的结构及特性

晶体类型	晶格结点上的微粒	粒子间的作用力	晶体的特性	实例
离子晶体	正离子 负离子	离子键	熔点沸点高，硬度较大，脆，熔融状态及水溶液能导电，大多溶于极性溶剂中	活泼金属氧化物和部分盐类

（续表）

晶体类型	晶格结点上的微粒	粒子间的作用力	晶体的特性	实例
原子晶体	原子	共价键	熔点沸点很高，硬度大，导电性差，在大多数溶剂中不溶	金刚石、晶体硅、单质硼、石英、SiC、BN
分子晶体	分子	范德华力（部分有氢键）	熔点沸点低，硬度小 极性分子晶体能溶于极性溶剂中，溶于水能导电 非极性分子晶体能溶于非极性溶剂或弱极性溶剂中，易升华	稀有气体、多数非金属单质、非金属之间的化合物、有机化合物
金属晶体	金属原子、金属阳离子	金属键	具有金属光泽，硬度不一，较好的导电性、导热性和延展性	金属或一些合金

【例 6.1】下列关于化学键和分子之间的作用力的说法是否正确？

(1)构成单质分子的粒子一定含共价键。

(2)由非金属元素组成的化合物不一定是共价化合物。

(3)非极性键只存在于双原子单质分子里。

(4)不同元素组成的多原子分子里的化学键一定是极性键。

(5)直线型分子一定是非极性分子。

(6)非金属单质的分子间只存在色散力。

答：(1)不正确。稀有气体构成的单原子分子中就没有共价键存在。

(2)正确，铵盐，如 NH_4Cl、$(NH_4)_2SO_4$ 等，虽然是非金属元素组成的，但是属于离子化合物。

NH_4^+ 与金属离子，特别是 K^+，不管是物理性质还是化学性质，都很相似。如离子半径、盐类的溶解性等，所以，NH_4^+ 通常可当作金属离子来看待。

(3)不正确。在过氧化物，如 Na_2O_2、H_2O_2 等物质中，O^-—O^- 键是非极性键。

(4)不正确，如 C_2H_6 中 C—C 键是非极性键。过氧键也是非极性键。

(5)不正确。双原子分子都是直线型，同核双原子分子，共价键无极性，是非极性分子；异核双原子分子，共价键有极性，是极性分子。

多原子直线型分子中，如果是相同原子，又形成对称的空间结构，键的极性相互抵消，是非极性分子，如 CO_2。如果是不同原子，或者形成不对称的空间结构，键的极性不能相互抵消，就是极性分子，如 H—C≡N。

(6)不正确。非金属单质分子大多是非极性分子，分子间的作用力通常为色散力。但是，臭氧（O_3）分子的空间构型为 V 形，是极性分子，故分子之间除了色散力外，还存在取向力和诱导力。

【例 6.2】判断下列各组物质的熔点、沸点高低顺序。

(1)O_2，I_2，Hg。

(2)CO，KCl，SiO_2。

(3)CF_4，CCl_4，CBr_4，CI_4。

(4)CH_3CH_2OH，CH_3OCH_3。

(5)NaF，NaCl，NaBr，NaI。

(6)$BeCl_2$，$MgCl_2$。

答：此题考查的知识点是物质熔点高低的比较，这通常与晶体类型有关。

(1)O_2是气体，I_2是固体，Hg是液体，所以熔点、沸点高低顺序为I_2>Hg>O_2。

(2)CO固态时为分子晶体，KCl是离子晶体，SiO_2是原子晶体，在四种晶体中，原子晶体的熔点最高，分子晶体的熔点最低，所以熔点、沸点高低顺序为CO<KCl<SiO_2。

(3)CX_4都是对称结构的非极性分子，它们属于分子晶体。

对于分子晶体，分子之间的作用力是范德华力，范德华力包括取向力、诱导力和色散力，一般情况下，色散力是主要的分子间力。只有极性相当强的分子，取向力才显得重要。另外，部分分子晶体还存在氢键。

对于同类型的分子晶体来说，色散力主要是随着相对分子质量的增大而增加的，因为随着原子序数的增加，原子核与最外层的电子的作用力相应减弱，相应的原子的极化率（极化率即单位电场强度下，由分子极化而产生的诱导偶极矩）也增加，因而加强了色散力。

色散力随着相对分子质量的增大而增加，熔点、沸点也随之而相应地升高。CX_4都是非极性分子，分子间仅存在色散力，所以，它们的熔点、沸点高低顺序为CF_4<CCl_4<CBr_4<CI_4。所以，室温时，CCl_4是液体，CF_4是气体，而CBr_4和CI_4是固体。

(4)CH_3CH_2OH与CH_3OCH_3均为分子晶体，它们互为同分异构体，相对分子质量相同。但CH_3CH_2OH分子间除了范德华力之外，还形成了分子间氢键，熔化CH_3CH_2OH时必须消耗额外的能量去破坏分子间氢键，而CH_3OCH_3的分子间不能形成氢键，只有范德华力存在，故熔点、沸点从高到低的顺序为：CH_3CH_2OH > CH_3OCH_3

另外，氢键具有饱和性，一个氢原子只能形成一个氢键，所以，HNO_3分子的氢形成了分子内氢键，就不会再形成分子间氢键。只有分子间氢键才会提高化合物的熔点、沸点。

(5)这组物质均为离子晶体，对于典型的离子晶体，熔点主要取决于晶格能，而晶格能与离子所带的电荷数及离子半径有关，此外也与离子晶体的类型有关，离子所带的电荷数越多，晶格能越大，离子半径越大，晶格能越小。

这组物质均为NaCl型离子晶体，离子所带的电荷数相同，正离子相同，负离子从F^-到I^-，离子半径依次增大，晶格能依次减小，所以熔点依次降低。熔点、沸点高低顺序为NaF >NaCl> NaBr > NaI。

(6)这组物质不能简单地用晶格能考虑，要考虑离子的极化。Be^{2+}半径很小，并且为2电子构型，具有较强的极化能力，使Cl^-发生明显变形，$BeCl_2$中共价键的百分数大大增加，使离子化合物共有较多的共价成份，即离子晶体向分子晶体过渡，因此熔点、沸点高低顺序$BeCl_2$<$MgCl_2$。

比较熔点时，只有典型的离子晶体，才只需要考虑晶格能，大部分离子化合物，要同时考虑晶格能和极化两方面的因素，特别是2电子构型和18电子构型的离子，极化作用大，不可忽视。

【例6.3】A和B均为第二周期元素，组成化合物AB_2，AB_2的总电子数是22，推断AB_2可能是哪些分子？如果AB_2的几何构型是直线型，用杂化轨道理论推断其成键情况，并判断这些分子是否有极性。

解析：根据第二周期的八种元素，可以推断，AB_2有三种可能，BeF_2、CO_2、N_2O。

根据杂化轨道理论，BeF_2中的Be原子的价电子构型为$2s^2$，形成BeF_2时，Be原子的一个2s电子被激发到2p空轨道上，然后一个2s轨道和一个2p轨道杂化形成两个等同的sp杂化轨道，与两个F原子形成两个σ键，呈直线型，F—Be—F，分子形成对称的空间结构，是非极性分子。

CO_2中的C原子的价电子构型为$2s^2 2p^2$，四个价电子，sp杂化后，有两个价电子在两个sp杂化轨道上，还有两个价电子，分别在没有参与杂化的$2p_y$轨道和$2p_z$轨道上，两个杂化轨道分别与两个氧原子生成两个σ键，另外，三个原子的$2p_y$轨道彼此平行，“肩并肩”相互重叠，形成了三中心（三个原子）四电子的大π键，可表示为π_3^4。同样，三个原子的$2p_z$也形成了一个π_3^4键，所以，CO_2分子中含两个σ键，两个π_3^4键。如下所示。

原子	价电子构型	CO_2成键			
$_8O$:	$2s^2 2p^4$ $2s^2 2p_x^1 2p_y^1 2p_z^2$	↑ $2p_x$		↓ $2p_y$	↑↓ $2p_z$
$_6O$:	$2s^2 2p^2$ $(sp)^1(sp)^1 2p_y^1 2p_z^1$	↑ sp	↑ sp	↑ $2p_y$	↑ $2p_z$
$_8O$:	$2s^2 2p^4$ $2s^2 2p_x^1 2p_y^2 2p_z^1$		↑ $2p_x$	↑↓ $2p_y$	↑ $2p_z$
		σ键	σ键	π_3^4	π_3^4

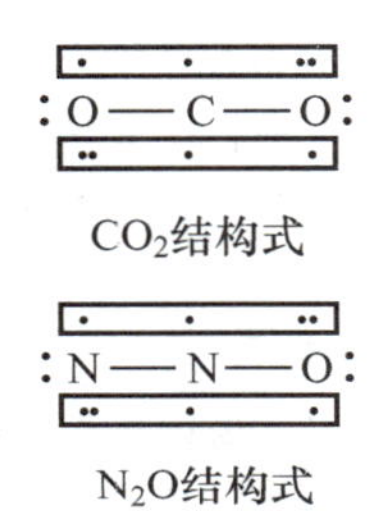

CO_2结构式
N_2O结构式

CO_2分子是直线型空间结构，同样也是非极性分子。

N_2O的分子也是直线型的，构型是N—N—O，中间的N原子采取sp杂化，与CO_2分子相似，也生成两个σ键，两个π_3^4键。显然，N_2O分子是极性分子。

大π键是三个或三个以上原子彼此平行的p轨道从侧面相互重叠形成的π键。p电子不局限在两个原子之间，可以在多个原子间运动，所以大π键的键能较π键更大。例如苯，C_6H_6，C原子sp^2杂化后，剩余的p轨道互相平行，重叠形成了π_6^6。

【例6.4】解释下列现象。

(1)金刚石晶体中的碳原子为什么不是紧密堆积结构？金属晶体为什么是紧密堆积结构？

(2)铜的导电性随温度升高而减小，但硅的导电性随温度升高而增加。

答：(1)在三种化学键、范德华力和氢键中，金属键、离子键、范德华力都是既没有方向性又没有饱和性，而共价键和氢键是既有方向性又有饱和性。

金刚石是原子晶体，占据晶格结点的是原子，原子之间以共价键相结合。共价键具有方向性和饱和性，这是结构的主要制约因素。金刚石中C以sp^3杂化成键，故只能取四面体的配位结构。

而金属晶体、离子晶体和一些分子型晶体中，组成晶体的微粒（原子、离子和分子）由于结合力无方向性、无饱和性，总是趋向于相互配位数高，能充分利用空间的堆积密度大的那些结构，紧密堆积结构由于充分利用了空间，可使体系的势能尽可能降低，结构稳定。

(2)铜是金属晶体，占据晶格结点的是金属离子和金属原子，晶格结点上的粒子并不是静止不动的，每个粒子都在自己的位置附近不停地做热振动，温度升高时，粒子的热振动加强，振动的幅度加大，因为导电而定向漂移的电子与粒子碰撞的机会增多，受到的阻力增大，所以，导电性随温度升高而减小。

而硅是半导体，根据能带理论，温度越高，满带中的电子被激发逾越禁带进入导带的电子越多，满带中空穴也越多，其导电性也就越好，因此硅的导电性随温度升高而增加。

化学视野

关于珠宝的小常识

珠宝的“珠”是指珍珠，珍珠产在珍珠贝类和珠母贝类软体动物体内，是砂粒微生物进入贝蚌壳内刺激分泌而产生的一种有机宝石，成分是$CaCO_3$(91.6%)、H_2O和有机质(各4%)、其他(0.4%)。珍珠的稳定性差，可溶于酸、碱中，所以日常生活中不适宜接触香水、油、盐、酒精、醋等。

珠宝的“宝”是指宝石，严格地说，应该是宝石和玉石的总称。

宝石和玉石都属于晶体，晶体通常可分为单晶体和多晶体：单晶体是微粒(分子、原子或离子)在三维空间中呈规则、周期排列的一种晶体，如雪花、单晶硅、食盐小颗粒等；而多晶体是由许多杂乱无章排列着的小晶体组成的，如常用的金属、由许多食盐单晶体粘在一起而成大块的食盐。

宝石的取材是天然单晶体矿物，其晶体肉眼可见，称为显晶质。玉石则是由无数细小的肉眼无法看见的微小晶体组成的，只有在高倍电子显微镜下才能看到它们的结构，所以玉石被称为隐晶质。

宝石通常是透明的，由于表面光滑，反射光线的能力较强，并且光线进入切割后的宝石内部，会经过一系列的反射折射，因此通常看到的净度高、切割好的宝石总是闪闪发亮的；而玉石是由无数个细小的晶体组成的，晶体之间总是有缝隙的，不可能达到宝石表面的光洁程度，所以玉的表面是水润或油润的质感，通常是半透明的，当然也有例外，如顶级翡翠就是近乎透明的。

红宝石和蓝宝石的主要成分都是Al_2O_3(刚玉)，属三方晶系。红宝石含微量元素铬(Cr^{3+})，通常将红宝石之外的各色宝石级刚玉统称为蓝宝石。蓝宝石含微量元素钛(Ti^{4+})或铁(Fe^{2+})。通常红宝石以颜色最浓，被称为“鸽血”的品质为最佳。刚玉型宝石具有脆性，怕敲击、摔打，佩戴时应该注意。

祖母绿也称吕宋绿、绿宝石，是一种含铍铝的硅酸盐，其分子式为$3BeO \cdot Al_2O_3 \cdot 6SiO_2$，属六方晶系。祖母绿为翠绿色、玻璃光泽、透明至半透明，硬度为7.5，在X射线照射下，会发出很弱的纯红色荧光。

水晶是透明度高、晶形完好的石英晶体，成分为二氧化硅(SiO_2)，属三方晶系。当二氧化硅结晶完美时就是水晶；二氧化硅胶化脱水后就是玛瑙；二氧化硅含水的胶体凝固后就成为蛋白石；二氧化硅晶粒小于几微米时，就组成玉髓等。

水晶中由于含有微量的铁、锰、镁、铝、钛等杂质而呈现多种颜色，如紫、黄、粉红、褐、灰、黑等颜色。例如，含锰和铁者称为紫水晶，含铁者(呈金黄色或柠檬色)称为黄水晶。

金刚石俗称金刚钻、钻石或水钻，成分为C，是碳元素的一种同素异形体，常为无色透明，是目前已知最硬的矿物，绝对硬度是石英的1000倍、刚玉的150倍，怕重击，重击后会解离破碎。钻石的性质很稳定，在常温下，酸碱不会对其产生作用。纯净的钻石无色透明，由于微量元素的混入而呈现不同颜色。例如，含有微量氮时呈现黄色；含有微量硼时呈现蓝色。

夜明珠是一种萤石矿物。萤石又称氟石，化学成分为CaF_2，发光原因是萤石本身就是一种发光物质，有一种特有的稀土元素进入其晶格，改善了它的发光性能。夜明珠不是贝蚌所产的珍珠。

玉有软、硬两种，平常说的玉多指软玉，软玉狭义上只指和田玉，硬玉另有一个名字——翡翠。这两种玉石是目前国际上公认比较有价值的玉石。两种玉的外型很相似，硬玉的比重(3.25～3.4)大于软玉(2.9～3.1)。和田玉是一种具有链状结构的含水钙镁硅酸盐，成分为$Ca_2(Mg, Fe^{2+})_5(Si_4O_{11})_2(OH)_2$，属单斜晶系，颜色多种多样，呈白、青、黄、绿、黑、红等色，白色的羊脂玉为最佳；翡翠是一种钠铝硅酸盐矿物集合体，分子式为$NaAl(SiO_3)_2$，属单斜晶系，翡翠的颜色千变万化，多为绿、红、紫、蓝、黄、灰、黑、无色等，以祖母绿色、玻璃种为最佳。

习　题

6.1 区分下列概念。

①共价键和离子键；②极性共价键和极性分子；③σ 键和 π 键；④孤电子对与成键电子对；⑤等性杂化和不等性杂化；⑥范德华力和共价键；⑦取向力、诱导力和色散力；⑧价键理论和分子轨道理论。

6.2 比较下列各组化合物中键的极性大小。

①HF，HCl，HBr，HI；②ZnO，ZnS；③O_2，O_3；④ZnS，H_2S。

6.3 填表6-16。

表6-16　习题6.3表

分子	CH_4	H_2O	NH_3	CO_2	BF_3
杂化方式					
键角					

6.4 BF_3的空间构型是平面三角形，但NF_3却是三角锥形，试用杂化轨道理论解释。

6.5 用杂化轨道理论推测下列分子的中心原子的杂化类型及分子的空间构型。

BeH_2　SbH_3　BCl_3　H_2Se　CCl_4

6.6 根据杂化轨道理论，判断下列分子的中心原子的杂化类型，并简要说明它们的成键过程。

BeF_2(直线形)　SiH_4(正四面体)　BI_3(正三角形)　PH_3(三角锥形)

6.7 将下列分子或离子按照键角由大到小的顺序排列。

BF_3　NH_3　H_2O　CCl_4　$BeCl_2$

6.8 试用杂化轨道理论解释NH_3、H_2O的键角小于CH_4的键角。

6.9 用价层电子对互斥理论推测下列分子或离子的空间构型。

$AlCl_3$　CCl_4　$BeCl_2$　ICl_2^+　ICl_4^-　PO_4^{3-}　ClF_3　ICl_2^-　SF_6

6.10 试写出Li_2、Be_2、H_2^-、N_2^+的分子轨道表示式，计算它们的键级，判断其磁性和稳定性的大小。

6.11 根据分子轨道理论判断O_2^+、O_2、O_2^-、O_2^{2-}的稳定性和磁性大小。

6.12 判断下列分子中哪些是极性分子？哪些是非极性分子？

$CHCl_3$　NCl_3　BCl_3　Ar　Br_2　CS_2　C_6H_6(苯)　$C_2H_5OC_2H_5$(乙醚)

6.13 判断下列各组分子之间存在什么形式的作用力。

①氨和水；②苯和CCl_4；③酒精和水溶液；④碘和酒精；⑤硫化氢和水。

6.14 判断下列化合物的分子间能否形成氢键？哪些分子能形成分子内氢键？

NH_3　HNO_3　CH_3COOH　$C_2H_5OC_2H_5$　HCl

6.15 在下列物质中，哪种分子的熔点、沸点受色散力的影响最大？

H_2O　CO　HBr　Cl_2　NaCl

6.16 用金属的能带理论解释以下两个问题。

(1)为什么K、Na等碱金属是电的良导体？

(2)Ca、Mg等碱土金属由s轨道组合而成的导带已填满电子，但它们仍是电的良导体，为什么？

6.17 为什么离子键没有方向性？共价键和金属键有方向性吗？

6.18 判断下列离子的电子构型。

Na^+　Sn^{2+}　Sn^{4+}　Zn^{2+}　Cu^{2+}　Li^+　Fe^{2+}　Fe^{3+}

6.19 比较下列物质中阳离子的极化能力大小。

KCl　$CaCl_2$　$MnCl_2$　$ZnCl_2$

6.20 试用离子极化解释下列各题。

(1)Na_2S 易溶于水，ZnS 难溶于水。

(2)$FeCl_2$ 熔点为 670℃，$FeCl_3$ 熔点为 306℃。

(3)$AgCl$ 为白色，AgI 为黄色。

6.21 根据表 6-17 试用极化理论解释碱土金属氯化物的熔点变化规律。

表 6-17　碱土金属氯化物的熔点变化

碱土金属氯化物	$BeCl_2$	$MgCl_2$	$CaCl_2$	$SrCl_2$	$BaCl_2$
熔点/℃	410	714	782	876	962

6.22 已知 AlF_3 为离子型，$AlCl_3$ 和 $AlBr_3$ 为过渡型，AlI_3 则为共价型，说明键型差别的原因。

6.23 一般来说，AB_2 型离子化合物主要是氟化物和氧化物，AB_3 型离子化合物中只有氟化物，而在 AB_n 型中，当 $n>3$ 时，一般无离子型化合物，为什么？

6.24 判断下列晶体的熔点高低顺序。

(1)CO_2，SiO_2。

(2)He，Ne，Ar，Kr，Xe。

(3)NF_3，PCl_3，NCl_3。

(4)NaCl，KBr，KCl，MgO。

(5)KCl，SiC，HI。

6.25 填表 6-18。

表 6-18　习题 6.25 表

晶体类型	晶格结点上的微粒	粒子间的作用力	晶体类型	熔点高低
SiC				
KCl				
Xe				
Ag				
NH_3				

第7章 配位平衡与配位滴定法

(1)掌握配合物的概念、组成、特点和命名；了解配合物的价键理论和晶体场理论。

(2)掌握配位平衡体系中离子浓度的计算。

(3)了解 EDTA 及其螯合物的特点，理解稳定常数和条件稳定常数的意义；理解 EDTA 的酸效应及其对条件稳定常数的影响；了解金属离子的配位效应的计算及对条件稳定常数的影响。

(4)掌握滴定单一金属离子所允许的最高酸度(最低 pH)的计算；了解金属离子指示剂的作用原理、使用条件及使用中注意的问题；了解配位滴定曲线的绘制及影响滴定突跃范围的因素。

(5)理解提高配位滴定选择性的方法；掌握配位滴定的基本方式及其应用，以及配位滴定结果的计算。

1965 年，美国密歇根州立大学(University of Michigan)在进行细菌生长速率的研究中，惊奇地发现有一组细菌不发生分裂，通过查找，发现产生这种现象的原因是实验所用的铂电极被氧化了，生成了一种化合物，其分子式为 $[PtCl_2(NH_3)_2]$，再进一步研究发现，这种物质只有顺式异构体才具有生物活性，能阻止细胞分裂，人们称它为“顺铂”，它对人体头颈部、软组织及泌尿系统的恶性肿瘤具有显著疗效。

$[PtCl_2(NH_3)_2]$ 是一种配位化合物。配位化合物简称配合物或者络合物，是一类由中心离子或原子与配位体通过配位键结合形成的复杂化合物。几乎所有元素都能形成配合物，配合物的数量巨大。由于它们的独特性能，关于配合物的研究已经发展成为一门独立的分支学科——配位化学，它是现代化学的重要研究对象，广泛应用于生物、医药、材料、信息等领域。

7.1 配位化合物的基本概念

7.1.1 配合物的组成

如果将过量的氨水加入硫酸铜溶液中，溶液中先有蓝色沉淀生成，然后沉淀溶解，溶液变为深蓝色，用酒精处理后，可得到深蓝色的晶体。经分析证明，它的组成为 $CuSO_4 \cdot 4NH_3 \cdot H_2O$。再进一步分析，溶液中几乎检测不出 Cu^{2+} 和 NH_3 的存在，实际上是四个 NH_3 和一个 Cu^{2+} 结合形成了复杂离子 $[Cu(NH_3)_4]^{2+}$，这类复杂离子称为配离子，由配离子组成的化合物称为配合物。

配合物不同于复盐，在水溶液中复盐可以完全解离成简单离子，如光卤石($KCl \cdot MgCl_2 \cdot 6H_2O$)溶液中存在的是 K^+、Cl^- 和 Mg^{2+}，而配合物除解离出部分简单离子外，溶液中还存在稳定的配离子，如 $[Cu(NH_3)_4]SO_4$ 溶液中存在的是 $[Cu(NH_3)_4]^{2+}$ 和 SO_4^{2-}。

配合物不仅存在于溶液中，也存在于晶体中。它的组成可分为两部分，内界和外界。内界是以配位键结合的配离子部分，通常用方括号括起；外界是与配离子以离子键结合的带相反电荷的离子，写在方括号外面。例如

$[Cu(NH_3)_4]SO_4$：内界 $[Cu(NH_3)_4]^{2+}$（形成体 Cu^{2+}，配位体 NH_3）；外界 SO_4^{2-}

$K_2[PtCl_6]$：外界 K^+；内界 $[PtCl_6]^{2-}$（形成体 Pt^{4+}，配位体 Cl^-）

配合物由内界和外界组成，外界为简单离子，内界为配离子，内界由形成体和配位体组成。有些配合物没有外界，如 $[Fe(CO)_5]$、$[Co(NH_3)_3Cl_3]$。

1. 形成体(中心离子或中心原子)

形成体是提供空轨道的离子或原子，所以又称中心离子或中心原子。形成体大多是 d 区或 ds 区的金属离子，如 Fe^{2+}、Cu^{2+}、Zn^{2+} 等；也可以是中性的金属原子，如 $Ni(CO)_4$ 中的 Ni 原子；少数是高氧化态的非金属元素，如 SiF_6^{2-} 中的 Si^{4+}。

2. 配位体和配位原子

配位体是提供孤电子对或 π 电子的离子、离子团或中性分子，简称配体，如 NH_3、Cl^-、H_2O 等。配体提供孤电子对，形成体提供空轨道，两者以配位键相结合，如图 7.1 所示。

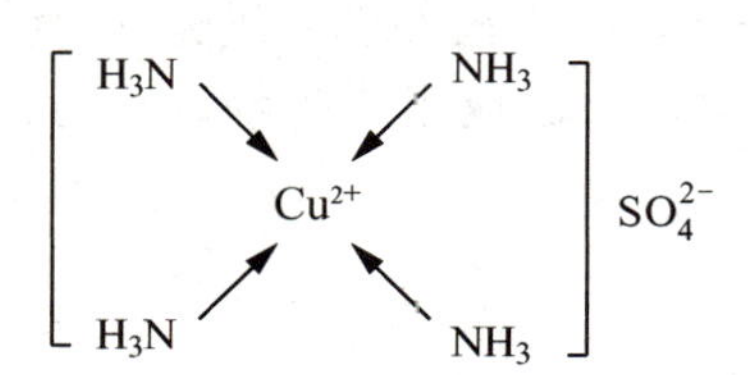

图 7.1 配合物 $[Cu(NH_3)_4]SO_4$

在配体中直接向形成体提供孤电子对的原子称**配位原子**，如 N、Cl、O 等原子。根据配体中所含配位原子的数目不同，配体可分为单齿配体和多齿配体。单齿配体中只含有一个配位原子，而多齿配体中含两个或两个以上的配位原子。表 7-1 中列出了常见的配体。

表 7-1 常见的配体

	配体	名称	配位原子
单齿配体	NH_3	氨	N
	H_2O	水	O
	CO	羰基	C
	OH^-	羟基	O
	F^-、Cl^-、Br^-、I^-	氟、氯、溴、碘	F、Cl、Br、I
	CN^-	氰	C
多齿配体	$H_2C—CH_2$ H_2N∶ ∶NH_2	乙二胺 （双齿配体， 缩写为 en）	N
	O　　O $C—C$ ^-O　　O^-	草酸根 （双齿配体）	O
	$HOOCCH_2$　　CH_2COOH ∶NCH_2CH_2N∶ $HOOCCH_2$　　CH_2COOH	乙二胺四乙酸 （六齿配体，简称 EDTA，缩写为 H_4Y）	N 和 O

有一些配体虽然也有两个配位原子，但每次只能由其中一个配位原子提供孤电子对，这类配体仍属于单齿配体，如 SCN^-（硫氰酸根）以 S 作为配位原子，NCS^-（异硫氰酸根）以 N 作为配位原子，NO_2^-（硝基）以 N 作为配位原子，ONO^-（亚硝酸根）以 O 作为配位原子。

3. 配位数

配合物中，以配位键与形成体结合的配位原子的总数称为配位数，或者说形成体与配体形成配位键的数目，配位数的大小可以看配体的种类和数目。对于单齿配体来说，配位数就等于配体数；对于多齿配体来说，配位数等于形成配位键的配位原子数。例如 $[Cu(NH_3)_4]^{2+}$ 中，Cu^{2+} 的配位数是 4，$[Co(NH_3)_2(en)_2]^{3+}$ 中，Co^{3+} 的配位数是 6 而不是 4，因为每个乙二胺配体含有两个配位原子(N)。

配位数的大小主要与形成体、配体及配合物的形成条件有关。一般来讲，形成体的电荷数越高，离子半径越大，吸引配体的数目就越多，如 $[Cu(NH_3)_2]^+$、$[Cu(NH_3)_4]^{2+}$。配体的负电荷增加时，一方面增加了与形成体的吸引力，另一方面又增加了配体之间的斥力，其综合结果是使配位数减少，如 $[SiF_6]^{2-}$、$[SiO_4]^{2-}$。配体半径越大，形成体周围所能容纳的配体的数目越少，配位数也越小，如 $[AlF_6]^{3-}$、$[AlCl_4]^-$。增大配体浓度有利于形成配位数较大的配合物，如 Fe^{3+} 与硫氰酸钾作用，配位数可以是 1～6，在浓度较高时以 6 配位形式较稳定。如果系统温度升高，由于分子的热运动加剧，配位数会减小。

4. 配离子的电荷

配离子的电荷数等于形成体和配体所带电荷的代数和。因为配合物是电中性的，所以也可以根据外界离子的电荷数计算配离子的电荷数。

7.1.2 配合物的命名

配合物的命名与无机物的类似。

1. 总体上命名

总体上命名自后向前念。

(1)某化某：外界是简单阴离子，如 $[CrCl_2(H_2O)_4]Cl$。

(2)某酸某：外界是含氧酸根离子，如 $[CoBr(NH_3)_5]SO_4$；或内界是配阴离子，如 $K_3[Fe(CN)_6]$。

(3)某酸：外界是氢离子，内界是配阴离子，如 $H_2[PtCl_6]$。

2. 内界的命名

内界的命名顺序如下。

配体数＋配体名称＋合＋形成体名称＋形成体氧化数(用罗马数字表示)

例如，$[Co(NH_3)_6]Cl_3$：氯化六氨合钴(Ⅲ)；$K_3[Fe(CN)_6]$：六氰合铁(Ⅲ)酸钾；$H_2[PtCl_6]$：六氯合铂(Ⅳ)酸。

3. 配体的命名

如果配体不止一种，不同配体名称的顺序为先阴(离子配体)后中(性分子配体)；同种情况下，先 A 后 B(同类配体按配位原子元素符号英文排序为准)；先少后多(同类配体若配位原子相同，则配位原子数少者在前)。先无(机配体)后有(机配体)；配体之间以黑点“·”分开，配体个数用倍数词头一、二、三、四等数字表示。对于没有外界的配合物，形成体的氧化数可以不标明。表 7－2 列举了一些配合物命名的实例。

表 7－2　一些配合物的化学式、系统命名示例

类别	化学式	系统命名
配位酸	$H_2[SiF_6]$	六氟合硅(Ⅳ)酸
	$H_4[Fe(CN)_6]$	六氰合铁(Ⅱ)酸
配位碱	$[Cu(NH_3)_4](OH)_2$	氢氧化四氨合铜(Ⅱ)
配位盐	$[Zn(NH_3)_4]SO_4$	硫酸四氨合锌(Ⅱ)
	$Na_3[Ag(S_2O_3)_2]$	二(硫代硫酸根)合银(Ⅰ)酸钠
	$K_2[Zn(OH)_4]$	四羟基合锌(Ⅱ)酸钾
	$[CrCl_2(H_2O)_4]Cl$	氯化二氯·四水合铬(Ⅲ)
	$[CoBr(NH_3)_5]SO_4$	硫酸一溴·五氨合钴(Ⅲ)
	$K[PtCl_5(NH_3)]$	五氯·一氨合铂(Ⅳ)酸钾
	$NH_4[Cr(NCS)_4(NH_3)_2]$	四(异硫氰酸根)·二氨合铬(Ⅲ)酸铵
配离子	$[Ag(NH_3)_2]^+$	二氨合银(Ⅰ)离子
	$[PtCl_6]^{2-}$	六氯合铂(Ⅳ)离子

（续表）

类别	化学式	系统命名
中性分子	$[Fe(CO)_5]$	五羰基合铁
	$[PtCl_2(NH_3)(C_2H_4)]$	二氯·一氨·一乙烯合铂
	$[PtCl_4(NH_3)_2]$	四氯·二氨合铂

配合物化学式的书写规则与一般的无机化合物相同，阳离子写在前，阴离子写在后；对配合物内界，先写形成体，后写配体。如果配体不止一种，书写顺序与命名顺序相同，先无机配体后有机配体；先阴离子后分子；同类配体按配位原子元素符号英文排序为准，如 NH_3 应该写在 H_2O 的前面；同类配体若配位原子相同，则配位原子数少者在前。

7.1.3 配合物的分类和异构现象

1. 配合物的分类

配合物种类繁多，按所含形成体分类，可分为单核配合物和多核配合物。

(1)单核配合物

①简单配合物

形成体和单齿配体直接配位形成的配合物称为简单配合物，如 $[Cu(NH_3)_4]SO_4$、$Na_3[AlF_6]$。

②螯合物

形成体和多齿配体结合形成具有环状结构的配合物称为螯合物。螯合也就是成环，只有当一个配体含有两个或两个以上配位原子时，才能与形成体形成环状结构。能与金属离子形成螯合物的试剂称为螯合剂，如 Ni^{2+} 与两个丁二酮肟形成两个五元环的螯合离子。

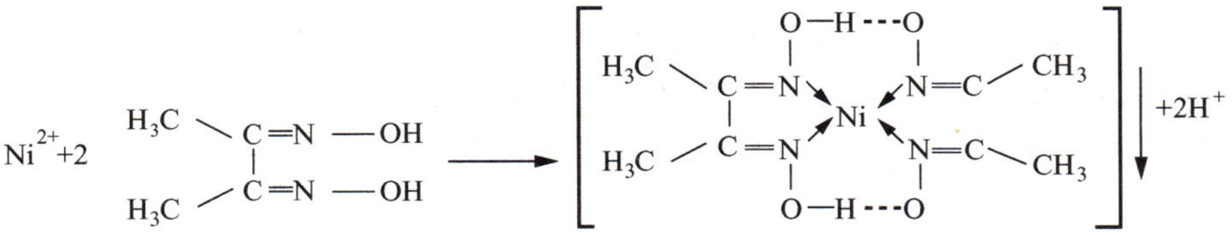

环状结构的形成使螯合物具有特殊的稳定性。螯合物中一般以五元环或六元环的螯合物最为稳定。EDTA 与 Ca^{2+} 形成的螯合物如图 7.2 所示。

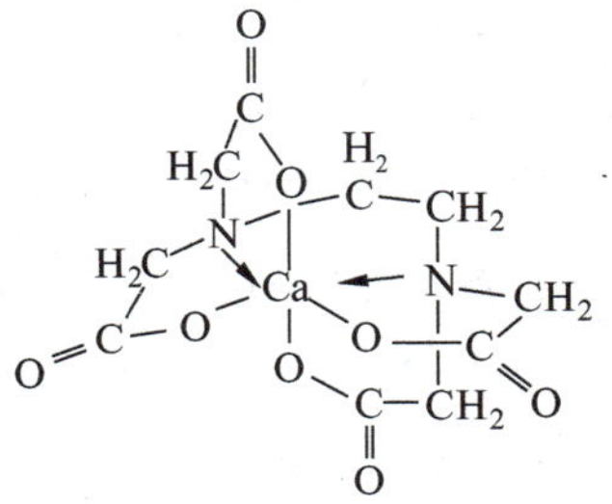

多齿配体与金属离子络合时，需要的配体数较少，有时仅需一个配体，这样就减少或者避免了分级络合的现象。而且，许多螯合剂对金属离子具有选择性，因此螯合反应适用于配位滴定分析。

图 7.2 EDTA 与 Ca^{2+} 形成的螯合物

③π 键配合物

图 7.3 所示的具有三明治式结构的配合物，如双环戊二烯基合铁(Ⅱ)，俗称二茂铁，其结构经 X 射线研究确定，二价铁被夹在两个反向平行的环戊二烯基五元环之间，形成所谓夹心配合物。

在双环戊二烯基合铁（Ⅱ）的环戊二烯基五元环中，五个 C 的 2p 轨道，相互重叠形成五中心六电子的大 π 键，这些 π 电子与 Fe^{2+} 形成配位键。

(2)多核配合物

此外还存在一些配合物，如多核配合物。一个配合物中有两个或两个以上的形成体称为多核配合物，如$[(NH_3)_5Cr—OH—Cr(NH_3)_5]^{5+}$，其结构如图 7.4 所示。

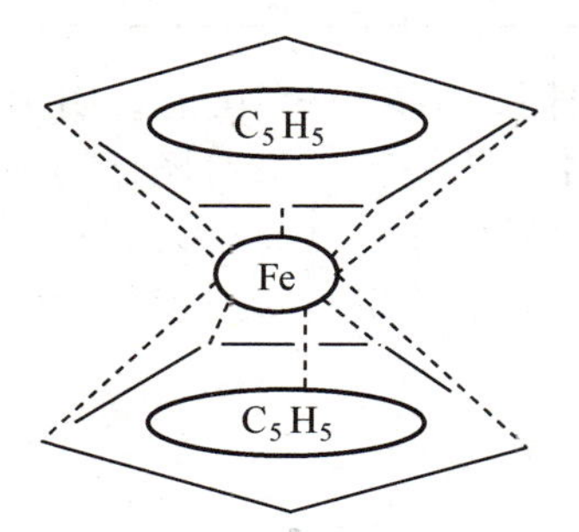

图 7.3 双环戊二烯基合铁(Ⅱ)的结构示意图

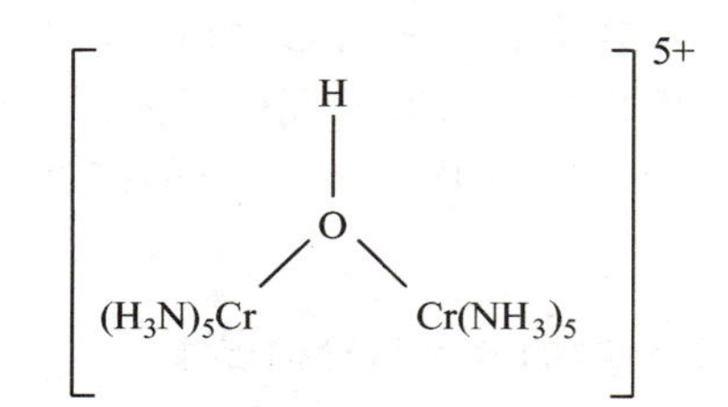

图 7.4 $[(NH_3)_5Cr—OH—Cr(NH_3)_5]^{5+}$ 的结构

2. 配合物的空间异构现象

异构现象是配合物具有的重要性质之一，它与配合物的稳定性、反应性和生物活性等有密切的关系。配合物异构现象包括结构异构和立体异构。结构异构是化学式相同，但原子间的连接方式不同的异构现象，如 $[Co(NO_2)(NH_3)_5]^{2+}$ 和 $[Co(ONO)(NH_3)_5]^{2+}$；立体异构是化学式和原子排列次序都相同，仅原子在空间排列不同的异构现象。立体异构可分为几何异构和光学异构。

(1)几何异构

几何异构是组成相同的配合物，不同配体在空间几何排列不同的异构现象，主要出现在配位数为 4 的平面正方形和配位数为 6 的八面体结构中，如图 7.5、图 7.6 所示，图 7.5所示为 $[PtCl_2(NH_3)_2]$ 的顺式和反式异构体。这两种物质在物理性质和化学性质上都有差异，如顺式 $[PtCl_2(NH_3)_2]$ 为棕黄色晶体、极性分子，易溶于水，具有抗癌活性；它的反式为浅黄色，是非极性分子，不溶于水，没有抗癌性能。

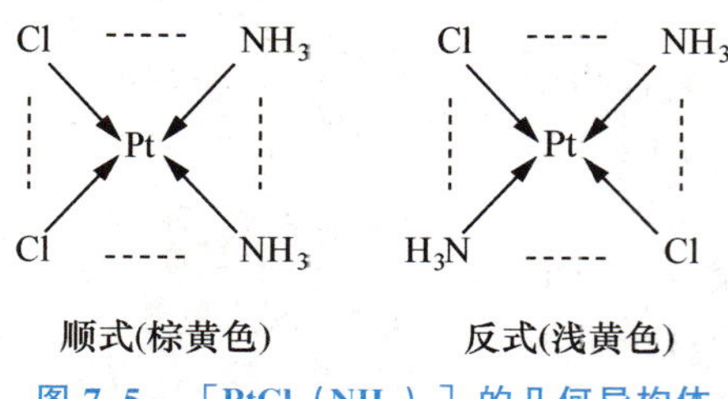

图 7.5 $[PtCl_2(NH_3)_2]$ 的几何异构体

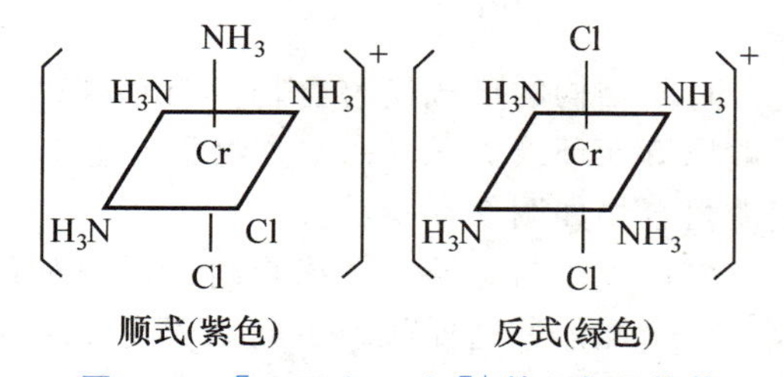

图 7.6 $[CrCl_2(NH_3)_4]^+$ 的几何异构体

(2)光学异构

光学异构是指一种分子具有与它的镜像不能重叠(类似人的左右手关系)的结构的现象。两种光学异构体会使平面偏振光发生等量但不同方向的偏转，因此又称旋光异构或对映异构，如图 7.7 所示。当一对旋光异构体等量共存时，旋光性彼此相消，这样的混合物称为外消旋混合物，没有光学活性。一对旋光异构体可能有相同的活性，或者一种有活性，另一种没有活性，甚至有毒，又或者两者可能有不同程度或不同种类的活性，如天然的左旋尼古丁的毒性要比右旋尼古丁的毒性大得多。

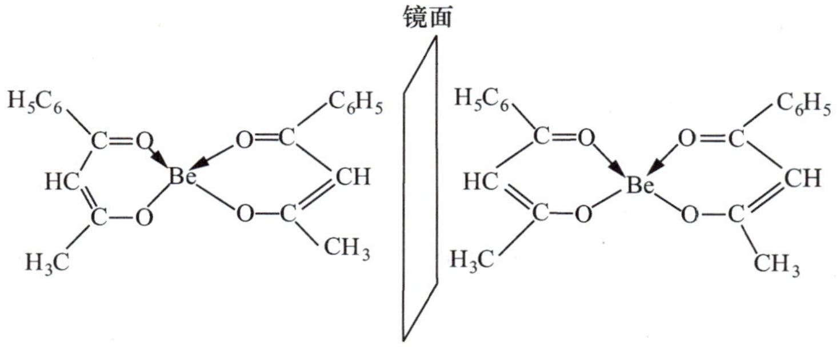

图 7.7　Be［$CH_3COCHCO(C_6H_5)$］$_2$ 的旋光异构体

7.2　配合物的化学键理论

配合物的化学键理论研究的是形成体与配体之间的键合本质，用以阐明配位数、配合物的立体结构及配合物的性质等。下面介绍的是价键理论与晶体场理论。

7.2.1　价键理论

鲍林等人在 20 世纪 30 年代初提出了杂化轨道理论，并用此理论来处理配合物的形成、几何构型、磁性等问题，建立了配合物的价键理论。价键理论认为，配体提供的孤对电子进入了形成体的空轨道，使得配体与形成体共享这两个电子，形成配位键。配位键的形成经历了三个过程：重组、杂化和成键。配合物的空间构型、磁性等性质与形成体的杂化方式有关。例如在［$Ag(NH_3)_2$］$^+$ 中，形成体 Ag^+ 的价电子构型为 $4d^{10}$，它利用空的 5s 和 5p 轨道进行 sp 杂化，形成两个等价的 sp 杂化轨道，分别接纳两个 NH_3 分子中 N 原子上的孤对电子，形成两个配位键，sp 杂化轨道的夹角是 180°，所以［$Ag(NH_3)_2$］$^+$ 的空间构型呈直线形。表 7－3 列出了一些配合物的杂化方式和空间构型。

表 7－3　一些配合物的杂化方式和空间构型

配位数	杂化类型	空间构型	实例
2	sp	直线形	［$Ag(CN)_2$］$^-$
3	sp^2	平面三角形	［$CuCl_3$］$^-$
4	sp^3	四面体	［$Zn(NH_3)_4$］$^{2+}$
	dsp^2	平面正方形	［$Cu(NH_3)_4$］$^{2+}$
5	d^2sp^2	四方锥	［TiF_5］$^{2-}$
	dsp^3	三角双锥	$Fe(CO)_5$
6	d^2sp^3	八面体	［$Fe(CN)_6$］$^{3-}$
	sp^3d^2	八面体	［FeF_6］$^{3-}$

1. 内轨型配合物和外轨型配合物

形成体的杂化方式有两种：一种是以部分次外层轨道如$(n-1)$d轨道参与杂化所形成的配合物，称为内轨型配合物，如dsp^2、d^2sp^3杂化；另一种是用最外层的轨道进行杂化所形成的配合物，称为外轨型配合物。

例如$[Fe(CN)_6]^{3-}$，Fe^{3+}的价电子层结构是$3d^5$，它的4s、4p和4d轨道是空的，当Fe^{3+}与CN^-形成配离子时，Fe^{3+}的原有的电子层结构发生变化，3d轨道中的5个价电子进行重排，空出两个3d轨道，用一个4s、三个4p和两个3d轨道进行d^2sp^3杂化；而$[FeF_6]^{3-}$中，Fe^{3+}原有的电子层结构保持不变，用一个4s、三个4p和两个4d轨道进行sp^3d^2杂化。

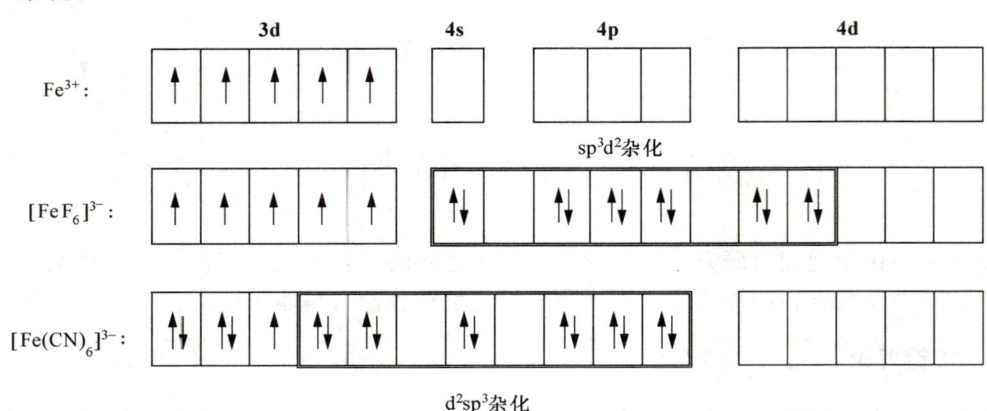

对于Fe^{3+}等中心离子，当它形成配位数为6的配合物时，采取内轨型杂化还是外轨型杂化主要取决于配体对形成体价电子能否发生明显的影响，使其次外层的d电子发生重排。如果配位原子的电负性较大，如F、O等，它们不易给出孤电子对，对中心离子的影响较小，因此形成体原有的价电子层结构不变，采用外轨型杂化；如果配位原子的电负性较小，如C、N等，在形成配位键时较易给出孤对电子，对形成体发生重大影响，形成配合物时能使形成体的价电子层结构发生电子重排，空出能量较低的次外层d轨道参与成键，这样就形成内轨型配合物。

内轨型配合物因为形成体的$(n-1)$d轨道参加杂化，成键轨道的能量较低，降低了系统的能量，所以形成的配合物稳定性好；而外轨型配合物的形成体只有外层轨道参加杂化，因此不如内轨型配合物稳定，在水溶液中易解离。

一般来说，F^-、H_2O作为配体时易形成外轨型配合物；CN^-、NO_2^-作为配体时易形成内轨型配合物；NH_3、Cl^-作为配体有时形成的是内轨型配合物，有时形成的是外轨型配合物。

2. 配合物的磁矩

配合物是内轨型还是外轨型可根据实验测定其磁矩的数据来确定。磁矩μ是反映物质磁性大小的物理量，它与物质的单电子数n存在如下关系。

$$\mu=\sqrt{n(n+2)}\mu_B \tag{7.1}$$

式中，μ_B为玻尔磁子，是磁矩的基本单位。将实验测得的磁矩数据与理论值进行对比，可以估计形成体中所含单电子的数目，由此判断形成体的杂化方式。形成体相同时，外轨型配合物的磁矩通常高于内轨型配合物，如实验测得 $[FeF_6]^{3-}$ 的磁矩为 $5.88\mu_B$，与 Fe^{3+} 的 3d 轨道含有 5 个单电子的磁矩理论值 $\sqrt{5\times7}\mu_B$ 接近，说明 Fe^{3+} 采取的是 sp^3d^2 杂化，故属外轨型配离子。

配合物的价键理论研究了形成体与配体之间结合力的本性，并用以说明配合物的物理性质和化学性质，如磁性、稳定性、反应性、配位数与几何构型等。它较好地解释了配位数、几何构型、磁性等性质，但对配合物的颜色和光谱等性质的解释却无能为力。

7.2.2 晶体场理论

价键理论从共价键的角度考虑配位键，而**晶体场理论**则认为形成体对配体(阴离子或极性分子)的作用力是静电引力。1929 年，皮塞(H. Bethe)首先提出了晶体场理论，他从静电场的角度出发，较好地解释了配合物的一些性质，如过渡金属配合物的光学和磁性问题。晶体场理论的要点如下。

1. 形成体与配体之间的静电作用

晶体场理论只考虑形成体 M^{n+} 与配体 L 之间的静电作用，不考虑任何形式的共价键。

2. 形成体的 d 轨道发生的分裂

形成体的五条等价的 d 轨道(d_{xy}、d_{yz}、d_{xz}、$d_{x^2-y^2}$、d_{z^2})受到周围配体负电场不同程度的影响，发生分裂，有些 d 轨道的能量升高，有些 d 轨道的能量降低。分裂情况主要取决于配体的空间分布。

如果把 d 轨道置于假想的球形对称的负电场中，则每个 d 电子所受到配位原子的电子对的排斥作用相同，五条等价 d 轨道的能量都有所升高，不会产生分裂。但是对于正八面体配合物 ML_6 来说，形成体 M^{n+}(即图 7.8 中的 M)位于坐标轴的原点，如果六个配体 L 受到形成体的吸引力，分别沿着 $\pm x$、$\pm y$、$\pm z$ 轴向形成体靠近时，有两个轨道($d_{x^2-y^2}$ 和 d_{z^2})的电子云最大密度处恰好对着 $\pm x$、$\pm y$、$\pm z$ 上的六个配体，受到配体电子云的排斥作用增大，所以 d_{z^2} 与 $d_{x^2-y^2}$ 轨道的能量升高；而 d_{xy}、d_{yz} 和 d_{xz} 这三个轨道的电子云最大密度处指向坐标轴的对角线处，离 $\pm x$、$\pm y$、$\pm z$ 上的配体的距离较远，受到配体电子云的排斥作用较小，所以它们的能量降低。因此在正八面体场 (Oh)[①] 中，形成体 M^{n+} 的 d 轨道分裂成两组。如图 7.9 所示，一组为二重简并的 e_g 轨道[②]，包括 $d_{x^2-y^2}$ 和 d_{z^2}，另一组为三重简并的 t_{2g} 轨道，包括 d_{xy}、d_{yz} 和 d_{xz}。

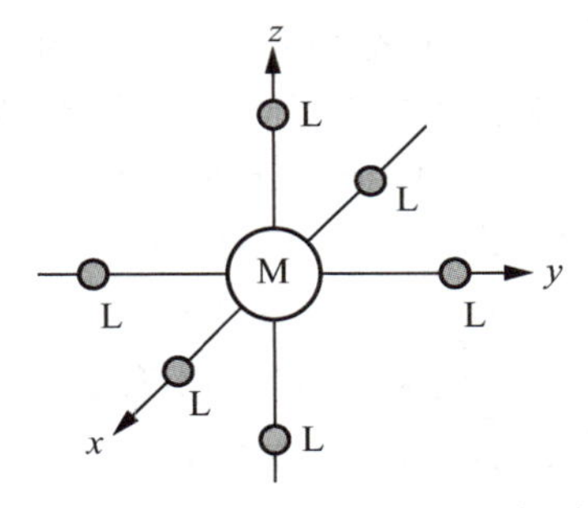

图 7.8 八面体场配合物中 d 轨道与配体的相对位置

在正四面体场[③](Td)中，中心离子的 d 轨道受到配体的影响与八面体场不同，可将情况假设成把四面体构型的配离子放到一个立方体中，配体位于立方体四个相间的顶点，形

① 正八面体场：octahedralfield，简称 Oh。

② e_g 轨道和 t_{2g} 轨道：e 为二重简并；t 为三重简并；g 为中心对称；2 为镜面反对称。

③ 正四面体场：tetrahedral field，简称 Td。

成体在立方体中心，则 d_{xy}、d_{yz} 和 d_{xz} 轨道电子云密度最大处指向立方体边线的中心，离配体最近，受到的斥力较大，形成能量较高的三重简并的 t_2 轨道，而 $d_{x^2-y^2}$ 和 d_{z^2} 轨道则指向立方体的面心，离配体较远，受到配体的斥力较小，形成能量较低的二重简并的 e 轨道，如图 7.10 所示。

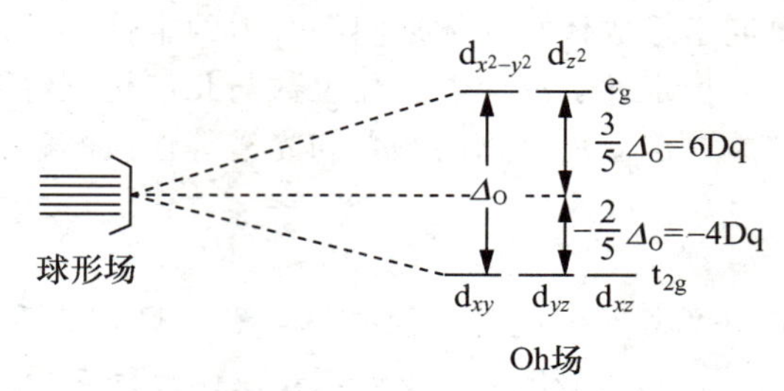

图 7.9　八面体场中 d 轨道的能级分裂

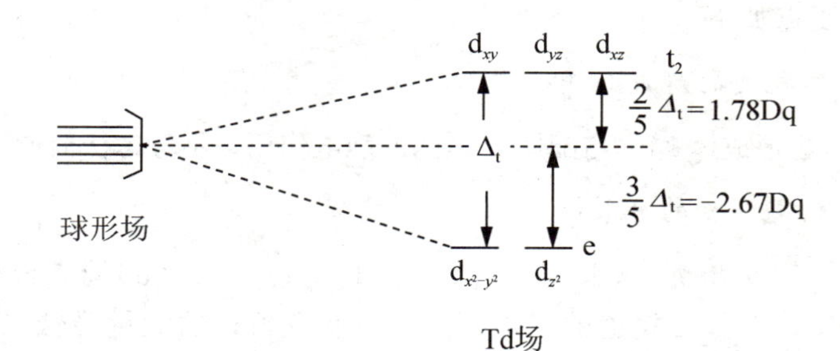

图 7.10　四面体场中 d 轨道的能级分裂

d 轨道分裂后，最高能量的轨道和最低能量的轨道的能量差称为**晶体场分裂能**，以符号 Δ 表示。在不同构型的配合物中，Δ 值是不同的。

八面体场的分裂能以符号 Δ_o(下标 o 表示八面体)表示，为 e_g 和 t_{2g} 轨道的能量差，一般 Δ_o 将分为 10 等份，每等份为 1Dq，所以

$$\Delta_o = E_{e_g} - E_{t_{2g}} = 10Dq$$

由于 d 轨道分裂是不对称的，e_g 和 t_{2g} 轨道的能量可根据能量守恒定律计算出来，八面体场中，e_g 轨道上有 4 个电子，t_{2g} 轨道上有 6 个电子，所以

$$4E_{e_g} + 6E_{t_{2g}} = 0$$

将上两式联立，可得：$E_{e_g} = 6Dq$，$E_{t_{2g}} = -4Dq$。

因为 d 轨道在四面体场中受到的斥力较小，其分裂能(以 Δ_t 表示，下标 t 表示四面体)也小于 Δ_o，$\Delta_t = 4/9\Delta_o$。

晶体场分裂能的数据一般可以由晶体或溶液的光谱数据直接求得，其大小主要受配合物的几何构型、配体的电场、形成体的电荷及 d 轨道的主量子数等因素的影响。一般情况下，对同一形成体而言，不同配体的 Δ 的大致顺序如下。

$$I^- < Br^- < S^{2-} < Cl^- < SCN^- < NO_3^- < F^- < OH^- < C_2O_4^{2-} < H_2O <$$
$$NCS^- < NH_3 < \text{乙二胺} < \text{联吡啶} < NO_2^- < CN^- < CO$$

该顺序是根据光谱实验结合理论计算得到的，一般以 H_2O 为分界，在 H_2O 之前的配体为弱场配体，之后的配体为强场配体。

3. 晶体场稳定化能

形成体的d轨道发生分裂，电子是先分占不同的d轨道还是先填充能量较低的简并d轨道，要看形成体在配位场中的分裂能和电子成对能的相对大小。如果使两个电子进入同一轨道，就必须克服电子之间的排斥力，此时所需能量称为**电子成对能**(P)。

在八面体场中，形成体的d轨道分裂成e_g、t_{2g}两组，所以电子在分裂后的d轨道重新排布时就会有两种可能情况：一种是d电子以自旋平行的方式分占较多的轨道，以减少电子成对能，使系统能量降低；另一种是根据能量最低原理d电子先排在能量较低的t_{2g}轨道，在两两配对填满t_{2g}轨道后再进入能量较高的e_g轨道。当配体为弱场时，Δ_o值较小，则$P>\Delta_o$，电子以自旋平行的方式分占各d轨道，此时，配合物具有较多的单电子，这种状态称为**高自旋态**；当配体为强场时，Δ_o值较大，则$P<\Delta_o$，电子将先填充在能量较低的轨道上，此时，配合物含有较少的单电子，这种状态称为**低自旋态**。例如$[Fe(H_2O)_6]^{3+}$和$[Fe(CN)_6]^{3-}$，形成体Fe^{3+}都是处于八面体场中，但H_2O属于弱场配体，CN^-离子属于强场配体，所以它们的电子排列方式不同。

$[Fe(H_2O)_6]^{3+}$	$[Fe(CN)_6]^{3-}$
$P>\Delta_o$	$P<\Delta_o$
${t_{2g}}^3{e_g}^2$，高自旋态	${t_{2g}}^5{e_g}^0$，低自旋态

在八面体场中，对于d电子是d^1、d^2、d^3、d^8、d^9、d^{10}的形成体，无论处于强场还是弱场，d电子都只有一种分布方式。

由于d轨道发生分裂，d轨道上的电子将重新排布，系统能量比未分裂时降低，配合物更加稳定，进而获得额外的稳定化能量，称为**晶体场稳定化能**(CFSE)。晶体场稳定化能数值的大小可以衡量配合物的稳定性。

CFSE的数值可以根据分裂后轨道的能量和填入这些轨道的电子数目进行计算。例如，计算$_{26}Fe^{2+}$形成的强场和弱场正八面体配合物的CFSE。Fe^{2+}为d^6构型，在八面体弱场中，由于$P>\Delta_o$，电子排布为${t_{2g}}^4{e_g}^2$。而八面体场的$E_{e_g}=6Dq$，$E_{t_{2g}}=-4Dq$，由于重排前后都有一个孤电子对，不必考虑其成对能，因此晶体场稳定化能为

$$CFSE=4\times(-4Dq)+2\times(6Dq)=-4Dq$$

结果表示能量降低了$4Dq$。

Fe^{2+}在八面体强场中，由于$P<\Delta_o$，电子排布${t_{2g}}^6{e_g}^0$，由于重排后有三个孤电子对，比原来多了两对，因此晶体场稳定化能为

$$CFSE=6\times(-4Dq)+2P=-24Dq+2P$$

显然，只要$P<10Dq$，或者说$P<\Delta_o$，分裂后的能量将更低。

晶体场稳定化能与配合物的形成体的d电子数、晶体场的强弱、配合物的立体构型等有关。

【例7.1】解释下列现象。

(1)向Zn^{2+}、Al^{3+}溶液中加入过量NaOH，现象相同，而加入过量氨水，现象却不相同。

(2)为何大多数过渡元素的配离子是有色的？而大多数Zn(Ⅱ)的配离子是无色的？

(3)$CuSO_4$是白色粉末，$CuSO_4\cdot5H_2O$是蓝色晶体，$[Cu(NH_3)_4]SO_4$是深蓝色

晶体。

解析：(1)加入过量 NaOH，都是先生成白色沉淀，而后沉淀溶解。反应式如下：

$Zn^{2+}+2OH^- = Zn(OH)_2\downarrow$　　$Zn(OH)_2+2OH^-=[Zn(OH)_4]^{2-}$

$Al^{3+}+3OH^- = Al(OH)_3\downarrow$　　$Al(OH)_3+OH^-=[Al(OH)_4]^-$

注意，产物实际都是配离子，有时简写为 ZnO_2^{2-}、AlO_2^-。

加入过量氨水，Al^{3+}溶液生成白色沉淀，Zn^{2+}溶液先生成白色沉淀，而后沉淀溶解。

$Al^{3+}+3NH_3+3H_2O=Al(OH)_3\downarrow+3NH_4^+$

$Zn^{2+}+4NH_3=[Zn(NH_3)_4]^{2+}$

(2)过渡金属离子大多有未充满的 d 轨道，形成配离子后，在配体的作用下，形成体的 d 轨道会发生能级分裂，在可见光照射下，低能级的 d 轨道上的电子会吸收部分光的光能而跃迁到高能级的 d 轨道上，即发生了 d－d 跃迁，而剩余部分的可见光可以透射或散射出来，不再为白光，而呈现特征颜色。这就是过渡金属配离子显色的原因。

如果 d 轨道是全满或全空，就无 d－d 跃迁现象，其配离子就不会显色。所以，d^0 和 d^{10} 构型的离子（如 Sc^{3+} 或 Zn^{2+}）所形成的配离子，由于没有 d 电子或没有空的 d 轨道，在可见光照射下，不会发生 d－d 跃迁，可见光都可透射或散射，因此它们多是无色的。

(3) 无水硫酸铜由 Cu^{2+} 和 SO_4^{2-} 离子构成，Cu^{2+} 不是配合物的中心离子，没有受到配位原子的作用力，而且 Cu^{2+} 和 SO_4^{2-} 本身没有颜色，所以，无水硫酸铜是白色的。

而 $CuSO_4\cdot5H_2O$ 实际的化学式为 $[Cu(H_2O)_4]SO_4\cdot H_2O$，存在 $[Cu(H_2O)_4]^{2+}$ 配离子，因为存在配离子，使五个 d 轨道发生分裂，d－d 跃迁，跃迁要吸收能量，所以晶体显蓝色。

$[Cu(NH_3)_4]^{2+}$ 与 $[Cu(H_2O)_4]^{2+}$ 相比，NH_3 的配位能力比 H_2O 的强，配位时产生的分裂能大，实现 d－d 跃迁要吸收波长更短的光子，配合物的颜色加深，为深蓝色。

7.3　配合物在溶液中的离解平衡

7.3.1　配合物的平衡常数

以配位键结合的配合物内界具有一定的稳定性，是保持配合物性质特征的重要组分，但在一定条件下配离子仍然可以发生部分离解。

在水溶液中，配离子的离解反应及其逆反应达到动态平衡时称为配位平衡。例如

$$Ag^+ + 2NH_3 \rightleftharpoons [Ag(NH_3)_2]^+$$

该反应的平衡常数表达为

$$K^{\ominus}_{稳}=\frac{[Ag(NH_3)_2^+]}{[Ag^+][NH_3]^2} \quad 或 \quad K^{\ominus}_{不稳}=\frac{[Ag^+][NH_3]^2}{[Ag(NH_3)_2^+]} \tag{7.2}$$

$K^{\ominus}_{稳}$值反映了配离子的稳定性，称为配合物的稳定常数。$K^{\ominus}_{稳}$值越大，配离子越稳定。同理，$K^{\ominus}_{不稳}$反映了配离子的不稳定性，称为配合物的不稳定常数。$K^{\ominus}_{不稳}$值越大，配离子越不稳定。对同一配合物，$K^{\ominus}_{稳}$与$K^{\ominus}_{不稳}$的关系是 $K^{\ominus}_{稳}=1/K^{\ominus}_{不稳}$。

利用稳定常数可以比较相同类型的配合物的稳定性，如 $[Ag(NH_3)_2]^+$ 和 $[Ag(CN)_2]^-$ 的稳定常数分别是 1.7×10^7 和 1.3×10^{21}，显然 $[Ag(CN)_2]^-$ 比较稳定。当

配体的数目不同时，必须通过计算才能判断配离子的稳定性。

配位反应实际上是分步进行的可逆反应，每一步反应都有一个对应的平衡常数。因此在配合物溶液中实际存在一系列的配位平衡及对应于这些平衡的一系列稳定常数。例如

$Cu^{2+} + NH_3 \rightleftharpoons [Cu(NH_3)]^{2+}$　　$K_1^\ominus = 1.34 \times 10^4$

$[Cu(NH_3)]^{2+} + NH_3 \rightleftharpoons [Cu(NH_3)_2]^{2+}$　　$K_2^\ominus = 3.03 \times 10^3$

$[Cu(NH_3)_2]^{2+} + NH_3 \rightleftharpoons [Cu(NH_3)_3]^{2+}$　　$K_3^\ominus = 7.40 \times 10^2$

$[Cu(NH_3)_3]^{2+} + NH_3 \rightleftharpoons [Cu(NH_3)_4]^{2+}$　　$K_4^\ominus = 1.29 \times 10^2$

$K_1^\ominus$、$K_2^\ominus$、$K_3^\ominus$ 和 $K_4^\ominus$ 分别称为一级稳定常数、二极稳定常数……，总称为**逐级稳定常数**，显然，$K_稳^\ominus = K_1^\ominus \cdot K_2^\ominus \cdot K_3^\ominus \cdot K_4^\ominus$ 在许多配位平衡的计算中，为了方便，常使用**累积稳定常数**，累积稳定常数用符号 β_n 表示。

$Cu^{2+} + NH_3 \rightleftharpoons [Cu(NH_3)]^{2+}$　　$\beta_1 = 1.34 \times 10^4$

$Cu^{2+} + 2NH_3 \rightleftharpoons [Cu(NH_3)_2]^{2+}$　　$\beta_2 = 4.07 \times 10^7$

$Cu^{2+} + 3NH_3 \rightleftharpoons [Cu(NH_3)_3]^{2+}$　　$\beta_3 = 3.01 \times 10^{10}$

$Cu^{2+} + 4NH_3 \rightleftharpoons [Cu(NH_3)_4]^{2+}$　　$\beta_4 = 3.89 \times 10^{12}$

β_1、β_2、β_3 和 β_4 分别称为一级累积稳定常数、二级累积稳定常数……，显然，$\beta_1 = K_1^\ominus$，$\beta_2 = K_1^\ominus \cdot K_2^\ominus$，$\beta_n = K_1^\ominus \cdot K_2^\ominus \cdots K_n^\ominus = K_稳^\ominus$。

由于配合物稳定常数的数值较大，往往用对数形式表示。例如

$$\lg\beta_4([Cu(NH_3)_4]^{2+}) = 12.59$$

7.3.2 关于配位平衡的计算

【例 7.2】向 10mL 0.040mol·L^{-1} 的 $AgNO_3$ 溶液中加入 10mL 的氨水，反应达平衡后，溶液中 NH_3 的浓度为 1.0mol·L^{-1}，计算平衡时 Ag^+ 的浓度。已知 $K_稳^\ominus([Ag(NH_3)_2]^+) = 1.7 \times 10^7$。

解：设平衡时 $[Ag^+] = x$ mol·L^{-1}

	Ag^+	+ $2NH_3$	$\rightleftharpoons$ $[Ag(NH_3)_2]^+$
混合初时浓度/mol·L^{-1}	0.020		0
平衡时的浓度/mol·L^{-1}	x	1.0	$0.020 - x$

$$K_稳^\ominus = \frac{[Ag(NH_3)_2^+]}{[Ag^+][NH_3]^2} = \frac{0.020 - x}{x \cdot 1.0^2} = 1.7 \times 10^7$$

$K_稳^\ominus$ 很大，说明反应进行得比较完全，即 x 很小，所以 $0.020 - x \approx 0.020$。

解得：$x = 1.2 \times 10^{-9}$。

所以，该溶液中 Ag^+ 的平衡浓度是 1.2×10^{-9} mol·L^{-1}。

本题中，NH_3 的起始浓度不等于 $1.0 + 2 \times (0.020 - x) \approx 1.04$mol·L^{-1}，因为 Ag^+ 和 NH_3 的配位反应是分成两步进行的，溶液中除了有 $[Ag(NH_3)_2]^+$ 存在，还有 $[Ag(NH_3)]^+$ 存在。

另外，解题时如果开始假设 $[Ag(NH_3)_2^+] = x$，则 $[Ag^+] = 0.020 - x$，计算式为

$$K_稳^\ominus = \frac{[Ag(NH_3)_2^+]}{[Ag^+][NH_3]^2} = \frac{x}{(0.020 - x) \cdot 1.0^2} = 1.7 \times 10^7$$

上面的计算式实际上无法计算，因为从 $K^{\ominus}_{稳}$ 来看，该反应比较彻底，Ag^+ 几乎全部反应，$x\approx0.020$，所以 $[Ag^+]=0.020-x$ 无法解出。以后在做此类题目时，对于未知项的假设要结合 $K^{\ominus}_{稳}$ 来考虑。

【例 7.3】为何 AgCl 沉淀可溶于 $Na_2S_2O_3$ 溶液中，而 Ag_2S 却不可以？已知 $\lg K^{\ominus}_{稳}([Ag(S_2O_3)_2]^{3-})=13.5$。

解：如果在配位平衡系统中加入能与形成体结合生成难溶电解质的沉淀剂，可以使配位平衡发生移动，甚至使配合物完全解离。选择适当的配位剂，可使难溶电解质重新溶解。

$$AgCl+2S_2O_3^{2-}=[Ag(S_2O_3)_2]^{3-}+Cl^-$$

该反应的平衡常数为

$$K_1=\frac{[Ag(S_2O_3)_2^{3-}][Cl^-]}{[S_2O_3^{2-}]^2}=\frac{[Ag(S_2O_3)_2^{3-}]}{[S_2O_3^{2-}]^2[Ag^+]}\cdot[Ag^+][Cl^-]=K^{\ominus}_{稳}\cdot K^{\ominus}_{sp}$$

所以

$K_1=K^{\ominus}_{稳}\cdot K^{\ominus}_{sp}=10^{13.5}\times1.77\times10^{-10}=5.6\times10^3$

K_1 的数值比较大，说明该反应进行的程度较大，即 AgCl 沉淀可溶于 $Na_2S_2O_3$ 溶液中。

同样可以得出反应 $Ag_2S+4S_2O_3^{2-}=2[Ag(S_2O_3)_2]^{3-}+S^{2-}$ 的平衡常数为

$$K_2=(K^{\ominus}_{稳})^2\cdot K^{\ominus}_{sp}=(10^{13.5})^2\times1.09\times10^{-49}=1.09\times10^{-22}$$

K_2 的数值很小，说明该反应进行的程度极小，几乎不能反应，所以 Ag_2S 不能溶于 $Na_2S_2O_3$ 溶液中。

沉淀和配合物之间的转化关键取决于配位剂和沉淀剂竞争金属离子的能力大小，衡量它们能力大小的物理量是稳定常数和溶度积常数。

【例 7.4】100mL $1.0mol\cdot L^{-1}$ 氨水中能溶解固体 AgBr 多少克？

解：$AgBr+2NH_3\rightleftharpoons Ag(NH_3)_2^++Br^-$　　$K=K^{\ominus}_{sp}\cdot K^{\ominus}_{稳}=9.1\times10^{-6}$

K 值很小，说明该反应进行的程度小，因此 NH_3 的浓度变化可忽略。

设平衡时 AgBr 的溶解度为 $x mol\cdot L^{-1}$，由于 $K^{\ominus}_{稳}([Ag(NH_3)_2]^+)=1.7\times10^7$，$K^{\ominus}_{稳}$ 值很大，可认为溶解的 AgBr 中的 Ag^+ 全部转化为 $[Ag(NH_3)_2]^+$，因此平衡时 $[Ag(NH_3)_2^+]=[Br^-]=x$，则

	$AgBr+2NH_3$	$\rightleftharpoons[Ag(NH_3)_2]^+$	$+Br^-$
平衡浓度/$mol\cdot L^{-1}$	1.0	x	x

$$K=\frac{x^2}{1.0^2}=9.1\times10^{-6}$$

解得：$x=3.01\times10^{-3}$。

所以 100mL $1.0mol\cdot L^{-1}$ 氨水中溶解 AgBr 的质量为

$$m=3.01\times10^{-3}\times100\times10^{-3}\times188=0.057g$$

7.4　配位滴定法及其应用

配位滴定法是以配位反应为基础的一类滴定分析方法。配位反应在分析化学中应用非

常广泛，如在光度分析、定性分析、分离和掩蔽等方面都涉及到配位反应，因此需要了解相关的化学平衡问题及处理方法。由于在水溶液中配位反应受到多种因素的影响，如酸度、其他配位剂、共存金属离子等，这些因素直接影响了配位反应的完全程度，为了处理诸多因素影响配位平衡的复杂关系，引入了副反应系数及条件稳定常数的概念，简化了复杂配位平衡关系的计算，结果与实际反应情况比较接近。配位滴定法中最常用的配位剂是EDTA。本节在学习EDTA及其相应配合物的结构、性质的基础上重点讨论配位滴定法的原理和应用。

7.4.1 EDTA及其螯合物的特点

由于一般无机配位剂与金属离子形成的配合物稳定常数不大，并且存在逐级配位现象，而各级稳定常数相差较小，溶液中常常同时存在多种形式的配离子，故没有确定的计量关系，无法进行定量计算，或者难以找到合适的指示剂，因此一般无机配位剂很少用于滴定分析。有机配位剂特别是氨羧配位剂可避免上述不足，能与金属离子形成稳定的、组成一定的配合物，能够满足滴定分析的要求。氨羧配位剂大多是以氨基二乙酸[$-N(CH_2COOH)_2$]为基本结构的有机配体，这类配位剂中含有配位能力很强的氨基氮和羧基氧两种配位原子，它能与很多金属离子形成稳定的可溶性配合物。氨羧配位剂很多，其中最重要的是乙二胺四乙酸，简称EDTA。

1. EDTA

EDTA 属氨羧类配位剂，几乎能与所有的金属离子配位，是目前配位滴定中最重要、应用最广的配位滴定剂。EDTA为四元弱酸，常用 H_4Y 表示，结构如下。

```
HOOCCH2                    CH2COOH
       \                  /
        N—CH2—CH2—N
       /                  \
HOOCCH2                    CH2COOH
```

两个羧基上的 H^+ 转移到N原子上，形成双偶极离子，其结构简式如下。

```
HOOCCH2                       CH2COO-
       \H                  H/
        N+—CH2—CH2—+N
       /                    \
-OOCCH2                       CH2COOH
```

由于EDTA在水中溶解度较小(22℃时，每100mL水中溶解0.02g)，实际使用时常用其二钠盐($Na_2H_2Y \cdot 2H_2O$)，一般也简称EDTA。它在水中的溶解度较大(22℃时，每100mL水中溶解11.1g)，饱和溶液的浓度约为 $0.3 mol \cdot L^{-1}$，分析中一般配成 $0.01 \sim 0.05\ mol \cdot L^{-1}$ 的溶液。

2. EDTA的解离平衡

在酸度很高的溶液中，EDTA的两个羧基($-COO^-$)可再接受两个 H^+，形成 H_6Y^{2+}，相当于形成了六元酸。故在水溶液中，EDTA存在六级解离平衡。

$$H_6Y^{2+} \rightleftharpoons H_5Y^+ + H^+ \qquad K_{a_1}=\frac{[H^+][H_5Y^+]}{[H_6Y^{2+}]}=10^{-0.9}$$

$$H_5Y \rightleftharpoons H^+ + H_4Y \qquad K_{a_2}=\frac{[H^+][H_4Y]}{[H_5Y^+]}=10^{-1.6}$$

$$H_4Y \rightleftharpoons H^+ + H_3Y^- \qquad K_{a_3}=\frac{[H^+][H_3Y^-]}{[H_4Y]}=10^{-2.0}$$

$$H_3Y^- \rightleftharpoons H^+ + H_2Y^{2-} \qquad K_{a_4}=\frac{[H^+][H_2Y^{2-}]}{[H_3Y^-]}=10^{-2.67}$$

$$H_2Y^{2-} \rightleftharpoons H^+ + HY^{3-} \qquad K_{a_5}=\frac{[H^+][HY^{3-}]}{[H_2Y^{2-}]}=10^{-6.16}$$

$$HY^{3-} \rightleftharpoons H^+ + Y^{4-} \qquad K_{a_6}=\frac{[H^+][Y^{4-}]}{[HY^{3-}]}=10^{-10.26}$$

可见 EDTA 在水溶液中共有 H_6Y^{2+}、H_5Y^+、H_4Y、H_3Y^-、H_2Y^{2-}、HY^{3-} 和 Y^{4-} 七种存在物种。EDTA 各种存在型体的分布分数与 pH 关系的分布曲线如图 7.11 所示。

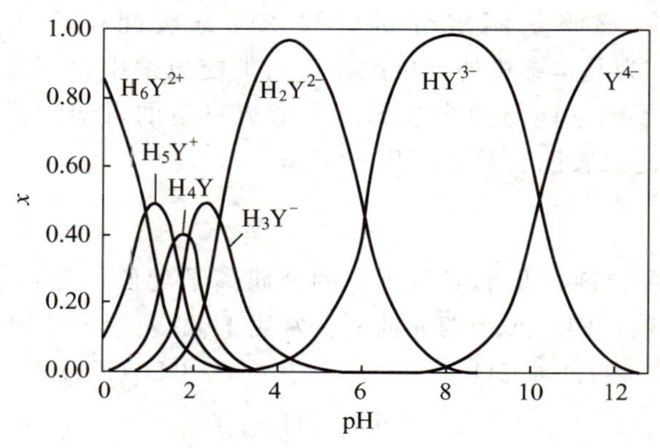

图 7.11 不同 pH 时 EDTA 各种物种的 x—pH 曲线

由图 7.11 可看出，pH 不同，EDTA 的各种存在物种的分布系数不同，即 EDTA 的主要存在物种是不同的。在 pH<1 的强酸性溶液中，主要以 H_6Y^{2+} 物种存在；在 pH=1～1.6的溶液中，主要以 H_5Y^+ 物种存在；在 pH=1.6～2.0 的溶液中，主要以 H_4Y 物种存在；在 pH=2.0～2.67 的溶液中，主要以 H_3Y^- 物种存在；当 pH=2.67～6.16 时，主要以 H_2Y^{2-} 物种存在；当 pH=6.16～10.26 时，主要以 HY^{3-} 物种存在；当 pH>12 时，EDTA 几乎全部以 Y^{4-} 物种存在。在这 7 种物种中，只有 Y^{4-} 能与金属离子直接配位，所以溶液的酸度越低，Y^{4-} 的分布分数越大，EDTA 的配位能力越强。

3. EDTA 与金属离子所形成的配合物的特点

(1)EDTA 具有广泛的配位性能

一个 EDTA 分子中有两个氨氮原子和四个羧氧原子两种配位原子，共六个配位原子，几乎能与所有金属离子形成配合物，因而配位滴定法应用非常广泛。

(2)EDTA 与金属离子形成配合物时配位比大多为 1∶1

由于一个 EDTA 分子中含有六个配位原子，而多数金属离子的配位数不超过 6，所以 EDTA 与金属离子形成配合物时配位比为 1∶1，无逐级配位现象。

(3)EDTA与金属离子所形成的配合物的颜色不同

无色金属离子与EDTA形成的配合物仍为无色，有色金属离子与EDTA形成的配合物颜色比相应金属离子的颜色稍深。例如

MgY^{2-}	CaY^{2-}	FeY^{-}	NiY^{2-}	CuY^{2-}	CoY^{2-}	MnY^{2-}	CrY^{-}
无色	无色	黄色	蓝色	深蓝	紫红	紫红	深紫

因此滴定有色金属离子时，要控制其浓度勿过大，否则使用指示剂确定终点将发生困难。

(4)EDTA配合物的稳定性高，能与金属离子形成具有多个五元环结构的螯合物

EDTA是一种常用的螯合剂。绝大多数的金属离子均能与EDTA形成多个五元环，具有这类环状结构的螯合物是很稳定的。例如，EDTA与Fe^{3+}的配合物的结构如图7.12所示。

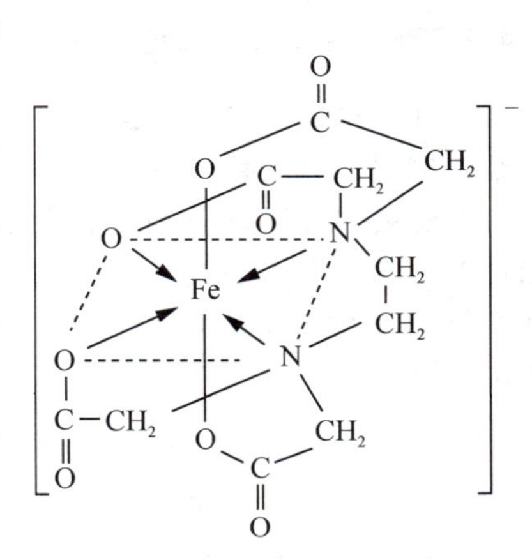

图7.12 EDTA与Fe^{3+}的配合物的结构

EDTA和金属离子的配位反应如下(为简便起见略去电荷)。

$$M + Y \rightleftharpoons MY$$

$$K_{MY}^{\ominus}=\frac{[MY]}{[M][Y]} \tag{7.3}$$

EDTA与常见金属离子形成配合物的稳定常数见表7-4。

表7-4 EDTA与常见金属离子形成配合物的稳定常数

(溶液离子强度=0.1mol·L^{-1}，温度293 K)

离子	$\lg K_{MY}^{\ominus}$	离子	$\lg K_{MY}^{\ominus}$	离子	$\lg K_{MY}^{\ominus}$
Na^{+}	1.66	Ce^{4+}	15.98	Cu^{2+}	18.80
Li^{+}	2.79	Al^{3+}	16.3	Ga^{2+}	20.3
Ag^{+}	7.32	Co^{2+}	16.31	Ti^{3+}	21.3
Ba^{2+}	7.86	Pt^{2+}	16.31	Hg^{2+}	21.8
Mg^{2+}	8.69	Cd^{2+}	16.46	Sn^{2+}	22.1
Sr^{2+}	8.73	Zn^{2+}	16.50	Th^{4+}	23.2
Be^{2+}	9.20	Pb^{2+}	18.04	Cr^{3+}	23.4
Ca^{2+}	10.69	Y^{3+}	18.09	Fe^{3+}	25.1
Mn^{2+}	13.87	VO_2^{+}	18.1	U^{4+}	25.8
Fe^{2+}	14.33	Ni^{2+}	18.60	Bi^{3+}	27.94
La^{3+}	15.50	VO^{2+}	18.8	Co^{3+}	36.0

由表7-4可见，金属离子与EDTA形成的配合物大多比较稳定，但是由于金属离子的不同，仍有较大的差别：碱金属离子的配合物最不稳定；碱土金属离子配合物的$\lg K_{MY}^{\ominus}\approx$

8～11；过渡金属离子、稀土金属离子及 Al^{3+} 的配合物的 $\lg K^{\ominus}_{MY} \approx 15 \sim 19$；其他三价、四价金属离子及 Hg^{2+} 的配合物的 $\lg K^{\ominus}_{MY} > 20$。这些配合物稳定性的不同主要取决于金属离子本身的电荷、半径和电子层结构等。

需要指出的是，上面的稳定常数又称绝对稳定常数，是指无副反应情况下的数据，它不能反映实际滴定过程中真实配合物的稳定状况。

7.4.2 副反应和条件稳定常数

EDTA 与金属离子形成的配合物的稳定性除了与金属离子本身的电荷、半径和电子层结构等内因有关外，还与一些外界因素有关，如下方程式中的各种副反应。方程式中 EDTA 与被测金属离子 M 的配位反应称为主反应，其他影响主反应进行的相关反应(如 EDTA 与溶液中的 H^+ 及其他干扰离子 N 的反应、被测金属离子与溶液中的 OH^- 和辅助配位剂 A 的反应等)称为副反应。各种副反应的发生将对配合物的实际稳定性造成很大影响。

M	+	Y	⇌	MY	主反应
OH^- ↙ ↘ A		H^+ ↙ ↘ N		H^+ ↙ ↘ OH^-	
M(OH)　MA		HY　NY		MHY　M(OH)Y	副反应
⋮　⋮		⋮			
$M(OH)_n$　MA_n		H_6Y			
羟基配位效应　辅助配位效应		酸效应　共存离子效应		混合配位效应	

方程式中 A 为辅助配位剂；N 为共存离子。

反应物 M 或 Y 发生的副反应将不利于主反应的进行，而反应产物 MY 发生副反应则有利于主反应的进行。

一般情况下若系统中无共存离子干扰且没有其他辅助配位剂时，影响主反应的因素主要是 EDTA 的酸效应及金属离子的羟基配位效应。当金属离子不发生水解时，则只有 EDTA 的酸效应。实际滴定中一般主要考虑 EDTA 的酸效应和金属离子的辅助配位效应。

1. EDTA 的酸效应及酸效应系数

从 EDTA 的离解平衡可知，溶液的酸度直接影响 EDTA 的主要存在型体。而能和金属离子发生配位反应的仅是其中的 Y^{4-}，Y^{4-} 的平衡浓度与溶液的 pH 有关，pH 越低，即酸度越高，$[Y^{4-}]$ 越小，主反应就进行得越不完全。这种由于 H^+ 与 Y^{4-} 作用而使 Y^{4-} 参加主反应能力下降的现象称为 EDTA 的酸效应。

EDTA 酸效应的大小用酸效应系数 $\alpha_{Y(H)}$ 来衡量，$\alpha_{Y(H)}$ 表示在一定 pH 下未参与配位主反应的 EDTA 的各种存在型体的总浓度 $[Y']$ 与能参加配位反应的 Y^{4-} 的平衡浓度之比，即等于 Y^{4-} 型体的分布系数的倒数，其数学表达式如下。

$$\alpha_{Y(H)} = \frac{1}{x_{Y^{4-}}} = \frac{[Y']}{[Y^{4-}]} =$$

$$\frac{[Y^{4-}] + [HY^{3-}] + [H_2Y^{2-}] + [H_3Y^-] + [H_4Y] + [H_5Y^+] + [H_6Y^{2+}]}{[Y^{4-}]}$$

$$=1+\frac{[H^+]}{K_{a_6}}+\frac{[H^+]^2}{K_{a_6}\cdot K_{a_5}}+\frac{[H^+]^3}{K_{a_6}\cdot K_{a_5}\cdot K_{a_4}}+\frac{[H^+]^4}{K_{a_6}\cdot K_{a_5}\cdot K_{a_4}\cdot K_{a_3}}$$

$$+\frac{[H^+]^5}{K_{a_6}\cdot K_{a_5}\cdot K_{a_4}\cdot K_{a_3}\cdot K_{a_2}}+\frac{[H^+]^6}{K_{a_6}\cdot K_{a_5}\cdot K_{a_4}\cdot K_{a_3}\cdot K_{a_2}\cdot K_{a_1}}$$

$$=1+\beta_1[H^+]+\beta_2[H^+]^2+\beta_3[H^+]^3+\beta_4[H^+]^4+\beta_5[H^+]^5+\beta_6[H^+]^6 \quad (7.4)$$

式中，β 为累积稳定常数。

由式（7.4）可见，$\alpha_{Y(H)}$ 与 EDTA 各级解离常数和溶液的 pH 有关。在一定温度下，解离常数为定值，因此 $\alpha_{Y(H)}$ 仅随溶液的 pH 而变化。溶液的 $[H^+]$ 越大，pH 越小，$\alpha_{Y(H)}$ 越大，$[Y^{4-}]$ 越小，表示酸效应引起的副反应越严重。由于 $[Y'] \geqslant [Y]$，因此 $\alpha_{Y(H)} \geqslant 1$；当 pH≥12 时，$[Y'] \approx [Y^{4-}]$，$\alpha_{Y(H)} \approx 1$，表示 H^+ 与 Y^{4-} 之间几乎无副反应发生。$\alpha_{Y(H)}$ 常是较大的值，为应用方便，通常用其对数值。不同 pH 时 EDTA 酸效应系数的对数值见表 7-5。

表 7-5 不同 pH 时 EDTA 酸效应系数的对数值

pH	$\lg\alpha_{Y(H)}$	pH	$\lg\alpha_{Y(H)}$	pH	$\lg\alpha_{Y(H)}$
0.0	23.64	3.4	9.70	6.8	3.55
0.4	21.32	3.8	8.85	7.0	3.32
0.8	19.08	4.0	8.44	7.5	2.78
1.0	18.01	4.4	7.64	8.0	2.26
1.4	16.02	4.8	6.84	8.5	1.77
1.8	14.27	5.0	6.45	9.0	1.28
2.0	13.51	5.4	5.69	9.5	0.83
2.4	12.19	5.8	4.98	10.0	0.45
2.8	11.09	6.0	4.65	11.0	0.07
3.0	10.60	6.4	4.06	12.0	0.01

因此，在配位滴定法中溶液的 pH 不能太低，否则配位反应就不完全。

2. 金属离子的副反应及副反应系数

在 EDTA 配位滴定法中，由于其他配位剂的存在使金属离子参加主反应的能力降低的现象称为配位效应。其他配位剂一般是滴定时所加入的缓冲剂或为防止金属离子水解所加的辅助配位剂，也可能是为消除干扰而加的掩蔽剂。

金属离子的副反应程度用其金属离子的副反应系数 α_M 来表示，其数学表达式如下。

$$\alpha_M=\frac{[M']}{[M]} \quad (7.5)$$

式中，α_M 表示未与 EDTA 配位的金属离子的各种存在形式的总浓度 $[M']$ 与游离金属离子浓度 $[M]$ 之比。因为 $[M'] \geqslant [M]$，所以 $\alpha_M \geqslant 1$。α_M 越大，表示金属离子的副反应越严重。

在配位滴定法中，金属离子常发生两类副反应：一类是金属离子的羟基配位效应；另一类是金属离子的辅助配位效应。

（1）金属离子的羟基配位效应

在配位滴定法中，由于 OH^- 与金属离子反应生成一系列羟基络合物，使金属离子参与主反应的能力降低，这种现象称为金属离子的羟基配位效应，也称金属离子的水解效应。其大小用羟基配位效应系数 $\alpha_{M(OH)}$ 表示，$\alpha_{M(OH)}$ 等于没有与 EDTA 配位的金属离子各种存在型体的总浓度与能与 EDTA 配位但没有配位的金属离子的平衡浓度之比。

$$\alpha_{M(OH)}=\frac{[M']}{[M]}=\frac{[M]+[M(OH)]+[M(OH)_2]+\cdots+[M(OH)_n]}{[M]}$$

$$=1+\beta_1[OH^-]+\beta_2[OH^-]^2+\cdots+\beta_n[OH^-]^n \tag{7.6}$$

式中，$\beta_1\sim\beta_n$ 是金属离子与羟基配合的各级累积稳定常数。显然 $\alpha_{M(OH)}$ 与溶液的 pH 有关。pH 越高，$[OH^-]$ 越大，$\alpha_{M(OH)}$ 越大，水解效应越严重，对主反应越不利。金属离子的 $\lg\alpha_{M(OH)}$ 随 pH 的变化情况见表 7-6。

表 7-6　金属离子的 $\lg\alpha_{M(OH)}$ 随 pH 的变化情况

金属离子	pH													
	1	2	3	4	5	6	7	8	9	10	11	12	13	14
Al^{3+}					0.4	1.3	5.3	9.3	13.3	17.3	21.3	25.3	29.3	33.3
Bi^{3+}	0.1	0.5	1.4	2.4	3.4	4.4	5.4							
Ca^{2+}													0.3	1.0
Cd^{2+}									0.1	0.5	2.0	4.5	8.1	12.0
Co^{2+}								0.1	0.4	1.1	2.2	4.2	7.2	10.2
Cu^{2+}								0.2	0.8	1.7	2.7	3.7	4.7	5.7
Fe^{2+}									0.1	0.6	1.5	2.5	3.5	4.5
Fe^{3+}			0.4	1.8	3.7	5.7	7.7	9.7	11.7	13.7	15.7	17.7	19.7	21.7
Hg^{2+}			0.5	1.9	3.9	5.9	7.9	9.9	11.9	13.9	15.9	17.9	19.9	21.9
La^{3+}										0.3	1.0	1.9	2.9	3.9
Mg^{2+}											0.1	0.5	1.3	2.3
Mn^{2+}										0.1	0.5	1.4	2.4	3.4
Ni^{2+}									0.1	0.7	1.6			
Pb^{2+}							0.1	0.5	1.4	2.7	4.7	7.4	10.4	13.4
Th^{4+}				0.2	0.8	1.7	2.7	3.7	4.7	5.7	6.7	7.7	8.7	9.7
Zn^{2+}									0.2	2.4	5.4	8.5	11.8	15.5

(2)金属离子的辅助配位效应

由于金属离子同辅助配位剂 A 作用而使金属离子参与主反应的能力降低，这种现象称为金属离子的辅助配位效应。辅助配位效应的大小用辅助配位效应系数 $\alpha_{M(A)}$ 来表示。

$$\alpha_{M(A)}=\frac{[M']}{[M]}=\frac{[M]+[MA]+[MA_2]+\cdots+[MA_n]}{[M]}$$

$$=1+\beta_1[A]+\beta_2[A]^2+\cdots+\beta_n[A]^n \tag{7.7}$$

式中，$\beta_1\sim\beta_n$ 是金属离子与辅助配位剂配合的各级累积稳定常数，表 7-7 中列出了一些常见配合物的累积稳定常数的对数值。

表7-7 一些常见配合物的累积稳定常数

配离子	离子强度	n	$\lg\beta_n$
$[Ag(NH_3)_2]^+$	0.1	1，2	3.40，7.40
$[Cu(NH_3)_4]^{2+}$	2	1，2，3，4	4.13，7.61，10.48，12.59
$[Ni(NH_3)_6]^{2+}$	0.1	1，2，3，4，5，6	2.75，4.95，6.64，7.79，8.50，8.49
$[Zn(NH_3)_4]^{2+}$	0.1	1，2，3，4	2.27，4.61，7.01，9.06
$[AlF_6]^{3-}$	0.53	1，2，3，4，5，6	6.1，11.15，15.0，17.7，19.4，19.7
$[FeF_6]^{3-}$	0.5	1，2，3	5.2，9.2，11.9
$[Fe(CN)_6]^{4-}$	0	6	35.4

如果金属离子只存在以上两类副反应，可得到此时金属离子总的副反应系数(或称配位效应系数)。

$$\alpha_M=\frac{[M']}{[M]}=$$

$$\frac{[M]+[MA]+[MA_2]+\cdots+[MA_n]+[M(OH)]+[M(OH)_2]+\cdots+[M(OH)_n]}{[M]}$$

$$=\alpha_{M(A)}+\alpha_{M(OH)}-1 \tag{7.8}$$

在配位滴定法中，辅助配位效应往往是为了控制滴定所需要的酸度范围而加入缓冲剂所引起的，或为了掩蔽干扰离子以及为了防止金属离子水解等而加入其他辅助配位剂而引起的。例如，欲在 pH=10 时用 EDTA 标准溶液滴定溶液中的 Zn^{2+}，为了控制溶液酸度，一般加入 NH_3-NH_4Cl 缓冲溶液，同时又使 Zn^{2+} 与 NH_3 形成$[Zn(NH_3)_4]^{2+}$，以防止生成 $Zn(OH)_2$沉淀。在此例中，NH_3既是缓冲剂又是辅助配位剂。

【例7.4】计算 pH=10.0，$[NH_3]=0.10mol\cdot L^{-1}$时 $\lg\alpha_{Zn}$。

解：查表7-7可知$Zn(NH_3)_4^{2+}$ 的 $\lg\beta_1\sim\lg\beta_4$为2.27、4.61、7.01、9.06。

$$\begin{aligned}\alpha_{Zn(NH_3)}&=1+\beta_1[NH_3]+\beta_2[NH_3]^2+\beta_3[NH_3]^3+\beta_4[NH_3]^4\\&=1+10^{2.27}\times0.10+10^{4.61}\times0.10^2+10^{7.01}\times0.10^3+10^{9.06}\times0.10^4\\&=10^{5.1}\end{aligned}$$

查表7-6可知 pH=10.0 时，$\lg\alpha_{Zn(OH)}=2.4$。

$$\begin{aligned}\lg\alpha_{Zn}&=\lg(\alpha_{Zn(NH_3)}+\alpha_{Zn(OH)}-1)\\&=\lg(10^{5.1}+10^{2.4}-1)\\&\approx5.1\end{aligned}$$

由计算结果可以看出，在上述条件下，Zn^{2+}与 NH_3的副反应是主要的，Zn^{2+}与 OH^-的副反应可以忽略。

(3)配合物 MY 的副反应

当酸度较低或较高时，配合物 MY 可进一步反应生成 M(OH)Y 或 MHY 等配合物，这种现象称为混合配位效应。其结果会使主反应平衡右移，配合物的总量略有增加，从而使配合物的稳定性略有增大。由于产生的这类混合配合物的稳定性一般较差，因此配合物 MY 的副反应常常忽略不计。

总而言之，副反应系数越大，说明副反应越严重，对主反应的影响也就越大。配合物的条件稳定常数可以说明一定条件下副反应的影响和配位反应进行的程度。

3. 条件稳定常数

式(7.3)表示的平衡常数是在没有副反应发生时，金属离子与 EDTA 形成配合物的稳定常数 $K^{\ominus}_{MY}$。但实际反应中会存在各种不同程度的副反应，因此配合物的稳定常数不能反映配合物的真实稳定程度，条件稳定常数 K'_{MY}的大小能反映在外界影响下配合物 MY 的实际稳定程度。

$$K'_{MY}=\frac{[MY]}{[M'][Y']} \tag{7.9}$$

式中，$[M']$ 表示平衡时未与 EDTA 配位的金属离子的总浓度；$[Y']$ 表示平衡时未与金属离子配位的 EDTA 的总浓度。条件稳定常数是利用副反应系数进行校正后的实际稳定常数。

$$K^{\ominus}_{MY}=\frac{[MY]}{[M][Y]}=\frac{\dfrac{[MY]}{\alpha_{MY}}}{\dfrac{[M']}{\alpha_M}\times\dfrac{[Y']}{\alpha_{Y(H)}}}=K'_{MY}\times\frac{\alpha_{Y(H)}\alpha_M}{\alpha_{MY}}$$

即

$$K'_{MY}=K^{\ominus}_{MY}\frac{\alpha_{MY}}{\alpha_M\alpha_{Y(H)}} \tag{7.10}$$

以对数形式表示为

$$\lg K'_{MY}=\lg K^{\ominus}_{MY}-\lg\alpha_M-\lg\alpha_{Y(H)}+\lg\alpha_{MY} \tag{7.11}$$

如果外界条件一定，α_M、α_Y、α_{MY} 为定值，K'_{MY} 就是常数，大多数情况下，MHY 和 M(OH)Y 的副反应可忽略，所以上式可简化为

$$\lg K'_{MY}=\lg K^{\ominus}_{MY}-\lg\alpha_{Y(H)}-\lg\alpha_M \tag{7.12}$$

在实际滴定中，上述副反应不一定都同时存在，所以要根据具体情况来计算 K'_{MY}。先计算出相关的副反应系数，再求 M 和 Y 的总的副反应系数，然后计算 K'_{MY}。

【例 7.6】计算 pH=2.0、pH=5.0 时的 $\lg K'_{ZnY}$。

解：查表 7-4 可知 $\lg K^{\ominus}_{ZnY}=16.50$

查表 7-5、表 7-6 可知 pH=2.0 时，$\lg\alpha_{Y(H)}=13.51$，$\lg\alpha_{Zn}$ (OH) =0，故

$$\lg K'_{ZnY}=16.50-13.510=2.99$$

查表 7-5、表 7-6 可知 pH=5.0 时，$\lg\alpha_{Y(H)}=6.45$，$\lg\alpha_{Zn}$ (OH) =0，故

$$\lg K'_{ZnY}=16.50-6.450=10.05$$

显然，在酸性溶液中，在没有其他配位剂存在时，金属离子的副反应大多可以忽略，此时，条件稳定常数仅需要考虑 EDTA 的酸效应即可，即

$$\lg K'_{MY}=\lg K^{\ominus}_{MY}-\lg\alpha_{Y(H)} \tag{7.13}$$

由此可见，尽管 $\lg K^{\ominus}_{ZnY}=16.50$，但当 pH=2.0 时，$\lg K'_{ZnY}=2.99$，由于 Y 与 H^+ 的副反应严重($\lg\alpha_{Y(H)}$ 值高达 13.51)，ZnY 络合物很不稳定，此时 Zn^{2+} 不能被滴定。而在 pH=5.0 时，$\lg K'_{ZnY}=10.05$，ZnY 相当稳定，Zn^{2+} 能被准确滴定。从而可看出选择和控制溶液的酸度在配位滴定中的重要性。

【例 7.7】计算 pH=11.0，$[NH_3]$ =0.10mol·L^{-1}时的 $\lg K'_{ZnY}$。若溶液中 Zn^{2+} 的总浓度为 0.02mol·L^{-1}，计算游离的 Zn^{2+} 的浓度。

解：溶液中的平衡关系如下。

$$\begin{array}{ccccc} \mathrm{Zn} & + & \mathrm{Y} & \rightleftharpoons & \mathrm{ZnY} \\ \mathrm{NH_3} \swarrow \quad \searrow \mathrm{OH} & & \mid \mathrm{H^+} & & \\ \mathrm{Zn(NH_3)} \quad \mathrm{Zn(OH)} & & \mathrm{HY} & & \end{array}$$

查表7-7可知 $Zn[NH_3]_4^{2+}$ 的 $\beta_1 \sim \beta_4$ 分别为 $10^{2.27}$、$10^{4.61}$、$10^{7.01}$、$10^{9.06}$，故

$$\begin{aligned}\alpha_{Zn(NH_3)} &= 1 + [NH_3]\beta_1 + [NH_3]^2\beta_2 + [NH_3]^3\beta_3 + [NH_3]^4\beta_4 \\ &= 1 + 10^{-1.00} \times 10^{2.27} + 10^{-2.00} \times 10^{4.61} + 10^{-3.00} \times 10^{7.01} + 10^{-4.00} \times 10^{9.06} \\ &= 10^{5.10}\end{aligned}$$

查表7-6可知 pH=11.0时，$\lg\alpha_{Zn(OH)} = 5.4$，故

$$\alpha_{Zn} = \alpha_{Zn(NH_3)} + \alpha_{Zn(OH)} - 1 = 10^{5.10} + 10^{5.4} - 1 = 10^{5.6}$$

查表7-5可知 pH=11.0时，$\lg\alpha_{Y(H)} = 0.07$；查表7-4可知 $\lg K^{\ominus}_{ZnY} = 16.50$。所以，

$$\begin{aligned}\lg K'_{ZnY} &= \lg K^{\ominus}_{ZnY} - \lg\alpha_{Y(H)} - \lg\alpha_{Zn} \\ &= 16.50 - 0.07 - 5.6 = 10.83\end{aligned}$$

根据式(7.5)得

$$[Zn^{2+}] = \frac{c(Zn^{2+})}{\alpha_{Zn}} = \frac{0.02}{10^{5.6}} = 10^{-7.3} = 5.0 \times 10^{-8} \mathrm{mol \cdot L^{-1}}$$

4. 准确滴定单一金属离子的条件及酸度范围的确定

由【例7.6】可知，若在 pH=2.0时滴定 Zn^{2+}，其 $\lg K'_{ZnY} = 0.99$，说明副反应严重，ZnY很不稳定，配位反应进行得不完全，此时该反应不能用于配位滴定；pH=5.0时，$\lg K'_{ZnY} = 8.05$，说明ZnY很稳定，配位反应进行得很完全，此时该反应能用于配位滴定。那么，$\lg K'_{MY}$ 究竟要达到多大才能满足配位滴定的要求呢？控制溶液的适宜pH范围又是多少呢？

(1)准确滴定单一金属离子的条件

一般滴定允许的相对误差为±0.1%，而终点的判断与化学计量点pM的差值ΔpM至少有±0.2单位的差距，则根据终点误差公式可得准确滴定单一金属离子的条件为

$$\lg c(M)K'_{MY} \geqslant 6 \tag{7.14}$$

即

$$c(M)K'_{MY} \geqslant 10^6$$

当金属离子的 $c(M) = 0.01 \mathrm{mol \cdot L^{-1}}$ 时，则

$$\lg K'_{MY} \geqslant 8$$

(2)配位滴定中酸度范围的确定

①确定配位滴定中的最高酸度(最低pH)。

配位滴定中准确滴定单一金属离子的条件是 $\lg c(M)K'_{MY} \geqslant 6$，假设在配位滴定中除EDTA的酸效应之外没有其他副反应，则 $\lg K'_{MY}$ 主要受溶液酸度的影响。如例7.6中若 $c(Zn^{2+}) = 0.01 \mathrm{mol \cdot L^{-1}}$，则 pH=2.0时 $\lg c(Zn^{2+})K'_{ZnY} = 0.99 < 6$；pH=5.0时，$\lg c(Zn^{2+})K'_{ZnY} = 8.05 > 6$，即pH=2.0时不能准确滴定 Zn^{2+}，而pH=5.0时可以准确滴定 Zn^{2+}。

准确滴定 Zn^{2+} 的最低pH应满足下式。

$$\lg K'_{ZnY}=\lg K^{\ominus}_{ZnY}-\lg\alpha_{Y(H)}\geqslant 8$$

即

$$\lg\alpha_{Y(H)}\leqslant\lg K^{\ominus}_{ZnY}-8=16.50-8=8.50$$

由表 7-5 可见，$\lg\alpha_{Y(H)}=8.50$ 对应 pH 处于 3.8 与 4.0 之间，采用内插法，则有

$$\frac{8.85-8.44}{8.85-8.50}=\frac{4.0-3.8}{x-3.8}$$

$$x=3.97$$

所以

$$pH\geqslant 3.97\approx 4.0$$

由结果可看出，当 Zn^{2+} 的滴定浓度为 0.01mol·L^{-1}时，若 pH<4.0，则不能用 EDTA 准确滴定 Zn^{2+}。

②绘制 EDTA 的酸效应曲线。

尽管 $\lg K'_{MY}$的最小值对所有金属离子的滴定都相同，但由于不同金属离子的 $K^{\ominus}_{MY}$不同，故滴定各种金属离子所允许的最低 pH 也就不同。在不考虑金属离子的副反应时，若被测金属离子的浓度为 0.01 mol·L^{-1}，代入式(7.13)得滴定各种不同单一金属离子所允许的最低 pH。

以各种金属离子能被准确滴定的最低 pH 对其 $\lg K^{\ominus}_{MY}$(或其所允许的最大 $\lg\alpha_{Y(H)}$)作图，得到的曲线称为 EDTA 的**酸效应曲线**，也称林帮(Ringbom)曲线，如图 7.13 所示。

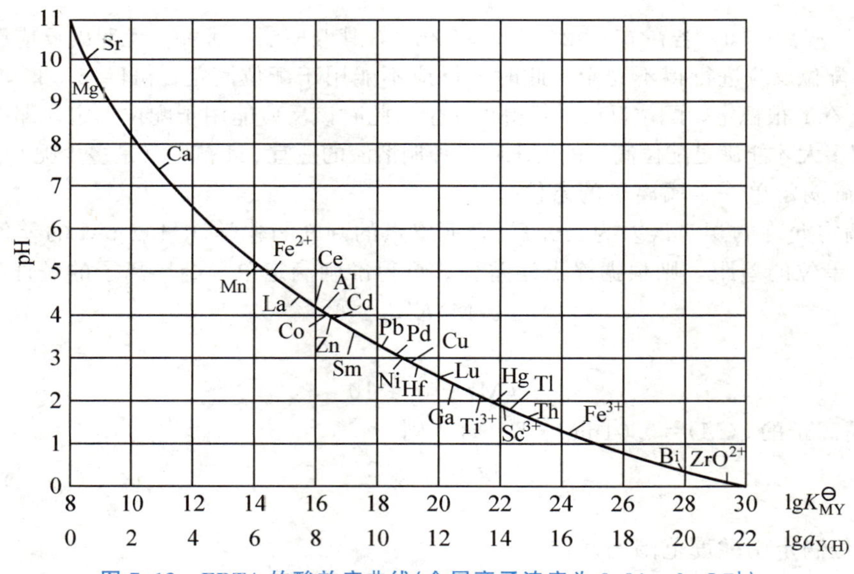

图 7.13　EDTA 的酸效应曲线(金属离子浓度为 0.01mol·L^{-1})

从图 7.13 不仅可以查出准确滴定某种单一金属离子时允许的最高酸度(最低 pH)，而且还可以看出混合离子中哪些离子在一定 pH 范围内有干扰。例如，在 pH 为 4 左右滴定 Zn^{2+}时，处于 pH<4 以下的离子，如 Pb^{2+}、Ni^{2+}、Cu^{2+} 等均会干扰测定；处于 pH 稍大于 4 的金属离子，如 Al^{3+}、Fe^{2+} 等也会有一定干扰；而处于较远离 pH=4 的 Ca^{2+}、Mg^{2+} 等就不会干扰了。由此可见，酸效应曲线可以用来估计两种金属离子能否通过控制酸度的方法进行分别滴定。

必须注意使用酸效应曲线查单独准确滴定某种金属离子的最低 pH 的前提：金属离子浓度为 0.01mol·L^{-1}；允许测定的相对误差为±0.1%；溶液中只有 EDTA 的酸效应，没有其他副反应发生。

③确定配位滴定中的最低酸度(最高 pH)。

在满足准确滴定允许的最高酸度的前提下，若升高溶液的 pH，使 $\alpha_{Y(H)}$ 降低，则 $\lg K'_{MY}$ 增大，配位反应进行得越完全。但若溶液的 pH 过高，会使某些金属离子形成羟基配合物，反而影响主反应的进行。因此，配位滴定还应考虑不使金属离子发生羟基配位效应的 pH 条件，配位滴定中允许的最高 pH 一般由金属离子氢氧化物沉淀的溶度积估算。

【例 7.8】计算 0.010 mol·L^{-1}EDTA 滴定 0.010 mol·$L^{-1}$$Cu^{2+}$ 的适宜酸度范围。

解：准确滴定 Cu^{2+} 的最低 pH 应满足下式。

$$\lg K_{CuY^{2-}}=\lg K^{\ominus}_{CuY^{2-}}-\lg\alpha_{Y(H)}\geqslant 8$$

即

$$\lg\alpha_{Y(H)}\leqslant\lg K^{\ominus}_{CuY^{2-}}-8=18.80-8=10.80$$

由表 7-5 采用内插法得滴定允许的最低 pH 为 2.92。

滴定 Cu^{2+} 时，允许最低酸度为 Cu^{2+} 不产生水解时的 pH。因为

$$c(Cu^{2+})\times c(OH^-)^2=K^{\ominus}_{sp}(Cu(OH)_2)=2.2\times10^{-20}$$

所以

$$c(OH^-)=\sqrt{\frac{K^{\ominus}_{sp}(Cu(OH)_2)}{c(Cu^{2+})}}=\sqrt{\frac{2.2\times10^{-20}}{0.010}}=1.48\times10^{-9}\text{mol}\cdot L^{-1}$$

即

$$pH=5.17$$

所以，用 0.010 mol·L^{-1}EDTA 滴定 0.010mol·$L^{-1}$$Cu^{2+}$ 的适宜 pH 范围为 2.92～5.17。

因此，配位滴定中溶液酸度范围的选择应从 EDTA 的酸效应及金属离子的羟基配位效应两方面综合考虑。在配位滴定中，适宜的 pH 范围的选择有时还需考虑指示剂变色对 pH 的要求，一般实际采用的 pH 往往高于理论最低值。

7.4.3 金属离子指示剂

配位滴定法与其他滴定分析方法一样，也需要用指示剂来确定终点。配位滴定法中的指示剂是以指示溶液中金属离子浓度的变化来确定终点的，所以称为金属离子指示剂，简称金属指示剂。

1. 金属指示剂的作用原理

金属指示剂本身是一种有机染料，也是一种配位剂，它能与某些金属离子反应，生成与指示剂本身的颜色明显不同的有色配合物以指示终点。在滴定前加入金属指示剂于被测金属离子溶液中时它即与部分金属离子配位，此时溶液呈现其配合物的颜色。若以 M 表示金属离子，In 表示指示剂的配位基团(略去电荷)，其反应可表示如下。

$$\underset{}{M}+\underset{\text{甲色}}{In}\rightleftharpoons\underset{\text{乙色}}{MIn}$$

滴定开始后，随着 EDTA 的不断滴入，溶液中大部分处于游离状态的金属离子即与

EDTA 配位，至计量点时，由于金属离子与指示剂的配合物(MIn)稳定性比金属离子与 EDTA 的配合物(MY)稳定性差，因此 EDTA 能从 MIn 配合物中夺取 M 而使 In 游离出来，即

$$\underset{\text{乙色}}{MIn} + Y \rightleftharpoons MY + \underset{\text{甲色}}{In}$$

此时，溶液由乙色转变为甲色而指示终点到达。

例如，铬黑 T(EBT)在 pH=10 的水溶液中呈蓝色，而与 Mg^{2+} 的配合物的颜色为酒红色。若在 pH=10 时用 EDTA 滴定 Mg^{2+}，滴定开始前加入指示剂铬黑 T，由于溶液中有大量的 Mg^{2+}，则铬黑 T 与部分 Mg^{2+} 反应，此时溶液呈 Mg^{2+} 与 EBT 配合物的酒红色。随着 EDTA 的加入，EDTA 逐渐与 Mg^{2+} 反应形成无色的 MgY^{2-} 配合物。在化学计量点附近，Mg^{2+} 的浓度降至很低，再加入的 EDTA 进而夺取了 Mg-EBT 配合物中的 Mg^{2+}，使铬黑 T 游离出来，从而使溶液由酒红色变为纯蓝色，指示滴定终点到达。

$$\underset{\text{酒红色}}{MgIn^-} + HY^{3-} \rightleftharpoons MgY^{2-} + \underset{\text{蓝色}}{HIn^{2-}}$$

2. 金属指示剂应具备的条件及使用中应注意的问题

(1)金属指示剂应具备的条件

金属离子的显色剂很多，但只有具备下列条件者才能用作配位滴定的金属指示剂。

①在滴定的 pH 范围内，指示剂(In)的颜色与指示剂和金属离子形成的配合物(MIn)的颜色应显著不同，这样终点的颜色变化才明显。

②指示剂与金属离子形成的配合物应易溶于水，指示剂应比较稳定，显色反应必须灵敏、迅速，并且有良好的变色可逆性。

③指示剂与金属离子形成的配合物(MIn)要有适当的稳定性。

MIn 要有足够的稳定性，而稳定性又不能过高。具体地说，MIn 的稳定性要稍低于 MY 的稳定性。如果 MIn 的稳定性太低，则指示剂会在化学计量点前提前被释放出来，造成终点变色不敏锐，或使终点提前而引入误差。相反，如果稳定性过高，则化学计量点时不能发生置换反应，即使加入过量的 EDTA，指示剂也不会立即被释放出来，使终点拖后，甚至有可能使 EDTA 不能夺取 MIn 中的金属离子，显色反应失去可逆性。

(2)金属指示剂在使用中应注意的问题

①注意溶液的酸度。

由于金属指示剂多为有机弱酸或有机弱碱，在不同 pH 下其主要存在型体不同，颜色也不同，如铬黑 T 是三元酸，其解离平衡如下。

$$H_2In^- \underset{+H^+}{\overset{-H^+}{\rightleftharpoons}} HIn^{2-} \underset{+H^+}{\overset{-H^+}{\rightleftharpoons}} In^{3-}$$

$$pK_{a_2}=6.3 \qquad pK_{a_3}=11.6$$

$$\underset{pH<6}{\text{红色}} \qquad \underset{pH=8\sim11}{\text{蓝色}} \qquad \underset{pH>12}{\text{橙色}}$$

欲使终点变色敏锐，则配合物 M-EBT 的颜色与铬黑 T 指示剂本身的颜色要显著不同，故铬黑 T 适宜的 pH 范围为 8~11。因此，使用金属指示剂时，必须注意选用合适的

pH 范围，并要满足滴定要求的酸度范围。

②注意指示剂的封闭现象。

有的指示剂能与某些金属离子形成非常稳定的配合物，以致到达计量点后，滴入过量的 EDTA 也不能夺取 MIn 配合物中的 M，不能使 In 游离出来，所以看不到终点的颜色变化，这种现象称为**指示剂的封闭现象**。

指示剂封闭现象通常采用加入掩蔽剂或分离干扰离子的方法来消除。例如，在 pH＝10 时以铬黑 T 为指示剂用 EDTA 标准溶液测定 Ca^{2+}、Mg^{2+} 总量时，所用试剂或蒸馏水中含有微量 Fe^{3+}、Al^{3+}、Cu^{2+}、Ni^{2+} 等杂质离子，会封闭指示剂。Fe^{3+}、Al^{3+} 等离子的影响可通过加入掩蔽剂三乙醇胺予以消除，Co^{2+}、Cu^{2+}、Ni^{2+} 等离子可用 KCN 掩蔽。若干扰离子的量较大，必须将干扰离子预先分离除去后再进行测定。

③注意指示剂的僵化现象。

有些指示剂和金属离子配合物在水中的溶解度小，在化学计量点附近 EDTA 与指示剂金属离子配合物 MIn 的置换缓慢，使终点拖长，导致终点颜色变化不明显，这种现象称为**指示剂的僵化现象**。指示剂的僵化现象通常采用加入适当的有机溶剂或加热以增大其溶解度来消除。例如，用 PAN 作为指示剂时，可加入少量的乙醇或甲醇，使指示剂的变色敏锐一些；又如，用磺基水杨酸作为指示剂，以 EDTA 标准溶液滴定 Fe^{3+} 时，可先将溶液加热至 50～70℃后，再进行滴定。另外，在滴定中若可能发生指示剂的僵化现象，接近终点时更要缓慢滴定，同时还要剧烈振摇。

④注意指示剂的氧化变质现象。

金属指示剂大多数是含双键结构的有机化合物，易被日光、空气、氧化剂等分解或氧化，有些在水溶液中不稳定，有些日久会变质。所以，常将指示剂配成固体混合物或加入还原性物质，或临用时配制。

例如，钙指示剂(NN)常用 NaCl 或 KNO_3 等作为稀释剂以 1∶100 配制成固体试剂，则较稳定，保存时间较长。铬黑 T 的水溶液不稳定，碱性条件下易氧化，酸性条件下会聚合，因而配成水溶液时需加三乙醇胺防止聚合，加入盐酸羟胺防止氧化。

3. 常用金属指示剂

(1)铬黑 T

铬黑 T 简称 BT 或 EBT，它属于二酚羟基偶氮类染料。在水溶液中，随着 pH 不同而呈现出三种不同的颜色：当 pH＜6 时，显红色；当 8＜pH＜11 时，显蓝色；当 pH＞12 时，显橙色。铬黑 T 能与许多二价金属离子如 Ca^{2+}、Mg^{2+}、Mn^{2+}、Zn^{2+}、Cd^{2+}、Pb^{2+} 等形成红色配合物。因此，铬黑 T 只能在 pH＝8～11 的条件下使用，指示剂才能有明显的颜色变化(红色→蓝色)。铬黑 T 固体相当稳定，但其水溶液仅能保存几天，这是由于聚合反应的缘故，聚合后的铬黑 T 不能再与金属离子显色。pH＜6.5 的溶液中聚合更为严重，加入三乙醇胺可以防止聚合。

(2)钙指示剂

钙指示剂简称 NN 或钙红，它也属于偶氮类染料。钙指示剂的水溶液也随溶液 pH 不同而呈不同的颜色：pH＜7 时，显红色；8＜pH＜13.5 时，显蓝色；pH＞13.5 时，显橙色。由于在 pH＝12～13 时，它与 Ca^{2+} 形成红色配合物，因此常用作在 pH＝12～13 的酸度下测定钙含量时的指示剂，终点溶液由红色变成蓝色，颜色变化很明显。钙指示剂纯品为紫黑色粉末，很稳定，但其水溶液或乙醇溶液均不稳定，所以一般取固体试剂与 NaCl 按 1∶100 的比例混合均匀，研细，密闭保存于干燥器中备用。

(3)Cu－PAN 指示剂

Cu^{2+} 与 PAN 的显色反应非常灵敏，但很多其他金属离子如 Ni^{2+}、Co^{2+}、Zn^{2+}、Pb^{2+}、Bi^{3+}、Ca^{2+} 等与 PAN 反应速度慢或显色灵敏度低。所以有时利用 Cu－PAN 作为间接指示剂来测定这些金属离子。Cu－PAN 指示剂是 CuY(蓝色)与少量 PAN(黄色)的混合溶液(绿色)。

将此指示剂加入被测金属离子 M 试液时，发生如下置换反应。

$$\underset{\text{蓝色}}{CuY} + \underset{\text{黄色}}{PAN} + M \rightleftharpoons MY + \underset{\text{紫红色}}{Cu-PAN}$$

此时溶液呈现紫红色。当加入的 EDTA 定量与 M 反应后，在化学计量点附近 EDTA 将夺取 Cu－PAN 中的 Cu^{2+}，从而使 PAN 游离出来。

$$\underset{\text{紫红色}}{Cu-PAN} + Y \rightleftharpoons \underset{\text{蓝色}}{CuY} + \underset{\text{黄色}}{PAN}$$

溶液由紫红色变为绿色(CuY^{2-} 与 PAN 的混合色)，即为终点。由于滴定前后 CuY^{2-} 量相等，故不影响滴定结果。

以 Cu－PAN 作为间接金属指示剂，可在很宽的 pH(1.9～12.2)范围内使用，因而可以在同一溶液中连续指示终点。

应该注意，由于有色金属离子及其与 EDTA 形成的配合物均有色，因此实际上滴定终点的颜色变化各不相同，常常是几种颜色的混合色。表 7－8 列出了部分常用金属离子指示剂。

表 7－8　常用金属离子指示剂

指示剂	颜色变化		pH 范围	直接滴定的离子	指示剂配制	备注
	In	MIn				
铬黑 T (EBT)	蓝	酒红	8～11	Pb^{2+}、Mg^{2+}、Zn^{2+}、Cd^{2+} 等	1∶100NaCl(固体)	Fe^{3+}、Al^{3+}、Cu^{2+}、Ni^{2+}、Co^{2+}、Ti^{4+} 等封闭指示剂
二甲酚橙(XO)	黄	紫红	＜6.3	Bi^{3+}、Zn^{2+}、Pb^{2+}、Cd^{2+}、Hg^{2+} 及稀土等	0.5%水溶液	Fe^{3+}、Al^{3+}、Ni^{2+}、Ti^{4+} 等离子封闭指示剂
PAN	黄	紫红	1.9～12.2	Cu^{2+}、Bi^{3+}、Ni^{2+}、Th^{4+} 等	0.1%乙醇溶液	
钙指示剂	蓝	酒红	12～13	Ca^{2+}	1∶100NaCl(固体)	Fe^{3+}、Al^{3+}、Cu^{2+}、Co^{2+}、Ti^{4+}、Mn^{2+} 等封闭指示剂
磺基水杨酸	无	紫红	1.5～2.5	Fe^{3+}	2%水溶液	FeY^{-} 为黄色

7.4.4　配位滴定曲线

1. 滴定曲线的绘制

在酸碱滴定中，随着滴定剂的加入，溶液中 H^{+} 浓度在不断变化，当到达化学计量点时，溶液 pH 发生突变。配位滴定的情况与酸碱滴定相似，在一定 pH 条件下，随着配位滴定剂的加入，由于金属离子不断与其反应生成配合物，使金属离子浓度不断降低，当滴定到达化学计量点时，溶液中金属离子浓度的负对数(pM)发生突变。在配位滴定中，若将被滴定的金属离子的 pM 与对应的配位滴定剂的加入体积绘成曲线，即可得到配位滴定曲线。配位滴定曲线反映了滴定过程中配位滴定剂的加入量与待测金属离子浓度之间的变化关系。

以在 pH=10.0 时，用 $0.01000mol \cdot L^{-1}$ EDTA 溶液滴定 20.00mL $0.01000mol \cdot L^{-1}$ 的 Ca^{2+} 溶液为例，研究滴定过程中溶液 pCa 的变化及滴定曲线。

已知 $\lg K^{\ominus}_{CaY}=10.69$；pH=10.0 时，$\lg\alpha_{Y(H)}=0.45$。则 $\lg K'_{CaY}=10.24$。

(1)滴定前　$[Ca^{2+}]=0.01000mol \cdot L^{-1}$，　$pCa=-\lg[Ca^{2+}]=2.00$。

(2)化学计量点前，当加入 19.98mL EDTA 时

$$[Ca^{2+}]=0.01000\times\frac{20.00-19.98}{39.98}mol \cdot L^{-1}=5.00\times10^{-6}mol \cdot L^{-1}$$

$$pCa=5.30$$

(3)化学计量点时 Ca^{2+} 与 Y 全部反应生成 CaY 配合物，但溶液中仍存在如下平衡。

$$MY \rightleftharpoons M+Y$$

Ca^{2+} 没有副反应，故

$$K'_{CaY}=\frac{[CaY]}{[Ca][Y']}$$

由于计量点时 $[Ca^{2+}]=[Y']$，则

$$[Ca^{2+}]=\sqrt{\frac{[CaY]}{K'_{CaY}}}$$

而 CaY 的 $\lg K'_{CaY}=10.24$，即配合物 CaY 很稳定，基本上不解离，所以

$$[Ca^{2+}]=\sqrt{\frac{[CaY]}{K'_{CaY}}}=\sqrt{\frac{0.005000}{10^{10.24}}}=5.36\times10^{-7}mol \cdot L^{-1}$$

$$pCa=6.27$$

(4)化学计量点后，当加入 EDTA 溶液 20.02mL 时

$$[Y']=0.01000\times\frac{20.02-20.00}{20.02+20.00}mol \cdot L^{-1}=5.00\times10^{-6}mol \cdot L^{-1}$$

$$[Ca^{2+}]=\frac{[CaY]}{[Y']K'_{CaY}}=\frac{0.005000}{5.00\times10^{-6}\times10^{10.24}}=5.8\times10^{-8}mol \cdot L^{-1}$$

$$pCa=7.24$$

用同样的方法可以求出其他 pH 下滴定过程中的 pCa。以加入 EDTA 的体积(单位 mL)为横坐标，以 pCa 为纵坐标，绘制滴定曲线，则在不同 pH 条件下，以 $0.01000mol \cdot L^{-1}$ EDTA 溶液滴定 20.00mL $0.01000mol \cdot L^{-1}$ 的 Ca^{2+} 溶液的滴定曲线如图 7.14 所示。

2. 影响滴定突跃范围的因素

在配位滴定中，滴定突跃越大，就越容易准确地指示终点。金属离子浓度 $c(M)$ 和条件稳定常数 K'_{MY} 是影响滴定突跃范围的主要因素。滴定剂和被测金属离子浓度越大，pM 突跃越大，滴定剂和被测金属离子浓度增大为原来的 10 倍，化学计量点前 pM 减小一个单位；K'_{MY} 越大，pM 突跃越大，K'_{MY} 增大为原来的 10 倍，化学计量点后 pM 增加一个单位。由于 $\lg K'_{MY}=\lg K^{\ominus}_{MY}-\lg\alpha_{Y(H)}-\lg\alpha_M$，故 $K^{\ominus}_{MY}$ 越大，pM 突跃越大，而 $K^{\ominus}_{MY}$ 取决于金属离子本身。

同时 EDTA 的酸效应和金属离子的副反应都对配位滴定的突跃范围有影响。

(1)只有酸效应的滴定曲线

图 7.14 反映了 EDTA 酸效应对 pM 突跃的影响。化学计量点前的 pCa 只取决于溶液中剩余的 Ca^{2+} 的浓度，与酸效应无关，因而多条曲线重合在一起。化学计量点后，溶液中的 pCa 主要取决于过量的 EDTA 和 K'_{CaY}，而 K'_{CaY} 与 pH 有关，pH 越大，酸度越低，K'_{MY} 越大，pCa 越大，曲线后一段位置就越高，突跃范围越大。

(2)既有酸效应又有配位效应的滴定曲线

有些金属离子易水解，滴定时往往须加入辅助配位剂防止水解，此时滴定过程中将同时存在酸效应和配位效应。图 7.15 是 EDTA 滴定 $0.001\,mol \cdot L^{-1}\,Ni^{2+}$ 的氨性溶液的滴定曲线，在化学计量点前曲线不再重合在一起。这是因为 Ni^{2+} 离子的两种配位效应(参见式(7.6)和式(7.7))均使溶液中游离 Ni^{2+} 的浓度降低(即 pNi 值升高)，降低程度随 pH 升高(即 $[NH_3]$ 升高)而增大，包括滴定开始之前的状态(即曲线的起点)；化学计量点后一段曲线位置主要因 pH 对 EDTA 的酸效应而改变。最大的突跃范围不是出现在 pH 最大的曲线上，而是与某一中间状态的 pH(该例中 pH=9.0)相对应。这是因为尽管在化学计量点后曲线的位置随酸效应的减小而升高，但在化学计量点前曲线的位置随配位效应的增大而升高，曲线上的突跃部分的长短显然取决于两部分曲线的相对位置。

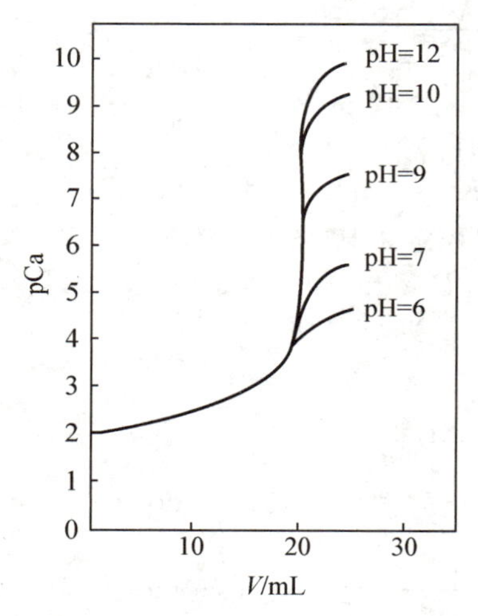

图 7.14　不同 pH 下，$0.01000\,mol \cdot L^{-1}$ EDTA 滴定 20.00mL $0.01000\,mol \cdot L^{-1}$ 的 Ca^{2+} 的滴定曲线

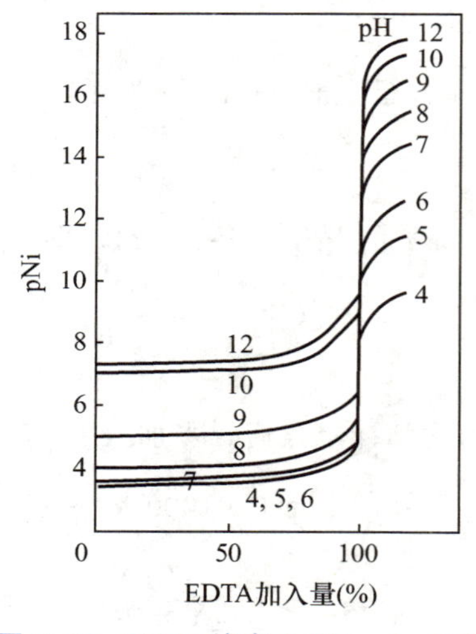

图 7.15　EDTA 滴定 $0.001\,mol \cdot L^{-1}$ Ni^{2+} 的氨性溶液的滴定曲线

由于 EDTA 与金属离子反应时不断有 H^+ 离子被释放出来，溶液的酸度增加，因此在配位滴定中常常需要用缓冲溶液来控制溶液酸度。由此可见，在配位滴定中选择适宜的 pH 范围至关重要。必须根据被测样品的性质，综合多方面因素确定一个适宜的 pH 范围，以获得尽可能大的突跃范围，以提高分析结果的准确度。

7.4.5　提高配位滴定选择性的方法

由于 EDTA 具有广泛的配位作用，而实际的分析对象又比较复杂，在被测溶液中常常含有多种能与 EDTA 形成稳定配合物的金属离子，在滴定时它们很可能相互干扰。在多种金属离子共存时，如何减免其他离子对被测离子的干扰以提高配位滴定的选择性便成为配位滴定中要解决的一个重要问题。常用的方法有以下几种。

配位滴定中酸度的控制

1. 溶液酸度的控制

设混合液中含有M、N两种金属离子，浓度分别为$c(M)$和$c(N)$，$K^{\ominus}_{MY}>K^{\ominus}_{NY}$，则用EDTA滴定时，M离子首先被滴定。如果$K^{\ominus}_{MY}$与$K^{\ominus}_{NY}$相差足够大且M离子又满足$\lg c(M)K'_{MY}\geqslant 6$的条件，则可不经分离，只须控制适宜pH即可，采用直接配位滴定法选择滴定金属离子M，而N离子不干扰。滴定M离子后，若N离子也满足单一离子准确滴定的条件，则又可以重新调整酸度直接滴定金属离子N，此时称EDTA可分别滴定M离子和N离子。问题是$K^{\ominus}_{MY}$与$K^{\ominus}_{NY}$相差多大才能分别滴定，滴定应控制在什么酸度范围内进行。

对于有干扰离子存在时的配位滴定，一般允许的相对误差为±0.5%，终点判断的准确度$\Delta pM\approx\pm 0.3$，则滴定金属离子M时，金属离子N不干扰的条件是

$$c(M)K'_{MY}/c(N)K'_{NY}\geqslant 10^5 \quad 或 \lg c(M)K'_{MY}-\lg c(N)K'_{NY}\geqslant 5 \tag{7.15}$$

当$c(M)=c(N)$时

$$\Delta\lg K'=\Delta\lg K^{\ominus}\geqslant 5 \tag{7.16}$$

一般以式(7.14)和(7.15)作为判断能否利用控制酸度的方法进行分别滴定的条件。

【例7.9】能否用控制酸度的方法分别测定Fe^{3+}、Al^{3+}、Ca^{2+}、Mg^{2+}混合溶液中Fe^{3+}、Al^{3+}金属离子的含量？（假设各离子浓度均为$0.01\text{mol}\cdot L^{-1}$）请确定具体的测定条件。

解：查表7-4可知FeY^-、AlY^-、CaY^{2-}、MgY^{2-}的$\lg K^{\ominus}_{MY}$分别为25.1、16.3、10.69、8.69。

由$\lg K^{\ominus}_{MY}$的大小可看出控制酸度分别滴定的次序应为Fe^{3+}、Al^{3+}、Ca^{2+}、Mg^{2+}。

首先滴定Fe^{3+}，可能有干扰的是Al^{3+}。因为

$$\lg K^{\ominus}_{FeY^-}-\lg K^{\ominus}_{AlY^-}=25.1-16.3=8.8>5$$

故Al^{3+}、Ca^{2+}、Mg^{2+}的存在不干扰Fe^{3+}的测定。

准确滴定Fe^{3+}的最低pH应满足下式。

$$\lg K'_{FeY^-}=\lg K^{\ominus}_{FeY^-}-\lg\alpha_{Y(H)}\geqslant 8$$

即

$$\lg\alpha_{Y(H)}\leqslant\lg K^{\ominus}_{FeY^-}-8=25.1-8=17.1$$

由表7-5采用内插法得最低pH为1.18。

滴定Fe^{3+}时，允许最低酸度为Fe^{3+}不产生水解时的pH。因为

$$[Fe^{3+}]\times[OH^-]^3=K^{\ominus}_{sp}(Fe(OH)_3)=2.64\times 10^{-39}$$

所以

$$[OH^-]=\sqrt[3]{\frac{K^{\ominus}_{sp}(Fe(OH)_3)}{[Fe^{3+}]}}=\sqrt[3]{\frac{2.64\times 10}{0.010}}=6.42\times 10^{-13}\text{mol}\cdot L^{-1}$$

即

$$pH=1.81$$

所以滴定Fe^{3+}所允许的pH范围为1.18～1.81，而磺基水杨酸指示剂使用的pH范围为1.5～2.5，故可确定在pH=1.5～1.8时滴定Fe^{3+}，此时Al^{3+}不与EDTA配位。

测定Fe^{3+}后，继续滴定Al^{3+}时，可能有干扰的是Ca^{2+}。因为

$$\lg K^{\ominus}_{AlY^-} - \lg K^{\ominus}_{CaY^{2-}} = 16.3 - 10.69 = 5.61 > 5$$

故 Ca^{2+}、Mg^{2+} 的存在不干扰 Al^{3+} 的测定。

通常采用返滴定法测定 Al^{3+}：在试液中准确加入过量的 EDTA 标准溶液，调节 pH=3.5，煮沸，以加速 Al^{3+} 与 EDTA 的反应。冷却后，再用六次甲基四胺缓冲溶液调节pH=5～6，以保证 Al^{3+} 与 EDTA 配位完全。然后以二甲酚橙为指示剂(此时 Al^{3+} 已形成 AlY^-，不再封闭指示剂)，用 Zn^{2+} 标准溶液滴定过量的 EDTA，通过计算得出 Al^{3+} 的含量。

2. 掩蔽的方法

如果被测离子 M 及干扰离子 N 与 EDTA 形成的配合物稳定性相差不大，甚至 $K^{\ominus}_{MY}$ 比 $K^{\ominus}_{NY}$ 还小，则不能满足用控制酸度的方法进行分别滴定的条件。这时可加入一种**掩蔽剂**掩蔽干扰离子，降低干扰离子 N 的浓度，使 N 与 EDTA 的配位能力显著降低，从而减小或消除干扰离子 N 对被测离子 M 的干扰，再直接滴定 M 离子，这种方法称为**掩蔽法**。

掩蔽法可根据掩蔽剂与干扰离子发生反应的类型的不同分为配位掩蔽法、沉淀掩蔽法和氧化还原掩蔽法等，其中以配位掩蔽法应用最广。

(1)配位掩蔽法

配位掩蔽法在化学分析中应用最为广泛，它是通过加入能与干扰离子形成更稳定配合物的配位剂(通称掩蔽剂)掩蔽干扰离子，从而能够更准确地滴定待测离子。例如，测定 Al^{3+} 和 Zn^{2+} 共存溶液中的 Zn^{2+} 时，可加入 NH_4F 与干扰离子 Al^{3+} 形成十分稳定的AlF_6^{3-}，从而消除了 Al^{3+} 的干扰，调节溶液 pH=5～6，用 EDTA 标准溶液滴定 Zn^{2+} 离子。又如测定水中 Ca^{2+}、Mg^{2+} 总量(即水的总硬度)时，Fe^{3+}、Al^{3+} 的存在对测定有干扰，采用在酸性条件下加入三乙醇胺，使之与 Fe^{3+}、Al^{3+} 生成更稳定的配合物，以消除其干扰，然后调节溶液 pH=10，用 EDTA 滴定 Ca^{2+}、Mg^{2+} 总量。常用的配位掩蔽剂见表 7-9。

表 7-9 常用的配位掩蔽剂

名 称	pH 范围	被掩蔽的离子	备 注
KCN	>8	Co^{2+}、Ni^{2+}、Cu^{2+}、Zn^{2+}、Hg^{2+}、Cd^{2+}、Ag^+、Tl^+ 及铂系元素	剧毒！须在碱性溶液中使用
NH_4F	4～6 10	Al^{3+}、Ti(Ⅳ)、Sn^{4+}、Zn^{2+}、W(Ⅵ)等 Al^{3+}、Mg^{2+}、Ca^{2+}、Sr^{2+}、Ba^{2+} 及稀土元素	
三乙醇胺(TEA)	10 11～12	Al^{3+}、Ti(Ⅳ)、Sn^{4+}、Fe^{3+}、Al^{3+}、Fe^{3+} 及少量 Mn^{2+}	先在酸性溶液中加入三乙醇胺，再调 pH
二巯基丙醇	10	Bi^{3+}、Zn^{2+}、Hg^{2+}、Cd^{2+}、Ag^+、Pb^{2+}、As^{3+}、Sn^{4+} 及少量 Cu^{2+}、Fe^{3+}、Co^{2+}、Ni^{2+}	
铜试剂(DDTC)	10	能与 Hg^{2+}、Cu^{2+}、Cd^{2+}、Pb^{2+}、Bi^{3+} 生成沉淀，其中 Cu-DDTC 为褐色，Bi-DDTC 为黄色，故其存在量应少于 $2\mu g \cdot mL^{-1}$ 和 $10\mu g \cdot mL^{-1}$	

（续表）

名　称	pH 范围	被掩蔽的离子	备　　注
酒石酸	1.5～2	Sb^{3+}、Sn^{4+}	在抗坏血酸存在下
	5.5	Al^{3+}、Fe^{3+}、Sn^{4+}、Ca^{2+}	
	6～7.5	Cu^{2+}、Mg^{2+}、Al^{3+}、Fe^{3+}、Mo^{4+}	
	10	Sn^{4+}、Al^{3+}、Fe^{3+}	

在选择掩蔽剂时应注意如下几个问题。

①掩蔽剂与干扰离子形成的配合物应远比 EDTA 与干扰离子形成的配合物稳定，并且形成的配合物应为无色或浅色，不影响终点的判定。

②掩蔽剂与待测离子不发生配位反应，即使配位，其稳定性也应远小于 EDTA 与被测离子配合物的稳定性。

③掩蔽剂使用时的 pH 范围应符合滴定时所要求的 pH 范围。

(2)沉淀掩蔽法

利用掩蔽剂与干扰离子形成沉淀，使干扰离子的浓度降低以消除干扰的方法称为沉淀掩蔽法。在 Ca^{2+}、Mg^{2+} 共存溶液中，Mg^{2+} 干扰 Ca^{2+} 的测定，加入 NaOH 溶液至 pH>12，则 Mg^{2+} 形成 $Mg(OH)_2$ 沉淀，可在沉淀存在下，直接用 EDTA 滴定 Ca^{2+}。

沉淀掩蔽法要求所生成沉淀的溶解度要小，反应完全，否则掩蔽效果差。沉淀的颜色为无色或浅色，沉淀最好是晶形沉淀，吸附作用小。

由于有些沉淀反应进行得不够完全，造成掩蔽效率有时不高；共沉淀影响滴定的准确度；沉淀吸附指示剂影响终点观察；沉淀颜色深或体积庞大，妨碍终点观察。因此，沉淀掩蔽法不是一种理想的掩蔽方法，在实际工作中应用不广。

(3)氧化还原掩蔽法

利用氧化还原反应改变干扰离子的价态，使干扰离子浓度降低，从而消除其干扰的方法称为氧化还原掩蔽法。例如，对于锆铁矿中锆的滴定，由于 Zr^{4+} 和 Fe^{3+} 与 EDTA 形成的配合物的稳定常数相差不够大($\Delta\lg K<5$)，Fe^{3+} 干扰 Zr^{4+} 的测定，此时可加入盐酸羟胺或抗坏血酸(维生素 C)将 Fe^{3+} 还原成 Fe^{2+}，由于 $\lg K^{\ominus}_{FeY^{2-}}=14.33$ 远小于 $\lg K^{\ominus}_{FeY^{-}}=25.1$，故可消除 Fe^{3+} 的干扰。

有些干扰离子以高氧化态酸根离子存在时对测定不发生干扰，如将 Cr^{3+} 氧化为 $Cr_2O_7^{2-}$，可消除 Cr^{3+} 的干扰。

常用的还原剂有盐酸羟胺、抗坏血酸、联胺(H_2N-NH_2)、$Na_2S_2O_3$ 等，其中 $Na_2S_2O_3$ 又是配位剂；常用的氧化剂有 H_2O_2、$(NH_4)_2S_2O_8$ 等。

3. 解蔽法

在掩蔽的基础上，通过加入某种试剂破坏掩蔽所生成的配合物，使被掩蔽的离子重新释放出来，再对它进行测定，称为解蔽。例如，当 Zn^{2+} 和 Mg^{2+} 共存时，可先在 pH=10 的缓冲溶液中加入掩蔽剂 KCN，使 Zn^{2+} 形成配离子 $[Zn(CN)_4]^{2-}$ 而被掩蔽，用 EDTA 标准溶液滴定 Mg^{2+} 后，再加入甲醛破坏 $[Zn(CN)_4]^{2-}$，使 Zn^{2+} 被释放出来，然后用 EDTA 标准溶液继续滴定释放出来的 Zn^{2+}。解蔽反应式如下。

$$4HCHO+[Zn(CN)_4]^{2-}+4H_2O=Zn^{2+}+4H_2C(OH)CN+4OH^-$$

4. 化学分离法

当利用控制酸度分别滴定或掩蔽干扰离子等方法避免干扰都有困难时，只有进行分离。所谓分离即将被测离子从其他组分中分离出来。

分离的方法很多，这里只简要叙述有关配位滴定中必须进行分离的一些情况。例如，磷矿石中一般含有 Al^{3+}、Fe^{3+}、Ca^{2+}、Mg^{2+}、PO_4^{3-} 及 F^- 等，其中 F^- 的干扰最为严重，它能与 Al^{3+} 生成很稳定的配合物，在酸度低时又能与 Ca^{2+} 生成 CaF_2 沉淀。因此，在配位滴定中必须首先加酸，加热使 HF 挥发，以消除 F^- 的干扰。此外，在其他一些测定中，还必须进行沉淀分离。

5. 其他配位滴定剂的应用

目前除 EDTA 外，还有其他氨羧配位剂，它们与金属离子形成的配合物稳定性差别较大，故可以选择不同的配位剂进行滴定，以提高滴定的选择性。

(1)乙二胺四丙酸(EDTP)

EDTP 与金属离子形成的配合物的稳定性普遍比相应的 EDTA 配合物的差，但 Cu－EDTP 除外，其稳定性仍很高。EDTP 和 EDTA 与 Cu^{2+}、Zn^{2+}、Cd^{2+}、Mn^{2+}、Mg^{2+} 所形成的配合物的 $\lg K^{\ominus}$ 值见表 7－10。

表 7－10　EDTP 和 EDTA 配合物的 $\lg K^{\ominus}$ 值

$\lg K^{\ominus}$	Cu^{2+}	Zn^{2+}	Cd^{2+}	Mn^{2+}	Mg^{2+}
M－EDTP	15.4	7.8	6.0	4.7	1.8
M－EDTA	18.80	16.50	16.46	13.87	8.69

因此，在一定的 pH 下，用 EDTP 可直接滴定 Cu^{2+}，而 Zn^{2+}、Cd^{2+}、Mn^{2+} 与 Mg^{2+} 不干扰。

(2)乙二醇二乙醚二胺四乙酸(EGTA)

EGTA 和 EDTA 与 Mg^{2+}、Ca^{2+}、Sr^{2+}、Ba^{2+} 所形成的配合物的 $\lg K^{\ominus}$ 值见表 7－11。

表 7－11　EGTA 和 EDTA 配合物的 $\lg K^{\ominus}$ 值

$\lg K^{\ominus}$	Mg^{2+}	Ca^{2+}	Sr^{2+}	Ba^{2+}
M－EGTA	5.2	11.0	8.5	8.4
M－EDTA	8.69	10.69	8.73	7.86

可见，EGTA 与 Ca^{2+}、Mg^{2+} 形成的配合物稳定性相差较大，可在 Ca^{2+}、Mg^{2+} 共存时直接测 Ca^{2+}。

(3)环己烷二胺四乙酸(C_yDTA)

C_yDTA 与 Al^{3+} 的反应速率较快，在室温下可直接测定 Al^{3+}。

7.4.6　配位滴定的方法及应用

在配位滴定中，采用不同的滴定方式不但可以扩大配位滴定的应用范围，同时也可以提高配位滴定的选择性。常用的有直接滴定法、返滴定法、间接滴定法和置换滴定法四种。

1. 直接滴定法

直接滴定法是配位滴定中的基本方法，这种方法是将试样处理成溶液后，调至适宜的酸度，加入必要的其他试剂和指示剂，直接用 EDTA 标准溶液滴定。

采用直接滴定法时，必须满足下列条件。

(1)金属离子与 EDTA 的反应必须满足准确滴定的要求，即 $\lg c(M)K'_{MY} \geqslant 6$。

(2)配位反应的速度要快。

(3)应有变色敏锐的指示剂，并且没有封闭现象。

(4)在滴定条件下，被测金属离子不水解、不生成沉淀。

直接滴定法引入的误差较小，迅速方便。只要金属离子与 EDTA 的配位反应能满足直接滴定的要求，应尽可能地采用直接滴定法。但若有任何一种不符合以上条件的情况，都不宜采用直接滴定法。

实际上大多数金属离子都可以采用 EDTA 直接滴定，如用 EDTA 测定水中 Ca^{2+}、Mg^{2+} 总量(即水的总硬度)及 Ca^{2+}、Mg^{2+} 含量。Ca^{2+}、Mg^{2+} 总量测定的方法是在 pH=10 时，于水样中加入铬黑 T 指示剂，然后用 EDTA 标准溶液滴定。由于铬黑 T 与 Ca^{2+}、Mg^{2+} 生成配合物的稳定次序为 MgIn>CaIn。可见加入铬黑 T 后，它首先与 Mg^{2+} 结合，生成红色的配合物(MgIn)。当滴入 EDTA 标准溶液时，首先与之配位的是游离的 Ca^{2+}，其次是游离的 Mg^{2+}，最后夺取与铬黑 T 配位的 Mg^{2+}，使铬黑 T 的阴离子游离出来，此时溶液由红色变为蓝色，从而指示终点的到达。由此测得的是 Ca^{2+}、Mg^{2+} 总量。另取同样量的水样，加入 NaOH 调节溶液酸度至 pH>12，此时 Mg^{2+} 生成 $Mg(OH)_2$ 沉淀被掩蔽，再加入少量钙指示剂，用 EDTA 标准溶液滴定 Ca^{2+} 至溶液由红色变为纯蓝色。由前后两次测定之差即得到镁含量。

表 7-12 列出了部分金属离子的 EDTA 直接滴定法示例。

表 7-12 部分金属离子的 EDTA 直接滴定法示例

金属离子	pH	指示剂	其他主要滴定条件	终点颜色变化
Bi^{3+}	1	二甲酚橙	介质	紫红→黄
Ca^{2+}	12～13	钙指示剂		酒红→蓝
Cd^{2+}、Fe^{2+}、Pb^{2+}、Zn^{2+}	5～6	二甲酚橙	六次甲基四胺	红紫→黄
Co^{2+}	5～6	二甲酚橙	六次甲基四胺，加热至 80℃	红紫→黄
Cd^{2+}、Mg^{2+}、Zn^{2+}	9～10	铬黑 T	氨性缓冲液	红→蓝
Cu^{2+}	2.5～10	PAN	加热或加乙醇	红→黄绿
Fe^{3+}	1.5～2.5	磺基水杨酸	加热	红紫→黄
Mn^{2+}	9～10	铬黑 T	氨性缓冲溶液、抗坏血酸、$NH_2OH \cdot HCl$ 或酒石酸	红→蓝
Ni^{2+}	9～10	紫脲酸胺	加热至 50～60℃	黄绿→紫红
Pb^{2+}	9～10	铬黑 T	氨性缓冲溶液，加酒石酸，并加热至于 40～70℃	红蓝
Th^{2+}	1.7～3.5	二甲酚橙	介质	紫红→黄

2. 返滴定法

返滴定法是在适当的酸度下，在试液中准确加入过量的 EDTA 标准溶液，使待测离子 M 与 EDTA 完全配位，然后调节溶液的 pH，加入指示剂，以其他金属离子标准溶液返滴定过量的 EDTA。

返滴定法适用于下列情况。

(1)被测离子与 EDTA 反应速度缓慢。

(2)被测离子在滴定的 pH 下会发生水解，影响测定，又找不到合适的辅助配位剂。

(3)被测离子(如 Al^{3+}、Cr^{3+} 等)对指示剂有封闭作用，并又找不到合适的指示剂。

例如，Al^{3+} 与 EDTA 的配位反应速度缓慢，并且对二甲酚橙指示剂有封闭作用，并且 Al^{3+} 还易发生水解生成多核羟基配合物，因此 Al^{3+} 不能用直接滴定法。用返滴定法测定 Al^{3+} 时，先在试液中准确加入过量的 EDTA 标准溶液，调节 pH≈3.5(防止 Al^{3+} 水解)，煮沸以加速 Al^{3+} 与 EDTA 的反应，以保证 Al^{3+} 与 EDTA 完全配位。冷却后，用六次甲基四胺调节 pH 至 5～6，以二甲酚橙为指示剂(此时 Al^{3+} 已形成 AlY，不再封闭指示剂)，用 Zn^{2+} 标准溶液返滴定过量的 EDTA 以测得铝的含量。

3. 间接滴定法

待测金属离子(如 K^+ 等)与 EDTA 的配合物稳定性差，或者待测非金属离子(如SO_4^{2-}、PO_4^{3-} 等)不与 EDTA 反应，这时可采用间接滴定法测定。间接滴定法是准确加入过量的能与 EDTA 形成稳定配合物的金属离子作沉淀剂，沉淀待测离子，过量的沉淀剂再用 EDTA 滴定，或将沉淀分离、溶解，再用 EDTA 滴定其中的金属离子。

例如，SO_4^{2-} 不能与 EDTA 直接配位，故采用间接滴定法。在试液中先准确加入过量的 $BaCl_2$ 溶液，使SO_4^{2-} 与 Ba^{2+} 生成 $BaSO_4$ 沉淀，再用 EDTA 标准溶液滴定剩余的 Ba^{2+}，从而间接测定试样中SO_4^{2-} 的含量。又如，K^+ 与 EDTA 的配合物稳定性差，可用亚硝酸钴钠作为沉淀剂，生成 $K_2NaCo(NO_2)_6 \cdot 6H_2O$ 沉淀，将沉淀过滤溶解后，再用 EDTA 标准溶液滴定其中的 Co^{2+}，可间接测出 K^+ 的含量。此法可用于测定血清、红血球和尿中的 K^+ 的含量。

一般间接滴定法手续较烦琐，引入误差的机会较多，不是一种很好的分析测定的方法。

4. 置换滴定法

当待测金属离子与 EDTA 形成的配合物不够稳定或被测试液中存在干扰离子时可采用置换滴定法。置换滴定法是利用置换反应，定量置换出金属离子或 EDTA，然后用 EDTA 标准溶液或其他金属离子标准溶液进行滴定。

(1)置换出金属离子

当待测金属离子与 EDTA 形成的配合物不够稳定时，使被测金属离子 M 置换出另一配合物 NL 中的 N 离子，再用 EDTA 标准溶液滴定 N 离子，从而求得 M 离子的含量。例如，Ag^+ 与 EDTA 的配合物不够稳定，不能用 EDTA 直接滴定，此时可采用置换滴定法进行测定。在含 Ag^+ 的试液中加入过量的 $[Ni(CN)_4]^{2-}$ 溶液，反应完成后，在 pH=10 的氨性缓冲溶液中，以紫脲酸铵为指示剂，用 EDTA 标准溶液滴定置换出来的 Ni^{2+}，根据 Ag^+ 和 Ni^{2+} 的换算关系，即可求得 Ag^+ 的含量。反应式如下。

$$2Ag^+ + [Ni(CN)_4]^{2-} \rightleftharpoons 2[Ag(CN)_2]^- + Ni^{2+}$$

$$Ni^{2+} + H_2Y^{2-} \rightleftharpoons NiY^{2-} + 2H^+$$

(2)置换出 EDTA

被测试液中存在干扰离子时，将被测离子 M 及干扰离子先与 EDTA 完全反应，然后加入另一种选择性高的配位剂 L，以夺取已与 EDTA 配位的被测离子 M，而释放出与被测离子 M 等物质的量的 EDTA，再用金属离子标准溶液滴定释放出来的 EDTA，即可测得 M 的含量。例如，测定锡合金中的 Sn 时，可于试液中加入过量的 EDTA 标准溶液，将可能存在的 Pb^{2+}、Zn^{2+}、Cd^{2+}、Bi^{3+} 等及 Sn^{4+} 一起与 EDTA 完全反应。在 pH=5～6 时，以二甲酚橙作为指示剂，用 Zn^{2+} 标准溶液滴定以除去剩余的 EDTA。在返滴定至终点后，加入 NH_4F，F^- 选择性地将 SnY 中的 EDTA 释放出来，再用 Zn^{2+} 标准溶液滴定释放出来的 EDTA，即可求得 Sn^{4+} 的含量。Al^{3+}(含 Cu^{2+}、Zn^{2+}、Pb^{2+} 等)的测定也常用此法。

置换滴定法不仅能扩大配位滴定法的应用范围，还可以提高配位滴定法的选择性。

7.4.7 EDTA 标准溶液的配制与标定

乙二胺四乙酸在水中溶解度较小，实际工作中，通常用它的二钠盐($Na_2H_2Y \cdot 2H_2O$)配制标准溶液，它在水中的溶解度较大，也称 EDTA。乙二胺四乙酸二钠盐经提纯后可作为基准物质，可直接配制标准溶液。由于水和其他试剂中常含有金属离子，所以实验室中使用的 EDTA 标准溶液的配制通常采用间接法。常用的 EDTA 标准溶液的浓度为 0.01～0.05mol·L^{-1}。

1. EDTA 标准溶液的配制

(1)配制方法

粗称一定量的 $Na_2H_2Y \cdot 2H_2O$ 于烧杯中，用适量蒸馏水溶解(必要时可加热)，溶解后稀释至所需体积，并充分混匀，转移至试剂瓶中待标定。

(2)蒸馏水质量

在配位滴定中，使用的蒸馏水质量(符合 GB 6682—2008 中分析实验室用水规格)至关重要。若配制溶液用的蒸馏水中含有 Al^{3+}、Fe^{3+}、Cu^{2+} 等，会使指示剂封闭，使终点难以判断；若蒸馏水中含有 Ca^{2+}、Mg^{2+}、Pb^{2+} 等，在滴定中可能会消耗一定量的 EDTA，对测定结果产生影响。因此，配制 EDTA 标准溶液常用二次蒸馏水或去离子水。

(3)储存方法

EDTA 标准溶液应当储存在聚乙烯塑料瓶或硬质玻璃瓶中。若储存在软质玻璃瓶中，EDTA 会不断地溶解玻璃中的某些金属离子，如 Ca^{2+}、Mg^{2+} 等，从而使浓度不断降低。

2. EDTA 标准溶液的标定

用于标定 EDTA 标准溶液的基准物质有很多，如纯金属(纯度在 99.99%以上)Bi、Cd、Cu、Zn、Mg、Ni、Pb 等，又如金属氧化物或其盐类 Bi_2O_3、$CaCO_3$、MgO、$MgSO_4 \cdot 7H_2O$、ZnO、$ZnSO_4$ 等。

金属表面若有一层氧化膜，应先用酸洗去，再用水或乙醇洗涤，并在 105℃烘干数分钟后再称量。金属氧化物或其盐类在使用前应预先处理，如 $CaCO_3$ 应在 105℃烘箱中烘 2h，冷却后称量，以 1∶1 HCl 溶解。

值得注意的是，为了使测定结果具有较高的准确度，标定条件应与测定条件尽量接近，在可能的情况下，最好选用被测元素的纯金属或化合物为基准物质，这样可减少系统误差。这是因为不同金属离子与 EDTA 反应完全的程度不同；不同指示剂的变色点不同；

不同条件下溶液中存在的杂质离子的干扰情况不同。

【例 7.10】设计简要方案，不经分离测定下列混合物中各组分的含量。

(1) Zn^{2+}、Mg^{2+} 混合液中两者的含量（用三种方法）。

(2) Bi^{3+}、Al^{3+}、Pb^{2+} 混合液中三者各自的含量。

(1)方法一

$$\begin{matrix}Zn^{2+}\\Mg^{2+}\end{matrix}\xrightarrow[\text{KCN}]{\text{pH=10，氨缓冲溶液}}\xrightarrow[\text{铬黑 T}]{\text{EDTA 标准溶液}}\begin{matrix}[Zn(CN)_4]^{2-}\\MgY\\\text{测 Mg}\end{matrix}\xrightarrow{\text{HCHO}}Zn^{2+}\xrightarrow{\text{EDTA 标准溶液}}\begin{matrix}ZnY\\ \\\text{测 Zn}\end{matrix}$$

方法二

$$\begin{matrix}Zn^{2+}\\Mg^{2+}\end{matrix}\xrightarrow[\text{铬黑 T}]{\text{pH=10，氨缓冲液}}\xrightarrow{\text{EDTA 标准溶液}}\begin{matrix}ZnY\\MgY\\\text{测 Zn+Mg}\end{matrix}\xrightarrow{\text{KCN}}[Zn(CN)_4]^{2-}+Y\xrightarrow{Mg^{2+}\text{标准溶液}}\begin{matrix}MgY\\ \\\text{测 Zn}\end{matrix}$$

方法三

取两份试液，试液一：

$$\begin{matrix}Zn^{2+}\\Mg^{2+}\end{matrix}\xrightarrow[\text{XO}]{\text{pH=5.5，HAc—Ac}^-\text{缓冲溶液}}\xrightarrow{\text{EDTA 标准溶液}}\begin{matrix}ZnY\\Mg^{2+}\\\text{测 Zn}\end{matrix}$$

试液二：方法二的第一步，测 Zn、Mg 总量。

(2)

$$\begin{matrix}Bi^{3+}\\Al^{3+}\\Pb^{2+}\end{matrix}\xrightarrow[\text{XO}]{\text{pH=1}}\xrightarrow{\text{EDTA}}\begin{matrix}BiY\\Al^{3+}\\Pb^{2+}\\\text{测 Bi}\end{matrix}\xrightarrow[\text{煮沸}]{\text{过量 EDTA}}\xrightarrow[Zn^{2+}\text{标准溶液返滴定}]{\text{冷却，pH=5～6}}\begin{matrix}BiY\\AlY\\PbY\\\text{测 Al+Pb}\end{matrix}\xrightarrow[\triangle]{NH_4F}\xrightarrow[Zn^{2+}\text{标准溶液}]{\text{冷却}}\begin{matrix}BiY\\{[AlF_6]^{3-}}\\PbY\\\text{测 Al}\end{matrix}$$

【例 7.11】某含锌和铝的试样 0.1234g，溶解后，调节 pH＝3.5，加入 50.00 mL $0.02400mol\cdot L^{-1}$ 的 EDTA 溶液，并加热煮沸，冷却后，加入 HAc—NaAc 缓冲溶液，调节 pH＝5.5，以二甲酚橙为指示剂，用 $0.02000mol\cdot L^{-1}$ 锌标准溶液滴定至红色，用去 8.08mL。加足量 NH_4F，煮沸，再用上述锌标准溶液滴定，用去 21.30mL。计算试液中锌和铝的质量分数。

解：题中第一步加入了过量的 EDTA 溶液，锌和铝完全反应生成 ZnY 和 AlY，然后用锌标准溶液回滴，此时消耗锌标准溶液的是前面反应剩余的 EDTA 溶液。这样，就知道了锌和铝的总量。

$$n(Zn)+n(Al)=(0.02400\times50.00-0.02000\times8.08)\times10^{-3}\ mol=1.0384\times10^{-3}mol$$

第二步，加 NH_4F，F^- 是铝的掩蔽剂，生成 $[AlF_6]^{3-}$，此时，原来与铝生成 AlY 的 EDTA 被释放出来，用锌标准溶液滴定，测出的是 AlY 的 Y 的量，即 Al 的量。所以

$$w(Al)=\frac{0.02000\times21.30\times10^{-3}\times26.98}{0.1234}\times100\%=9.31\%$$

$$w(Zn)=\frac{(1.0384\times10^{-3}-0.02000\times21.30\times10^{-3})\times65.409}{0.1234}\times100\%=32.46\%$$

【例 7.12】若配制 EDTA 溶液的水中含有 Pb^{2+} 和 Ca^{2+}，判断下列情况对测定结果的影响。

(1)以 $CaCO_3$ 为基准物质标定 EDTA，用此 EDTA 溶液滴定溶液中 Zn^{2+}，以二甲酚橙

为指示剂。

(2)以 Zn^{2+} 为基准物质，二甲酚橙为指示剂，标定 EDTA，用此 EDTA 溶液滴定溶液中 Ca^{2+}。

(3)以 Zn^{2+} 为基准物质，铬黑 T 为指示剂，标定 EDTA，用此 EDTA 溶液滴定溶液中 Ca^{2+}。

解析：先查阅一些相关数据：根据酸效应曲线：滴定 Pb^{2+}、Ca^{2+} 及 Zn^{2+} 的最低 pH 依次为：3.5、7.5 和 4 左右，指示剂使用的 pH 范围：二甲酚橙（XO）<6.3，铬黑 T 为 8～11。

若配制 EDTA 溶液的水中含有 Pb^{2+} 和 Ca^{2+}，可以把溶液中的 EDTA 分为三部分，Y_1、Y_2 和 Y_3，Y_1 是可能会和水中 Pb^{2+} 结合生成 PbY 的那部分 EDTA，而滴定 Pb^{2+} 的最低 pH 是 3.5，表示当 pH $\geqslant 3.5$ 时，Pb^{2+} 会和 Y_1 形成稳定的 PbY，如果题中滴定时的 pH $\geqslant 3.5$，那么 Y_1 已经变成 PbY，不可能再参加待测离子的滴定。同样，Y_2 是可能会和水中 Ca^{2+} 结合生成 CaY 的那部分 EDTA，Y_3 就是剩余的部分。

(1)以 $CaCO_3$ 为基准物质标定 EDTA，滴定 Ca^{2+} 的最低 pH 是 7.5，所以，标定时溶液的 pH $\geqslant 7.5$，此时 Y_1 已经变成 PbY，Y_2 也变成 CaY，都不参与标定，故标定结果 EDTA 的浓度是 Y_3。

用此 EDTA 溶液滴定溶液中 Zn^{2+} 时，pH $\geqslant 4$，以二甲酚橙为指示剂，pH<6.3，此时，溶液的 pH 在 4～6.3 之间，EDTA 的实际浓度是 Y_2+Y_3。c（实际）$>c$（标定），所以测定结果 c（Zn^{2+}）偏低。

(2)以 Zn^{2+} 为基准物质，二甲酚橙为指示剂，标定 EDTA，标定时溶液的 pH 应该在 4～6.3 之间，此时 Y_1 变成 PbY，Y_2 没有和 Ca^{2+} 形成稳定的配合物，EDTA 的标定浓度是 Y_2+Y_3。

滴定 Ca^{2+} 时，pH $\geqslant 7.5$，EDTA 的实际浓度是 Y_3。c（实际）$<c$（标定），c（Ca^{2+}）偏高。

(3)以 Zn^{2+} 为基准物质，铬黑 T 为指示剂，标定 EDTA，标定时溶液的 pH 应该在 8～11 之间，显然，EDTA 的标定浓度是 Y_3。

滴定 Ca^{2+} 时，pH$\geqslant 7.5$，EDTA 的实际浓度是 Y_3。c（实际）$=c$（标定），水中含有 Pb^{2+} 和 Ca^{2+}，对测定结果无影响。

所以，在配位滴定法中，要尽可能做到标定的 pH 条件与测定的 pH 条件一致，以消除水中杂质离子的影响。

配合物的应用

随着科学技术的发展，配合物在科学研究和生产实践中显示出越来越重要的作用，在许多领域已得到广泛应用。

1. 化学领域中的应用

在分析化学中，常用形成配合物的方法来检验金属离子，分离物质，测定某些组分的含量。

一些配位剂与金属离子的反应具有很高的灵敏性和选择性，并且能生成具有特征颜色的配合物，因而常用作鉴定某种离子的特效试剂。例如，丁二酮肟在弱碱性介质中与 Ni^{2+} 生成红色螯合物沉淀，既可用于定性鉴定 Ni^{2+}，又可用于重量分析法测定 Ni^{2+} 含量；在 Fe^{3+} 溶液中加入 KSCN，生成血红色 $[Fe(SCN)_n]^{3-n}$，可鉴定 Fe^{3+} 的存在。分光光度法中，配位剂常作为显色剂，如邻二氮菲与亚铁离子 (Fe^{2+}) 形成稳定的橙红色的邻二氮菲亚铁离子，可通过分光光度法来测定微量铁。

利用配位反应也可分离某些离子，如在 Cu^{2+}、Fe^{3+}、Fe^{2+}、Al^{3+} 溶液中加入氨水，Cu^{2+} 可生成可溶性的 $[Cu(NH_3)_4]^{2+}$ 配离子留在溶液中，而 Fe^{3+}、Fe^{2+}、Al^{3+} 等生成氢氧化物沉淀，这样就可将 Cu^{2+} 与其他离子分离开来。

2. 工业领域中的应用

工业上常用磷酸盐来处理锅炉用水，由于它能与水中的 Ca^{2+}、Mg^{2+} 形成稳定的、可溶性的配离子，可防止 Ca^{2+}、Mg^{2+} 与 $SO_4{}^{2-}$ 或 $CO_3{}^{2-}$ 结合成难溶盐沉积在锅炉内壁形成锅垢。

电镀工业上，为了得到良好的镀层，常在电镀液中加入适当的配位剂，使金属离子转化为较难还原的配离子，减慢金属晶体的形成速率，从而得到光滑、均匀、附着力好的镀层。电镀工业以前使用的配位剂主要是氰化物，由于其毒性大、污染严重，现在更多采用无氰电镀。例如，常采用氨三乙酸-氯化铵电镀液镀锌，采用焦磷酸钾和柠檬酸钠作为配位剂镀锡，采用焦磷酸钾作为配位剂镀铜。

冶金工业上，如利用 Au 在含氧的氰化物溶液中被氧化成水溶性 $[Au(CN)_2]^-$，将 Au 直接从金矿中浸取出来，然后在浸出液中加入锌粉即可还原出金。

$$4Au+8NaCN+O_2+2H_2O=4Na[Au(CN)_2]+4NaOH$$

$$Zn+2Na[Au(CN)_2]=2Au+Na_2[Zn(CN)_4]$$

由于氰化物具有剧毒性，易污染环境，因此对于含氰化物的废水等污染必须加以处理。工业上可加入 $FeSO_4$ 使之生成无毒物质，反应式为

$$3FeSO_4+6NaCN=Fe_2[Fe(CN)_6]+3Na_2SO_4$$

3. 生物科学和医学领域中的应用

生命体中存在许多金属配合物，它们对生命的各种代谢活动、能量转换和传递、O_2 的输送等都起着重要的作用。例如，以 Fe^{2+} 为中心的卟啉配合物血红素能输送 O_2，而煤气中毒是因为血红素中的 Fe^{2+} 与 CO 生成了更稳定的配合物而失去了运输 O_2 的功能；维生素 B_{12} 是钴的配合物，它参与蛋白质和核酸的合成，是造血过程的生物催化剂，缺乏时会引起恶性贫血症；植物的光合作用离不开叶绿素，而叶绿素就是以 Mg^{2+} 为中心的大环配合物，缺镁时光合作用不能正常进行，无法将太阳能转变为化学能；能固定空气中 N_2 的植物固氮酶是铁和钼蛋白质配合物。

医学上，常利用配位反应治疗疾病，如风湿性关节炎与局部铜离子缺乏有关。用阿司匹林治疗风湿性关节炎就是把体内结合的铜生成低分子量的中性铜配合物，然后透过细胞膜运载到风湿病变处而起治疗作用。但阿司匹林会与胃壁的 Cu^{2+} 螯合而引起胃出血。若改用阿司匹林的铜配合物，则疗效提高，即使剂量较大也不会引起胃出血的副作用。EDTA 能与 Pb^{2+}、Hg^{2+} 形成稳定的、可溶于水的且不被人体吸收的螯合物并随新陈代谢排除体外，达到缓解 Hg^{2+}、Pb^{2+} 中毒的目的。许多金属配合物还具有杀菌、抗癌的作用，如 $[PtCl_2(NH_3)_2]$（简称顺铂）已用于临床抗癌药物。

习　题

7.1 写出下列各配合物或配离子的化学式。

六氰合铁(Ⅲ)酸钾　二硫代硫酸根合银(Ⅰ)酸钾　四异硫氰酸根合钴(Ⅲ)酸铵　四硫氰酸根·二氨合钴(Ⅲ)酸铵　二氰合银(Ⅰ)离子　二羟基·四水合铝(Ⅲ)离子

7.2 命名下列配合物或配离子。

$Ni(CO)_4$　$Li[AlH_4]$　$[Co(en)_3]Cl_3$　$K_2[Pt(SCN)_6]$　$[CrBr_2(H_2O)_4]Br\cdot 2H_2O$

$[Ir(ONO)(NH_3)_5]Cl_2$　$[Co(NO_2)_6]^{3-}$　$[CoCl(NO_2)(NH_3)_4]^+$

7.3 指出表7-13中的配离子的形成体、配体、配位原子及形成体的配位数。

表7-13　习题7.3所涉及表格

配离子	形成体	配体	配体原子	配位数
$K_3[Co(ONO)_6]$				
$[Al(OH)_4]^-$				
$[Fe(OH)_2(H_2O)_4]^+$				
$[PtCl(NO_2)(NH_3)_4]SO_4$				

7.4 $AgNO_3$能从化学式为$Pt(NH_3)_6Cl_4$的溶液中将所有的氯沉淀为氯化银，但是在化学式为$Pt(NH_3)_3Cl_4$的溶液中只能沉淀1/4的氯，试根据这些事实写出这两种配合物的结构式。

7.5 用价键理论说明下列配离子的键型(外轨型或内轨型)和几何构型。

$[Co(NH_3)_6]^{2+}$　　$[Co(CN)_6]^{3-}$

7.6 计算Mn(Ⅲ)离子在正八面体弱场和正八面体强场中的晶体场稳定化能(CFSE)。

7.7 通过计算反应的平衡常数，说明下列反应能否进行。

(1)$[HgI_4]^{2-}+4CN^- \rightleftharpoons [Hg(CN)_4]^{2-}+4I^-$。

(2)$[Cu(NH_3)_4]^{2+}+4Cl^- \rightleftharpoons [CuCl_4]^{2-}+4NH_3$。

已知$\lg\beta_4[HgI_4]^{2-}=29.8$，$\lg\beta_4[Hg(CN)_4]^{2-}=41.5$，$\lg\beta_4[CuCl_4]^{2-}=5.6$，$\lg\beta_4[Cu(NH_3)_4]^{2+}=12.59$。

7.8 室温下，0.010mol的$Cu(NO_3)_2$溶于1.0L乙二胺溶液中，生成$[Cu(en)_2]^{2+}$，由实验测得平衡时乙二胺的浓度为$0.054\ mol\cdot L^{-1}$，求溶液中Cu^{2+}和$[Cu(en)_2]^{2+}$的浓度。已知$\lg\beta_2[Cu(en)_2]^{2+}=19.60$。

7.9 0.1g固体AgBr能否完全溶解于100mL $1\ mol\cdot L^{-1}$的氨水中？

7.10 将$0.30\ mol\cdot L^{-1}$ $[Cu(NH_3)_4]^{2+}$溶液与含有NH_3和NH_4Cl(浓度都为$0.20mol\cdot L^{-1}$)的溶液等体积混合，通过计算说明是否有$Cu(OH)_2$沉淀生成。

7.11 计算pH=5.0时EDTA的酸效应系数$\alpha_{Y(H)}$。若此时EDTA各种存在型体的总浓度为$0.010mol\cdot L^{-1}$，则$[Y^{4-}]$为多少？

7.12 在pH=10.0时的氨性缓冲溶液中，已知$[NH_3]=0.10mol\cdot L^{-1}$，若用$0.010mol\cdot L^{-1}$的EDTA滴定25.00mL $0.010mol\cdot L^{-1}$的Zn^{2+}溶液。计算滴定前溶液中游离Zn^{2+}的浓度。

7.13 计算：①pH=3时的$\lg K'(ZnY)$；②pH=5时的$\lg K'(AlY)$。

7.14 已知Ni^{2+}的氨性溶液中$c(NH_3)=0.1mol\cdot L^{-1}$，$c(NH_4^+)=0.1mol\cdot L^{-1}$，求$\lg K'(NiY)$。

7.15 计算在pH=7和pH=12的介质中能否用$0.010\ mol\cdot L^{-1}$的EDTA滴定$0.010mol\cdot L^{-1}$的Ca^{2+}？求出滴定Ca^{2+}的最低pH。

7.16 假设Mg^{2+}和EDTA的浓度皆为$0.010\ mol\cdot L^{-1}$，问在pH=6时，Mg与EDTA配合物的条件稳定常数是多少(不考虑羟基配位效应等副反应)？并说明在此pH下能否用EDTA标准液准确滴定Mg^{2+}？如不能，求其允许的最低pH。

7.17 配位滴定为什么要控制pH？如何控制？

7.18 在pH=12时，用$0.010\ mol\cdot L^{-1}$ EDTA标准溶液滴定20.00mL的$0.010\ mol\cdot L^{-1}Ca^{2+}$溶液，计算下列情况下的pCa。

(1)滴定前。

(2)消耗19.98mL EDTA溶液时。

(3)消耗 20.00mL EDTA 溶液时。

(4)消耗 20.02mL EDTA 溶液时。

7.19 通过计算说明能否利用控制酸度的方法用 EDTA 标准溶液分别滴定等浓度($0.010\ mol \cdot L^{-1}$)的 Bi^{3+}、Zn^{2+}、Mg^{2+}?

7.20 用 EDTA 滴定溶液中的 Ca^{2+}、Mg^{2+} 时，为什么可以用三乙醇胺、KCN 掩蔽 Fe^{3+}，而不使用盐酸羟胺和抗坏血酸？在 pH=1 时滴定 Bi^{3+}，为什么可采用盐酸羟胺或抗坏血酸掩蔽 Fe^{3+}，而不能用三乙醇胺和 KCN? KCN 严禁在 pH<6 的溶液中使用，为什么？

7.21 称取基准物 0.2510g $CaCO_3$ 标定 EDTA 标准溶液的浓度，溶解后用容量瓶配成 250.0mL 溶液，移取 25.00mL 该溶液，在 pH>12 时，以钙指示剂指示终点，用去 EDTA 溶液 23.86mL。试计算：①EDTA 标准溶液的浓度；②EDTA 对 ZnO 和 Fe_2O_3 的滴定度。

7.22 用 $0.01060\ mol \cdot L^{-1}$ EDTA 标准溶液测定水中钙和镁的含量，移取 100.0mL 水样，以铬黑 T 为指示剂，在 pH=10 时滴定，消耗 EDTA 标准溶液 31.30mL。另取一份 100.0 mL 同一水样，加入 NaOH 溶液使 pH>12，此时 Mg^{2+} 生成 $Mg(OH)_2$ 沉淀，以钙指示剂指示终点，用去 EDTA 标准溶液 19.20mL。试计算：①水的总硬度(以 $CaCO_3/mg \cdot L^{-1}$ 表示)；②水中钙和镁的含量(分别以 $CaCO_3/mg \cdot L^{-1}$ 和 $MgCO_3/mg \cdot L^{-1}$ 表示)。

7.23 称取 0.2637 g 氯化锌试样，溶于水后，调 pH=5～6 时，以二甲酚橙为指示剂，用 $0.01041\ mol \cdot L^{-1}$ EDTA 标准溶液滴定，消耗 21.69mL EDTA 溶液，试计算试样中氯化锌的质量分数。

7.24 称取铜锌镁合金 0.5000g，溶解后配成 100.0mL 试液。移取 25.00mL 该试液，调至 pH=6.0，以 PAN 为指示剂，用 $0.05000\ mol \cdot L^{-1}$ EDTA 标准溶液滴定 Cu^{2+} 和 Zn^{2+}，耗去 37.30 mL。另取 25.00 mL 试液，调至 pH=10.0，加 KCN 掩蔽 Cu^{2+} 和 Zn^{2+} 后，用 $0.05000\ mol \cdot L^{-1}$ EDTA 溶液滴定 Mg^{2+}，耗去 4.10 mL。然后滴加甲醛解蔽 Zn^{2+}，又用去上述 EDTA 溶液 13.40 mL 滴至终点。计算试样中铜、锌、镁的质量分数。

7.25 称取 0.2036 g 含 Fe_2O_3 和 Al_2O_3 的试样，溶解后，在 pH=2.0 时，以磺基水杨酸为指示剂，加热至 50℃左右，用 $0.02081\ mol \cdot L^{-1}$ 的 EDTA 溶液滴定至红色消失，消耗 EDTA 溶液 20.58mL。然后加入上述 EDTA 溶液 25.00 mL，加热煮沸，调节 pH=4.5，以 PAN 为指示剂，趁热用 $0.01993\ mol \cdot L^{-1}$ Cu^{2+} 标准溶液返滴定，用去 10.03 mL。计算试样中 Fe_2O_3 和 Al_2O_3 的质量分数。

7.26 称取 0.5810 g 煤试样，熔融并使其中硫完全氧化成 SO_4^{2-}，溶解并除去重金属离子后加入 $0.05000\ mol \cdot L^{-1}$ $BaCl_2$ 标准溶液 25.00 mL，使 SO_4^{2-} 生成 $BaSO_4$ 沉淀。过量的 Ba^{2+} 用 $0.02500\ mol \cdot L^{-1}$ EDTA 标准溶液滴定，用去 25.65 mL。计算试样中硫的质量分数。

7.27 称取含磷试样 0.1000 g，处理成试液，并把磷沉淀为 $MgNH_4PO_4$，将沉淀过滤、洗涤后再溶解，并调节溶液的 pH=10，以铬黑 T 为指示剂，用 $0.01000\ mol \cdot L^{-1}$ EDTA 标准溶液滴定 Mg^{2+}，消耗 20.00 mL，求试样中 P 和 P_2O_5 的质量分数。

7.28 称取锡青铜(含 Sn、Cu、Zn、Pb)试样 0.2000g，处理成溶液，加入过量的 EDTA 标准溶液，使其中所有金属离子与 EDTA 完全反应，在 pH=5～6 时，以二甲酚橙为指示剂，用 $Zn(Ac)_2$ 标准溶液进行回滴多余的 EDTA。然后往上述溶液中加入少许 NH_4F，使 SnY 转化为更稳定的 SnF_6^{2-}，同时释放出与 Sn^{4+} 结合的 EDTA，被置换出来的 EDTA 用 $0.01005\ mol \cdot L^{-1}$ $Zn(Ac)_2$ 标准溶液滴定，消耗 $Zn(Ac)_2$ 标准溶液 21.32mL，计算锡青铜合金中锡的含量。

7.29 称取 0.5000g 黏土试样，用碱熔后，分离除去 SiO_2，用容量瓶配成 250.0mL 溶液。吸取该溶液 100.0mL，在 pH=2～2.5 的热溶液中用磺基水杨酸作为指示剂，用 $0.02000\ mol \cdot L^{-1}$ EDTA 溶液滴定 Fe^{3+}，用去 7.20mL。滴定完 Fe^{3+} 后的溶液在 pH=3 时加入过量 EDTA 溶液，煮沸后再调 pH=4～6，用 PAN 作为指示剂，用硫酸铜标准溶液(每毫升含 $CuSO_4 \cdot 5H_2O$ 为 0.005000 g)滴定至溶液呈紫红色。再加入 NH_4F，煮沸后用硫酸铜标准溶液滴定，用去 25.20mL。试计算黏土中 Fe_2O_3 和 Al_2O_3 的质量分数。

7.30 称取含锌、铝的试样 0.1200g，溶解后，调至 pH 为 3.5，加入 50.00mL 的 $0.02500\ mol \cdot L^{-1}$ EDTA 溶

液，加热煮沸，冷却后，加醋酸缓冲溶液调节 pH 为 5.5，以二甲酚橙为指示剂，用0.02000 $mol \cdot L^{-1}$ 锌标准溶液滴定至红色，用去 5.08 mL。加足量 NH_4F，煮沸，再用上述锌标准溶液滴定，耗去 20.70 mL。计算试样中锌、铝的质量分数。

7.31 若配制 EDFA 溶液的水中含 Ca^{2+}，判断下列情况对测定结果的影响如何。

(1)以 $CaCO_3$ 为基准物质标定 EDTA 溶液，用此 EDTA 溶液滴定试液中的 Zn^{2+}，以二甲酚橙作为指示剂。

(2)以二甲酚橙作为指示剂，金属锌作为基准物质标定 EDTA 溶液，用此 EDTA 溶液测定试液中的 Ca^{2+} 与 Mg^{2+} 的总量。

(3)以铬黑 T 作为指示剂，$CaCO_3$ 为基准物质标定 EDTA 溶液，用此 EDTA 溶液测定试液中 Ca^{2+} 与 Mg^{2+} 的总量。

第8章

电化学基础与氧化还原滴定法

(1)理解氧化数的概念；掌握配平氧化还原反应方程式的基本原则和一般步骤。

(2)理解电极电势和标准电极电势的含义及影响因素，了解原电池、条件电极电势等概念，理解能斯特方程的相关计算。

(3)掌握氧化还原反应的方向和次序的判断、氧化还原反应平衡常数的计算及元素电势图的意义及应用。

(4)了解氧化还原滴定法对反应的要求和氧化还原滴定曲线。

(5)理解氧化还原滴定中的指示剂；了解氧化还原滴定前的预处理；理解高锰酸钾法、重铬酸钾法及碘量法的原理和特点；掌握氧化还原滴定结果的计算。

根据反应过程中电子是否转移或得失，可将化学反应分为两类：一类是非氧化还原反应，前几章所讨论的酸碱反应、沉淀反应等大多属于此类，在这类反应中，反应物之间没有发生电子转移；另一类就是氧化还原反应，其实质是电子的得失和转移，这是一类普遍存在的化学反应，生物体内的代谢过程、化工生产等都涉及氧化还原反应。而电化学就是研究电解质中电流和氧化还原反应关系的一门科学。

8.1 氧化还原反应

8.1.1 氧化数

判断一个化学反应是否是氧化还原反应，可以不必研究反应物的结构，不必研究电子的得失或偏移等反应机理，直接用元素氧化数的变化进行判断。

1970年，IUPAC严格地定义了**氧化数**的概念：氧化数又称氧化值，是某元素一个原子的荷电数，这种荷电数是将每个键的成键电子指定给电负性较大的原子而求得的。

确定元素原子氧化数有下列原则。

(1)在离子型化合物中，元素的氧化数等于该离子所带的电荷数。

(2)在共价型化合物中，元素的氧化数为两个原子之间共用电子对的偏移数。在非极性共价键分子(单质)中，形成化学键时电子不发生转移或偏离，元素的氧化数为零。例如，F_2、P_4、S_8中F、P、S的氧化数都为零；在极性共价键分子中，元素的氧化数等于原子间共用电子对的偏移数，如$\overset{+1}{H}:\overset{-1}{Cl}$、$\overset{+1}{H}:\underset{(-2)}{\overset{-1\,-1}{S}}:\overset{+1}{H}$。

具体规定如下。

(1)单质的氧化数为零。

(2)在中性分子中，各元素原子的氧化数的代数和为零。

(3)单原子离子的氧化数等于它所带的电荷数，复杂离子的电荷数等于各元素氧化数的代数和。

(4)氢在化合物中的氧化数一般为+1，但在活泼金属的氢化物中为−1，如NaH、CaH_2、$LiAlH_4$。

(5)氧在化合物中的氧化数一般为−2，但有许多例外，在过氧化物中为−1，如H_2O_2、Na_2O_2；在超氧化物中为−1/2，如KO_2；在氧的氟化物O_2F_2中为+1，OF_2中为+2。

(6)氟在化合物中的氧化数为−1；碱金属和碱土金属在化合物中的氧化数一般为+1和+2。

化合价是指某元素的一个原子与一定数目的其他元素的原子相化合的性质，表示该原子结合几个其他元素原子的能力，反映其形成化学键的能力，因此化合价用整数表示元素原子的性质。而氧化数则是一个人为的经验性的概念，表示各元素在化合物中所处的化合状态，除了可以取整数、零之外，还可以取分数。化合价和氧化数有时相等，有时不等，如Fe_2O_3和Fe_3O_4中的Fe，前者的化合价和氧化数都是+3，而后者的化合价为+2和+3，氧化数为+8/3。

【例8.1】计算$Na_2S_2O_3$和$S_4O_6^{2-}$中S的氧化数。

解：已知Na的氧化数为+1，O的氧化数为−2，设S的氧化数为x。

$Na_2S_2O_3$：根据中性化合物中元素原子氧化数代数和等于零的规则可列出

$$(+1)\times 2+2x+(-2)\times 3=0 \qquad x=2$$

$S_4O_6^{2-}$：根据复杂离子中各元素氧化数代数和等于离子的总电荷数的规则可列出

$$4x+(-2)\times 6=-2 \qquad x=5/2$$

另外，在判断共价型化合物的氧化数时，注意不要与原子形成共价键的数目混淆。例如，在CH_4、C_2H_4、C_2H_2分子中C形成的共价键数目均为4，而氧化数则分别为−4、−2和−1。

8.1.2 氧化和还原

在氧化还原反应中，有些物质的氧化数升高，有些物质的氧化数降低。在一个反应中，氧化数升高的过程称为**氧化**，氧化数降低的过程称为**还原**。氧化过程和还原过程是同时发生的。

发生氧化反应的物质即氧化数升高的物质称为**还原剂**，还原剂使另一物质还原，而其本身在反应过程中被氧化，所以它的反应产物称为氧化产物；同样，发生还原反应的物质即氧化数降低的物质称为**氧化剂**，氧化剂使另一物质被氧化，其本身在反应过程中被还原，它的反应产物称为还原产物。例如

$$2K\overset{+7}{Mn}O_4 + 5H_2\overset{-1}{O_2} + 3H_2SO_4 = 2\overset{+2}{Mn}SO_4 + K_2SO_4 + 5\overset{0}{O_2}\uparrow + 8H_2O$$

氧化剂　　还原剂　　　　　还原产物　　　　氧化产物

在上面的反应中，Mn 的氧化数从 +7 降到 +2，所以 $KMnO_4$ 是氧化剂，它氧化 H_2O_2 为 O_2，自身被还原为 $MnSO_4$。O 的氧化数从 −1 升到 0，所以 H_2O_2 是还原剂，它将 $KMnO_4$ 还原为 $MnSO_4$，自身被氧化为 O_2。H_2SO_4 虽然也参加了反应，但 H_2SO_4 中各原子的氧化数都没有发生变化，只是该反应的介质。

如果氧化数的升高和降低都发生在同一种化合物中，即氧化剂和还原剂为同一种物质，这类反应称为**自身氧化还原反应**。例如

$$2KClO_3 = 2KCl + 3O_2$$

如果在自身氧化还原反应中，氧化数的升高和降低是同一元素，则称为**歧化反应**。例如

$$Cl_2 + H_2O = HClO + HCl$$

每个氧化还原反应方程式都可以拆成两个半反应式。例如反应

$$Zn + Cu^{2+} = Zn^{2+} + Cu$$

可拆成失电子的氧化半反应式和得电子的还原半反应式。

氧化反应：$Zn = Zn^{2+} + 2e^-$

还原反应：$Cu^{2+} + 2e^- = Cu$

同一元素不同氧化数的两个物质，即氧化剂和还原产物、还原剂和氧化产物是彼此依存、相互转化的，这种共轭的氧化还原体系称为**氧化还原电对**。

在氧化还原电对中，氧化数高的物质称为氧化型物质，氧化数低的物质称为还原型物质。电对用"氧化型/还原型"表示，如 MnO_4^-/Mn^{2+}、O_2/H_2O_2、Cu^{2+}/Cu 和 Zn^{2+}/Zn。一个电对代表一个半反应，半反应式可用通式表示。

$$\text{氧化型} + ne^- \rightleftharpoons \text{还原型}$$

每个氧化还原反应都是由两个半反应组成的，或者说，是两个(或两个以上)氧化还原电对共同作用的结果。电对中氧化型物质降低氧化数的趋势越强，即氧化能力就越强，则与它共轭的还原型物质升高氧化数的趋势就越弱，还原能力越弱。同理，还原型物质的还原能力越强，则其共轭的氧化型物质的氧化能力就越弱。氧化还原反应一般按较强的氧化剂和较强的还原剂相互作用的方向进行。

8.1.3 氧化还原反应方程式的配平

配平氧化还原反应方程式的方法常用的有氧化数法和离子-电子法两种。

1. 氧化数法

配平时，根据氧化还原反应中氧化数的增加量与降低量必须相等的原则，确定氧化剂

和还原剂化学式前面的系数，然后根据反应前后各元素原子总数相等的规则，借助于观察法配平其余的原子数目，其基本步骤如下。

(1)正确书写未配平的反应式，找出氧化数发生变化的元素，并将相关氧化数注明在元素符号的上方。例如

$$\overset{0}{P}_4+H\overset{+5}{Cl}O_3 \rightarrow H\overset{-1}{Cl}+H_3\overset{+5}{P}O_4$$

(2)计算氧化剂分子中所有原子的氧化数总降低值和还原剂分子中所有原子的氧化数的总升高值。

$$\begin{cases} 4P：4\times(+5-0)=+20 \\ Cl：-1-(+5)=-6 \end{cases}$$

(3)按最小公倍数的原则，将还原剂的氧化数升高值和氧化剂的氧化数降低值分别乘以适当的系数，使两者的绝对值相等，将系数分别写在还原剂和氧化剂的化学式前边，并配平氧化数有变化的元素原子个数。

20和6的最小公倍数为60，所以在P_4前面乘以3，在$HClO_3$前面乘以10，即

$$3P_4+10HClO_3 \rightarrow 12H_3PO_4+10HCl$$

(4)配平其他元素的原子数，必要时可根据反应条件加上适当数目的H^+、OH^-及水分子，两边各元素的原子数目相等后，把箭头改为等号。

在上式中，右边比左边多36个H原子和18个O原子，所以左边要添加18个H_2O分子，即

$$3P_4+10HClO_3+18H_2O=12H_3PO_4+10HCl$$

【例8.2】配平反应式：$As_2S_3+HNO_3 \rightarrow H_3AsO_4+H_2SO_4+NO$

$$解：\begin{cases} 2As：2\times(+5-3)=+4\cdots\cdots \\ 3S：3\times(+6-(-2))=+24\cdots \end{cases}\Big\}+28\times3 \\ N：+2-(+5)=-3\cdots\cdots\cdots\cdots\times28$$

所以

$$3As_2S_3+28HNO_3+4H_2O=6H_3AsO_4+9H_2SO_4+28NO$$

2. 离子-电子法

离子-电子法是根据氧化剂和还原剂得失电子总数相等的原则来配平的。先分别配平两个半反应方程式，然后按得失电子数相等的原则将两个半反应式相加，就得到配平的反应方程式。其基本步骤如下。

(1)正确书写未配平的离子方程式。例如

$$MnO_4^-+SO_3^{2-} \rightarrow Mn^{2+}+SO_4^{2-}$$

(2)将离子方程式分成两个半反应式，一个是氧化反应，另一个是还原反应。

$$MnO_4^- \rightarrow Mn^{2+} \qquad SO_3^{2-} \rightarrow SO_4^{2-}$$

(3)分别配平两个半反应式。配平时，可以根据介质的酸碱性，分别在半反应式中加H^+、OH^-和H_2O，使两边的氢和氧原子数相等。然后在半反应的左边或右边加上适当的电子数来配平电荷数，以使半反应两边的原子个数和电荷数相等。

MnO_4^-还原为Mn^{2+}时，要减少4个氧原子，为此可在反应式的左边加上8个H^+(因为反应在酸性介质中进行)，使减少的O原子变成H_2O。

$$MnO_4^-+8H^+ \rightarrow Mn^{2+}+4H_2O$$

上式中左边的净电荷数为+7，右边的净电荷数为+2，所以可确定得到5个电子，这样，两边的电荷数就相等了。

$$MnO_4^- + 8H^+ + 5e^- = Mn^{2+} + 4H_2O$$

在不同介质条件下配平半反应式时，如果两边氧原子的数目不同，可参照表8-1进行配平。

表8-1 不同介质条件下氢氧原子的配平

介质种类	反应物中	
	多一个氧原子[O]	少一个氧原子[O]
酸性介质	$+2H^+ \xrightarrow{结合[O]} +H_2O$	$+H_2O \xrightarrow{提供[O]} +2H^+$
碱性介质	$+H_2O \xrightarrow{结合[O]} +2OH^-$	$+2OH^- \xrightarrow{提供[O]} +H_2O$

配平时，酸性介质中的反应方程式里不应出现OH^-，碱性介质的反应里不应出现H^+。

用同样的方法配平另一个半反应，有

$$SO_3^{2-} + H_2O = SO_4^{2-} + 2H^+ + 2e^-$$

(4)氧化剂和还原剂得失电子数必须相等，将两个半反应式乘上相应的系数(由得失电子的最小公倍数确定)，然后两式相加，消去式中的电子，就可得到配平的离子反应方程式。

$$MnO_4^- + 8H^+ + 5e^- = Mn^{2+} + 4H_2O \qquad \times 2$$

$$+ \qquad SO_3^{2-} + H_2O = SO_4^{2-} + 2H^+ + 2e^- \qquad \times 5$$

$$2MnO_4^- + 6H^+ + 5SO_3^{2-} = 2Mn^{2+} + 5SO_4^{2-} + 3H_2O$$

氧化数法和离子电子法相比较，各有优缺点。氧化数法的优点是简单、快速、适用范围较广，不只限于水溶液中的反应，也适用于非水体系的氧化还原反应。而用离子-电子法配平时不需要知道元素的氧化数，配平时，不参与氧化还原反应的物种自然会配平，因此能反映出在水溶液中氧化还原反应的实质。但是，离子-电子法仅适用于配平水溶液中的反应。

8.2 电极电势

8.2.1 原电池

利用氧化还原反应，将化学能转变为电能的装置叫作**原电池**。原电池是由两个半电池组成的，在两个半电池上分别发生氧化和还原反应。

铜锌原电池如图8.1所示，左半边是Zn片插入$ZnSO_4$溶液中，右半边是Cu片插入$CuSO_4$溶液中，两溶液以盐桥①沟通，金属片之间用导线接通，并串联一个检流计。线路接通后，检流计的指针会立刻偏转，证明有电流通过。根据指针偏转方向可知，电流从Cu极流向Zn极，或者说，电子从Zn极流向Cu极。一段时间后，会发现Zn片慢慢溶

① 盐桥由饱和KCl溶液和琼脂装入U形管中制成，其作用是消除因溶液直接接触而形成的液接电势，沟通两个半电池，保持溶液的电荷平衡，使反应能持续进行。

解，变小变薄，Cu片上有金属铜析出，说明确实发生了电子的转移。

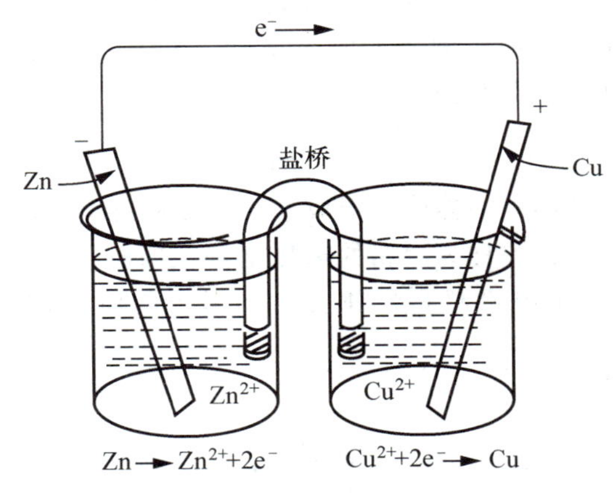

图 8.1 铜锌原电池

在原电池中，每个半电池称为一个**电极**，其中电子流出的电极称为**负极**，如Zn极，在该极上发生氧化反应；电子流入的电极为**正极**，如Cu极，正极上发生还原反应。所以在原电池中，电子总是从负极流向正极，和电流的方向恰好相反。将两电极反应合并，即得电池反应，如在Cu-Zn原电池中发生了如下反应。

负极(氧化反应)： $Zn \rightarrow Zn^{2+} + 2e^-$

正极(还原反应)： $Cu^{2+} + 2e^- \rightarrow Cu$

电池反应(氧化还原反应)： $Zn + Cu^{2+} = Zn^{2+} + Cu$

显然，铜锌原电池的电池反应与Zn置换Cu^{2+}的反应方程式是一样的。但在电池反应中，氧化剂(Cu^{2+})和还原剂(Zn)并不直接接触，氧化反应和还原反应分开同时进行，电子通过导线传递，而不是直接从还原剂转移给氧化剂，这就是原电池将化学能转变为电能的原因所在。而在置换反应中，化学能没有转变为电能，而是变成了热能释放出来。

为了应用方便，通常用电池符号来表示一个原电池的组成，如铜锌原电池可表示如下。

$$(-)Zn(s)|ZnSO_4(c_1)\|CuSO_4(c_2)|Cu(s)(+)$$

电池符号书写有如下规定：负极写左边，正极写右边，以“(−)、(+)”表示(正负号可省略)；用“|”表示相的界面，不存在界面时，用“,”表示；用“‖”表示盐桥；要注明物质的状态，气体要注明其分压，溶液要注明其浓度，如不注明，一般指$1mol \cdot L^{-1}$或100kPa。某些电对如H^+/H_2、Fe^{3+}/Fe^{2+}等需要惰性电极①共同构成，惰性电极材料在电极符号中也要表示出来。常用的惰性电极材料有铂和石墨等。

从理论上来讲，任何一个氧化还原反应都可设计成原电池，但实际操作有时会遇到很大的困难。

8.2.2 标准电极电势

1. 电极电势的产生

把金属插入含有该金属盐的水溶液中，在固液接触面上会发生两个相反的过程：一方

① 惰性电极：不参加电极反应，仅起导电作用的物质。

面，金属表面的一部分离子由于极性很大的水分子的吸引，再加上自身的热运动，会脱离金属表面进入溶液，发生水合作用形成水合离子，金属因失去金属离子而带负电荷；另一方面，溶液中的金属离子受金属表面负电荷的吸引，重新得到电子，沉积在金属表面上，即金属与其盐之间存在如下动态平衡。

$$M \underset{沉积}{\overset{溶解}{\rightleftharpoons}} M^{n+}(aq) + ne^-$$

达到平衡后，在金属和溶液的界面上形成了一个带相反电荷的双电层，使金属和溶液之间产生了电位差，这个电位差称为金属的**电极电势**，用符号 E 表示，单位为 V(伏特)。电极电势的大小主要取决于电极材料的本性，同时还与溶液浓度、温度、介质等因素有关。

2. 标准氢电极

电极电势的绝对值至今无法测定，为了获得电极电势值，1953 年 IUPAC 建议，以标准氢电极作为标准电极，并人为地规定标准氢电极的电极电势为零，其他电极与标准氢电极进行比较，得出相应的电极电势值。所以，电极电势是一个相对值。

将镀有铂黑的铂片置于氢离子浓度(严格地说，应该是活度)为 1.0 mol·L^{-1}的硫酸溶液中，并不断地通入压力为 100kPa 的纯氢气，使铂黑吸附氢气达到饱和，此时溶液中的氢离子与铂黑所吸附的氢气建立了动态平衡，这就是**标准氢电极**。

电极符号：$Pt \mid H_2(100kPa) \mid H^+(1.0\ mol \cdot L^{-1})$

电极反应：$2H^+(1.0\ mol \cdot L^{-1}) + 2e^- \rightleftharpoons H_2(g,\ 100kPa)$

这时，在铂黑上吸附已经达到饱和的氢气，其压力等于标准压力，它和溶液中浓度为 1 mol·L^{-1}的 H^+ 之间产生的电势差就是标准氢电极的电极电势，电化学上将它作为电极电势的相对标准，规定为零，即$E^\ominus(H^+/H_2) = 0.00V$。

3. 标准电极电势

用标准氢电极和待测电极组成电池，测得该电池的电动势值，物理学规定：电池的**电动势**(E_{cell}[①])等于正负极电极的电极电势之差。

$$E_{cell} = E_+ - E_- \tag{8.1}$$

据此就可得出其他电极的相对电极电势数值。

如果待测电极处于标准状态，则所得结果称为**标准电极电势**。电极的标准态是指组成电极的各物质均处于标准态[②]，温度通常为 298.15K。可见，标准电极电势值仅取决于电极的本性。

如果原电池的两个电极均为标准电极，这时的电池称为标准电池，其电动势为标准电池电动势，用 $E^\ominus_{cell}$ 表示。

$$E^\ominus_{cell} = E^\ominus_+ - E^\ominus_- \tag{8.2}$$

标准电极电势的测定通常如下进行：首先，将待测电极与标准氢电极组成原电池；然后，用电势差计测定原电池的电动势；最后，用检流计来确定原电池的正负极。例如，将标准锌电极与标准氢电极组成原电池，测得其电动势 $E^\ominus_{cell} = 0.7618V$。再根据电流方向，

① cell：电池，用 E_{cell} 表示电动势，可以和电极电势区别开来。

② 参见本书的 2.1 节。

确定锌电极为负极，氢电极为正极，由式(8.2)得

$$E^{\ominus}(Zn^{2+}/Zn)=0.00V-0.7618V=-0.7618V$$

例如，测得下列电池的电动势 $E^{\ominus}_{cell}=0.3419V$

$$Pt|H_2(g,p^{\ominus})|H^+(1.0\ mol\cdot L^{-1})||Cu^{2+}(1.0\ mol\cdot L^{-1})|Cu$$

则 $E^{\ominus}(Cu^{2+}/Cu)=0.3419V$。

如果电极的 $E^{\ominus}$ 为正，则表示组成电极的氧化型物质得电子的倾向大于标准氢电极中的 H^+，如铜电极中的 Cu^{2+}；如果电极的 $E^{\ominus}$ 为负，则组成电极的氧化型物质得电子的倾向小于标准氢电极中的 H^+，如锌电极中的 Zn^{2+}，这样就可以测得各种电极的标准电极电势。

4. 标准电极电势表

将各氧化还原电对的标准电极电势数值一一测出，就得到了电极反应的标准电极电势表，参见附录。在使用标准电极电势表时，应注意下面几点。

(1)标准电极电势表原则上只适用于标准态和常温298.15K下的反应。它分为酸表和碱表。电极反应中如果出现 H^+，则查酸表；出现 OH^-，则查碱表；无 H^+、OH^- 出现时，根据电极物质存在的条件决定。

(2)$E^{\ominus}$ 值是衡量物质在水溶液中氧化还原能力大小的物理量，不适用于非水、高温、固相反应系统。$E^{\ominus}$ 值的大小与反应速率无关。

(3)为便于比较和统一，所有的电极反应都写成还原反应形式，即

$$氧化型+ne^- \rightleftharpoons 还原型 \quad 或 \quad Ox+ne^- \rightleftharpoons Red$$ ①

电对的 $E^{\ominus}$ 值的正负号与电极反应进行的方向无关，不随电极反应进行的方向而改变。

(4)根据 $E^{\ominus}$ 值的大小，可以判断在标准态下电对中氧化型物质得电子的能力(或还原型物质失电子的能力)的相对强弱，$E^{\ominus}$ 值越正，氧化型物质得电子能力越强；$E^{\ominus}$ 值越负，还原型物质失电子能力越强。

(5)$E^{\ominus}$ 值与电极反应的书写形式无关，即与得失电子数的多少无关。例如

$$1/2Cu^{2+}+e^- \rightleftharpoons 1/2\ Cu \qquad E^{\ominus}=0.3419V$$

$$Cu^{2+}+2e^- \rightleftharpoons Cu \qquad E^{\ominus}=0.3419V$$

$$2Cu^{2+}+4e^- \rightleftharpoons 2Cu \qquad E^{\ominus}=0.3419V$$

使用电极电势时一定要注明相应的电对，如 $E^{\ominus}(Fe^{3+}/Fe^{2+})=0.771V$，而 $E^{\ominus}(Fe^{2+}/Fe)=-0.447V$，二者相差很大，如不注明，容易出错。

8.2.3 能斯特方程

标准电极电势都是在标准态下测定的，而绝大多数氧化还原反应并不是在标准态下进行的，因此这些电对的电极电势会发生改变。电极电势的数值除了取决于电对的本性外，还受到它们的浓度(或气体的分压)和温度的影响。德国化学家能斯特(Nernst)将影响电极电势大小的各种因素，如电极物质的本性、溶液中相关物质的浓度或分压、介质和温度等因素概括为一个公式，称为**能斯特方程**。

对于电极反应：a 氧化型 $+ne^- \rightleftharpoons b$ 还原型，能斯特方程式为

---

① Ox表示氧化型，Red表示还原型。

$$E = E^{\ominus} - \frac{RT}{nF}\ln\frac{[c(\text{还原型})/c^{\ominus}]^b}{[c(\text{氧化型})/c^{\ominus}]^a} \tag{8.3}$$

式中，E 表示任意状态时的电极电势；$E^{\ominus}$ 表示标准态时的电极电势；R 表示气体常数，其值为 $8.314\text{J}\cdot\text{mol}^{-1}\cdot\text{K}^{-1}$；$n$ 表示电极反应中转移的电子的物质的量；F 表示法拉第常数，其值为 $96487\text{C}\cdot\text{mol}^{-1}$；$T$ 表示热力学温度；a、b 分别表示电极反应中氧化型、还原型有关物质的系数。

以 $T=298.15\text{K}$ 及相关常数代入计算，能斯特方程式可简化为①

$$E = E^{\ominus} - \frac{0.0592}{n}\lg\frac{c^b(\text{还原型})}{c^a(\text{氧化型})} \tag{8.4}$$

应用能斯特方程时必须注意以下几点。

(1)式中的 c^b(还原型)是指电极反应中还原型物质那边所有物质的浓度幂次方，包括反应式中的 H^+ 或 OH^-。同样 c^a(氧化型)是指电极反应中氧化型物质那边所有物质的浓度幂次方。

(2)如果电极反应中出现固体、纯液体或水溶液中的 H_2O，将它们的浓度视为常数，不必写入能斯特方程式中；如果出现气体，用该气体分压与标准压力的比值来代替。例如

$$Cu^{2+} + 2e^- \rightleftharpoons Cu$$

$$E(Cu^{2+}/Cu) = E^{\ominus}(Cu^{2+}/Cu) - \frac{0.0592}{2}\lg\frac{1}{c(Cu^{2+})}$$

$$MnO_4^- + 8H^+ + 5e^- \rightleftharpoons Mn^{2+} + 4H_2O$$

$$E(MnO_4^-/Mn^{2+}) = E^{\ominus}(MnO_4^-/Mn^{2+}) - \frac{0.0592}{5}\lg\frac{c(Mn^{2+})}{c(MnO_4^-)c^8(H^+)}$$

$$Cl_2(g) + 2e^- \rightleftharpoons 2Cl^-$$

$$E(Cl_2/Cl^-) = E^{\ominus}(Cl_2/Cl^-) - \frac{0.0592}{2}\lg\frac{c^2(Cl^-)}{p(Cl_2)/p^{\ominus}}$$

8.2.4 影响电极电势的因素

由能斯特方程可知，除了温度、氧化型及还原型物质本身的浓度(或分压)对电极电势有影响外，其他影响因素还有酸度、沉淀、配合物等。

1. 酸度对电极电势的影响

对于有 H^+ 或 OH^- 参加的反应，溶液酸度的改变不仅能改变电极电势值，而且在一定条件下还可以改变反应的方向。此外，改变介质的酸度，有些反应物的产物也不同。

【例 8.3】计算电对 MnO_4^-/Mn^{2+} 在 pH 为 1.0 和 3.0 时的电极电势。假设其他物质均处于标准态。

解：根据题目，写出电极反应式为

$$MnO_4^- + 8H^+ + 5e^- \rightleftharpoons Mn^{2+} + 4H_2O$$

其能斯特方程为

$$E(MnO_4^-/Mn^{2+}) = E^{\ominus}(MnO_4^-/Mn^{2+}) - \frac{0.0592}{5}\lg\frac{c(Mn^{2+})}{c(MnO_4^-)c^8(H^+)}$$

① 为了简化，后面的公式中 $c^{\ominus}$ 不再写出。

其他物质均处于标准态，则有

$$E(MnO_4^-/Mn^{2+})=E^{\ominus}(MnO_4^-/Mn^{2+})-\frac{0.0592}{5}\lg\frac{1}{1\times c^8(H^+)}$$

根据附录，$E^{\ominus}(MnO_4^-/Mn^{2+})=1.507V$，将 $c(H^+)=0.10mol\cdot{}^{-1}L$ 和 $0.0010mol\cdot L^{-1}$ 代入，计算得：pH=1.0 时，$E(MnO_4^-/Mn^{2+})=1.4V$；pH=3.0 时，$E(MnO_4^-/Mn^{2+})=1.2V$。

可见，溶液酸度越大(pH 越小)，电对 MnO_4^-/Mn^{2+} 的电极电势就越大，也就是说，MnO_4^- 的氧化能力随 H^+ 浓度的增大而明显增大。因此在实验室及工业生产中，往往将氧化剂溶解在强酸性介质中使用。

2. 沉淀对电极电势的影响

加入沉淀剂使氧化还原反应中的氧化型物质或还原型物质转变成沉淀，可大大降低其浓度，从而导致电极电势发生很大的变化。

【例 8.4】向 $AgNO_3$ 溶液中加入 NaCl 溶液，使其生成 AgCl 沉淀，平衡时，$c(Cl^-)=1.0mol\cdot L^{-1}$，计算此时的 $E(Ag^+/Ag)$。

AgCl/Ag的标准电极电势

解：$Ag^++Cl^-\rightleftharpoons AgCl(s)$

反应达到平衡后，由于 $c(Cl^-)=1.0mol\cdot L^{-1}$，则 Ag^+ 的浓度为

$$c(Ag^+)=\frac{K_{sp}(AgCl)}{c(Cl^-)}=\frac{1.77\times10^{-10}}{1.0}=1.77\times10^{-10}mol\cdot L^{-1}$$

这时 Ag^+/Ag 电对的电极电势为

$$E(Ag^+/Ag)=E^{\ominus}(Ag^+/Ag)-\frac{0.0592}{1}\lg\frac{1}{c(Ag^+)}=0.2223V$$

显然，由于 AgCl 沉淀的形成，氧化型物质 Ag^+ 的浓度大大降低，电极电势从 $E^{\ominus}=0.7996V$ 下降为 0.2227V，即 AgCl 中 Ag^+ 的氧化性大大小于游离的 Ag^+ 的氧化性。

由此可知，若氧化型物质形成沉淀，沉淀的 $K_{sp}^{\ominus}$ 值越小，电极电势数值降低得越多；反之，若还原型物质形成沉淀，沉淀的 $K_{sp}^{\ominus}$ 值越小，电极电势数值升高得越多。

3. 配合物对电极电势的影响

同样，金属电极体系形成配合物时也会改变电极电势值。配合物(配离子)越稳定，溶液中游离的金属离子浓度就越低，氧化型物质形成配离子时电极电势降低。例如

$$E^{\ominus}([Ag(NH_3)_2]^+/Ag)<E^{\ominus}(Ag^+/Ag)$$

如果氧化型物质和还原型物质同时生成配离子，则要根据两种配离子的稳定性来决定其电极电势是升高还是降低。例如

$E^{\ominus}([Fe(CN)_6]^{3-}/[Fe(CN)_6]^{4-})=+0.358V$　　$E^{\ominus}(Fe^{3+}/Fe^{2+})=+0.771V$，

这就说明配离子 $[Fe(CN)_6]^{3-}$ 更稳定。

8.2.5 条件电极电势

溶液的离子强度对电势也有一定程度的影响，所以严格说来，能斯特方程式中的浓度应该用活度 α 代替。对于电极反应

$$Ox+ne^-\rightleftharpoons Red$$

能斯特方程式为

$$E=E^{\ominus}-\frac{RT}{nF}\ln\frac{\alpha(R)}{\alpha(O)}$$

式中，$\alpha(\mathrm{O})$、$\alpha(\mathrm{R})$分别表示氧化型和还原型物质的活度。

考虑到溶液中的实际情况、各种副反应的存在，在能斯特方程中引入相应的活度因子和副反应系数。

$$\alpha(\mathrm{O})=\gamma(\mathrm{O})\ [\mathrm{Ox}]=\gamma(\mathrm{O})\frac{c(\mathrm{Ox})}{\alpha(\mathrm{Ox})} \qquad \alpha(R)=\gamma(R)\frac{c(\mathrm{Red})}{\alpha(\mathrm{Red})}$$

式中，$\gamma(\mathrm{O})$、$\gamma(\mathrm{R})$分别表示氧化型和还原型物质的活度因子；$\alpha(\mathrm{Ox})$、$\alpha(\mathrm{Red})$分别表示氧化反应和还原反应的副反应系数。所以，

$$E=E^{\ominus}-\frac{0.0592}{n}\lg\frac{\gamma(R)\alpha(\mathrm{Ox})}{\gamma(\mathrm{O})\alpha(\mathrm{Red})}-\frac{0.059}{n}\lg\frac{c(\mathrm{Red})}{c(\mathrm{Ox})}$$

在一定条件下，活度因子 γ 和副反应系数 α 有固定值，上式中的前两项可合并为一个常数项，令其为 $E^{\ominus}{'}$，则

$$E^{\ominus}{'}=E^{\ominus}-\frac{0.0592}{n}\lg\frac{\gamma(R)\alpha(\mathrm{Ox})}{\gamma(\mathrm{O})\alpha(\mathrm{Red})} \tag{8.5}$$

$E^{\ominus}{'}$是在特定情况下，氧化型物质的总浓度和还原型物质的总浓度均为 $1\mathrm{mol\cdot L^{-1}}$时，校正了各种外界因素影响后的实际电极电势，它在条件不变时为一个常数，随实验条件的改变而改变，称为**条件电极电势**，简称条件电势。

标准电极电势与条件电势的关系与配位反应中的稳定常数和条件稳定常数的关系相似。使用条件电势处理实际问题较简单，但是 $E^{\ominus}{'}$很难测定，目前为止，只测出了部分电对在不同介质中的条件电势，数据较少。当查不到相同条件下的条件电势时，可采用条件相近的条件电势数据，如没有相应的条件电势数据，则采用标准电极电势。

8.3 电极电势的应用

8.3.1 判断氧化还原反应的方向

在等温、等压条件下，电池的化学反应的 $\Delta_r G_m$ 与电动势 E_{cell} 的关系为

$$\Delta_r G_m=-zFE_{cell} \tag{8.6}$$

式中，z 为氧化还原反应方程式中电子的转移数目。

如果电池处于标准态，则

$$\Delta_r G_m^{\ominus}=-zFE_{cell}^{\ominus} \tag{8.7}$$

$\Delta_r G_m$是判断化学反应方向的判据，又因为 $E_{cell}=E_+-E_-$，所以，当 $\Delta G<0$，即 $E_{cell}>0$ 或 $E_+>E_-$ 时，反应正向自发进行；当 $\Delta G=0$，即 $E_{cell}=0$ 或 $E_+=E_-$ 时，反应处于平衡状态；当 $\Delta G>0$，即 $E_{cell}<0$ 或 $E_+<E_-$ 时，反应逆向自发进行。或者说，氧化还原反应进行的方向是强氧化剂和强还原剂反应生成弱氧化剂和弱还原剂的方向。所以，要判断一个氧化还原反应的方向，可将此反应设计成原电池，如果是 E 值较大的电对中的氧化型物质和 E 值较小的电对中的还原型物质反应，则该反应就可以进行。

当各物质均处于标准态时，则可用标准电动势或标准电极电势判断。

【例 8.5】判断反应

$$Pb^{2+}+Sn \rightleftharpoons Pb+Sn^{2+}$$

在标准态时及 $c(Pb^{2+})=0.10mol \cdot L^{-1}$，$c(Sn^{2+})=2.0mol \cdot L^{-1}$时的反应方向。

解：查附录，标准状态时 $E^{\ominus}(Pb^{2+}/Pb)=-0.1262V$，$E^{\ominus}(Sn^{2+}/Sn)=-0.1375V$，

$$E_{cell}^{\ominus}=E_{+}^{\ominus}-E_{-}^{\ominus}=-0.1262V-(-0.1375V)=0.0113V>0$$

所以，上述反应在标准态时可向右进行。

当 $c(Pb^{2+})=0.10mol \cdot L^{-1}$，$c(Sn^{2+})=2.0mol \cdot L^{-1}$时，

$$E(Pb^{2+}/Pb)=E^{\ominus}(Pb^{2+}/Pb)-\frac{0.0592}{2}\lg\frac{1}{c(Pb^{2+})}=-0.156V$$

$$E(Sn^{2+}/Sn)=E^{\ominus}(Sn^{2+}/Sn)-\frac{0.0592}{2}\lg\frac{1}{c(Sn^{2+})}=-0.129V$$

$$E_{cell}=E_{+}-E_{-}=-0.156V-(-0.129V)=-0.027V<0$$

所以在此条件下，上述反应不能向右进行，而是向左进行。

8.3.2 判断氧化还原反应进行的程度

一个化学反应进行的程度可从其平衡常数的大小来判断。标准平衡常数 $K^{\ominus}$ 的大小与吉布斯自由能 $\Delta_r G_m^{\ominus}$ 的关系为 $\Delta_r G_m^{\ominus}=-RT\ln K^{\ominus}$（式(2.19)），而 $\Delta_r G_m^{\ominus}$ 与标准电池电动势的关系为 $\Delta_r G_m^{\ominus}=-zFE_{cell}^{\ominus}$（式(8.7)），将两式合并，可得

$$\Delta_r G_m^{\ominus}=-RT\ln K^{\ominus}=-zFE_{cell}^{\ominus}$$

$$\ln K^{\ominus}=\frac{zFE_{cell}^{\ominus}}{RT} \tag{8.8}$$

以 $T=298.15K$ 及相关常数代入计算，上式可简化为

$$\lg K^{\ominus}=\frac{z(E_{+}^{\ominus}-E_{-}^{\ominus})}{0.0592} \tag{8.9}$$

所以，根据电对的标准电极电势，就可以求出氧化还原反应在 298.15K 时的平衡常数 $K^{\ominus}$。

显然，在一定温度下，氧化还原反应的平衡常数与标准电池电动势有关，与反应物浓度无关。正负电极的标准电极电势差值越大，平衡常数就越大，反应进行的程度也越大。所以，可以用 $E_{cell}^{\ominus}$的大小来估计反应进行的程度。

8.3.3 判断氧化还原反应进行的次序

如果溶液中有几种还原剂同时存在，此时加入氧化剂，氧化剂首先与最强的还原剂反应。同样，溶液中同时存在几种氧化剂时，加入还原剂，它首先与最强的氧化剂反应。

在一定的条件下，所有可能发生的氧化还原反应中，电极电势相差最大的电对首先进行反应，或者说 E_{cell}最大的优先进行。例如，工业上把 Cl_2通入盐卤中，置换其中的 Br^-、I^- 来制取 Br_2和 I_2。Cl_2通入 Br^- 和 I^- 混合液中，哪一种离子先被氧化呢？

$E^{\ominus}(Cl_2/Cl^-)=+1.36V$，$E^{\ominus}(Br_2/Br^-)=+1.065V$，$E^{\ominus}(I_2/I^-)=+0.536V$

$E_{cell,1}^{\ominus}=E^{\ominus}(Cl_2/Cl^-)-E^{\ominus}(Br_2/Br^-)=+0.295V$

$E_{cell,2}^{\ominus}=E^{\ominus}(Cl_2/Cl^-)-E^{\ominus}(I_2/I^-)=+0.824V$

上面计算的是标准态时的情况，由此可以推断，在一般情况下，如果 I^- 与 Br^- 浓度接近，Cl_2 首先氧化 I^-。

另外要注意，当一种氧化剂同时遇到几种还原剂时，首先氧化最强的还原剂，但在判断氧化还原反应的次序时，还要考虑反应速率、还原剂的浓度等因素，否则容易得出错误的结论。

8.3.4 选择合适的氧化剂或还原剂

实际生产和实验中往往会遇到这样的情况，混合溶液中同时存在几种物质，需要对其中的某一组分进行氧化或还原，同时系统中的其他组分不受影响，这时就需要选择适当的氧化剂或还原剂。

【例 8.6】混合溶液含有相同浓度的 I^-、Br^- 和 Cl^-，选择一种氧化剂只氧化 I^- 为 I_2，而不使 Br^- 和 Cl^- 氧化，应选 $K_2Cr_2O_7$ 还是 $Fe_2(SO_4)_3$ 作为氧化剂？

解：相关电极电势值如下：$E^{\ominus}(Fe^{3+}/Fe^{2+})=0.771V$，$E^{\ominus}(Cr_2O_7^{2-}/Cr^{3+})=1.332V$。

如果选择 $K_2Cr_2O_7$ 作为氧化剂，则

$$E^{\ominus}(Cr_2O_7^{2-}/Cr^{3+})<E^{\ominus}(Cl_2/Cl^-)$$

$$E^{\ominus}(Cr_2O_7^{2-}/Cr^{3+})>E^{\ominus}(I_2/I^-),\ E^{\ominus}(Cr_2O_7^{2-}/Cr^{3+})>E^{\ominus}(Br_2/Br^-)$$

所以，$Cr_2O_7^{2-}$ 虽然不能氧化 Cl^-，但它既能氧化 Br^- 又能氧化 I^-，故不能选用。

如果选择 $Fe_2(SO_4)_3$ 作为氧化剂，则

$$E^{\ominus}(I_2/I^-)<E^{\ominus}(Fe^{3+}/Fe^{2+})<E^{\ominus}(Br_2/Br^-)<E^{\ominus}(Cl_2/Cl^-)$$

Fe^{3+} 不能氧化 Cl^- 和 Br^-，但能氧化 I^-，所以 Fe^{3+} 是合适的氧化剂。

$$2Fe^{3+}+2I^-=2Fe^{2+}+I_2$$

【例 8.7】在附录中查找相关数据解释下列现象，并写出相关反应式。

(1)为使 Fe^{2+} 溶液不被氧化，常放入铁钉。

(2)H_2S 溶液，久置常出现浑浊。

(3)无法在水溶液中制备 FeI_3。

(4)Ag 的活动顺序位于 H 之后，但它可从 HI 中置换出 H_2。

答：(1)$E^{\ominus}(Fe^{3+}/Fe^{2+})=0.771V$，$E^{\ominus}(O_2/H_2O)=1.229V$，由于 $E^{\ominus}(O_2/H_2O)>E^{\ominus}(Fe^{3+}/Fe^{2+})$，因此溶液中 Fe^{2+} 易被氧化成 Fe^{3+}。反应式为

$$4Fe^{2+}+O_2+4H^+=4Fe^{3+}+2H_2O$$

$E^{\ominus}(Fe^{2+}/Fe)=-0.447V$，当有铁钉存在时，$E^{\ominus}(Fe^{2+}/Fe)<E^{\ominus}(Fe^{3+}/Fe^{2+})$，低电极电势的还原剂能够还原高电极电势的氧化剂，所以 Fe 能将 Fe^{3+} 还原成 Fe^{2+}，反应式为

$$2Fe^{3+}+Fe=3Fe^{2+}$$

(2)$E^{\ominus}(S/H_2S)=0.141V$，因为 $E^{\ominus}(O_2/H_2O)>E^{\ominus}(S/H_2S)$，所以会发生如下反应，析出硫，出现浑浊现象。

$$H_2S+1/2O_2=H_2O+S\downarrow$$

(3)$E^{\ominus}(I_2/I^-)=0.5355V$，因为 $E^{\ominus}(Fe^{3+}/Fe^{2+})>E^{\ominus}(I_2/I^-)$，溶液中的 Fe^{3+} 和 I^- 能自发进行反应。反应式为

$$2Fe^{3+}+2I^-=2Fe^{2+}+I_2$$

(4)$E^{\ominus}(Ag^+/Ag)=0.7996V$，$K_{sp}(AgI)=8.51\times10^{-17}$。用能斯特方程可计算出 $E^{\ominus}(AgI/Ag)=-0.152V$，显然，$E^{\ominus}(H^+/H_2)>E^{\ominus}(AgI/Ag)$，Ag 在 HI 中生成了 AgI 沉淀，反应式为

$$2Ag+2HI=2AgI\downarrow+H_2\uparrow$$

8.3.5 元素电势图

把不同氧化态之间的标准电极电势按照氧化态依次降低的顺序排列成图形的方式称为元素的**标准电极电势图**，简称**元素电势图**①。它是某元素各种氧化态之间标准电极电势的变化图解。

例如，酸性溶液中铜的各种氧化态的标准电极电势如下。

半反应	$E^\ominus$
$Cu^{2+} + e^- \rightleftharpoons Cu^+$	+0.153V
$Cu^{2+} + 2e^- \rightleftharpoons Cu$	+0.3419V
$Cu^+ + e^- \rightleftharpoons Cu$	+0.522V

其元素电势图为

$$Cu^{2+} \xrightarrow{0.153V} Cu^+ \xrightarrow{0.522V} Cu \qquad (Cu^{2+} \to Cu:\ 0.3419V)$$

元素电势图又可分为酸性溶液电势图($E_A^\ominus$)和碱性溶液电势图($E_B^\ominus$)，它在无机化学中有重要的应用。

1. 判断歧化反应是否发生

根据上面的元素电势图，判断 Cu^+ 在标准态下是否能发生歧化反应。

如果 Cu^+ 能发生歧化反应，必然生成氧化态较低的 Cu 和氧化态较高的 Cu^{2+}。如果将歧化反应组成原电池，在两个电对 Cu^{2+}/Cu^+ 和 Cu^+/Cu 中，电对 Cu^{2+}/Cu^+ 的 Cu^+ 失去电子，发生氧化反应，所以是还原剂，为电池的负极；电对 Cu^+/Cu 的 Cu^+ 得到电子，发生还原反应，是氧化剂，为电池的正极。如果 $E_+ > E_-$，该反应就能进行，显然，Cu^+ 在标准态下能够发生歧化反应。

推而广之，对于元素电势图

$$A \xrightarrow{E^\ominus_{左}} B \xrightarrow{E^\ominus_{右}} C$$

如果 $E^\ominus_{右} > E^\ominus_{左}$，则 B 可发生歧化反应，$B \rightarrow A + C$；如果 $E^\ominus_{右} < E^\ominus_{左}$，则 B 不会歧化，系统会发生歧化反应的逆反应，$A + C \rightarrow B$。

2. 计算图中未知的电极电势

根据元素电势图中已知的标准电极电势值，可计算出其他电对的标准电极电势值。例如，对下列元素电势图

$$A \xrightarrow[n_1]{E_1^\ominus} B \xrightarrow[n_2]{E_2^\ominus} C \xrightarrow[n_3]{E_3^\ominus} D \qquad (A \to D:\ E_X^\ominus,\ n)$$

在此电势图中，线下方 n 值为该电对在电极反应式中转移的电子数。从理论上可以推导出各电对的电极电势存在下列关系。

① 元素电势图，有些书把它称为拉蒂麦尔(Latimer)图。

$$E_x^{\ominus}=\frac{n_1E_1^{\ominus}+n_2E_2^{\ominus}+n_3E_3^{\ominus}}{n_1+n_2+n_3} \tag{8.10}$$

【例 8.8】溴在碱性介质中的电势图如下。

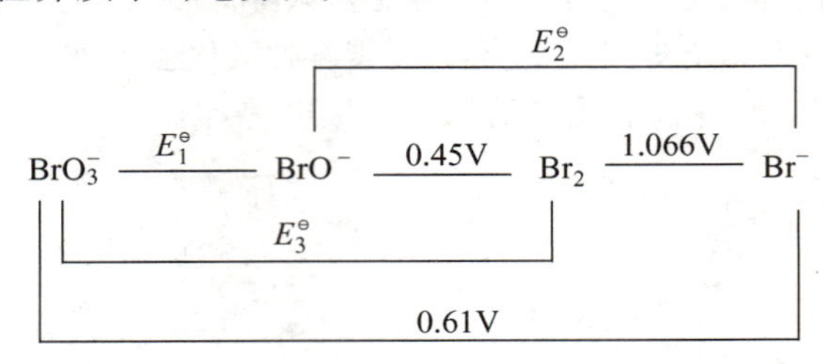

(1)试求 $E_1^{\ominus}$、$E_2^{\ominus}$ 和 $E_3^{\ominus}$。

(2)判断哪些物质可以发生歧化反应。

(3)Br_2 与 NaOH 溶液反应，最稳定的产物是什么？写出其反应方程式并求该反应的 $K^{\ominus}$。

解：(1)根据电极反应式，可求出 n 值。例如

$$BrO_3^- + 3H_2O + 5e^- \rightleftharpoons \frac{1}{2}Br_2 + 6OH^- \quad n=5$$

用此方法求 n 时要注意，应该以一个溴原子为基准。其实，n 值的计算不必写电极反应式，它实际等于电对中溴的氧化数的差值。

$$E_1^{\ominus}=\frac{6\times0.61-1\times0.45-1\times1.066}{4}\text{V}=0.536\text{V}$$

$$E_2^{\ominus}=\frac{1\times0.45+1\times1.066}{2}\text{V}=0.758\text{V}$$

$$E_3^{\ominus}=\frac{6\times0.61-1\times1.066}{5}\text{V}=0.5188\text{V}$$

(2)将计算结果填入溴的电势图中。

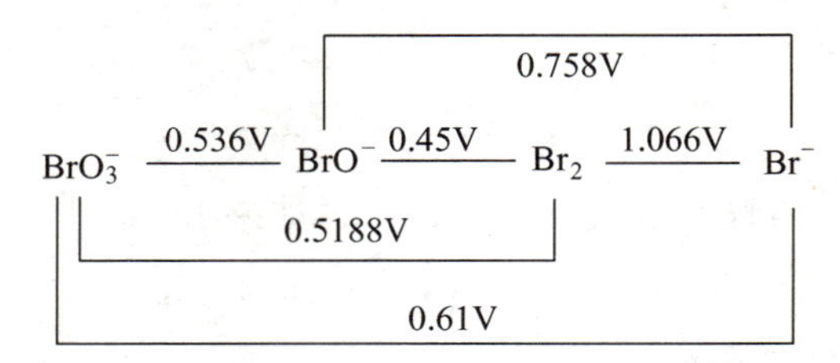

根据发生歧化反应的条件：$E_{右}^{\ominus}>E_{左}^{\ominus}$，显然，$BrO^-$ 与 Br_2 都可以发生歧化反应。

(3)Br_2 在碱性条件下发生歧化反应，根据溴的电势图，它既可以歧化生成 BrO^- 和 Br^-，又可以歧化生成 BrO_3^- 和 Br^-。因为 BrO^- 也会歧化，不稳定，所以最稳定的产物是 BrO_3^- 和 Br^-。其反应式为

$$3Br_2+6OH^-=BrO_3^-+5Br^-+3H_2O$$

反应的 $K^{\ominus}$ 可用式(8.9)来计算，得

$$\lg K^{\ominus}=\frac{z(E_+^{\ominus}-E_-^{\ominus})}{0.0592}=\frac{5\times(1.066-0.5188)}{0.0592}=46.22$$

$$K^{\ominus}=1.7\times10^{46}$$

$K^{\ominus}$ 值巨大，说明该反应进行得很彻底。

8.4 氧化还原滴定法概述

氧化还原滴定法是以氧化还原反应为基础的一种应用非常广泛的滴定分析方法。利用氧化还原滴定法可以直接或间接测定许多具有氧化性或还原性的物质。它不仅可用于测定无机物，而且可以广泛用于测定有机物。

氧化还原反应是基于电子转移的反应，反应机理比较复杂。有些氧化还原反应虽然从理论上看是可能进行的，但由于反应速度太慢而认为反应实际上没有发生。有的反应除了主反应外，还伴随有各种副反应，有时介质对反应也有较大的影响。因此，在氧化还原滴定中，不仅要从平衡观点判断反应的可能性，还应考虑反应机理、反应速率、反应条件及滴定条件的控制等问题。

可以用于进行氧化还原滴定的反应有很多。根据所用的滴定剂的不同，氧化还原滴定法可分为高锰酸钾法、重铬酸钾法、碘量法、铈量法、溴酸钾法等。

8.4.1 氧化还原滴定法对反应的要求

滴定分析要求化学反应必须定量、完全地进行，满足滴定分析对误差的要求。氧化还原反应进行的程度可用平衡常数的大小来衡量，平衡常数可根据能斯特方程式从有关电对的标准电极电势或条件电势求得。若引用条件电势，则求得的是条件平衡常数 K'。

若对称电对[①]的氧化还原反应的通式为

$$p_2 \mathrm{Ox}_1 + p_1 \mathrm{Red}_2 = p_2 \mathrm{Red}_1 + p_1 \mathrm{Ox}_2$$

则有关电对的半反应分别为

氧化电对： $\mathrm{Ox}_1 + n_1 \mathrm{e}^- = \mathrm{Red}_1$

还原电对： $\mathrm{Ox}_2 + n_2 \mathrm{e}^- = \mathrm{Red}_2$

由能斯特方程式可得两个电对的电极电势分别为

$$E_1 = E_1^{\ominus} + \frac{0.0592}{n_1}\lg\frac{[\mathrm{Ox}_1]}{[\mathrm{Red}_1]}$$

$$E_2 = E_2^{\ominus} + \frac{0.0592}{n_2}\lg\frac{[\mathrm{Ox}_2]}{[\mathrm{Red}_2]}$$

当反应达到平衡时，$E_1 = E_2$，即

$$E_1^{\ominus} + \frac{0.0592}{n_1}\lg\frac{[\mathrm{Ox}_1]}{[\mathrm{Red}_1]} = E_2^{\ominus} + \frac{0.0592}{n_2}\lg\frac{[\mathrm{Ox}_2]}{[\mathrm{Red}_2]}$$

等式两边同乘 n_1 和 n_2 的最小公倍数 $z(z = n_1 \cdot p_2 = n_2 \cdot p_1)$后整理得

$$\lg\frac{[\mathrm{Red}_1]^{p_2}[\mathrm{Ox}_2]^{p_1}}{[\mathrm{Ox}_1]^{p_2}[\mathrm{Red}_2]^{p_1}} = \lg K^{\ominus} = \frac{z(E_1^{\ominus} - E_2^{\ominus})}{0.0592} \tag{8.11}$$

若考虑溶液中各种副反应的影响，则应以条件电势代替标准电极电势，应以分析浓度 c

---

① 对称电对是指氧化还原半反应中氧化型与还原型的系数相同的电对，如 Fe^{3+}/Fe^{2+}、Sn^{4+}/Sn^{2+} 是对称电对；而不对称电对是氧化型与还原型的系数不同的电对，如 $Cr_2O_7^{-2}/Cr^{3+}$、I_2/I^- 是不对称电对。

代替平衡浓度，而对应的平衡常数则应为条件平衡常数 K'。

$$\lg\frac{c\,(\mathrm{Red}_1)^{p_2}c\,(\mathrm{Ox}_2)^{p_1}}{c\,(\mathrm{Ox}_1)^{p_2}c\,(\mathrm{Red}_2)^{p_1}}=\lg K'=\frac{z(E_1^{\ominus}{}'-E_2^{\ominus}{}')}{0.0592} \tag{8.12}$$

式(8.12)表明，条件平衡常数的大小是由氧化还原电对的条件电势之差 $\Delta E^{\ominus}{}'$ 值与得失的电子数决定的。显然，$\Delta E^{\ominus}{}'$ 值越大，K' 越大，反应进行得越完全。在定量分析中，一般要求反应完全程度在 99.9%以上，即在化学计量点时应满足以下条件。

$$\left(\frac{c(\mathrm{Red}_1)}{c(\mathrm{Ox}_1)}\right)^{p_2}\geqslant\left(\frac{99.9\%}{0.1\%}\right)^{p_2}=10^{3p_2},\quad\left(\frac{c(\mathrm{Ox}_2)}{c(\mathrm{Red}_2)}\right)^{p_1}\geqslant\left(\frac{99.9\%}{0.1\%}\right)^{p_1}=10^{3p_1}$$

则

$$\lg K'\geqslant\lg\ (10^{3p_2}\times10^{3p_1})=3(p_1+p_2) \tag{8.13}$$

由式(8.12)和式(8.13)整理可得

$$E_1^{\ominus}{}'-E_2^{\ominus}{}'\geqslant0.0592\times3\times\frac{p_1+p_2}{z} \tag{8.14}$$

由式(8.14)可见，利用两电对条件电势差值的大小也可以判断反应进行的完全程度。

当 $n_1=1$，$n_2=1$ 时，即 $p_1=1$，$p_2=1$，$z=1$，则 $E_1^{\ominus}{}'-E_2^{\ominus}{}'\geqslant0.36\mathrm{V}$；

当 $n_1=1$，$n_2=2$ 时，即 $p_1=2$，$p_2=1$，$z=2$，则 $E_1^{\ominus}{}'-E_2^{\ominus}{}'\geqslant0.27\mathrm{V}$；

当 $n_1=1$，$n_2=3$ 时，即 $p_1=3$，$p_2=1$，$z=3$，则 $E_1^{\ominus}{}'-E_2^{\ominus}{}'\geqslant0.24\mathrm{V}$；

当 $n_1=2$，$n_2=2$ 时，即 $p_1=1$，$p_2=1$，$z=2$，则 $E_1^{\ominus}{}'-E_2^{\ominus}{}'\geqslant0.18\mathrm{V}$；

当 $n_1=2$，$n_2=3$ 时，即 $p_1=3$，$p_2=2$，$z=6$，则 $E_1^{\ominus}{}'-E_2^{\ominus}{}'\geqslant0.15\mathrm{V}$。

一般认为，当氧化剂与还原剂两电对的条件电势差大于 0.4V 时，反应的完全程度即能满足定量分析的要求，这样的反应才可以用于滴定分析。

虽然有些氧化还原反应两个电对的条件电势相差足够大，但由于有其他副反应的发生，使氧化剂与还原剂之间没有确定的化学计量关系，即其失去了定量计算的依据，故这样的反应仍不能用于滴定分析。例如 $K_2Cr_2O_7$ 与 $Na_2S_2O_3$ 的反应，从它们的电极电势差值来看，反应能够进行完全，但由于 $Cr_2O_7^{2-}$ 不仅可将 $S_2O_3^{2-}$ 氧化为 SO_4^{2-}，还可以将部分 $S_2O_3^{2-}$ 氧化为单质 S，而使其没有确定的化学计量关系。因此在碘量法中，$Na_2S_2O_3$ 标准溶液浓度的标定以 $K_2Cr_2O_7$ 为基准物时，并不能应用它们之间的直接反应，而是用 $K_2Cr_2O_7$ 先将 I^- 氧化为 I_2，再用 $Na_2S_2O_3$ 标准溶液滴定析出的 I_2。

8.4.2 氧化还原滴定曲线

与其他滴定方法相似，在氧化还原滴定中，随着滴定剂的不断加入，溶液中氧化剂和还原剂的浓度逐渐变化，有关电对电势也随之不断改变。在滴定过程中电极电势随滴定剂加入的体积而变化的关系曲线称为氧化还原滴定曲线。滴定曲线一般通过实验测得，对于可逆的氧化还原电对①体系也可通过能斯特方程计算来绘制。

1. 滴定曲线的绘制

在 $1\mathrm{mol\cdot L^{-1}}\ H_2SO_4$ 介质中，以用 $0.1000\mathrm{mol\cdot L^{-1}}\ Ce(SO_4)_2$ 标准溶液滴定 20.00mL

---

① 在氧化还原半反应的任意瞬间，可逆电对(如 Fe^{3+}/Fe^{2+}、I_2/I^- 等)能迅速建立氧化还原平衡，其所显示的实际电势基本符合能斯特方程计算出的理论电势；不可逆电对(如 Mno_4^-/Mn^2、$Cr_2O_7^{2-}/Cr^3$ 等)在氧化还原半反应的任一瞬间不能迅速达到真正的平衡，实际电势与理论电势相差较大。

$0.1000mol \cdot L^{-1}$的 $FeSO_4$ 溶液为例，说明可逆、对称氧化还原电对的滴定曲线绘制原理。

滴定反应为

$$Ce^{4+} + Fe^{2+} = Ce^{3+} + Fe^{3+}$$

$$E^{\ominus\prime}_{Fe^{3+}/Fe^{2+}} = 0.68V, \quad E^{\ominus\prime}_{Ce^{4+}/Ce^{3+}} = 1.44V$$

滴定开始后，溶液中存在 Fe^{3+}/Fe^{2+}、Ce^{4+}/Ce^{3+} 两个电对，其电对电势分别为

$$E(Fe^{3+}/Fe^{2+}) = E^{\ominus\prime}_{Fe^{3+}/Fe^{2+}} + 0.0592\lg\frac{c(Fe^{3+})}{c(Fe^{2+})}$$

$$E(Ce^{4+}/Ce^{3+}) = E^{\ominus\prime}_{Ce^{4+}/Ce^{3+}} + 0.0592\lg\frac{c(Ce^{4+})}{c(Ce^{3+})}$$

在滴定过程中，每加入一定量的滴定剂，反应达到一个新的平衡时有 $E(Fe^{3+}/Fe^{2+})$ 与 $E(Ce^{4+}/Ce^{3+})$ 相等。因此，溶液中各平衡点的电势可选用便于计算的任何一个电对来计算。

与酸碱滴定曲线的绘制方法相似，采用分阶段计算法。

(1)滴定开始前

此时溶液中只存在极少量的 Fe^{3+}，无法计算 Fe^{3+}/Fe^{2+} 电对的电势。

(2)滴定开始至化学计量点前

在这个阶段，由于溶液中存在过量的 Fe^{2+}，每加入一滴 Ce^{4+} 溶液，Ce^{4+} 几乎完全被还原为 Ce^{3+}，故 Ce^{4+}/Ce^{3+} 电对的电极电势无法计算，可用 Fe^{3+}/Fe^{2+} 电对来计算体系的电势。

体系的电势可通过滴定开始至化学计量点前的滴定百分率计算(设滴定百分率为 $a\%$)。

$$E = E^{\ominus\prime}_{Fe^{3+}/Fe^{2+}} + 0.0592\lg\frac{c(Fe^{3+})}{c(Fe^{2+})} = E^{\ominus\prime}_{Fe^{3+}/Fe^{2+}} + 0.0592\lg\frac{a\%}{100\% - a\%}$$

例如，当滴入 Ce^{4+} 溶液 19.98mL，即滴定百分率为 99.9%时，则

$$E = 0.68 + 0.0592\lg\frac{99.9\%}{100\% - 99.9\%} = 0.86V$$

(3)在化学计量点时

当加入 20.00mL Ce^{4+} 溶液时，滴定百分率为 100%，即为化学计量点(stoichiometric point，用 sp 表示)。此时，溶液中 Fe^{2+} 和 Ce^{4+} 的浓度都很小，不能直接求得体系的电势。如果设化学计量点时的电势为 E_{sp}，则

$$E_{sp} = E^{\ominus\prime}_{Ce^{4+}/Ce^{3+}} + 0.0592\lg\frac{c(Ce^{4+})}{c(Ce^{3+})}$$

$$E_{sp} = E^{\ominus\prime}_{Fe^{3+}/Fe^{2+}} + 0.0592\lg\frac{c(Fe^{3+})}{c(Fe^{2+})}$$

两式相加得

$$2E_{sp} = E^{\ominus\prime}_{Ce^{4+}/Ce^{3+}} + E^{\ominus\prime}_{Fe^{3+}/Fe^{2+}} + 0.0592\lg\frac{c(Ce^{4+})c(Fe^{3+})}{c(Ce^{3+})c(Fe^{2+})}$$

在化学计量点时

$$c(Ce^{4+}) = c(Fe^{2+}), \quad c(Ce^{3+}) = c(Fe^{3+})$$

即

$$\frac{c(Ce^{4+})c(Fe^{3+})}{c(Ce^{3+})c(Fe^{2+})} = 1$$

故

$$E_{sp} = \frac{E^{\ominus\prime}_{Ce^{4+}/Ce^{3+}} + E^{\ominus\prime}_{Fe^{3+}/Fe^{2+}}}{2} = \frac{0.68 + 1.44}{2}V = 1.06V$$

若可逆对称电对氧化还原反应的通式为

$$p_2\mathrm{Ox_1}+p_1\mathrm{Red_2} \rightleftharpoons p_2\mathrm{Red_1}+p_1\mathrm{Ox_2}$$

在化学计量点时，两电对的电势分别为

$$E_{sp}=E_1^{\ominus\prime}+\frac{0.0592}{n_1}\lg\frac{c(\mathrm{Ox_1})}{c(\mathrm{Red_1})}$$

$$E_{sp}=E_2^{\ominus\prime}+\frac{0.0592}{n_2}\lg\frac{c(\mathrm{Ox_2})}{c(\mathrm{Red_2})}$$

将上两式分别乘以 n_1 和 n_2，然后相加整理得

$$E_{sp}=\frac{n_1E_1^{\ominus\prime}+n_2E_2^{\ominus\prime}}{n_1+n_2} \tag{8.15}$$

注意：不对称电对参与的氧化还原反应的化学计量点电势 E_{sp} 不仅与 $E^{\ominus}$ 及 n 有关，还与相关离子的浓度有关。

(4)化学计量点后

当加入过量的 Ce^{4+} 溶液时，由于 Fe^{2+} 反应完全，溶液中 Fe^{2+} 的浓度极小，此时利用 Ce^{4+}/Ce^{3+} 电对来计算体系的电势。

体系的电势可通过化学计量点后的滴定百分率计算(设滴定百分率为 $b\%$)。

$$E=E^{\ominus\prime}_{Ce^{4+}/Ce^{3+}}+0.0592\lg\frac{c(Ce^{4+})}{c(Ce^{3+})}=E^{\ominus\prime}_{Ce^{4+}/Ce^{3+}}+0.0592\lg\frac{b\%-100\%}{100\%}$$

例如，加入 20.02mL Ce^{4+} 溶液，相当于滴定百分数为 100.1%时，则

$$E=1.44+0.0592\lg\frac{100.1\%-100\%}{100\%}=1.26\mathrm{V}$$

按上述方法将不同滴定点所计算的电势值列于表 8-2 中。以计算所得电势值为纵坐标，加入的滴定剂体积为横坐标作图，可得到滴定曲线，如图 8.2 所示。

表 8-2　在 $1mol\cdot L^{-1}$ H_2SO_4 介质中用 $0.1000mol\cdot L^{-1}$ $Ce(SO_4)_2$ 溶液滴定 20.00mL $0.1000mol\cdot L^{-1}$ Fe^{2+} 溶液时的电势计算结果

滴入 Ce^{4+} 溶液体积 V/mL	滴定百分数/(%)	电势/V
1.00	5.0	0.60
2.00	10.0	0.62
4.00	20.0	0.64
8.00	40.0	0.67
10.00	50.0	0.68
12.00	60.0	0.69
18.00	90.0	0.74
19.80	99.0	0.80
19.98	99.9	0.86 突跃范围
20.00	100.0	1.06 突跃范围
20.02	100.1	1.26 突跃范围
22.00	110.0	1.38
30.00	150.0	1.42
40.00	200.0	1.44

2. 滴定突跃范围及其影响因素

(1)滴定突跃范围

由表8-2和图8.2可知，滴定曲线在化学计量点的±0.1%前后有明显的电势突跃，称其为滴定突跃，滴定突跃所在的电势范围称为滴定突跃范围。上例滴定的突跃范围为0.86～1.26V。

由前面的推导可知，以氧化剂滴定还原剂时，对于可逆、对称电对的氧化还原反应的滴定突跃范围可通过下式确定。

$$E^{\ominus\prime}_{Ox_2/Red_2}+\frac{0.0592}{n_2}\times 3 \sim E^{\ominus\prime}_{Ox_1/Red_1}-\frac{0.0592}{n_1}\times 3$$

式中，$E^{\ominus\prime}_{Ox_2/Red_2}$为还原剂电对的条件电势；$E^{\ominus\prime}_{Ox_1/Red_1}$为氧化剂电对的条件电势。

可见，滴定突跃范围仅取决于两电对的电子转移数与条件电势差，条件电势差越大，突跃范围越大，与浓度无关。

(2)滴定介质对滴定突跃范围的影响

氧化还原滴定曲线常因滴定介质的不同而改变其位置和突跃范围的大小。例如在不同介质中用$KMnO_4$溶液滴定Fe^{2+}的滴定曲线，如图8.3所示。化学计量点之前，曲线的位置取决于被滴定物电对的条件电势($E^{\ominus\prime}_{Fe^{3+}/Fe^{2+}}$)。例如在$H_3PO_4$介质中，$Fe^{3+}$易与$PO_4^{3-}$作用生成无色$[Fe(PO_4)_2]^{3-}$配离子，导致$E^{\ominus\prime}_{Fe^{3+}/Fe^{2+}}$值降低，使曲线的位置下降，突跃范围变大；若在$HClO_4$介质中，$Fe^{3+}$不与$ClO_4^-$配位，曲线的位置不变。在化学计量点之后，溶液中存在过量的$KMnO_4$，此时实际决定电极电势的电对是Mn(Ⅲ)/Mn(Ⅱ)，因而计量点后曲线的位置取决于$E^{\ominus\prime}_{Mn(Ⅲ)/Mn(Ⅱ)}$。由于Mn(Ⅲ)易与$PO_4^{3-}$、$SO_4^{2-}$等离子配位而降低其条件电势，在$H_3PO_4$或$H_2SO_4$介质中，曲线的后半部分位置下降，突跃范围变小；而$Mn^{3+}$不与$ClO_4^-$配位，所以在$HClO_4$介质中，$E^{\ominus\prime}_{Mn(Ⅲ)/Mn(Ⅱ)}$值不变，曲线的后半部分位置最高。

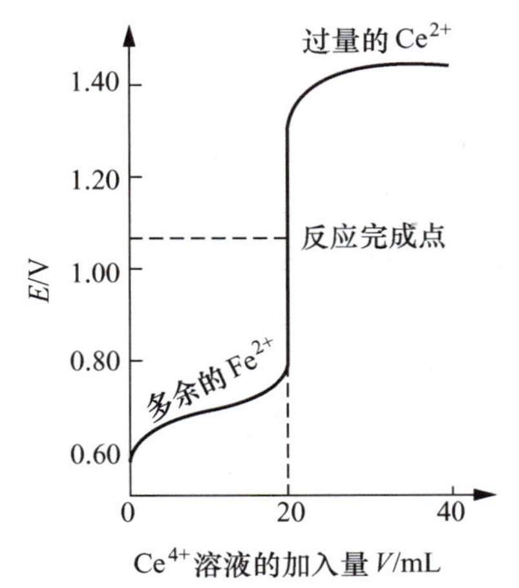

图8.2 0.1000mol·L^{-1} Ce^{4+}溶液滴定0.1000mol·L^{-1} Fe^{2+}溶液的滴定曲线

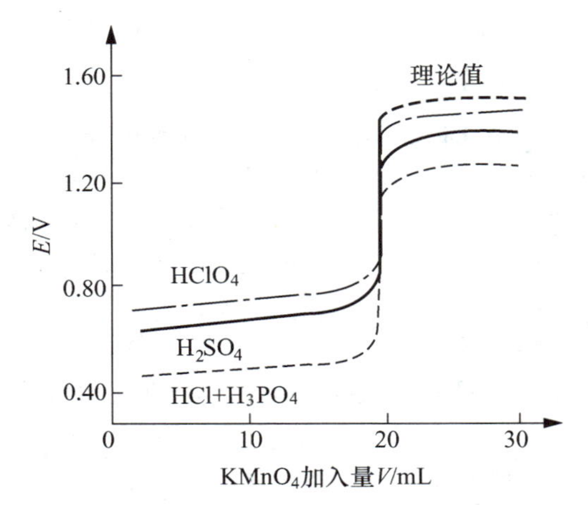

图8.3 在不同介质中用$KMnO_4$溶液滴定Fe^{2+}的滴定曲线

(3)氧化还原反应的电子转移数

由式(8.15)可知，化学计量点电势与两电对的条件电势和氧化还原反应中得失的电子数有关。用 Ce^{4+} 滴定 Fe^{2+} 的反应中电子得失数 $n_1=n_2=1$，化学计量点电势 E_{sp} 值为 1.06V，正好位于突跃范围的中心，并且滴定曲线在化学计量点前后呈对称关系。若在氧化还原反应中 $n_1 \neq n_2$，化学计量点位置将偏向 n 值较大的电对的一方。

另外，滴定曲线的形状还与电对的可逆性有关。对于不可逆电对参与的滴定反应，由于其电极电势不完全符合能斯特方程，故由计算所得的滴定曲线与实际曲线之间存在一定的差异。例如 MnO_4^-/Mn^{2+} 是不可逆电对，所以在化学计量点后，理论计算所得的曲线高于通过实验测得的曲线，如图 8.3 所示。

8.4.3 氧化还原滴定中的指示剂

在氧化还原滴定中，除了可用电位法确定滴定终点外，还可以根据所使用的标准溶液的不同，选用不同类型的指示剂来确定滴定的终点。

1. 自身指示剂

在氧化还原滴定法中，有些标准溶液或被测物本身具有颜色，而其滴定反应产物为无色或颜色很浅，则在滴定时无须另加指示剂，它们本身的颜色变化就起着指示剂的作用，这种能够用于指示反应终点的反应物称为**自身指示剂**。例如，在高锰酸钾法中，化学计量点后稍过量的 MnO_4^- 即可使溶液呈粉红色，能指示反应终点。实验表明，$KMnO_4$ 的浓度约为 2×10^{-6} mol·L^{-1}时，可以使溶液呈粉红色来指示滴定终点。

2. 专属指示剂

专属指示剂本身并不具有氧化还原性，但它能与氧化剂或还原剂作用生成特殊颜色的物质，从而指示滴定终点。例如，可溶性淀粉溶液与碘反应能生成深蓝色的吸附化合物，当 I_2 被还原为 I^- 时，蓝色立即消失。当 I_2 溶液的浓度为 1×10^{-5} mol·L^{-1}时，可看到蓝色出现。因此，淀粉是碘量法的专属指示剂，根据蓝色的出现或消失指示终点。又如，Fe^{3+} 滴定 Sn^{2+} 时，可选用 KSCN 作为指示剂，当溶液呈 Fe^{3+} 与 SCN^- 生成的配合物的红色（1×10^{-5} mol·L^{-1}可见红色）时，即到达终点。

3. 氧化还原性指示剂

氧化还原指示剂是指在滴定过程中本身发生氧化还原反应的指示剂。指示剂的氧化型与还原型具有不同的颜色，在滴定过程中，指示剂由氧化型变为还原型或由还原型变为氧化型，根据其颜色的突变来指示终点。例如，用 $K_2Cr_2O_7$ 溶液滴定 Fe^{2+} 时，常用二苯胺磺酸钠作为指示剂，它的还原型为无色，氧化型为紫红色，因此滴定至化学计量点后，稍过量的 $K_2Cr_2O_7$ 就能使二苯胺磺酸钠由无色的还原型被氧化为紫红色的氧化型，从而指示滴定终点的到达。

若用 In(Ox)和 In(Red)分别表示指示剂的氧化型和还原型，则它的氧化还原半反应为

$$\mathrm{In(Ox)} + ne^- \rightleftharpoons \mathrm{In(Red)}$$

根据能斯特方程，指示剂的电极电势与浓度之间的关系为

$$E = E^{\ominus'}\mathrm{In}_{(\mathrm{Ox/Red})} + \frac{0.0592}{n}\lg\frac{c(\mathrm{In_{Ox}})}{c(\mathrm{In_{Red}})}$$

与酸碱指示剂的变色情况相似，氧化还原指示剂变色的电势范围为

$$E = E^{\ominus'}_{\mathrm{In(Ox/Red)}} \pm \frac{0.0592}{n} \tag{8.16}$$

由于变色范围以条件电势为中心变化很小，因此在选择指示剂时，应使指示剂的条件电势处于滴定突跃范围之内，以减小终点误差。例如，在酸性介质中用 Ce^{4+} 滴定 Fe^{2+} 时，突跃范围为 0.86～1.26 V，则应选用条件电势为 1.06V 的邻二氮菲-亚铁或条件电势为 0.89V 的邻苯胺基苯甲酸作为指示剂。表 8－3 列出了一些常用氧化还原指示剂的条件电势及颜色变化。

表 8－3　一些常用氧化还原指示剂的条件电势及颜色变化

指示剂	$E^{\ominus\prime}(In)/V$ ($[H^+]=1mol\cdot L^{-1}$)	颜色变化	
		氧化型	还原型
二苯胺	0.76	紫色	无色
二苯胺磺酸钠	0.84	紫红色	无色
邻苯胺基苯甲酸	0.89	紫红色	无色
邻二氮菲-亚铁	1.06	浅蓝色	红色
硝基邻二氮菲-亚铁	1.25	浅蓝色	紫红色

8.4.4 氧化还原滴定前的预处理

在氧化还原滴定法中，为了能成功地完成氧化还原滴定，在滴定之前往往需要将被测组分处理成能与滴定剂迅速、完全，并按照一定化学计量关系反应的状态，或者处理成高价态后用还原剂进行滴定，或者处理成低价态后用氧化剂滴定。滴定前使被测组分转变为一定价态的步骤称为**滴定前的预处理**。例如，测定铁矿石中的全铁量时，溶解后的矿样溶液中铁是以 Fe^{3+} 和 Fe^{2+} 两种价态存在的，若分别测定 Fe^{3+} 和 Fe^{2+}，就需要两种标准溶液。如果将 Fe^{3+} 预先还原成 Fe^{2+}，然后用氧化剂的标准溶液滴定 Fe^{2+}，则只需滴定一次即可求得总铁量。

预处理时，所用的氧化剂或还原剂应符合下列要求：反应速度要快；必须将待测组分定量地氧化或还原；反应要具有一定的选择性；过量的氧化剂或还原剂要易于除去(如可用加热分解、过滤、利用化学反应等方法除去)。

预处理常用的氧化剂见表 8－4，预处理常用的还原剂见表 8－5。

表 8－4　预处理常用的氧化剂

氧化剂	反应条件	主要反应	除去方法
$NaBiO_3$ $NaBiO_3(s)+6H^++2e^- \rightleftharpoons Bi^{3+}+Na^++3H_2O$ $E^{\ominus}=1.80V$	室温、HNO_3 介质 H_2SO_4 介质	$Mn^{2+}\rightarrow MnO_4^-$ Ce(Ⅲ)→Ce(Ⅳ)	过滤
PbO_2	pH＝2～6 焦磷酸盐缓冲液	Mn(Ⅱ)→Mn(Ⅲ) Ce(Ⅲ)→Ce(Ⅳ) Cr(Ⅲ)→Cr(Ⅳ)	过滤
$(NH_4)_2S_2O_8$ $S_2O_8^{2-}+2e^- \rightleftharpoons 2SO_4^{2-}$ $E^{\ominus}=2.01V$	酸性 Ag^+ 为催化剂	Ce(Ⅲ)→Ce(Ⅳ) $Mn^{2+}\rightarrow MnO_4^-$ $Cr^{3+}\rightarrow Cr_2O_7^{2-}$ $VO^{2+}\rightarrow VO_3^-$	煮沸分解

（续表）

氧化剂	反应条件	主要反应	除去方法
H_2O_2 $H_2O_2+2e^- \rightleftharpoons 2OH^-$ $E^\ominus=0.88V$	NaOH 介质 HCO_3^- 介质 碱性介质	$Cr^{3+} \rightarrow CrO_4^{2-}$ Co(Ⅱ)→Co(Ⅲ) Mn(Ⅱ)→Mn(Ⅳ)	煮沸分解
$KMnO_4$	焦磷酸盐和氟化物 Cr(Ⅲ)存在时	Ce(Ⅲ)→Ce(Ⅳ) V(Ⅳ)→V(Ⅴ)	尿素和亚硝酸钠
$HClO_4$	热、浓 $HClO_4$	V(Ⅳ)→V(Ⅴ) Cr(Ⅲ)→Cr(Ⅳ)	迅速冷却至室温， 用水稀释

表 8-5 预处理常用的还原剂

还原剂	反应条件	主要反应	除去方法
SO_2 $SO_4^{2-}+4H^++2e^- \rightleftharpoons$ $SO_2(aq)+2H_2O$ $E^\ominus=0.20V$	$1.0mol \cdot L^{-1}$ H_2SO_4	Fe(Ⅲ)→Fe(Ⅱ) As(Ⅴ)→As(Ⅲ) Sb(Ⅴ)→Sb(Ⅲ) Cu(Ⅱ)→Cu(Ⅰ)	煮沸，通 CO_2
$SnCl_2$ $Sn^{4+}+2e^- \rightleftharpoons Sn^{2+}$ $E^\ominus=0.15V$	酸性，加热	Fe(Ⅲ)→Fe(Ⅱ) Mo(Ⅵ)→Mo(Ⅴ) As(Ⅴ)→As(Ⅲ)	快速加入过量的 $HgCl_2$ $Sn^{2+}+2HgCl_2 = Sn^{4+}$ $+Hg_2Cl_2+2Cl^-$
盐酸肼、硫酸肼或肼	酸性	As(Ⅴ)→As(Ⅲ)	浓硫酸，加热

8.5 常用的氧化还原滴定法

8.5.1 高锰酸钾法

1. 高锰酸钾法概述

高锰酸钾是一种强氧化剂，介质条件不同，其氧化能力和还原产物也不同。

在强酸性溶液中

$$MnO_4^- + 8H^+ + 5e^- \rightleftharpoons Mn^{2+} + 4H_2O \qquad E^\ominus = 1.507V$$

在中性或弱碱性溶液中

$$MnO_4^- + 2H_2O + 3e^- \rightleftharpoons MnO_2 + 4OH^- \qquad E^\ominus = 0.595V$$

在强碱性溶液中

$$MnO_4^- + e^- \rightleftharpoons MnO_4^{2-} \qquad E^\ominus = 0.558V$$

在强酸性溶液中 $KMnO_4$ 的氧化能力最强，可直接测定许多还原性物质，如 Fe^{2+}、H_2O_2、Sn^{2+}、$C_2O_4^{2-}$、Ti(Ⅲ)、As(Ⅲ)、Sb(Ⅲ)等；也可以利用间接法测定能与

$C_2O_4^{2-}$定量沉淀为草酸盐的金属离子（如Ca^{2+}、Ba^{2+}、Pb^{2+}及稀土离子等）；还可以利用返滴定法测定一些不能直接滴定的氧化性和还原性物质（如MnO_2、PbO_2、SO_3^{2-}和HCHO等）。注意：用H_2SO_4来控制溶液的酸度，避免使用HCl或HNO_3。因为Cl^-具有还原性，也能与MnO_4^-作用；而HNO_3具有氧化性，它可能氧化某些被滴定的物质。

在中性或弱碱性溶液中，$KMnO_4$与还原剂作用，则会生成褐色的水合二氧化锰（$MnO_2 \cdot H_2O$）沉淀，妨碍滴定终点的观察，这个反应在定量分析中很少应用。

在强碱性条件下（NaOH的浓度大于$2mol \cdot L^{-1}$），$KMnO_4$氧化有机物的反应速率很快，所以在强碱性溶液中可测定有机物。

高锰酸钾法的优点是$KMnO_4$氧化能力强，滴定时无须另加指示剂，应用广泛。高锰酸钾法的缺点是试剂常含有少量杂质，因而溶液不够稳定；$KMnO_4$氧化能力强，能和很多还原性物质发生作用，所以干扰也较严重。

2. 高锰酸钾标准溶液的配制与标定

由于市售的高锰酸钾往往含有少量杂质，如氯化物、硫酸盐及硝酸盐等，而且蒸馏水中也常含有微量还原性物质可与$KMnO_4$作用，因此$KMnO_4$标准溶液不能用直接法配制。此外，光、热、溶液的pH等也能影响$KMnO_4$溶液的分解速度。

为了配制比较稳定的$KMnO_4$溶液，可称取比理论量稍多的$KMnO_4$，溶于一定体积的蒸馏水中，加热至沸，并保持微沸约1h，冷却后储存于棕色试剂瓶中，于暗处放置2～3天，使溶液中可能存在的还原性物质完全氧化。然后用微孔玻璃漏斗过滤除去析出的沉淀，再进行标定。使用放置时间较长的$KMnO_4$溶液时应重新标定其浓度。

可用还原剂作为基准物标定$KMnO_4$溶液的浓度，可用的基准物有$H_2C_2O_4 \cdot 2H_2O$、$Na_2C_2O_4$、$FeSO_4 \cdot (NH_4)_2SO_4 \cdot 6H_2O$、纯铁丝及$As_2O_3$等。其中$Na_2C_2O_4$不含结晶水，性质稳定，容易提纯，是实验室中最常用的基准物质。

在H_2SO_4介质中，MnO_4^-与$C_2O_4^{2-}$的标定反应为

$$2MnO_4^- + 5C_2O_4^{2-} + 16H^+ = 2Mn^{2+} + 10CO_2\uparrow + 8H_2O$$

为了使标定反应能迅速、定量地进行，应注意以下滴定条件。

(1)温度

在室温下此标定反应的速度缓慢，因此应将溶液加热至75～85℃，但温度不能超过90℃，否则在酸性溶液中部分$H_2C_2O_4$会发生分解。

$$H_2C_2O_4 = CO_2\uparrow + CO\uparrow + H_2O$$

(2)酸度

溶液应保证足够的酸度，一般在开始滴定时，溶液的酸度为$0.5 \sim 1mol \cdot L^{-1}$ H_2SO_4。酸度不够时，往往容易生成MnO_2沉淀；酸度过高又会促使$H_2C_2O_4$分解。滴定终点时酸度为$0.2 \sim 0.5mol \cdot L^{-1}$ H_2SO_4。

(3)滴定速度

开始滴定的速度不宜太快。反应产物Mn^{2+}起着催化剂的作用，即MnO_4^-与$C_2O_4^{2-}$的反应是自动催化反应。滴定开始时，加入的第一滴$KMnO_4$溶液褪色较慢，所以开始滴定时滴定速度要慢些，待第一滴$KMnO_4$红色褪去后，再滴入第二滴。等几滴$KMnO_4$溶液完全作用生成一定量的Mn^{2+}后，滴定速度就可以稍快些，但不能太快，否则加入的$KMnO_4$

溶液来不及与 $C_2O_4^{2-}$ 反应，就在热的酸性溶液中发生分解。

$$4MnO_4^- + 12H^+ = 4Mn^{2+} + 5O_2\uparrow + 6H_2O$$

(4)滴定终点

$KMnO_4$作为自身指示剂，终点时溶液颜色变为粉红色，经半分钟不褪色即可认为终点已到。由于空气中的还原性气体及尘埃等杂质落入溶液中能使 $KMnO_4$ 缓慢分解，使粉红色消失，而使滴定终点不太稳定，因此显色后半分钟内不褪色即可。

3. 高锰酸钾法的应用

(1)直接法测定过氧化氢

商品双氧水中的过氧化氢可用 $KMnO_4$ 标准溶液直接滴定，其反应式为

$$5H_2O_2 + 2MnO_4^- + 6H^+ = 2Mn^{2+} + 5O_2 + 8H_2O$$

此滴定在室温时可在硫酸介质中顺利进行，但开始时反应速度较慢，反应产物 Mn^{2+} 起催化作用，使以后的反应加速。

市售双氧水中 H_2O_2浓度过大，应稀释后再滴定。由于 H_2O_2不稳定，工业品 H_2O_2中一般加入某些有机物如乙酰苯胺等作为稳定剂。这些有机物大多能与 MnO_4^- 作用而对 H_2O_2的测定产生干扰，此时过氧化氢宜采用碘量法或铈量法测定。

(2)间接滴定法测定钙

有些金属离子能与 $C_2O_4^{2-}$ 作用生成难溶草酸盐沉淀，如果将生成的草酸盐沉淀过滤、洗涤后溶于稀硫酸中，然后用 $KMnO_4$ 标准溶液来滴定 $C_2O_4^{2-}$，就可间接测定这些金属离子。Ca^{2+} 的测定就可采用此法。

在沉淀 Ca^{2+} 时，为了得到颗粒较大的易过滤、洗涤的晶形沉淀，应将 Ca^{2+} 溶液先用盐酸酸化，然后加入$(NH_4)_2C_2O_4$。由于 $C_2O_4^{2-}$ 在酸性溶液中大部分以$HC_2O_4^-$ 型体存在，而以 $C_2O_4^{2-}$ 型体存在的浓度很小，此时即使 Ca^{2+} 浓度较大，其离子积也达不到溶度积，因此这时不会有 CaC_2O_4 沉淀生成。然后再慢慢滴加稀氨水，由于溶液中的 H^+ 逐渐被中和，$C_2O_4^{2-}$ 浓度缓缓增加，这样便可得到 CaC_2O_4 的粗晶形沉淀。最后应控制溶液的 pH 为 3.5～4.5 并继续保温约 30 min 使沉淀陈化，这样既可以防止其他难溶性钙盐的生成，又可使得到的沉淀便于过滤、洗涤。将 CaC_2O_4 沉淀放置冷却后，过滤、洗涤，再溶于稀硫酸中，即可用 $KMnO_4$标准溶液滴定溶液中与 Ca^{2+} 定量结合的 $C_2O_4^{2-}$。

(3)返滴定法测定化学需氧量

化学需氧量(chemical oxygen demand,COD)是量度水体受还原性物质[①]污染程度的综合性指标。它是指水体中易被强氧化剂氧化的还原性物质所消耗的氧化剂的量，换算成氧的质量浓度(以 $mg\cdot L^{-1}$计)。

测定时在水样中加入 H_2SO_4及准确量的过量的 $KMnO_4$溶液，置沸水浴中加热，使其中的还原性物质氧化，剩余的 $KMnO_4$用准确加入的过量的 $Na_2C_2O_4$标准溶液还原，再以 $KMnO_4$标准溶液返滴定过量的 $Na_2C_2O_4$溶液。反应式如下。

$$5C + 4MnO_4^- + 12H^+ = 5CO_2 + 4Mn^{2+} + 6H_2O$$

---

① 还原性物质主要有各种有机物(如有机酸、腐殖酸、脂肪酸、糖类化合物、可溶性淀粉等)及还原性无机物质(如亚硝酸盐、亚铁盐、硫化物等)。

$$5C_2O_4^{2-}+2MnO_4^-+16H^+=10CO_2+2Mn^{2+}+8H_2O$$

由于 Cl^- 对此有干扰，因而本法仅适用于地表水、地下水、饮用水和生活污水中化学需氧量的测定，含较高 Cl^- 的工业废水则应采用重铬酸钾法测定。

8.5.2 重铬酸钾法

1. 重铬酸钾法概述

$K_2Cr_2O_7$ 也是一种常用的较强氧化剂，在酸性介质中的半反应为

$$Cr_2O_7^{2-}+14H^++6e^- \rightleftharpoons 2Cr^{3+}+7H_2O \qquad E^{\ominus}=1.332V$$

$K_2Cr_2O_7$ 的氧化能力比 $KMnO_4$ 稍弱，应用不及 $KMnO_4$ 广泛，但是重铬酸钾法有其独特的优点。

(1) $K_2Cr_2O_7$ 易于制成99.99%以上的高纯试剂，在140～150℃时干燥后，可直接配制成一定浓度的标准溶液。

(2) $K_2Cr_2O_7$ 标准溶液相当稳定，只要保存在密闭容器中，浓度可长期保持不变。

(3)在 $1mol \cdot L^{-1}$ HCl 溶液中，$E^{\ominus'}=1.00V$，室温下不与 Cl^- 作用，可在 HCl 溶液中进行滴定。

重铬酸钾法常用的指示剂是二苯胺磺酸钠或邻苯胺基苯甲酸等。

2. 重铬酸钾标准溶液的配制

$K_2Cr_2O_7$ 非常稳定，容易提纯。在140～150℃下干燥1～2h，置于干燥器中冷却后，准确称取一定质量的 $K_2Cr_2O_7$，加水溶解后定量转移入一定体积的容量瓶中，稀释至刻度，摇匀。然后根据所称取 $K_2Cr_2O_7$ 的质量和定容的体积，计算 $K_2Cr_2O_7$ 标准溶液的浓度。

3. 重铬酸钾法的应用

(1)铁矿石中全铁含量的测定

重铬酸钾法常用于测定铁，其滴定反应为

$$Cr_2O_7^{2-}+6Fe^{2+}+14H^+=2Cr^{3+}+6Fe^{3+}+7H_2O$$

测定时，试样用浓 HCl 溶液加热溶解后，趁热用 $SnCl_2$ 将 Fe^{3+} 还原为 Fe^{2+}，过量的 $SnCl_2$ 用 $HgCl_2$ 氧化，此时溶液中析出 Hg_2Cl_2 丝状白色沉淀，然后在 $1\sim2mol \cdot L^{-1}$ H_2SO_4-H_3PO_4 混合酸介质中，以二苯胺磺酸钠为指示剂，用 $K_2Cr_2O_7$ 标准溶液滴定，溶液由浅绿色变为紫红色即为终点。此处 H_2SO_4 的作用是保证足够的酸度。H_3PO_4 的作用包括两方面：一方面是使 Fe^{3+} 生成无色稳定的 $[Fe(PO_4)_2]^{3-}$ 配离子，消除 Fe^{3+} 的黄色，有利于终点的观察；另一方面是由于 Fe^{3+} 生成配离子，使 Fe^{3+}/Fe^{2+} 电对的条件电势降低，相当于拉长了滴定突跃范围，使指示剂的变色更加敏锐。

(2)水样中化学需氧量(COD_{Cr})的测定

我国规定工业废水化学需氧量的测定使用重铬酸钾法，并记为 COD_{Cr}。

测定原理：在水样中准确加入过量的 $K_2Cr_2O_7$ 标准溶液，在强酸(H_2SO_4)介质中，以 Ag_2SO_4 为催化剂，加热回流2h，使 $K_2Cr_2O_7$ 与有机物和还原性物质充分作用；过量的 $K_2Cr_2O_7$ 用硫酸亚铁铵标准溶液返滴定，用邻二氮菲-铁(Ⅱ)指示剂指示滴定终点；然后由消耗的 $K_2Cr_2O_7$ 标准溶液和硫酸亚铁铵的量可换算成消耗氧的质量浓度，同时做空白

实验。

COD_{Cr}值可按下式计算。

$$\rho(O_2)=\frac{(V_0-V_1)\times c(Fe^{2+})\times 8.00\times 1000}{V}(mg\cdot L^{-1}) \tag{8.17}$$

式中，$c(Fe^{2+})$为硫酸亚铁铵溶液的浓度；V_0为空白实验时消耗的硫酸亚铁铵标准溶液的体积(mL)；V_1为滴定水样时消耗的硫酸亚铁铵标准溶液的体积(mL)；V为水样的体积(mL)；8.00为(1/2)O的摩尔质量($g\cdot mol^{-1}$)。

8.5.3 碘量法

1. 碘量法概述

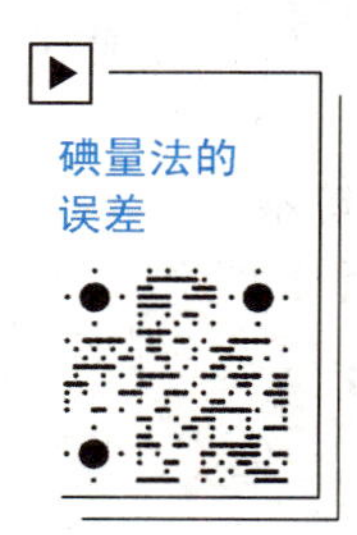

碘量法是利用I_2的氧化性和I^-的还原性来进行滴定的分析方法。由于固体I_2在水中的溶解度很小，故一般将I_2溶解在KI溶液中，此时I_2在溶液中以I_3^-的形式存在。但为方便起见，I_3^-一般仍简写为I_2。其半反应为

$$I_2+2e^- \rightleftharpoons 2I^- \qquad E^\ominus=0.5355V$$

由此可见，I_2是一种较弱的氧化剂，能与较强的还原剂作用，而I^-是一种中等强度的还原剂，能与许多氧化剂作用，因此碘量法可以用直接和间接两种方式进行滴定。

(1)碘滴定法(直接碘量法)

利用碘的氧化性，用碘标准溶液直接滴定还原性物质的分析方法称为**直接碘量法**。I_2是一种较弱的氧化剂，能与较强的还原剂(如Sn^{2+}、S^{2-}、SO_3^{2-}、As_2O_3、SO_2等)作用，如

$$I_2+SO_2+2H_2O=2I^-+SO_4^{2-}+4H^+$$

应该明确，直接碘量法不能在碱性溶液中进行，只能在中性或弱酸性介质中进行。因为在碱性溶液中，I_2会发生歧化反应。

(2)滴定碘法(间接碘量法)

利用I^-的还原性，过量的I^-与一定量的氧化性物质反应，生成定量的I_2，再用$Na_2S_2O_3$标准溶液滴定析出的定量的I_2，从而间接测定氧化性物质，称为**间接碘量法**。例如

$$Cr_2O_7^{2-}+6I^-(过量)+14H^+=2Cr^{3+}+3I_2+7H_2O$$

$$I_2+2S_2O_3^{2-}=2I^-+S_4O_6^{2-}$$

确定碘量法终点的指示剂是专属指示剂——可溶性淀粉。I_2与淀粉反应可形成蓝色吸附化合物，根据蓝色的出现或消失来确定终点。淀粉溶液应是新鲜配制的，若放置太久，则终点颜色变化不敏锐。

在间接碘量法中，为了获得准确结果，必须注意以下几个条件。

①溶液酸度必须控制在中性或弱酸性。因为这样才可以使$S_2O_3^{2-}$与I_2之间的反应迅速、定量完成。在碱性溶液中会发生如下副反应。

$$S_2O_3^{2-}+4I_2+10OH^-=2SO_4^{2-}+8I^-+5H_2O$$

②防止I_2的挥发。在I_2析出后，立即用$Na_2S_2O_3$溶液滴定，不能放置过久，并且滴定应在室温下(一般低于30℃)于碘量瓶中进行，并防止剧烈振荡。

③防止空气中的O_2氧化I^-。光照会促进I^-被空气氧化，也会促进$Na_2S_2O_3$的分解，

因此要避免阳光直接照射。

2. 标准溶液的配制与标定

(1)I_2标准溶液的配制与标定

①配制 I_2标准溶液。

由于 I_2的挥发性强，准确称量较困难，一般采用间接法配制。即首先将一定量的 I_2溶于 KI 的浓溶液中，然后稀释至一定体积。此溶液应储存在棕色瓶中，注意防止遇热或与橡胶等有机物接触，以防浓度发生变化。

②标定 I_2标准溶液。

I_2溶液可用 As_2O_3基准物质标定，As_2O_3难溶于水，可溶于 NaOH 溶液中，使之生成亚砷酸钠，其反应为

$$As_2O_3 + 6OH^- = 2\ AsO_3^{3-} + 3H_2O$$

以酚酞作为指示剂，用 HCl 中和过量的 NaOH。

以 I_2溶液滴定生成的AsO_3^{3-}，反应为

$$AsO_3^{3-} + I_2 + H_2O = AsO_4^{3-} + 2I^- + 2H^+$$

此反应是可逆反应，在中性或微碱性溶液中，反应可定量地向右进行。为使反应顺利进行，可在溶液中加入固体 $NaHCO_3$，以中和反应生成的 H^+，使溶液的 pH 保持在 8 左右。但溶液的碱性也不宜过强，因为 I_2在强碱性溶液中将发生副反应。

(2)$Na_2S_2O_3$标准溶液的配制与标定

①配制 $Na_2S_2O_3$标准溶液。

市售硫代硫酸钠($Na_2S_2O_3 \cdot 5H_2O$)一般含有少量杂质，如 S、Na_2SO_4、Na_2CO_3、NaCl 等，同时还容易风化、潮解，故不能采用直接法配制其标准溶液，只能采用间接法配制。

$Na_2S_2O_3$溶液不稳定，原因如下。

a. 水中溶解的 CO_2产生影响。

水中溶解的 CO_2能使它发生分解，反应为

$$Na_2S_2O_3 + H_2CO_3 = NaHCO_3 + NaHSO_3 + S\downarrow$$

b. 空气中的 O_2产生影响。

$$2Na_2S_2O_3 + O_2 = 2Na_2SO_4 + 2S\downarrow$$

空气中 O_2的氧化作用虽反应速度较慢，但少量 Cu^{2+}等杂质会加速反应。

c. 细菌的影响。

$$Na_2S_2O_3 \xrightarrow{\text{细菌}} Na_2SO_3 + S\downarrow$$

水中存在的细菌会消耗 $Na_2S_2O_3$中的硫，使之变为 Na_2SO_3，这是 $Na_2S_2O_3$溶液浓度变化的主要原因。

因此，配制 $Na_2S_2O_3$标准溶液时，应使用新煮沸并冷却了的蒸馏水，目的是赶出溶液中的 CO_2并杀死细菌，并加入少量 Na_2CO_3使溶液呈微碱性(抑制细菌的繁殖)，以防 $Na_2S_2O_3$的分解。为了避免日光对 $Na_2S_2O_3$的分解作用，溶液应保存在棕色瓶中。在暗处放置 8～10 天后，滤去沉淀，然后用基准物标定。标定后的 $Na_2S_2O_3$溶液在储存过程中如变混浊，应弃去重配。

②标定 $Na_2S_2O_3$标准溶液。

标定 $Na_2S_2O_3$溶液的基准物质有 $K_2Cr_2O_7$、KIO_3、$KBrO_3$、纯铜等，这些物质均能与

过量 I^- 反应析出定量的 I_2。

$$Cr_2O_7^{2-}+6I^-+14H^+=2Cr^{3+}+3I_2+7H_2O$$

$$IO_3^-+5I^-+6H^+=3I_2+3H_2O$$

$$BrO_3^-+6I^-+6H^+=3I_2+3H_2O+Br^-$$

$$2Cu^{2+}+4I^-=2CuI\downarrow+I_2$$

析出的 I_2 用 $Na_2S_2O_3$ 标准溶液滴定，反应为

$$2S_2O_3^{2-}+I_2=S_4O_6^{2-}+2I^-$$

标定时应注意以下几点。

a. 基准物(如 $K_2Cr_2O_7$)与 KI 反应时，溶液的酸度越大，反应速度就越快，但酸度太大时，I^- 容易被空气中的 O_2 氧化，所以在开始滴定时，一般应控制酸度为 0.2～0.4mol·L^{-1}左右。

b. $K_2Cr_2O_7$ 与 KI 的反应速度较慢，应将溶液在暗处放置一定时间(5min)，确保反应完全。然后加水稀释反应液，降低溶液的酸度，因为酸度过高会影响 $Na_2S_2O_3$ 与 I_2 的定量反应。稀释还可使 Cr^{3+} 的绿色变浅，终点颜色变化敏锐。接着用 $Na_2S_2O_3$ 溶液滴定析出的 I_2。

c. 控制好淀粉指示剂的加入时间。应先以 $Na_2S_2O_3$ 溶液滴定至溶液呈浅黄色，即大部分 I_2 已被作用后，再加入淀粉溶液，继续用 $Na_2S_2O_3$ 溶液滴定至蓝色刚好消失，即为终点。若太早加入淀粉指示剂，将引起大量的 I_2 与淀粉结合生成蓝色物质，这一部分 I_2 不易释放出来，也就不能与 $Na_2S_2O_3$ 反应，从而使滴定产生误差。滴定至终点达几分钟后，溶液又会出现蓝色，这是因为空气中的 O_2 氧化 I^- 产生 I_2 所引起的，不影响测定结果。

3. 碘量法的应用

(1)直接碘量法测定维生素 C(Vc)

维生素 C 又称抗坏血酸($C_6H_8O_6$)。由于维生素 C 分子中的烯二醇基具有还原性，能被 I_2 定量地氧化成二酮基，其滴定反应式为

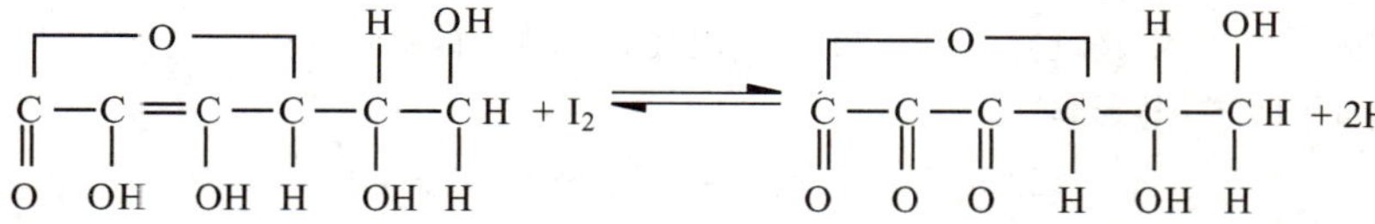

```
 ┌────O────┐     H   OH                  ┌────O────┐     H   OH
 │         │     │   │                   │         │     │   │
 C ─ C ═ C ─ C ─ C ─ C H  + I2  ⇌   C ─ C ─ C ─ C ─ C ─ C H  + 2HI
 ‖   │   │   │   │   │                   ‖   ‖   ‖   │   │   │
 O   OH  OH  H   OH  H                   O   O   O   H   OH  H
```

用直接碘量法可测定药片、注射液、饮料、蔬菜、水果等的维生素 C 含量。

由于维生素 C 的还原性很强，极易被空气氧化，尤其在碱性介质中更甚，测定时应加入醋酸使溶液呈现弱酸性，以减少维生素 C 的副反应。

维生素 C 含量的测定方法：准确称取含维生素 C 的试样，溶解在新煮沸且冷却的蒸馏水中，以醋酸酸化(pH＝3～4)，加入淀粉指示剂，迅速用 I_2 标准溶液滴定至终点(溶液呈现稳定的蓝色)。

维生素 C 在空气中易被氧化，所以在醋酸酸化后应立即滴定。由于蒸馏水中有溶解氧，因此蒸馏水必须事先煮沸，否则会使测定结果偏低。如果试液中有能被 I_2 直接氧化的物质存在，则对测定有干扰。

(2)间接碘法测定铜合金中的铜

将铜合金(黄铜或青铜)试样溶于 HCl 和 H_2O_2 的溶液中，使铜转换为 Cu^{2+}，加热分解除去 H_2O_2。在弱酸性溶液中，Cu^{2+} 与过量 KI 作用，定量释出 I_2。释出的 I_2 再用 $Na_2S_2O_3$

标准溶液滴定，就可计算出铜的含量，反应为

$$Cu+2HCl+H_2O_2=CuCl_2+2H_2O$$

$$2Cu^{2+}+4I^-=2CuI\downarrow+I_2$$

$$2S_2O_3^{2-}+I_2=2I^-+S_4O_6^{2-}$$

测定时应注意以下几点。

①为了使上述反应进行完全，必须加入过量的KI。KI既是还原剂，又是沉淀剂、配位剂。

②由于CuI沉淀强烈吸附 I_2，会使测定结果偏低。如果加入KSCN，可使CuI转化为溶解度更小且无吸附作用的CuSCN沉淀。

$$CuI+SCN^-=CuSCN\downarrow+I^-$$

但是KSCN只能在接近终点时加入，否则 SCN^- 可能被 Cu^{2+} 氧化而使结果偏低。

③为了防止铜盐水解，反应必须在酸性溶液中进行(一般控制pH=3～4)。如果酸度过低，反应速度慢，终点滞后；如果酸度过高，则 I^- 被空气氧化为 I_2 的反应被 Cu^{2+} 催化而加快，使结果偏高。

④测定时应注意防止其他共存离子的干扰。例如，试样含有 Fe^{3+} 时，由于 Fe^{3+} 能氧化 I^- 而析出 I_2，可用 NH_4HF_2 掩蔽(生成 $[FeF_6]^{3-}$)。这里 NH_4HF_2 还是缓冲剂，可使溶液的pH保持在3～4。

8.5.4 其他氧化还原滴定方法

1. 铈量法

$Ce(SO_4)_2$ 是一种强氧化剂，一般在较高酸度的溶液中使用，因在酸度较低时 Ce^{4+} 易水解。Ce^{4+}/Ce^{3+} 的条件电势取决于酸的浓度和阴离子种类。在 $HClO_4$ 介质中 Ce^{4+} 不形成配合物，在其他酸中 Ce^{4+} 都可能与相应的阴离子如 Cl^-、SO_4^{2-} 等形成配合物。在 H_2SO_4 介质中，$Ce(SO_4)_2$ 的条件电势接近于 $KMnO_4$，所以能用高锰酸钾法测定的物质一般也能用铈量法测定。

铈量法具有如下优点：反应简单，Ce^{4+} 还原为 Ce^{3+} 时，只有一个电子的转移，在还原过程中不生成中间价态的产物，副反应少；能在较大浓度的盐酸介质中滴定还原剂；可由易于提纯的 $Ce(SO_4)_2\cdot 2(NH_4)_2SO_4\cdot 2H_2O$ 直接配制标准溶液，溶液稳定，放置较长时间或煮沸也不分解；Ce^{4+} 呈橙黄色，Ce^{3+} 无色，故 Ce^{4+} 可作为自身指示剂，但灵敏度不高，一般采用邻二氮菲-铁(Ⅱ)作为指示剂，终点变色敏锐，效果更好。其缺点是价格太高及酸度低时($<1mol\cdot L^{-1}$)H_3PO_4 有干扰，可能生成磷酸高铈沉淀。

2. 溴酸钾法

溴酸钾法是用 $KBrO_3$ 作为氧化剂的滴定方法。$KBrO_3$ 在酸性溶液中具有强氧化性，其半反应为

$$2BrO_3^-+12H^++10e^-\rightleftharpoons Br_2+6H_2O \qquad E^\ominus=1.482V$$

由于 $KBrO_3$ 本身与还原剂的反应速度很慢，在实际工作中常在 $KBrO_3$ 标准溶液中加入过量的KBr(或在滴定前加入KBr)。当溶液酸化后，BrO_3^- 即氧化 Br^- 而析出游离的 Br_2，产生的 Br_2(因 Br_2 易挥发不适用单独作为滴定剂)能氧化具有还原性的物质。

溴酸钾法也能用于直接测定能与 $KBrO_3$ 迅速起反应的物质，如Sb(Ⅲ)、As(Ⅲ)、

Sn(Ⅱ)、Tl(Ⅰ)及 N_2H_4 等。

$$BrO_3^- + 3Sb^{3+} + 6H^+ = Br^- + 3Sb^{5+} + 3H_2O$$

溴酸钾法常与碘量法联合使用，即先准确加入过量的 $KBrO_3$—KBr 标准溶液与待测物质作用；然后剩余的 $KBrO_3$—KBr 在酸性溶液中与 KI 作用，析出游离 I_2；再用 $Na_2S_2O_3$ 标准溶液滴定析出的 I_2。这种间接溴酸钾法在有机物分析中应用较多。例如测定苯酚时，在苯酚试液中准确加入过量的 $KBrO_3$—KBr 标准溶液，以 HCl 溶液酸化后，$KBrO_3$ 与 KBr 反应产生一定量的游离 Br_2。

$$BrO_3^- + 5Br^- + 6H^+ = 3Br_2 + 3H_2O$$

生成的 Br_2 与苯酚发生如下反应。

OH (苯酚) $+ 3Br_2 =$ (Br, OH, Br, Br 取代苯环) $+ 3HBr$

待反应完成后，使剩余的 Br_2($KBrO_3$—KBr 标准溶液)与 KI 作用，置换出一定量的 I_2，再用 $Na_2S_2O_3$ 标准溶液滴定。根据加入的 $KBrO_3$ 量及剩余的量可计算出试样中苯酚的含量。

用相同的方法可测定甲酚、间苯二酚及苯胺等。

8.5.5 氧化还原滴定结果的计算

氧化还原滴定法中涉及的化学反应比较复杂，在进行氧化还原滴定法计算时，应先正确写出相关的氧化还原反应式，然后根据这一系列反应式找出滴定剂与待测物之间的化学计量关系，列出化学计算式，再根据所消耗的滴定剂的浓度与体积求得待测组分的浓度或质量。

【例 8.9】今欲用间接碘量法以 $K_2Cr_2O_7$ 为基准物标定 0.1mol·L^{-1} $Na_2S_2O_3$ 标准溶液的浓度。若滴定时，要将消耗的 $Na_2S_2O_3$ 溶液的体积控制在 25mL 左右，应称取多少克左右的 $K_2Cr_2O_7$？

解：依题意，相关反应式为

$$Cr_2O_7^{2-} + 6I^- + 14H^+ = 2Cr^{3+} + 3I_2 + 7H_2O$$

$$2S_2O_3^{2-} + I_2 = 2I^- + S_4O_6^{2-}$$

根据反应式有

$$Cr_2O_7^{2-} \sim 3I_2 \sim 6S_2O_3^{2-}$$

$$n(K_2Cr_2O_7) = \frac{1}{6}n(Na_2S_2O_3)$$

应称取的 $K_2Cr_2O_7$ 的质量为

$$\begin{aligned} m(K_2Cr_2O_7) &= n(K_2Cr_2O_7) \times M(K_2Cr_2O_7) \\ &= \frac{1}{6}n(Na_2S_2O_3) \times M(K_2Cr_2O_7) \\ &= \left(\frac{1}{6} \times 0.1 \times 25 \times 10^{-3} \times 294.19\right)\text{g} \\ &= 0.12\text{g} \end{aligned}$$

应称取 0.12g 左右的 $K_2Cr_2O_7$。

【例8.10】称取0.4526g铜矿试样，处理成Cu^{2+}溶液后，用间接碘量法测定，到终点时消耗0.1031mol·L^{-1}的$Na_2S_2O_3$标准溶液24.78mL。求该铜矿试样中CuO的质量分数。

解：依题意，相关反应式为

$$2Cu^{2+}+4I^{-}=2CuI\downarrow+I_2$$

$$2S_2O_3^{2-}+I_2=2I^{-}+S_4O_6^{2-}$$

根据反应式有

$$2CuO\sim 2Cu^{2+}\sim I_2\sim 2S_2O_3^{2-}$$

$$n(CuO)=n(Na_2S_2O_3)$$

则

$$w(CuO)=\frac{n(CuO)\times M(CuO)}{m_s}\times 100\%$$

$$=\frac{n(Na_2S_2O_3)\times M(CuO)}{m_s}\times 100\%$$

$$=\frac{0.1031\times 24.78\times 10^{-3}\times 79.54}{0.4526}\times 100\%$$

$$=44.90\%$$

铜矿试样中CuO的质量分数为44.90%。

实用化学电池

实用化学电池可以分为两种基本类型：原电池与蓄电池。原电池的主要特征是电池反应不可逆，放电完毕后即被废弃，如干电池、燃料电池；蓄电池又称二次电池，可以反复充电和放电，如铅蓄电池、银-锌电池等。

1. 干电池

干电池属于化学电源中的原电池，是一种一次性电池。因为这种化学电源装置的电解质是一种不能流动的糊状物，即不存在流动性液体，所以叫作干电池。干电池常用作手电筒照明、收音机等的电源。

随着科学技术的发展，干电池已经约有100多种，常见的有普通锌—锰干电池、碱性锌-锰干电池、镁-锰干电池、锌-空气电池、锌-氧化汞电池、锌-氧化银电池、锂-锰电池等。

锌-锰干电池是日常生活中常用的干电池，如图8.4所示。它的正极是位于中心的包有MnO_2和炭黑的石墨棒，石墨棒的顶端装有铜帽；负极是外壳锌皮；电解液是由NH_4Cl、$ZnCl_2$及淀粉糊状物组成的。电池上端用沥青作为封口剂，再用塑料作为电池盖。电池的主要电极反应为

负极：$Zn\rightarrow Zn^{2+}+2e^{-}$

正极：$2MnO_2+2NH_4^{+}+2e^{-}\rightarrow Mn_2O_3+2NH_3+H_2O$

总反应：$Zn+2MnO_2+2NH_4^{+}\rightarrow Zn^{2+}+Mn_2O_3+2NH_3+H_2O$

锌-锰干电池的电动势为1.5V。因产生的$NH_3(g)$被石墨吸附，引起电动势下降较快。$ZnCl_2$的作用则是消除$NH_3(g)$。

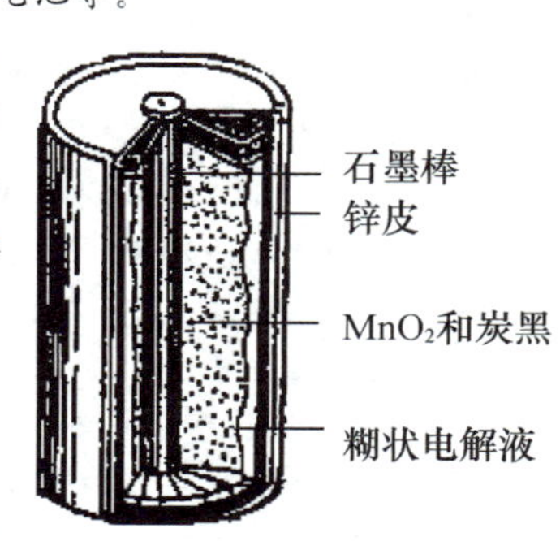

图8.4 锌—锰干电池

$$Zn^{2+} + 2NH_3 + 2Cl^- \rightarrow [Zn(NH_3)_2]Cl_2$$

在使用中锌皮被腐蚀，电动势逐渐下降，不能重新充电复原，因而不宜长时间连续使用。

2. 氢氧燃料电池

燃料电池是使燃料与氧化剂反应直接产生电流的一种原电池。燃料电池工作时，燃料和氧化剂连续地由外部供给，在电极上不断进行反应，生成物不断被排出，于是电池就连续不断地提供电能。

当前广泛应用于空间技术的一种典型燃料电池就是氢氧燃料电池，它是一种高效低污染的新型电池，主要用于航天领域。它的电极材料一般为活化电极，碳电极上嵌有微细分散的铂等金属作为催化剂，如铂电极、活性炭电极等，具有很强的催化活性。电解质溶液一般为40%的KOH溶液。电极反应和电池反应如下。

负极：$H_2 + 2OH^- \rightarrow 2H_2O + 2e^-$

正极：$O_2 + 2H_2O + 4e^- \rightarrow 4OH^-$

总反应式为：$2H_2 + O_2 \rightarrow 2H_2O$

3. 铅蓄电池

铅蓄电池是工业和实验室用得最多的蓄电池，主要用于交通工具的启动。铅蓄电池的正极是填充在铅锑合金(含锑5%～8%)栅板中的PbO_2，负极是填充在铅锑合金栅板中的海绵状金属铅，两极均浸在一定浓度的硫酸溶液中，并且两极间用微孔橡胶或微孔塑料隔开。放电的电极反应为

正极：$PbO_2 + 4H^+ + SO_4^{2-} + 2e^- \rightarrow PbSO_4 + 2H_2O$

负极：$Pb + SO_4^{2-} \rightarrow PbSO_4 + 2e^-$

铅蓄电池的电动势在正常情况下保持为2.0V，当电动势下降到1.85V时，需要为蓄电池充电，其电极反应为

阳极：$PbSO_4 + 2H_2O \rightarrow PbO_2 + 4H^+ + SO_4^{2-} + 2e^-$

阴极：$PbSO_4 + 2e^- \rightarrow Pb + SO_4^{2-}$

这种电池性能良好，价格低廉，缺点是质量过大。

蓄电池放电和充电的总反应式为

$$PbO_2 + Pb(s) + 2H_2SO_4 \rightleftharpoons 2PbSO_4 + 2H_2O$$

铅蓄电池放电使汽车启动，汽车一旦开始行驶，由发动机带动的发电机就会担负起充电任务。汽车电池相当于一个蓄电器，蓄电池由此而得名。

4. 银-锌电池

电子表、微型照相机、计算器等小型精密仪器内使用的电池是体积小、质量轻的“纽扣”电池，通常为银-锌电池。它是用不锈钢制成的一个由正极壳和负极盖组成的小圆盒，盒内靠正极盒一端充有Ag_2O和少量石墨组成的正极活性材料，负极盖一端填充锌汞合金作为负极活性材料，电解质溶液为KOH浓溶液，溶液两边用羧甲基纤维素作为隔膜，将电极与电解质溶液隔开。电极反应和电池反应如下

负极：$Zn + 2OH^- \rightarrow Zn(OH)_2 + 2e^-$

正极：$Ag_2O + H_2O + 2e^- \rightarrow 2Ag + 2OH^-$

总反应：$Zn + Ag_2O + H_2O \rightarrow Zn(OH)_2 + 2Ag$

利用上述化学反应也可以制作大电流的电池，具有质量轻、体积小等优点，这类电池已用于人造卫星、宇宙火箭、潜艇等方面。

银-锌电池跟铅蓄电池一样，在使用一段时间后就要充电，充电过程电极反应和电池反应如下。

阳极：$2Ag^+ 2OH^- \rightarrow Ag_2O + H_2O + 2e^-$

阴极：$Zn(OH)_2 + 2e^- \rightarrow Zn + 2OH^-$

总反应式：$Zn(OH)_2 + 2Ag \rightarrow Zn + Ag_2O + H_2O$

5. 锂-二氧化锰非水电解质电池

以锂为负极的非水电解质电池有几十种之多，其中性能最好、最有发展前途的是锂—二氧化锰非水电解质电池，这种电池的负极是片状金属锂，正极是电解活性 MnO_2，高氯酸锂溶于碳酸丙烯酯和二甲氧基乙烷的混合有机溶剂作为电解质溶液，以聚丙烯为隔膜，电极反应和电池反应如下。

负极：$Li \rightarrow Li^+ + e^-$

正极：$MnO_2 + Li^+ + e^- \rightarrow LiMnO_2$

总反应：$Li + MnO_2 \rightarrow LiMnO_2$

其电池电动势为2.69V，具有质量轻、体积小、电压高、比能量大等优点，电容量是一般锰电池的10倍左右，充电1000次后仍能维持其能力的90%，储存性能好，价格也较便宜，已广泛用于电子计算机、手机、无线电设备、磁带录音设备、闪光灯等。

习　　题

8.1 指出下列物质中S的氧化数。

Na_2S　SO_2　S_8　SO_3　H_2SO_4　$K_2S_2O_8$　$H_2S_2O_4$　$Na_2S_2O_3$　$H_2S_2O_7$　$Na_2S_4O_6$

8.2 用氧化数法配平下列反应方程式。

(1) $Cu + HNO_3 \rightarrow Cu(NO_3)_2 + NO$。

(2) $K_2Cr_2O_7 + H_2S + H_2SO_4 \rightarrow K_2SO_4 + Cr_2(SO_4)_3 + S$。

(3) $S_2O_8^{2-} + Mn^{2+} + H_2O \rightarrow MnO_4^- + SO_4^{2-} + H^+$。

(4) $Ca_3(PO_4)_2(s) + C(s) + SiO_2(s) \rightarrow CaSiO_3(l) + P_4(g) + CO_2(g)$。

(5) $NH_3(g) + O_2(g) \rightarrow NO_2(g) + H_2O(g)$。

(6) $PbO_2 + Mn^{2+} + H^+ \rightarrow Pb^{2+} + MnO_4^- + H_2O$。

8.3 用离子-电子法配平下列反应方程式。

(1) $HgS + NO_3^- + Cl^- \rightarrow HgCl_4^{2-} + NO_2 + S$(酸性介质)。

(2) $MnO_4^{2-} + H_2O_2 \rightarrow O_2 + Mn^{2+}$(酸性介质)。

(3) $MnO_4^- + Cr^{3+} \rightarrow Mn^{2+} + Cr_2O_7^{2-}$(酸性介质)。

(4) $MnO_4^- + C_3H_7OH \rightarrow Mn^{2+} + C_2H_5COOH$(酸性介质)。

(5) $Zn + NO_3^- \rightarrow NH_3 + Zn(OH)_4^{2-}$(碱性介质)。

(6) $Cr(OH)_4^{2-} + H_2O_2 \rightarrow CrO_4^{2-}$(碱性介质)。

8.4 写出下列电池的电极反应式和电池反应式，并计算出它们的电动势。

(1) $Zn(s)|Zn^{2+}(0.1mol \cdot L^{-1})||H^+(0.1mol \cdot L^{-1})|H_2(g, 100kPa)|Pt(s)$。

(2) $Pt(s)|Fe^{2+}(0.10mol \cdot L^{-1}), Fe^{3+}(0.20mol \cdot L^{-1})||Ag^+(1.0mol \cdot L^{-1})|Ag(s)$。

8.5 将Cu片插入 $0.01mol \cdot L^{-1}$ $CuSO_4$ 溶液中，Ag片插入 $AgNO_3$ 溶液中，组成原电池，在298.15K时，测得其电动势 $E = 0.46V$。写出其电池符号和电池反应式，并计算 $AgNO_3$ 的浓度。

8.6 若溶液的pH减少，下列电对中氧化型物质的氧化能力如何变化？

Fe^{3+}/Fe^{2+}　MnO_4^-/Mn^{2+}　Cl_2/Cl^-

8.7 (1)根据标准电极电势值判断下列反应在标准态下能否进行？

$$MnO_2 + 4HCl = MnCl_2 + Cl_2 + 2H_2O$$

(2)通过计算说明实验室为什么可以用浓盐酸和二氧化锰反应制取氯气？假设浓盐酸的浓度为 $12mol \cdot L^{-1}$，其他物质均处于标准态。

8.8 已知 $E^{\ominus}(Ag^+/Ag) = 0.7996V$，AgCl的溶度积常数为 1.77×10^{-10}，求 $E^{\ominus}(AgCl/Ag)$。

8.9 已知

$Cu^{2+}+2e^- \rightleftharpoons Cu$　　　　　　　　　　$E^\ominus=0.34V$，

$[Cu(NH_3)_4]^{2+}+2e^- \rightleftharpoons Cu+4NH_3$　　　　$E^\ominus=-0.035V$

计算配位反应 $Cu^{2+}+4NH_3 \rightleftharpoons Cu(NH_3)_4^{2+}$ 的稳定常数 β_4。

8.10 在 298.15K 时，向 Fe^{2+}、Fe^{3+} 的混合溶液中加入 NaOH，生成 $Fe(OH)_2$、$Fe(OH)_3$ 沉淀，沉淀反应达到平衡时，若 $c(OH^-)=1.0mol \cdot L^{-1}$，求 $E^\ominus(Fe(OH)_3/Fe(OH)_2)$。

8.11 已知

$HAsO_2+2H_2O \rightleftharpoons H_3AsO_4+2H^++2e^-$　　　　$E^\ominus=0.560V$

$3I^- \rightleftharpoons I_3^-+2e^-$　　　　　　　　　　　　　$E^\ominus=0.536V$

(1)计算反应 $HAsO_2+I_3^-+2H_2O \rightleftharpoons H_3AsO_4+3I^-+2H^+$ 的平衡常数。

(2)若溶液的 pH=7，反应朝哪个方向自发进行?

(3)溶液中 $[H^+]=6mol \cdot L^{-1}$，反应朝哪个方向自发进行?

8.12 钒的电势图如下。

$$VO_2^+ \xrightarrow{0.991V} VO^{2+} \xrightarrow{0.337V} V^{3+} \xrightarrow{-0.225V} V^{2+} \xrightarrow{-1.175V} V$$

试在 Zn、Sn^{2+}、Fe^{2+} 中选择合适的还原剂，实现钒的下列转变：①$VO_2^+ \rightarrow VO^{2+}$；②$VO_2^+ \rightarrow V^{3+}$；③$VO_2^+ \rightarrow V^{2+}$。

8.13 氧化还原滴定的化学计量点在滴定曲线上的位置与氧化剂和还原剂的电子转移数有什么关系?

8.14 在进行氧化还原滴定之前，为什么要进行预氧化或预还原的处理？预处理时对所用的预氧化剂或预还原剂有哪些要求?

8.15 氧化还原滴定中的指示剂分为哪几类？简述其指示滴定终点的原理。

8.16 正确写出下列氧化还原反应式：①$KMnO_4$溶液滴定溶液中 H_2O_2 的含量；②$Na_2C_2O_4$ 基准物标定 $KMnO_4$溶液的浓度；③$K_2Cr_2O_7$溶液滴定溶液中 Fe^{2+} 的含量；④$K_2Cr_2O_7$ 基准物标定 $Na_2S_2O_3$ 溶液的浓度；⑤间接碘量法测定 Cu^{2+} 含量。

8.17 已知 $KMnO_4$ 溶液的浓度是 $0.02081mol \cdot L^{-1}$，在酸性溶液中用 $KMnO_4$ 法测定 Fe^{2+} 时，求 $KMnO_4$溶液对 Fe、Fe_2O_3、$FeSO_4 \cdot 7H_2O$ 的滴定度。

8.18 市售 H_2O_2 溶液的相对密度为 $1.010g \cdot mL^{-1}$，今移取该溶液 10.00mL，在硫酸介质中用 $0.02400mol \cdot L^{-1}$ $KMnO_4$溶液滴定，耗去 36.82mL，计算溶液中 H_2O_2 的质量分数。

8.19 称取 0.4010g 软锰矿（主成分为 MnO_2）试样，在酸性溶液中，将试样与 0.4480g $Na_2C_2O_4$ 基准试剂充分反应，剩余的 $Na_2C_2O_4$ 以 $0.01010mol \cdot L^{-1}$ $KMnO_4$ 标准溶液滴定，需消耗 30.20mL，计算试样中 MnO_2 的质量分数。

（提示：$Na_2C_2O_4$ 处理反应为 $MnO_2+C_2O_4^{2-}+4H^+=Mn^{2+}+2H_2O+2CO_2$）

8.20 称取 0.1602g 石灰石试样，用 HCl 溶液将其溶解。然后将钙转化为 CaC_2O_4 沉淀，将沉淀过滤、洗涤后，再使其溶于稀 H_2SO_4 中，用 $KMnO_4$ 溶液滴定，耗去 20.70mL。已知 $KMnO_4$ 对 $CaCO_3$ 的滴定度为 $0.006020g \cdot mL^{-1}$，求石灰石中 $CaCO_3$ 的质量分数。

8.21 某 $KMnO_4$ 标准溶液 30.00mL 恰能氧化一定质量的 $KHC_2O_4 \cdot H_2O$，同样质量的 $KHC_2O_4 \cdot H_2O$ 又恰能与浓度为 $0.2012mol \cdot L^{-1}$ 的 NaOH 溶液 25.20mL 完全反应。计算此 $KMnO_4$ 标准溶液的浓度。

8.22 称取 1.000g 钢样，通过预处理，使铬被氧化成 $Cr_2O_7^{2-}$。在该试液中加入 $0.1000mol \cdot L^{-1}$ $FeSO_4$ 标准溶液 25.00mL，然后用 $0.01800mol \cdot L^{-1}$ $KMnO_4$ 标准溶液回滴剩余的 $FeSO_4$，消耗 7.00mL。计算钢样中铬的质量分数。

8.23 化学需氧量（COD_{Cr}）的测定：移取废水样 100.0mL，用 H_2SO_4 酸化后，加入 25.00mL $0.01660mol \cdot L^{-1}$ $K_2Cr_2O_7$ 溶液，以 Ag_2SO_4 为催化剂，煮沸 2h，待水样中有机物和还原性物质与重铬酸钾充分作用后，以邻二氮菲-铁(II)为指示剂，剩余的 $K_2Cr_2O_7$ 用 $0.1010mol \cdot L^{-1}$ $FeSO_4$ 溶液滴定，用去 15.18mL。同时做空白实验，移取 100.0mL 蒸馏水按上述方法进行同样的操作，剩余的 $K_2Cr_2O_7$ 用 $0.1010mol \cdot L^{-1}$ $FeSO_4$ 溶液滴定，用去 25.15mL。计算废水样的化学需氧量，以 $mg \cdot L^{-1}$ 表示。

8.24 称取 $K_2Cr_2O_7$ 基准试剂 0.1963g，溶解、酸化后加入过量 KI，析出的 I_2 用 $Na_2S_2O_3$ 标准溶液滴定，耗去 $Na_2S_2O_3$ 标准溶液 33.61mL。计算 $Na_2S_2O_3$ 溶液的浓度。

8.25 用 KIO_3 基准物标定 $Na_2S_2O_3$ 标准溶液的浓度。称取 KIO_3 基准物 0.1510g 与过量 KI 作用。析出的 I_2 用 $Na_2S_2O_3$ 标准溶液滴定，用去 24.51mL。计算此 $Na_2S_2O_3$ 溶液的浓度。

8.26 称取 1.000g 含 KI 的试样，溶于水。加入 0.05000mol·L^{-1} KIO_3 标准溶液 10.00mL 处理，反应后煮沸驱尽所生成的 I_2。冷却后，加入过量 KI 溶液与剩余的 KIO_3 充分反应，析出的 I_2 用 0.1008mol·L^{-1} $Na_2S_2O_3$ 标准溶液滴定，耗去 21.14mL。计算试样中 KI 的质量分数。

8.27 称取 1.000g 丙酮试样，溶解后，定量转移到 250mL 容量瓶中，稀释、定容、摇匀。移取该试液 25.00mL 于盛有 NaOH 溶液的碘量瓶中，准确加入 0.05000mol·L^{-1} I_2 标准溶液 50.00mL，放置一定时间后，加稀 H_2SO_4 调节溶液呈弱酸性，立即用 0.1000mol·L^{-1} $Na_2S_2O_3$ 溶液滴定过量的 I_2，耗去 10.00mL。计算试样中丙酮的质量分数。

（提示：丙酮与碘的反应为

$$CH_3COCH_3 + 3I_2 + 4NaOH = CH_3COONa + 3NaI + 3H_2O + CHI_3$$）

8.28 准确称取 1.2340g 含有 PbO 和 PbO_2 混合物的试样，在其酸性溶液中加入 0.2500mol·L^{-1} $H_2C_2O_4$ 溶液 20.00mL，使 PbO_2 还原为 Pb^{2+}。所得溶液用氨水中和，使溶液中所有的 Pb^{2+} 均沉淀为 PbC_2O_4。过滤，将滤液酸化后用 0.04000mol·L^{-1} $KMnO_4$ 标准溶液滴定，用去 10.00mL。然后将所得 PbC_2O_4 沉淀溶于酸后，用 0.04000mol·L^{-1} $KMnO_4$ 标准溶液滴定，耗去 30.00mL。计算试样中 PbO 和 PbO_2 的质量分数。

8.29 称取 0.4082g 苯酚试样，用 NaOH 溶解后，定量转移入 250mL 容量瓶中，加水稀释至刻度，摇匀。移取 25.00mL 该试液于碘量瓶中，加入溴酸钾标准溶液（$KBrO_3$＋KBr）25.00mL，然后加入 HCl 溶液酸化，待 Br_2 与苯酚反应完成后，使剩余的 Br_2 与过量 KI 作用析出 I_2，再用 0.1084mol·L^{-1} $Na_2S_2O_3$ 标准溶液滴定，用去 20.04mL。另取 25.00mL 溴酸钾标准溶液做空白实验，消耗同浓度的 $Na_2S_2O_3$ 标准溶液 41.60mL。试计算试样中苯酚的质量分数。

第9章

元素选述(一)非金属元素

了解部分非金属元素单质、化合物的性质及变化规律。

元素学说，即把元素看成构成自然界中一切实体的最简单的组成部分的学说，早在远古就已经产生了。我国古代朴素唯物主义先哲们提出，组成世界的五大元素是金、木、水、火、土；古印度佛教以地、水、火、风四大元素分析和认识物质世界；古希腊人认为宇宙万物由水、火、土、气组成。到了17世纪中叶，由于科学实验的兴起，才初步从化学分析的结果去解释关于元素的概念，古今的“元素”含义截然不同。

1923年，国际原子量委员会提出，根据原子核电荷的多少对原子进行分类，具有相同核电荷数(质子数)的同一类原子称为一种元素。迄今为止，人们在自然中发现的元素有九十多种，人工合成的元素有二十多种。原子序数大于83的元素都是不稳定、易放射衰变的元素。

在元素周期表中，对于主族元素，同一周期从左到右，随着原子序数的递增，原子的核电荷数逐渐增大，电子层数不变，因此原子核对最外层电子的吸引力逐渐增强，原子得电子能力也逐渐增强，失电子的能力逐渐降低，所以同一周期从左到右元素的金属性逐渐减弱，非金属性逐渐增强。例如第三周期前三个元素为金属，金属性 Na＞Mg＞Al，后五个为非金属，非金属性 Cl＞S＞P＞Si。

同一主族从上到下，随着原子序数的递增，电子层增多，原子半径明显增大，原子核对最外层电子的吸引力逐渐减小，因此原子得电子能力逐渐减弱，失电子能力逐渐增强。所以同一主族从上到下，元素的金属性逐渐增强，非金属性减弱。例如第ⅢA的第一个是非金属，后面都是金属；第ⅣA的前两个是非金属，后面是金属。第ⅠA元素的金属性 Li＜Na＜K＜Rb＜Cs，卤素的非金属性 F＞Cl＞Br＞I。

总之，在元素周期表中，越向左下方，元素金属性越强，金属性最强的金属是 Cs；非金属性最强的元素是 F。

大多数元素都以氧化物、硫化物、含氧酸盐等化合态存在于地壳中，只有少量元素以游离态存在。一般来说，地壳中原子量小的元素丰度[①]较大，原子序数为偶数的元素其丰度高于邻近的、原子序数为奇数的元素的丰度。生物体内含量较多的化学元素有10种，它们是氧、碳、氢、氮、钙、磷、氯、硫、钾、钠；含量较少的元素有镁、铁、锰、铜、锌、硼、钼等；而硅、铝、镍、镓、氟、钽、锶、硒在生物体内的含量非常少，称为微量元素。宇宙中含量最多的元素是氢，其次是氦。

人们对化学元素的认识过程仍在继续，当前化学中关于分子结构的研究和物理学中关于核粒子的研究等都在深入开展，可以预料它将带来对化学元素的新认识。

9.1 非金属元素概述

在元素周期表中，非金属占了22种，除氢以外，其他的非金属元素都在p区。

非金属单质在室温下一般呈气态或固态，唯有溴呈液态；非金属单质大多没有光亮的表面，硬度不一，如钻石是硬度最大的物质，而硫却是很软的；非金属单质大多数密度较低，导热、导电性较差。

生物体内含量较多的元素中半数以上是非金属，如O、H、C、N、S、P、Si、Cl等。因此，对非金属元素及其化合物的研究非常重要。

9.1.1 单质

非金属元素与金属元素的根本区别在于它们原子的价电子构型不同：多数金属元素的最外电子层上只有1～2个s电子，价电子少，形成化合物时倾向于失去电子；而非金属元素的价电子构型为$1s^{1\sim2}$(H、He)或$ns^2np^{1\sim6}$，除H、He外，非金属元素的价电子数为3～7个，形成化合物时倾向于得到电子。元素的非金属性越强，它的得电子能力越强，单质的氧化性就越强，对应的阴离子的还原性则越弱。例如，氧化性：$Cl_2>Br_2>I_2$；还原性：$Cl^-<Br^-<I^-$。

非金属单质大多数由两个或两个以上的原子以共价键相结合，如果以N代表元素所在族数，则该元素在单质分子中的共价数等于$8-N$，对于H则为$2-N$。例如，稀有气体属于第0族，共价数为$8-8=0$，为单原子分子；卤素属于第ⅦA族，共价数为$8-7=1$，为双原子分子；H的共价数为$2-1=1$，也是双原子分子，它们都是分子晶体。

氧、硫、硒属于ⅥA族，共价数为$8-6=2$；氮、磷、砷属于ⅤA族，共价数为$8-5=3$。其中氧和氮为第二周期元素，原子半径较小，形成单键时存在强烈的电子对之间的排斥力，这些排斥力大大削弱了所形成的共价键。但是较小的原子半径又有利于形成多重键，因为π键是轨道侧向重叠，只有原子半径较小时，侧向重叠才有效。氧气分子中有一个σ键和两个3电子π键，氮气分子中有一个σ键和两个π键(参见本书第6章)，所以它们的单质为多重键组成的双原子分子。而S、Se、P、As元素由于原子半径较大，p轨道难以重叠形成p－pπ键，倾向于形成尽可能多的σ单键，所以它们是以共价单键形成的多原子分子，如S_8、Se_8、P_4、As_4，它们都是分子晶体。

C和Si属于第ⅣA族，共价数为$8-4=4$，它们的单质金刚石、晶体硅为原子晶体，

① 丰度：元素的相对含量，某一同位素在其所属的天然元素中占的原子数百分比。

原子通过 sp^3 杂化轨道所形成的共价单键结合成庞大的“分子”。

根据非金属元素单质的结构和性质，大致可以分成三类。

(1)小分子物质，如稀有气体、X_2、O_2、N_2 及 H_2 等，常温下呈气态，属于分子型晶体，熔点、沸点都很低。

(2)多原子分子物质，如 S_8、Se_8、P_4、As_4 等，常温下呈固态，也是分子型晶体，熔点、沸点都不高，并且易挥发。

(3)大分子物质，如金刚石、晶态硅和硼等，为原子型晶体，熔点、沸点很高，不易挥发。还有一类大分子物质，如石墨，属于过渡型晶体，键型复杂。

常见的非金属单质中，F_2、Cl_2、Br_2、O_2、P、S 较活泼，N_2、B、C、Si 常温下不太活泼。活泼的非金属易形成卤化物、氧化物、硫化物、氢化物及含氧酸等。卤素以外的大部分非金属单质不与水作用，硼、碳、磷、硫、碘等可被浓硝酸或浓硫酸氧化，生成相应的氧化物或含氧酸。

$$\begin{array}{l} B \\ C \\ P \\ S \\ I_2 \end{array} + \begin{array}{c} \text{浓 } HNO_3 \\ (\text{或浓 } H_2SO_4) \end{array} \longrightarrow \begin{array}{c} NO_2 \\ (\text{或 } SO_2) \end{array} + \begin{array}{l} H_3BO_3 \\ CO_2 \\ H_3PO_4 \\ H_2SO_4 \\ HIO_3 \end{array}$$

部分非金属单质在碱性水溶液中可与强碱反应。例如

$$\begin{array}{l} B \\ Si \\ P \\ S \\ Cl_2 \end{array} + NaOH \longrightarrow \begin{array}{l} NaBO_2 + H_2 \\ Na_2SiO_3 + H_2 \\ NaH_2PO_2 + PH_3 \\ Na_2S + Na_2SO_3 \\ NaCl + NaClO \end{array}$$

碳、氮、氧、氟等单质无此反应。

9.1.2 氢化物

非金属都有正常氧化态的氢化物。例如

B_2H_6	CH_4	NH_3	H_2O	HF
	SiH_4	PH_3	H_2S	HCl
	(GeH_4)	AsH_3	H_2Se	HBr
	(SnH_4)	(SbH_3)	H_2Te	HI

↓ 热稳定性减弱　还原性增强　酸性增强

→ 热稳定性增强，还原性减弱，酸性增强

氢化物的稳定性与元素的非金属性有关，一般说来，元素的非金属性越强，它的单质与 H_2 反应就越剧烈，生成的氢化物就越稳定，元素的最高价氧化物对应的水化物的酸性也越强。例如，非金属性 Cl>S>P>Si，Cl_2 与 H_2 在光照或点燃时发生爆炸性化合，而 Si 与 H_2 在高温下才能化合，它们的氢化物的稳定性为 $HCl > H_2S > PH_3 > SiH_4$，它们的最高价氧化物对应的水化物的酸性强弱顺序为 $HClO_4 > H_2SO_4 > H_3PO_4 > H_4SiO_4$。

非金属的氢化物都是以共价键结合的分子型氢化物，常温下一般为气体或挥发性液体，熔点、沸点呈现周期性的变化。同一族中，从上到下沸点递增，第二周期的 NH_3、H_2 及 HF 的沸点反常得高，这是由于它们的分子之间存在氢键的缘故。

非金属氢化物的稳定性与形成氢化物的两种元素的电负性差值有关，差值越大，氢化物越稳定。除了 HF 以外，其他非金属氢化物都具有还原性，其变化规律与稳定性恰好相反，稳定性大的，还原性小。氢化物能与 X_2、O_2、高氧化态的金属离子及一些含氧酸盐等氧化剂发生反应。

非金属元素的氢化物在水中大多数是酸，少数是碱。影响 H_nR 酸碱性的主要因素有 H－R 的键能、R 的电子亲和能和 R^{n-} 的水合能。H－R 键越弱，越易给出 H^+，酸性越强，如氢卤酸的强度 HF＜HCl＜HBr＜HI；非金属元素的电子亲和能的绝对值越大，则 H_nR 分子的极性越大，越易于电离，酸性越强，如 H_2O＜HF；半径小的阴离子其水合能大，有利于 H_nR 在水中的电离。

9.1.3 含氧酸及其盐

1. 含氧酸的酸碱性

非金属的含氧酸可用 H_nRO_m 来表示，分子中存在 R—O 及 O—H 两种极性键，其酸碱性与 R—O—H 的解离方式有关。ROH 在水中存在两种解离方式。

$R-OH \rightleftharpoons R^+ + OH^-$　　碱式解离

$RO-H \rightleftharpoons RO^- + H^+$　　酸式解离

ROH 按碱式还是按酸式解离，与阳离子的极化能力有关，阳离子的极化能力可用**离子势** Φ 表示，$\Phi = Z/r$，Z 为离子所带的电荷数，r 为离子半径(nm)，电荷数越高、半径越小，极化作用越大，Φ 值越大。Φ 越大，R 吸引氧原子的能力越强，O－H 被削弱，易进行酸式电离，反之，则进行碱式电离。用 Φ 值判断酸碱性的经验规律见表 9－1。

表 9－1　用 Φ 值判断酸碱性的经验规律

范围	$\sqrt{\Phi}<7$	$7<\sqrt{\Phi}<10$	$\sqrt{\Phi}>10$
酸碱性	碱性	两性	酸性
例子	Na^+	Al^{3+}	S^{6+}

2. 含氧酸的强度

含氧酸 H_nRO_m 可写为 $RO_{m-n}(OH)_n$，分子中的非羟基氧原子数为 $m-n$，令 $N=m-n$，鲍林根据实验数据归纳出以下内容。

(1)多元含氧酸的各级解离常数的 $pK_a^{\ominus}$ 的差值约为 5，即 $K_1^{\ominus}:K_2^{\ominus}:K_3^{\ominus} \approx 1:10^{-5}:10^{-10}$，如亚硫酸的 $K_1^{\ominus}=1.54\times10^{-2}$，$K_2^{\ominus}=1.02\times10^{-7}$。

(2)含氧酸的 $K_1^{\ominus}$ 与非羟基氧原子数 N 有如下关系：$K_1^{\ominus}\approx10^{5N-7}$ 或 $pK_a^{\ominus}=7-5N$。例如，亚硫酸 $N=1$，$K_1^{\ominus}\approx10^{5-7}=10^{-2}$，$pK_1^{\ominus}\approx2$。

当含氧酸的 N 值相同、中心原子不同时，还应考虑 R—O 键长对酸强度的影响，如次卤酸 HXO，因为 X—O 键长是 Cl—O＜Br—O＜I—O，X 的电负性按 Cl、Br、I 的次序递减，所以 HXO 的强度是 HClO＞HBrO＞HIO。

根据上述规律可推测一些含氧酸的强度，如

同周期：$HNO_3 > H_2CO_3 > H_3BO_3$　$HClO_4 > H_2SO_4 > H_3PO_4 > H_4SiO_4$

同族：HClO＞HBrO＞HIO

同一元素不同氧化态：$HClO_4 > HClO_3 > HClO_2 > HClO$

实践证明，上述推测结果符合事实。

常见的以非金属元素作为中心原子（成酸元素）的含氧酸有 H_3BO_3、H_2CO_3、H_2SiO_4、HNO_3、H_3PO_4、H_2SO_4 及 $HClO_4$ 等。这些酸的酸根——含氧阴离子属于多原子离子。在这样的离子内，每两个相邻原子之间，除了形成 σ 键以外，还可以形成 π 键。不过由于中心原子的电子层构型不同，它们与氧原子结合时，所形成的 π 键不完全一样。

3. 含氧酸盐的一些性质

(1)溶解性

含氧酸盐大多为离子化合物，它们的绝大部分钾盐、钠盐和铵盐及酸式盐都易溶于水。其他含氧酸盐在水中的溶解性可以归纳如下：硝酸盐、氯酸盐都易溶于水，并且溶解度随温度的升高而迅速地增加；硫酸盐大部分溶于水，但 $SrSO_4$、$BaSO_4$ 及 $PbSO_4$ 难溶于水，$CaSO_4$、Ag_2SO_4 及 Hg_2SO_4 微溶于水；碳酸盐大多数都不溶于水，其中又以 Ca^{2+}、Sr^{2+}、Ba^{2+}、Pb^{2+} 的碳酸盐最难溶；磷酸盐大多数都不溶于水。

典型的离子型盐类的溶解性往往有如下规律。

①正离子的半径越大、电荷越小，相应的盐越易溶。通常 MF 的溶解度大于 MF_2 的溶解度。

②阴离子的半径较大时，其盐的溶解度常随金属原子序数的增大而减小，如 SO_4^{2-}、I^-、CrO_4^{2-} 的半径大，从 Li^+ 到 Cs^+，从 Be^{2+} 到 Ba^{2+}，相应的盐溶解度减小。

③阴离子半径较小时，其盐的溶解度常随金属原子序数的增大而增大。例如 F^-、OH^- 的半径小，从 Li^+ 到 Cs^+，从 Be^{2+} 到 Ba^{2+}，相应盐的溶解度逐渐增大。

离子化合物溶解与离子晶体的晶格能及离子的水合能有关。如果正负离子半径相差不大，以晶格能大小来判断溶解性大小。离子电荷高、半径小，也就是离子势大的离子所组成的盐较难溶解，如碱土金属及许多过渡金属的碳酸盐、磷酸盐等。如果正负离子半径相差较大，以水合能大小来判断溶解性大小。例如，$LiClO_4$ 溶解度较大，$LiClO_4$ 在水中的溶解度比 $NaClO_4$ 大 3～12 倍，而 $KClO_4$、$RbClO_4$ 和 $CsClO_4$ 的溶解度仅为 $LiClO_4$ 的 10^{-3}。

(2)水解性

盐溶于水后，阴、阳离子会发生水合作用，如果阳离子夺取水分子的 OH^-，释放出 H^+，或者阴离子夺取水分子的 H^+ 而释放出 OH^-，在水中建立起弱酸、弱碱和水的解离平衡，这个过程称为盐类的水解。

阳离子的水解与离子势有关，电荷越高、半径越小，离子势就越大，水解能力也越强。阳离子的水解能力还与 $M(OH)_x$ 的 $K_{sp}^{\ominus}$ 的大小有关，$K_{sp}^{\ominus}$ 越小，水解性越大，强碱阳离子不水解；阴离子的水解能力与其共轭酸 $K_a^{\ominus}$ 的大小成反比，酸越弱，水解性越强，强酸阴离子不水解。水解是吸热反应，加热有利于水解进行。

(3)热稳定性

对于同一金属离子不同酸根的盐，磷酸盐、硅酸盐热稳定性最好，碳酸盐、硫酸盐热稳定性居中，硝酸盐、氯酸盐、高氯酸盐一般不稳定。酸根离子的热稳定性随阴离子半径增加而增加，如 $SO_4^{2-} > CO_3^{2-}$。

同一金属离子、同一中心原子不同价态的含氧酸盐，热稳定性随中心原子的氧化数升高而增加。例如

$$KClO < KClO_2 < KClO_3 < KClO_4$$

同一酸根不同金属离子的盐，其热稳定性顺序为

碱金属盐>碱土金属盐>过渡金属盐>铵盐

同种酸及其盐热稳定性的顺序为

正盐>酸式盐>酸

含氧酸盐热稳定性与它的结构有关，一般情况下，阳离子的极化力越强，就越容易使含氧阴离子变形分解。阴离子结构如果不对称不紧密，则易分解；反之，则稳定。例如，NO_3^-、CO_3^{2-} 为平面三角形，易分解；SO_4^{2-}、SiO_4^{2-}、PO_4^{3-} 为正四面体，很稳定。

(4)含氧酸及其盐的氧化还原性

同一周期从左到右，各元素最高氧化态的含氧酸的氧化性增强，如第三周期，硅酸和磷酸几乎无氧化性，硫酸和高氯酸都有强氧化性。同类型低氧化态的含氧酸离子也有此倾向，如氯酸和溴酸的氧化性分别比亚硫酸和亚硒酸的强。

同一族从上到下，元素最高氧化态含氧酸的氧化性多数随原子序数增加显锯齿形升高，第三周期元素的氧化性有下降趋势，第四周期元素含氧酸的氧化性有升高趋势，有些在同族元素中居于最强地位。第六周期元素含氧酸的氧化性又比第五周期元素的强得多。

对于同一元素的不同氧化态，低氧化态的含氧酸氧化性较强。例如

$$HClO > HClO_3 > HClO_4$$

$$HNO_2 > HNO_3 \qquad H_2SO_3 > H_2SO_4 \qquad H_2SeO_4 > H_2SO_4$$

9.2 氢

9.2.1 单质

氢是宇宙中最丰富的元素，在星际空间中大量存在，在地球上氢的含量也相当丰富，约占地壳质量的 0.76%，氢在生物体内按质量计平均占 10%。

氢有三种同位素，它们的名称和符号为氢或正常氢或质子氢（^1_1H，符号 H）、氘（^2_1H，符号 D）、氚（^3_1H，符号 T）。在自然界的氢中，^1_1H 的丰度为 99.984%（原子）；^2_1H 占 0.0156%（原子）；^3_1H 仅以痕量[①]存在，约占 10^{-16}%（原子），它是一种不稳定的放射性同位素，半衰期为 12.4 年。氘和氚是核聚变反应[②]的原料。重水（D_2O）能作为核裂变反应的冷却剂。

氢分子有两种变体，即正氢和仲氢，两者的区别在于分子内两个氢原子核的自旋方向不同。两个氢原子核自旋方向相同的为正氢，相反的为仲氢。普通氢是正氢和仲氢的平衡混合物，混合物中正氢、仲氢的相对含量与温度有关。氢的两种变体的化学性质相同，而物理性质略有差异，如正氢比仲氢有更高的熔点、沸点。

---

① 痕量：物质中含量在百万分之一以下的组分。

② 核聚变反应：很轻的原子核在异常高的温度（如 10^8 K）下，聚合成较重的原子核的反应。

9.2.2 氢的成键特征

氢具有最简单的原子结构，基态电子构型为$1s^1$。

$$H(g) \rightarrow H^+(g) + e^- \quad \Delta_r H_m^\ominus = 1312 kJ \cdot mol^{-1}$$
$$H(g) + e^- \rightarrow H^-(g) \quad \Delta_r H_m^\ominus = -73 kJ \cdot mol^{-1}]$$

H、H^+和H^-的半径依次为53pm、0.0015pm和208pm。氢原子的成键形式多种多样。

形成共价单键：氢原子与其他非金属元素组成共价型氢化物，如HCl、H_2O、NH_3、CH_4时，形成共价单键(σ键)。

形成离子键，氢原子能与活泼金属形成离子型氢化物，如LiH、NaH、CaH_2等，H^-离子能与B^{3+}、Al^{3+}、Ga^{3+}等组成通式为XH_4^-的复合型氢化物，如$LiBH_4$、$LiAlH_4$等，这些复合型氢化物在有机合成中是重要的氢化还原剂。

金属氢化物，氢原子能与许多金属组成二元或多元氢化物，如VH_2、Mg_2NiH_4、$TiFeH_{1.9}$、$LaNi_5H_6$、$ZrCo_2H_4$。

氢还可以形成单电子σ键，如不稳定的分子离子H_2^+中有单电子σ键。还有三中心二电子键，如比H_2^+稳定得多的H_3^+，它具有三角形结构。在硼烷等化合物中，氢原子可与相邻原子组成氢桥键。氢还可以形成氢键。

9.2.3 氢能

氢能是指以氢为主体的反应中或氢状态变化过程中所释放的能量。氢能包括氢核能和氢化学能。氢作为能源有明显的优势，它的燃烧产物是水，不污染环境，是清洁能源；氢在地球上取之不尽、用之不竭，无枯竭之忧；氢能源热值高，与其他燃料相比，约是汽油的2.6倍、煤的4.8倍，具有十分广泛的发展前景。氢能源的开发应用必须解决三个关键问题，即廉价氢的大批量制备、氢的储运和氢的合理有效利用。

9.3 碳、硅、硼及其化合物

9.3.1 碳及其化合物

1. 碳

碳可形成具有立方对称结构的金刚石原子晶体、六方层状结构的石墨晶体，C_{60}是1985年美国科学家克洛托(Kroto H. W.)和斯莫利(Smalley R. E.)发现的碳的又一种同素异形体。60个碳原子围成直径约700pm的足球式结构，如图9.1所示。它有60个顶点，12个五元环面，20个六元环面和90条棱，具有高度对称结构。在C_{60}中，每个碳原子和周围3个碳原子形成3个σ键，剩余的轨道和电子共同形成大π键。除C_{60}外，具有这种封闭笼状结构的还可能有C_{26}、C_{32}、C_{52}、C_{90}、C_{94}、C_{240}、C_{540}等，统称富勒烯(Fullerenes)，它们具有许多独特的性质，有望在半导体、超导材料、蓄电池材料和

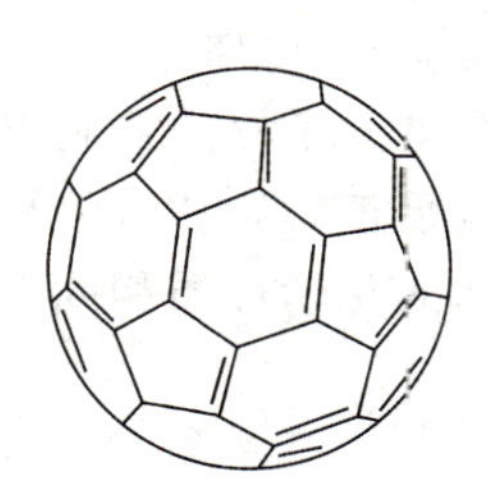
图9.1 C_{60}的分子结构

超级润滑材料等方面获得重要应用。

2. 碳的氧化物

(1)一氧化碳

CO是一种无色、无臭的气体，和N_2是等电子体，均有10个价电子，结构相似(一个σ键、两个π键)。

CO具有还原性，在高温下可以从许多金属氧化物中夺取氧，得到金属单质。常温下，CO还能从$PdCl_2$、$[Ag(NH_3)_2]OH$溶液中把Pd、Ag单质还原出来。所以$PdCl_2$可用于检测微量CO的存在。CO与I_2O_5反应可以定量析出I_2，用于定量分析CO的测定。

CO可以作为配体，以C为配位原子，与许多金属形成羰基配合物，如$Fe(CO)_5$、$Ni(CO)_4$、$CrCl_2(CO)_6$等。

CO易与血红蛋白(Hb)中的Fe(Ⅱ)结合，其结合力高出O_2约140倍，形成更稳定的配合物Hb・CO，使血液失去输氧功能，这就是人体CO中毒的原因。

(2)二氧化碳

CO_2是无色无臭的气体，无毒，浓度过高时会引起空间缺氧。它是主要的温室效应气体，CO_2是线性非极性分子，键长介于C=O和C≡O之间，键能也介于这两者之间，这说明了CO_2分子中存在离域大π键($2\pi_3^4$)①，其分子结构如图9.2所示。

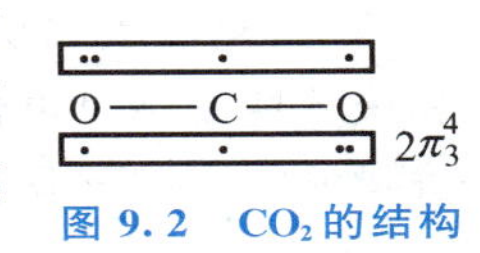

图 9.2 CO_2的结构

3. 碳酸及碳酸盐

CO_2溶于水，其水溶液呈弱酸性，故称为碳酸。其实只有少部分结合成H_2CO_3，大部分CO_2以$CO_2\cdot xH_2O$式存在。

碱金属(Li除外)和铵的碳酸盐易溶于水，其他金属的碳酸盐难溶于水。自然界中存在很多碳酸盐矿物，如大理石($CaCO_3$)、菱镁矿($MgCO_3$)、菱铁矿($FeCO_3$)、白铅矿($PbCO_3$)、孔雀石($CuCO_3\cdot Cu(OH)_2$)等。对于难溶的碳酸盐来说，相应的酸式碳酸盐溶解度大。例如

$$CaCO_3(\text{难溶})+CO_2+H_2O=Ca(HCO_3)_2(\text{易溶})$$

石灰岩地区形成溶洞就是基于这个反应，其逆反应日积月累的发生，形成了石笋和钟乳石。对于易溶的碳酸盐，其酸式盐的溶解度反而小。例如，常温下100g水可溶解21.5g Na_2CO_3，只能溶解9.6g $NaHCO_3$。

若用可溶性碳酸盐沉淀金属离子时，沉淀产物可能是碳酸盐、碱式盐或氢氧化物。例如

$$M^{2+}+CO_3^{2-}=MCO_3\downarrow \qquad (M=Ba^{2+}、Ca^{2+})$$

$$2M^{2+}+CO_3^{2-}+2H_2O=M_2(OH)_2CO_3\downarrow+2H^+ \qquad (M=Pb^{2+}、Cu^{2+})$$

$$2M^{3+}+3CO_3^{2-}+3H_2O=2M(OH)_3\downarrow+3CO_2\uparrow \qquad (M=Al^{3+}、Fe^{3+})$$

碳酸盐的热稳定性一般都不高，受到强热时，可分解为相应的氧化物和CO_2。不同的碳酸盐的热分解温度也不同，金属离子的极化能力越强，其碳酸盐热稳定性越差。同一主

① π_3^4：三中心四电子的大π键，如图9.2所示，C与两个O形成了两个π_3^4。这种大π键也称离域π键，电子不固定在两个原子之间，成键的四个电子为三个原子所共有。

族从上到下，元素的碳酸盐的热稳定性逐渐增强，而且碳酸盐的热稳定性有如下规律。

碱金属盐＞碱土金属盐＞过渡金属盐＞铵盐

碳酸氢盐比碳酸盐易分解，碳酸比碳酸盐更易分解。

4. 碳化物

碳化物可分为离子型、共价型和间充型三类。它们大都可用碳或烃与元素的单质或氧化物在高温下反应制得。

(1)离子型碳化物：电负性小的金属元素(主要是ⅠA、ⅡA族元素和铝等)形成的碳化物，不透明、不导电，可与水或稀酸反应，生成烃，如 Be_2C、Al_4C_3 等遇水生成甲烷(CH_4)；CaC_2、BaC_2、Li_2C_2、Cs_2C_2、ZnC_2、HgC_2 等遇水生成乙炔(C_2H_2)。

(2)共价型碳化物：碳与一些电负性相近的非金属元素化合时，生成共价型碳化物，它们大多是熔点高、硬度大的原子晶体。例如，碳化硅(SiC)俗称金刚砂，为白色晶体，表面易氧化，故常呈蓝黑色，熔点高、硬度大、机械强度高、热膨胀率低、化学性质稳定，可作为高温结构陶瓷材料，也是重要的工业磨料。

(3)间充型碳化物：许多d区和f区金属能与碳形成间充型碳化物。它们的硬度、熔点和难溶性常超过母体金属，其组成一股不符合化合价规则，属非整比化合物①。WC是最重要的间充型碳化物，属超硬材料。

9.3.2 硅及其化合物

1. 硅

硅在地壳中的丰度为29.50%，在所有元素中居第二位。如果说碳是组成生物界的主要元素，硅则是构成地球上矿物界的主要元素。硅单质有无定形和晶态两种。晶态硅为原子晶体，高纯的单晶硅呈灰色，硬而脆，熔点和沸点均很高，是重要的半导体材料。

硅在常温下不活泼，高温时活泼性增强，能与 O_2 和水蒸气反应生成 SiO_2，与卤素、N_2、C、S等非金属反应生成相应的二元化合物 SiX_4、Si_3N_4、SiC、SiS_2 等。硅能与强碱、氟和强氧化剂反应，不与盐酸、硫酸和王水反应，但可溶于 HF－HNO_3 中。

$$Si+2F_2=SiF_4(g)$$

$$Si+2NaOH+H_2O=Na_2SiO_3+2H_2$$

$$3Si+4HNO_3+18HF=3H_2[SiF_6]+4NO+8H_2O$$

2. 二氧化硅和硅酸盐

(1)二氧化硅

由于硅易与氧结合，故自然界中硅主要以硅石 SiO_2 及其衍生的硅酸盐形式存在。硅石有晶形和无定形两种形态。硅藻土是无定形的 SiO_2，具有多孔性，是良好的吸附剂，是建筑工程的绝热隔音材料。晶形 SiO_2 如石英，是原子晶体，硅氧四面体通过共用顶角的氧原子彼此连结，并在三维空间多次重复，形成了硅氧网格形式的二氧化硅晶体。晶体的最简

---

① 非整比化合物：某些化合物的原子个数比偏离整数比，如 $Ni_{0.97}O$，这种偏离是由于晶体结构中的缺陷造成的。由于它们的成分可以改变，因而具有化学反应活性及特异的光学、电学和磁学等性质，在现代科技中有广泛的用途。

式为 SiO_2，但 SiO_2 并不代表一个简单的分子。四面体排列的形式不同构成了不同的晶型，如水晶，它是一种坚硬、脆性、难溶的无色透明晶体，膨胀系数很小，骤热骤冷也不易破裂，常用作光学仪器，是光导纤维的主要材料。

SiO_2 的化学性质不活泼，它不溶于水，只有浓磷酸和氢氟酸可与之作用，SiF_4 极易与HF配位形成氟硅酸。

$$SiO_2 + 2H_3PO_4(浓) = SiP_2O_7 + 3H_2O$$

$$SiO_2 + 4HF = SiF_4 \uparrow + 2H_2O$$

$$SiF_4 + 2HF = H_2SiF_6$$

氟硅酸在水溶液中很稳定，是一种强酸，其酸性与硫酸相仿。

SiO_2 是酸性氧化物，它能缓慢地溶解在强碱中生成硅酸盐。高温时，将 SiO_2 与氢氧化钠或碳酸钠共熔而得到硅酸钠。

$$SiO_2 + Na_2CO_3 = Na_2SiO_3 + CO_2 \uparrow$$

生成的 Na_2SiO_3 呈玻璃状，能溶于水，其水溶液称为水玻璃，可作为黏合剂、防火涂料和防腐剂等。

(2)硅酸

SiO_2 是硅酸的酸酐，可构成多种硅酸，其组成随形成时的条件而变，常以 $xSiO_2 \cdot yH_2O$ 表示。现已知的有偏硅酸 H_2SiO_3($SiO_2 \cdot H_2O$)、二硅酸 $H_6Si_2O_7$($2SiO_2 \cdot 3H_2O$)、三硅酸 $H_4Si_3O_8$($3SiO_2 \cdot 2H_2O$)、二偏硅酸 $H_2Si_2O_5$($2SiO_2 \cdot H_2O$)、正硅酸 H_4SiO_4($SiO_2 \cdot 2H_2O$)等。

各种硅酸中，以偏硅酸最简单，常以 H_2SiO_3 代表硅酸。它是二元弱酸，在水中溶解度很小，实验室常用可溶性硅酸盐与酸作用制取硅酸。

$$SiO_3^{2-} + 2H^+ = H_2SiO_3$$

所生成的硅酸并不立即沉淀(单个硅酸分子可溶于水)，它容易聚合成多硅酸，形成硅酸溶胶，在稀的硅酸溶胶中加入电解质，可得到黏浆状的硅酸沉淀，若硅酸较浓，则得硅酸凝胶。将硅酸凝胶部分水分蒸发掉，可得到硅酸干胶，即硅胶。

硅胶是一种白色多孔的固体物质，内表面积很大，有很强的吸附性能，可作为吸附剂、干燥剂和催化剂载体。实验室通常用变色硅胶作为干燥剂，将硅胶用 $CoCl_2$ 溶液浸透后烘干制得。无水 Co^{2+} 为蓝色，水合 $[Co(H_2O)_6]^{2+}$ 为粉红色。硅胶吸附水分后，颜色由蓝色变为粉红色，重新烘干后又变为蓝色。

(3)硅酸盐

所有硅酸盐中，仅碱金属硅酸盐可溶于水，在硅酸钠溶液中加入 NH_4Cl，可生成 H_2SiO_3 沉淀，该反应可用来鉴定可溶性硅酸盐。

$$SiO_3^{2-} + 2NH_4^+ = H_2SiO_3 \downarrow + 2NH_3$$

自然界中硅酸盐分布极广，种类繁多，构成地壳总质量的80%。硅酸盐组成非常复杂，如高岭土($Al_2H_4Si_2O_9$)是制造瓷器的原料；石棉($CaMg_3(SiO_3)_4$)耐酸、耐热，可用来过滤酸液、制耐火布；白云母($K_2H_4Al_2(SiO_3)_6$)透明、耐热，可作为炉窗和绝缘材料。

9.3.3 硼及其化合物

硼族元素的价电子构型为 ns^2np^1，价轨道数为4，价电子数为3，价电子数小于价轨道数表现出缺电子特征。由于有空的价轨道，形成的**缺电子化合物**容易与电子给予体形成加合物或发生分子间自聚合。

1. 硼

硼单质包括晶态和无定形两种同素异形体，在单质硼的晶体中，由 12 个硼原子构成的正二十面体基本结构单元，由于二十面体的连接方式不同、化学键不同，可以形成各种晶体结构，它们都属于原子晶体，熔点、沸点很高，硬度很大，在单质中仅次于金刚石。α-菱形硼的分子结构如图 9.3 所示。

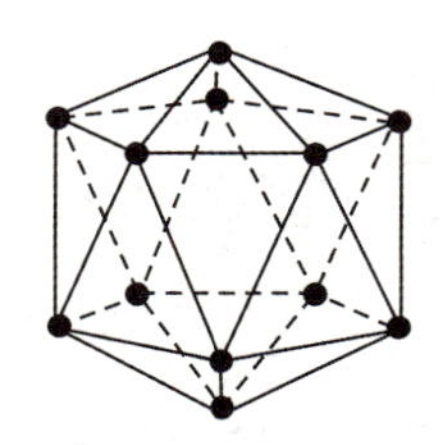

图 9.3 α—菱形硼的分子结构

硼单质的制备通常用菱镁矿在加压下与浓碱反应，反应过程如下。

$$Mg_2B_2O_5 \cdot H_2O \xrightarrow{NaOH} Na[B(OH)_4] \xrightarrow{CO_2} Na_2B_4O_7 \xrightarrow{H_2SO_4} B(OH)_3 \xrightarrow{\Delta} B_2O_3 \xrightarrow{Mg} B$$

单质硼还有其他制备方法，如用金属或氢气还原硼的卤化物可得晶态硼。

$$2BCl_3 + 3Zn \xrightarrow{\Delta} 2B + 3ZnCl_2$$

$$2BBr_3 + 3H_2 \xrightarrow[\Delta]{W 或 Ta} 2B + 6HBr$$

在 1073K 下以 KCl—KF 为溶剂电解 KBF_4，可得到无定形硼。

常温下，硼可与 F_2 和 O_2 反应并放热。硼在加热时可与其他卤素反应，硼只能与氧化性酸反应。

$$B(无定形) + HNO_3(浓) + H_2O = B(OH)_3 + NO(g)$$

$$2B + 3H_2SO_4(浓，热) = 2B(OH)_3 + 3SO_2(g)$$

硼与强碱可以在熔融条件下反应。

$$2B(无定形) + 2NaOH + 6H_2O = 2Na[B(OH)_4] + 3H_2$$

2. 乙硼烷

硼的氢化物有几十种，统称硼烷。硼烷的组成有 B_nH_{n+4}、B_nH_{n+6} 等类型。硼烷的命名是 10 以内数字用干支词头表示硼原子数，若硼原子数超过 10，则用中文数字词头标明硼原子数。氢原子数用阿拉伯数字写于硼烷名称之后，如 B_5H_9、B_5H_{11} 分别为戊硼烷-9、戊硼烷-11。

(1)乙硼烷的结构

最简单的硼烷是乙硼烷(B_2H_6)，它是缺电子化合物。B_2H_6 中价电子总共只有 12 个，无法形成 7 个正常的共价键，它的结构如图 9.4 所示，每个 B 与两个 H 形成两个 σ 键，两个 B、4 个 H 形成分子平面，另外两个 H 不在分子平面内，在平面的上、下各一个，与硼原子分别形成两个三中心二电子键，称为氢桥键。

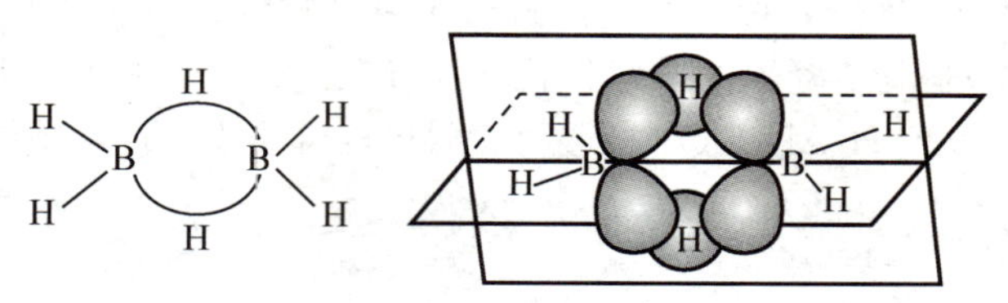

图 9.4 乙硼烷的分子结构

(2)乙硼烷的反应

B_2H_6在空气中极易燃烧，放出大量的热。

$$B_2H_6 + 3O_2 = B_2O_3 + 3H_2O$$

B_2H_6是强还原剂，能被Cl_2氧化。

$$B_2H_6 + 6Cl_2 = 2BCl_3 + 6HCl$$

但B_2H_6与Br_2、I_2反应，产物为B_2H_5X(X=Br、I)。

B_2H_6极易与H_2O、CH_3OH反应，生成H_2。

$$B_2H_6 + 6H_2O = 2H_3BO_3 + 6H_2$$

$$B_2H_6 + 6CH_3OH = 2B(OCH_3)_3 + 6H_2$$

B_2H_6与离子型氢化物可以发生加合反应。

$$B_2H_6 + 2NaH = 2NaBH_4$$

$$B_2H_6 + 2LiH = 2LiBH_4$$

(3)乙硼烷的制备

工业上，在高压及$AlCl_3$催化剂存在下，用Al和H_2还原B_2O_3制备乙硼烷。反应为

$$B_2O_3 + 2Al + 3H_2 \xrightarrow{AlCl_3} B_2H_6 + Al_2O_3$$

或者用$LiAlH_4$还原BCl_3也可制备乙硼烷。

$$3LiAlH_4 + 4BCl_3 = 3LiCl + 3AlCl_3 + 2B_2H_6\uparrow$$

3. 硼的含氧化合物

(1)氧化硼

单质硼在空气中加热或硼酸受热脱水都生成氧化硼。氧化硼是白色固体，常见的有无定形和结晶体两种，结晶体具有二维片状结构，更稳定。

熔融的B_2O_3能与许多种金属氧化物反应，生成玻璃状硼酸盐，这些硼酸盐有特征颜色，称为硼珠，可用于鉴定。例如

$$CoO + B_2O_3 = Co(BO_2)_2\text{(深蓝色)}$$

金属氧化物：	Cr_2O_3	MnO	NiO	Fe_2O_3	CuO
硼珠颜色：	绿色	紫色	绿色	黄色	蓝色

加热到一定温度时，B_2O_3和NH_3反应，可生成白色的氮化硼$(BN)_n$。在873K时B_2O_3与CaH_2反应生成六硼化钙CaB_6。

(2)硼酸

用强酸与硼酸盐反应可制得硼酸。H_3BO_3是六角片状白色晶体，B原子以sp^2杂化轨道分别与三个O原子结合成平面三角形结构。在H_3BO_3晶体中，—OH间有氢键相连。H_3BO_3能溶于水，溶解度随温度升高而增加。H_3BO_3是一元酸，其酸性很弱。在硼酸中加入多羟基化合物，可增加其酸性。

$$B(OH)_3 + H_2O \longrightarrow \left[\mathrm{HO{-}B(OH)_2{\leftarrow}OH}\right]^- + H^+$$

H_3BO_3能在浓硫酸存在下与甲醇或乙醇反应生成硼酸酯。例如

$$H_3BO_3 + 3C_2H_5OH \xrightarrow{\text{浓硫酸}} B(OC_2H_5)_3 + 3H_2O$$

硼酸酯在高温下燃烧产生特有的绿色火焰。该反应可用于鉴别硼酸或硼酸盐。

H_3BO_3遇到较强的酸性氧化物或酸时，表现出碱性。例如

$$2H_3BO_3 + P_2O_5 = 2BPO_4 + 3H_2O$$

$$H_3BO_3 + H_3PO_4 = BPO_4 + 3H_2O$$

H_3BO_3水溶液和 HF 作用，可生成强酸 $H[BF_4]$。

硼酸可作为润滑剂，大量用于搪瓷和玻璃工业。

(3)硼砂

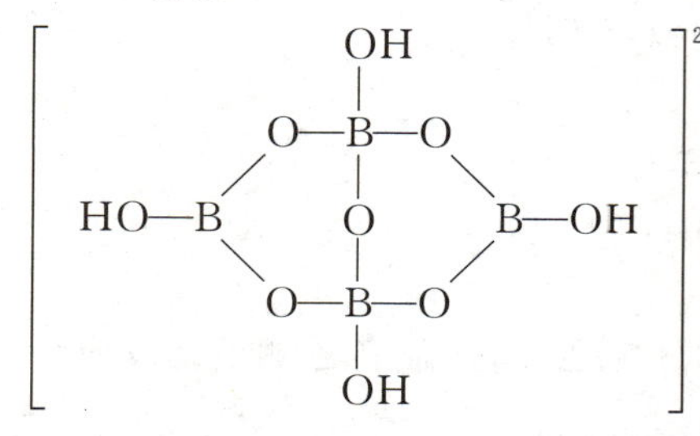

图 9.5　$B_4O_5(OH)_4^{2-}$ 的结构

硼砂($Na_2B_4O_7 \cdot 10H_2O$ 或 $Na_2B_4O_5(OH)_4 \cdot 8H_2O$)是重要的四硼酸盐，其结构如图 9.5 所示。

$Na_2B_4O_7$可以看作由 2mol $NaBO_2$和1mol B_2O_3组成的化合物。因此硼砂和过渡金属氧化物Cr_2O_3、MnO 等也发生硼珠反应，而实际上的硼珠反应是用硼砂来进行的。

硼砂为白色结晶，空气中易风化。硼砂易溶于水，水溶液呈碱性，具有缓冲溶液特性(pH=9.24)，可作为洗衣粉填料。

$$[B_4O_5(OH)_4]^{2-} + 5H_2O = 2H_3BO_3 + 2B(OH)_4^-$$

9.4　氮、磷、砷及其化合物

氮族元素在周期表中是ⅤA 族，包括氮、磷、砷、锑、铋五种元素。氮、磷和砷是非金属元素。

9.4.1　氮的化合物

氮的电负性很大，非金属性强，但却表现出化学反应惰性，这主要归因于 N≡N 之间极强的三重键，其键能高达 946 kJ·mol^{-1}，很稳定，可用作保护气。

氮气与氧气在常温下的反应是一个吸热反应。

$$N_2(g) + O_2(g) = 2NO(g) \qquad \Delta_r H_m^{\ominus} = 180.74\ \text{kJ} \cdot \text{mol}^{-1}$$

该反应在常温下不能进行，所以氧气和氮气在空气中可以长期共存。当温度在 3000K 以上时，该反应可以自发进行，雷电、电弧和汽车发动机等可引起空气中的氮氧反应，造成氮氧化物对大气的污染。

氮在形成化合物时，有不同于本族其他元素的一些特征。

(1)氮原子的最外层只有四个轨道，可提供四个价轨道成键，如 NH_4^+、$(C_2H_5)_4N^+$。而 P、As 等元素的原子最外层还有 d 轨道可参与成键，其最大共价数可超过 4，如 PCl_5、SbF_5。

(2)氮原子之间能以重键结合形成化合物，如偶氮(—N=N—)。

(3)氮的氢化物 NH_3的分子之间可形成氢键。

1. 氮化物

根据氮化物的成键特征，可将氮化物分为如下三类。

(1)离子型氮化物：氮气与碱金属、碱土金属反应所得到，如 Li_3N、Mg_3N_2 等，它们与水作用可释放出氨气，水溶液呈强碱性。

(2)共价型氮化物：氮与非金属作用生成，如 NH_3、NO、NCl_3 等。

(3)金属型氮化物：氮与过渡金属元素组成的化合物，如 VN、TiN 等，通常有较高的化学稳定性、高硬度和高熔点，是重要的新型陶瓷材料。

2. 氮的氢化物

氮的氢化物包括 NH_3、N_2H_4、NH_2OH、HN_3 等。

(1)氨(NH_3)

氨是极性分子，易溶于水，水溶液呈碱性。NH_3 分子间可形成氢键，其熔点、沸点高于同族其他元素的氢化物。

液氨和水一样，也能发生自解离。

$$NH_3 + NH_3 \rightleftharpoons NH_4^+ + NH_2^- \qquad K^\ominus = 1.9\times10^{-33}(218K)$$

液氨中 NH_4^+(酸)和 NH_2^-(碱)的许多反应类似于 H_3O^+ 和 OH^- 在水中的反应。例如

$$NH_4Cl + KNH_2 = KCl + 2NH_3$$

$$ZnCl_2 + 2KNH_2 = Zn(NH_2)_2\downarrow + 2KCl \quad Zn(NH_2)_2 + 2KNH_2 = K_2Zn(NH_2)_4$$

$$AgNO_3 + KNH_2 = AgNH_2\downarrow + KNO_3$$

碱金属、碱土金属(Be 除外)能溶解于液氨中形成均相溶液，碱金属的液氨溶液呈蓝色，具有高电导率和顺磁性。液氨的气化焓较大($2335kJ\cdot mol^{-1}$)，故可用作制冷剂。

氨可以发生下列几种化学反应。

①加合反应：$Ag^+ + 2NH_3 = [Ag(NH_3)_2]^+$。

②取代反应：NH_3 中三个 H 可被其他原子或原子团取代，生成 $-NH_2$(如 $NaNH_2$)、$=NH$(如 CaNH)、$\equiv N$(如 AlN)等。

$$2NH_3 + 2Na \xrightarrow{570°C} 2NaNH_2 + H_2$$

③氧化反应：NH_3 可形成较高氧化态的物质。例如，NH_3 在 O_2 中燃烧的产物是 N_2，在 Pt 催化下生成 NO。

$$4NH_3 + 3O_2(纯) = 2N_2 + 6H_2O$$

$$4NH_3 + 5O_2(空气) \xrightarrow{Pt} 4NO + 6H_2O$$

NH_3 可被 Cl_2 等氧化剂氧化。

$$NH_3 + 3Cl_2(过量) = NCl_3 + 3HCl$$

$$2NH_3 + 3H_2O_2 = N_2 + 6H_2O$$

$$2NH_3 + ClO^- = N_2H_4 + Cl^- + H_2O$$

铵盐是氨与酸反应的产物，水溶液显酸性，固体和水溶液的热稳定性较差。

(2)氨的衍生物

氨分子中一个 H 被 $-OH$ 取代的衍生物称为羟胺；如果 H 被 $-NH_2$ 取代则称为联胺，也称肼。羟胺和肼不稳定，易分解生成氮气。

$$3NH_2OH = NH_3\uparrow + 3H_2O + N_2\uparrow$$

氨的衍生物的溶液具有碱性，碱性的强弱顺序为 $NH_3>N_2H_4>NH_2OH$。它们可以形成配合物，如 $[Pt(NH_3)_2(N_2H_4)_2]Cl_2$、$[Zn(NH_2OH)_2]Cl_2$ 等。

它们既可以作氧化剂，又可作还原剂

$$2NH_2OH+2AgBr=2Ag\downarrow+N_2\uparrow+2HBr+2H_2O$$

$$N_2H_4+4CuO=2Cu_2O+N_2\uparrow+2H_2O$$

(3)叠氮酸及其盐

纯叠氮酸 HN_3 为无色液体，极易爆炸分解生成氮气和氢气。叠氮酸 HN_3 的水溶液是稳定的弱酸($K_a=1.9\times10^{-5}$)。N_2H_4 与 HNO_2 作用可生成 HN_3，H_2SO_4 和 NaN_3 反应，经蒸馏可得含 HN_3 的水溶液。金属叠氮化物中，NaN_3 比较稳定，是制备其他叠氮化合物的主要原料，通过下述反应可制备 NaN_3。

$$2NaNH_2+N_2O=NaN_3+NaOH+NH_3\uparrow$$

重金属叠氮化合物不稳定，易爆炸，如叠氮化铅用作起爆剂，它可以通过下述反应制备。

$$Pb(NO_3)_2+4HN_3\xrightarrow{\text{乙醇}}Pb(N_3)_2+2N_2\uparrow+4NO+2H_2O$$

N_3^- 的性质与卤素相似，作为配体能和金属离子形成一系列配合物，如 $Na_2[Sn(N_3)_6]$、$[Cu(N_3)_2(NH_3)_2]$ 等。

3. 氮的氧化物、含氧酸及其盐

(1)氧化物

氮和氧能生成多种化合物，如 N_2O、NO、N_2O_3、NO_2、N_2O_4、N_2O_5 等。

①NO：NO 的基态分子轨道为 $[KK(\sigma_{2s})^2(\sigma_{2s})^2(\sigma_{2p_x})^2(\pi_{2p_y})^2(\pi_{2p_z})^2(\pi^*_{2p_y})^1]$，NO 分子中有一个 σ 键、一个 π 键和一个 3 电子 π 键，键级为 2.5。NO 显顺磁性。

NO 的单电子容易失去，形成 NO^+。NO^+ 较稳定，在许多亚硝酰盐中出现，如 $(NO)(HSO_4)$、$(NO)(ClO_4)$ 和 $(NO)(BF_4)$。

NO 可用作还原剂：$2NO+X_2=2NOX$　　(X=F、Cl、Br)

$$2NO+3I_2+4H_2O=2NO_3^-+8H^++6I^-$$

也可作为氧化剂：$2NO+2H_2=N_2+2H_2O$

$$6NO+P_4=3N_2+P_4O_6$$

②NO_2 与 N_2O_4：NO_2 为红棕色的有毒气体，具有顺磁性，能发生聚合作用形成 N_2O_4；N_2O_4 为无色气体，具有反磁性。

$$2NO_2\rightleftharpoons N_2O_4$$

NO_2 和 N_2O_4 之间的平衡与压力、温度密切相关。温度低于熔点 262K 时，则完全由 N_2O_4 组成，到 423K 时，N_2O_4 完全分解为 NO_2。N_2O_4 气体无色，温度升高后，体系中因含有 NO_2 而有颜色。

NO_2 中 N 的氧化态为 +4，所以既显氧化性又显还原性，常见产物为 NO 和 NO_3^-。例如

$$NO_2+CO=NO+CO_2$$

$$5NO_2+MnO_4^-+H_2O=Mn^{2+}+5NO_3^-+2H^+$$

N_2O_4 可以与金属反应制备无水硝酸盐。

$$M+N_2O_4=MNO_3+NO\qquad(M=\text{碱金属、Ag、1/2Pb、1/2Cu、1/2Zn})$$

(2)亚硝酸及其盐

HNO_2结构如图9.6所示。HNO_2是弱酸，很不稳定，易歧化为HNO_3和NO。亚硝酸盐较稳定，绝大部分为白色，易溶于水($AgNO_2$为浅黄色，不溶)。如果金属的活泼性较差，对应的亚硝酸盐稳定性也差。

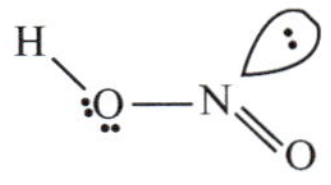

图9.6 HNO_2的分子结构

亚硝酸及其盐既有氧化性，也有还原性，其氧化能力、还原能力与介质的酸碱度、氧化剂与还原剂的特性、浓度、温度等因素有关。在酸性介质中，NO_2^-以氧化性较为突出，产物可以是NO、N_2O、N_2等，以NO最为常见。

$$2NO_2^- + 2I^- + 4H^+ = 2NO\uparrow + I_2 + 2H_2O$$

如果NO_2^-遇到更强的氧化剂如$KMnO_4$、Cl_2等，或者在碱性介质中，则主要呈现还原性，产物通常为NO_3^-。

$$5NO_2^- + 2MnO_4^- + 6H^+ = 5NO_3^- + 2Mn^{2+} + 3H_2O$$

$$NO_2^- + Cl_2 + H_2O = NO_3^- + 2Cl^- + 2H^+$$

自然界广泛存在硝酸盐、亚硝酸盐和胺类，如芹菜、韭菜、萝卜、莴苣等富含硝酸盐和亚硝酸盐。肉类腌制添加的防腐剂也含有硝酸盐和亚硝酸盐，在一定条件下它们会转化为诱发癌症的亚硝基化合物，所以应严格控制用量和残留量。

(3)硝酸及其盐

HNO_3的结构如图9.7所示，分子呈平面结构(4σ键、π_3^4)，N原子采取sp^2杂化，与氢成键的$O^{(1)}$采取不等性sp^3杂化，还有一个分子内氢键。NO_3^-为平面三角形结构，N原子以sp^2杂化轨道与三个O的p轨道形成三个σ键。另外N未参与杂化的p_z轨道与三个O的p_z轨道平行重叠形成π_4^6的大π键，如图9.7所示。

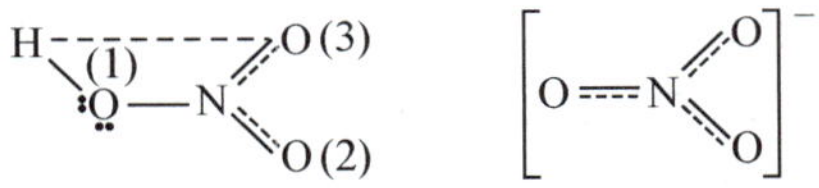

图9.7 HNO_3和NO_3^-的分子结构

HNO_3可以与许多非金属单质反应，生成相应的氧化物或高价含氧酸盐和NO。

HNO_3与金属反应，HNO_3越稀，金属越活泼，HNO_3中N被还原的氧化数越低。例如

$$Zn + 4HNO_3(浓) = Zn(NO_3)_2 + 2NO_2\uparrow + 2H_2O$$

$$3Zn + 8HNO_3(稀) = 3Zn(NO_3)_2 + 2NO\uparrow + 4H_2O$$

$$4Zn + 10HNO_3(较稀) = 4Zn(NO_3)_2 + N_2O\uparrow + 5H_2O$$

$$4Zn + 10HNO_3(很稀) = 4Zn(NO_3)_2 + NH_4NO_3 + 3H_2O$$

冷、浓HNO_3可使Fe、Al、Cr表面钝化，阻碍进一步反应。Sn、Sb、Mo、W等和浓硝酸作用，生成含水氧化物或含氧酸，如$SnO_2 \cdot nH_2O$、H_2MoO_4。其余金属和HNO_3反应都生成可溶性硝酸盐。

实际工作中常用如下含有硝酸的混合物。

①王水：一体积浓HNO_3和三体积浓盐酸的混合物，兼有HNO_3的氧化性和Cl^-的配位性特点，因此可溶解Au、Pt等金属。

$$Au + HNO_3 + 4HCl = HAuCl_4 + NO\uparrow + 2H_2O$$

②HNO_3—HF混合物：能溶解Nb、Ta等。

③HNO_3—H_2SO_4：在有机反应中作硝化试剂。

硝酸盐都易溶于水，绝大多数硝酸盐都是离子型化合物，固体硝酸盐加热能分解，产

物与金属离子的特性有关，一般分为三种类型。

①电极电势值小于 Mg 的金属，其硝酸盐受热分解为相应的亚硝酸盐。例如

$$2NaNO_3 \xlongequal{\Delta} 2NaNO_2 + O_2\uparrow$$

②电极电势值在 Mg～Cu 之间的金属，其硝酸盐受热分解生成相应的氧化物。例如

$$2Pb(NO_3)_2 \xlongequal{\Delta} 2PbO + 4NO_2\uparrow + O_2\uparrow$$

③电极电势值大于在 Cu 的金属，其硝酸盐受热分解生成金属单质。例如

$$2AgNO_3 \xlongequal{\Delta} 2Ag + 2NO_2\uparrow + O_2\uparrow$$

9.4.2 磷及其化合物

1. 磷

P 原子的价电子结构是 $3s^2 3p^3 3d^0$，有空的 3d 轨道可以参与成键，这是磷与氮有很大差别的主要原因，如 NF_3 不发生水解，不与过渡金属形成配合物，而 PF_3 易水解，可以形成多种配合物，就是由于 P 作为配位原子，除提供电子对外，还有空的 3d 轨道接受形成体反馈回来的电子对，形成反馈 π 键，因此配位能力较强。

磷有三种同素异形体，白磷、红磷和黑磷。白磷的分子式是 P_4，四个磷原子处于四面体的四个顶点，白磷隔绝空气加热至 533K 或经紫外光照射，就转变为红磷；红磷的结构一般认为是链状结构；黑磷是磷的最稳定的同素异形体，具有片状结构，是层状晶体，有导电性，不溶于有机溶剂。白磷在高压下加热可转化为黑磷。

白磷有剧毒，不溶于水，易溶于非极性有机溶剂中，如 CS_2、C_6H_6 等，能在空气中缓慢氧化，自燃生成 P_4O_{10}，所以必须隔绝空气储存。红磷在加热下与氧反应生成 P_4O_{10}。

白磷和氢气、卤素、硫等能直接化合，生成相应的化合物。

$$P_4 + 6H_2 = 4PH_3$$

$$2P + 3X_2 = 2PX_3 \qquad PX_3 + X_2 = PX_5$$

白磷在热的浓碱中发生歧化反应。

$$P_4 + 3NaOH + 3H_2O \xrightarrow[\Delta]{pH=14} PH_3 + 3NaH_2PO_2$$

白磷可以把金、银、铜和铅从它们的盐中取代出来，因此 $CuSO_4$ 可用作白磷中毒的解毒剂。

2. 磷化氢

磷化氢(PH_3)也称为膦，为三角锥形结构，常温下膦是无色剧毒气体，空气中最高允许量为 $0.3mg \cdot L^{-1}$。PH_3 在水中的溶解度小于 NH_3，可通过金属磷化物水解制备。

$$AlP + 3H_2O = PH_3\uparrow + Al(OH)_3$$

PH_3 具有强还原性、配位性。例如

$$PH_3 + 6Ag^+ + 3H_2O = 6Ag + H_3PO_3 + 6H^+$$

3. 磷的卤化物

磷的卤化物 PX_3 和 PX_5 都是易挥发、活泼的且有毒性的化合物。PX_3 具有三角锥形结构，为分子晶体，易水解，易被 O_2、S、X_2 氧化。

$$PX_3 + 3H_2O = H_3PO_3 + 3HX$$
$$2PX_3 + O_2 = 2POX_3$$
$$PX_3 + S = PSX_3$$
$$PX_3 + X_2 = PX_5 \quad (PI_3\text{除外})$$

两种 PX_3 分子间能发生卤离子交换反应，生成混合卤化物，如 PCl_3 与 PBr_3 混合，可得到 PCl_2Br、$PClBr_2$。

PX_3 的 P 原子上的孤对电子决定了它能形成一系列的配合物，如 $Ni(PCl_3)_4$、$Fe(PF_3)_4$ 等。

PX_5 为三角双锥结构，其热稳定性随 F、Cl、Br、I 依次减弱，水解性依次增强，水解产物为磷酸和卤化氢；PX_5 能与醇反应生成卤代烃，能与 Zn、Cd、Au 等金属反应生成金属卤化物。

$$Zn + PCl_5 = ZnCl_2 + PCl_3$$

4. 磷的氧化物

$$P_4 \xrightarrow{+3O_2} P_4O_6 \xrightarrow{+2O_2} P_4O_{10}$$

P_4O_6 是亚磷酸的酸酐，易溶于有机溶剂，与冷水作用缓慢，生成亚磷酸；与热水作用剧烈，歧化成膦和磷酸。

$$P_4O_6 + 6H_2O(\text{冷}) = 4H_3PO_3$$
$$P_4O_6 + 6H_2O(\text{热}) = PH_3\uparrow + 3H_3PO_4$$

P_4O_6 可与 HCl 气体反应。

$$P_4O_6 + 6HCl(g) = 2PCl_3 + 2H_3PO_3$$

P_4O_{10} 为磷酸的酸酐，为白色粉末，易升华，具有极强的吸水性，是强干燥剂，可使 H_2SO_4、硝酸等脱水。

$$P_4O_{10} + 6H_2SO_4 = 6SO_3\uparrow + 4H_3PO_4$$
$$P_4O_{10} + 12HNO_3 = 6N_2O_5\uparrow + 4H_3PO_4$$

P_4O_{10} 与水反应生成各种含氧酸，并释放大量的热。

$$P_4O_{10} \xrightarrow{+H_2O} \underset{\text{偏磷酸}}{4HPO_3} \xrightarrow{+H_2O} \underset{\text{焦磷酸}}{2H_4P_2O_7} \xrightarrow{+H_2O} \underset{\text{磷酸}}{4H_3PO_4}$$

5. 磷的含氧酸及其盐

磷能形成多种含氧酸，如

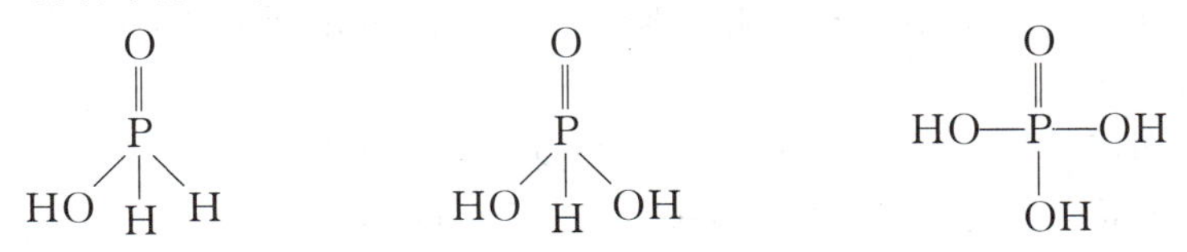

次磷酸（H_3PO_2，一元酸）　亚磷酸（H_3PO_3，二元酸）　正磷酸（H_3PO_4，三元酸）

工业上通常用硫酸与磷酸钙反应制备磷酸，磷酸的主要性质如下。

(1)磷酸是无氧化性和非挥发性的三元中强酸，磷酸分子间存在较强氢键，所以黏度较大。

(2)PO_4^{3-} 有很强的配位能力，能与许多金属离子形成可溶性配合物。例如 PO_4^{3-} 与 Fe^{3+} 可生成无色可溶性配合物 $[Fe(HPO_4)_2]^-$、$[Fe(PO_4)_2]^{3-}$，分析化学上常利用这一性质掩蔽 Fe^{3+}。

(3)磷酸受强热可以脱水缩聚，生成各种多磷酸，如焦磷酸 $H_4P_2O_7$。

磷酸的多样性决定了磷酸盐的多样性，PO_4^{3-} 与 Ag^+ 和 Ca^{2+} 分别发生下述反应。

$PO_4^{3-}+3Ag^+=Ag_3PO_4\downarrow$　　$2PO_4^{3-}+3Ca^{2+}=Ca_3(PO_4)_2\downarrow$

$HPO_4^{2-}+3Ag^+=Ag_3PO_4\downarrow+H^+$　　$HPO_4^{2-}+Ca^{2+}=CaHPO_4\downarrow$

$H_2PO_4^-+3Ag^+=Ag_3PO_4\downarrow+2H^+$　　$H_2PO_4^-+Ca^{2+}=$不沉淀，加入 $NH_3\cdot H_2O$ 沉淀

固体酸式磷酸钠受热脱水主要发生下述反应。

$$NaH_2PO_4 \xrightarrow{\Delta} NaPO_3+H_2O$$

$$2Na_2HPO_4 \xrightarrow{\Delta} Na_4P_2O_7+H_2O$$

$$2Na_2HPO_4+NaH_2PO_4 \xrightarrow{\Delta} Na_5P_3O_{10}+2H_2O$$

三聚磷酸钠($Na_5P_3O_{10}$)为白色粉末，能溶于水，水溶液呈碱性，在水中逐渐水解成焦磷酸盐。例如

$$2Na_5P_3O_{10}+H_2O \xrightarrow{室温} Na_4P_2O_7+2Na_3HP_2O_7$$

$$Na_5P_3O_{10}+H_2O \xrightarrow{373K} Na_3HP_2O_7+Na_2HPO_4$$

$Na_5P_3O_{10}$ 可用作合成洗涤剂的主要添加剂(或助剂)、工业用水软化剂、制革预鞣剂、染色助剂、油漆等悬浮液的有效分散剂等。

含磷酸盐的废水排入水中易引起水体富营养化，造成环境污染。

9.4.3 砷及其重要化合物

砷(As)在自然界中存于矿石中，如雌黄(As_2S_3)、雄黄(As_4S_4)、砷黄铁矿(FeAsS)等，砷具有两性和准金属的性质，在气态时能以多原子分子存在，如 As_2、As_4，它的特征氧化态为+3、−5。砷的化合物如 GaAs、InAs 等是重要的半导体材料。

As 的氢化物 AsH_3 有毒，是不稳定的无色气体，在空气中易自燃，在缺氧时，有

$$2AsH_3 \xrightarrow{300^\circ C} 2As+3H_2$$

生成的砷淀积在玻璃上，有金属光泽，称为砷镜。利用砷镜反应能检出 0.007mg 的砷，这就是马氏(Marsh)试砷法。

As 的卤化物 AsX_3 可由单质与卤素反应制得，AsX_3 在水中易水解。

$$AsCl_3+3H_2O=H_3AsO_3+3HCl$$

AsO_3^{3-} 与 AsO_4^{3-} 分别具有氧化性和还原性，它们的氧化性和还原性受介质的酸碱度影响很大。

酸性介质：$H_3AsO_4+2I^- - 2H^+=H_3AsO_3+I_2+H_2O$

碱性介质：$AsO_3^{3-}+I_2+2OH^-=AsO_4^{3-}+2I^-+H_2O$

9.5 氧、硫、硒、碲及其化合物

9.5.1 通性

氧族元素包括氧、硫、硒、碲、钋等，价电子构型为 ns^2np^4，从氧到碲，元素的非金

属性依次降低，氧和硫是典型的非金属元素，硒和碲的非金属性较弱，称为准金属，金属钋具有放射性。

9.5.2 氧及其化合物

1. 氧和臭氧

氧有两种同素异形体：O_2和O_3。常温下，O_2是无色、无味、无臭的气体，在水中的溶解度很小，O_2在 90 K 可液化为淡蓝色液体，54 K 凝固成淡蓝色固体；臭氧是有鱼腥味的淡蓝色气体，不稳定，常温下分解较慢，在 437 K 以上迅速分解，生成氧气，并放出热量。

$$2O_3 = 3O_2 \qquad \Delta_r H_m^{\ominus} = -284\ \text{kJ} \cdot \text{mol}^{-1}$$

O_3分子中三个氧原子呈折线形，如图 9.8 所示，中心氧原子 sp^2 杂化，两个杂化轨道与另外两个氧原子形成两个 σ 键，剩余的一个杂化轨道被孤对电子所占据。另外，中心氧原子还有一个未参与杂化的 p 轨道与另外两个氧原子的各含一个电子的 p 轨道平行，彼此重叠形成大 π 键（π_3^4）。所以O_3的化学键的键长和键能介于单双键之间。

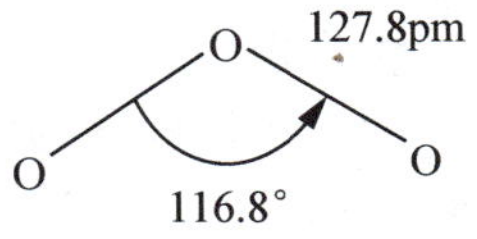

图 9.8 O_3分子的结构

无论酸性还是碱性环境，臭氧都比氧气具有更强的氧化性。

$$2Ag + 2O_3 = Ag_2O_2 + 2O_2$$

$$PbS + 4O_3 = PbSO_4 + 4O_2 \uparrow$$

臭氧能氧化 CN^-，故常用来治理电镀工业的含氰废水。

$$O_3 + CN^- = OCN^- + O_2$$

$$4O_3 + 4OCN^- + 2H_2O = 4CO_2 + 2N_2 + 3O_2 + 4OH^-$$

在地球表面的上空约 25 km 处有一臭氧层，它能吸收日光中的紫外线，保护地球的生命。臭氧能杀死细菌，可用作消毒杀菌剂。臭氧还是优良的污水净化剂、脱色剂。如果空气中的臭氧达到一定量，对生物也有伤害。

2. 氧化物

氧是典型的非金属元素，几乎所有元素都能与氧形成氧化物，并表现出最高氧化数。氧化物广泛存在于自然界中，形成一大类矿物，占地壳总质量的 17%。如金红石矿 TiO_2、石英矿 SiO_2、磁铁矿 Fe_3O_4、赤铁矿 Fe_2O_3、软锰矿 MnO_2、红锌矿 ZnO、刚玉 $\alpha-Al_2O_3$、锡石 SnO_2、铅丹 Pb_3O_4、白砷石 As_2O_3等，当然分布最广的氧化物是水。

按化学键类型，氧化物可分为离子型、共价型和介于两者之间的过渡型氧化物。

金属氧化物多数为离子型，非金属氧化物大部分是共价型化合物、分子晶体，只有极少数是原子晶体，如 SiO_2。

(1)物理性质

氧化物的熔点、硬度与氧化物的键型及晶型都有一定的关系。同一周期自左而右，氧化物的键型由离子键向共价键过渡，其晶型由离子型晶体经过渡型晶体、原子晶体向分子晶体过键。离子型晶体和原子型晶体都表现出高熔点、高硬度，分子晶体则具有较低的熔点和硬度。同一金属有多种氧化物时，熔点随氧化数的升高而降低。表 9-2 列出了第三周期元素氧化物的键型、晶型和熔点，表 9-3 列出了锰的氧化物的熔点。

表 9-2　第三周期元素氧化物的键型、晶型及熔点

族别	ⅠA	ⅡA	ⅢA	ⅣA	ⅤA	ⅥA	ⅦA
氧化物	Na_2O	MgO	Al_2O_3	SiO_2	P_2O_5	SO_3	Cl_2O_7
键　型	离子键	离子键	偏离子键	共价键	共价键	共价键	共价键
熔点/K	1548	3916	2318	1883	842	289	181

表 9-3　锰的氧化物的熔点

氧化物	MnO	Mn_3O_4	Mn_2O_3	MnO_2	Mn_2O_7
熔点/K	2058.15	1837.15	1353.15	808.15	279.05
晶型	离子晶体	———	———	———→	分子晶体

(2)酸碱性

氧化物的酸碱性有如下的规律。

①金属性较强的元素形成碱性氧化物，如 Na_2O、CaO；非金属氧化物一般是酸性氧化物，如 CO_2、SO_3。周期表中金属与非金属交界处的元素其氧化物一般为两性氧化物，如铝、锡、铅、砷、锑、锌的氧化物都不同程度地呈现两性。

②当某一种元素能生成几种不同氧化数的氧化物时，随着氧化数的增高，氧化物的酸性递增，碱性递减。例如

MnO	Mn_2O_3	MnO_2	MnO_3	Mn_2O_7
碱性	碱性	两性	酸性	酸性

③同一主族从上到下，相同氧化数的氧化物碱性递增，酸性递减。

④在短周期中，从左到右酸性递增，碱性递减，如第三周期中

Na_2O	MgO	Al_2O_3	SiO_2	P_2O_5	SO_3	Cl_2O_7
强碱性	碱性	两性	弱酸性	酸性	强酸性	强酸性

在长周期中，从ⅠA 到ⅦB 族，最高氧化数对应的氧化物由碱性渐变为酸性，从 IB 到ⅦA 族，再次由碱性递变到酸性，好像经历了两个短周期。如第四周期中

K_2O	CaO	Sc_2O_3	TiO_2	V_2O_5	CrO_3	Mn_2O_7	Cu_2O	ZnO	Ga_2O_3	GeO_2	As_2O_5	SeO_3
强碱性		两性		酸性			碱性	两性			弱酸性	酸性

3. 过氧化氢

纯过氧化氢(H_2O_2)为浅蓝色黏稠状液体，能与水以任意比例混合。H_2O_2 极性比 H_2O 强，沸点高于水，约 423 K，分子间存在较强氢键。市售双氧水试剂为 30% 的 H_2O_2 水溶液。

H_2O_2 分子中 O 为 sp^3 杂化，存在过氧键，为非平面型分子，如图 9.9 所示。H_2O_2 呈弱酸性，不稳定，易分解。

$$H_2O_2 \rightleftharpoons HO_2^- + H^+ \qquad K_{a_1}=2.4\times10^{-12}$$

$$HO_2^- \rightleftharpoons O_2^{2-} + H^+ \qquad K_{a_2}=10^{-25}$$

$$2H_2O_2 \rightleftharpoons 2H_2O+O_2 \qquad \Delta_r H_m^{\ominus}=-196\text{kJ}\cdot\text{mol}^{-1}$$

$E_A^\ominus$/V：$O_2 \xrightarrow{0.695} H_2O_2 \xrightarrow{1.776} H_2O$

凡电极电势在 0.695～1.776V 的金属电对均可催化 H_2O_2分解。H_2O_2中的氧为中间氧化态，因此具有氧化性和还原性。在酸性介质中氧化性都较强，如

$$3H_2O_2 + 2NaCrO_2 + 2NaOH = 2Na_2CrO_4 + 4H_2O$$

$$H_2O_2 + 2Fe^{2+} + 2H^+ = 2Fe^{3+} + 2H_2O$$

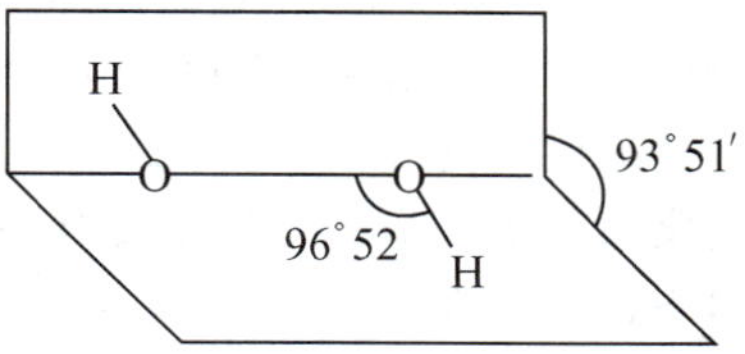

图 9.9　H_2O_2的结构

在酸中还原性不强，需强氧化剂才能将其氧化，在碱中是较好的还原剂。

$$5H_2O_2 + 2MnO_4^- + 6H^+ = 2Mn^{2+} + 5O_2 + 8H_2O$$

$$H_2O_2 + Ag_2O = 2Ag + O_2 + H_2O$$

当过氧化氢与某些物质作用时，可发生过氧键的转移反应。例如，在酸性溶液中过氧化氢能与重铬酸盐反应，生成过氧化铬（CrO_5），CrO_5在水相不稳定，在乙醚、戊醇等有机相较稳定。

在乙醚有机相：$Cr_2O_7^{2-} + 4H_2O_2 + 2H^+ = 5H_2O + 2CrO_5$（蓝色）

在水相：$2CrO_5 + 7H_2O_2 + 6H^+ = 7O_2 + 10H_2O + 2Cr^{3+}$（蓝绿）

利用过氧化氢的氧化性，可漂白毛、丝织物和油画等，油画中含有 Pb^{2+}，久置会与空气中的 H_2S 反应生成黑色的 PbS 而变黑变暗，过氧化氢可把黑色的 PbS 氧化成白色 $PbSO_4$，使油画恢复色彩。

$$PbS + 4H_2O_2 = PbSO_4 + 4H_2O$$

医学上用 3%的过氧化氢水溶液消毒杀菌。纯过氧化氢还可作为火箭燃料的氧化剂，其优点是氧化性强，还原产物是水，不引入杂质，不污染环境。

9.5.3 硫及其化合物

1. 单质硫

单质硫有几种同素异形体，最常见的是正交硫和单斜硫。将单质硫加热到 368.6K，正交硫不经熔化就转变成单斜硫，但冷却时就发生相反的转变过程。根据相对分子质量的测定，单质硫的分子式是 S_8，八个硫原子彼此以单键结合呈“王冠”型结构，如图 9.10 所示。

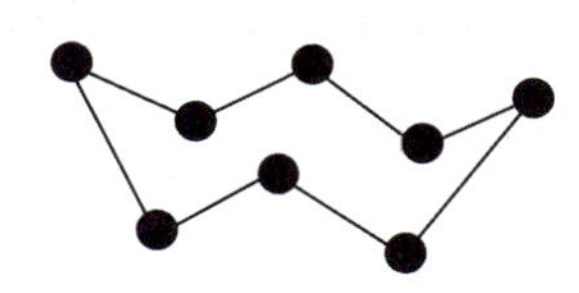

图 9.10　S_8的分子结构

将单质硫加热到 433 K 以上，S_8环开始断裂变成链状的线形分子，并聚合成更长的链，进一步加热到 563K 以上，长硫链会断裂成较小的分子如 S_6、S_3、S_2 等，到 717.6K 时，硫达到沸点，硫的蒸气中含有 S_2分子。如果把加热到 503K 的熔融态的硫迅速倒入冷水中，纠缠在一起的长链硫就被固定下来，成为可以拉伸的弹性硫。弹性硫经放置会逐渐转化为结晶硫。弹性硫可以溶于有机溶剂如 CS_2 中。

硒和硫类似，也可形成八原子环，碲则形成无限螺旋长链。

2. 硫化氢和硫化物

(1)硫化氢

硫化氢 H_2S 是无色有腐蛋恶臭味的气体，剧毒，制备和使用 H_2S 必须在通风橱中进

行。300℃时硫与氢可直接化合成 H_2S，实验室中常用 FeS 与盐酸反应制 H_2S。

H_2S 分子构型与 H_2O 相似，呈 V 形。20℃时，1 体积的水约能溶解 2.5 体积的硫化氢，其浓度约为 $0.1mol \cdot L^{-1}$。H_2S 的水溶液称为氢硫酸。H_2S 和硫化物中的硫都处于最低氧化数 -2，所以它们都具有还原性，能被氧化成单质硫或更高的氧化数。H_2S 在空气中燃烧，产生蓝色火焰，当空气充足时，产物是 SO_2；如果空气不足，产物是 S。H_2S 在空气中放置，可被 O_2 氧化成游离的硫而使溶液浑浊。卤素也能氧化 H_2S。

$$H_2S + Br_2 = S\downarrow + 2HBr$$

$$H_2S + 4Br_2 + 4H_2O = H_2SO_4 + 8HBr$$

(2)硫化物

硫是典型的非金属元素，能与大多数元素形成化合物。自然界中硫化物矿约 200 余种，占地壳总质量的 0.17%。其中有辉铜矿 Cu_2S、辉锑矿 Sb_2S_3、辉钼矿 MoS、闪锌矿 ZnS、方铅矿 PbS、辰砂 HgS、黄铁矿 FeS_2、雄黄 As_4S_4、雌黄 As_2S_3、辉铋矿 Bi_2S_3、黄铜矿 $CuFeS_2$、斑铜矿 Cu_5FeS_4 等。

非金属硫化物皆以共价键结合，大多为分子晶体，熔点、沸点较低，在常温下以气体或液体形式存在，如 CS_2 等。但也有例外，如 SiS_2 为混合型晶体，熔点较高。

ⅠA、ⅡA(Be 除外)的硫化物以离子键相结合，熔点、沸点较高，其他金属硫化物的键型和晶型比较复杂。S^{2-} 比 O^{2-} 半径大，变形性强于 O^{2-}，因此硫化物中金属离子与 S^{2-} 间由于极化作用而使键的极性减弱，尤其是那些极化力和变形性都很大的金属离子，其相应的硫化物主要是共价键。这就导致同一种元素的硫化物比氧化物的稳定性差、溶解度小、颜色深、熔沸点低。例如，Al_2O_3 呈白色，熔点 2318K；Al_2S_3 呈黄色，熔点 1373 K。

在化学分析中常利用硫化物的特征颜色鉴别多种金属离子。硫化物的溶解性在元素的定性分析中是很有用的，根据硫化物的溶解性可将其分成五类。

①易溶于水的硫化物：ⅠA 族和氨的硫化物易溶于水，水溶液呈碱性。ⅡA 族的硫化物在水中发生水解，如

$$2CaS - 2H_2O \rightleftharpoons Ca(HS)_2 + Ca(OH)_2$$

②不溶于水而溶于稀盐酸的硫化物：这类硫化物有 Fe、Mn、Co、Ni、Al、Cr、Zn、Be、Ti、Ga、Zr 等的硫化物。其中 Al_2S_3 和 Cr_2S_3 遇水发生水解，生成氢氧化物，而 $Al(OH)_3$ 和 $Cr(OH)_3$ 不溶于水而溶于稀酸，故列入此类。

③难溶于水和稀盐酸，但能溶于浓盐酸的硫化物，如 CdS、SnS_2 等溶于浓盐酸形成配合物。

$$CdS + 4HCl(浓) = H_2[CdCl_4] + H_2S$$

$$SnS_2 + 6HCl(浓) = H_2[SCl_6] + 2H_2S$$

④只溶于氧化性酸的硫化物，如 CuS、CdS。

$$3CuS + 8HNO_3 = 3Cu(NO_3)_2 + 3S\downarrow + 2NO\uparrow + 4H_2O$$

⑤只溶于王水的硫化物，如 HgS，其 $K_{sp}^{\ominus} = 6.44 \times 10^{-53}$，数值极小，王水具有氧化和配位双重作用，才使 HgS 溶解。

$$3HgS + 12HCl + 2HNO_3 = 3H_2[HgCl_4] + 3S\downarrow + 2NO\uparrow + 4H_2O$$

还有一些难溶于水，也不溶于稀酸的酸性硫化物，可与 Na_2S 或 $(NH_4)_2S$ 等碱性硫化物反应，生成溶于水的硫代酸盐，如

$$As_2S_5 - 3Na_2S = 2Na_3AsS_4(硫代砷酸钠)$$

$$As_2S_3 + 3Na_2S = 2Na_3AsS_3$$（硫代亚砷酸钠）

$$SnS_2 + Na_2S = Na_2SnS_3$$

$$Sb_2S_3 + 3Na_2S = 2Na_3SbS_3$$

硫代酸盐可看成是用硫代替了含氧酸中的氧形成的盐，它很不稳定，可与水反应，例如，

$$2Na_3AsS_3 + 6H_2O = As_2S_3\downarrow + 3H_2S\uparrow + 6NaOH$$

纵观周期表可以看出，易溶于水的硫化物的元素位于周期表左部；不溶于水而溶于稀酸的硫化物位于周期表中部；溶于氧化性酸的硫化物其元素位于周期表右下部。表9-4列出了硫化物的颜色和溶解性。

表9-4 硫化物的颜色和溶解性

易溶于水	溶于稀HCl	难溶于稀酸		
	($0.3mol\cdot L^{-1}$)	溶于浓HCl	溶于HNO_3	溶于王水
$(NH_4)_2S$(白) MgS(白)	Fe_2S_3(黑) MnS(浅红)	SnS(褐) Sb_2S_3(黄红)	CuS(黑) As_2S_3(浅黄)	HgS(黑)
NaS(白) CaS(白)	FeS(黑) ZnS(白)	SnS_2(黄) Sb_2S_5(橘红)	Cu_2S(黑) As_2S_5(淡黄)	Hg_2S(黑)
K_2S(白) SrS(白)	CoS(黑) NiS(黑)	PbS(黑) CdS(黄)	Ag_2S(黑) Bi_2S_3(黑)	

(3)多硫化物

碱金属包括NH_4^+的硫化物水溶液能溶解单质硫生成多硫化物。

$$Na_2S + (x-1)S = Na_2S_x$$

S_x^{2-}随着硫链的变长，颜色由黄经橙变红，其结构为

$$\left[\ \diagup S \diagdown S \diagup S \diagdown S \diagup S \diagdown\ \right]^{2-}$$

多硫化物遇酸不稳定。

$$S_x^{2-} + 2H^+ \rightarrow [H_2S_x] \rightarrow H_2S(g) + (x-1)S$$

多硫化物有氧化性，如Na_2S_2中的S_2^{2-}（—S—S—），称为过硫链，氧化性低于O_2^{2-}，可将某些低价硫化物氧化为高价硫代酸盐，如SnS不溶于Na_2S中，却可溶于Na_2S_2中。

$$SnS + Na_2S_2 = Na_2SnS_3$$

多硫化物具有还原性。

$$3FeS_2 + 8O_2 = Fe_3O_4 + 6SO_2$$

多硫化物是分析化学中常用的试剂，也是农、林上常用的杀虫剂，如石灰硫磺合剂的主要成分为多硫化钙CaS_5和硫代硫酸钙CaS_2O_3等，遇到CO_2立即分解为H_2S和S，故有杀虫灭菌作用。

$$CaS_5 + 2H_2O + 2CO_2 = Ca(HCO_3)_2 + H_2S + 4S$$

3. 硫的含氧化合物

硫呈现多种氧化态，能形成种类繁多的氧化物和含氧酸。

(1)硫的氧化物

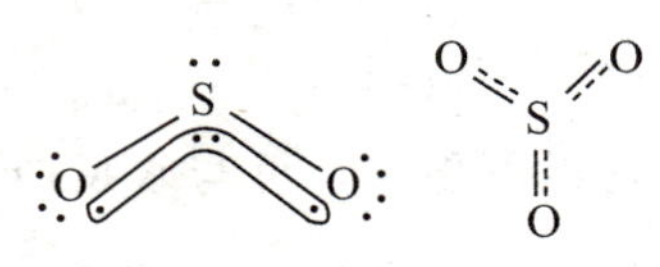

图 9.11　SO_2 和 SO_3 的分子结构

二氧化硫是 V 字形结构，三氧化硫是平面三角形结构，如图 9.11 所示。中心原子硫均为不等性 sp^2 杂化，与氧形成 σ 键，未参与杂化的 p 轨道与 O 原子的 p 轨道分别形成大 π 键，SO_2 为 π_3^4，SO_3 为 π_4^6，因此，S—O 键具有双键特征。

二氧化硫分子中 S 为中间氧化态，故 SO_2 既可以作氧化剂也可以作还原剂。

作为还原剂：$KIO_3 + 3SO_2(过量) + 3H_2O = KI + 3H_2SO_4$

$Br_2 + SO_2 + 2H_2O = 2HBr + H_2SO_4$

作为氧化剂：$SO_2 + 2H_2S = 3S + 2H_2O$

二氧化硫能与一些有机色素结合形成白色化合物，因此可用于漂白纸张、草编制品等，它还用于制作硫酸和亚硫酸盐等。SO_2、SO_3 是酸雨的主要成分，可用 $Ca(OH)_2$ 来吸收。

$$Ca(OH)_2 + SO_2 = CaSO_3 + H_2O$$

三氧化硫是强氧化剂。高温时能把 HBr、P 等分别氧化为 Br_2、P_4O_{10}，也能氧化 Fe、Zn 等金属。

$$2P + 5SO_3 = P_2O_5 + 5SO_2$$

$$2Fe + 6SO_3 = Fe_2(SO_4)_3 + 3SO_2$$

SO_3 极易与水化合，生成硫酸，同时放出大量的热。

(2)亚硫酸及盐

H_2SO_3 是二元中强酸，可以使品红褪色。亚硫酸及盐既有氧化性又有还原性。

$$4Na_2SO_3 = 3Na_2SO_4 + Na_2S$$

$$SO_3^{2-} + Cl_2 + H_2O = SO_4^{2-} + 2Cl^- + 2H^+$$

$$5SO_3^{2-} + 2MnO_4^- + 6H^+ = 2Mn^{2+} + 5SO_4^{2-} + 3H_2O$$

亚硫酸盐在造纸、印染等领域有重要应用。农业上，$NaHSO_3$ 可作为抑制剂，能抑制植物的光呼吸，减少能量和营养的消耗，促使农作物增产。

(3)硫酸及盐

硫酸具有强吸水性、强氧化性。硫酸根离子 SO_4^{2-} 是四面体结构，中心原子硫采用 sp^3 杂化，与四个 O 形成四个 σ 键，硫酸分子间存在氢键。硫酸盐中，Ag_2SO_4、$PbSO_4$、Hg_2SO_4、$CaSO_4$、$SrSO_4$、$BaSO_4$ 难溶于水，此外均易溶。SO_4^{2-} 离子易带结晶水，以氢键与 SO_4^{2-} 离子结合，如 $CuSO_4 \cdot 5H_2O$，其结构如图 9.12 所法。

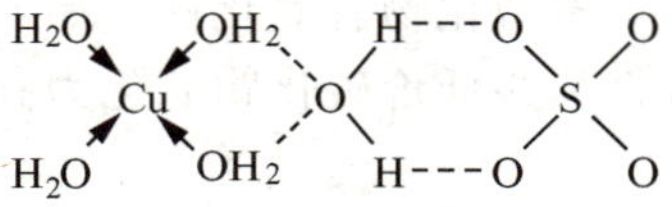

图 9.12　$CuSO_4 \cdot 5H_2O$ 的结构

硫酸盐热分解的产物是 SO_3 和金属氧化物。

(4)硫代硫酸盐

硫代硫酸钠($Na_2S_2O_3 \cdot 5H_2O$)俗称海波或大苏打。将硫粉溶于沸腾的亚硫酸钠溶液，或将硫化钠和碳酸钠以 2∶1 的物质的量之比配成溶液，再通入 SO_2，都能得到硫代硫酸钠。

$$Na_2SO_3 + S = Na_2S_2O_3$$

$$2Na_2S + Na_2CO_3 + 4SO_2 = 3Na_2S_2O_3 + CO_2 \uparrow$$

$Na_2S_2O_3$遇酸不稳定，易分解。

$$S_2O_3^{2-}+2H^+=S\downarrow+SO_2\uparrow+H_2O$$

它是中等强度还原剂。

$$S_2O_3^{2-}+4Cl_2+5H_2O=8Cl^-+2SO_4^{2-}+10H^+$$

它还是强的配位剂。

$$AgBr+2S_2O_3^{2-}=[Ag(S_2O_3)_2]^{3-}+Br^-$$

(5)过硫酸及其盐

过硫酸可以看成是过氧化氢中氢原子被$-SO_3H$基团取代的产物。

$$H—O—O—H \qquad H—O—O—\overset{\overset{O}{\uparrow}}{\underset{\underset{O}{\downarrow}}{S}}—OH \qquad HO—\overset{\overset{O}{\uparrow}}{\underset{\underset{O}{\downarrow}}{S}}—O—O—\overset{\overset{O}{\uparrow}}{\underset{\underset{O}{\downarrow}}{S}}—OH$$

过氧化氢 H_2O_2　　过一硫酸 H_2SO_5　　过二硫酸 $H_2S_2O_8$

在无水条件下由氯磺酸与过氧化氢反应可得过一硫酸。

$$HSO_3Cl+H_2O_2=HO-OSO_3H+HCl$$

工业上用电解硫酸溶液的方法制备过二硫酸，过二硫酸盐可通过电解酸式硫酸盐的方法制备。过二硫酸及其盐均是强氧化剂，可将Mn^{2+}氧化为MnO_4^-。

$$2Mn^{2+}+5S_2O_8^{2-}+8H_2O\xrightarrow{Ag^+}2MnO_4^-+10SO_4^{2-}+16H^+$$

$$2Cr^{3+}+3S_2O_8^{2-}+7H_2O\xrightarrow{Ag^+}Cr_2O_7^{2-}+6SO_4^{2-}+14H^+$$

过二硫酸及其盐均不稳定，加热易分解。

$$2K_2S_2O_8\xrightarrow{\Delta}2K_2SO_4+2SO_3\uparrow+O_2\uparrow$$

(6)其他硫酸与硫酸盐

连二亚硫酸钠$Na_2S_2O_4\cdot 2H_2O$俗称保险粉，为白色粉末状固体，受热时易分解。

$$2Na_2S_2O_4\xrightarrow{\Delta}Na_2S_2O_3+Na_2SO_3+SO_2\uparrow$$

$Na_2S_2O_4$是一种强还原剂，能将I_2、MnO_4^-、H_2O_2、Cu^{2+}、Ag^+等还原。空气中的氧气能将它氧化，基于这一性质，在气体分析中用它来吸收氧气。

焦硫酸($H_2S_2O_7$)是白色晶体，可看作是二分子硫酸脱去一分子水所得产物。

$$HO—\overset{\overset{O}{\uparrow}}{\underset{\underset{O}{\downarrow}}{S}}—O\boxed{H\quad HO}—OH\xrightarrow{-H_2O}HO—\overset{\overset{O}{\uparrow}}{\underset{\underset{O}{\downarrow}}{S}}—O—O—\overset{\overset{O}{\uparrow}}{\underset{\underset{O}{\downarrow}}{S}}—OH$$

焦硫酸比浓硫酸有更强的氧化性、吸水性和腐蚀性，焦硫酸与水反应生成硫酸。它可在制造炸药中用作脱水剂，焦硫酸盐可由酸式硫酸盐熔融制得，在分析化学中用作熔矿剂。例如

$$2KHSO_4\xrightarrow{熔融}K_2S_2O_7+H_2O$$

$$3K_2S_2O_7+Al_2O_3\xrightarrow{熔融}Al_2(SO_4)_3+3K_2SO_4$$

9.5.4 硒、碲及其化合物

硒有光电活性，可用于电影、传真和制造光电管，还可以制无色玻璃(玻璃含Fe^{2+}离子时

会呈浅绿色，加硒呈红色，红绿互补，使玻璃无色）。此外，硒盐及硒的含氧酸具有抗癌作用。

H_2Se 是无色有刺激气味的有毒气体，它在水中的溶解度与 H_2S 相似，氢硒酸的酸性比 H_2S 强（$K_{a_1}=1.3\times10^{-4}$，$K_{a_2}=10^{-11}$）。它具有很强的还原性，在空气中易被氧化，析出 Se 单质。

H_2SeO_4 为不挥发性强酸，吸水性强，氧化性强于 H_2SO_4，金可溶解于其中，生成 $Au_2(SeO_4)_3$，H_2SeO_4 的其他性质类似于 H_2SO_4。

碲酸（H_6TeO_6 或 $Te(OH)_6$）具有八面体结构，是白色固体、弱酸，氧化性强于 H_2SO_4。

9.6 卤素及其化合物

9.6.1 通性

卤素的价电子构型为 ns^2np^5，是相应各周期中半径最小、电负性最大的元素，它们的非金属性是同周期中最强的。卤素单质 X_2 具有强的得电子能力，氧化性按照 F_2、Cl_2、Br_2、I_2 的顺序减弱，而卤素离子的还原性则按照 F^-、Cl^-、Br^-、I^- 的顺序增强。

在卤素化合物中，Cl、Br、I 的化合物可呈现多种正氧化态，有－1、＋1、＋3、＋5 和＋7，因为参加反应时，除未成对电子参与成键外，成对的电子也可拆开参与成键，因为它们最外层的 d 轨道能容纳由 p 轨道激发来的电子。而 F 的稳定氧化态是－1，因为 F 原子没有可用的 d 轨道。

9.6.2 卤化氢与氢卤酸

1. 性质

卤化氢都是具有强烈刺激性气味的气体，分子有极性，易溶于水生成相应的酸。273K 时，1 体积的水可溶解 500 体积的氯化氢，氟化氢则可无限制地溶于水中。

HF 分子之间存在着氢键，可缔合，固态时，HF 分子以锯齿链状存在。氢氟酸与其他的氢卤酸不同，是弱酸。在不太稀的溶液中，氢氟酸是以二分子缔合 $(HF)_2$ 形式存在的。氢氟酸可与二氧化硅或硅酸盐反应，可以腐蚀玻璃。

$$CaSiO_3+6HF=CaF_2+SiF_4\uparrow+3H_2O$$

在氢卤酸中，盐酸是重要的强酸之一，能与许多金属、氧化物反应。在皮革、轧钢、焊接、电镀、医药等部门有广泛的应用。

2. 制备

卤化氢的水溶液称氢卤酸。氢卤酸的制取有下列方法。

(1)直接合成

氟和氢虽可直接化合，但反应太猛烈，而且 F_2 成本高。溴、碘和氢反应很不完全而且反应速度缓慢。实际上只有氯化氢可以直接合成，氢气在氯气流中燃烧，直接化合生成氯化氢。

(2)浓硫酸与金属卤化物作用

实验室制备 HF 和 HCl，通常用浓硫酸与相应的盐作用。

$$CaF_2 + H_2SO_4 = CaSO_4 + 2HF\uparrow$$

$$NaCl + H_2SO_4(浓) = NaHSO_4 + HCl$$

此方法不能用来合成 HBr 和 HI，因为热浓硫酸具有氧化性，可以把生成的溴化氢和碘化氢进一步氧化。

$$NaBr + H_2SO_4(浓) = NaHSO_4 + HBr \qquad 2HBr + H_2SO_4(浓) = SO_2\uparrow + Br_2 + 2H_2O$$

$$NaI + H_2SO_4(浓) = NaHSO_4 + HI \qquad 8HI + H_2SO_4(浓) = H_2S\uparrow + 4I_2 + 4H_2O$$

如果采用无氧化性、高沸点的浓磷酸代替浓硫酸，就可以解决这一问题。

(3)非金属卤化物的水解

这类反应比较剧烈，适宜溴化氢和碘化氢的制取，把溴逐滴加在磷和少许水的混合物上，或者把水滴加在磷和碘的混合物上即可。

$$2P + 3X_2 + 6H_2O = 2H_3PO_3 + 6HX\uparrow \qquad (X = Br, I)$$

9.6.3 卤素含氧酸及其盐

氯、溴和碘均有四种类型的含氧酸：HXO、HXO_2、HXO_3、HXO_4。它们都是强氧化剂，在酸性溶液中氧化性尤其强。

1. 次卤酸及其盐

次卤酸可通过卤素在碱性水溶液中的歧化反应生成。

$$X_2 + H_2O = HXO + HX \quad (X = Cl、Br)$$

次卤酸的酸性按照 HClO、HBrO、HIO 的顺序依次递减，稳定性也迅速减小。在碱性介质中所有次卤酸根都会发生歧化反应，歧化速率与反应温度有关。在室温或低于室温时，ClO^- 歧化速度极慢，加热后歧化为 Cl^- 和 ClO_3^-。BrO^- 在室温时歧化速率已相当快，只有在 273K 时才可能得到次溴酸盐，IO^- 的歧化速率极快，溶液中不存在次碘酸盐。

$$3I_2 + 6OH^- = 5I^- + IO_3^- + 3H_2O$$

在酸性条件下，可发生该反应的逆反应。

$$5I^- + IO_3^- + 6H^+ = 3I_2 + 3H_2O$$

用氯气与氢氧化钙反应，可得到次氯酸钙。

$$2Cl_2 + 2Ca(OH)_2 = Ca(ClO)_2 + CaCl_2 + 2H_2O$$

次卤酸盐具有强氧化性，可用于漂白和消毒，次氯酸钙是漂白粉的有效成分。

2. 亚卤酸及其盐

已知的亚卤酸仅有亚氯酸存在于水溶液中，它的酸性比次氯酸强。

$$H_2SO_4 + Ba(ClO_2)_2 = BaSO_4\downarrow + 2HClO_2$$

亚氯酸的热稳定性差，易分解。

$$8HClO_2 = 6ClO_2 + Cl_2 + 4H_2O$$

亚氯酸盐在溶液中较为稳定，有强氧化性，可用作漂白剂。固态亚氯酸盐受热或被撞击，会迅速分解，发生爆炸。

$$3NaClO_2 = 2NaClO_3 + NaCl$$

3. 卤酸及其盐

$HClO_3$、$HBrO_3$ 仅存在于水溶液中，是强酸，HIO_3 为白色固体，为中强酸，它们均是强氧化剂。氯酸盐可用氯与热碱溶液作用制取，也可用电解氯化物溶液得到。碘酸盐可用单质碘与热碱溶液作用制取，也可以在碱性介质中用氯气氧化碘化物制得。

$$KI + 6KOH + 3Cl_2 = KIO_3 + 6KCl + 3H_2O$$

卤酸盐加热可分解，如

$$4KClO_3 \xrightarrow[\Delta]{MnO_2} 3KClO_4 + KCl$$

卤酸及其盐溶液都是强氧化剂，$KClO_3$固体与易燃物质如 C、S、P 混合后，一旦受到撞击即猛烈爆炸，因此大量用于制造火柴和烟火。氯酸钠可用作除草剂，溴酸盐和碘酸盐可用作分析试剂。

4. 高卤酸及其盐

高卤酸有高氯酸、高溴酸和高碘酸。高氯酸是无机酸中最强的酸，ClO_4^- 具有正四面体结构，对称性很高，是离子中最难被极化变形的离子，所以难以与金属离子形成配合物，常用于调节溶液的离子强度。大多数高氯酸盐易溶于水，但是 Cs^+、Rb^+、K^+、NH_4^+ 的高卤酸盐溶解度较小。浓热的高氯酸是强氧化剂，与有机物质接触可发生猛烈作用。

高溴酸的制备在 1969 年才获得成功，制备方法如下。

$$BrO_3^- + XeF_2 + H_2O = BrO_4^- + Xe + 2HF$$

高碘酸有正高碘酸 H_5IO_6和偏高碘酸 HIO_4，正高碘酸具有正八面体结构，其中 I 进行 sp^3d^2杂化。高碘酸的酸性比高氯酸弱，但氧化性强于高氯酸，它与一些试剂作用平稳而又迅速，因此在分析实验中用得较多。

表 9－5 给出了氯的含氧酸及其盐的性质变化规律。

表 9－5　氯的含氧酸及其盐的性质变化规律

氧化性降低	热稳定性增大	酸性增强	酸	氧化态	盐	热稳定性增大	氧化性降低
↓	↓	↓	HClO	+1	MClO	↓	↓
			$HClO_2$	+3	$MClO_2$		
			$HClO_3$	+5	$MClO_3$		
			$HClO_4$	+7	$MClO_4$		

→ 氧化性增强　热稳定性降低

9.7 稀有气体

9.7.1 性质

稀有气体原子的最外层电子结构为 ns^2np^6（氦为 $1s^2$），是最稳定的结构。稀有气体都有很高的电离能，在一般条件下不容易得到或失去电子而形成化学键，很难与其他元素化合，通常以单原子分子的形式存在。因此，长期以来稀有气体被认为是化学性质极不活泼，不能形成化合物的惰性元素。

稀有气体都是无色、无味的，它们的熔点和沸点很低，在低温时都可以液化。

空气中约含0.94%(体积百分数)的稀有气体，其中绝大部分是氩。空气是制取稀有气体的主要原料，通过液态空气分级蒸馏，可得稀有气体混合物，再用活性炭低温选择吸附法，就可以将稀有气体分离开来。

9.7.2 化合物

1962年，英国化学家巴特列特(N. Bartlett)先用 PtF_6 与等摩尔氧气在室温条件下混合反应，得到了一种深红色固体 O_2PtF_6，其反应方程式为

$$O_2 + PtF_6 = O_2PtF_6$$

巴特列特考虑到 O_2 的第一电离能是1175.7 kJ·mol^{-1}，氙的第一电离能是1175.5 kJ·mol^{-1}，既然 O_2 可以被 PtF_6 氧化，那么氙也应能被 PtF_6 氧化。于是巴特列特将 PtF_6 的蒸气与等摩尔的氙混合，在室温下制得了第一种稀有气体化合物——橙黄色固体 $XePtF_6$。

$$Xe + PtF_6 = XePtF_6$$

以后，其他的稀有气体化合物又被陆续合成出来，惰性气体因此才更名为稀有气体。

$XePtF_6$ 在室温下稳定，在真空中加热可以升华，遇水则迅速水解，并逸出气体。

$$2XePtF_6 + 6H_2O = 2Xe\uparrow + O_2\uparrow + 2PtO_2 + 12HF$$

至今，人们已经合成出了数以百计的稀有气体化合物。例如，在一定条件下，Xe与 F_2 发生反应，可生成三种稳定的Xe的氟化物。

$$Xe + nF_2 \rightarrow XeF_{2n} (n=1，2，3)$$

XeF_2、XeF_4 和 XeF_6 均为白色晶体，其熔点依次下降，热稳定性也依次下降，它们都是强氧化剂，具有较大的反应活性，如它们在碱溶液中与水反应，

$$2XeF_2 + 2H_2O = 2Xe\uparrow + 4HF + O_2\uparrow$$

$$6XeF_4 + 12H_2O = 2XeO_3 + 4Xe\uparrow + 24HF + 3O_2\uparrow$$

$$XeF_6 + 3H_2O = XeO_3 + 6HF$$

Xe的氧化物 XeO_3 是白色易潮解、易爆炸的固体，它在碱溶液中发生如下反应。

$$XeO_3 + OH^- = HXeO_4^-$$

$HXeO_4^-$ 易缓慢歧化

$$2HXeO_4^- + 2OH^- = XeO_6^{4-} + Xe\uparrow + O_2\uparrow + 2H_2O$$

除Xe外，稀有气体化合物还有Kr、Rn的氟化物。

9.7.3 应用

氦气是除了氢气以外最轻的气体，可以代替氢气装在飞船里，不易着火，发生爆炸。氦气是所有气体中最难液化的，利用液态氦可获得接近绝对零度的超低温。氦气还用来代替氮气作人造空气，供探海潜水员呼吸。氖气通电时会发光，氖灯射出的红光可以穿过浓雾，常用在机场、港口、水陆交通线的灯标上。氩气在焊接时常用作保护气，氪气能吸收X射线，可用作X射线工作时的遮光材料。氡气是自然界唯一的天然放射性气体，可用作气体示踪剂，用于检测管道泄漏和研究气体运动。

习　　题

9.1 比较下列物质的酸性。

(1)$HClO_4$、$HBrO_4$、H_5IO_6。

(2)H_3BO_3、H_2CO_3、HNO_3。

(3)HClO、$HClO_2$、$HClO_3$、$HClO_4$。

9.2 比较下列物质的氧化性。

(1)HClO、$HClO_2$、$HClO_3$、$HClO_4$。

(2)HNO_2、HNO_3。

(3)H_2SO_4、H_2SeO_4。

9.3 氢原子在化学反应中有哪些成键形式?

9.4 碳酸、碳酸氢盐、碳酸盐的热稳定性递变规律如何?为什么?

9.5 B、C、N、O、F、Ne、S、P的单质中，哪些是单原子分子?哪些是双原子分子?哪些是多原子分子?

9.6 试说明下列事实的原因。

(1)常温常压下，CO_2为气体而SiO_2为固体。

(2)CF_4不水解，而BF_3和SiF_4都水解。

9.7 乙硼烷分子内有哪几种化学键，其空间结构如何?

9.8 写出反应方程式。

(1)B_2H_6在空气中燃烧。

(2)B_2H_6通入水。

9.9 为什么浓硝酸一般被还原为NO_2，而稀硝酸一般被还原为NO?这与它们的氧化能力的强弱是否矛盾?

9.10 H_3BO_3和H_3PO_3组成相似，为什么前者是一元酸，而后者则为二元酸?试从结构上加以解释。

9.11 为什么在室温下H_2S是气态而H_2O是液态?

9.12 在H_2O_2和O_3分子中，中心氧原子用哪一种杂化方式成键?

9.13 分别画出SO_2和O_3的结构图并加以说明。

9.14 硫代硫酸钠在药剂中常用作解毒剂，可解卤素单质、重金属离子(例如汞)中毒，请说明能解毒的原因，写出有关的反应方程式。

9.15 油画放置久后会发暗、发黑，可用过氧化氢来处理，为什么?写出相关的反应式。

9.16 制备硫代硫酸钠时，溶液为什么必须控制在碱性范围?写出有关的反应方程式。

9.17 为什么在纺织和造纸工业中，常用$Na_2S_2O_3$消除其中的残余氯?写出有关反应方程式。

9.18 为什么AlF_3的熔点高达1290℃，而$AlCl_3$却只有190℃?

9.19 完成方程式：①Cl_2通入热的碱液；②Br_2加入冰水冷却的碱液。

9.20 卤化氢中HF分子的极性特强，熔点、沸点特高，但其水溶液的酸性却最小，试分析其原因。

9.21 在常态下，为何氟和氯是气体，溴是液体，碘是固体?

9.22 为什么可用浓H_2SO_4与NaCl制备HCl气体，而不能用浓H_2SO_4和KI来制备HI气体?写出相关的反应方程式。

9.23 试讨论氢卤酸的酸性、还原性、热稳定性的变化规律。

9.24 试写出以下反应方程式。

(1)碘和氢氧化钾。

(2)加碘酸钾于碘化钾的浓盐酸溶液中。

(3)浓硫酸与溴化氢。

9.25 回答下列问题。

(1)为什么碘不溶于水而溶于碘化钾溶液中?

(2)稀有气体为什么不形成双原子分子?

第10章

元素选述(二)金属元素

(1)了解金属的通性、部分金属单质、化合物的性质及变化规律。

(2)了解 s 区、p 区金属元素的通性和 s 区、p 区金属单质及重要化合物的有关反应。

(3)了解 d 区、ds 区元素的通性，以及 d 区、ds 区金属单质及重要化合物和有关反应。

(4)了解稀土元素及其重要化合物的有关反应。

10.1 金属元素概述

在元素周期表中，除了 22 种非金属外，其余的全部是金属，有九十多种，冶金工业通常将金属分为黑色金属(包括铁、铬、锰)和有色金属(除铁、铬、锰以外的金属)；如果按密度分，金属可分为轻金属(密度小于 4.5g·cm^{-3}，包括铝、镁、钠、钾等元素)和重金属(密度大于 4.5 g·cm^{-3}，包括铜、镍、铅、锌等元素)。在自然界，最轻的金属是锂，其密度为 0.543 g·cm^{-3}，小于水；最重的金属是锇，它的密度为 22.48 g·cm^{-3}，为同体积锂的 41.4 倍重。

金属元素容易失去电子，大多以阳离子形态存在于化合物中，自然界中普遍存在的金属元素有铝、铁、钙、钠、镁、钾等，它们也是构成生命物质不可缺少的元素，锰、锌、钼、钴等也是生物生命过程所必需的元素。

10.1.1 金属的物理性质

金属单质晶体结构前面已经讨论过，由于自由电子的存在和紧密堆积的结构使金属具有许多共同的性质，如金属光泽及良好的导电性、导热性、延展性等。

(1)金属光泽：金属原子以最紧密的堆积状态排列，内部有自由电子，当光线投射到金属表面时，自由电子会吸收光能，然后释放出各种频率的光，因此绝大多数金属具有钢灰色或银白色光泽。比较特殊的是金为黄色，铜为赤红色，铋为淡红色，铯为淡黄色，铅是灰蓝色，因为这些金属较易吸收某些频率的光。

金属只有在块状时才能表现出金属光泽，如果处于粉末状，大多呈暗灰色或黑色。因为此时金属晶体晶面取向杂乱，晶格排列不规则，自由电子吸收可见光后辐射不出去，所以表现为黑色。

(2)导电性、导热性：金属晶体中有自由电子，可以自由运动，所以具有导电性、导热性。当给金属外加电场后，自由电子会定向移动，显示出导电性。如果温度升高，金属离子和金属原子的振动增加，电子运动受阻碍的程度也会增加，所以金属的导电性会随着温度升高而降低。导电性能最好的金属是银，其次为铜、金。

(3)熔点、沸点及硬度：金属的熔点、沸点及硬度与金属键的强度有关。金属键的强度实际上为原子核和自由电子之间的引力，可以用升华热来衡量。所谓升华热是指单位物质的量的金属晶体转变为自由原子所需要的能量，也就是拆散金属晶格所需的能量。金属键越强，升华热就越高。

金属键的强度主要取决于原子半径的大小和价电子数目，原子半径增大，升华热减小，如从锂到铯升华热递减，金属键的强度也递减。价电子数目增加，升华热也会随之增加。金属中熔点最高的是钨，最低的是汞；硬度最高是的铬，最低的是铯，铯还是熔点最低的固体金属。

10.1.2 金属的化学性质

1. 还原性

金属的价电子构型有以下几种：s 区金属 $ns^{1\sim2}$，p 区金属 $ns^2np^{1\sim4}$、d 区金属 $(n-1)d^{1\sim9}ns^{1\sim2}$、ds 区金属 $(n-1)d^{10}ns^{1\sim2}$、f 区金属 $(n-2)f^{0\sim14}(n-1)d^{0\sim2}ns^2$。大多数金属元素的最外电子层不超过三个电子，p 区金属(如 Sn、Pb、Sb、Bi 等)的最外层虽然有四五个电子，但由于它们的原子半径较大，仍然容易失去价电子，过渡金属还能失去部分次外层的 d 电子。

金属最主要的共同化学性质是都易失去最外层电子，因而表现出较强的还原性。元素的金属性越强，其单质的还原性就越强，如还原性 Na>Mg>Al。

金属原子失去电子的难易程度在气相中可用电离能衡量，在水溶液中可用电极电势衡量。表 10-1 是根据标准电极电势值排列的金属活动顺序。

表 10-1 根据标准电极电势值排列的金属活动顺序

K Ca Na Li	Mg Al Mn Zn Cr Cd Fe	Ni Pb Sn	H_2	Cu Hg Ag	Pt Au
与水反应	与水蒸气反应				与王水反应
	与稀酸反应			与氧化性酸反应	

2. 与非金属的反应

金属与非金属反应的难易程度大致和金属活动顺序相同。位于金属活动顺序表前面的金属很容易失去电子，常温下就能与氧化合形成氧化物，钠、钾的氧化很快，铷、铯会发生自燃；后面的金属则很难失去电子，如铜、汞等必须加热才能与氧化合，而银、金即使加强热也很难与氧等非金属化合。

有些金属如铝、铬会生成结构紧密的氧化膜覆盖在表面，防止金属继续氧化。铁在空气中易被腐蚀，工业上常在其表面镀铬、渗铝，这样既美观，又能防腐。

3. 与水、酸的反应

金属与水、酸反应的情况与金属的活泼性及酸的性质有关，一般来说，元素的金属性越强，其单质与水或酸反应就越剧烈，对应的氢氧化物的碱性也越强。

在常温下，$E^{\ominus}(M^{n+}/M) < -0.41V$ 的金属都可能与水反应，性质很活泼的金属如钾、钠在常温下就与水剧烈地起反应，钙与水的反应比较缓和，镁只能和沸水起反应，铁则需在炽热的状态下和水蒸气发生反应。有些金属，如镁，与水反应生成的氢氧化物不溶于水，覆盖在金属表面，使反应难以继续进行。

在一般情况下，$E^{\ominus}(M^{n+}/M) < 0$ 的金属都可以与非氧化性酸反应，生成氢气。有些金属如铅，与硫酸作用的产物 $PbSO_4$ 不溶于水，沉淀覆盖在金属表面阻止反应继续进行，因而 Pb 难溶于硫酸。

在一般情况下，$E^{\ominus}(M^{n+}/M) > 0$ 的金属只能被氧化性的酸氧化，或在氧化剂的存在下与非氧化性酸作用。铝、铬、铁等在浓 HNO_3、浓 H_2SO_4 中会发生钝化。

4. 与碱的反应

除了少数两性金属外，金属大多不与碱起作用。锌、铝与强碱反应如下。

$$Zn + 2NaOH + 2H_2O = Na_2[Zn(OH)_4] + H_2$$

$$2Al + 2NaOH + 6H_2O = 2Na[Al(OH)_4] + 3H_2$$

铍、镓、铟、锡等也能与强碱反应。

10.1.3 合金

金属处于熔融状态时可以相互溶解或相互混合，形成合金。金属与某些非金属也可以形成合金，例如生铁就是碳含量大于 2.11% 的铁碳合金，而钢就是碳含量小于 2.11% 的铁碳合金，所以说合金是具有金属特性的多种元素的混合物。

许多合金具有优良的性能，这与它们的化学组成和内部结构有密切的关系。合金的结构一般有以下三种基本类型。

(1)低共熔合金：它是两种金属的非均匀混合物，它的熔点总比任一纯金属的熔点要低。例如，焊锡是锡、铅之低共熔合金，纯铅在 600K 熔化，纯锡在 505K 熔化，含 63% 锡的低共熔合金在 454K 熔融。

(2)金属固溶体：相当于固态溶液，其中被溶物(溶质)可以有限地或无限地均匀溶于溶剂的晶格中。

(3)金属化合物：如果两种金属元素的电负性、电子层结构和原子半径差别较大时易形成金属化合物，或者形成介于离子键和金属键之间的化学键，或者形成以金属键相结合的化合物。

一般说来，除密度以外，合金的性质并不是各成分金属性质的总和。多数合金的熔点低于各组分的熔点，硬度高于各组分的硬度，如在铜里加 1% 的铍形成的合金硬度比纯铜高 7 倍。合金的导电性和导热性比纯金属也低得多，有些合金与其组分的化学性质有很大差别，如铁易与酸反应，而在普通钢里加入 25% 左右的铬和少量的镍，即为耐酸钢，不与酸反应。

10.2 s区金属元素

s区包括ⅠA和ⅡA，ⅠA族的Li、Na、K、Rb、Cs、Fr称**碱金属**，ⅡA族的Be、Mg、Ca、Sr、Ba和Ra称为**碱土金属**。它们以卤化物、硫酸盐、碳酸盐和硅酸盐的形式存在于地壳中。Na、K、Ca等存在于动植物体内；Rb、Cs在自然界存在较少，是稀有金属；Fr和Ra是放射性金属，Fr放射性极强、半衰期极短，而Ra首先被居里夫人从沥青油矿中分离出来，它所有的同位素都具有放射性，且寿命较长。

10.2.1 单质

1. 通性

ⅠA元素的电子构型为ns^1，只有一个价电子，形成金属键的电子数少，金属键弱，所以碱金属的硬度、熔点和沸点较其他金属低。在同一周期中，碱金属原子半径最大，第一电离能最低，易形成氧化数为+1的离子型化合物。

ⅡA与ⅠA相比，原子半径小，而电离能、熔点、沸点、密度、硬度等较碱金属高。碱土金属是典型的金属元素(除Be外)，化学性质活泼。在同一周期中，碱土金属的金属性仅次于碱金属。

碱金属和碱土金属几乎能与所有的非金属单质发生化学反应，生成离子型化合物。金属单质都具有极强的还原性。Be较特殊，通常呈两性，Be的很多化合物是共价化合物，如$BeCl_2$。

锂的标准电极电势值在同一族中最低，但Li与水的反应的剧烈程度远不如其他碱金属，原因在于锂熔点高、不易熔融。同时，与水反应的产物LiOH溶解度小，覆盖于金属锂表面，阻止了进一步反应。

2. 制备与用途

碱金属和碱土金属很活泼，不能在水溶液中制备。用熔盐电解法可制取较轻且挥发性较小的金属。例如

$$2NaCl(l) \xlongequal{\text{电解}} 2Na + Cl_2(g) \qquad 2LiCl(l) \xlongequal[KCl]{\text{电解}} 2Li + Cl_2(g)$$

用活泼金属与氧化物或氯化物进行置换反应也可制取。例如

$$Na(l) + KCl(l) = NaCl(l) + K(g)$$

上述反应与金属活泼性无关，由于K的沸点小于Na，所以反应向右进行。

由于碱金属和碱土金属能与水反应，因此在水溶液中它们不能用做还原剂，而在非水介质的有机化学反应中，它们是重要的还原剂，同时也是高温条件下从氧化物或氯化物制备稀有金属的重要还原剂。例如

$$TiCl_4 + 4Na = Ti + 4NaCl$$

$$ZrO_2 + 2Ca = Zr + 2CaO$$

当然，这些反应必须在真空或稀有气体保护下进行。

钠和钾是生物必需的重要元素，镁对于生物界的有机物是必需的；锂可用于高能电

池，它在核动力技术中也发挥重要作用；金属钠是优良的还原剂，可用于某些染料、药物、香料及稀有金属生产，还用于核反应堆的冷却剂；铯具有光电效应，用于制造光电管；铷、铯可用于制造最准确的计时仪器——原子钟；镁主要用来制造合金；铍作为新兴材料日益被重视。

10.2.2 常见的化合物

1. 氧化物及氢氧化物

碱金属和碱土金属与氧能形成几种类型的氧化物，如正常氧化物 M_2O/MO、过氧化物 M_2O_2/MO_2、超氧化物 MO_2/MO_4、臭氧化物 MO_3 等。

除 BeO 为两性外，其他氧化物均显碱性。经过煅烧的 BeO 和 MgO 极难与水反应，它们的熔点很高，是很好的耐火材料。氧化镁晶须具有良好的耐热性、绝缘性、热传导性、耐碱性、稳定性和补强特性，可以用作各种复合材料的补强剂。最常见的过氧化物是过氧化钠，呈浅黄色。工业上用除去 CO_2 的干燥空气通入熔融的金属钠中制备 Na_2O_2。

碱土金属过氧化物以过氧化钡较为常见，在 773～793K 时，将氧气通入灼热的金属钡即可制得。

$$Ba + O_2 = BaO_2$$

实验室可用 BaO_2 制备 H_2O_2。

$$BaO_2 + H_2SO_4 = H_2O_2 + BaSO_4$$

过氧化物遇水、稀酸等均能产生过氧化氢，进而放出氧气，遇到 CO_2 直接放出氧气。

$$Na_2O_2 + 2H_2O = H_2O_2 + 2NaOH \qquad 2H_2O_2 = 2H_2O + O_2\uparrow$$

$$2Na_2O_2 + 2CO_2 = 2Na_2CO_3 + O_2\uparrow$$

因此过氧化钠在防毒面具、高空作业和潜艇中用作供氧剂和 CO_2 的吸收剂。此外，过氧化钠兼具碱性和强氧化性，是常用的强氧化剂，可用作矿物熔剂，使某些不溶于酸的矿物分解。例如

$$2Fe(CrO_2)_2 + 7Na_2O_2 = 4Na_2CrO_4 + Fe_2O_3 + 3Na_2O$$

超氧化物是 K、Rb、Cs 等在过量氧气中反应的产物。KO_2、RbO_2、CsO_2 分别是橙黄色、深棕色、深黄色固体。超氧化物中含有超氧离子 O_2^-。其分子轨道表示式是 $(\sigma_{2s})^2(\sigma_{2s}^*)^2(\sigma_{2p})^2(\pi_{2p})^4(\pi_{2p}^*)^3$，有一个 σ 键和一个 3 电子 π 键，具有顺磁性。超氧化物也是强氧化剂，能与水、二氧化碳等反应放出氧气，故也可用作供氧剂。

干燥的 K、Rb、Cs 的氢氧化物固体与 O_3 反应可得红色的臭氧化物。

$$6MOH + 4O_3 = 4MO_3 + 2MOH \cdot H_2O + O_2\uparrow \qquad (M = K、Rb、Cs)$$

臭氧化物不稳定，缓慢地分解成 MO_2 和 O_2。

氢氧化物中除 $Be(OH)_2$ 呈两性，LiOH、$Mg(OH)_2$ 为中强碱外，其余 MOH、$M(OH)_2$ 均为强碱性。

2. 氢化物

碱金属和碱土金属能与氢气直接化合生成离子型氢化物。

$$2M + H_2 = 2MH \qquad (M = 碱金属)$$

$$M + H_2 = MH_2 \qquad (M = Ca、Sr、Ba)$$

这些氢化物均为白色固体，常因混有痕量金属而呈灰色。碱金属氢化物中的 LiH 最稳定，加热到熔点也不分解。LiH 能与 $AlCl_3$ 在无水乙醚中反应生成 $LiAlH_4$。

$$4LiH + AlCl_3 = LiAlH_4 + 3LiCl$$

H_2/H^- 的标准电极电势为 $-2.25V$，所以离子型氢化物是极强的还原剂。它们遇水能迅速反应放出氢气，常用做野外产生氢气的材料。例如

$$LiH + H_2O = LiOH + H_2\uparrow$$

$$CaH_2 + 2H_2O = Ca(OH)_2 + 2H_2\uparrow$$

所有的碱金属氢化物都是强还原剂，在有机合成中有重要意义。

3. 碱金属盐

常见的碱金属盐类有卤化物、硝酸盐、硫酸盐、碳酸盐和磷酸盐，它们具有下列特征。

(1)绝大多数是离子型晶体，有较高的熔点，熔融态下有极强的导电能力，较高的热稳定性。在含氧酸盐中，硫酸盐在高温下不挥发，也难以分解；碳酸盐中，Li_2CO_3 由于 Li^+ 半径小，极化作用强，在 1000℃以上会分解，其余的碱金属碳酸盐都不分解；硝酸盐热稳定性较低，在一定温度下就会分解。

$$4LiNO_3 = 2Li_2O + 4NO_2 + O_2$$

$$2MNO_3 = 2MNO_2 + O_2 \quad (M = Na、K、Rb、Cs)$$

(2)所有的碱金属盐除了与有色阴离子形成有色物质外，其余都为白色固体。

(3)大多数碱金属盐都可溶于水。在一般情况下，正负离子的半径相差较大时，盐类比较难溶，因为这些盐的晶格能较大，水分子难以插入晶体中使其溶解。不溶于水的锂盐如有 LiF、Li_2CO_3、$Li_3PO_4 \cdot 5H_2O$ 等；钠盐有 $Na[Sb(OH)_6]$、$NaZn(UO_2)_3(Ac)_9 \cdot 6H_2O$ 等；钾盐有 $KHC_4H_4O_6$、$KClO_4$、K_2PtCl_6、$KB(C_6H_5)_4$、$K_2Na[Co(NO_2)_6]$ 等；铷盐、铯盐有 $M_3[Co(NO_2)_6]$、$MClO_4$、M_2PtCl_6、$MH(C_6H_5)_4$ 等(M＝Rb、Cs)。

(4)碱金属盐具有形成复盐的能力，尤其是卤化物与硫酸盐。例如，光卤石类 $MCl \cdot MgCl_2 \cdot 6H_2O$(M＝K、Rb、Cs)、矾类 $M_2SO_4 \cdot MgSO_4 \cdot 6H_2O$(M＝K、Rb、Cs)及 $M(Ⅰ)M(Ⅲ)(SO_4)_2 \cdot 12H_2O$($M(Ⅰ) = NH_4^+$、$Na^+$、$K^+$、$Rb^+$、$Cs^+$；$M(Ⅲ) = Al^{3+}$、$Cr^{3+}$、$Fe^{3+}$、$Co^{3+}$、$Ga^{3+}$、$V^{3+}$)。锂盐不易形成复盐，因为它的离子半径太小，不易与其他金属盐形成同晶化合物。复盐的溶解度比相应的简单碱金属盐溶解度要小得多。

4. 碱土金属盐

常见的碱土金属盐有卤化物、硫酸盐、硝酸盐、碳酸盐和磷酸盐等。由于碱土金属离子电荷大、半径小，故其极化力较大，因此它们的盐也有其特殊性。

(1)溶解度

碱土金属盐有不少是难溶的，只有硝酸盐、氯酸盐、高氯酸盐和醋酸盐是易溶的，在卤化物中，除氟化物外，其余都是易溶的。碱土金属的碳酸盐、磷酸盐、草酸盐等都是难溶的，但它们都可以溶于盐酸中。在硫酸盐和铬酸盐中，钡盐溶解度最小，镁盐溶解度最大。

(2)热稳定性

碱土金属盐热稳定性较碱金属差。例如，在热力学标准态下碳酸盐的热分解温度见表 10－2。

表 10-2 在热力学标准态下碳酸盐的热分解温度

碳酸盐	$BeCO_3$	$MgCO_3$	$CaCO_3$	$SrCO_3$	$BaCO_3$
热分解温度/℃	<100	400	900	1280	1360

硫酸盐热分解温度也应符合同一顺序：$MgSO_4$(895℃)<$CaSO_4$(1149°C)，$SrSO_4$、$BaSO_4$分解温度更高。硝酸盐分解后有两种产物。

$$2M(NO_3)_2 = 2MO + 4NO_2 + O_2 \quad (M=Be、Mg)$$

$$M(NO_3)_2 = M(NO_2)_2 + O_2 \quad (M=Ca、Sr、Ba)$$

此外，酸式盐的热稳定性比正盐低。

(3)晶型

铍的卤化物 BeX_2 带有明显的共价性，因为 Be^{2+} 半径小，电荷高，极化作用强，如 BeF_2，虽然溶于水，但在水中不完全解离，而 $BeCl_2$ 的结构具有无限长链。

(4)水解性

除 Be^{2+} 外，Mg^{2+} 也能水解，虽然水解能力不强，但加热可以促进其水解。

$$MgCl_2 \cdot 6H_2O \xlongequal{\Delta} Mg(OH)Cl + 5H_2O + HCl\uparrow$$

因此，不能用加热脱水的方法使这一类含水盐转化为无水盐，而应在 HCl 气氛下加热或和 $NH_4Cl(s)$混合加热，或由相应单质制备无水盐。

由于离子构型的特点，碱金属和碱土金属离子通常可与含有 O、N 等配位原子的多齿配体形成稳定配合物，如可与冠醚、EDTA、卟啉环等形成螯合物。它们与单齿配体形成配合物的能力较差。

5. 焰色反应

碱金属、Ca、Sr、Ba 的挥发性化合物在高温火焰中电子易被激发。当电子从较高能级回到较低能级时，发射出一定波长的光，形成光谱线，使火焰呈现特征颜色(钙呈橙红色，锶呈红色，钡呈黄绿色，锂呈红色，钠呈黄色，钾呈紫色，铷、铯呈紫红色)。在分析化学上常利用这一性质来定性鉴定这些元素，这种方法称为焰色反应。

钾盐中往往含有少量钠盐，在焰色中会看到钠的黄色，为消除钠对钾颜色的干扰，一般需用蓝色钴玻璃片滤光。

10.2.3 锂、铍的特殊性和对角线规则

在ⅠA 族和ⅡA 族中，锂、铍及它们的化合物在性质上与同族其他金属及化合物的性质有明显的差异。锂和铍特殊的原因在于它们的半径最小，离子为 2 电子构型(其他 s 区金属离子为 8 电子构型)，极化能力强，所以表现出反常性，但是锂和镁、铍和铝在性质上却有很大的相似性。

在元素周期表中，某些元素的性质和它左上方或右下方的另一元素性质具有相似性，称为对角线规则。这种相似性明显存在于下列三对元素之间。

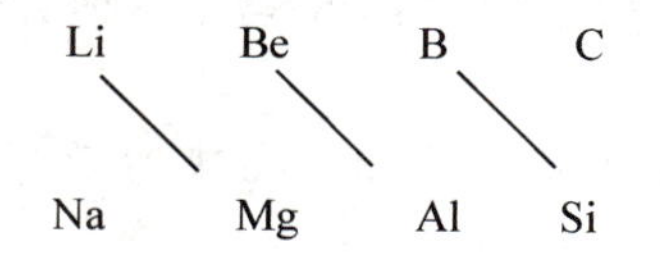

例如，LiOH、Li_2CO_3、$LiNO_3$都不稳定，而 $LiHCO_3$更难于存在，显然与 K、Na 不同。另外，Li 在氧气中燃烧，只生成 Li_2O，和 Mg 相似；Li 和 Mg 都可以与 N_2直接化合，其他碱金属无此反应，Li 和 Mg 的氟化物、硫酸盐难溶，而其他碱金属也无此性质。

Be 的性质和ⅢA 族中的 Al 有些相近，两者的氧化物和氢氧化物都呈两性，而其他碱土金属的氧化物和氢氧化物显碱性；$BeCl_2$与 $AlCl_3$晶体中共价成份较大，可溶于醇、醚中，其他碱土金属的 MCl_2都是离子晶体；Be、Al 和冷浓 HNO_3接触时，都会发生钝化，其他碱土金属能与 HNO_3反应。

10.3 p 区金属及化合物

10.3.1 铝

1. 铝

铝是ⅢA 族的金属元素，其价电子构型是 $3s^23p^1$，与硼一样具有缺电子特征，地壳中铝的含量仅次于氧和硅，有富集矿藏，如铝土矿，其主要成分为 $Al_2O_3 \cdot SiO_2$。铝是银白色轻金属，是重要的金属材料。铝的电导率虽然低于铜，但密度小。按同等质量比较，铝的电导率比铜高一倍，价格也低得多，所以铝已成为电线电缆的主流。硬质铝合金可用于制造汽车和飞机的发电机。

(1)制备

工业上制备铝，首先用碱溶液或碳酸钠处理铝土矿。

$$Al_2O_3(\text{铝土矿}) + 2NaOH + 3H_2O \xrightarrow{V} 2Na[Al(OH)_4]$$

将溶液过滤，滤去沉淀(除去铁、钛、钒等杂质)，往滤液中通入 CO_2。

$$2Na[Al(OH)_4] + CO_2 = 2Al(OH)_3\downarrow + Na_2CO_3 + H_2O$$

过滤溶液，洗涤沉淀，将沉淀干燥、灼烧，可得 Al_2O_3，电解 Al_2O_3，可得纯铝。

$$2Al_2O_3 \xrightarrow[\text{电解}]{Na_3AlF_6} 4Al + 3O_2$$

(2)性质和用途

铝在空气中极易被氧化，表面形成一层致密的氧化铝保护膜，所以铝不易被一般的无机酸碱所腐蚀。

铝能与氧气发生剧烈反应，并放出大量的热。铝与氧结合力极强，可置换出某些金属氧化物中的金属单质。例如

$$2Al + M_2O_3 = 2M + Al_2O_3 \qquad (M = Cr、Fe)$$

2. 重要化合物

(1)氧化铝

氧化铝有三种晶型，氢氧化铝在 1173K 以上煅烧得到的是 $\alpha - Al_2O_3$，俗称“刚玉”，其晶体属于六方紧密堆积型。由于这种紧密堆积结构，加之 Al^{3+} 与 O^{2-} 之间极强的吸引力，$\alpha - Al_2O_3$的晶格能很大，所以熔点高、硬度大，既不溶于水，也不溶于酸和碱。它耐

腐蚀，电绝缘性好，导热高，是优良的高硬度耐磨材料、耐火材料和陶瓷材料。$\beta-Al_2O_3$具有离子传导能力，是重要的固体电解质。$\gamma-Al_2O_3$属于六方面心紧密堆积构型，铝离子不规则地排列于由氧离子围成的八面体和四面体孔穴中。它不溶于水，但溶于酸和碱，具有很大的比表面积，具有很强的吸附能力和催化活性，所以又称活性氧化铝，是重要的吸附剂和催化剂。

(2)硫酸铝

无水硫酸铝为白色粉末，从水溶液中得的到晶体为$Al_2(SO_4)_3\cdot 18H_2O$，它是无色针状晶体。硫酸铝易与K^+、Rb^+、Cs^+和NH_4^+等的硫酸盐结合成矾，如明矾$KAl(SO_4)_2\cdot 12H_2O$。铝盐易于水解，水解产物$Al(OH)_3$具有较强的吸附能力，铸造中砂制成型、印染中色素在织物上的附着、明矾的净水作用等都是利用了这个性质。

(3)卤化铝

Al是缺电子原子，有空轨道，X(Cl、Br、I)原子有孤电子对，因此可以通过配位键形成具有桥式结构的双聚分子Al_2X_6。在熔融态、气态和非极性溶剂中，AlX_3(Cl、Br、I)均有二聚体存在。它们都是缺电子化合物，是典型的路易斯酸。

从氟化铝到碘化铝，卤化物的键型由离子键过渡到共价键，它们的熔点、沸点逐渐降低。$AlCl_3$遇水发生剧烈水解，生成各种碱式盐。在pH=4时加热，$AlCl_3$会发生聚合反应，得多羟基多核配合物$[Al_2(OH)_nCl_{6-n}]_m$，统称为聚合氯化铝(PAC)。$AlCl_3$还是有机合成中的常用催化剂。

10.3.2 其他金属及其重要化合物

锗(Ge)、锡(Sn)和铅(Pb)是ⅣA族的金属元素，其价电子构型为ns^2np^2。锗(Ge)是灰色金属，较硬，性质与硅相似，是典型的半导体元素，常温下不与氧反应，高温下与氧反应生成GeO_2。锗不与稀盐酸、稀硫酸反应，但可溶于浓硫酸、硝酸、王水、$HF-HNO_3$和H_2O_2-NaOH中。

锡(Sn)是银白色金属，较软，可与酸、碱发生氧化还原反应，锡与稀酸反应，生成Sn(Ⅱ)化合物，与浓硫酸、浓硝酸反应，生成Sn(Ⅳ)化合物。

$$Sn+2KOH+4H_2O=K_2[Sn(OH)_6]+2H_2\uparrow$$

$$3Sn+8HNO_3(\text{稀})=3Sn(NO_3)_2+2NO\uparrow+4H_2O$$

$$Sn+4HNO_3(\text{浓})=H_2SnO_3+4NO_2\uparrow+H_2O$$

铅(Pb)是很软的重金属，有剧毒，能防止X射线、γ射线的穿透。铅能形成多种合金，可发生如下反应。

$$Pb+KOH+2H_2O=K[Pb(OH)_3]+H_2\uparrow$$

$$Pb+4HNO_3=Pb(NO_3)_2+2NO_2\uparrow+2H_2O$$

$$Pb+2HAc=Pb(Ac)_2+H_2\uparrow$$

$Pb(Ac)_2$可溶，常用沾有$Pb(Ac)_2$的试纸检验H_2S气体，若试纸变黑，证明有H_2S气体存在。

$$Pb(Ac)_2+H_2S=PbS\downarrow(\text{黑色})+2HAc$$

在可溶性的铅盐溶液中加入Na_2CO_3溶液，可得到碱式碳酸铅的沉淀。它是一种覆盖力很强的白色颜料，俗称铅白。

$$2Pb^{2+}+2CO_3^{2-}+H_2O=Pb_2(OH)_2CO_3\downarrow+CO_2$$

Pb^{2+}与CrO_4^{2-}反应生成黄色沉淀$PbCrO_4$，这一反应可用来鉴定Pb^{2+}或CrO_4^{2-}离子。

$PbCrO_4$能溶于强碱。

$$Pb^{2+} + CrO_4^{2-} = PbCrO_4 \downarrow$$

$$PbCrO_4 + 3OH^- = [Pb(OH)_3]^- + CrO_4^{2-}$$

铅可形成许多难溶盐，如$PbCO_3$（白）、$PbCl_2$（白）、PbI_2（黄）、$PbSO_4$（白）、$PbCrO_4$（黄）、PbS(黑)。PbS可溶于浓盐酸中，即

$$PbS + 4HCl(浓) = H_2[PbCl_4] + H_2S \uparrow$$

锑(Sb)、铋(Bi)是ⅤA族的金属元素，价电子构型为ns^2np^3。它们的熔点较低，易挥发，在气态时也能以多原子分子形式存在，如Sb_2、Sb_4、Bi_2。锑的化合物GaSb、InSb是重要的半导体材料，铋与铅、锡可制成低熔点合金，如Bi—Pb—Sn合金，可用于制作保险丝。

$NaBiO_3$是常用的强氧化剂，在酸性条件下可将Mn^{2+}氧化为MnO_4^-。

$$2Mn^{2+} + 5NaBiO_3 + 14H^+ = 5Bi^{3+} + 5Na^+ + 2MnO_4^- + 7H_2O$$

Sn、Sb、Bi的卤化物容易发生水解。

$$SnCl_2 + H_2O = Sn(OH)Cl \downarrow + HCl$$

$$SbCl_3 + H_2O = SbOCl \downarrow + 2HCl$$

$$BiCl_3 + H_2O = BiOCl \downarrow + 2HCl$$

所以配制这些溶液时，要用盐酸酸化蒸馏水。而$SnCl_2$溶液具有较强的还原性，配制时还必须防止空气中的氧气将Sn^{2+}氧化为Sn^{4+}，通常在$SnCl_2$溶液中加入Sn粒。

$$SnCl_4 + Sn = 2SnCl_2$$

10.4 d区元素

d区元素位于周期表中部，ⅢB～Ⅷ族，共有8列。d区元素的特征电子构型为$(n-1)d^{1\sim9}ns^{1\sim2}$（Pd除外，$4d^{10}5s^0$），具有未充满的d轨道，因此不同于主族元素，元素性质的周期性变化规律不明显，各周期元素的性质从左到右具有相似性。通常将这些元素按周期分为三个系列：位于第四周期的Sc到Ni为第一过渡系；第五周期的d区元素为第二过渡系；第六周期的d区元素为第三过渡系。

d区金属比主族金属有更大的密度和硬度，更高的熔点和沸点。除了钪和钛外，其他元素的密度均大于$5g \cdot cm^{-3}$，最重的锇密度达到$22.48g \cdot cm^{-3}$；硬度最大的是铬，莫氏硬度为9；熔点、沸点最高的是钨，分别为3410℃和5930℃。d区金属单质的高密度、高硬度、高熔点和高沸点等性质可归因于d电子参与成键，使成键价电子数较多，原子化焓[①]较大。

d区金属都是活泼金属，性质相似，多数能从酸中置换出氢。d区金属价电子构型决定了它们具有多变的氧化态，如Mn常见的氧化态有+2、+3、+4、+6和+7，在某些配合物中还可呈现低氧化态的+1和0，在特殊情况下甚至可以有负氧化态，如$K[Mn(CO)_5]$中Mn的氧化态为−1。

d区金属由于有空的$(n-1)d$轨道，使它们更易形成配位键，产生了形形色色的配位化合物，呈现五彩缤纷的颜色。

---

① 原子化焓：1mol的金属单质变成气态原子时的焓变。金属键的强度可近似地用原子化焓来度量。原子化焓小的金属硬度小，熔点低；原子化焓大的金属，硬度大，熔点高。

d 区金属及其化合物中由于含有未成对电子而呈现顺磁性，而在铁系金属(铁、钴、镍)和它的合金中可以观察到铁磁性①。

10.4.1 钛

钛(Ti)是ⅡB族元素，价电子构型为 $3d^24s^2$。钛在地壳中的丰度为0.632%，但大都处于分散状态。钛是我国的丰产元素之一，钛的主要矿物有金红石(TiO_2)、钛铁矿($FeTiO_3$)和钒钛铁矿。

钛属于高熔点的轻金属，有许多优异的性能，钛比铁轻，比强度(强度与质量之比)是铁的两倍多、铝的5倍，钛还具有抗腐蚀性能，广泛应用于制造航天飞机、导弹、潜艇等。钛能承受超低温，可用于制备盛放液氮和液氧等的器皿。此外，钛具有生物相容性，可用于接骨和人工关节，被誉为“生物金属”。

工业上生产钛一般采用 $TiCl_4$ 的金属热还原法：首先将金红石与碳粉混合加热至1000～1100K，进行氯化处理；再用金属镁或钠在1070K、氩气氛中还原，过量的Mg和 $MgCl_2$ 用稀盐酸处理除去，可得“海绵钛”。反应式为：

$$TiO_2(s) + 2Cl_2(g) + 2C(s) \xrightarrow{1000\sim1100K} TiCl_4(g) + 2CO(g)$$

$$TiCl_4(g) + 2Mg(s) \xrightarrow[Ar]{1070K} Ti(s) + 2MgCl_2(s)$$

钛是活泼金属，在空气中能迅速与氧反应生成致密的氧化物膜而钝化，因此它在室温下不与水、稀酸和碱反应，但可溶于氢氟酸或酸性氟化物溶液中。

$$Ti + 6HF = H_2TiF_6 + 2H_2$$

钛也能溶于热的浓盐酸，生成绿色的 $TiCl_3 \cdot 6H_2O$。

$$2Ti + 6HCl + 12H_2O = 2TiCl_3 \cdot 6H_2O + 3H_2\uparrow$$

钛在高温下可与碳、氮、硼反应生成碳化钛TiC、氮化钛TiN和硼化钛TiB，它们的硬度高、难熔、稳定，是金属陶瓷的主要成分。钛与氢反应形成非整比的氢化物，可作为储氢材料。钛与氧反应生成 TiO_2。因为钛与氧、氯、氮、氢有很大的亲和力，使炼制纯金属很难。

自然界中 TiO_2 有三种晶型：金红石型、锐钛矿型和板钛矿型，其中最重要的是金红石型。金红石型属于简单四方晶系，是典型的 AB_2 型化合物结构，常称之为金红石结构。TiO_2 是白色粉末，不溶于水和稀酸，但溶于氢氟酸和热的浓硫酸中。

$$TiO_2 + 6HF = H_2[TiF_6] + 2H_2O$$

$$TiO_2 + H_2SO_4(浓) = TiOSO_4 + H_2O$$

TiO_2 俗称钛白或钛白粉，是一种优良的白色颜料，具有折射率高、着色力和遮盖力强、化学稳定性好等优点，是制备高级涂料和功能陶瓷的重要原料，也是造纸和人造纤维工业的消光剂。纳米 TiO_2 有极好的光催化性能，在有机污水处理领域有广阔的应用前景。

10.4.2 钒

钒(V)是VB族的金属元素，其价电子构型为 $3d^34s^2$。钒在地壳中的丰度为0.0136%。

---

① 铁磁性：和顺磁性一样，物质内部均含有未成对电子，都能被磁场所吸引，只是磁化程度上的差别。铁磁性物质与磁场的相互作用比顺磁性物质大几千甚至几百万倍，在外磁场移走后仍可保留很强的磁场，而顺磁性物质在外磁场移走后不再具有磁性。

它的分布广而分散，有绿硫钒 VS_2 或 V_2S_5 和铅钒矿 [$Pb_5(VO_4)_3Cl$] 等。

钒是银灰色有延展性的金属，不纯时硬而脆。钒是活泼金属，易生成氧化物保护膜而钝化，常温下不与水、苛性碱和稀的非氧化性酸作用，但可溶于氢氟酸、强氧化性酸和王水中，也能与熔融的苛性碱反应。钒高温下可与大多数非金属反应，甚至比钛还容易与氧、碳、氮和氢化合，所以制备纯态金属很难，常用金属(如钙)热还原 V_2O_5 得到。

钒有金属“维生素”之称。含钒百分之几的钢，具有高强度、高弹性、抗磨损和抗冲击性能，广泛应用于结构钢、弹簧钢、工具钢、装甲钢和钢轨，对汽车工业和飞机制造业有重要意义。

钒有多种氧化态(如+5、+4、+3、+2)，它的化合物都有五彩缤纷的美丽色彩，如 V^{2+} 紫色、V^{3+} 绿色、VO^{2+} 蓝色、VO_3^- 黄色；酸根极易聚合成多酸，如 $V_2O_7^{4-}$、$V_3O_9^{3-}$、$V_{10}O_{28}^{6-}$，pH 越小，聚合度越大，颜色就越深。酸度足够大时为 VO_2^+。

钒的重要化合物 V_2O_5 是难溶于水的棕黄色固体，可由偏钒酸铵热分解制备。

$$2NH_4VO_3 \xrightarrow{873K} V_2O_5 + 2NH_3 + H_2O$$

V_2O_5 是重要的催化剂，在接触法制硫酸、空气氧化萘制备邻苯二甲酸酐中起催化作用。它是两性氧化物，既溶于酸也溶于碱，而且有一定的氧化性，与浓盐酸反应可得到 Cl_2。

$$V_2O_5 + H_2SO_4 = (VO_2)_2SO_4 + H_2O$$

$$V_2O_5 + 6NaOH = 2Na_3VO_4 + 3H_2O$$

$$V_2O_5 + 6HCl = 2VOCl_2 + Cl_2\uparrow + 3H_2O$$

10.4.3 铬和钼

铬(Cr)和钼(Mo)是ⅥB 族元素，Cr 的价电子构型为 $3d^54s^1$，Mo 的价电子构型为 $4d^45s^2$。铬在自然界中存在非常广泛，地壳中的丰度为 0.0122%，主要矿物为铬铁矿($FeO \cdot Cr_2O_3$)。钼的主要矿物有辉钼矿(MoS_2)、钼酸钙矿($CaMoO_4$)、钼酸铁矿 [$Fe_2(MoO_4)_3 \cdot nH_2O$]。钼是我国的丰产元素。

1. 铬

铬是极硬、银白色的脆性金属，常温下有很高的抗腐蚀性，被广泛用作电镀保护层。铬也是活泼金属，能溶于稀盐酸和稀硫酸，起初生成蓝色的 Cr^{2+} 水合离子，而后被空气氧化为 Cr^{3+} 的绿色溶液。

$$Cr + 2HCl = CrCl_2 + H_2\uparrow \qquad 4CrCl_2 + 4HCl + O_2 = 4CrCl_3 + 2H_2O$$

铬极易形成致密的氧化物保护膜而被钝化，故在硝酸、磷酸或高氯酸中呈惰性。高温下，铬可与氧、硫、氮和卤素等非金属直接反应生成相应的化合物。

铬的氧化态主要有+6、+3、+2，其中+3 最稳定，+2 氧化态的化合物有还原性。

Cr(Ⅲ)与 Cr(Ⅵ)之间可以相互转化。

$$Cr^{3+} \underset{H^+}{\overset{OH^-}{\rightleftharpoons}} Cr(OH)_3\downarrow \underset{H^+}{\overset{OH^-}{\rightleftharpoons}} [Cr(OH)_4]^-$$

Cr^{3+} ⇅（还原剂 / 氧化剂）$H_2O + Cr_2O_7^{2-}$；$[Cr(OH)_4]^-$ ↓（氧化剂）$2CrO_4^{2-} + 2H^+$

$$H_2O + Cr_2O_7^{2-} \underset{H^+}{\overset{OH^-}{\rightleftharpoons}} 2HCrO_4^- \underset{H^+}{\overset{OH^-}{\rightleftharpoons}} 2CrO_4^{2-} + 2H^+$$

Cr_2O_3是极难熔化的氧化物之一，熔点为2275℃。它具有特殊稳定性的绿色物质，可作为颜料(铬绿)。Cr_2O_3具有两性，溶于酸形成铬盐，溶于碱形成亚铬酸盐。

$$Cr_2O_3 + 3H_2SO_4 = Cr_2(SO_4)_3(\text{绿色}) + 3H_2O$$

$$Cr^{3+} + 3OH^- = Cr(OH)_3\downarrow(\text{灰蓝色}) \qquad Cr(OH)_3 + OH^- = CrO_2^-(\text{绿色}) + 2H_2O$$

$$Cr_2O_3 + 2NaOH = 2NaCrO_2 + H_2O$$

CrO_3俗称铬酐，为暗红色固体，易溶于水而形成相应的铬酸 H_2CrO_4 和 $H_2Cr_2O_7$，它由 $K_2Cr_2O_7$和 H_2SO_4反应制得。

$$K_2Cr_2O_7(\text{饱和}) + H_2SO_4(\text{浓}) = 2CrO_3\downarrow(\text{暗红色}) + K_2SO_4 + H_2O$$

用 Ag^+ 作催化剂，在酸性介质中，$S_2O_8^{2-}$、MnO_4^- 等氧化剂可以把 Cr^{3+} 氧化为 $Cr_2O_7^{2-}$，在碱性介质可用 H_2O_2、Br_2 等氧化剂把 CrO_2^- 氧化为 CrO_4^{2-}。

铬酸盐和重铬酸盐中比较常用的是钾盐和钠盐，在铬酸盐溶液中加入足量酸时，就转变为重铬酸盐。

铬酸洗液就由是 $K_2Cr_2O_7$和浓 H_2SO_4配制而成的，此溶液有强烈的氧化性，可氧化除去器壁上的油脂等有机物。洗液经使用后，由暗红变为绿色，表明 Cr(Ⅵ)变为 Cr(Ⅲ)，洗液失效。可加入 $KMnO_4$使之再生。

重铬酸钾是分析化学的重要试剂，作为强氧化剂可发生许多化学反应，如氧化 I^-、H_2S、H_2SO_3、Fe^{2+}、NO_2^-、C_2H_5OH 等。

铬的主要难溶盐有 Ag_2CrO_4(砖红色)、$PbCrO_4$(黄色)、$BaCrO_4$(黄色)、$SrCrO_4$(黄色)，它们均溶于强酸，故不会生成重铬酸盐沉淀。

铬主要用于制造合金钢和电镀，制得的合金钢或镀层有极高的耐磨性、耐热性、耐腐蚀性和光亮性，广泛应用于汽车、自行车和精密仪器制造业。

2. 钼

钼是银白色高熔点金属，在常温下很不活泼，除 F_2外，不与其他非金属单质发生反应，高温下可与氧、硫、卤素、碳及氢反应，不与普通的酸、碱作用，溶于王水或 HF-HNO_3中，在熔融的碱性氧化剂中迅速被腐蚀。

MoO_3是白色固体，加热时变为黄色，冷却后恢复为白色，不溶于水，但能溶于氨水或强碱性溶液，生成相应的钼酸盐。

$$MoO_3 + 2NH_3\cdot H_2O = (NH_4)_2MoO_4 + H_2O$$

$(NH_4)_2MoO_4$是无色晶体，溶于水，它在硝酸介质中可以与 PO_4^{3-} 反应生成黄色沉淀，该反应可用于 PO_4^{3-} 的鉴定。

$$12(NH_4)_2MoO_4 + H_3PO_4 + 21HNO_3 =$$
$$(NH_4)_3PO_4\cdot 12MoO_3\downarrow + 21NH_4NO_3 + 12H_2O$$

钼用于制造合金钢，可提高钢的耐热性、耐磨性和抗腐蚀性等，在武器制造和导弹、火箭等领域有重要作用。

10.4.4 锰

锰(Mn)是ⅦB 族金属，价电子构型为 $3d^54s^2$，在地壳中分布广泛，其丰度为0.106%，最重要的矿物有软锰矿($MnO_2\cdot xH_2O$)、黑锰矿(Mn_3O_4)和菱锰矿($MnCO_3$)。在深海海底存在大量的锰结核(铁锰氧化物，含有 Cu、Co、Ni 等)。

锰是硬而脆的银白色金属，是生产金属合金的材料。例如，锰钢（Mn 为 12%～15%，Fe 为 83%～87%，C 约为 2%）坚硬、耐磨、抗冲击，用于制造钢轨、钢甲和破碎机等，可代替 Ni 制造不锈钢（16%～20%的 Cr、8%～10%的 Mn、0.1%的 C），铝锰合金具有良好的抗腐蚀性能和机械性能。锰也是维持植物光合作用必不可少的微量元素。MnO_2可作为玻璃脱色剂、锰一锌干电池中的去极剂。

锰与水反应生成难溶于水的 $Mn(OH)_2$ 而阻止反应继续进行，与稀盐酸反应生成 Mn^{2+} 和氢气，锰在浓硫酸、浓硝酸中钝化，加热时锰可与卤素、氧、硫、氮、碳和硅等生成相应的化合物，但不能直接与氢化合。

Mn(Ⅱ)常以氧化物、氢氧化物、硫化物、配合物等形式存在。Mn^{2+} 与碱反应可生成 $Mn(OH)_2$ 白色沉淀，产物极易被空气氧化为棕色的 $MnO(OH)_2$。

$$Mn^{2+} + 2OH^- = Mn(OH)_2 \downarrow \qquad 2Mn(OH)_2 + O_2 = 2MnO(OH)_2$$

在硫酸或硝酸介质中，以 $S_2O_8^{2-}$、$NaBiO_3$、PbO_2 作为氧化剂，可以把 Mn^{2+} 氧化成 MnO_4^-，该反应用于检验 Mn^{2+}。

Mn^{2+} 易形成高自旋配合物，如 $[Mn(H_2O)_6]^{2+}$、$[Mn(NH_3)_6]^{2+}$、$[Mn(C_2O_4)_3]^{4-}$ 等，只有遇到一些强配体如 CN^-，才生成低自旋配合物如 $[Mn(CN)_6]^{4-}$。

MnO_2是一种黑色粉末状固体，晶体呈金红石结构，不溶于水，属弱酸性氧化物，它既有氧化性，又有还原性。

作为氧化剂：$MnO_2 + 4HCl(浓) = MnCl_2 + Cl_2 \uparrow + 2H_2O$

作为还原剂：$2MnO_2 + 4KOH + O_2 = 2K_2MnO_4 + 2H_2O$

$KMnO_4$是一种深紫色固体，是最重要和最常用的氧化剂之一，受热会分解成绿色的 K_2MnO_4 和 O_2。$KMnO_4$与浓硫酸作用，可得到 Mn_2O_7。Mn_2O_7 为绿色油状液体，氧化性极强，极不稳定，摩擦或与有机物接触易发生爆炸。

$$2KMnO_4 + H_2SO_4(浓) \xlongequal{冷} K_2SO_4 + Mn_2O_7 + H_2O$$

10.4.5 铁系金属

铁系金属包括铁（Fe）、钴（Co）和镍（Ni），位于周期表Ⅷ族，价电子构型为$3d^{6\sim8}4s^2$。铁的丰度为 0.62%，主要矿物有赤铁矿（Fe_2O_3）、磁铁矿（Fe_3O_4）和黄铁矿（FeS_2）。铁、钴和镍都是我国的丰产元素。

铁、钴、镍都是重要的合金元素，能形成多种性质各异的金属合金材料，如不锈钢（18%的 Cr，9%的 Ni）、钴钢（15%的 Co，5.9%的 Cr，1%W）、白钢（25%的 Cr，20%的 Ni）、镍铬合金（80%的 Ni，20%的 Cr）、镍铁合金、超硬合金（77%～88%的 W，6%～15%的 Co，可生产钻头、模具和高速刀具等）。镍是氢化催化剂，在有机合成中有重要应用。镍还可作为金属镀层及制造熔碱坩埚。

铁是血红蛋白的构成元素，是体内运载氧的工具，维生素 B_{12}是钴的配合物，镍是动物和人必需的微量元素，存在于 DNA 和 RNA 中。

1. 氧化物和氢氧化物

铁系金属常见的氧化态有+2、+3。FeO（黑色）、CoO（灰绿色）和 NiO（暗绿色）常用碳酸盐、草酸盐等非氧化性含氧酸盐隔绝空气加热分解制备。氧化物 M_2O_3 可用硝酸盐等氧化性含氧酸盐热分解得到。其中 Fe_2O_3为红棕色，是钢铁冶炼的基本原料，也是红色颜料。它有多种晶型，$\alpha-Fe_2O_3$为顺磁性，主要用做防锈漆；$\gamma-Fe_2O_3$具有铁磁性，是重要的磁性材料。Co_2O_3可用于制备钴和钴盐，还是重要的氧化剂和催化剂。

在隔绝空气的条件下，向+2氧化态的铁系盐溶液中加入碱可分别得到白色的$Fe(OH)_2$、蓝色的$Co(OH)_2$和果绿色的$Ni(OH)_2$沉淀。$Fe(OH)_2$沉淀遇到空气迅速氧化为红棕色的$Fe(OH)_3$；新生成的$Co(OH)_2$是蓝色的，放置一会儿会变成粉红色的$CoO(OH)$；而$Ni(OH)_2$在强氧化剂作用下才可被氧化成黑色的$NiO(OH)$。

$$4Fe(OH)_2+O_2+2H_2O=4Fe(OH)_3$$

$M(OH)_2$的还原能力为$Fe>Co>Ni$，而$M(OH)_3$的氧化能力$Fe<Co<Ni$。$Fe(OH)_3$与盐酸只能发生中和反应，$CoO(OH)$却能氧化盐酸。

$$2MO(OH)+6HCl(浓)=2MCl_2+Cl_2+4H_2O \quad (M=Co、Ni)$$

2. 重要的盐类

在水溶液中，Fe^{2+}、Fe^{3+}均稳定，$FeCl_3$在蒸气中双聚为$(FeCl_3)_2$。Co^{3+}在固体中存在，在水中被还原成Co^{2+}。Ni^{3+}氧化性很强，在水溶液中难以存在，而Ni^{2+}稳定。

(1)$CoCl_2$

化合物中所含结晶水的数目不同，颜色不同，$CoCl_2\cdot 6H_2O+H_2SiO_3$即为变色硅胶。

$$\underset{(粉红)}{CoCl_2\cdot 6H_2O}\xrightarrow{325K}\underset{(紫红)}{CoCl_2\cdot 2H_2O}\xrightarrow{365K}\underset{(蓝紫)}{CoCl_2\cdot H_2O}\xrightarrow{395K}\underset{(蓝色)}{CoCl_2}$$

(2)$MSO_4\cdot 7H_2O$

MO溶于稀硫酸，可结晶出$MSO_4\cdot 7H_2O$。

$FeSO_4\cdot 7H_2O$俗称绿矾，无论在酸性或碱性溶液中，Fe^{2+}均容易被氧化为Fe^{3+}，所以Fe^{2+}表现出还原性，常用于容量分析。

$CoSO_4\cdot 7H_2O$为红色，$NiSO_4\cdot 7H_2O$为黄绿色，均比绿矾稳定，不易被氧化。这类七水合物中均含有$[M(H_2O)_6]^{2+}$，另一个水分子以氢键与SO_4^{2-}结合。

$MSO_4\cdot 7H_2O$能与NH_4^+、K^+、Na^+形成复盐，如硫酸亚铁铵$(NH_4)_2SO_4\cdot FeSO_4\cdot 6H_2O$，又称摩尔盐。

(3)Fe^{3+}的盐

铁系金属只有铁可形成稳定的Fe^{3+}盐。常见的Fe^{3+}盐有$FeCl_3\cdot 6H_2O$、$Fe(NO_3)_3\cdot 9H_2O$、$Fe_2(SO_4)_3\cdot 9H_2O$、$NH_4Fe(SO_4)_2\cdot 12H_2O$。在酸性介质中，$Fe^{3+}$是中强氧化剂，可氧化$SnCl_2$、$H_2S$、$I^-$、$SO_3^{2-}$、$S_2O_3^{2-}$、Cu等。

$$2Fe^{3+}+2I^-=2Fe^{2+}+I_2$$

$$2Fe^{3+}+H_2S=2Fe^{2+}+S\downarrow+2H^+$$

$FeCl_3$可用于制造印制电路，铜板上需要去掉的部分与$FeCl_3$反应，使Cu变成Cu^{2+}而溶解。

$$2Fe^{3+}+Cu=2Fe^{2+}+Cu^{2+}$$

(4)高铁酸盐

高铁酸盐($[FeO_4]^{2-}$)只有在强碱性介质中才能稳定存在，是比高锰酸盐更强的氧化剂。它是新型净水剂，具有氧化杀菌性质，生成的$Fe(OH)_3$对各种阴阳离子有吸附作用，对水体中CN^-的去除能力非常强。

$$2Fe(OH)_3+3ClO^-+4OH^-=2FeO_4^{2-}+3Cl^-+5H_2O \quad (溶液中)$$

$$Fe_2O_3+3KNO_3+4KOH=2K_2FeO_4+3KNO_2+2H_2O \quad (\text{熔融})$$

3. 配合物

铁、钴、镍易形成配合物，尤其是Co(Ⅲ)形成配合物数量特别多。

(1)CN^-配合物

$K_4Fe(CN)_6 \cdot 3H_2O$为黄色，俗称黄血盐，在其水溶液中加入Fe^{3+}，生成称为普鲁士蓝的蓝色沉淀。$K_3Fe(CN)_6$为深红色，俗称赤血盐，常用其溶液鉴定Fe^{2+}，可生成称为滕氏蓝的蓝色沉淀，反应如下。

$$K^++Fe^{3+}+[Fe(CN)_6]^{4-}=KFeFe(CN)_6\downarrow \quad \text{普鲁士蓝}$$

$$K^++Fe^{2+}+[Fe(CN)_6]^{3-}=KFeFe(CN)_6\downarrow \quad \text{滕氏蓝}$$

经实验证明，普鲁士蓝和滕氏蓝具有相同的结构，Fe^{2+}和Fe^{3+}以相邻的方式分别占据了立方体的8个顶点，CN^-位于立方体的12条棱上，K^+占有立方体体心，一个晶胞有4个K^+，占有4个互不相邻的小立方体的体心，如图10.1所示。

Co^{2+}盐、Ni^{2+}盐形成配合物的能力大于铁盐，如

$$Co^{2+}+3K^++7NO_2^-+2H^+=K_3[Co(NO_2)_6]\downarrow(\text{黄色})+NO\uparrow+H_2O$$

该反应可以鉴别K^+或Co^{2+}。

(2)羰基配合物

羟基配合物有$Ni(CO)_4$、$Fe(CO)_5$、$Co(CO)_4$、$Fe(CO)_2(NO)_2$等。很多d区金属均可形成羰基化合物，除单核外，还可形成双核、多核。多数羰基化合物可直接合成。

$$Ni+4CO\xrightarrow[20.2MkPa]{325K}Ni(CO)_4(l)$$

$$Fe+5CO\xrightarrow{373\sim473K}Fe(CO)_5(l)$$

$$2CoCO_3+2H_2+8CO\xrightarrow[\Delta]{\text{高压}}Co_2(CO)_8+2CO_2+2H_2O$$

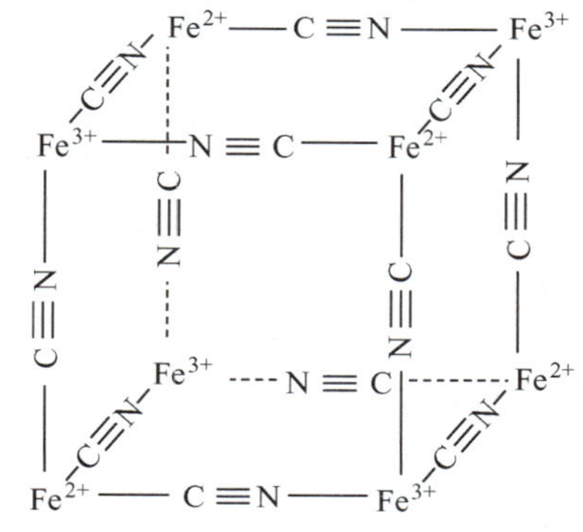

图10.1 滕氏蓝和普鲁士蓝的结构

羰基化合物熔、沸点低，易挥发，有毒，受热易分解成金属与CO，此性质可用于提纯金属。

(3)其他配合物

Fe^{3+}、Co^{2+}能与SCN^-分别生成具有特殊颜色的配合物$[Fe(SCN)_n]^{3-n}$($n=1\sim6$，血红色)、$[Co(SCN)_4]^{2-}$(蓝色，戊醇、丙酮等有机相稳定)，可用于Fe^{3+}、Co^{2+}的鉴定。

Fe^{3+}与F^-和PO_4^{3-}可形成配合物$[FeF_6]^{3-}$和$[Fe(PO_4)_2]^{3-}$，分析化学中常用于对Fe^{3+}的掩蔽。

Fe(Ⅱ)与环戊二烯基可生成夹心式化合物环戊二烯基铁$[Fe(C_5H_5)_2]$，俗称二茂铁，环戊二烯基铁为橙黄色固体，易溶于有机溶剂。

10.5 ds区元素

ds区元素包括ⅠB族和ⅡB族。ⅠB族通常称为铜族元素，包括铜(Cu)、银(Ag)和金

(Au)，因为它们有悦目的外观和美丽的色泽，很早就被人们用作钱币和饰物，所以又被称为货币金属；ⅡB族包括锌(Zn)、镉(Cd)和汞(Hg)，通常称为锌分族。

10.5.1 铜族

铜、银、金是人类发现最早的单质态矿物。金主要以单质形式存在于岩石或沙砾中；铜和银有硫化物、氯化物矿，铜还有碳酸盐矿等。

铜族金属的价电子构型为$(n-1)d^{10}ns^1$，最外层电子数与碱金属相同，次外层为18个电子，所以它们的第一电离能远大于碱金属，是不活泼金属。

1. 单质

铜、银、金分别为紫红色、银白色和金黄色，它们的硬度较小，有极好的延展性和可塑性，金尤其如此。它们都是热和电的良导体，银在所有金属中具有最佳导电性，是电子工业的重要物资。铜质合金如黄铜、青铜和白铜分别用作仪器零件和刀具。

铜族元素的活泼性按照Cu、Ag、Au的顺序递减，它们在常温下不与非氧化性酸反应，铜和银可溶于浓硫酸和浓硝酸中，而金只溶于王水。

$$Cu+2H_2SO_4(浓)=CuSO_4+SO_2\uparrow+2H_2O$$

$$2Cu+8HCl(浓、热)=2H_3[CuCl_4]+H_2\uparrow$$

$$3Ag+4HNO_3=3AgNO_3+NO\uparrow+2H_2O$$

$$Au+4HCl+HNO_3=H[AuCl_4]+NO\uparrow+2H_2O$$

铜在空气中加热时可与氧反应生成黑色氧化铜，金、银加热也不与氧反应。铜在潮湿的空气中可以生成铜绿。

$$2Cu+H_2O+CO_2+O_2=Cu_2(OH)_2CO_3$$

2. 氧化物和重要盐类

铜的常见氧化态为+1、+2，气态时，Cu(Ⅰ)比Cu(Ⅱ)稳定；常温时，固态Cu(Ⅰ)和Cu(Ⅱ)的化合物都很稳定；水溶液中，Cu^+离子不稳定，易歧化；高温时，Cu(Ⅰ)的化合物比Cu(Ⅱ)的化合物稳定。银和金的常见氧化态分别为+1、+3。

(1)氧化铜和氧化亚铜

铜可以形成黑色氧化铜CuO和红色氧化亚铜Cu_2O。加热分解氢氧化铜、硝酸铜、碱式碳酸铜均可得到氧化铜CuO。

$$2Cu(NO_3)_2\xlongequal{\Delta}2CuO+4NO_2\uparrow+O_2\uparrow$$

$$4CuO(s)\xlongequal{>1273K}2Cu_2O(s)+O_2\uparrow$$

选用温和的还原剂如葡萄糖、羟胺、酒石酸钾钠或亚硫酸钠的碱性溶液还原Cu(Ⅱ)盐可得到氧化亚铜。例如

$$2Cu^{2+}+5OH^-+C_6H_{12}O_6(葡萄糖)=Cu_2O\downarrow+C_6H_{11}O_7^-+3H_2O$$

CuO和Cu_2O都不溶于水，Cu_2O在酸性溶液中会迅速歧化为Cu^{2+}和Cu。向Cu^{2+}溶液中加入强碱可得到氢氧化铜$Cu(OH)_2$，氢氧化铜微显两性，以碱性为主，能溶于强碱的浓溶液，形成$[Cu(OH)_4]^{2-}$。$Cu(OH)_2$易溶于氨水，形成铜氨$[Cu(NH_3)_4]^{2+}$溶液。铜氨溶液可溶解纤维，在溶解纤维的溶液中加入酸，纤维又可析出，纺织工业利用这个性质制造人造丝。

(2)卤化铜和卤化亚铜

卤化铜中，CuF_2呈白色，$CuBr_2$呈棕色，无水$CuCl_2$呈棕黄色，$CuCl_2 \cdot 2H_2O$呈绿色。$CuCl_2$不但溶于水，而且溶于乙醇和丙酮。$CuCl_2 \cdot 2H_2O$受热按下式分解。

$$2CuCl_2 \cdot 2H_2O \xlongequal{\Delta} Cu_2(OH)_2Cl_2 + 2HCl$$

所以制备无水$CuCl_2$时，要在HCl气流中加热脱水。无水$CuCl_2$再受热，又会分解。

$$2CuCl_2(s) \xlongequal{>773K} 2CuCl(s) + Cl_2\uparrow$$

卤化亚铜都是白色的难溶化物，其溶解度依Cl、Br、I顺序减小。另外，CuCN、CuSCN也难溶。干燥的CuCl在空气中比较稳定，但湿的CuCl在空气中易发生水解和氧化。CuCl易溶于盐酸形成配离子，溶解度随盐酸浓度增加而增大。

$$2CuCl(s) + 3Cl^- \underset{\text{稀释}}{\overset{\text{浓 HCl}}{\rightleftharpoons}} [CuCl_2]^- + [CuCl_3]^{2-}$$

含有$[CuCl_2]^-$和$[CuCl_3]^-$等配离子的溶液显泥黄色，放置一段时间后会被氧化成绿色的$[CuCl_4]^{2-}$，使得溶液显黄绿色。

(3)硫酸铜

$CuSO_4 \cdot 5H_2O$俗称胆矾，可用铜屑或氧化物溶于硫酸中制得。无水硫酸铜为白色粉末，不溶于乙醇和乙醚，吸水性很强，吸水后呈蓝色，利用这一性质可检验乙醇和乙醚等有机溶剂中的微量水，并可作为干燥剂。

(4)氧化银和银盐

氢氧化钠与硝酸银反应可得到棕黑色氧化银沉淀，温度升高或见光氧化银就会分解，生成氧气和银。Ag_2O是构成银—锌蓄电池的重要材料。Ag_2O和MnO_2、Cr_2O_3、CuO等混合在一起，能在室温下将CO迅速氧化成CO_2，因此可用于防毒面具中。

硝酸银与碱金属卤化物反应可得到易溶的AgF和难溶的AgCl、AgBr、AgI。将氧化银溶于氢氟酸中，然后蒸发，可以制得AgF。

$$Ag_2O + 2HF = 2AgF + H_2O$$

AgCl、AgBr和AgI都有感光分解的性质，可作为感光材料，照相底片上就敷有一层含AgBr胶粒的明胶。α-AgI是一种固体电解质，高温形态的α-AgI具有异常高的电导率，比室温时大四个数量级。

硝酸银是制备其他银盐的原料，不稳定，见光易分解，是一种氧化剂，即使在室温下，微量有机物也能将它还原成黑色的银粉。

银盐大多难溶，如Ag_2CO_3（白色）、Ag_3PO_4（黄色）、$Ag_4[Fe(CN)_6]$（浅黄色）、$Ag_3[Fe(CN)_6]$（桔黄色）、Ag_2CrO_4(砖红色)。

(5)金的卤化物

金的常见化合物有AuF_3、$AuCl_3$、$[AuCl_4]^-$、$AuBr_3$、$Au_2O_3 \cdot H_2O$等。$AuCl_3$无论在气态或固态都是以二聚体Au_2Cl_6的形式存在的，如图10.2所示。$AuCl_3$受热易分解。

$$AuCl_3 \xlongequal{\Delta} AuCl + Cl_2\uparrow$$

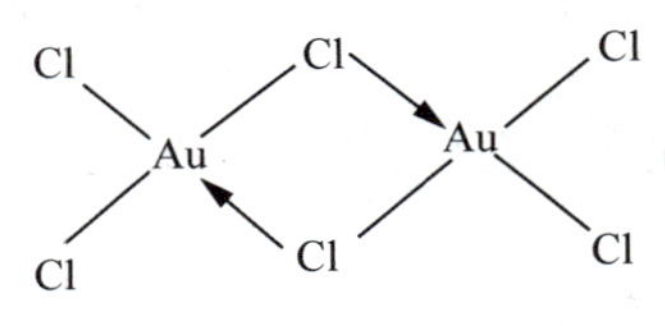

图 10.2 Au_2Cl_6的结构

3. 配合物

铜族元素的离子有较大的极化力，又有明显的变形性，形成的化学键带有部分共价性，可以形成多种配离子，大多数阳离子以 sp、sp^2、sp^3、dsp^2 等杂化轨道和配体成键，易和 H_2O、NH_3、X^- 等形成配合物。

Cu^+ 为 d^{10} 电子构型，能和 X^-（除 F^- 外）、NH_3、$S_2O_3^{2-}$、CN^- 等配体形成配合物，如 $[CuCl_3]^{2-}$、$[Cu(NH_3)_2]^+$、$[Cu(CN)_4]^{3-}$ 等，Cu^+ 的卤素配合物的稳定性顺序为 I>Br>Cl。Cu_2O 溶于氨水得到无色溶液 $[Cu(NH_3)_2]^+$，但很快被空气氧化为蓝色溶液。

$$Cu^+ + 2NH_3 = [Cu(NH_3)_2]^+$$

$$4[Cu(NH_3)_2]^+ + 8NH_3 + 2H_2O + O_2 = 4[Cu(NH_3)_4]^{2+} + 4OH^-$$

大多数 Cu(Ⅰ)的配合物是无色的。

Cu^{2+} 的常见配位数为 4 和 6，$[Cu(NH_3)_4]^{2+}$ 为平面正方形结构，CuX_4^{2-}（X=Cl、Br）为四面体结构。$[CuF_6]^{4-}$、$[Cu(NH_3)_4(H_2O)_2]^{2+}$ 等 6 配位的配合物为八面体结构。

Ag^+ 常以 sp 杂化轨道与配体如 Cl^-、NH_3、CN^-、$S_2O_3^{2-}$ 等形成稳定性不同的配离子。$[Ag(NH_3)_2]^+$ 具有弱氧化性，工业上利用这个性质在玻璃和热水瓶胆上镀银。

$$2[Ag(NH_3)_2]^+ + RCHO + 3OH^- = 2Ag\downarrow + RCOO^- + 4NH_3\uparrow + 2H_2O$$

$Na[AuCl_4] \cdot 2H_2O$ 和 $K[Au(CN)_2]$ 是金的典型配合物，后者用于金的冶炼中。通过下述反应可以得到粗金产品。

$$4Au + 8KCN + O_2 + 2H_2O = 4K[Au(CN)_2] + 4KOH$$

$$2K[Au(CN)_2] + Zn = 2Au\downarrow + K_2[Zn(CN)_4]$$

4. ⅠB 族元素与ⅠA 族元素性质对比

ⅠB 族元素与ⅠA 族元素性质对比见表 10-3。

表 10-3　ⅠB 族元素与ⅠA 族元素性质对比

	ⅠA 族	ⅠB 族
电子构型	ns^1	$(n-1)d^{10}ns^1$
密度、熔点、沸点及金属键	较低，金属键较弱	较高，金属键较强
导电性、导热性及延展性	不如ⅠB 族	很好
第一电离能	较低	较高
第二、三电离能	较低	较高
化学活泼性	很活泼，从锂到铯活泼性递增	不太活泼，从铜到金活泼性递减
化合物的键型	绝大多数为离子型	有相当程度的共价性
形成配合物	不太容易	容易

10.5.2　锌族

ⅡB 族包含锌(Zn)、镉(Cd)、汞(Hg)，称为锌族。它们的价电子构型分别为 $(n-1)d^{10}ns^2$，其稳定氧化态为+2，汞可以 Hg_2^{2+} 的形式呈现+1 氧化态。它们都是亲硫元素，在自然界中以硫化物的形式存在，此外，锌还有菱锌矿($ZnCO_3$)。

1. 单质

Zn、Cd、Hg 都是银白色金属，由于 d 电子不参与形成金属键，本族金属硬度均较低，汞是常温下唯一的液态金属，并且在273～473K之间体积膨胀系数很均匀，又不润湿玻璃，可以用来制造温度计。汞的密度很大（$13.55g \cdot cm^{-3}$），蒸气压低，还可用来制造压力计、高压汞灯和日光灯等。锌是人体必需的微量元素，但镉和汞有剧毒。

汞能溶解许多金属，如钠、钾、银、金、锌、镉、锡、铅和铊等，形成汞齐。汞齐可以是简单化合物（如Ag－Hg），或溶液（如少量锡溶于汞），或是两者的混合物。若溶解于汞中的金属含量不高，所得汞齐呈液态或糊状。钠汞齐由于反应平稳，是有机合成中常用还原剂。铊汞齐在213K时才凝固，可用于制作低温温度计。锌和镉主要用于电镀镀层、电池和催化剂。

它们的活泼性按Zn、Cd、Hg依次递减。锌和镉能与稀酸反应放出氢气，汞不与非氧化性酸作用，但可溶于硝酸。

$$3Hg+8HNO_3 = 3Hg(NO_3)_2+2NO\uparrow+4H_2O$$

$$6Hg(\text{过量})+8HNO_3(\text{冷、稀}) = 3Hg_2(NO_3)_2+2NO\uparrow+4H_2O$$

锌不同于镉和汞，可与碱反应。

$$Zn+2NaOH+2H_2O = Na_2[Zn(OH)_4]+H_2\uparrow$$

$$Zn+4NH_3+2H_2O = [Zn(NH_3)_4]^{2+}+H_2\uparrow+2OH^-$$

在干燥的空气中，它们都很稳定，当加热到足够高的温度时，锌和镉可以在空气中燃烧，生成氧化物，而汞氧化很慢。

2. 氧化物和氯化物

（1）氧化物与氢氧化物

Zn和Cd的氧化物可以由单质直接氧化得到，也可以通过碳酸盐热分解制备。

ZnO受热时为黄色，冷却后为白色，常用作白色颜料，俗名锌白。CdO在室温下是黄色的，加热后为黑色，冷却后复原，这是因为晶体缺陷造成的。黄色HgO在低于573K加热时可转变成红色HgO。两者结构相同，颜色不同是由于晶粒大小不同所致。黄色晶粒较细小，红色晶粒粗大。

在锌盐、镉盐和汞盐溶液中加入适量强碱可以得到白色的锌和镉的氢氧化物和黄色的氧化汞。

$$M^{2+}+2OH^- = M(OH)_2\downarrow \qquad (M=Zn、Cd)$$

$$Hg^{2+}+2OH^- = HgO\downarrow+H_2O$$

氧化锌和氢氧化锌、氧化镉和氢氧化镉均呈两性，能溶于氨水形成配合物。

$$M(OH)_2+4NH_3 = [M(NH_3)_4]^{2+}+2OH^- \quad (M=Zn、Cd)$$

（2）氯化物

$ZnCl_2$是白色易潮解固体，溶解度很大（283K，333g/100g水），氯化锌水溶液蒸干后不能得到无水氯化锌。

$$ZnCl_2+H_2O = Zn(OH)Cl+HCl$$

氯化锌的浓溶液会形成如下的配合酸。

$$ZnCl_2+H_2O = H[ZnCl_2(OH)]$$

这个配合物具有显著的酸性，能溶解金属氧化物而不损坏金属，所以在焊接金属时用来处理金属表面。例如

$$FeO+2H[ZnCl_2(OH)] = Fe[ZnCl_2(OH)]_2+H_2O$$

在焊接过程中水分蒸发后，熔物 $Fe[ZnCl_2(OH)]_2$ 覆盖在金属表面，使之不再继续被氧化，保证了焊接金属的直接接触。

$HgCl_2$ 俗称升汞，是典型的共价化合物，剧毒，内服 0.2～0.4g 可致死，微溶于水，在水中很少解离，主要以分子形式存在，在水溶液中可发生水解。

$$HgCl_2 + H_2O = Hg(OH)Cl\downarrow + HCl$$

所以配制 $HgCl_2$ 溶液时需要加适量盐酸。

$HgCl_2$ 可与氨水发生氨解。

$$HgCl_2 + 2NH_3 = Hg(NH_2)Cl\downarrow(白) + NH_4Cl$$

$HgCl_2$ 具有氧化性，能氧化 $SnCl_2$。

$$2HgCl_2 + SnCl_2 + 2HCl = Hg_2Cl_2\downarrow(白) + H_2SnCl_6$$

当 $SnCl_2$ 过量时，发生反应

$$Hg_2Cl_2 + SnCl_2 + 2HCl = 2Hg\downarrow(黑) + H_2SnCl_6$$

Hg_2Cl_2 味甜，通常称为甘汞，是无毒、不溶于水的白色固体，由于 Hg(Ⅰ)无成单电子，因此 Hg_2Cl_2 有逆磁性，可用来制作甘汞电极。Hg_2Cl_2 可与氨水反应。

$$Hg_2Cl_2 \xrightarrow{NH_3} HgNH_2Cl\downarrow(白) + Hg\downarrow(黑)$$

产物为灰黑色，可用来检验 Hg_2Cl_2。

3. Hg(Ⅰ)与 Hg(Ⅱ)相互转化

Hg_2^{2+} 在水溶液中可以稳定存在，歧化趋势很小。

$$Hg_2^{2+} \rightleftharpoons Hg + Hg^{2+} \qquad K_{歧} = 1.14\times10^{-2}$$

因此，常利用 Hg^{2+} 与 Hg 反应制备亚汞盐。例如

$$Hg(NO_3)_2 + Hg \xlongequal{振荡} Hg_2(NO_3)_2 \qquad HgCl_2 + Hg \xlongequal{研磨} Hg_2Cl_2$$

改变条件，大大降低 Hg^{2+} 浓度。例如，使 Hg^{2+} 生成沉淀或配合物，歧化反应便可以发生。

$$Hg_2^{2+} + S^{2-} = HgS\downarrow(黑) + Hg\downarrow$$

$$Hg_2^{2+} + 4I^- = [HgI_4]^{2-} + Hg\downarrow$$

4. 配合物

锌族元素的离子有较强的形成配合物的倾向，常见的配位数为 4，Hg_2^{2+} 离子形成配离子的倾向较小。

Zn^{2+}、Cd^{2+} 与氨水反应，可生成稳定无色的氨配合物。

$$M^{2+} + 4NH_3 = [M(NH_3)_4]^{2+} \qquad (M = Zn、Cd)$$

Zn^{2+}、Cd^{2+}、Hg^{2+} 与 CN^- 均能生成稳定无色的氰配合物。

$$M^{2+} + 4CN^- = [M(CN)_4]^{2-} \qquad (M = Zn、Cd、Hg)$$

Hg^{2+} 可以与卤素离子、SCN^- 形成一系列配离子。配离子的组成同配体的浓度有密切关系，例如在 $0.1mol\cdot L^{-1}Cl^-$ 溶液中，$HgCl_2$、$[HgCl_3]^-$ 和 $[HgCl_4]^{2-}$ 的浓度大致相等，而在 $1mol\cdot L^{-1}Cl^-$ 的溶液中存在的主要是 $[HgCl_4]^{2-}$。Hg^{2+} 与卤素离子形成配合物的稳定性按 Cl、Br、I 的顺序逐渐增强。

Hg^{2+} 与过量的 KI 反应，首先产生红色碘化汞沉淀，然后沉淀溶于过量的 KI 中，生成无色的配离子 $[HgI_4]^{2-}$。$K_2[HgI_4]$ 和 KOH 的混合溶液称为奈斯勒试剂，如果溶液中

有微量 NH_4^+ 存在时，滴入奈斯勒试剂立刻有特殊的红棕色沉淀生成。

$$NH_4^+ + 2[HgI_4]^{2-} + 4OH^- \xlongequal{} Hg_2NI\downarrow(红棕色) + 7I^- + 4H_2O$$

这个反应常用来鉴定 NH_4^+ 或 Hg^{2+}。

5. ⅡB 族元素与ⅡA 族元素性质对比

ⅡB 族元素与ⅡA 族元素性质对比见表 10-4。

表 10-4 ⅡB 族元素与ⅡA 族元素性质对比

	ⅡA 族	ⅡB 族
电子构型	ns^2	$(n-1)d^{10}ns^2$
熔点、沸点	较高	比ⅡA 族低，汞在常温下是液体
金属性和化学活泼性	金属性强，很活泼	金属性较弱，活泼性低于ⅡA 族元素
配位能力	较弱	强
氢氧化物的酸碱性及变化规律	钙、锶、钡的氢氧化物碱性较强，从钙到钡碱性递增	$Zn(OH)_2$ 为两性，$Cd(OH)_2$、HgO 碱性较弱，从锌到汞碱性递增
盐的溶解性	硝酸盐易溶于水，碳酸盐难溶于水，钙、锶、钡的硫酸盐微溶，钙、锶、钡的盐不水解	硝酸盐、硫酸盐易溶于水，碳酸盐难溶于水，ⅡB 族盐能水解

10.6 稀土金属

稀土金属通常指钪(Sc)、钇(Y)和镧系元素，共 17 种。其中镧系元素可统一用 Ln 表示，电子构型是 $4f^{0\sim14}5d^{0\sim1}6s^2$，镧系元素的单质及化合物的性质十分相似。在稀土元素中，钪的化学性质与碱土金属比较相似，与其他元素差别较大，所以稀土一词有时指的是钪以外的 16 种元素。

我国稀土矿的储量估计可达 1 亿吨，占世界稀土总储量的 70%以上。稀土金属都呈银白色，硬度较小，具有延展性。金属活泼性按照 Sc、Y、La 的顺序递增，又从 La 到 Lu 递减，它们有很强的还原性，标准电极电势与镁接近，具有与碱土金属相似的性质，会被空气氧化，通常保存在煤油中。稀土金属按照性质差异或者分离工艺等可分组见表 10-5。

表 10-5 稀土金属的分组

镧 La	铈 Ce	镨 Pr	钕 Nd	钷 Pm	钐 Sm	铕 Eu	钆 Gd	铽 Tb	镝 Dy	钇 Y	钬 Ho	铒 Er	铥 Tm	镱 Yb	镥 Lu
铈组 硫酸复盐难溶						铽组 硫酸复盐微溶				钇组 硫酸复盐易溶					
轻稀土 弱酸度萃取					中稀土 低酸度萃取			重稀土 中酸度萃取							

稀土元素位于周期表中的ⅢB 族，其特征氧化态为+3，它们容易与其他非金属形成离子型化合物，室温下能与卤素反应生成卤化物 REX_3，高温下镧系金属可与 N_2 反应生成 LnN，

与硫反应生成 Ln_2S_3，与水反应生成 $Ln(OH)_3$ 或 $Ln_2O_3 \cdot xH_2O$ 沉淀，并放出 H_2。

镧系金属加热时可直接与氧反应生成碱性氧化物 Ln_2O_3，Ce、Pr、Tb 例外，分别生成 CeO_2、Pr_6O_{11}、Tb_4O_7。Ln_2O_3 为离子型氧化物，难溶于水，易溶于酸，熔点高，是很好的耐火材料。镧系金属氧化物在酸性条件下都是强氧化剂，可与卤化物定量反应，生成卤素单质。Ln_2O_3 有如下反应。

$$Ln_2O_3 + 3C + 3Cl_2 = 2LnCl_3 + 3CO\uparrow$$

$$Ln_2O_3 + 6NH_4Cl = 2LnCl_3 + 6NH_3 + 3H_2O$$

稀土元素的强酸盐大多可溶，弱酸盐难溶，如氯化物、硫酸盐、硝酸盐易溶于水，草酸盐、碳酸盐、氟化物、磷酸盐难溶于水。RE(Ⅲ)的盐溶液中加入 NaOH 或 $NH_3 \cdot H_2O$ 皆可形成胶状沉淀 $RE(OH)_3$，$RE(OH)_3$ 的碱性比 $Ca(OH)_2$ 弱，强于 $Al(OH)_3$。

稀土元素被广泛应用于各种领域。例如，稀土金属及其合金能够吸收气体，可用作储氢材料；1kg 的 $LaNi_5$ 合金在室温、253kPa 下可吸收相当于标准状况下 170L 的 H_2。稀土金属及其化合物都是重要的永磁材料，如第一代的 $SmCo_5$、第二代的 $Ln_3(FeCo)_{17}$ 和第三代的 Nd－Fe－B 等。铈镧合金可用于引火合金、钢铁添加剂等，Ln_2O_3 可用于玻璃、光学透镜和显像管的研磨，LnF_3 用于电弧炭精棒添加剂。

习　　题

10.1 写出下列反应式。

(1)Na 与 H_2O、$TiCl_4$、KCl、MgO、Na_2O_2 的反应。

(2)Na_2O_2 与 H_2O、$NaCrO_2$、CO_2、Cr_2O_3、H_2SO_4 的反应。

10.2 写出以下反应的化学方程式。

(1)Al 溶于 NaOH 溶液中。

(2)Na_2O_2 与稀 H_2SO_4 反应。

(3)氢化钙与水作用。

(4)金属 K 在空气中燃烧。

(5)碱金属超氧化物与水作用。

10.3 根据铍、镁化合物的性质不同，鉴别 $Be(OH)_2$ 和 $Mg(OH)_2$、$BeCO_3$ 和 $MgCO_3$。

10.4 回答下列问题。

(1)碱金属单质及其氢氧化物为什么不能在自然界中存在？

(2)为什么钠、钾的硝酸盐加热时生成亚硝酸盐，而锂的硝酸盐加热生成氧化物？

(3)锂的标准电极电势比钠小，为什么锂和水反应不如钠剧烈？

(4)什么是对角线规则？试解释其原因。

(5)为什么元素铍和其他非金属成键时，其键型常有较大的共价性，而其他碱土金属则带有较大的离子性？

10.5 有一固体混合物，其中可能含有 $MgCO_3$、Na_2SO_4、$Ba(NO_3)_2$、$AgNO_3$ 和 $CuSO_4$。它溶于水后得一无色溶液和白色沉淀。此沉淀可溶于稀盐酸并冒气泡，而无色溶液遇盐酸无反应，其火焰呈黄色，试判断存在、不存在和可能存在的物质。

10.6 试分析 MgO、CaO、SrO 和 BaO 的熔点和硬度的变化规律，并解释其原因。

10.7 配制 $SnCl_2$ 溶液时应注意什么？如何防止？写出有关反应式。

10.8 根据标准电极电势判断用 $SnCl_2$ 作为还原剂能否实现下列过程，写出有关的反应方程式。

(1)将 Fe^{3+} 还原为 Fe。

(2)将 $Cr_2O_7^{2-}$ 还原为 Cr^{3+}。

(3)将 I_2 还原为 I^-。

10.9 用 d 区元素的价电子层结构特点说明 d 区元素的特性。

10.10 为什么锆、铪及其化合物的物理、化学性质非常相似？

10.11 完成下列反应方程式：①钛溶于氢氟酸；②五氧化二钒分别溶于盐酸、氢氧化钠；③偏钒酸铵受热分解。

10.12 根据所述实验现象，写出相应的化学反应方程式。

(1)往用硫酸酸化的重铬酸钾溶液中通入硫化氢时，溶液由橙红色变为绿色，同时有淡黄色沉淀析出。

(2)向 $K_2Cr_2O_7$ 溶液中加入 $BaCl_2$ 溶液时有黄色沉淀生成，将该沉淀溶解在浓盐酸溶液中得到一种绿色溶液，同时有黄绿色气体放出。

10.13 铬的某化合物 A 是橙红色溶于水的固体，将 A 用浓 HCl 处理产生黄绿色刺激性气体 B 和生成暗绿色溶液 C，在 C 中加入 KOH 溶液，先生成灰蓝色沉淀 D，继续加入过量的 KOH 溶液则沉淀消失，变成绿色溶液 E。在 E 中加入 H_2O_2，加热则生成黄色溶液 F，F 用稀酸酸化，又变为原来的化合物 A 的溶液。A、B、C、D、E、F 各是什么？写出每步变化的反应方程式。

10.14 有一锰的化合物，它是不溶于水且很稳定的黑色粉末状物质 A，该物质与浓硫酸反应，则得到淡红色的溶液 B，并且有无色气体 C 放出。向 B 溶液中加入强碱 KOH，可以得到白色沉淀 D。此沉淀在碱性介质中很不稳定，易被空气氧化成棕色 E。若将 A 与 KOH、$KClO_3$ 一起混合加热熔融可得一绿色物质 F。将 F 溶于水并通入 CO_2，则溶液变成紫色 G，且又析出 A，A、B、C、D、E、F、G 各为何物？并写出相应的反应方程式。

10.15 为什么在酸性的 $K_2Cr_2O_7$ 溶液中加入 Pb^{2+} 会生成黄色的 $PbCrO_4$ 沉淀？

10.16 铁能还原 Cu^{2+} 而铜能还原 Fe^{3+}，这两个事实有无矛盾？

10.17 用反应方程式说明下列实验现象。

(1)向含有 Fe^{2+} 的溶液中加入 NaOH 溶液后，生成白色沉淀，一段时间后沉淀逐渐变成红棕色。

(2)将沉淀过滤出来，溶于盐酸中，得到黄色溶液。

(3)向黄色溶液中加几滴 KSCN 溶液，立即变血红色，再通入 SO_2，则红色消失。

(4)向红色消失的溶液中滴加 $KMnO_4$ 溶液，其紫色会褪去。

(5)最后加入黄血盐溶液时，生成蓝色沉淀。

10.18 某一化合物 A 溶于水得到浅蓝色溶液。在 A 中加入 NaOH，得蓝色沉淀 B，B 溶于 HCl，也可溶于氨水，A 中通入 H_2S 得黑色沉淀 C，C 难溶于 HCl 而可溶于热的浓硝酸。在 A 中加入 $BaCl_2$ 无沉淀产生，加入 $AgNO_3$ 有不溶于酸的白色沉淀 D 产生，D 溶于氨水。判断 A、B、C、D 各为何物，并写出相关反应式。

10.19 用反应方程式说明下列现象。

(1)铜器在潮湿空气中慢慢生成一层绿色的铜锈。

(2)金溶于王水。

(3)在 $CuCl_2$ 浓溶液中逐渐加水稀释时，溶液颜色由黄色经绿色而变为蓝色。

(4)往 $AgNO_3$ 溶液中滴加 KCN 溶液时，先生成白色沉淀后溶解，再加入 NaCl 溶液时并无 AgCl 沉淀生成，但加入少许 Na_2S 溶液时却析出黑色 Ag_2S 沉淀。

(5)热分解 $CuCl_2 \cdot 2H_2O$ 时得不到无水 $CuCl_2$。

10.20 焊接铁皮时，常先用浓 $ZnCl_2$ 溶液处理铁皮表面，为什么？

10.21 ①为什么 Cu^+ 不稳定，易歧化，而 Hg_2^{2+} 则较稳定？试用电极电势的数据和化学平衡的观点加以阐述；②在什么情况下可使 Cu^{2+} 转化为 Cu^+？试举例说明；③在什么情况下可使 Hg(Ⅱ)转化为 Hg(Ⅰ)？试举例说明。

10.22 CuCl、AgCl、Hg_2Cl_2都是白色难溶于水的粉末，如何区别？

10.23 有一无色硝酸盐溶液：①加氨水生成白色沉淀；②加稀碱生成黄色沉淀；③滴加KI溶液，先析出橘红色沉淀，当KI过量时，橘红色沉淀消失；④往溶液中加入两滴汞并振荡，汞逐渐消失，仍为无色溶液，此时加入氨水得灰黑色沉淀。此无色溶液中含有哪种化合物？

10.24 比较铜族元素和碱金属的化学性质。

10.25 比较锌族元素和碱土金属的化学性质。

10.26 为什么 Ln^{3+} 的性质极为相似？试从 Ln^{3+} 的电子层结构、离子电荷和离子半径等方面加以说明。

第11章 仪器分析法简介

(1)了解光分析法和吸光光度法的特点、适用范围。

(2)了解色谱法、电分析法及其他仪器分析方法。

分析化学是测量和表征的科学，通过测量与待测组分有关的某种化学与物理性质获得物质的定性和定量结果。定性分析是指获得试样中原子、分子或功能基的有关信息；而定量分析则是指获得试样中一种或多种组成的相对含量。

通常可把分析化学方法分为两大类，即经典分析和仪器分析方法。经典分析方法也称湿化学方法。早期化学工作者是采用沉淀、萃取或蒸馏分离出待测物后，再进行测定。就定性分析而言，是将分离后的组分用试剂处理，然后通过颜色、沸点、熔点及在一系列溶剂中的溶解度、气味、光学活性或折光指数等性质来识别它们。对定量分析来说，是通过测定质量或用滴定的方式来测定被分析物质的量。重量法是测定被分析物质量或由被分析物产生的某种组分的质量。在滴定操作中，测定与被分析物完成反应所需用的标准试剂的体积或质量。这些经典的分析方法虽然至今仍在应用，然而随着时间的推移及仪器分析方法的发展，有些方法将逐渐被取代。在20世纪初，化学家们开始利用经典方法还没有运用的现象来解决分析中的一些问题。它们是测定被分析物的物理性质，如电导、电位、光的吸收或发射、质荷比及荧光等，并开始用于解决无机化学、有机化学和生物化学中的分析问题。此外，高效的色谱法和电泳技术也开始取代了蒸馏、萃取和沉淀，对复杂的混合物分离后，直接进行定性和定量分析，将这些分离和测定的新方法集中起来组成了仪器分析方法。仪器分析与经典的分析方法相比较，具有重现性好、灵敏度高、分析速度快、试样用量少等特点。值得注意的是，仪器分析虽然不是一门独立的科学，但是这些仪器分析方法在化学学科中极其重要，它们已不仅单纯地应用于分析的目的，而且还广泛地应用于研究和解决各种化学理论和实际问题。因此，将它们称为“化学分析中的仪器方法”更为确切。

从仪器分析的发展进程来看，由于科学间的相互渗透，特别是一些重大的科学发现，为许多新的仪器分析方法的建立和发展提供了良好的基础。在建立这些新的仪器分析方法的过程中，不少科学家因此而获得了诺贝尔物理奖、化学奖或生理医学奖。现代仪器随着微电子和计算机技术的广泛应用及物理学、数学、生物学和材料科学等学科的新成就的不断引入，分析化学的内容得到了极大的丰富，现代的分析化学已不再是物质的化学组成和含量的分析方法及其有关的科学，而可以认为它是化学信息的科学，它包括各种化学信息的生产、获得和处理的研究。在这种情况下，作为分析化学重要组成部分的仪器分析，其内容除成分分析外，在很大程度上还应包括结构分析、状态分析、表面分析、微区分析、化学反应有关参数的测定及为其他学科提供各种有用的化学信息等。毫无疑问，仪器分析不仅是重要的分析测试方法，而且是强有力的科学研究手段。

仪器分析的方法不仅很多，而且各种方法往往又有其各自相对独立的原理和体系。根据所测量的特征性质不同，仪器分析方法一般可分为光分析法、电分析法和色谱法等，见表 11－1。

表 11－1　仪器分析方法及其运用的化学和物理性质

分　类	特征性质	仪器方法
光分析法	辐射的发射	原子发射光谱法、荧光光谱法、X 荧光光谱法、磷光光谱法、化学发光法、电子能谱、俄歇电子能谱
	辐射的吸收	原子吸收光谱法、紫外－可见分光光度法、红外吸收光谱法、X 射线吸收光谱法、核磁共振波谱法、电子自旋共振波谱法、光声光谱
	辐射的散射	拉曼光谱法、比浊法、散射浊度法
	辐射的折射	折射法、干涉法
	辐射的衍射	X 射线衍射法、电子衍射法
	辐射的转动	旋光色散法、偏振法、圆二向色性法
电化学分析法	电位	电位法、计时电位法
	电荷	库仑法
	电流	安培法、极谱法、伏安法
	电阻	电导法
色谱法	两相之间的分配	薄层色谱法、气相色谱法、液相色谱法
其他仪器分析方法	质荷比	质谱法
	反应速率	动力学法
	热性质	差热分析法、示差扫描量热法、热重量法
	放射活性	同位素稀释法

11.1　光分析法

11.1.1　光分析法概述

凡是基于检测光子能量作用于待测物质后产生的辐射信号或所引起的变化的分析方法均可称为**光分析法**。根据测量的信号是否与能级的跃迁有关，将光分析法分为光谱法和非光谱法。根据能量作用的对象又将光分析法分为原子光谱和分子光谱。

在光谱法中，测量的信号是物质内部能级跃迁所产生的发射、吸收和散射光谱的波长和强度，表11-1中前两行所列出的方法及第三行的拉曼光谱属于光谱法，而其他的分析方法均属于非光谱法。光谱法主要是基于光的吸收、发射、拉曼散射等作用而建立的分析方法，它通过检测光谱的波长和强度来进行定性和定量分析。非光谱法测量的信号不包含能级的跃迁，不以光的波长为特征信号，仅通过测量电磁辐射的某些基本性质(反射、折射、干涉、衍射和偏振)等的变化的分析方法。这类方法主要有折射法、比浊法、旋光法、衍射法等。

从广义的光谱概念来说，质谱法及与表面分析有关的各种谱法都可属于光谱分析的范畴。质谱法是根据离子或分子离子的质量与荷质比来进行分析的方法。它们主要用于定性分析、定量分析、同位素分析及有机物的结构测定等。以电感耦合等离子体光源(ICP)等为激发光源的原子发射光谱作为质谱仪的离子源，形成了分析无机物的原子质谱法，而以高能粒子束激发无机、有机化合物或生物分子等的质谱法称为分子质谱法。

光谱法可分为三种基本类型，即吸收光谱法、发射光谱法和散射光谱法。

吸收光谱是物质吸收相应的辐射能而产生的光谱。其产生的必要条件是所提供的辐射能恰好满足该吸收物质两能级间跃迁所需的能量。具有较大能量的γ射线可被原子核吸收；X射线可被原子内层电子吸收；紫外和可见光可被原子和分子的外层电子吸收；红外线可产生分子的振动光谱；微波和射频可产生转动光谱。所以，根据物质对不同波长的辐射能的吸收，可以建立各种光谱法，见表11-2。

表11-2 主要吸收光谱法

方法名称	辐射能	作用物质	检测信号
莫斯鲍尔光谱法	γ射线	原子核	吸收后的γ射线
X射线吸收光谱	X射线 放射性同位素	$Z>10$的重元素 原子的内层电子	吸收后的X射线
原子吸收光谱法	紫外、可见光	气态原子外层的电子	吸收后的紫外、可见光
紫外、可见分光光度法	紫外、可见光	分子外层的电子	吸收后的紫外、可见光
红外吸收光谱法	2.5～15 μm的红外光	分子振动	吸收后的红外光
核磁共振波谱法	0.1～100 MHz的射频	原子核磁共振磁量子	吸收
电磁自旋共振波谱法	10000～800000 MHz的微波	未成对的电子	吸收
激光吸收光谱法	激光	分子	吸收
激光光声光谱法	激光	分子	声压
激光热透镜光谱法	激光	分子	吸收

上述吸收光谱的形成过程可用下式表达。

$$X+h\gamma \rightarrow X^*$$ (辐射能的吸收)

$$X^* \rightarrow X+h\gamma$$ (辐射能以光的形式发射)

或

$$X^* \rightarrow X+\text{热能}$$ (辐射能以热能的形式释放)

式中，X 表示基态粒子；X^* 表示激发态粒子；$h\gamma$ 表示辐射能。

发射光谱可分为两大类：①光致发光。被测粒子吸收辐射能后被激发，当跃迁回到低能态或基态时，便产生发射光谱。以此建立的光谱方法有荧光(包括 X 荧光、原子荧光、分子荧光)光谱法、磷光光度法等。分子荧光和磷光的主要区别是荧光寿命较磷光短。②非电磁辐射能激发发光。主要用电弧、电火花及高压放电装置等电能及火焰热能激发粒子，产生光谱。这一过程可用下式表示。

$$X+(\text{或能})\rightarrow X^*$$

$$X^*\rightarrow X+h\gamma$$

常见的发射光谱法见表 11－3。

表 11－3　常见的发射光谱法

方法名称	辐射能(或能源)	作用物质	检测信号
原子发射光谱法	电能火焰	气态原子外层电子	紫外、可见光
X 荧光光谱法	X 射线(0.01～2.5nm)	原子内层电子的逐出，外层级电子跃入空位(电子跃迁)	特征 X 射线
原子荧光光谱法	高强度紫外、可见光	气态原子外层电子跃迁	原子荧光
分子荧光光度法	紫外、可见光	分子	荧光(紫外、可见光)
分子磷光光度法	紫外、可见光	分子	磷光(紫外、可见光)
化学发光法	化学能	分子	可见光

散射光谱法主要是以拉曼散射为基础的拉曼散射光谱法。目前，用激光作为光源的拉曼散射光谱具有所需试样量少，分辨能力强及可观察受激拉曼散射等优点。因此，激光拉曼光谱已成为化学研究中的有力手段。

非光谱法主要有折射法、旋光法、比浊法和衍射法。

测量物质折射率的方法称为折射法。折射法可用于纯化合物的定性分析及纯度测定，并可用于二元混合物的定量分析，还可得到物质的基本性质和结构的某些信息。光从一种介质进入另一种介质时传播方向发生改变，此现象称为光的折射，如图 11.1 所示。研究光的折射现象发现：在一定温度下，波长一定的单色光两种不同介质的界面其入射角 i 的正弦和折射角 r 的正弦之比为一常数(折射定律)。

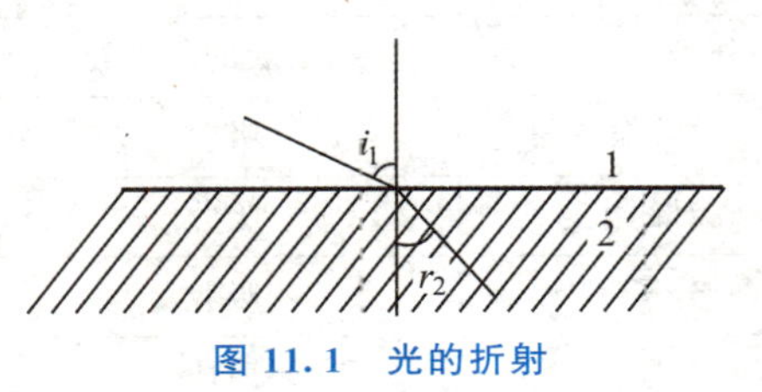

图 11.1　光的折射

不同介质有不同的常数，把常 $n_{1,2}$ 叫作第二种介质对第一种介质的相对折射率，即

$$\frac{\sin n_1}{\sin n_2}=n_{1,2}$$

光由真空进入某种介质时，入射角的正弦与折射角的正弦之比叫作这种介质的绝对折射率，简称折射率，用 n 表示。

$$n=\frac{\sin i}{\sin r}$$

介质的绝对折射率也等于光在真空中的速度 c 跟光在这种介质中的速度 v 之比，即

$$n=\frac{\sin i}{\sin r}=\frac{c}{v}$$

由于光在真空中的速度 c 大于光在任何介质中的速度 v，所以任何介质的折射率都大于 1。同样，光进入两种介质界面的相对折射率 $n_{1,2}$ 也等于光在第一种介质中的速度 v_1 和光在第二种介质中的速度 v_2 之比，即

$$n_{1,2}=\frac{\sin r_1}{\sin r_2}=\frac{v_1}{v_2}$$

因为 $\frac{v_1}{c}=\frac{1}{n_1}$，$\frac{v_2}{c}=\frac{1}{n_2}$，所以

$$\frac{\sin i_1}{\sin i_2}=\frac{n_2}{n_1} \tag{11.1}$$

任何均匀物质的折射率与该物质的化学物质、温度及光的波长有关，同一物质在相同温度下对同一波长单色光的折射率为一常数。通常在折射率符号 n 右方注明测量时的介质温度(℃)和所用单色光的波长，如 n_D^{20} 表示 20℃时该介质对钠光 D 线的折射率。测定折射率可鉴别物质和测定物质的纯度。溶液折射率的大小也依赖于溶液的浓度，因此可用折射法测溶液的浓度。

阿贝折射仪是根据临界折射现象设计的，测定原理和仪器组成如图 11.2 和图 11.3 所示。仪器的主要部分为两块直角棱镜，下面一块是可以启闭的辅助棱镜 Q，其斜面为一毛玻璃面。待测液体就放在辅助棱镜和测量棱镜 P 之间，展开成一薄层。光线由反光镜和辅助棱镜 Q 透过液体薄层及测量棱镜 P 而进入目镜。目镜位置固定，只要转动棱镜的位置，在目镜中可以看到半明半暗的分界线。从棱镜转动角度的大小可测知液体的折射率。

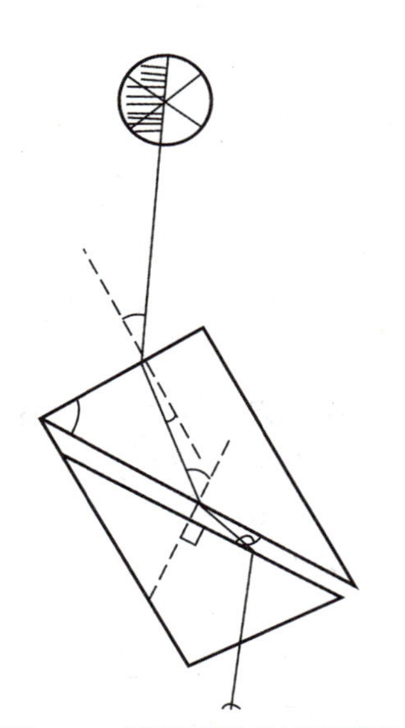

图 11.2　阿贝折射仪测定原理

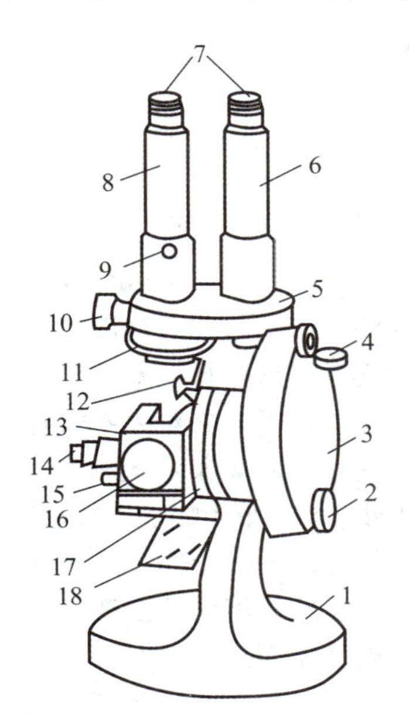

图 11.3　阿贝折射仪

1—目镜；2—读数镜筒；3—支架；4—小反光镜；
5—圆盘组(内有刻度板)；6—棱镜转动手轮；
7—底座；8—反光镜；9—主轴；10—保护罩；
11—恒温水浴接头；12—温度计座；13—棱镜组；
14—棱镜锁紧手柄；15—色散值刻度盘；
16—阿米西棱镜手轮；17—示值调节螺钉；18—望远镜

当光线由底部反射入棱镜后，在毛玻璃面上发生漫射，漫射所产生的光线透过液体薄层从各个方向折射，故光线进入棱镜 P 后的折射角恒小于它在液体中的入射角。入射角最大为 90°，此时的折射角称临界折射角 r_c，所有折射光线都应落在角之内，在 r_c 角之外就没有光线了。因此，转动棱镜，在目镜中可以看到半边黑暗图像。设光线由棱镜 P 射出时的折射角为 α，入射角为 β，待测液体的折射率为 n，测量棱镜 P 的一个锐角设为 Φ，这些角度和折射率的关系如下。

$$n_{(玻)}=\frac{\sin\alpha}{\sin\beta} \tag{11.2}$$

因为

$$n_{(液)}=\frac{\sin 90°}{\sin r_c}=\frac{1}{\sin r_c}\frac{n_玻}{n}$$

所以

$$n=n_{(玻)}\sin r_c$$

又因

$$\Phi+(90°-\beta)+(90°-r_c)=180°，\ r_c=\Phi-\beta$$

故

$$\sin r_c=\sin(\Phi-\beta)=\sin\Phi\cos\beta-\cos\alpha\sin\beta$$

由式(11.2)得

$$\sin\beta=\frac{\sin\alpha}{n_{(玻)}}$$

则

$$\cos\beta=\sqrt{1-\sin^2\beta}=\sqrt{1-\frac{\sin^2\alpha}{n_玻^2}}$$

将上列关系式代入并整理得

$$n=\sin\Phi\sqrt{n_玻^2-\sin^2\alpha}-\cos\alpha\sin\beta \tag{11.3}$$

阿贝折射仪将 α 和 n 的关系直接标记在仪器的刻度盘上，刻度盘与棱镜同轴，转动棱镜就能直接从刻度盘上读出折射率 n。

溶液的旋光性与分子的非对称结构有密切的关系，因此旋光法可作为鉴定物质化学结构的一种手段。它对于研究某些天然产物及配合物的立体化学问题更有特殊的效果。此外，它还可用于物质纯度的测定，如糖量计就专用于测定具有旋光性的糖的含量。

比浊法是测量光线通过胶体溶液或悬浮液后的散射光强度来进行量分析的方法。它主要用于测定和及其他胶体溶液的浓度。

基于光的衍射现象而建立的方法有 X 射线衍射法和电子衍射法(透射电子显微镜)。

X 射线衍射法：以 X 射线照射晶体时，由于晶体的点阵常数与 X 射线的波长是同一个数量级(约 10^{-3})，故可产生衍射现象。因为晶胞的形状和大小决定 X 射线衍射的方向，各衍射花样的强度决定于晶胞中原子的分布，所以各种晶体具有不同的衍射图，可作为确定晶体化合物结构的依据。

电子衍射法：电子束具有一定的波长 λ，

$$\lambda=\frac{h}{\sqrt{2meV}} \tag{11.4}$$

式中，h 为普朗克常数；m 为电子的质量；e 为电子的荷电量；V 为加速电压。透射电镜采用的加速电压一般为 50～100 kV，因此电子束的波长为 0.00536～0.003 nm，比 X 射线的波长小 1～2 个数量级。电子束与晶体物质作用产生的衍射现象也遵循布拉格方程。

在电镜中，电子透镜使衍射束汇聚成为衍射斑点，晶体试样的各衍射点构成了衍射花样。电子衍射的衍射角小，一般为 1°～2°；形成衍射花样的时间短，只需几秒钟。但电子束的穿透能力小，所以只适用于研究薄晶体。

电子衍射原理是透射电子显微术的基础。目前，透射电子显微技术已成为对物质的表面形貌和内部结构进行研究的强有力的工具，它兼有显微观察和结构分析的性能。

光化学分析法与其他仪器分析方法一样，内容极其广泛，无论是超纯物质的分析，或是环境科学和宇宙科学中的痕量分析及遥感分析，都用到光化学分析方法。光化学分析方法种类很多，不同的光化学分析方法有其各自的特点，但一般具有下列共同的特点：具有较高的灵敏度、较低的检出限和较快的分析速度。原子发射光谱的最低检出限是 0.1 $ng \cdot mL^{-1}$，X 射线荧光光谱法的最低检出限是 1000 $ng \cdot mL^{-1}$。目前有些光谱分析法的相对灵敏度已达到 10^{-9} 数量级，绝对灵敏度已达 10^{-14}g，甚至更小些。在分析速度方面，光谱分析是比较快速的，如冶金部门把光电直读光谱仪应用到炉前炼钢分析，20 多种元素在 2min 内报出结果。用 ICP－AES(电感耦合等离子体原子发烧光谱)分析含量从常量到痕量的试样，1～2 min 内报出 70 多种元素的测定结果已不属罕见。使用试样量少，适合微量和超微量分析。发射光谱分析每次只需试样几毫克，少至十分之几毫克。采用激光显微光源和微火花光源时，每次试样用量只需几微克。电热原子化原子吸收分析的试样用量，液体样品为几微升到几十微升，固体粉末为几十微克。能够实现多元素同时测定，发射光谱分析采用光电直读光谱仪，已经实现了多元素同时测定。以共振检测器作单色仪，已用于 6 通道原子吸收光谱仪上。另外，使用光纤和多元素灯同时测定多个元素，已应用于地质矿物分析。光谱分析法特别适合于远距离的遥感分析，星际有关组分的遥感测定就是一例。光谱分析已从成分分析发展到特征，如微观分析、存在状态及结构分析等。

11.1.2　原子发射光谱法

某些原子化器不仅能将试样转变成原子或简单的元素离子，而且也能将部分试样激发到较高电子能级。被激发的这些物质通过发射紫外和可见光区的谱线迅速地完成弛豫。**原子发射光谱**(atomic emission spectrometry，AES)则是利用这些谱线出现的波长及其强度进行元素的定性和定量分析。

原子发射光谱过去一直是采用火焰、电弧和点火花使试样原子化并激发，这些方法至今在分析金属元素中仍有重要的应用。然而，随着等离子体光源的问世，其中特别是电感耦合等离子体光源，现已成为应用广泛的重要激发光源，如图 11.4 所示。

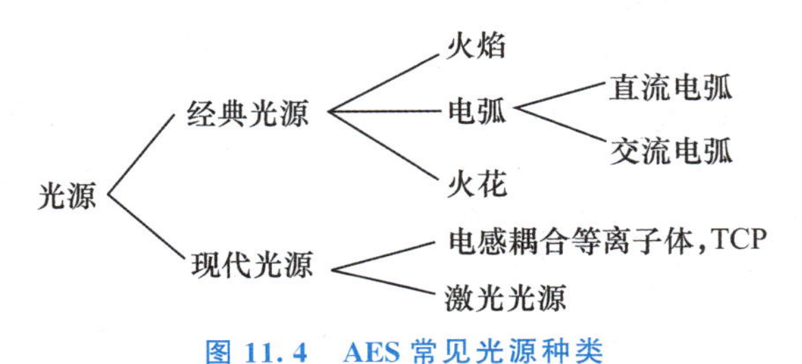

图 11.4　AES 常见光源种类

1. 电弧和火花光源

电弧和火花光源是首先广泛应用于分析的仪器方法。在1920年，这些技术开始取代经典的重量分析来分析元素。当时可以定性和定量测定不同试样中(如金属和合金、土壤、矿石、岩石)的金属元素。至今电弧和火花光源在定性和半定量分析中仍有相当大的用途。但是当需要定量数据时，很大程度上已被等离子体光源所代替。

在电弧和火花光源中，试样的激发是发生在一对电极之间的空隙中。通过电极及其间隙的电流提供使试样原子化所必需的能量，并使所产生的原子激发到较高电子状态。

一般来说，电弧和火花光源主要应用于固体试样的分析，而液体和气体试样采用等离子体光源则更为方便。

如果试样是金属或合金，光源的一个或两个电极可以用试样车铣、切削等方法做成。一般将电极加工成直径为0.05～0.1cm的圆柱形，并使一端成锥形。对于某些试样，更为方便的方法是用经抛光的金属平面作为一个电极，而用石墨作为另一个电极。在把试样制成电极时，必须小心防止表面污染。

对于非金属固体材料，试样须放在一个其发射光谱不会干扰分析物的电极上。对于许多应用来说，碳是一种理想的电极材料。这不仅因为容易获得碳的纯品，而且因为它是一种良导体，具有好的热阻并易于加工成形。电极是一极呈圆柱形，一端钻有一个凹孔。分析时，将粉碎的试样填塞在顶端的凹孔中，故成为孔形电极填塞法，它是引入试样最常用的方法。另一电极(即对电极)是稍具圆形顶端的圆锥形碳棒，这种形状可以产生最稳定的及重现的电弧和火花。若试样是溶液，除可将溶液转化成粉末或薄膜引入分析间隙外，也可采用电极浸泡法引入分析间隙。

低压直流电弧的电源一般为可控硅整流器，低压(220～300V)电弧自己不能击穿起弧，需要用高频电压将电弧引燃。

电弧放电时是以气体为导体，直流电弧具有负电阻特性，即电流增大而电弧电压反而下降。显然，电压下降的特征导致电弧放电很不稳定，有必要将一个大电阻(几十欧以上)串联入回路，以稳定电流，并在一个平均值附近波动。

直流电弧的温度在4000～7000 K之间。电弧的温度主要决定于弧柱中元素的电离电位，电离电位高，弧温高；电离电位低，弧温低。当电弧中引入电离电位比电极材料低的单一元素，则弧温取决于引进元素，而不取决于电极材料。由此，在光谱分析中，常常采用引入第三元素，即所谓的缓冲剂，以达到控制弧温及电极温度的目的。

电弧的电极温度比电弧温度低，一般为3000～4000 K。在直流电弧中，由于电子受到极间电场的加速不断以高速轰击阳极，使阳极白热，产生温度很高的“阳极斑”，故阳极温度比阴极高。因为电极温度就是蒸发温度，电极温度高时蒸发速度快，谱线强度大，故一般将试样放在阳极，以降低检测限。

直流电弧电极头温度高，试样蒸发快，检测限低，常用来作为熔点较高物质(如岩石、矿物试样)中痕量元素的定性和定量分析。当使用石墨电极时，除在350 nm以上产生氰(CN)带光谱干扰外，在发射光谱常用波段(230～350 nm)内背景较小。直流电弧稳定性差，分析的再现性差。在光谱分析中，须用内标法消除光源波动的影响。此外，弧温较低，激发能力弱，故不能激发电离电位高或激发电位较高元素的谱线。

低压交流电弧大部分采用220 V的交流电压为电源。由于电源电压不能击穿分析间隙而自燃成弧，因此必须采用引燃装置。与直流电弧相比，由于交流电弧在每半周内有燃烧时间和熄灭时间，放电呈间歇性，故有如下特点：没有明显的负电阻特性，使其燃烧稳定；放电的电流密度大，使其弧温较高；有低的电极头温度，使其检出限逊于直流电弧。由于交流电源的获得比直流电源方便，因而交流电弧的应用范围比直流电弧广泛。

电流通过气体的现象称为**气体放电**。发射光谱所用激发光源，如电弧、火花和等离子体等属于气体的常压放电。在通常情况下，气体分子为中性，不导电。若用外部能量将气体电离转变成有一定量的离子和电子时，气体可以导电。若用火焰、紫外线、X射线等照射气体使其电离时，在停止照射后，气体又转为绝缘体，这种放电称为**被激放电**。若在外电场的作用下，使气体中原有的少量离子和电子向两极做加速运动并获得能量，在趋向电极的途中因分子、原子的碰撞电离从而使气体具有导电性。这种因碰撞电离产生的放电称为**自激放电**，产生自激放电的电压称为**击穿电压**。在气体放电过程中，部分分子和原子因与电子或离子碰撞虽不能电离，但可以从中获得能量而激发，发射出光谱，因此气体放电可以作为激发光源。

电极间不连续的气体放电叫**火花放电**。高压火花是用高电压(8000～15000 V)使电容器充电后放电释放的能量来激发试样光谱。火花放电是一种间歇性的快速放电，放电时间短，停熄时间长。在电极隙间击穿的瞬间，形成很细的导电通道，可以达到很大的瞬时电流和电流密度，使通道具有很高的温度，因此火花的激发能力很强，可以激发一些具有高激发电位的元素和谱线。由于间歇性的快速放电，因此电极温度低，故适宜分析低熔点的轻金属及合金。每一次大电流密度放电，在电极上不同的燃烧点产生局部高温。这种随机取样和局部蒸发相结合，减小了分馏效应，提高了准确度。火花光源的主要缺点：检出限差，不易分析微量元素；在紫外光区背景较大。综上所述，这种光源一般适合于难激发、高含量和低熔点试样的分析。

2. 电感耦合等离子体光源

等离子体光源是20世纪60年代发展起来的一类新型发射光谱分析光源。**等离子体**是指含有一定浓度阴、阳离子能导电的气体混合物。在等离子体中，阴和阳离子的浓度是相等的，净电荷为零。通常用氩等离子体进行发射光谱分析，虽然也会存在少量试样产生的阳离子，但是氩离子和电子是主要导电物质。在等离子体中形成的氩离子能够从外光源吸收足够的能量，一般温度可达10000K。高温等离子体主要有三种类型：①电感耦合等离子体(inductively coupled plasma，ICP)；②直流等离子体(direct current plasma，DCP)；③微波感生等离子体(microwave induced plasma，MIP)。其中尤以电感耦合等离子体光源(图11.5)应用最广，是本节将要介绍的主要内容。值得注意的是，目前已有将微波感生等离子体作为气相色谱仪的检测器。

要形成稳定的ICP焰炬，应有三个条件：高频电磁场、工作气体及能维持气体稳定放电的石英炬管。它由三个同心石英管组成，三股氩气流分别进入炬管。最外层等离子体气流的作用是把等离子体焰炬和石英管隔开，以免烧熔石英炬管。中间管引入辅助气流的作用是保护中心管口，形成等离子炬后可以关掉。内管的载气流主要作用是在等离子体中打通一条通道，并载带试样气溶胶进入等离子体。在管子的上部环绕着一水冷感应线圈，当高频发生器供电时，线圈轴线方向上产生强烈振荡的磁场。用高频火花等方法使中间流动的工作气体电离，产生的离子和电子再与感应线圈所产生的起伏磁场作用。这一相互作用使线圈内的离子和电子沿图 11.5 中所示的封闭环路流动；它们对这一运动的阻力则导致欧姆加热作用。由于强大的电流产生的高温使气体加热，从而形成火炬状的等离子体。

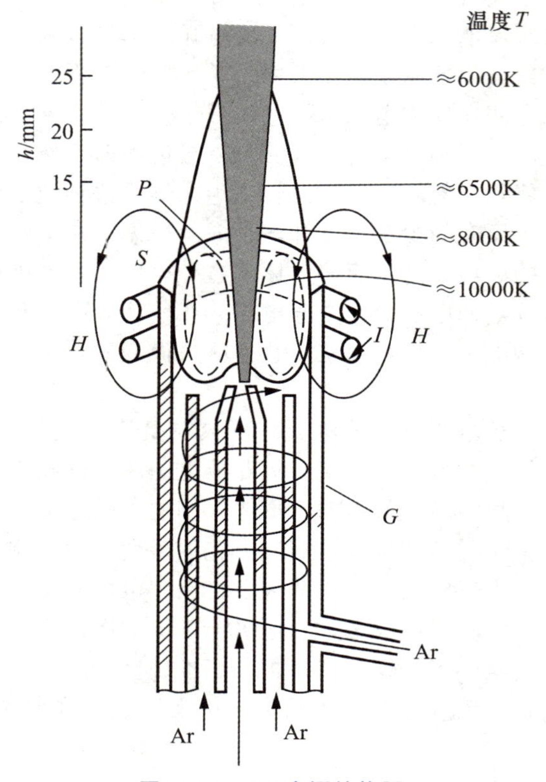

图 11.5 ICP 光源结构图

试样是通过流速为 0.3～1.5 L·min^{-1}的氩气流带入到中心石英管内。在使用 ICP 光源时，最大的噪声来源于试样引入这一步，它直接影响检出限和分析的紧密度。

气溶胶进样系统应用非常广泛。它要求首先将试样转化成溶液，然后经雾化器形成气溶胶引入等离子体。最常用的雾化器有气动雾化器和超声雾化器。

对液体和固体试样引入等离子体还可通过电热蒸发。在电炉中蒸发试样的方式类似于电热原子化，不同之处是蒸发后的试样被氩气流带入等离子体光源。应该注意的是，在等离子体光源中，使用电热不是为了原子化。电热原子化与等离子体光源的偶联，不仅保留了电热原子化试样用量少和低检测限的特点，而且保留了等离子体光源的宽线性范围、干扰少并能同时进行多元素分析的优点。

由于在感应线圈以上 15～20 mm 的高度上，背景辐射中的氩谱线很少，故光谱观察常在这个区域上进行。当试样原子抵达观察点时，它们可能已在 4000～8000 K 温度范围内停留了约 2ms。这个时间和温度比在火焰原子化中所用的乙炔/氧化亚氮火焰大 2～3 倍。因此，原子化比较完全，并且减少了化学干扰的产生。另外，因为由氩电离所产生的电子浓度比由试样组分电离所产生的电子浓度大得多，离子的干扰效应很小甚至不存在。与电弧、火花相反，等离子体的温度截面相当均匀，不会产生自吸效应，故校正曲线常在几个数量级的浓度范围内呈线性响应。

3. 摄谱法

光谱仪的种类很多，根据记录的方式不同，可把光谱仪分为看谱仪(用人的眼睛观察可见光区光谱)、摄谱仪(用照相乳剂记录光谱)和光电光谱仪(用光电换能器观测记录光谱)。它们对应有三种不同的光谱分析技术，即看谱法、摄谱法和光电光谱法。看谱法操作简单，设备费用低，但测定精密度和准确度低，一般只能做钢中合金元素的定性、半定量测定。摄谱法操作亦较简单，设备费用也不高，其测定精密度和准确度也较高，适用性较强。光电光谱法因采用光电转换测量，免去了摄谱法的某些中间环节，加上含量计算方法的改进，所以精密度和准确度较高，操作简便快速；缺点是设备费用高，在推广使用上受到一定的限制。

摄谱仪：摄谱法是将色散后的辐射用感光板记录下来，供分析用。若按使用的色散元件可将摄谱仪分为棱镜摄谱仪、光栅摄谱仪和干涉分光摄谱仪。一般又根据倒线色散率的大小不同，将前两类摄谱仪分为大、中、小型摄谱仪，它们的倒线色散率分别为 0.1～0.8 $nm \cdot mm^{-1}$、0.8～2 $nm \cdot mm^{-1}$ 和 2～10 $nm \cdot mm^{-1}$。采用何种类型的摄谱仪需根据具体的工作对象而定。一般来说，采用中型摄谱仪就能满足大多数分析任务的要求。

为了用照相法同时检测和记录被色散后的辐射强度，可在单色仪的出射狭缝处沿仪器焦面放置一块照相干板。干板上感光层经曝光和暗室处理之后，光源的各条光谱线就以入射狭缝的一系列黑色像的形式以提供试样的定性信息；用测微光度计测定谱线的黑度以提供试样的定量数据。

光谱干板结构：感光板主要由感光层和片基组成。感光层又称乳剂，由感光物质(卤化银)、明胶和增感剂组成。感光物质起着记录影像的作用。

感光层的特性：感光层的曝光部分经过显影就产生黑色的影像。曝光量 H 愈大，影像就愈黑，它等于照度 E 与曝光时间的乘积($H=Et$)，也等于曝光时间与谱线强度 I 的乘积 $H=It$。

影像变黑的程度用黑度 S 来表示，它等于影像透过率 T 倒数的对数值，即

$$S=\lg(1/T)=\lg(i_0/i)$$

式中，i_0 是经过感光层未变黑部分透过的光强；i 是变黑部分(谱线)透过的光强。

影像的黑度 S 与使之变黑的曝光量 H 之间的关系很复杂。常以黑度 S 为纵坐标，以曝光量的对数值 $\lg H$ 为横坐标作图表示，该曲线称为**感光层特性曲线**，如图 11.6 所示。

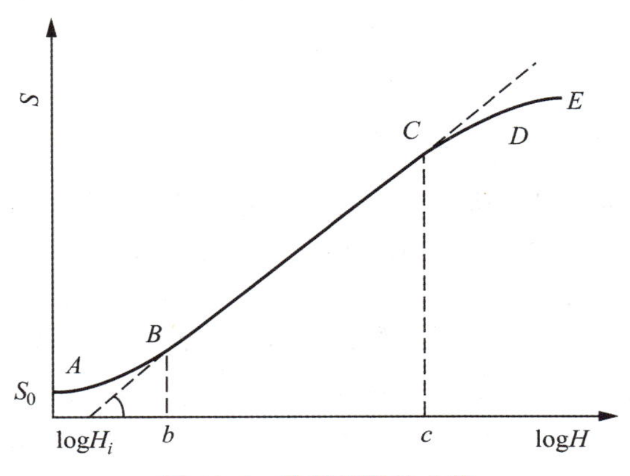

图 11.6 感光层特性曲线

从感光层特性曲线可以看出，曲线分为 3 个部分，AB 部分为曝光不足部分，是显影时所形成的雾翳黑度。CD 部分为曝光过度部分。这两部分黑度与曝光量的关系很复杂。曲线的中间部分 BC 为正常曝光部分，在这部分中，黑度与曝光量的对数呈直线关系，增长率(直线部分的斜率)是常数，用 γ 表示，称为感光层的反衬度。

$$\gamma=\tan\alpha=S/(\lg H-\lg H_i)$$

即

$$S=\gamma(\lg H-\lg H_i)=\gamma\lg H-\gamma\lg H_i$$

令

$$i=\gamma\lg H_i$$

则

$$S=\gamma\lg H-i \tag{11.5}$$

式中，$\lg H_i$ 为直线延长后在横坐标上的截距；H_i 称为相板的惰延量，相板的灵敏度取决于惰延量的大小，H_i 愈大，灵敏度愈低。

直线部分 BC 在横轴上的投影 bc 称为相板的展度。因为相板正常曝光区的黑度范围一般在 0.4～0.2 之间，所以反衬度愈高，展度愈小；反衬度愈低，展度愈大。

反衬度高对提高分析准确度有利；而展度宽则有利于扩大分析含量的范围。

4. 定性分析

在试样的光谱中，确定有无该元素的特征谱线是光谱定性分析的关键。因此用原子发射光谱鉴定某元素是否存在，只要在试样光谱中检出了某元素的一根或几根不受干扰的灵敏线即可。相反若试样中未检出某元素的 1～2 根灵敏线，则说明试样中不存在被检元素，或者该元素的含量在检测灵敏度以下。所谓灵敏线，是指一些激发电位低、跃迁概率大的谱线，一般来说灵敏线多是一些共振线。

在光谱分析中，还有一个“最后线”的概念。它是指试样中被检元素浓度逐渐减小时而最后消失的谱线。大体上来说，最后线就是最灵敏的谱线。

进行光谱定性分析的常用方法为“标准光谱图”比较法。“标准光谱图”是在一张放大 20 倍以后的不同波段的铁光谱图上准确标出 68 种元素的主要光谱线的图片。铁光谱的谱线非常丰富，且在各波段中均有容易记忆的特征光谱，故可作为一根很好的波长标尺。在使用铁谱图进行分析时，只需将实际光谱板上的铁谱线与“标准光谱图”上的谱线对准，就可由标准光谱图上找出试样中的一些谱线是由哪些元素产生的。光谱定性分析具有简便快速、准确、多元素同时测定、试样耗损少等优点。

5. 半定量分析

有些试样例如地质普查中数以万计的岩石试样要求知道其中各种元素大致含量并迅速得出结果，这就要用到半定量分析法。目前，应用最多而最有效的是光谱半定量分析。

进行光谱半定量分析时，一般采用谱线强度(黑度)比较法。将被测元素配制成标准系列，将试样与标样在同一条件下摄在同一块谱板上，然后在映谱仪上对被测元素灵敏线的黑度与标准试样中该谱线的黑度进行比较，即可得出该元素在试样中的大致含量。例如，分析矿石中的铅，即找出试样中铅的灵敏线 283.3nm 线相比较，如果试样中的铅线的黑度介于质量分数为 0.001%～0.01%，并接近于 0.01%，则可以 0.001%～0.01%表示其结果。

6. 定量分析

实验证明，在大多数情况下，谱线强度 I 为元素含量 c 的函数。

$$I=ac^b$$

式中，a、b 在一定条件下为常数。当谱线强度不大没有自吸时，$b=1$；反之，有自吸时，$b<1$，而且自吸愈大，b 值愈小。这个公式由赛伯(Schiebe)和罗马金(Lomakin)先后提出，故称为赛伯-罗马金公式，它是光谱定量分析的数学表达式。

由于 a 值受试样组成、形态及放电条件等的影响，在实验中很难保持为常数，故通常不采用谱线的绝对强度来进行光谱定量分析，而是采用“内标法”。

在光谱定量分析中，采用**内标法**可以在很大程度上消除光源放电不稳定等因素带来的影响。根据赛伯-罗马金公式和内标法原理，可得分析线 I_1 和内标线 I_2 的强度比。当内标元素的含量为一定值(c_2为常数)又无自吸时($b_2=1$)，分析线与内标线的强度比可用下式表示。

$$R=I_1/I_2=ac^b$$

两边取对数可得

$$\lg R=\lg(I_1/I_2)=b\lg c+\lg a \tag{11.6}$$

在摄谱法中，测得的是相板上谱线的黑度而不是强度 I。当分析线对的谱线产生的黑度均落在感光层特性曲线的直线部分时，对于分析线和内标线，分别得到

$$S_1=\gamma_1\lg H-i_1=\gamma_1\lg(I_1\cdot t_1)-i_1$$

$$S_2=\gamma_2\lg H-i_2=\gamma_2\lg(I_2\cdot t_2)-i_2$$

在同一块感光板的同一条谱线上，曝光时间相等，即

$$t_1=t_2$$

两条谱线的波长一般要求很接近，并且其黑度都落在感光层特性曲线的直线部分，故

$$i_1=i_2,\quad \gamma_1=\gamma_2$$

将 S_1 减去 S_2，得到

$$\Delta S=S_1-S_2=\gamma_1\lg I_1-\gamma_2\lg I_2=\gamma\lg(I_1/I_2)$$

可见分析线对的黑度差值与谱线相对强度的对数呈正比。

从内标法中已知

$$\lg R=\lg(I_1/I_2)=b\lg c+\lg a$$

故

$$\Delta S=\gamma\lg I_1/I_2=\gamma\lg R=\gamma b\lg c+\gamma\lg a \tag{11.7}$$

采用上式进行光谱定量分析时，除遵循内标法的一般原则外，应注意下列几点。

(1)内标法与分析线的激发电位应尽量相近(或相等)，其蒸发行为应相同，否则由于蒸发行为的不同而引入较大的误差。

(2)分析线对的黑度值必须落在感光层特性曲线的直线部分。

(3)在分析线对的波长范围内，感光层的反衬度 γ 值保持不变。

(4)分析线对无自吸现象，$b=1$。

在实际工作中，常用三个或三个以上的已知不同含量的标样摄谱，根据所获得的分析线对的黑度差 ΔS 与该元素对应含量的对数 $\lg c$ 作出校正曲线。然后根据未知试样的 ΔS 值，在校正曲线上查出试样的含量。

当测定低浓度时，因不易找到不含被测元素的物质作为配制标样的基体，常采用标准加入法。由于浓度低，自吸系数 $b=1$，谱线强度比 R 正比于被测元素浓度 c，则可按标准加入法中的第一种加入方式进行。绘制 $R-c$（或添加量）校正曲线。

当试样被光源激发时，常常同时发出一些波长范围较宽的连续辐射，形成背景叠加在线光谱上。产生背景的原因主要有如下几种。

(1)分子的辐射

在光源中未解离的分子所发射的带光谱会造成背景。在电弧光源中，因空气中的 N_2 和碳电极挥发的 C 能生成稳定的化合物 CN 分子，它在 350～420 nm 有吸收，干扰了许多元素的灵敏线。为了避免 CN 带来的影响，可不用碳电极。

(2)谱线的扩散

有些金属元素（如锌、铝、镁、锑、铋、锡、铅等）的一些谱线是很强烈的扩散线，可在其周围的一定宽度内对其他谱线形成强烈的背景。

(3)离子的复合

放电间隙中，离子和电子复合成中性原子时，也会产生连续辐射，其范围很宽，可在整个光谱区域内形成背景。火花光源因形成离子较多，由离子复合产生的背景较强，尤其在紫外光区。

从理论上讲，背景会影响分析的准确度应予以扣除。在摄谱法中，因在扣除背景的过程中要引入附加的误差，故一般不采用扣除背景的方法，而针对产生背景的原因，尽量减弱、抑制背景，或选用不受干扰的谱线进行测定。

为了改进光谱分析而加入到标准试样和分析试样中的物质称为**光谱添加剂**。根据加入的目的不同可分为缓冲剂、载体、挥发剂等。试样中所有共存元素干扰效应的总和叫作**基体效应**。同时加入到试样和标样中，使它们有共同的基体，以减小基体效应，改进光谱分析准确度的物质称为缓冲剂。由于电极头的温度和电弧温度受试样组成的影响，当没有缓冲剂存在时，电极和电弧的温度主要由试样基体控制。相反，则由缓冲剂控制，使试样和标样能在相同的条件下蒸发。缓冲剂除了控制蒸发激发条件，消除基体效应外，还可把弧温控制在待测元素的最佳温度，使其有最大的谱线强度。由于所用缓冲剂一般具有比基体元素低而比待测元素高的沸点，这样可使待测元素蒸发而基体不蒸发，使分馏效应更为明显，以改进待测元素的检测限。在测定易挥发和中等挥发元素时，选用碱金属元素的盐作缓冲剂，如 NaCl、NaF、LiF 等；测定难挥发元素或易生成难挥发物的元素，宜选用兼有挥发性的缓冲剂，如卤化物等，碳粉也是缓冲剂的常见组分。为了提高待测元素的挥发性而加入的物质叫挥发剂。它可以抑制基体挥发，降低背景，改进检测限。典型的挥发剂是卤化物和硫化物，而碳是典型的去挥发剂。载体本身是一种较易挥发的物质，可携带微量组分进入激发区，并和基体分离。此外，当大量载体元素进入弧焰后，能延长待测元素在弧焰中的停留时间，控制电弧参数，以利待测元素的测量。常用载体有 Ga_2O_3、AgCl 和 HgO 等。

7. 光电光谱法

光电光谱法是对光谱谱线强度用光电转换元件直接进行光度测量的方法。现代光电光谱仪对测量光谱的处理均采用计算机进行。计算机不但对测量信号进行处理，而且对整个分析过程进行控制。

光电光谱仪也称直读光谱仪或光量计。光电光谱仪的类型很多，按照出射狭缝的工作方式，可分为顺序扫描式和多通道式两种类型。按照工作光谱区的不同，可分为非真空型和真空型两类。

顺序扫描式光电光谱仪一般是用两个接收器来接收光谱辐射，一个接收器是接收内标线的光谱辐射，另一个接收器是采用扫描方式接收分析线的光谱辐射。顺序扫描式光电光谱仪属于间歇式测量。其程序是从一个元素的谱线移到另一个元素的谱线时中间间歇几秒钟，以获得每一谱线满意的信噪比。

多通道光电光谱仪其出射狭缝是固定的。一般情况下出射通道不易变动，每一个通道都有一个接收器接收该通道对应的光谱线的辐射强度。也就是说，一个通道可以测定一条谱线，故可能分析的元素也随之而定。多通道光电光谱仪的通道数可多达 60 个，即可以同时测定 60 条谱线。多通道光电光谱仪的接收方式有两种：一种是用一系列的光电倍增管作为检测器；另一种是用二维的电荷注入器件或电荷耦合器件作为检测器。

非真空型光电光谱仪是指分光计和激发光源均处在大气气氛中，其工作光谱波长范围为 200～800 nm。

真空型光电光谱仪是指其激发光源和整个光路都处于氩气气氛中，工作的波长范围可扩展到 150～170 nm，因此能够分析碳、磷、硫等灵敏线位于远紫外光区的元素。

就总体上来说，顺序扫描式光电光谱仪和多通道光电光谱仪有两种类型：一种是用一般的光栅作为单色器；另一种是中阶梯光栅作为单色器。

光电光谱法主要应用于定量分析。由于现代电子技术的发展，由光一电元件转换引入的误差是非常小的，而光电光谱法产生的误差则主要来源于激发光源，因此对激发光源有如下要求：①灵敏度高，检出限低，以能分析微量和痕量元素；②有良好的稳定性和再现性，以获得高的准确度；③应能同时蒸发和激发多种元素，并且稳定性和再现性好，以保证多通道仪器的分析效果；④基体效应小；⑤对试样的预燃和曝光时间短，保证快速分析；⑥光源的背景小、产生的干扰少，以适应痕量元素的分析，并可利用少数几条光谱线完成多元素同时分析。

在光电光谱仪中常用的激发光源有低压火花光源、电感耦合等离子体光源、辉光放电光源等。一般来说，光电光谱仪可以测定所有的金属元素。真空光谱仪可以测定硼、磷、氮、硫和碳等元素。光电直读光谱仪在设计时主要检测紫外光区的辐射，由于 Li、K、Rb、Cs 等碱金属元素的重要谱线位于近红外光区，故不宜检测。光电光谱仪一般可以测定 60 种元素。在进行定量分析时，光电光谱仪的校正曲线通常由电压(或电流)作为被分析元素浓度函数图组成，即 $V-c$ 函数。当分析元素含量较大时，可用 $\lg V-\lg c$ 代替。由于自吸、试样浓度过大、错误的背景校正或者检测系统的非线性响应造成校正曲线偏离线性。自吸导致输出信号降低，使校正曲线向横坐标方向弯曲。在光电光谱法中，也常用内标法进行定量分析。

当用电感耦合等离子体光源时，化学干扰和基体效应明显地低于其他原子化器。在低浓度时，由于氩离子和电子再结合导致背景增大，需要仔细校正。因为 ICP 光源对许多元素产生的光谱线非常丰富，带来光谱线重叠的干扰。

总的来说，ICP 光源与其他原子光谱方法比较有较好的检测限，它对许多元素的检测限可达 $10\ ng\cdot mL^{-1}$ 或者更小。

光电光谱分析操作简单，自动化程度高，分析速度快，可进行多元素快速联测，记录谱线强度量程宽，精密度高。它已经广泛应用于许多部门，特别是在金属材料的化学组成分析中的应用更为广泛。然而，现阶段光电光谱仪器昂贵、复杂，选择谱线不如摄谱法直观，痕量分析的检出限不如摄谱法。另外，光电光谱仪一般都是固定使用一种光源，更换光源不如摄谱法方便。

11.1.3 原子吸收光谱法

原子吸收光谱法又称原子吸收分光光度分析法(atom absorption spectroscopy，AAS)是于20世纪50年代由澳大利亚物理学家瓦尔什(A. Walsh)提出，而在60年代发展起来的一种金属元素分析方法。它是基于含待测组分的原子蒸气对自己光源辐射出来的待测元素的特征谱线(或光波)的吸收作用来进行定量分析的。欲测定试液中镁离子的含量，首先将试液通过吸管喷射成雾状进入燃烧的火焰中，含有镁盐的雾滴在火焰温度下挥发并解离成镁原子蒸气。以镁空心阴极灯作光源，当由光源辐射出波长为285.2nm的镁的特征谱线光，通过具有一定厚度的镁原子蒸气时，部分光就被蒸气中的基态镁原子吸收而减弱。再经单色器和检测器测得镁特征谱线光被减弱的程度，即可求得试液中镁的含量。

由于原子吸收分光光度计中所用空心阴极灯的专属性很强，因此一般不会发射那些与待测金属元素相近的谱线，故原子吸收分光光度法的选择性高，干扰较少且易克服。而且在一定的实验条件下，原子蒸气中的基态原子数比激发态原子数多得多，故测定的是大部分的基态原子，这就是该法测定的灵敏度较高的原因。由此可见，原子吸收分光光度法是特效性、准确性和灵敏度都很好的一种金属元素定量分析法。

原子光谱是由于其价电子在不同能级间发生跃迁而产生的。当原子受到外界能量的激发时，根据能量的不同，其价电子会跃迁到不同的能级上。电子从基态跃迁到能量最低的第一激发态时要吸收一定的能量，同时由于其不稳定，会在很短的时间内跃迁回基态，并以光波的形式辐射同样的能量。这种谱线称为共振发射线(简称共振线)；使电子从基态跃迁到第一激发态所产生的吸收谱线称共振吸收线(亦称共振线)。

根据 $\Delta E=h\gamma$ 可知，各种元素的原子结构及其外层电子排布不同，则核外电子从基态受激发而跃迁到其第一激发态所需要的能量也不同。同样，再跃迁回基态时所发射的光波频率即元素的共振线也就不同，所以这种共振线就是所谓的元素的特征谱线。加之从基态跃迁到第一激发态的直接跃迁最易发生，因此对于大多数的元素来说，共振线就是元素的灵敏线。在原子吸收分析中，就是利用处于基态的待测原子蒸气对从光源辐射的共振线的吸收来进行的。

让不同频率的光(入射光强度为 $I_{0\upsilon}$)通过待测元素的原子蒸气，则有一部分光将被吸收，其透光强度与原子蒸气的宽度(即火焰的宽度)的关系同有色溶液吸收入射光的情况类似，遵从Lambert定律。

$$A=\lg(I_{0\upsilon}/I_{\upsilon})=K_{\upsilon}L$$

式中，K_{υ}为吸光系数，所以有

$$I_{\upsilon}=I_{0\upsilon}\cdot e^{-K_{\upsilon}L} \quad (11.8)$$

吸光系数 K_{υ}将随光源频率的变化而变化。

这种情况可称为原子蒸气在特征频率 υ_0 处有吸收线。原子从基态跃迁到激发态所吸收的谱线并不是绝对单色的几何线，而是具有一定的宽度，常称为谱线的轮廓(形状)。此时可用吸收线的半宽度($\Delta\upsilon$)来表示吸收线的轮廓。当然，共振发射线也就一定的谱线宽度，

不过要小得多(0.0005～0.002Å)

在原子吸收分析中，常将原子蒸气所吸收的全部能量称为积分吸收，即吸收线下所包括的整个面积。依据经典色散理论，积分吸收与原子蒸气中基态原子的密度有如下关系。

$$\int K_{\upsilon}\mathrm{d}\upsilon=(e^{2}/mc)\cdot N_{0}f \tag{11.9}$$

式中，e 为电子电荷；m 为电子质量；c 为光速；N_0 为单位体积的原子蒸气中吸收辐射的基态原子数，即原子密度；f 为振子强度(代表每个原子中能够吸收或发射特定频率光的平均电子数，通常可视为定值)。

该式表明，积分吸收与单位体积原子蒸气中吸收辐射的原子数成简单的线性关系，它是原子吸收分析法的一个重要理论基础。因此，若能测定积分值，即可计算出待测元素的原子密度，从而使原子吸收分析法成为一种绝对测量法。但要测得半宽度为 0.001～0.005 Å 的吸收线的积分值是相当困难的。所以，直到 1955 年才由 A. Walsh 提出解决的办法，即以锐线光源(能发射半宽度很窄的发射线的光源)来测量谱线的峰值吸收，并以峰值吸收值来代表吸收线的积分值。

根据光源发射线半宽度 $\Delta\upsilon_e$ 小于吸收线的半宽度 $\Delta\upsilon_a$ 的条件，经过数学推导与数学上的处理，可得到吸光度与原子蒸气中待测元素的基态原子数存在线性关系，即

$$A=kN_{0}L \tag{11.10}$$

为实现峰值吸收的测量，除要求光源的发射线半宽度 $\Delta\upsilon_e<\Delta\upsilon_a$ 外，还必须使发射线的中心频率(υ_0)恰好与吸收线的中心频率(υ_0)相重合。这就是为什么在测定时需要一个用待测元素的材料制成的锐线光源作为特征谱线发射源的原因。

在原子吸收分析仪中，常用火焰原子化法把试液进行原子化，并且其温度一般小于 3000K。在这个温度下，虽有部分试液原子可能被激发为激发态原子，但大部分的试液原子是处于基态。也就是说，在原子蒸气中既有激发态原子，也有基态原子，而且两状态的原子数之比在一定的温度下是一个相对确定的值，它们的比例关系可用玻尔兹曼(Boltzmann)方程式来表示。

$$N_{j}/N_{0}=(P_{j}/P_{0})\mathrm{e}^{-(E_{j}-E_{0})/kT} \tag{11.11}$$

式中，N_j 与 N_0 分别为激发态和基态原子数；P_j 与 P_0 分别为激发态和基态能级的统计权重；k 为玻尔兹曼常数；T 为热力学温度。

对共振吸收线来说，电子从基态跃迁到第一激发态，则 $E_0=0$，所以

$$N_{j}/N_{0}=(P_{j}/P_{0})\mathrm{e}^{-E_{j}/kT}=(P_{j}/P_{0})\mathrm{e}^{-h\gamma/kT} \tag{11.12}$$

在原子光谱法中，对于一定波长的谱线，P_j/P_0 和 E_j 均为定值，因此只要 T 值确定，则 N_j/N_0 即为可知。

由于火焰原子化法中的火焰温度一般都小于 3000K，且大多数共振线的频率均小于 6000 Å，因此多数元素的 N_j/N_0 都较小(<1%)。所以，在火焰中激发态的原子数远远小于基态原子数，故而可以用 N_0 代替吸收发射线的原子总数。但在实际工作中测定的是待测组分的浓度，而此浓度又与待测元素吸收辐射的原子总数成正比。因而，在一定的温度和一定的火焰宽度(L)条件下，待测试液对特征谱线的吸收程度(吸光度)与待测组分的浓度的关系符合 **Lambert 定律**。

$$A=k'C \tag{11.13}$$

所以，原子吸收分析法可通过测量试液的吸光度确定待测元素的含量。

原子吸收分光光度计分为单光束型和双光束型。其基本结构与一般的分光光度计相似，由光源、原子化系统、光路系统和检测系统四部分组成，如图 11.7 所示。

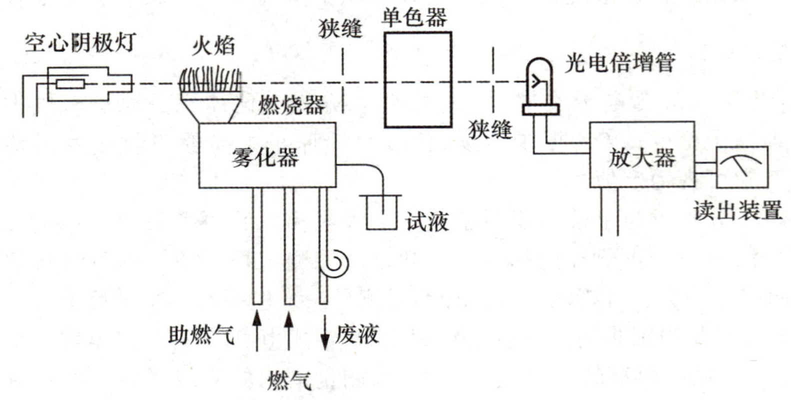

图 11.7　原子吸收分光光度计

如前所述，为测出待测元素的峰值吸收，须使用锐线光源，即能发射半宽度很窄的特征谱线的光源。根据 AAS 对光源的基本要求，能发射锐线光谱的光源有蒸气放电灯、无极放电灯和空心阴极灯等，但目前以空心阴极灯的应用较为普遍。普通空心阴极灯实际上是一种气体放电灯其结构如图 11.8 所示。它包括了一个阳极(钨棒)和一个空心圆桶形阴极(由用以发射所需谱线的金属或金属合金或以铜、铁、镍等金属制成阴极衬管，衬管的空穴内再衬入或熔进所需金属)。两电极密封于充有低压惰性气体的带有石英窗的玻璃壳内。当两电极施加适当的电压，便开始辉光放电。此时，电子将从空心阴极内壁射向阳极，并在电子的通路上又与惰性气体原子发生碰撞并使之电离，带正电荷的惰性气体离子在电场的作用下，向阴极内壁猛烈地轰击，使阴极表面的金属原子溅射出来，而这些溅射出来的金属原子再与电子、惰性气体原子及离子发生碰撞并被激发，于是阴极内的辉光便出现了阴极物质的光谱。空心阴极灯发射的主要是阴极元素的光谱，因此，用不同的待测元素作阴极材料，即可制成各种待测元素的空心阴极灯。但为避免发生光谱干扰，制灯时一般选择的是纯度较高的阴极材料和内充气体(常为高纯氖或氩)，以使阴极元素的共振线附近不含内充气体或杂质元素的强谱线。空心阴极灯的操作参数是灯电流，灯电流的大小可决定其所发射的谱线的强度。但灯电流的选择应视具体情况来定，不能一概而论。因为灯电流过大，虽能增强共振发射线的强度，但往往也会发生一些不良现象，如灯的自蚀现象、内充气体消耗过快、放电不正常、光强不稳定等。空心阴极灯在使用前一定要预热，预热的时间一般为 5～20 min。

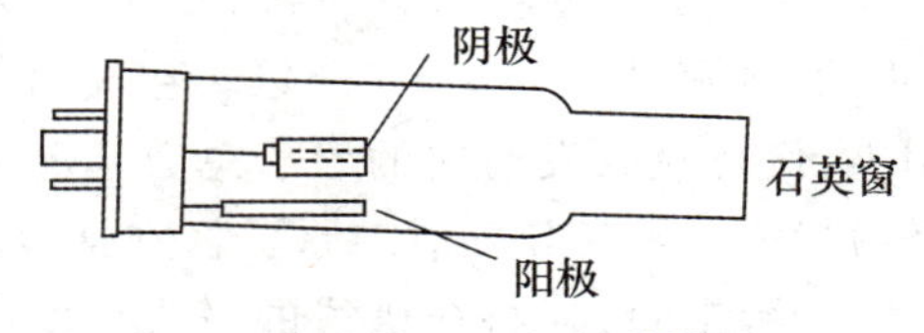

图 11.8　空心阴极灯结构图

原子化系统的作用是将待测试液中的元素转变成原子蒸气。具体方法有火焰原子化法和无火焰原子化法两种，前者较为常用。火焰原子化法简单、快速，对大多数元素都有较高的灵敏度和较低的检测限，应用最广，但其缺点是原子化效率低(仅有10%)。火焰原子化装置是由雾化器和燃烧器两部分组成，如图11.9所示。燃烧器又分为全消耗型和预混合型，但常用预混合型燃烧器。试液雾化后进入预混合室与燃气(如乙炔、丙烷、氢气等)在室内混合，较大的雾滴在壁上凝结并从下方废液口排出，而最细的雾滴则进入火焰进行原子化。燃烧器所配置的喷灯主要是“长缝型”，一般是单缝式喷灯，并且有不同的规格。常用的是适合于空气-乙炔火焰，缝长(吸收光程)为10～11 cm，缝宽0.5～0.6 mm的喷灯头。原子吸收光谱法测定的是基态原子对特征谱线的吸收情况，所以应首先使试液分子变成基态原子。而火焰原子化法是在操作温度下，将已雾化成很细的雾滴的试液经蒸发、干燥、熔化、解离等步骤，使之变成游离的基态原子。因此，火焰原子化法对火焰温度的基本要求是能使待测元素最大限度地解离成游离的基态原子即可。因为，如果火焰温度过高，蒸气中的激发态原子数目就大幅度地增加，而基态原子数会相应地减少，这样吸收的测定受到影响。故在保证待测元素充分解离成基态原子的前提下，低温度火焰比高温火焰具有更高的测定灵敏度。火焰温度的高低取决于燃气与助燃的比例及流量，而燃助比的相对大小又会影响火焰的性质(即贫焰性或富焰性火焰)。火焰性质不同，则测定时的灵敏度、稳定性及所受到的干扰等情况也会有所不同。所以，应根据实际情况选择火焰的种类、组成及流量等参数。一般而言，易挥发或解离(即电离能较低)的元素如Pb、Cd、Zn、Sn、碱金属及碱土金属等，宜选用低温且燃烧速度慢的火焰；而与氧易形成高温氧化物且难解离的元素如Al、V、Mo、Ti、W等，应使用高温火焰。在常见的空气-乙炔、$N_2O-C_2H_2$、空气-氢气等火焰中，使用较多的是空气-乙炔火焰。这种火焰的最高温度约2300℃，可用于35种以上元素的分析测定，但不适于Al、Ta、Ti、Zr等元素的测定。根据燃助比的不同，空气-乙炔的性质可分为贫焰性和富焰性两种。贫焰性空气-乙炔火焰的燃助比($Q_{燃}/Q_{助}$)小于1∶6，火焰燃烧高度低，燃烧充分，温度较高，但该火焰能产生原子吸收的区域很窄，火焰属氧化性，仅适于Ag、Cu、Co、Pb及碱土金属等元素的测定；富焰性空气-乙炔火焰的$Q_{燃}/Q_{助}$大于1∶3，火焰燃烧高度高，温度较贫焰性火焰低，噪声大，火焰呈强还原性，仅适于测定Mo、Cr等易氧化的元素。在实际工作中，常选用$Q_{燃}/Q_{助}=1∶4$的中性火焰进行测定，因为它有火焰稳定、温度较高、背景低、噪声小等特点。

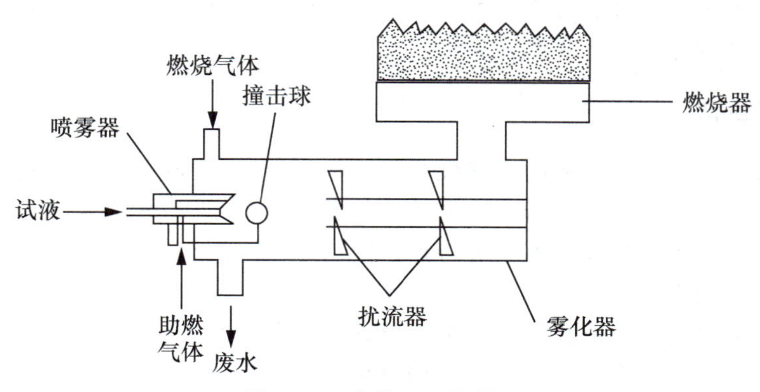

图11.9 火焰原子化装置

原子吸收分光光度计的光路系统分为外部光路系统和分光系统。外部光路系统作用是使光源发射出来的共振线准确地透过被测试液的原子蒸气，并投射到单色器的入射狭缝上。

检测系统包括检测器、放大器、对数转换器及显示装置等。从狭缝照射出来的光先由光电检测器 PM(光电倍增管)转换为电信号，经放大器(同步检波放大器)将信号放大后，再传给对数转换器(三极管运算放大器直流型对数转换电路)，并根据 $I_\upsilon/I_{0\upsilon}=e^{-K_\upsilon L}$将放大后的信号转换为光度测量值，最后在显示装置(仪表表头显示或数字显示)上显示出来。当然，配合计算机及相应的数据处理工作站，则会直接给出测定的结果。

配制一组浓度由低到高、大小合适的标准溶液，依次在相同的实验条件下喷入火焰，然后测定各种浓度标准溶液的吸光度，以吸光度 A 为纵坐标，标准溶液浓度 C 为横坐标作图，则可得到 $A-C$ 关系曲线。在同一条件下，喷入试液，并测定其吸光度 A_x值，以 A_x在 $A-C$ 曲线上查出相应的浓度 C_x值。在实际测试过程中，标准曲线往往在高浓度区向下弯曲，出现这种现象的主要原因是吸收线变宽所致。因为吸收线变宽常常导致吸收线轮廓不对称，这样，吸收线与发射线的中心频率就不重合，因而吸收减少，标准曲线向下弯曲。当然，火焰中的各种干扰也可能导致曲线发生弯曲。

在正常情况下，人们并不完全知道待测试液的确切组成，这样欲配制组成相似的标准溶液就很难进行，而采取标准加入法，可弥补这种不足。实际工作中，多采用作图法，即取若干份(至少四分)同体积试液，放入相同容积的容量瓶中，并从第二份开始依次按比例加入待测试液的标准溶液，最后稀释到同刻度。以 A 对标准溶液的加入量作图，则得到一条直线，该直线并不通过原点，而是在纵轴上有一截距 b，这个 b 值的大小反映了标准溶液加入量为零时溶液的吸光度，即原待测试液中待测元素的存在所引起的光吸收效应。

如前所述，原子吸收光谱法采用的是锐线光源，应用的是共振吸收线，吸收线的数目比发射线的数目少得多，谱线相互重叠的概率较小，而且原子吸收跃迁的起始状态为基态，基态原子数目受常用温度的影响较小，所以 N_0 近似等于总原子数。因此，在原子吸收光谱分析法中，干扰一般较少。但在实际工作中，一些干扰还是不容忽视的。所以，必须了解产生干扰的可能的原因，以便采取措施使干扰对测定的影响最小。

总的来说，原子吸收光谱法中的干扰主要有光谱干扰、物理干扰和化学干扰三大类型。光谱干扰主要产生于光源和原子化器。根据情况的不同又分别涉及诸如共振发射线不纯、火焰成分对光的吸收(背景吸收)、试液的黏度、试液的表面张力及某些化学作用的存在等方面的内容。所以，在实际测试中，应综合各方面的因素，做好分析测试最佳条件的选择。通常主要考虑原子吸收分光光度计的操作条件即元素灵敏线、灯电流、火焰、燃烧器的高度及狭缝宽度等。

11.1.4 分光光度法

分光光度法是基于物质对光的选择性吸收而建立起来的分析方法，包括比色法、可见及紫外分光光度法和红外光谱法等。它具有相对误差小，可以满足微量组分测定的要求，选择性好、测定迅速和仪器操作简单等特点，因而应用范围广，几乎所有的无机物和许多有机物均可用此法测定。

分光光度计一般按工作波长范围分类，紫外可见分光光度计主要用于无机物和有机物含量的测定；红外分光光度计主要用于结构分析。

分光光度计又可分为单光束分光光度计、双光束分光光度计和双波长分光光度计。经单色器分光后的一束平行光轮流通过参比溶液和样品溶液，以进行吸光度的测定。这种简易型单光束分光光度计结构简单，操作方便，维修容易，适用于常规分析。双光束分光光度计为单色器分光后经反射镜分解为强度相等的两束光，一束通过参比池，一束通过样品池。光度计能自动比较两束光的强度，此比值即为试样的透射比，经对数变换将它转换成吸光度并作为波长的函数记录下来。双光束分光光度计一般都能自动记录吸收光谱曲线。由于两束光同时分别通过参比池和样品池，还能自动消除光源强度变化所引起的误差。双波长分光光度计则由同一光源发出的光被分成两束，分别经过两个单色器，得到两束不同波长(λ_1和λ_2)的单色光，利用切光器使两束光以一定的频率交替照射同一吸收池，然后经过光电倍增管和电子控制系统，最后由显示器显示出两个波长处的吸光度差值。对于多组分混合物、混浊试样(如生物组织液)分析，以及存在背景干扰或共存组分吸收干扰的情况下，利用双波长分光光度法，往往能提高方法的灵敏度和选择性。利用双波长分光光度计能获得导数光谱。通过光学系统转换，使双波长分光光度计能很方便地转化为单波长工作方式。如果能在λ_1和λ_2处分别记录吸光度随时间变化的曲线，还能进行化学反应动力学研究。

1. 分光光度计基本结构

分光光度计由五个单元组成。

(1)光源

对光源的基本要求是应在仪器操作所需的光谱区域内能够发射连续辐射，有足够的辐射强度和良好的稳定性，而且辐射能量随波长的变化应尽可能小。分光光度计中常用的光源有热辐射光源和气体放电光源两类。热辐射光源用于可见光区，如钨丝灯和卤钨灯；气体放电光源用于紫外光区，如氢灯和氘灯。钨灯和碘钨灯可使用的范围在340～2500 nm。这类光源的辐射能量与施加的外加电压有关，在可见光区，辐射的能量与工作电压4次方成正比。光电流与灯丝电压的n次方($n>1$)成正比。因此必须严格控制灯丝电压，仪器必须配有稳压装置。在近紫外区测定时常用氢灯和氘灯。它们可在160～375nm产生连续光源。氘灯的灯管内充有氢的同位素氘，是紫外光区应用最广泛的一种光源，其光谱分布与氢灯类似，但光强度比相同功率的氢灯要大3～5倍。

(2)单色器

单色器是能从光源辐射的复合光中分出单色光的光学装置，其主要功能是产生光谱纯度高的波长且波长在紫外可见区域内任意可调。

单色器一般由入射狭缝、准光器(透镜或凹面反射镜使入射光成平行光)、色散元件、聚焦元件和出射狭缝等几部分组成。其核心部分是色散元件，起分光的作用。单色器的性能直接影响入射光的单色性，从而也影响到测定的灵敏度、选择性及校准曲线的线性关系等。

能起分光作用的色散元件主要是棱镜和光栅。棱镜有玻璃和石英两种材料，它们的色散原理是依据不同的波长光通过棱镜时有不同的折射率而将不同波长的光分开。由于玻璃可吸收紫外光，因此玻璃棱镜只能用于350～3200nm的波长范围，即只能用于可见光域内。石英棱镜可使用的波长范围较宽，可用于185～4000 nm，即可用于紫外、可见和近红外三个光域。

光栅是利用光的衍射与干涉作用制成的，它可用于紫外、可见及红外光域，而且在整个波长区具有良好的、几乎均匀一致的分辨能力。它具有色散波长范围宽、分辨本领高、成本低、便于保存和易于制备等优点；缺点是各级光谱会重叠而产生干扰。

入射、出射狭缝，透镜及准光镜等光学元件中狭缝在决定单色器性能上起重要作用。

狭缝的大小直接影响单色光纯度，但过小的狭缝又会减弱光强。

(3)吸收池

吸收池用于盛放分析试样，一般有石英和玻璃材料两种。石英池适用于可见光区及紫外光区，玻璃吸收池只能用于可见光区。为减少光的损失，吸收池的光学面必须完全垂直于光束方向。在高精度的分析测定中(紫外区尤其重要)，吸收池要挑选配对。因为吸收池材料的本身吸光特征及吸收池的光程长度的精度等对分析结果都有影响。

(4)检测器

检测器的功能是检测信号、测量单色光透过溶液后光强度变化的一种装置。常用的检测器有光电池、光电管和光电倍增管等。

硒光电池对光的敏感范围为300～800 nm，其中又以500～600 nm最为灵敏。这种光电池的特点是能产生可直接推动微安表或检流计的光电流，但由于容易出现疲劳效应而只能用于低档的分光光度计中。

光电管在紫外-可见分光光度计上应用较为广泛。

光电倍增管是检测微弱光最常用的光电元件，它的灵敏度比一般的光电管要高200倍，因此可使用较窄的单色器狭缝，从而对光谱的精细结构有较好的分辨能力。

(5)显示装置

它的作用是放大信号并以吸光度或透射比的方式显示或记录下来。常用的信号指示装置有直读检流计、电位调节指零装置以及数字显示或自动记录装置等。很多型号的分光光度计装配有微处理机，一方面可对分光光度计进行操作控制，另一方面可进行数据处理。

2. 紫外吸收光谱法和红外吸收光谱法

紫外吸收光谱是由于分子中价电子的跃迁而产生的，是基于物质对紫外区域的光的选择吸收的分析方法。其原理与可见分光光度法基本相同，定量分析的基础是Lambert定律。它具有灵敏度高、准确度高、仪器简单、操作方便等特点，用来进行在紫外区范围有吸收峰的物质的检定和结构分析、有机化合物的分析与检定、同分异构体的鉴别和物质结构的测定等。

红外吸收光谱法又称分子振动转动法，定量分析以Lambert定律为基础。原则上，液体、固体和气体样品都可以应用红外吸收光谱法做定量分析。红外吸收光谱法广泛用于分子结构的基础研究和化学组成的分析。

11.2 色谱法

11.2.1 色谱法概述

色谱法于1906年由俄国植物学家Tsweet根据植物提取分离实验而创立，是一种利用物质的物理化学性质建立的分离、分析方法。而现在，色谱法已发展成为一种重要的分离混合物各组分并加以分析的技术，固定相除了固体，还可以是液体；流动相可以是液体或气体，作为色谱仪器的核心——色谱柱，则具有各种材质和尺寸，被分离组分也不再仅局限于有色物质。色谱的简单分类如图11.10所示。

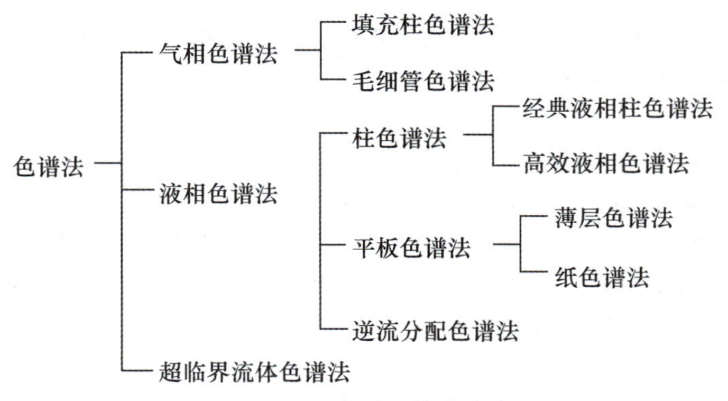

图 11.10 色谱法简单分类

11.2.2 气相色谱法

气相色谱法(gas chromatography，GC)以气体作为流动相的色谱法。只要在450℃以下有1.5～10kPa的蒸气压且热稳定性好的有机及无机化合物都可用气液色谱分离。

按固定相状态分为气液色谱(GLC)和气固色谱(GSC)：GLC多用高沸点的有机化合物(液)涂渍在惰性载体上作为固定相，由于在气液色谱中可供选择的固定液种类很多，容易得到好的选择性，因此气液色谱有广泛的实用价值；GSC是用多孔性固体为固定相，分离的主要对象是一些永久性的气体和低沸点的化合物，但由于气固色谱可供选择的固定相种类甚少，分离的对象不多，而且色谱峰容易产生拖尾，因此实际应用较少。

气相色谱法的特点：①高分离效能即能分离组分极为复杂的混合物；②高选择性即能分离结构相似的物质；③高灵敏度即分析极微量的物质(10^{-14}～10^{-12} g)；④样品用量少即所用样品量一般以ng，甚至pg计；⑤分析速度快即可在几分钟内完成测定。气相色谱法的不足之处在于不适用于高沸点、难挥发、热不稳定物质的分析，同时被分离组分的定性分析较为困难。

1. 色谱流出曲线

色谱流出曲线如图11.11所示。

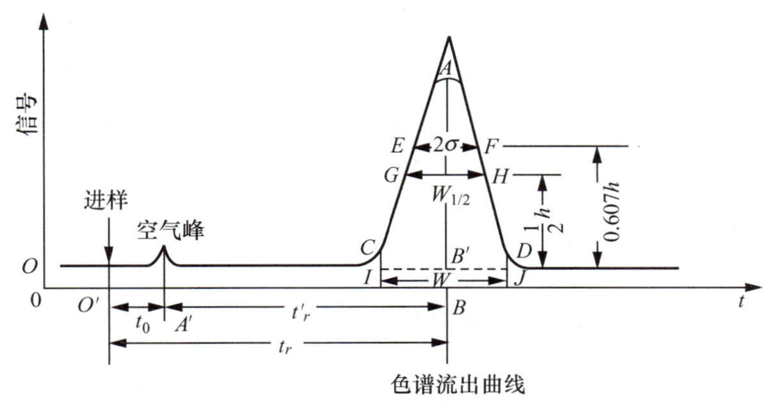

图 11.11 色谱流出曲线

(1)基线

在实验条件下，色谱柱后仅有纯流动相进入检测器时的流出曲线称为基线，信噪比 S/N 大的、稳定的基线为水平直线。

(2)峰高

峰高指色谱峰顶点与基线的距离。

(3)保留值(retentionvalue，R)

①死时间(dead time，t_0)：不与固定相作用的物质从进样到出现峰极大值时的时间，它与色谱柱的空隙体积成正比。由于该物质不与固定相作用，因此其流速与流动相的流速相近。据 t_0 可求出流动相平均流速。

$$平均流速\ v=\frac{柱长}{死时间}=\frac{L}{t_0} \tag{11.14}$$

②保留时间 t_r：试样从进样到出现峰极大值时的时间。它包括组分随流动相通过柱子的时间 t_0 和组分在固定相中滞留的时间。

③调整保留时间：某组分的保留时间扣除死时间后的保留时间，它是组分在固定相中的滞留时间，即

$$t'_r=t_r-t_0$$

时间为色谱定性依据。但同一组分的保留时间与流速有关，因此有时需用保留体积来表示保留值。

④死体积 V_0：色谱柱管内固定相颗粒间空隙、色谱仪管路和连接头间空隙和检测器间隙的总和。忽略后两项可得

$$V_0=t_0\cdot F_{co}$$

式中，F_{co} 为柱出口的载气流速($mL\cdot min^{-1}$)，其值为

$$F_{co}=F_0\,\frac{T_c}{T_r}\cdot\frac{p_0-p_w}{p_0} \tag{11.15}$$

式中，F_0 为检测器出口流速；T_r 为室温；T_c 为柱温；p_0 为大气压；p_w 为室温时水蒸气压。

⑤保留体积 V_r：从进样到待测物在柱后出现浓度极大点时所通过的流动相的体积。

$$V_r=t_r\cdot F_{co}$$

⑥调整保留体积：某组分的保留体积扣除死体积后的体积。

$$V_r'=V_r-V_0=t_r'\cdot F_{co}$$

⑦相对保留值 $r_{2,1}$：组分 2 的调整保留值与组份 1 的调整保留值之比。

$$r_{2,1}=\frac{t_{r2}'}{t_{r1}'}=\frac{V_{r2}'}{V_{r1}'} \tag{11.16}$$

具体做法：固定一个色谱峰为标准 s，然后求其他峰 i 对标准峰的相对保留值，此时以 α 表示为

$$\alpha=\frac{t'_r(i)}{t'_r(s)} \tag{11.16}$$

$\alpha>1$，又称选择因子(selectivity factor)。

⑧区域宽度：用于衡量柱效及反映色谱操作条件下的动力学因素，通常有三种表示方法。

a. 标准偏差 s：0.607 倍峰宽处的一半。

b. 半峰宽 $W_{1/2}$：峰高一半处的峰宽，$W_{1/2}=2.354\,s$。

c. 峰底宽 W：色谱峰两侧拐点上切线与基线的交点间的距离，$W=4s$。

2. 分析流程

气相色谱仪组成：①气路系统包括载气气源、气体调节与控制；②进样系统包括气体进样阀、进样器、控温部件；③分离系统包括色谱柱、柱室、控温部件；④检测系统包括检测器、控温部件；⑤记录系统包括放大器、记录仪、数据处理机。色谱柱和检测器是气相色谱仪的两大主要部件。

色谱柱主要有两类：填充柱和毛细管柱。填充柱由不锈钢或玻璃材料制成，内装固定相，一般内径为 2～6 mm，长 1～4 m。填充柱的形状有 U 形和螺旋形两种。毛细管柱又叫空心柱，分为涂壁、多孔层和涂载体空心柱。涂壁空心柱是将固定液均匀地涂在内径 0.1～0.5 mm，长 10～100 m 的毛细管内壁而成，毛细管材料可以是不锈钢、玻璃或石英。毛细管色谱柱渗透性好，传质阻力小，而柱子可以做到长几十米。与填充柱相比，其分离效率高(理论塔板数可达 10^6)、分析速度块、样品用量小，但柱容量低，要求检测器的灵敏度高，并且制备较难。

气固色谱固定相为固体吸附剂，是利用其中固体吸附剂对不同物质的吸附能力差别进行分离，主要用于分离小分子量的永久气体及烃类。常用固体吸附剂有硅胶(强极性)、氧化铝(弱极性)、活性炭(非极性)、分子筛(极性、筛孔大小)及人工合成高分子多孔微球(GDX)固体吸附剂。气液色谱固定相由载体(solid support material)和固定液(liquid stationary phase)构成。载体为固定液提供大的惰性表面，以承担固定液，使其形成薄而匀的液膜；载体(也称担体)有硅藻土、卤化碳、玻璃微珠；载体要求粒度均匀、强度高的球形小颗粒；至少 $1m^2/g$ 的比表面(过大可造成峰形拖尾)；高温下呈惰性(不与待测物反应)并可被固定液完全浸润。载体分为硅藻土型和非硅藻土型，前者又分为白色和红色担体。固定液及其选择固定液(stationary liquid)指涂渍于载体表面上起分离作用的固定相。常用的固定液有非极性固定液、中等极性固定液、强极性固定液。固定液要求热稳定性好、蒸气压低——流失少；化学稳定性好——不与其他物质反应；对试样各组分有合适的溶解能力(分配系数 K 适当)；对各组分具有良好的选择性。固定液选择按“相似相溶”原理进行选择。

气相色谱检测器是把载气里被分离的各组分的浓度或质量转换成电信号的装置。常用的几种检测器包括热导检测器(thermal conductivity detector，TCD)、氢火焰离子化检测器(flame ionization detector，FID)、电子捕获检测器(electron capture detector，ECD)、火焰光度检测器(flame photometric detector，FPD)、氮磷检测器(nitrogen - phosphorus detector，NPD，也称热离子检测器(therm - ionic detector，TID))。

TCD 是一种应用较早的通用型检测器，又称导热析气计(Katharometer)。现仍在广泛应用。由于不同气态物质所具有的热传导系数不同，当它们到达处于恒温下的热敏元件(如 Pt、Au、W、半导体)时，其电阻将发生变化，将引起电阻变化通过某种方式转化为可以记录的电压信号，从而实现其检测功能。由池体和热敏元件构成。通常将参比臂和样品臂组成惠斯顿电桥。TCD 结构简单，性能稳定，几乎对所有物质都有响应，通用性好，而且线性范围宽，价格便宜，因此是应用最广，最成熟的一种检测器。

FID 又称氢焰离子化检测器，主要用于可在氢气-空气火焰中燃烧的有机化合物(如烃类物质)的检测。含碳有机物在氢气-空气火焰中燃烧产生碎片离子，在电场作用下形成离子流，根据离子流产生的电信号强度，检测被色谱柱分离的组分。主体为离子室，内有石英喷嘴、发射极和收集极。来自色谱柱的有机物与氢气-空气混合并燃烧，产生电子和离子碎片，这些带电粒子在火焰和收集极间的电场作用下(几百伏)形成电流，经放大后测量电流信号(10^{-12} A)。火焰离子化有关机理并不十分清楚，但通常认为是化学电离过程：有机物燃烧产生自由基，自由基与 O_2 作用产生正离子，再与水作用生成 H_3O^+。以苯为例，

$$C_6H_6 \longrightarrow 6\cdot CH \xrightarrow{3O_2} 6CHO^+ + 6e \xrightarrow{6H_2O} 6CO + 6H_3O^+$$

影响 FID 灵敏度的因素如下。①载气和氢气流速：通常以 N_2 为载气，其流速主要考虑其柱效能，但也要考虑其流速与 H_2 流速相匹配。一般 $N_2 : H_2 = 1:1 \sim 1:1.5$；当以 He 为载气时，则氢气流速 $=1/3H_2+10$mL。②空气流速：流速越大，灵敏度越大，到一定值时，空气流速对灵敏度影响不大。一般来说，$H_2 : Air = 1:10$。③极化电压：在 50V 以下时，电压越高，灵敏度越高。但在 50V 以上，则灵敏度增加不明显。通常选择 100～300V 的极化电压。④操作温度：比柱的最高允许使用温度低约 50℃，防止固定液流失及基线漂移。FID 为质量型检测器，色谱峰高取决于单位时间内引入检测器中组分的质量。在样品量一定时，峰高与载气流速成正比。因此在用峰高定量时，应控制流速恒定灵敏度高($\sim 10^{-13}$ g/s)；线性范围宽($\sim 10^7$ 数量级)；噪声低；检出限低，可达 10^{-12} g·s^{-1}；耐用且易于使用；对无机物、永久性气体和水基本无响应，因此 FID 特别适于水中和大气中痕量有机物分析或受水、N 和 S 的氧化物污染的有机物分析。对含羰基、羟基、卤代基和胺基的有机物灵敏度很低或无响应，不能检测永久性气体、水、一氧化碳、二氧化碳、氮的氧化物、硫化氢等。

电子捕获检测器(ECD)又称电子俘获检测器，是一种选择性很强的检测器，对含有较大电负性原子的化合物(如含卤素、硫、磷、氰等的物质)的检测有很高灵敏度(检出限约 10^{-14} g·cm^{-3})。从色谱柱流出的载气(N_2 或 Ar)被 ECD 内腔中的 β 放射源电离，形成次级离子和电子(此时 β 电子减速)，在电场作用下，离子和电子发生迁移而形成电流(基流)。当含较大电负性有机物被载气带入 ECD 内时，将捕获已形成的低速自由电子，生成负离子并与载气正离子复合成中性分子，此时基流下降形成“倒峰”。

$$N_2 \xrightarrow{\beta} N_2^+ + e \xrightarrow{AB} AB^- + E \xrightarrow{N_2^+} N_2 + AB$$

它是目前分析痕量电负性有机物最有效的检测器。ECD 特别适合于环境样品中卤代农药和多氯联苯等微量污染物的分析。但线性范围窄，只有 10^3 左右，且响应易受操作条件的影响，重现性较差。

火焰光度检测器(FPD)又称 S、P 检测器，是一种对含磷、硫有机化合物具有高选择性和高灵敏度的质量型检测器，检出限可达 10^{-12} g·s^{-1}(对 P)或 10^{-11} g·s^{-1}(对 S)。它特别适合于中痕量巯化物以及农副产品、水中的毫微克级有机磷和有机硫农药残留量的测定，主要用于 SO_2、H_2S、石油精馏物的含硫量、有机硫、有机磷的农药残留物分析等。待测物在低温氢气-空气焰中燃烧产生 S、P 化合物的分解产物并发射特征分子光谱。测量光谱的强度则可进行定量分析。

气相色谱分离过程：当试样由载气携带进入色谱柱，被固定相溶解或吸附；载气将被溶解或吸附的组分又从固定相中挥发或脱附；挥发或脱附的组分随载气前移时又被固定相溶解或吸附；随着载气的流动、溶解、挥发，或吸附、脱附的过程反复地进行；组分在固

定相和流动相间发生的吸附、脱附，或溶解、挥发的过程叫作分配过程。

分配系数：在一定温度下，组分在两相间分配达到平衡时的浓度(g/mL)比，称为分配系数。一定温度下，分配系数 K 越大，出峰越慢；不同组份，在不同固定相上的分配系数 K 不同(分离的基础)；选择适宜的固定相可改善分离效果；某组分的 $K=0$ 时，即不被固定相保留，最先流出。

3. 基本理论

塔板理论(theoretical plate)是 Martin 和 Synger 提出的色谱热力学平衡理论。把色谱柱看作分馏塔，分离过程看成在分馏塔中的分馏过程，即组分在塔板间隔内的分配平衡过程。塔板理论的基本假设：①色谱柱内存在许多塔板，组分在塔板间隔(即塔板高度)内完全服从分配定律，并很快达到分配平衡；②样品加在第 0 号塔板上，样品沿色谱柱轴方向的扩散可以忽略；③流动相在色谱柱内间歇式流动，每次进入一个塔板体积；④在所有塔板上分配系数相等，与组分的量无关。例如色谱过程是一个动态过程，很难达到分配平衡，组分沿色谱柱轴方向的扩散是不可避免的。但是塔板理论导出了色谱流出曲线方程，成功地解释了流出曲线的形状、浓度极大点的位置，能够评价色谱柱柱效。当 $t=t_R$ 时，浓度 C 有极大值。C_{max} 就是色谱峰的峰高。因此当实验条件一定(即 σ 一定)时，峰高 h 与组分的量 C_0(进样量)成正比，故正常峰的峰高可用于定量分析；当进样量一定时，σ 越小(柱效越高)，峰高越高，因此提高柱效能提高分析的灵敏度。

柱效能指标如下。

(1)理论塔板数：衡量柱效能的物理量，用 n 表示。

$$n=5.54(t_R/W_{h/2})^2$$

$$n=16(t_R/W)^2$$

(2)理论塔板高：单位理论塔板的长度。

$$H=L/n。$$

(3)有效塔板数：减去死时间后衡量柱效能的物理量。

$$n_{eff}=5.54(t'_R/W_{h/2})^2$$

$$n_{eff}=16(t'_R/W)^2 \tag{11.18}$$

柱效能评价：①柱长一定，n 或 n_{eff} 越大，H 越小，柱效越高；②同一色谱柱对不同样品组分的柱效能不同；③同一组分在相同峰位置时峰越窄，柱效能越高。

1956 年，荷兰学者 Van Deemter 等人吸收了塔板理论的概念，并把影响塔板高度的动力学因素结合起来，提出了色谱过程的动力学理论——速率理论(又称随机模型理论)。把色谱过程看作一个动态非平衡过程，研究过程中的动力学因素对峰展宽(即柱效)的影响。

速率方程(Van Deemter 方程)如下。

$$H=A+B/u+C_u \tag{11.19}$$

式中，涡流扩散(eddy diffusion)项 A 指：固定相对流动组分的阻碍，由于色谱柱内填充剂的几何结构不同，分子在色谱柱中的流速不同而引起的峰展宽。应采用细而均匀的载体，这样有助于提高柱效。毛细管无填料，$A=0$。分子扩散(molecular diffusion)项 B/u：又称纵向扩散。样品组分的浓度梯度产生浓差扩散，引起峰扩张。由于进样后溶质分子在柱内存在浓度梯度，导致轴向扩散而引起的峰展。分子在柱内的滞留时间越长(u 小)，展宽越严重。在低流速时，它对峰形的影响较大。传质阻力(mass transfer resistance)项 C_u：组分在两相扩散分配受的传质阻力。由于溶质分子流动相、静态流动相和固定相中的传质过程而导致的峰展宽。溶质分子在流动相和固定相中的扩散、分配、转移的过程并不是瞬间达到平衡，实际传质速度是有限的，这一时间上的滞后使色谱柱总是在非平衡状态下工作，从而产生峰展宽。为提高柱效，必须使涡流扩散、分子扩散、传质阻力各项都减小。

由速率方程可以看出，要获得高效能的色谱分析，一般可采用以下措施：①进样时间要短；②填料粒度要小；③改善传质过程；过高的吸附作用力可导致严重的峰展宽和拖尾，甚至不可逆吸附；④适当的流速，以 H 对 μ 作图，则有一最佳线速度，在此线速度时，H 最小，一般在液相色谱中，线速度很小($0.03 \sim 0.1 \text{mm} \cdot \text{s}^{-1}$)，在这样的线速度下分析样品需要很长时间，一般来说都选在 $1\text{mm} \cdot \text{s}^{-1}$ 的条件下操作；⑤较小的检测器死体积。

分离度(resolution，R)：相邻峰分离程度的指标。

$$R = 2(t_{R(2)} - t_{R(1)})/(w_1 + w_2) \tag{11.20}$$

常以 $R=1.5$ 为相邻峰完全分离标志。

4. 定量和定性分析

为保护色谱柱、降低噪声、防止生成新物质(杂峰)，需要在进样前对样品进行处理。水、乙醇和可能被柱强烈吸附的极性物质能使柱效下降，需除去。非挥发分会产生噪声，同时慢慢分解会产生杂峰。同时稳定性差的组分，如生成新物质，杂峰存在。

定性依据为保留时间(t_r)和相对保留值(r_{is})。通过纯物质对照定性(峰重合、峰增加)和文献保留值定性。

定量分析：GC 分析是根据检测器对待测物的响应(峰高或峰面积)与待测物的量成正比的原理进行定量的。因此必须准确测定峰高 h 或峰面积 A。

对称峰峰面积 A 的测量得

$$A = 1.065 \times h \times W_{1/2} \tag{11.21}$$

不对称峰峰面积 A 的测量得

$$A = 1/2 \times h \times (W_{0.15} + W_{0.85}) \tag{11.22}$$

由于检测器对不同物质的响应不同，两个相同的峰面积并不一定说明两个物质的量相等。在计算组分的量时，将峰面积 A 进行“校正”。

绝对校正因子为

$$w_i = f_i \cdot A_i \text{或} f_i = w_i/A_i \tag{11.23}$$

可得到待测物单位峰面积对应的该物质的量。

定量分析中常用相对校正因子 f_i 表示，即用一个物质作标准，用相对校正因子将所有待测物的峰面积校正成相对于这个标准物质的峰面积，使各组分的峰面积与其质量的关系有一个统一的标准进行折算。

定量分析方法包括以下几种。

(1)归一化法：样中所有组分全部流出并全部出峰。

$$x_i = \frac{f_i A_i}{f_1 A_1 + f_2 A_2 + \cdots + f_n A_n} \tag{11.24}$$

式中，f_i 为 i 物质的相对定量校正因子；A_i 为其峰面积。此法简单、准确，操作条件影响小，但应用不多。

(2)外标法或标准曲线法：以 A_i对 x_i作图得标准曲线。该法不需校正因子。但进样量和操作条件必须严格控制。外标法适于日常分析和大批量同类样品分析。

(3)内标法：在每个标准溶液中及待测样中加一固定量的内标物（m_s），以 A_i/A_s对 x_i作图，得内标法校正曲线。对内标物的要求为样品中不含内标物；无反应；与各待测物保留时间和浓度相差不大。

只要在气相色谱仪允许的条件下可以气化而不分解的物质就可以用气相色谱法测定。对部分热不稳定物质或难以气化的物质，通过化学衍生化的方法仍可用气相色谱法分析。在石油化工、医药卫生、环境监测、生物化学等领域都得到了广泛的应用。

11.2.3 液相色谱和离子色谱

高效液相色谱法以气相色谱为基础，在经典液相色谱实验和技术基础上建立的一种液相色谱法。

高效液相色谱仪主要部分有高压泵、进样装置、色谱柱和检测器，具有高选择性、高效能、高灵敏度、分析速度快和应用范围广的分析特点。但对未知物分析的定性专属性差，需要与其他分析方法联用(GC－MS、LC－MS)。

离子交换色谱法是根据离子交换树脂上可电离的离子与流动相中具有相同电荷的溶质离子进行可逆交换，依据这些离子对交换剂具有不同的亲和力而将它们分离，主要用来分离离子或可离解的化合物，不仅广泛应用于无机离子的分离，而且广泛应用于有机和生物物质，如氨基酸、核酸、蛋白质的分离。

空间排阻色谱法也称凝胶渗透法、凝胶过滤法。分离机理不同于其他色谱分离法，它近似于分子筛效应，主要用来分离相对分子质量高(＞2000)的化合物，如有机聚合物、硅化物等，通过测量相对分子质量分布来鉴定高聚物。

11.3 电分析法

11.3.1 电分析法概述

电分析法是根据物质在溶液中的电化学性质及其变化来进行分析的方法。这类方法测量的是电信号，即电位、电荷、电流和电阻。以测定电阻为基础的电导分析法因其选择性较差，应用范围较小，本教材将不做详细介绍。

11.3.2 电位分析法

利用电极电位与化学电池电解质溶液中某种组分浓度的对应关系而实现定量测量的电化学分析法。准确度高，重现性和稳定性好。

两个不同物相接触的界面上的电位差为相界电位。两个组成或浓度不同的电解质溶液相接触的界面间所存在的微小电位差称为液接电位。金属电极插入含该金属的电解质溶液中产生的金属与溶液的相界电位称为金属的电极电位。构成化学电池的相互接触的各相界电位的代数和称为电池电动势。

一种电化学反应器由两个电极插入适当电解质溶液中组成。将化学能转化为电能的装置(自发进行)为原电池，将电能转化为化学能的装置(非自发进行)则是电解池。

电极电位随电解质溶液的浓度或活度变化而改变的电极(Φ 与 C 有关)为指示电极；电极电位不受溶剂组成影响，其值维持不变(Φ 与 C 无关)为参比电极。

金属-金属离子电极用于测定金属离子，如 $Ag | Ag^+$

$$Ag^+ + e^- \rightarrow Ag$$

金属一金属难溶盐电极测定阴离子，如 $Ag | AgCl | Cl^-$

$$AgCl + e^- \rightarrow Ag + Cl^-$$

惰性电极测定氧化型、还原型浓度或比值，如 $Pt | Fe^{3+}$、Fe^{2+}

$$Fe^{3+} + e^- \rightarrow Fe^{2+}$$

膜电极测定某种特定离子，如玻璃电极；各种离子选择性电极无电子转移，靠离子扩散和离子交换产生膜电位，对特定离子具有响应，选择性好，电极电位与待测离子浓度或活度关系符合能斯特方程。

参比电极要求电极电位稳定，可逆性好，重现性好，使用方便，寿命长。常见的参比电极有以下几种。

(1)标准氢电极(SHE)，即

$$2H^+ + 2e^- \rightarrow H_2$$

(2)甘汞电极，Hg、甘汞糊及一定浓度 KCl 溶液。

$$Hg | Hg_2Cl_2(s) | KCl(x mol/L)$$

$$Hg_2Cl_2 + 2e^- \rightarrow 2Hg + 2Cl^-$$

(3)银一氯化银电极，即

$$Ag | AgCl | Cl^-(x mol/L)$$

$$AgCl + e^- \rightarrow Ag + Cl^-$$

直接电位法(离子选择性电极法)：利用电池电动势与被测组分浓度的函数关系直接测定试样中被测组分活度的电位法。

1. 氢离子活度的测定(pH 的测定)

指示电极为玻璃电极，含 Na_2O、CaO 和 SiO_2 软质球状玻璃膜，厚度小于 0.1mm，对 H^+ 选择性响应，pH 为 6～7 的膜内缓冲溶液和 0.1mol/L 的 KCl 内参比溶液作为内部溶液，内参比电极选择 Ag－AgCl 电极。玻璃电极的使用范围为 pH＝1～9(不可在有酸差或碱差的范围内测定)；标液 pH_s 应与待测液 pH_x 接近，$\Delta pH \leqslant \pm 3$；标液与待测液测定 T 应相同(以温度补偿钮调节)；电极浸入溶液需足够的平衡稳定时间；间隔中用蒸馏水浸泡，以稳定其不对称电位。

2. 离子选择电极对其他离子活度的测量

对溶液中特定阴阳离子有选择性响应能力的电极称为离子选择电极，由电极敏感膜、电极管、内参比溶液和内参比电极构成。电极膜浸入外部溶液时，膜内外有选择响应的离子，通过交换和扩散作用在膜两侧建立电位差，达平衡后即形成稳定的膜电位。

性能指标：①选择性指电极对被测离子和共存干扰离子响应程度的差异，相同电位时提供待测离子与干扰离子的活度之比为选择性系数；②能斯特响应的线性范围；③检测限；④准确度；⑤电极电位随时间发生变化的漂移量表明电极的稳定性；⑥随时间变化越小，电极稳定性越高；⑦响应时间(或响应速度)指电极给出稳定电位所需的时间；⑧适用的 pH 范围。

3. 电位滴定法

利用电极电位的突变指示滴定终点的滴定方法称为电位滴定法。不用指示剂而以电动势的变化确定终点，不受样品溶液有色或浑浊的影响，客观、准确，易于自动化，操作和数据处理麻烦，广泛用于无合适指示剂或滴定突跃较小的滴定分析或用于确定新指示剂的变色和终点颜色，如酸碱滴定法、沉淀滴定法(银量法)、氧化还原滴定、配位滴定和非水滴定法。

11.3.3 电解分析和库仑分析

电解分析和库仑分析所用化学电池是将电能转化为化学能的电解池。其测量过程是在电解池的两个电极上，外加一定的直流电压，使电解池中的电化学反应向着非自发的方向进行，电解质溶液在两个电极上分别发生氧化还原反应，此时电解池中有电流通过。

电解分析是通过称量在电解过程中沉积于电极表面的待测物质量为基础的电分析方法。它是一种较古老的方法，又称电重量法。此法有时可作为一种离子分离的手段。实现电解分析的方式有三种：控制外加电压电解、控制阴极电位电解和恒电流电解。

库仑分析通过测量在电解过程中待测物发生氧化还原反应所消耗的电量为基础的电分析方法。该法不一定要求待测物在电极上沉积，但要求电流效率为 100%。实现库仑分析的方式有恒电位库仑分析和恒电流库仑分析(库仑滴定)。

1. 电解池组成

电解池组成如图 11.12 所示。

指示电极和工作电极：在化学电池中藉以反映离子浓度、发生所需电化学反应或响应激发信号的电极。一般来说，对于平衡体系或在测量时，主体浓度不发生可觉察的变化的电极——指示电极；如果有较大电流通过，主体浓度发生显著变化的体系的相应电极——工作电极。

参比电极：电极电位恒定不变。

辅助电极和对电极：它们为电子提供传导的场所，但电极上的反应并非实验中所要研究或测量的。工作电流很小时，参比电极即为辅助电极；当工作电流较大时，参比电极将难以负荷，其电位亦不稳定，此时应用再加上一“辅助电极”构成所谓的“三电极系统”来测量或控制工作电极的电位。在不用参比电极的两电极体系中，与工作电极配对的电极则称为对电极。但有时辅助电极亦称为对电极。

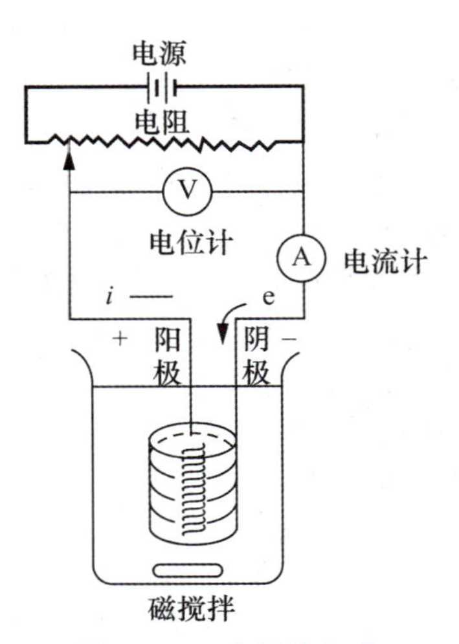

图 11.12 电解池组成

2. 电解分析

阳极用螺旋状 Pt 并旋转(使生成的气体尽量扩散出来)，阴极用网状 Pt(大的表面)和电解液。通常将两电极上产生迅速的连续不断的电极反应所需的最小电压称为理论分解电压，因此理论分解电压即电池的反电动势，$U=(\phi_c-\phi_a)$。

由于电池回路的电压降和阴、阳极的极化所产生的超电位使得实际上的分解电压要比理论分解电压大，即使电解反应按一定速度进行所需的实际电压称为实际分解电压，$U=(\varphi_c-\varphi_a)+(\eta_c-\eta_a)+iR$，为使电极反应向非自发方向进行，外加电压应足够大，以克服电池反电动势。

在实际工作中，阴极和阳极的电位都会发生变化。当试样中存在两种以上离子时，随着电解反应的进行，离子浓度将逐渐下降，电池电流也逐渐减小，此时通过外加电压方式达不到好的分别电解的效果，即第二种离子亦可能被还原，从而干扰测定。因此，常以控制阴极电位的方式进行电解分析。具体做法：将工作电极(阴极)和参比电极放入电解池中，控制工作电极电位(或控制工作电极与参比电极间的电压)不变。开始时，电解速度快，随着电解的进行，浓度变小，电极反应速率减小，当 $i=0$ 时，电解完成。

控制电流电解(constant current electrolysis)控制电解电流保持不变，随着电解的进行，外加电压不断增加，因此电解速度很快，但选择性差去极剂。加入阴极或阳极去极剂可以克服选择性差的问题。例如在电解 Cu^{2+} 时，为防止 Pb^{2+} 同时析出，可加入 NO_3^- 作为阴极去极剂，此时 NO_3^- 可先于 Pb^{2+} 析出。

$$NO_3^- - 10OH^- + 8e^- \rightleftharpoons NH_4^+ + 3H_2O$$

前述电解分析的阴极都是以 Pt 作阴极，如果以 Hg 作阴极即构成所谓的 Hg 阴极电解法。但因 Hg 密度大，用量多，不易称量、干燥和洗涤，因此只用于电解分离，而不用于电解分析。具有以下特点：①可以与沉积在 Hg 上的金属形成汞齐；② H_2 在 Hg 上的超电位较大，扩大电解分析电压范围；③Hg 比重大，易挥发除去。这些特点使该法特别适合用于分离。

3. 库仑分析

以电解过程中消耗的电量对物质进行定量的方法称为库仑分析。分析要求电极反应单纯，电流效率 100%(电量全部消耗在待测物上)。

依据法拉第定律，变化的物质的量 m 与通过电解池的电量 Q 成正比，即

$$m=\frac{M}{zF}Q \tag{11.25}$$

式中，F 为 1 mol 元电荷的电量，称为法拉第常数($96485C\cdot mol^{-1}$)；M 为物质的摩尔质量；z 为电极反应中的电子得失数。电量 Q 可由 $Q=it$ 求得。

库仑分析方式包括控制电位和控制电流库仑分析两种。

恒电位库仑分析的电池组成与恒电位电解分析一样，只是需要测量电极反应消耗的电量。它不仅要求工作电极电位恒定，而且要求电流效率 100%，当 i 趋于 0 时，电解完成。电量大小用库仑计、积分仪和作图等方法测量。

库仑计测量是在电路中串联一个用于测量电解中所消耗电量的库仑计。常用氢氧库仑计，其结构如图 11.13 所示。标准状态下，1F 电量产生 11200mL H_2 及 5600mL O_2，共 16800mL 混合气，即每库仑电量相当于 0.1741mL 氢氧混合气体，设得到 VmL 混合气体，则电量 $Q=V/0.1741$，由法拉第定律得待测物的质量。

$$m=\frac{M\cdot V}{0.1741\times 96485z}$$

使用恒电流电解分析，电解时间短、电量易测定，但需解决电流效率 100%和终点指示问题。为保证电流效率，于电解液中加入辅助体系，充当了所谓的“滴定剂”，即电生

滴定剂，从而保持电流效率为100%。终点指示共有三种方法：化学指示剂法、电位法、永(死)停法(或双铂极电流指示法)。化学指示剂指示终点：电解As(Ⅲ)时，加入较大量“第三者”KI，以产生的I_2滴定As(Ⅲ)，当到达终点时，过量的I_2可以淀粉为指示剂指示时间的到达。电位法指示终点：同前述电位滴定法，以电位的突跃指示时间的到达。双铂极电流指示终点：在电解体系中插入一对加有微小电压的铂电极，通过观察此对电极上电流的突变指示终点的方法。

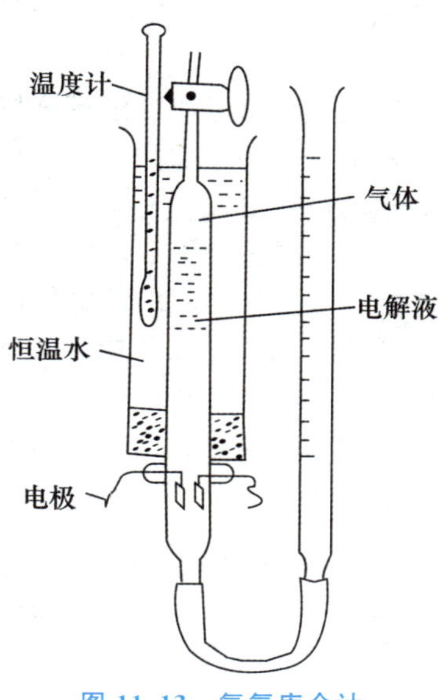

图 11.13 氢氧库仑计

11.3.4 伏安分析和极谱分析

伏安法和极谱法是特殊的电解方法。以小面积、易极化的电极作为工作电极，以大面积、不易极化的电极为参比电极组成电解池，电解被分析物质的稀溶液，由所测得的电流—电压特性曲线来进行定性和定量分析的方法。当以滴汞作为工作电极时的伏安法称为极谱法，它是伏安法的特例。

1. 极谱曲线与经典极谱分析

通过连续改变加在工作和参比电极上的电压，并记录电流的变化，绘制$i-U$曲线，如图11.14所示。例如，当以100～200mV/min的速度对盛有0.5mmol·L^{-1}的$CdCl_2$溶液施加电压时，记录电压V对电流i的变化曲线。

AB段：未达分解电压$U_{分}$，随外加电压$U_{外}$的增加，只有一微小电流通过电解池，为残余电流。

BM段：$U_{外}$继续增加，达到Cd(Ⅱ)的分解电压，电流略有上升。

滴汞阴极：$Cd(II)+2e^- + Hg = Cd(Hg)$

甘汞阳极：$2Hg + 2Cl^- = Hg_2Cl_2 + 2e^-$

电极电位：$\varphi_{DME} = \varphi^{\theta} + \dfrac{0.059}{2}\lg \dfrac{c^s_{Cd^{2+}}}{c_{Cd(Hg)}}$

式中，$c^s_{Cd^{2+}}$为Cd^{2+}在滴汞表面的浓度。

BC段：继续增加电压或ϕ_{DMS}更负。从上式可知，c^s将减小，即滴汞电极表面的Cd^{2+}迅速获得电子而还原，电解电流急剧增加。由于此时溶液本体的Cd^{2+}来不及到达滴汞表面，因此滴汞表面浓度c^s低于溶液本体浓度c，产生所谓“浓差极化”。电解电流i与离子扩散速度成正比，而扩散速度又与浓度差成正比与扩散层厚度δ成反比，即

$$i = k(c - c^s)/\delta_0 \quad (11.26)$$

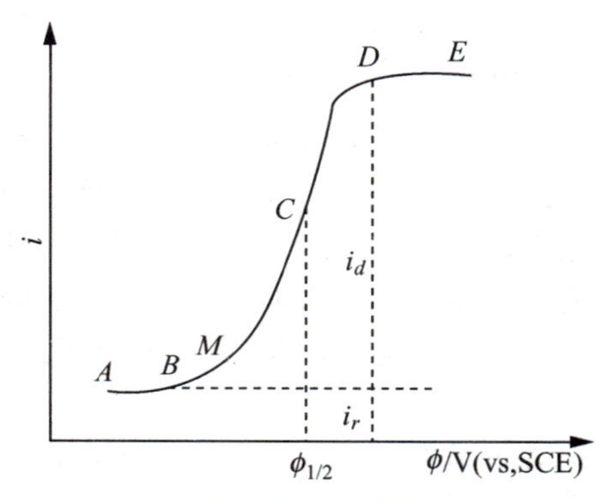

图 11.14 极谱曲线

BD段：外加电压继续增加，c^s趋近于0，($c-$

c^s)趋近于 c，这时电流的大小完全受溶液浓度 c 来控制——极限电流 i_d，即

$$i_d = K_c \tag{11.27}$$

这就是极谱分析的定量分析基础。

极谱分析的特殊之处在于采用一大一小的电极(大面积的去极化电极——参比电极；小面积的极化电极——工作电极)；电解是在静置、不搅拌的情况下进行。极谱分析的特点：滴汞和周围的溶液始终保持新鲜，保证同一外加电压下的电流的重现和前后电解不相互影响。汞电极对氢的超电位比较大，可在酸性介质中进行分析。滴汞作为阳极时，因汞会被氧化，故其电位不能超过+0.4V，即该方法不适于阴离子的测定。汞易纯化，但有毒，易堵塞毛细管。

根据菲克第一、第二定律可得到最大扩散电流(μA)。

$$\overline{i_d} = 708zD^{1/2}m^{3/2}t^{1/6}c \tag{11.28}$$

式中，$\overline{i_d}$为平均极限扩散电流(μA)；z 为电子转移数；D 为扩散系数(cm^2/s)；m 为汞滴流量(g/s)；t 为测量时汞滴周期时间(s)；c 为待测物浓度(mmol/L)。该式反映了汞滴寿命最后时刻的电流，实际上记录仪记录的是平均电流附近的锯齿形小摆动。平均电流为

$$\overline{i_d} = 607zD^{1/2}m^{3/2}t^{1/6}c \tag{11.29}$$

上式亦称为**尤考维奇**(Ilkovic)**公式**。

2. 极谱技术发展与伏安分析

单扫描极谱法：单扫描极谱装置如图 11.15 所示。经典极谱所加电压是在整个汞滴生长周期(7s)内加一线性增加电压；而单扫描是在汞滴生长后期(2s)加一锯齿波脉冲电压，如图 11.16 所示。

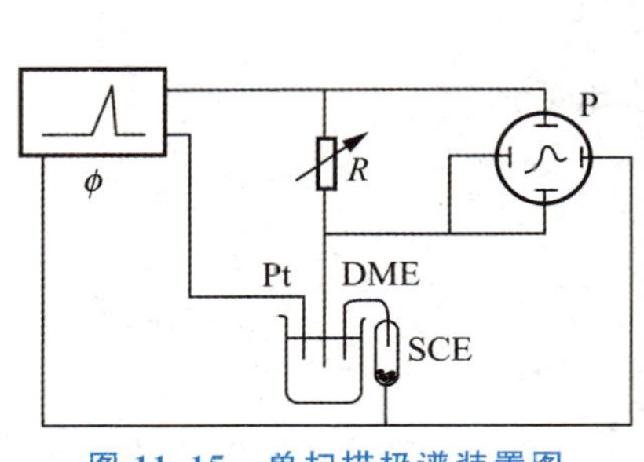

图 11.15　单扫描极谱装置图

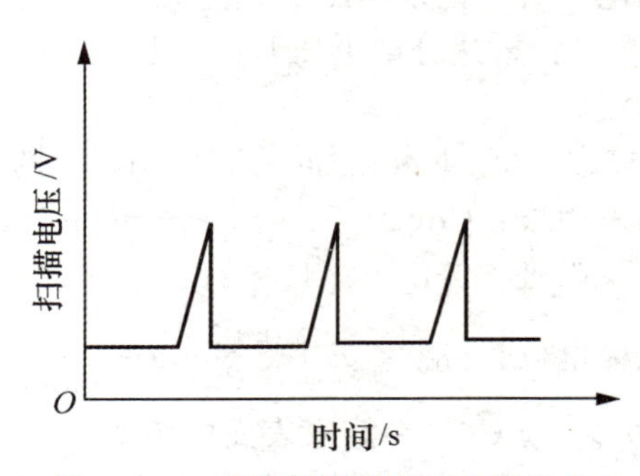

图 11.16　单扫描极谱电压扫描方式

经典极谱扫描电压速率 200mV/min；单扫描为 250mV/s(于汞滴生长末期开始施加扫描电压)，后者为前者的 50～80 倍。扫描速率加快，电极表面离子迅速还原，产生瞬时极谱电流，电极周围离子来不及扩散，扩散层厚度增加，导致极谱电流迅速下降，形成峰形电流。单扫描极谱出现峰电流，因而分辨率比经典极谱高。

对于平面电极，峰电流表达式为

$$i_p = 2.72\times10^5\ (DvA^2z^3)^{1/2}c \tag{11.30}$$

对于滴汞电极，峰电流表达式为

$$i_p = 2.69\times10^5\ (zDv)^{1/2}(mt_p)^{3/2}c \tag{11.31}$$

式中 v 为扫描速率；t_p为峰电流出现的时间；A 为平板电极面积。从峰电流极谱方程可看

出，随扫描速率 v 增加，峰电流增加，检出限可达 $10^{-7}mol\cdot L^{-1}$。但扫描速率过大，电容电流将增加，即信噪比将增加，灵敏度反而下降。对单扫描极谱曲线做导数处理，可进一步提高分辨率。

峰电位 ϕ_D 与普通极谱波半波电位 $\phi_{1/2}$ 之间的关系为

$$\Delta\phi=\phi_{1/2}-1.1\frac{RT}{zF}=\phi_{1/2}-\frac{0.028}{z}(25℃) \quad (11.32)$$

即可通过峰电位求得半波电位，从而进行定性分析。

循环伏安法的电压扫描方式与单扫描相似。通常采用的指示电极为悬汞电极、汞膜电极或固体电极，如 Pt 圆盘电极、玻璃碳电极、碳糊电极等。扫描开始时，从起始电压扫描至某一电压后，再反向回扫至起始电压，构成等腰三角形脉冲。

正向扫描：$[O]+2e^-==[R]$

反向扫描：$[R]==[O]+2e^-$

循环极谱波如图 11.17 所示。在一次扫描过程中完成一个氧化和还原过程的循环，故此法称为循环伏安法，其电压扫描方式如图 11.18 所示。从循环极谱波图 11.17 中可测得阴极峰电流 i_{pc} 和峰电位 ϕ_{pc}、阳极峰电流 i_{pa} 和峰电位 ϕ_{pa}。对于可逆反应，则曲线上下对称，此时上下峰电流的比值及峰电位的差值分别为

$$i_{pa}/i_{pc}\approx 1$$

$$\Delta\phi=\phi_a-\phi_c=\frac{2.2RT}{zF}=\frac{56}{z}(25℃)(mV)$$

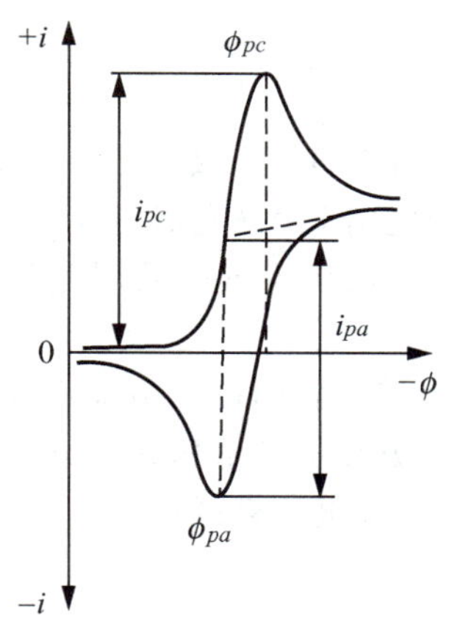

图 11.17 循环极谱波

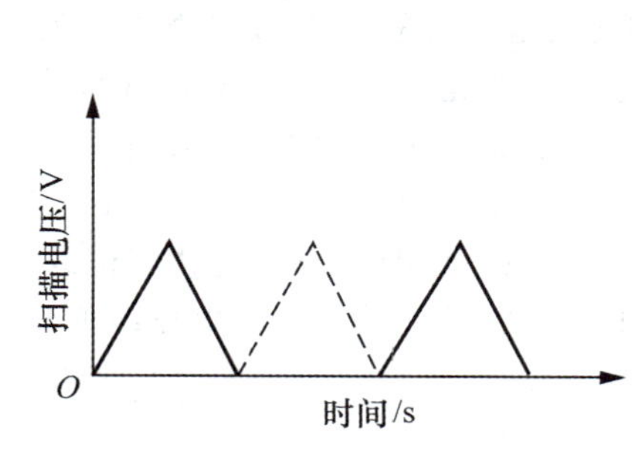

图 11.18 循环伏安电压扫描方式

从峰电流比可以推断反应是否可逆；峰电位差与扫描速率无关，可以求得可逆反应的条件电极电位 $(\phi_{pa}+\phi_{pc})/2$。循环伏安法可用于研究电极反应过程。

在直流电路上串联一交流电压，经电解后产生的交直流信号在电阻 R 上产生压降，此混合信号经电容滤掉直流成份后被放大、整流、滤波，并直接记录下来。交流极谱波如图 11.19 所示。从交流极谱曲线图 11.19 可看出，在直流电压未达分解电压之前，叠加的交流电压不会使被测物还原；当交流电压叠加于经典直流极谱曲线的突变区时，叠加正、负半周的交流电压所产生的还原电流比未叠加时要小些或大些，即产生了所谓的交流极谱峰；当达到极限扩散电流之后，由于此时电流完全由扩散控制，叠加的交流电压也不会引起极限扩散电流的改变。

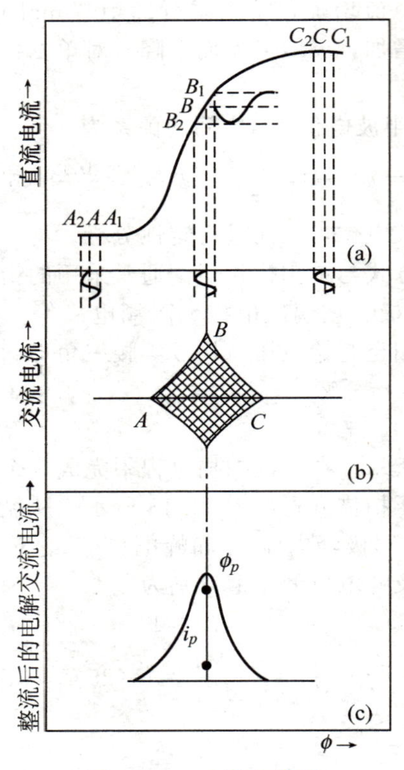

图 11.19　交流极谱波

交流极谱波呈峰形，分辨率高，可分辨电位相差 40mV 的两个极谱波；可克服氧波干扰(交流极谱对可逆波灵敏，而氧波为不可逆波)；电容电流较大(交流电压使汞滴表面和溶液间的双电层迅速充放电)，与单扫描极谱比，检出限未获改善；采用相敏交流极谱，可完全克服电容电流干扰，检出限大大降低。

于线性扫描电压上叠加振幅为 10～30mV，频率为 225～250Hz 的方波电压(脉冲宽度为几毫秒)，在方波电压改变方向的瞬间记录电解电流，方波极谱电压扫描方式如图 11.20 所示。从图 11.21 中可以看出，在电压改变方向瞬间，电容电流衰减最多。

$$i_c=\frac{U_s}{R}\mathrm{e}^{-t/RC} \tag{11.33}$$

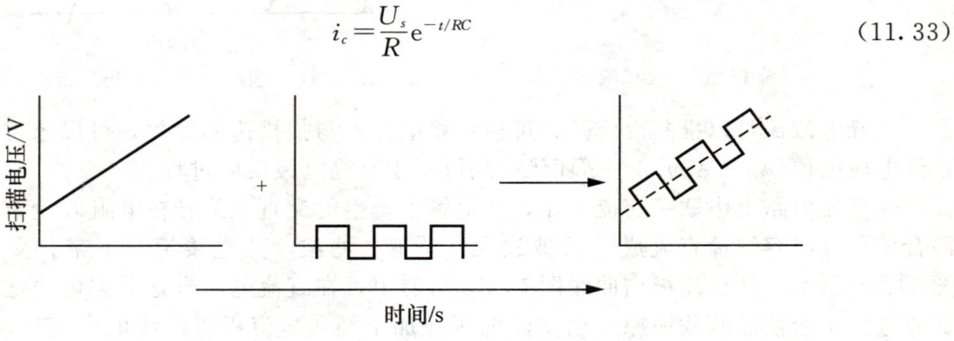

图 11.20　方波极谱波电压扫描方式

此时，电解电流也衰减，但衰减速度比电容电流衰减的速度慢。这时，记录电解电流，可克服电容电流影响，从而提高灵敏度。方波极谱的特点有分辨率较高、灵敏度比交流极谱高(电容电流减小或被消除)；毛细管噪声(汞滴掉落，毛细管中汞回缩，使溶液进入毛细管并在内壁形成液膜，其厚度和汞回缩高度的不确定性，产生毛细管噪声)使得灵敏度进一步提高受到制约。

为克服毛细管噪声，Barker 于 1960 年提出了脉冲极谱。滴汞电极的生长末期，在给定的直流电压或线性增加的直流电压上叠加振幅逐渐增加或等振幅的脉冲电压，并在每个脉冲后期记录电解电流所得到的曲线，称为脉冲极谱。按施加脉冲电压和记录电解电流方式的不同，可分为常规脉冲极谱和微分(示差)脉冲极谱，其电压扫描方式如图 11.22 和图 11.23 所示。

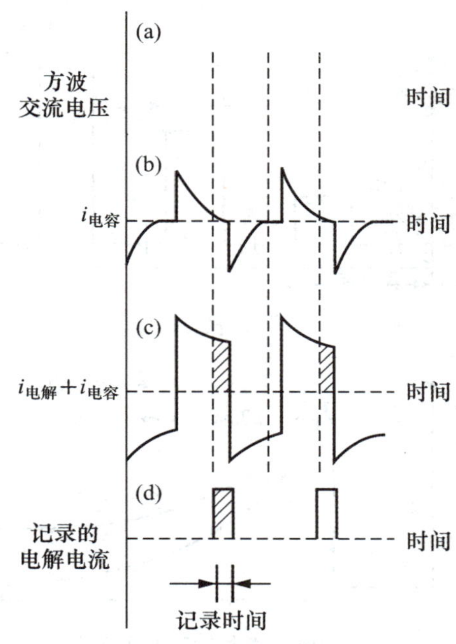

图 11.21 方波极谱波电解电流

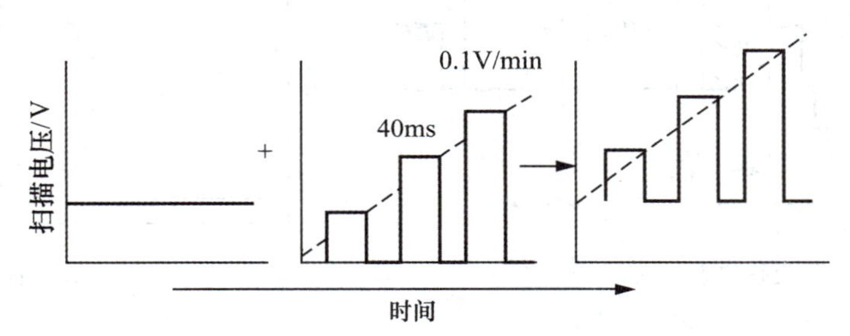

图 11.22 常规时间脉冲极谱电压扫描方式

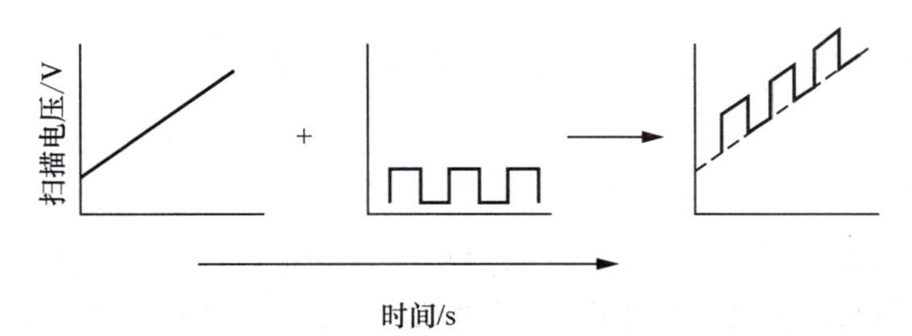

图 11.23 微分脉冲极谱电压扫描方式

图 11.24 和图 11.25 分别为常规脉冲极谱和微分(示差)脉冲极谱图。常规脉冲极谱与直流极谱类似台阶形曲线(分辨率较低)，常规脉冲极谱的灵敏度是直流极谱的 7 倍。示差脉冲极谱消除了电容电流，并在毛细管噪声衰减最大时测量，因而该法的灵敏度最高，检出限可达 10^{-8} mol·L^{-1}。

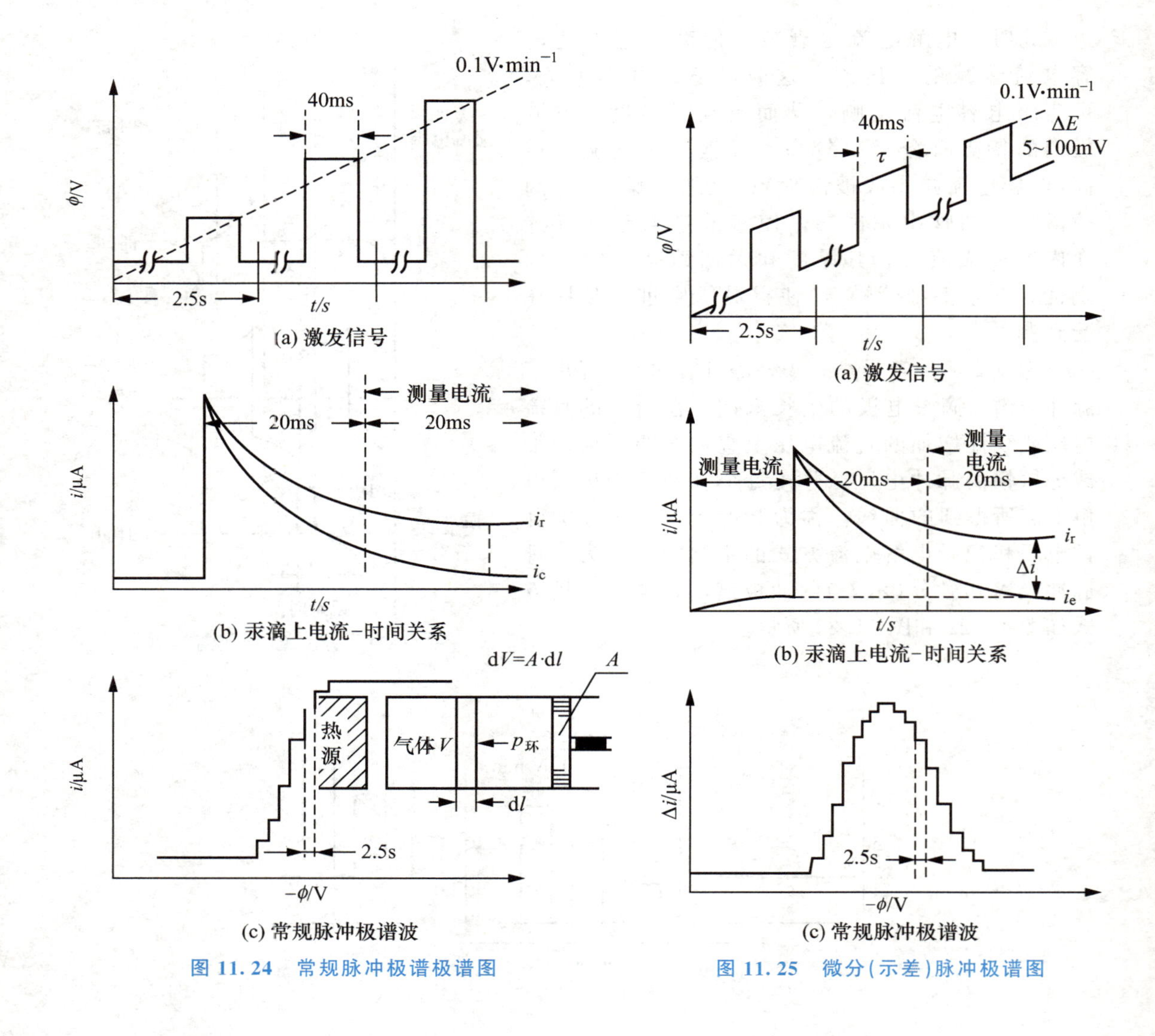

图 11.24 常规脉冲极谱极谱图　　图 11.25 微分(示差)脉冲极谱图

11.4 其他仪器分析法

1. 热分析法

热分析法是测定某些性质，如质量、体积、热导或反应热与温度之间的动态关系的方法，可用于成分分析，但更多的用于热力学和化学反应机理等方面的研究。

2. 放射化学分析法

放射化学是利用核衰变过程中所产生的放射性辐射来进行的方法，如借助于核反应产生放射性同位素的分析方法称为放射化学分析法；如在这样中加入放射性同位素进行测定的方法则称为同位素稀释法。放射性同位素作为示踪原子应用于生物和化学的研究。

3. 分离方法

还有一类仪器方法是用来分离和分析那些在结构、性质上十分相近的化合物。它主要基于色谱法和电泳技术，如热导、对紫外和红外辐射的吸收、折光指数及电导等，通常是用在色谱分离后完成定性和定量分析。事实上，将色谱法与各种现代仪器方法联用，是解决复杂物质的分离和分析问题的最有效的手段，也是仪器分析的一个重要发展方向。根据色谱法使用洗脱剂的物态不同，可以将其分为气相色谱法、液相色谱法和超临界流体色谱法三大类。电泳也是一种分离和分析方法，其中应用较广的是毛细管电泳和毛细管电色谱。

习　题

11.1 原子发射光谱分析所用仪器装置由哪几部分组成？其主要作用是什么？

11.2 测定某钢样中的钒。选用 $\lambda_V=292.402nm$ 为分析线，$\lambda_{Fe}=292.660nm$ 为内标线，配制两个标准钒试样和未知钢样，在相同的条件下进行摄谱，测得数据见表 11-4。计算钢样中钒的含量。

表 11-4　测得数据

测定物	w_V/（%）	$S_{V,\ 292.402\ nm}$	$S_{Fe,\ 292.660\ nm}$
V 标准 1#	0.10	0.286	1.642
V 标准 2#	0.60	0.945	1.586
未知钢样	x	0.539	1.608

11.3 原子吸收光谱分析的光源应当符合哪些条件？为什么空心阴极灯能发射半宽度很窄的谱线？

11.4 简述背景吸收的产生及消除背景吸收的方法。

11.5 在 2m 长的色谱柱上，测的某组分保留时间(t_R)6.6min，峰底宽(Y)0.5min，死时间(t_M)1.2min，柱出口用皂膜流量记得载气流速为 40mL/min，固定相体积(V_s)2.1 mL，求 k、V_M、V'_R、K、$n_{有效}$、$H_{有效}$。

11.6 试根据分离度方程，说明影响分离度 R 的因素。

11.7 气相色谱法测定某试样中水分的含量。称取 0.213g 内标物加到 4.586g 试样中进行色谱分析，测得水分和内标物的峰面积分别是 $150mm^2$ 和 $174mm^2$。已知水和内标物的相对校正因素分别为 0.55 和 0.58，计算试样中水分的含量。

11.8 按习惯分类方法电分析方法可以分为哪几种方法？并从电极与溶液界面的结构以及电极反应的角度分别加以说明。

第12章 一般物质的分析步骤及常用分离方法

(1)了解试样的一般分析步骤。

(2)了解常用分离方法。

12.1 一般分析步骤

迄今，人们所认识的化合物已超过一千万种，而且新的化合物仍在不断发现。复杂体系的分离和测定已成为分析化学家所面临的艰巨任务。由液相色谱、气相色谱、超临界流体色谱和毛细管电泳等所组成的色谱学是现代分离、分析的主要组成部分并获得了很快的发展。以色谱、光谱和质谱技术为基础所开展的各种联用、接口及样品引入技术已成为当今分析化学发展中的热点之一。在提高方法选择性方面，各种选择性试剂、萃取剂、离子交换剂、吸附剂、表面活性剂、各种传感器的接着剂、各种选择检测技术和化学计量学方法等是当前研究工作的重要课题。

综合分析具有复杂性和综合性的特点，分析过程一般包括下列步骤：试样的采取和制备、称量和试样的分解、干扰组分的掩蔽和分离、定量测定和分析结果的计算和评价等。

12.1.1 试样的采取和制备

要求分析试样的组成必须能代表全部物料的平均组成，即试样应具有高度的代表性，否则分析结果再准确也是毫无意义的。

对于气体试样的采取，需要按具体情况采用相应的方法。例如大气样品的采取，通常选择距地面 50～180cm 的高度采样，使之与人的呼吸空气相同。对于烟道气、废气中某些有毒污染物的分析，可将气体样品采入空瓶或大型注射器中。大气污染物的测定是使空气通过适当吸收剂，由吸收剂吸收浓缩之后再进行分析。在采取液体或气体试样时，必须先把容器及通路洗涤，再用要采取的液体或气体冲洗数次或使之干燥，然后取样以免混入杂质。

装在大容器里的物料，只要在贮槽的不同深度取样后混合均匀即可作为分析试样。对于分装在小容器里的液体物料，应从每个容器里取样，然后混匀作为分析试样。

例如采取水样时，应根据具体情况，采用不同的方法。当采取水管中或有泵水井中的水样时取样前需将水龙头或泵打开，先放水10～15min，然后用干净瓶子收集水样至满瓶即可；采取池、江、河中的水样时，可将干净的空瓶盖上塞子，塞上系一根绳，瓶底系一铁铊或石头，沉入离水面一定深处，然后拉绳拔塞，让水流满瓶后取出，按同样的方法在不同深度取几份水样混合后，作为分析试样。

固体试样种类繁多，经常遇到的有矿石、合金和盐类等，它们的采样方法如下。

1. *矿石试样*

在取样时要根据堆放情况，从不同的部位和深度选取多个取样点。采取的份数越多越有代表性。但是，取量过大处理反而麻烦。一般而言应取试样的量与矿石的均匀程度、颗粒大小等因素有关。通常试样的采取可按下面的经验公式(也称为采样公式)计算。

$$m=Kd^a$$

式中，m 为采取试样的最低重量(千克)；d 为试样中最大颗粒的直径(mm)；K 和 a 为经验常数，可由实验求得，通常 K 值在0.02～1，a 值在1.8～2.5。地质部门规定 a 值为2，则上式为

$$m=Kd^2$$

制备试样分为破碎、过筛、混匀和缩分四个步骤。

大块矿样先用压碎机破碎成小的颗粒，再进行缩分。常用的缩分方法为“四分法”，将试样粉碎之后混合均匀，堆成锥形，然后略为压平，通过中心分为四等份把任何相对的两份弃去，其余相对的两份收集在一起混匀，这样试样便缩减了一半，称为缩分一次。每次缩分后的最低重量也应符合采样公式的要求。如果缩分后试样的重量大于按计算公式算得的重量较多，则可连续进行缩分直至所剩试样稍大于或等于最低重量为止。然后进行粉碎、缩分，最后制成100～300g的分析试样，装入瓶中，贴上标签供分析之用。此方法中使用的分离筛筛号和筛孔大小见表12-1。

表12-1 分离筛筛号及筛孔大小对应表

筛号(网目)	20	40	60	80	100	120	200
筛孔大小/nm	0.83	0.42	0.25	0.177	0.149	0.125	0.074

2. *金属或金属制品*

由于金属经过高温熔炼，组成比较均匀，因此对于片状或丝状试样，剪取一部分即可进行分析。但对于钢锭和铸铁，由于表面和内部的凝固时间不同，铁和杂质的凝固温度也不一样，因此表面和内部的组成是很不均匀。取样时应先将表面清理，然后用钢钻在不同部位、不同深度钻取碎屑混合均匀，作为分析试样。对于那些极硬的样品如白口铁、硅钢

等，无法钻取，可用铜锤将其砸碎，再放入钢钵内捣碎，然后取其一部分作为分析试样。

3. 粉状或松散物料试样

常见的粉状或松散物料如盐类、化肥、农药和精矿等，其组成比较均匀，因此取样点可少一些，每点所取之量也不必太多。各点所取试样混匀即可作为分析样品。

一般样品往往含有湿存水(也称吸湿水)，即样品表面及孔隙中吸附了空气中的水分，其含量多少随着样品的粉碎程度和放置时间的长短而改变。试样中各组分的相对含量也必然随着湿存水的多少而改变。例如，含 SiO_2 60%的潮湿样品 100 g，由于湿度的降低重量减至 95 g，则 SiO_2 的含量增至 60/95=63.2%。因此在进行分析之前，必须先将分析试样放在烘箱里，在 100～105 ℃烘干(温度和时间可根据试样的性质而定，对于受热易分解的物质可采用风干的办法)。用烘干样品进行分析，则测得的结果是恒定的。对于水分的测定，可另取烘干前的试样进行测定。

12.1.2 试样的分解

在一般分析工作中，通常先要将试样分解，制成溶液。试样的分解工作是分析工作的重要步骤之一。在分解试样时必须注意：试样分解必须完全，处理后的溶液中不得残留原试样的细屑或粉末；试样分解过程中待测组分不应挥发；不应引入被测组分和干扰物质。

由于试样的性质不同，分解的方法也有所不同。方法有溶解和熔融两种。

1. 无机试样的分解

采用适当的溶剂将试样溶解制成溶液，这种方法比较简单、快速。常用的溶剂有水、酸和碱等。溶于水的试样一般称为可溶性盐类，如硝酸盐、醋酸盐、铵盐、绝大部分的碱金属化合物和大部分的氯化物、硫酸盐等。对于不溶于水的试样，则采用以酸或碱作溶剂的酸溶法或碱溶法进行溶解，以制备分析试液。酸溶法是利用酸的酸性、氧化还原性和形成络合物的作用，使试样溶解。钢铁、合金、部分氧化物、硫化物、碳酸盐矿物和磷酸盐矿物等常采用此法溶解。

常用的酸溶剂有盐酸、硝酸、硫酸、磷酸、高氯酸、氢氟酸、混合酸。碱溶剂主要为 NaOH 和 KOH。碱溶法常用来溶解两性金属铝、锌及其合金，以及它们的氧化物、氢氧化物等。在测定铝合金中的硅时，用碱溶解使 Si 以 SiO_3^{2-} 形式转到溶液中。如果用酸溶解则 Si 可能以 SiH_4 的形式挥发损失，影响测定结果。

碱性试样宜采用酸性熔剂。常用的酸性熔剂有 $K_2S_2O_7$(熔点 419 ℃)和 $KHSO_4$(熔点 219℃)，后者经灼烧后也生成 $K_2S_2O_7$，所以两者的作用是一样的。这类熔剂在 300℃以上可与碱或中性氧化物作用，生成可溶性的硫酸盐，如分解金红石的反应是

$$TiO_2+2K_2S_2O_7=Ti(SO_4)_2+2K_2SO_4$$

这种方法常用于分解 Al_2O_3、Cr_2O_3、Fe_3O_4、ZrO_2、钛铁矿、铬矿、中性耐火材料(如铝砂、高铝砖)及磁性耐火材料(如镁砂、镁砖)等。

酸性试样宜采用碱熔法，如酸性矿渣、酸性炉渣和酸不溶试样均可采用碱熔法，使它们转化为易溶于酸的氧化物或碳酸盐。常用的碱性熔剂有 Na_2CO_3(熔点 853℃)、K_2CO_3(熔点 891℃)、NaOH(熔点 318℃)、Na_2O_2(熔点 460℃)和它们的混合熔剂等。这些熔剂除具碱性外，在高温下均可起氧化作用(本身的氧化性或空气氧化)，可以把一些元素氧化成高价(Cr^{3+}、Mn^{2+} 可以氧化成 Cr^{6+}、Mn^{7+}，从而增强了试样的分解作用。有时为了增

强氧化作用还加入 KNO_3 或 $KClO_3$，使氧化作用更为完全。

Na_2CO_3 或 K_2CO_3 常用来分解硅酸盐和硫酸盐等。分解反应如下。

$$Al_2O_3 \cdot 2SiO_2 + 3Na_2CO_3 = 2NaAlO_2 + 2Na_2SiO_3 + 3CO_2 \uparrow$$

$$BaSO_4 + Na_2CO_3 = BaCO_3 + Na_2SO_4$$

Na_2O_2 常用来分解含 Se、Sb、Cr、Mo、V 和 Sn 的矿石及其合金。由于 Na_2O_2 是强氧化剂，能把其中大部分元素氧化成高价状态，如铬铁矿的分解反应为

$$2FeO \cdot Cr_2O_3 + 7Na_2O_2 = 2NaFeO_2 + 4Na_2CrO_4 + 2Na_2O$$

熔块用水处理，溶出 Na_2CrO_4，同时 $NaFeO_2$ 水解生成 $Fe(OH)_3$ 沉淀。

$$NaFeO_2 + 2H_2O = NaOH + Fe(OH)_3 \downarrow$$

然后利用 Na_2CrO_4 溶液和 $Fe(OH)_3$ 沉淀分别测定铬和铁的含量。

NaOH(KOH)常用来分解硅酸盐、磷酸盐矿物、钼矿和耐火材料等。

烧结法是将试样与熔剂混合，小心加热至熔块(半熔物收缩成整块)，而不是全熔，故称为半熔融法或烧结法。常用的半熔混合熔剂为两份 $MgO + 3Na_2CO_3$、一份 $MgO + Na_2CO_3$ 和一份 $ZnO + Na_2CO_3$。此法被广泛地用来分解铁矿及煤中的硫。其中 MgO、ZnO 的作用在于其熔点高，可以预防 Na_2CO_3 在灼烧时熔合，保持松散状态，使矿石氧化得以更快更完全反应，产生的气体容易逸出。此法不易损坏坩埚，因此可以在瓷坩埚中进行熔融，不需要贵重器皿。

2. 有机试样的分解

干式灰化法：将试样置于马弗炉中加热(400～1200℃)，以大气中的氧作为氧化剂使之分解，然后加入少量浓盐酸或浓硝酸浸取燃烧后的无机残余物。

湿式消化法：将硝酸和硫酸的混合物与试样一起置于烧瓶内，在一定温度下进行煮解，其中硝酸能破坏大部分有机物。在煮解的过程中，硝酸逐渐挥发，最后剩余硫酸。继续加热使之产生浓厚的 SO_3 白烟，并在烧瓶内回流，直到溶液变得透明为止。

12.1.3 测定方法的选择

当遇到分析任务时，首先要明确分析目的和要求，确定测定组分、准确度及要求完成的时间。例如，原子量的测定、标样分析和成品分析，准确度是主要的；高纯物质的有机微量组分的分析灵敏度是主要的；而对于生产过程中的控制分析，速度成了主要的问题。所以应根据分析的目的要求选择适宜的分析方法，如测定标准钢样中硫的含量时，一般采用准确度较高的重量法，而炼钢炉前控制硫含量的分析则要采用 1～2min 即可完成的燃烧容量法。

一般来说，分析方法都基于被测组分的某种性质。例如，Mn^{2+} 在 pH>6 时可与 EDTA 定量络合，可用络合滴定法测定其含量；MnO_4^- 具有氧化性，可用氧化还原法测定；MnO_4^- 呈现紫红色，也可用比色法测定。对被测组分性质的了解，有助于选择合适的分析方法。

测定常量组分时，多采用滴定分析法和重量分析法。滴定分析法简单迅速，在重量分析法和滴定分析法均可采用的情况下，一般选用滴定分析法。测定微量组分大多采用灵敏度比较高的仪器分析法。例如，测定磺矿粉中磷的含量时，则采用重量分析法或滴定分析法；测定钢铁中磷的含量时则采用比色法。

在选择分析方法时，必须考虑其他组分对测定的影响，尽量选择特效性较好的分析方法。如果没有适宜的方法，则应改变测定条件，加入掩蔽剂以消除干扰，或通过分离除去干扰组分之后，再进行测定。

此外还应根据本单位的设备条件、试剂纯度等，以考虑选择切实可行的分析方法。

综上所述，分析方法很多，各种方法均有其特点和不足之处，一个完整无缺适宜于任何试样、任何组分的方法是不存在的。因此，必须从试样的组成及其组分的性质和含量、测定的要求、存在的干扰组分和从本单位实际情况出发，选用合适的测定方法。

12.1.4 试样分析实例——硅酸盐的分析

在生产中遇到的分析样品如合金、矿石和各种自然资源等都含有多种组分，即使纯的化学试剂也含有一定量的杂质。因此，为了掌握资源的情况和产品的质量，通常要进行样品的全分析。现以硅酸盐的全分析为例进行较为详细的讨论。硅酸盐是水泥、玻璃、陶瓷等许多工业生产的原料，天然的硅酸盐矿物有石英、云母、滑石、长石和白云石等多种，它们的主要成分是 SiO_2、Fe_2O_3、Al_2O_3、CaO、MgO、TiO_2 等。其具体分析步骤如下。

根据试样中 SiO_2 含量多少的不同，分解试样可采用两种不同的方法：若 SiO_2 含量低，可用酸溶法分解试样；若 SiO_2 含量高，则采用碱熔法分解试样。酸溶法常用 HCl 或 HF—H_2SO_4 为溶剂，后者对 SiO_2 的测定必须另取试样进行分析；碱熔法常用 Na_2CO_3 或 Na_2CO_3—K_2CO_3 作为熔剂，如果试样中含有还原性组分如黄铁矿、铬铁矿，则在熔剂中加入一些 Na_2O_2 以分解试样。

试样先在低温下熔化，然后升高温度至试样完全分解(一般约需 20min)，放冷，用热水浸取熔块，加 HCl 酸化，制备成一定体积的溶液。

测定 SiO_2 的方法有重量法和氟硅酸钾容量法，前者准确度高但太费时间，后者虽然准确度稍差但测定速度快。

1. 重量法

试样经碱熔法分解，SiO_2 转变成硅酸盐，加 HCl 之后形成含有大量水分的无定形硅酸沉淀，为了使硅酸沉淀完全并脱去所含水分可以在水浴上蒸发至近干，加入 HCl 蒸发至湿盐状，再加入 HCl 和动物胶使硅酸凝聚。于 60～70℃保温 10min 以后，加水溶解其他可溶性盐类，用快速滤纸过滤、洗涤。滤液留做测定其他组分用。沉淀灼烧至恒重，即得 SiO_2 的重量，以计算 SiO_2 的百分含量。

上述手续所得到的 SiO_2 中，往往含有少量被硅酸吸附的杂质如 Al^{3+}、Ti^{4+} 等，经灼烧之后变成对应的氧化物与 SiO_2 一起被称重，造成结果偏高。为了消除这种误差，可将称过重的不纯 SiO_2 沉淀用 HF－H_2SO_4 处理，则 SiO_2 转变成 SiF_4 挥发逸去。

$$SiO_2 + 4HF = SiF_4 \uparrow + 2H_2O$$

所得残渣经灼烧称量，处理前后重量之差即为 SiO_2 的准确重量，供测定其他组分之用。

2. 氟硅酸钾容量法

试样分解后使 SiO_2 转化成可溶性的硅酸盐，在硝酸介质中，加入 KCl 和 KF，则生成硅氟酸钾沉淀。

$$SiO_3^{2-} + 6F^- + 2K^+ + 6H^+ = K_2SiF_6 \downarrow + 3H_2O$$

因为沉淀的溶解度较大，所以应加入固体 KCl 至饱和，以降低沉淀的溶解度。在过滤洗涤过程中为了防止沉淀的溶解损失，采用 $KCl-C_2H_5OH$ 溶液作为洗涤剂。沉淀洗后连同滤纸一起放入原塑料烧杯中，加入 $KCl-C_2H_5OH$ 溶液及酚酞指示剂，用 NaOH 溶液中和游离酸至酚酞变红。加入沸水使沉淀水解，反应方程式为

$$K_2SiF_6+3H_2O=2KF+H_2SiO_3\downarrow+4HF$$

用标准 NaOH 溶液滴定水解产生的 HF，由 NaOH 标准溶液的用量计算 SiO_2 的百分含量。

将重量法测定 SiO_2 的滤液加热至沸，以甲基红作指示剂，用氨水中和至微碱性，则 Fe^{3+}、Al^{3+}、Ti^{4+} 生成氢氧化物沉淀，过滤、洗涤。滤液将用于 Ca^{2+}、Mg^{2+}，沉淀用稀 HCl 溶解之后，进行 Fe^{3+}、Al^{3+}、Ti^{4+} 的测定。

铁含量低时采用比色法测定，在 pH＝8～11 的氨性溶液中，Fe^{3+} 与磺基水杨酸生成黄色络合物，即可进行比色测定。铁含量高时，一般采用络合滴定法。控制 pH＝1～1.7 的条件下，以磺基水杨酸作指示剂，用标准 EDTA 确定至亮黄色即为终点，根据标准 EDTA 的用量计算 Fe_2O_3 的含量。滴定后的溶液将用于测定 Al_2O_3、TiO_2。

将滴定 Fe^{3+} 的溶液用氨水调节 pH 为 4 左右，加入 HAc－NaAc 缓冲溶液，加入过量的 EDTA 标准溶液，加热促使 Al^{3+} 络合完全，再用标准硫酸铜返滴剩余的 EDTA，用 PAN 作为指示剂，滴定至溶液呈紫红色即为终点，以测出 Al^{3+}、Ti^{4+} 的总量。在滴定 Al^{3+}、Ti^{4+} 后的溶液中加入苦杏仁酸加热煮沸，则钛的 EDTA 配合物中的 EDTA 被置换出来，而铝的 EDTA 络合物不作用。用标准硫酸铜滴定释放出来的 EDTA，即可测出 TiO_2 的总量。

由返滴定算出 Al^{3+}、Ti^{4+} 消耗 EDTA 的总体积，减去置换滴定 Ti^{4+} 用去 EDTA 的体积，得出 Al^{3+} 络合用去 EDTA 的体积，即可算出 Al_2O_3 的含量。

在 5%～10%的硫酸介质中，Ti^{4+} 与 H_2O_2 作用生成黄色络合物，可以进行 Ti^{4+} 测定。

$$TiO^{2+}+H_2O_2=[TiO(H_2O_2)]^{2+}$$

Fe^{3+} 有干扰，可加入 H_3PO_4 以将其掩蔽。但是，H_3PO_4 对钛络合物的黄色起减弱作用，为此在试液与标准液中应加入等量的 H_3PO_4。

分离 Fe^{3+}、Al^{3+}、Ti^{4+} 的滤液可以用来测定 CaO 和 MgO 的含量。一般采用络合滴定法，已在络合滴定一章介绍，不再重述。

12.2 常用分离方法

物质的分离是使混合物中各物质经过物理(或化学)变化彼此分开的过程，分开后各物质要恢复到原来的状态；物质的提纯是把混合物中的杂质除去以得到纯物质的过程。在提纯中如果杂质发生化学变化，不必恢复为原来的物质。在进行物质分离与提纯时，应视物质及其所含杂质的性质选择适宜的方法。

12.2.1 物质的分离与提纯常用的方法

物质的分离与提纯常用的物理方法见表 12－2。

表 12-2 物质的分离与提纯常用的方法

方法分类	适用范围	仪器及用具	实例
过滤	液体中不溶性固体分离	漏斗、滤杯、烧杯、玻璃棒	食盐提纯
蒸发、浓缩、结晶	液体中溶解性固体物质分离	蒸发皿、玻璃棒、酒精灯	食盐溶液蒸发制备食盐
结晶、重结晶	不同溶解度的可溶性混合物分离	滤杯、酒精灯、玻璃棒、漏斗、滤纸	含少量氯化钠杂质硝酸钾提纯
蒸馏、分馏	不同沸点的液体混合物分离	蒸馏烧瓶、酒精灯、温度计、冷凝管、接收器、锥形瓶	石油分馏
萃取、分液	互不相溶的两种液体分离	烧杯、分液漏斗	用汽油把溶于水中的溴或碘提取出来并分液
升华	固体和固体杂质的分离	烧杯、烧瓶、酒精灯	从粗碘中分离出碘
渗析	胶体微粒与溶液中的溶质分离	半透膜、烧杯、玻璃棒	分离淀粉胶体和食盐溶液的混合物
离子交换	溶液中离子与液体的分离	离子交换柱或烧杯、试管	硬水的软化

说明如下。

(1)过滤操作应注意做到“一角、二低、三接触”。

① “一角”：滤纸折叠的角度要与漏斗的角度(一般为 60°)相符。折叠后的滤纸放入漏斗后，用食指按住，加入少量蒸馏水润湿，使之紧贴在漏斗内壁，赶走纸和壁之间的气泡。

② “二低”：滤纸边缘应略低于漏斗边缘；加入漏斗中液体的液面应略低于滤纸的边缘(略低约 1cm)，以防止未过滤的液体外溢。

③ “三接触”：漏斗颈末端与承接滤液的烧杯内壁相接触，使滤液沿烧杯内壁流下；向漏斗中倾倒液体时，要使玻璃棒一端与滤纸三折部分轻轻接触；承接液体的烧杯嘴和玻璃棒接触，使欲过滤的液体在玻璃棒的引流下流向漏斗。过滤后如果溶液仍然浑浊，应重新过滤一遍。如果滤液对滤纸有腐蚀作用，一般可用石棉或玻璃丝代替滤纸。如果过滤是为了得到洁净的沉淀物，则必须对沉淀物进行洗涤，方法是向过滤器里加入适量蒸馏水，使水面浸没沉淀物，待水滤去后，再加水洗涤，连续洗几次，直至沉淀物洗净为止。

(2)掌握蒸馏操作应注意的事项，此操作的实验设备如图 12.1 所示。

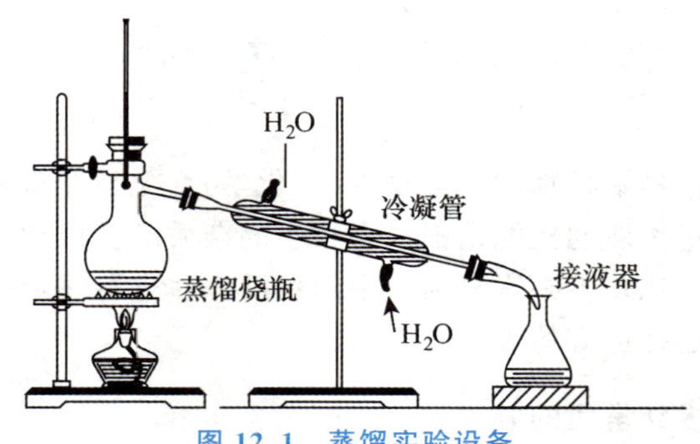

图 12.1 蒸馏实验设备

①蒸馏烧瓶中所盛液体不能超过其容积的2/3，也不能少于1/3。

②温度计水银球部分应置于蒸馏烧瓶支管口下方约0.5cm处。

③冷凝管中冷却水从下口进，上口出。

④为防止爆沸可在蒸馏烧瓶中加入适量碎瓷片。

⑤蒸馏烧瓶的支管和伸入接液管的冷凝管必须穿过橡皮塞，以防止馏出液混入杂质。

⑥加热温度不能超过混合物中沸点最高物质的沸点。

将蒸馏原理用于多种混溶液体的分离叫作分馏，分馏是蒸馏的一种。蒸馏与蒸发的区别：加热是为了获得溶液的残留物(浓缩后的浓溶液或蒸干后的固体物质)时，要用蒸发；加热是为了收集蒸气的冷凝液体时，要用蒸馏。

(3)蒸发操作应注意的事项：注意蒸发皿的溶液不超过蒸发皿容积的2/3；在加热过程中要不断搅拌，以免溶液溅出；如果蒸干，当析出大量晶体时就应熄灭酒精灯，利用余热蒸发至干。

(4)通常采用的结晶方法有(以分离 NaCl 和 KNO_3 的混合物为例)如下两种。

①蒸发结晶：蒸发溶剂，使溶液由不饱和变为饱和，继续蒸发，过剩的溶质就会呈晶体析出，叫作蒸发结晶。例如，当 NaCl 和 KNO_3 的混合物中 NaCl 多而 KNO_3 少时，即可采用此法，先分离出 NaCl，再分离出 KNO_3。

②降温结晶：先加热溶液，蒸发溶剂成饱和溶液，此时降低热饱和溶液的温度，溶解度随温度变化较大的溶质就会呈晶体析出，叫作降温结晶。例如，当 NaCl 和 KNO_3 的混合物中 KNO_3 多而 NaCl 少时，即可采用此法，先分离出 KNO_3，再分离出 NaCl。

(5)萃取的操作方法如下。

①用普通漏斗把待萃取的溶液注入分液漏斗，再注入足量萃取液。

②随即振荡，使溶质充分转移到萃取剂中。振荡的方法是用右手压住上口玻璃塞，左手握住活塞部分，反复倒转漏斗并用力振荡。

③将分液漏斗置于铁架台的铁环上静置，待分层后进行分液。

④蒸发萃取剂即可得到纯净的溶质。为把溶质分离干净，一般需要多次萃取。

(6)分液的操作方法如图12.2、图12.3所示。

①用普通漏斗把要分离的液体注入分液漏斗内，盖好玻璃塞。

②将分液漏斗置于铁架台的铁圈上，静置，分层。

③将玻璃塞打开，使塞上的凹槽对准漏斗口上的小孔再盖好，使漏斗内外空气相通，以保证漏斗里的液体能够流出。

④打开活塞，使下层液体慢慢流出，放入烧杯，待下层液体流完立即关闭活塞，注意不可使上层液体流出。

⑤从漏斗上端口倒出上层液体。

(7)渗析的操作方法如下：将欲提纯或欲精制的胶体溶液放入半透膜袋中，用细绳把袋口扎好，系在玻璃棒上，然后悬挂在盛蒸馏水的烧杯中(半透膜袋要浸入水中)，胶体溶液中的分子或离子就会透过半透膜进入蒸馏水中。悬挂的时间要充分，蒸馏水要换几次，直至在蒸馏水中检查不出透过来的分子或离子为止，如图12.4所示。例如，把淀粉胶体里的食盐分离出去，即采用渗析方法。

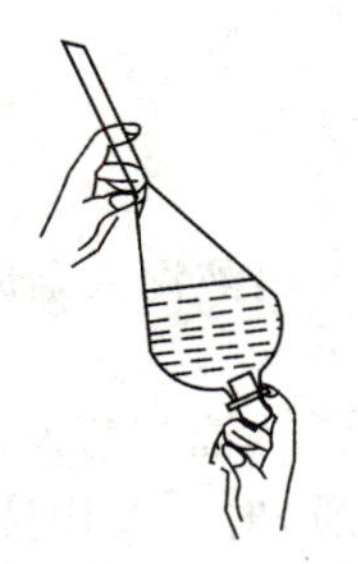
图 12.2　倒转分液漏斗

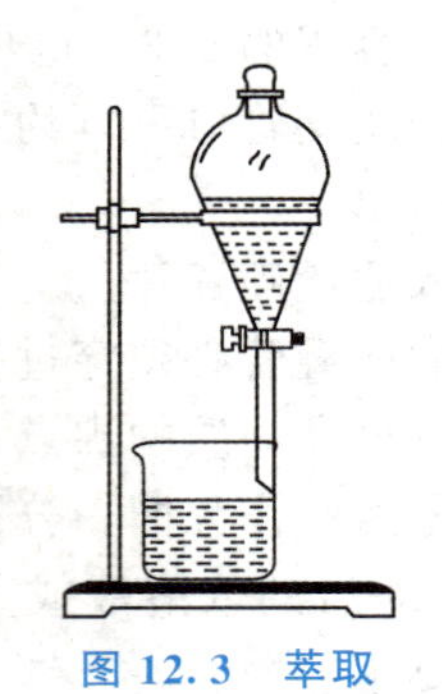
图 12.3　萃取

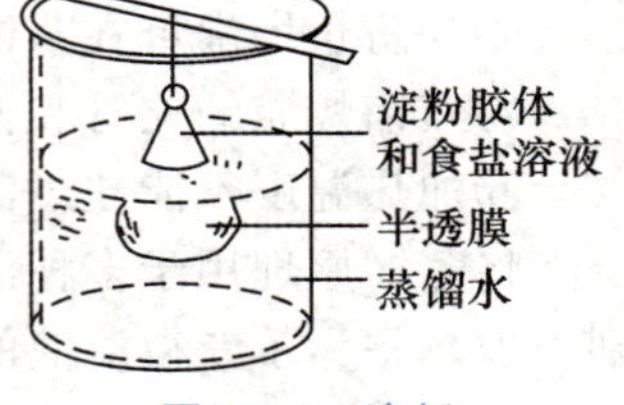

图 12.4　渗析

12.2.2　化学方法提纯和分离物质的“四原则”和“三必须”

“四原则”：①不增(在提纯过程中不增加新的杂质)；②不减(不减少欲被提纯的物质)；③易分离(被提纯物与杂质容易分离)；④易复原(被提纯物质要复原)。

“三必须”：①除杂试剂必须过量；②过量试剂必须除尽(因为过量试剂带入新的杂质)；③除杂途径选最佳。

12.2.3　无机物提纯一般采用的化学方法

1. 生成沉淀法

例如 NaCl 溶液中混有 $MgCl_2$、$CaCl_2$ 杂质，可先加入过量的 NaOH，使 Mg^{2+} 转化为 $Mg(OH)_2$ 沉淀而除去(同时引入了 OH^- 杂质)；然后加入过量的 Na_2CO_3，使 Ca^{2+} 转化为 $CaCO_3$(同时引入了 CO_3^{2-} 杂质)，最后加入足量的盐酸，并加热除去 OH^- 和 CO_3^{2-}(加热可赶走溶液中的 CO_2 和 HCl)，并调节溶液的 pH 至中性即可。

2. 生成气体法

例如，Na_2SO_4 溶液中混有少量 $Na_2S_2O_3$，加入稀硫酸，使 $Na_2S_2O_3$ 转化为沉淀和气体。

3. 氧化还原法

例如，$FeCl_2$ 溶液里含有少量 $FeCl_3$ 杂质，可加过量铁粉将 Fe^{3+} 除去。

$$Fe+2Fe^{3+}=3Fe^{2+}$$

再如，在 $FeCl_3$ 溶液中含有少量 $FeCl_2$ 杂质，可通入适量 Cl_2 将 $FeCl_2$ 氧化为 $FeCl_3$。

$$2Fe^{2+}+Cl_2=2Fe^{3+}+2Cl^-$$

利用物质的两性除去杂质，如在镁粉中混有少量铝粉，可向其中加入足量的 NaOH 溶液，使其中的 Al 转化为可溶性的 $NaAlO_2$，然后过滤，即可得到纯净的 Mg。

$$2Al+2OH^-+2H_2O=2AlO_2^-+3H_2\uparrow$$

正盐与酸式盐的相互转化，如在 Na_2CO_3 溶液中含有少量 $NaHCO_3$ 杂质，可用加热法使 $NaHCO_3$ 分解成 Na_2CO_3 而除去。在 $NaHCO_3$ 溶液中含有少量 Na_2CO_3 杂质，通入足量的 CO_2 使 Na_2CO_3 转化为 $NaHCO_3$。

$$CO_3^{2-}+H_2O+CO_2=2HCO_3^-$$

12.2.4 有机物的分离与提纯

有机物的分离利用混合物各成分的密度不同、熔沸点不同、对溶剂溶解性的不同等通过过滤、洗气、萃取、分液、蒸馏(分馏)、盐析、渗析等方法将各成分一一分离。

有机物的提纯是指利用被提纯物质的性质(包括物性和化性)的不同，采用物理方法和化学方法除去物质中的杂质，从而得到纯净的物质。在有机物的提纯中也必须遵循“四原则”和“三必须”。

现将不同有机混合物除杂与提纯的方法及实例列表比较，见表12－3。

表12－3 有机混合物除杂与提纯的方法

方法	不纯物质	除杂试剂	方法及步骤
洗气	甲烷中氯化氢杂质	水或氢氧化钠溶液	混合气体通过盛有水或氢氧化钠溶液的洗气瓶
	乙烷中乙烯杂质	溴水	混合气体通过盛有溴水的洗气瓶
分液	苯中苯酚杂质	氢氧化钠溶液	混合后振荡、分液，取上层液体
	苯酚中苯杂质	氢氧化钠 二氧化碳	混合后振荡、分液，取下层液体，通入 足量的CO_2再分液，取下层液体
	乙酸乙酯中乙酸杂质	饱和碳酸钠	混合后振荡、分液，取上层液体
	乙酸乙酯中乙醇杂质	水	混合后振荡、分液，取上层液体
	硝基苯中二氧化氮杂质	氢氧化钠溶液	混合后振荡、分液，取下层液体
	硝基苯中二氧化氮杂质	氢氧化钠溶液	混合后振荡、分液，取下层液体
	溴乙烷中乙醇杂质	水	混合后振荡、分液，取下层液体
	苯中甲苯杂质	高锰酸钾溶液	混合后振荡、分液，取油层
	溴苯中溴杂质	氢氧化钠溶液	混合后振荡、分液，取下层液体
蒸馏	乙醇中的水	生石灰	混合后加热、蒸发，收集馏分
	乙醇中的乙酸	氢氧化钠	混合后加热、蒸发，收集馏分
	乙醇中的苯酚	氢氧化钠	混合后加热、蒸发，收集馏分
	乙酸中的乙醇	氢氧化钠硫酸	先加NaOH，后蒸馏，取剩余物加 H_2SO_4，再蒸馏，收集馏分
分馏	汽油中的柴油组分		加热蒸馏，收集汽油组分
盐析	油脂皂化产物中高级 脂肪酸钠的分离	氯化钠	均匀混合后，静置。 收集上层物质过滤干燥
渗析	淀粉胶体中的氯化钠		混合物置于半透膜中，浸入蒸馏水

习　题

12.1 在以下两种情况下可否用铂坩埚作为分解容器？

(1)某一含 Fe_2O_3 约 20%的试样用碳酸钠熔融分解。

(2)某铅锌矿试样用王水分解。

12.2 以岩矿分析为例说明对于复杂物质分析如何拟定和选择分析方案及分析方法。

12.3 用氯化亚锡还原重铬酸钾滴定法测定铁矿石中的铁，可能存在哪些干扰元素？如何减免其干扰？

12.4 指出极谱法和原子吸收分光光度法测定铜的方法要点。通过文献检索了解采用这两种仪器分析法测定痕量铜近年来研究工作的进展。

附　录

附录 1　一些物质的热力学性质(298.15K，$p^\ominus$ = 100kPa)

物质(状态)	$\Delta_f H_m^\ominus$ / kJ·mol^{-1}	$\Delta_f G_m^\ominus$ / kJ·mol^{-1}	$S_m^\ominus$ / J·mol^{-1}·K^{-1}	物质(状态)	$\Delta_f H_m^\ominus$ / kJ·mol^{-1}	$\Delta_f G_m^\ominus$ / kJ·mol^{-1}	$S_m^\ominus$ / J·mol^{-1}·K^{-1}
Ag	0	0	42.712	Fe_3O_4(s)	−117.1	−1014.1	146.4
Ag_2CO_3(s)	−506.14	−437.09	167.36	H_2(g)	0	0	130.695
Ag_2O(s)	−30.56	−10.82	121.71	HBr(g)	−36.24	−53.22	198.60
Al(s)	0	0	28.315	HCl(g)	−92.311	−95.265	186.786
Al(g)	313.80	273.2	164.553	HI(g)	−25.94	−1.32	206.42
α−Al_2O_3	−1669.8	−2213.16	50.92	H_2O(g)	−241.825	−228.577	188.823
$Al_2(SO_4)_3$(s)	−3434.98	−3728.53	239.3	H_2O(l)	−285.838	−237.142	69.940
Br_2(l)	0	0	152.3	H_2O(s)	−291.850	(−234.03)	(39.4)
C(金刚石)	1.896	2.866	2.439	H_2O_2(l)	−187.61	−118.04	102.26
C(石墨)	0	0	5.694	H_2S(g)	−20.146	−33.040	205.75
CO(g)	−110.525	−137.285	198.016	H_2SO_4(l)	−811.35	(−866.4)	156.85
CO_2(g)	−393.511	−394.38	213.76	I_2(s)	0	0	116.7
CaC_2(s)	−62.8	−67.8	70.2	I_2(g)	62.242	19.34	260.60
$CaCO_3$(方解石)	−1206.87	−1128.70	92.8	N_2(g)	0	0	191.598
$CaCl_2$(s)	−795.0	−750.2	113.8	NH_3(g)	−46.19	−16.603	192.61
CaO	−635.6	−604.2	39.7	NO(g)	89.860	90.37	210.309
$Ca(OH)_2$(s)	−986.5	−896.89	76.1	NO_2(g)	33.85	51.86	240.57
$CaSO_4$(硬石膏)	−1432.68	−1320.24	106.7	N_2O(g)	81.55	103.62	220.10
Cl^-(aq)	−167.456	−131.168	55.10	N_2O_4(g)	9.660	98.39	304.42
Cl_2(g)	0	0	222.948	N_2O_5(g)	2.51	110.5	342.4
Cu(s)	0	0	33.32	O_2(g)	0	0	205.138
CuO(s)	−155.2	−127.1	43.51	O_3(g)	142.3	163.45	237.7
FeO(s)	−266.52	−244.3	54.0	SO_2(g)	−296.90	−300.37	248.64
Fe_2O_3(s)	−822.1	−741.0	90.0	SO_3(g)	−395.18	−370.40	256.34

数据主要取自 Handbook of Chemistry and Physics，70 th ed. 1990；Editor John A. Dean. Lange's Handbook of Chemistry. 1967. 已换算成标准压力为 100 kPa 下的数据。刘天和，赵梦月译，中国标准出版社，1998.

附录 2　弱酸、弱碱的解离常数 $K^{\ominus}$

弱电解质	t/℃	解离常数	弱电解质	t/℃	解离常数
H_3AsO_4	18	$K_1=5.62\times10^{-3}$	HOCN	25	3.3×10^{-4}
	18	$K_2=1.70\times10^{-7}$	$C_6H_4(COOH)_2$（邻苯二甲酸）	25	$K_1=1.1\times10^{-3}$
	18	$K_3=3.95\times10^{-12}$		25	$K_2=3.9\times10^{-6}$
H_3BO_3	20	7.3×10^{-10}	C_6H_5OH	25	1.05×10^{-10}
HBrO	25	2.06×10^{-9}	H_2S	18	$K_1=1.3\times10^{-7}$
H_2CO_3	25	$K_1=4.30\times10^{-7}$		18	$K_2=7.1\times10^{-15}$
	25	$K_2=5.61\times10^{-11}$	HSO_4^-	25	1.2×10^{-2}
$H_2C_2O_4$	25	$K_1=5.90\times10^{-2}$	H_2SO_3	18	$K_1=1.54\times10^{-2}$
	25	$K_2=6.40\times10^{-5}$		18	$K_2=1.02\times10^{-7}$
HCN	25	4.93×10^{-10}	H_2SiO_3	30	$K_1=2.2\times10^{-10}$
HClO	18	2.95×10^{-5}		30	$K_2=2\times10^{-12}$
H_2CrO_4	25	$K_1=1.8\times10^{-1}$	HCOOH	25	1.77×10^{-4}
	25	$K_2=3.20\times10^{-7}$	CH_3COOH	25	1.76×10^{-5}
HF	25	3.53×10^{-4}	$CH_2ClCOOH$	25	1.4×10^{-3}
HIO_3	25	1.69×10^{-1}	$CHCl_2COOH$	25	3.32×10^{-2}
HIO	25	2.3×10^{-11}	$H_3C_6H_5O_7$（柠檬酸）	20	$K_1=7.1\times10^{-4}$
HNO_2	12.5	4.6×10^{-4}		20	$K_2=1.68\times10^{-5}$
NH_4^+	25	5.64×10^{-10}		20	$K_3=4.1\times10^{-7}$
H_2O_2	25	2.4×10^{-12}	$NH_3\cdot H_2O$	25	1.77×10^{-5}
H_3PO_4	25	$K_1=7.52\times10^{-3}$	$H_2NCH_2CH_2NH_2$（乙二胺）	25	$K_1=8.5\times10^{-5}$
	25	$K_2=6.23\times10^{-8}$		25	$K_2=7.1\times10^{-8}$
	25	$K_3=2.2\times10^{-13}$	C_5H_5N	25	1.52×10^{-9}
C_6H_5COOH	25	6.3×10^{-5}			

摘自 Robert C. West. CRC Handbook of Chemistry and Physics. 69th ed. 1988—1989，D159～164(～0.1—0.01N).

附录3 常见难溶电解质的溶度积 $K_{sp}^{\ominus}$(298.15K)

难溶电解质	$K_{sp}^{\ominus}$	难溶电解质	$K_{sp}^{\ominus}$
AgCl	1.77×10^{-10}	CuS	1.27×10^{-36}
AgBr	5.35×10^{-13}	$Fe(OH)_2$	4.87×10^{-17}
AgI	8.51×10^{-17}	$Fe(OH)_3$	2.64×10^{-39}
Ag_2CO_3	8.45×10^{-12}	FeS	1.59×10^{-19}
Ag_2CrO_4	1.12×10^{-12}	Hg_2Cl_2	1.45×10^{-18}
$AgIO_3$	9.2×10^{-9}	HgS(黑)	6.44×10^{-53}
Ag_2SO_4	1.20×10^{-5}	$MgCO_3$	6.82×10^{-6}
$Ag_2S(\alpha)$	6.69×10^{-50}	$Mg(OH)_2$	5.61×10^{-12}
$Ag_2S(\beta)$	1.09×10^{-49}	$Mn(OH)_2$	2.06×10^{-13}
$Al(OH)_3$	2×10^{-33}	MnS	4.65×10^{-14}
$BaCO_3$	2.58×10^{-9}	$Ni(OH)_2$	5.47×10^{-16}
$BaSO_4$	1.07×10^{-10}	NiS	1.07×10^{-21}
$BaCrO_4$	1.17×10^{-10}	$PbCl_2$	1.17×10^{-5}
$CaCO_3$	4.96×10^{-9}	$PbCO_3$	1.46×10^{-13}
$CaC_2O_4\cdot H_2O$	2.34×10^{-9}	$PbCrO_4$	1.77×10^{-14}
CaF_2	1.46×10^{-10}	PbF_2	7.12×10^{-7}
$Ca_3(PO_4)_2$	2.07×10^{-33}	$PbSO_4$	1.82×10^{-8}
$CaSO_4$	7.10×10^{-5}	PbS	9.04×10^{-29}
$Cd(OH)_2$	5.27×10^{-15}	PbI_2	8.49×10^{-9}
CdS	1.40×10^{-29}	$Pb(OH)_2$	1.42×10^{-20}
$Co(OH)_2$(桃红)	1.09×10^{-15}	$SrCO_3$	5.60×10^{-10}
$Co(OH)_2$(蓝)	5.92×10^{-15}	$SrSO_4$	3.44×10^{-7}
$CoS(\alpha)$	4.0×10^{-21}	$ZnCO_3$	1.19×10^{-10}
$CoS(\beta)$	2.0×10^{-25}	$Zn(OH)_2(\gamma)$	6.68×10^{-17}
$Cr(OH)_3$	7.0×10^{-31}	$Zn(OH)_2(\beta)$	7.71×10^{-17}
CuI	1.27×10^{-12}	$Zn(OH)_2(\varepsilon)$	4.12×10^{-17}
$Cu(OH)_2$	2.2×10^{-20}	ZnS	2.93×10^{-25}

摘自 Robert C. West. CRC Handbook of Chemistry and Physics. 69th ed. 1988—1989，B207～208.

附录 4　标准电极电势 $E^\ominus$(298.15K)

1. 酸性溶液中

	电　极　反　应	$E^\ominus$/V
Ag	$AgBr + e^- = Ag + Br^-$	0.07133
	$AgCl + e^- = Ag + Cl^-$	0.2223
	$Ag_2CrO_4 + 2e^- = 2Ag + CrO_4^{2-}$	0.447
	$Ag^+ + e^- = Ag$	0.7996
Al	$Al^{3+} + 3e^- = Al$	−1.662
As	$HAsO_2 + 3H^+ + 3e^- = As + 2H_2O$	0.248
	$H_3AsO_4 + 2H^+ + 2e^- = HAsO_2 + 2H_2O$	0.56
Br	$Br_2 + 2e^- = 2Br^-$	1.066
	$BrO_3^- + 6H^+ + 5e^- = 1/2Br_2 + 3H_2O$	1.482
Ca	$Ca^{2+} + 2e^- = Ca$	−2.868
Cl	$ClO_4^- + 2H^+ + 2e^- = ClO_4^- + H_2O$	1.189
	$Cl_2 + 2e^- = 2Cl^-$	1.358
	$ClO_3^- + 6H^+ + 6e^- = Cl^- + 3H_2O$	1.451
	$ClO_3^- + 6H^+ + 5e^- = 1/2Cl_2\uparrow + 3H_2O$	1.47
	$HClO + H^+ + e^- = 1/2Cl_2 + H_2O\uparrow$	1.611
	$ClO_3^- + 3H^+ + 2e^- = HClO_2 + H_2O$	1.214
	$ClO_2 + H^+ + e^- = HClO_2$	1.277
	$HClO_2 + 2H^+ + 2e^- = HClO + H_2O$	1.645
Co	$Co^{3+} + e^- = Co^{2+}$	1.83
Cr	$Cr_2O_7^{2-} + 14H^+ + 6e^- = 2Cr^{3+} + 7H_2O$	1.332
Cu	$Cu^{2+} + e^- = Cu^+$	0.153
	$Cu^{2+} + 2e^- = Cu$	0.3419
	$Cu^+ + e^- = Cu$	0.522
Fe	$Fe^{2+} + 2e^- = Fe$	−0.447
	$Fe(CN)_6^{3-} + e^- = Fe(CN)_6^{4-}$	0.358
	$Fe^{3+} + e^- = Fe^{2+}$	0.771
H	$2H^+ + e^- = H_2\uparrow$	0

（续表）

	电　极　反　应	$E^{\ominus}/V$
Hg	$Hg_2Cl_2+2e^-=2Hg+2Cl^-$	0.281
	$Hg_2{}^{2+}+2e^-=2Hg$	0.7973
	$Hg^{2+}+2e^-=2Hg$	0.851
	$2Hg^{2+}+2e^-=Hg_2{}^{2+}$	0.92
I	$I_2+2e^-=2I^-$	0.5355
	$I_3{}^-+2e^-=3I^-$	0.536
	$IO_3{}^-+6H^++5e^-=1/2I_2+3H_2O$	1.195
K	$K^++e^-=K$	−2.931
Mg	$Mg^{2+}+2e^-=Mg$	−2.372
Mn	$Mn^{2+}+2e^-=Mn$	−1.185
	$MnO_4{}^-+e^-=MnO_4{}^{2-}$	0.558
	$MnO_2+4H^++2e^-=Mn^{2+}+2H_2O$	1.224
	$MnO_4{}^-+8H^++5e^-=Mn^{2+}+4H_2O$	1.507
	$MnO_4{}^-+4H^++3e^-=MnO_2+2H_2O$	1.679
Na	$Na^++e^-=Na$	−2.71
Ni	$Ni^{2+}+2e^-=Ni$	−0.250
N	$NO_3{}^-+4H^++3e^-=NO\uparrow+2H_2O$	0.957
	$2NO_3{}^-+4H^++2e^-=N_2O_4\uparrow+2H_2O$	0.803
	$HNO_2+H^++e^-=NO\uparrow+H_2O$	0.983
	$N_2O_4+4H^++4e^-=2NO\uparrow+2H_2O$	1.035
	$NO_3{}^-+3H^++2e^-=HNO_2+H_2O$	0.934
	$N_2O_4+2H^++2e^-=2HNO_2$	1.065
O	$O_2+2H^++2e^-=H_2O_2$	0.695
	$H_2O_2+2H^++2e^-=2H_2O$	1.776
	$O_2+4H^++4e^-=2H_2O$	1.229
P	$H_3PO_4+2H^++2e^-=H_3PO_3+H_2O$	−0.276
Pb	$PbI_2+2e^-=Pb+2I^-$	−0.365
	$PbSO_4+2e^-=Pb+SO_4{}^{2-}$	−0.3588
	$PbCl_2+2e^-=Pb+2Cl^-$	−0.2675
	$Pb^{2+}+2e^-=Pb$	−0.1262
	$PbO_2+4H^++2e^-=Pb^{2+}+2H_2O$	1.455
	$PbO_2+SO_4{}^{2-}+4H^++2e^-=PbSO_4+2H_2O$	1.6913

（续表）

	电 极 反 应	$E^\ominus$/V
S	$H_2SO_3+4H^++4e^-=S\downarrow+3H_2O$	0.449
	$S+2H^++2e^-=H_2S\uparrow$	0.142
	$SO_4^{2-}+4H^++2e^-=H_2SO_3+2H_2O$	0.172
	$S_4O_6^{2-}+2e^-=2S_2O_3^{2-}$	0.08
	$S_2O_8^{2-}+2e^-=2SO_4^{2-}$	2.01
Sn	$Sn^{4+}+2e^-=Sn^{2+}$	0.151
Zn	$Zn^{2+}+2e^-=Zn$	−0.7618

2. 碱性溶液中

	电 极 反 应	$E^\ominus$/V
As	$AsO_2^-+2H_2O+3e^-=As+4OH^-$	−0.68
	$AsO_4^{3-}+2H_2O+2e^-=AsO_2^-+4OH^-$	−0.71
Br	$BrO_3^-+3H_2O+6e^-=Br^-+6OH^-$	0.61
	$BrO^-+H_2O+2e^-=Br^-+2OH^-$	0.761
Cl	$ClO_3^-+H_2O+2e^-=ClO_2^-+2OH^-$	0.33
	$ClO_4^-+H_2O+2e^-=ClO_3^-+2OH^-$	0.36
	$ClO_2^-+H_2O+2e^-=ClO^-+2OH^-$	0.66
	$ClO^-+H_2O+2e^-=Cl^-+2OH^-$	0.81
Co	$Co(OH)_2+2e^-=Co+2OH^-$	−0.73
	$Co(NH_3)_6^{3+}+e^-=Co(NH_3)_6^{2+}$	0.108
	$Co(OH)_3+e^-=Co(OH)_2+OH^-$	0.17
Cr	$Cr(OH)_3+3e^-=Cr+3OH^-$	−1.48
	$CrO_2^-+2H_2O+3e^-=Cr+4OH^-$	−1.2
	$CrO_4^{2-}+4H_2O+3e^-=Cr(OH)_3+5OH^-$	−0.13
Fe	$Fe(OH)_3+e^-=Fe(OH)_2+OH^-$	−0.56
H	$2H_2O+2e^-=H_2+2OH^-$	−0.8277
Mg	$Mg(OH)_2+2e^-=Mg+2OH^-$	−2.690
Mn	$Mn(OH)_2+2e^-=Mn+2OH^-$	−1.56
	$MnO_4^-+2H_2O+3e^-=MnO_2+4OH^-$	0.595
	$MnO_4^{2-}+2H_2O+2e^-=MnO_2+4OH^-$	0.6
N	$NO_3^-+H_2O+2e^-=NO_2^-+2OH^-$	0.01

（续表）

	电 极 反 应	$E^{\ominus}$/V
O	$O_2+2H_2O+4e^-=4OH^-$	0.401
S	$S+2e^-=S^{2-}$	−0.47627
	$SO_4^{2-}+H_2O+2e^-=SO_3^{2-}+2OH^-$	−0.93
	$2SO_3^{2-}+3H_2O+4e^-=S_2O_3^{2-}+6OH^-$	−0.571
	$S_4O_6^{2-}+2e^-=2S_2O_3^{2-}$	0.08
Sn	$Sn(OH)_6^{2-}+2e^-=HSnO_2^-+H_2O+3OH^-$	−0.93
	$HSnO_2^-+H_2O+2e^-=Sn+3OH^-$	−0.909

摘自 Robert C. West. CRC Handbook of Chemistry and Physics. 69ed. 1988—1989，D151～158.

附录5 一些物质的摩尔质量

化合物	摩尔质量/$g \cdot mol^{-1}$	化合物	摩尔质量/$g \cdot mol^{-1}$
$AgBr$	187.78	$CuSO_4$	159.61
$AgCN$	133.84	$CuSO_4 \cdot 5H_2O$	249.69
$AgCl$	143.32	$FeCl_2$	126.75
Ag_2CrO_4	331.73	$FeCl_3 \cdot 6H_2O$	270.30
AgI	234.77	$FeNH_4(SO_4)_2 \cdot 12H_2O$	482.20
$AgNO_3$	169.87	$Fe(NH_4)_2(SO_4)_2 \cdot 6H_2O$	392.14
$AlCl_3$	133.341	$Fe(NO_3)_3$	241.86
$Al(C_9H_6NO)_3$(8－羟基喹啉铝)	459.444	FeO	71.85
$Al(NO_3)_3$	212.996	Fe_2O_3	159.69
Al_2O_3	101.96	Fe_3O_4	231.54
$Al_2(OH)_3$	78.004	$Fe(OH)_3$	106.87
$Al_2(SO_4)_3$	342.15	FeS	87.913
$BaCO_3$	197.34	$FeSO_4$	151.91
BaC_2O_4	225.35	H_3BO_3	61.83
$BaCl_2$	208.24	H_3PO_4	98.00
$BaCl_2 \cdot 2H_2O$	244.27	H_2S	34.08
$BaCrO_4$	253.32	H_2SO_3	82.08
BaO	153.33	H_2SO_4	98.08
$Ba(OH)_2$	171.35	$HgCl_2$	271.50
$BaSO_4$	233.39	Hg_2Cl_2	472.09
$Bi(NO_3)_3$	395.00	HgI_2	454.40
$CO(NH_2)_2$	60.0556	HgS	232.66
$CaCO_3$	100.09	$HgSO_4$	296.65
CaC_2O_4	128.10	Hg_2SO_4	497.24
$CaCl_2$	110.99	$Hg_2(NO_3)_2$	525.19
CaO	56.08	$Hg(NO_3)_2$	324.60
$Ca(OH)_2$	74.09	HgO	216.59
$Ca_3(PO_4)_2$	310.18	HBr	80.91
$CaSO_4$	136.14	HCN	27.02

（续表）

化合物	摩尔质量/g·mol^{-1}	化合物	摩尔质量/g·mol^{-1}
CH_3COCH_3	58.08	HCOOH	46.0257
C_6H_5OH	94.11	CH_3COOH	60.053
$CrCl_3$	158.355	$HC_7H_5O_2$（苯甲酸）	122.12
Cr_2O_3	151.99	H_2CO_3	62.02
CuSCN	121.63	$H_2C_2O_4$	90.04
CuI	190.45	$H_2C_2O_4 \cdot 2H_2O$	126.07
$Cu(NO_3)_2$	187.56	HCl	36.46
CuO	79.54	HF	20.01
Cu_2O	143.09	HI	127.91
CuS	95.61	HNO_2	47.01
HNO_3	63.01	$(NH_4)_6Mo_7O_{24} \cdot 4H_2O$	1235.9
H_2O	18.02	NH_4CO_3	79.056
H_2O_2	34.02	NH_4SCN	76.122
$KAl(SO_4)_2 \cdot 12H_2O$	474.39	$(NH_4)_2SO_4$	132.14
KBr	119.01	$NiC_8H_{14}O_4N_4$（丁二酮肟镍）	288.91
$KBrO_3$	167.01	$Na_2B_4O_7 \cdot 10H_2O$	381.37
KCl	74.56	NaBr	102.90
$KClO_3$	122.55	$NaC_2H_3O_2$（醋酸钠）	82.03
$KClO_4$	138.55	Na_2CO_3	105.99
K_2CO_3	138.21	$Na_2C_2O_4$	134.00
$K_2Cr_2O_7$	294.19	NaCl	58.44
K_2CrO_4	194.20	$NaHCO_3$	84.01
$KHC_8H_4O_4$（邻苯二甲酸氢钾）	204.22	NaH_2PO_4	119.98
$KHC_4H_4O_6$（酒石酸氢钾）	188.18	Na_2HPO_4	141.96
$KHC_2O_4 \cdot H_2O$	146.14	$Na_2H_2Y \cdot 2H_2O$	372.26
KI	166.01	$NaNO_3$	84.99
KIO_3	214.00	Na_2O	61.98
$KMnO_4$	158.04	Na_2O_2	77.98
$KNaC_4H_4O_6 \cdot 4H_2O$（酒石酸盐）	382.22	NaOH	40.01
KNO_2	85.10	Na_3PO_4	163.94
KNO_3	101.10	Na_2S	78.05

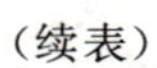
（续表）

化合物	摩尔质量/g·mol^{-1}	化合物	摩尔质量/g·mol^{-1}
KOH	56.11	Na_2SO_3	126.04
$KSCN$	97.18	Na_2SO_4	142.04
K_2SO_4	174.26	$Na_2S_2O_3$	158.11
$MgCO_3$	84.32	P_2O_5	141.95
$MgCl_2$	95.21	$Pb(C_2H_3O_2)_2$（醋酸铅）	325.28
$MgNH_4PO_4$	137.33	$PbCrO_4$	323.18
MgO	40.31	$Pb(NO_3)_2$	331.21
$Mg(OH)_2$	58.320	PbO	223.19
$Mg_2P_2O_7$	222.60	PbO_2	239.19
$MgSO_4 \cdot 7H_2O$	246.48	PbS	239.27
MnO_2	86.94	$PbSO_4$	303.26
MnS	87.00	SO_2	64.06
$MnSO_4$	151.00	SO_3	80.06
NH_3	17.03	SiO_2	60.08
$(NH_4)_2C_2O_4 \cdot H_2O$	142.11	$ZnCl_2$	136.30
NH_4Cl	53.49	$Zn(NO_3)_2 \cdot 6H_2O$	297.49
NH_4F	37.037	ZnO	81.39
$(NH_4)_2HPO_4$	132.05	ZnS	97.43
$(NH_4)_3PO_4 \cdot 12MoO_3$	1876.53	$ZnSO_4$	161.45
$(NH_4)_3PO_4$	140.02	$ZnSO_4 \cdot 7H_2O$	287.56

习 题 答 案

1.2（41.62%；2.2×10^{-4}；5.3×10^{-4}）

1.3（舍去 30.12%；30.04%；1.8×10^{-4}；6×10^{-4}；30.04%±0.0001）

1.6（1.008×10^{3}；4.26×10^{2}；0.198）

1.7（3.0×10^{-7}；7.0）

2.1（−231kJ；17kJ）

2.2（-5.72×10^{3} $kJ\cdot mol^{-1}$）

2.3（30.53 $kJ\cdot mol^{-1}$）

2.4（−1160 $kJ\cdot mol^{-1}$）

2.6（①−14.654 $kJ\cdot mol^{-1}$；②939.3K）

2.7（①−74.57 $kJ\cdot mol^{-1}$；②−474.28 $kJ\cdot mol^{-1}$；③−28.518 $kJ\cdot mol^{-1}$）

2.8（$T<3775K$）

2.9（1106.4K）

2.10（$p(N_2)O=2.22\times10^{4}$ Pa；$p(O_2)=4.67\times10^{4}$ Pa；p(总)$=6.89\times10^{4}$ Pa）

2.11（①28.64 $g\cdot mol^{-1}$；②3.84kPa）

2.13（①$4.5\times10^{2}$；②$2.0\times10^{5}$）

2.14（4.8×10^{2}）

2.15（①0.92；②$J=4.0\times10^{3}>K^{\ominus}$）

2.16（0.3）

2.18（①61.7%；②86.5%）

2.19（0.031）

2.20（62.7%；$p(N_2)=9.65\times10^{2}$ kPa；$p(H_2)=2.89\times10^{3}$ kPa；$p(NH_3)=1.14\times10^{3}$ kPa）

2.21（$p(N_2O_4)$ =57.4kPa，$p(NO_2)$=42.6kPa；逆向；$p(N_2O_4)$=135kPa，$p(NO_2)$=65.1kPa）

2.22（Ⅲ；Ⅱ）

2.24（4.5×10^{-5} $mol\cdot L^{-1}\cdot s^{-1}$；$1.8\times10^{-4}$ $mol\cdot L^{-1}\cdot s^{-1}$）

2.25（1.2倍）

3.2（2.03×10^{-5}；1.78×10^{-4}；5.68×10^{-10}；9.80×10^{-8}；）

3.3（$K_{b_2}=2.33\times10^{-8}>K_{a_2}$）

3.4（$K_{a_2}=1.2\times10^{-2}$；45%）

3.5（pH=5.20；$K_a=4.0\times10^{-10}$）

3.6（$c(HS^-)$ $=2.7\times10^{-7}$ $mol\cdot L^{-1}$；$c(S^{2-})$ $=4.0\times10^{-18}$ $mol\cdot L^{-1}$；$c(H_2S)$ =0.10 $mol\cdot L^{-1}$；pH=1.30）

3.7（pH=3.92；$c(CO_3^{2-})$ $=5.61\times10^{-11}$ $mol\cdot L^{-1}$）

3.8（$c(A^{2-})$ =0.050 $mol\cdot L^{-1}$；$c(HA^-)$ $=1.87\times10^{-4}$ $mol\cdot L^{-1}$；$c(H_2A)$ $=1.4\times10^{-11}$ $mol\cdot L^{-1}$；pH=10.26）

3.9（2.2～2.8倍）

3.10（①9.70；②12.65）

3.11（36g）

3.12（HCOOH；250mL；15g）

3.14（①8.73；②4.75；③4.75；④10.97；⑤1.70；⑥5.27；⑦9.25；⑧9.25）

3.15（①1.62；②2.27；③4.70；④7.21）
3.20（16mol·L^{-1}；16mL）
3.21（12mol·L^{-1}）
3.22（0.5g）
3.23（0.2175mol·L^{-1}）
3.24（0.1125mol·L^{-1}）
3.25（0.05545mol·L^{-1}；0.1025mol·L^{-1}）
3.26（0.1125mol·L^{-1}）
3.27（①0.1000mol·L^{-1}；②0.03351g·mL^{-1}，0.04791g·mL^{-1}）
3.28（0.3183×10^{-3}g·mL^{-1}）
3.29（7.465×10^{-3}g·mL^{-1}；8.062×10^{-3}g·mL^{-1}）
3.35（pH=8.23）
3.36（M=337.1g·mol^{-1}；$K_a=1.3\times10^{-5}$；pH=8.75）
3.37（pH=5.26；pH 突跃范围：6.21～4.30）
3.39（13.63mL）
3.40（NaOH：59.75%；Na_2CO_3：31.57%）
3.41（Na_2CO_3：75.02%；$NaHCO_3$：22.2%）
3.42（H_3PO_4：1.489×10^{-2}mol；NaH_2PO_4：1.707×10^{-2}mol）
3.43（77.29%）
3.44（P：0.0645%；P_2O_5：0.148%）
3.45（46.36%）
3.46（3.026%）
4.2（①$7.31\times10^{-7}$mol·L^{-1}；②$1.44\times10^{-2}$mol·L^{-1}；③$1.10\times10^{-5}$mol·L^{-1}）
4.3（1.17×10^{-10}）
4.4（①$7.09\times10^{-5}$；②$1.46\times10^{-10}$）
4.7（$[S^{2-}]$：9.04×10^{-24}～4.65×10^{-13}mol·L^{-1}；$[H^+]$：1.41×10^{-5}～3.20mol·L^{-1}）
4.8（$[Cl^-]=1.7\times10^{-5}$mol·L^{-1}）
4.11（①$1.99\times10^{-4}$mol·L^{-1}；②$3.95\times10^{-6}$mol·L^{-1}）
4.13（①0.6377，2.215；②0.2351；③0.08265，0.03782；④0.1110）
4.14（8.14%）
4.15（P_2O_5；14.81%，P：6.463%）
4.16（NaCl：30.09%；NaBr：46.27%）
4.18（$AgNO_3$：0.08449mol·L^{-1}；NH_4SCN：0.08513mol·L^{-1}）
4.19（90.88%）
4.20（NaCl：47.60%；NaBr：52.40%）
4.21（NaCl：7.10%；NaBr：69.02%）
7.6（弱场−6Dq；强场−16Dq+P）
7.7（①$K=5.01\times10^{11}$；②$K=1.02\times10^{-7}$）
7.8（$[Cu^{2+}]=8.61\times10^{-20}$mol·$L^{-1}$；$[Cu(en)_2]^{2+}$=0.01mol·$L^{-1}$）
7.9（参见【例 7.3】）
7.10（$J=9.7\times10^{-20}>K^{\ominus}_{sp}(Cu(OH)_2)$）
7.11（3.5×10^{-9}mol·L^{-1}）
7.12（7.9×10^{-8}mol·L^{-1}）
7.13（①$\lg K'(ZnY)=5.90$；②$\lg K'(AlY)=9.45$）

7.14（$\lg K'$（NiY）=13.37）

7.15（pH≥7.6）

7.16（pH≥9.7）

7.18（(1)2.0；(2)5.3；(3)6.5；(4)7.7）

7.21（①0.01051mol·L^{-1}；②0.0008554g·mL^{-1}，0.0008392g·mL^{-1}）

7.22（①332.1mg·L^{-1}；②203.7mg·L^{-1}，108.1mg·L^{-1}）

7.23（11.67%）

7.24（Cu：60.75%；Zn：35.05%；Mg：3.99%）

7.25（Fe_2O_3：16.80%；Al_2O_3：8.02%）

7.26（3.36%）

7.27（P：6.19%；P_2O_5：14.20%）

7.28（12.72%）

7.29（Fe_2O_3：5.75%；Al_2O_3：12.86%）

7.30（Zn：40.02%；Al：9.3099%）

8.4（①0.73V；②0.010V）

8.5（0.011mol·L^{-1}）

8.7（①$E^{\ominus}=-0.134$V；②$E=0.058$V）

8.8（0.222V）

8.9（4.7×10^{12}）

8.10（−0.547V）

8.11（(1)$K^{\ominus}=0.154$；(2)$E(H_3AsO_4/H_3AsO_3)=0.146$V，正向进行；(3)$E(H_3AsO_4/H_3AsO_3)=$ 0.606V，逆向进行）

8.12（①Fe^{2+}；②$E^{\ominus}(VO_2^+/V^{3+})=0.664$V，$Sn^{2+}$；③$E^{\ominus}(VO_2^+/V^{2+})=0.368$V，Zn或$Sn^{2+}$）

8.17（Fe：0.005811g·mL^{-1}；Fe_2O_3：0.008308g·mL^{-1}；$FeSO_4\cdot7H_2O$：0.02893g·mL^{-1}）

8.18（0.74%）

8.19（55.95%）

8.20（77.79%）

8.21（0.06760mol·L^{-1}）

8.22（3.24%）

8.23（80.56mg·L^{-1}）

8.24（0.1191mol·L^{-1}）

8.25（0.1727mol·L^{-1}）

8.26（12.03%）

8.27（38.72%）

8.28（PbO：36.17%；PbO_2：19.38%）

8.29（89.80%）

10.5（存在$MgCO_3$和Na_2SO_4，不存在$AgNO_3$、$Ba(NO_3)_2$、$CuSO_4$）

10.8 (1)不能；(2)能；(3)能

10.13（A：$K_2Cr_2O_7$；B：Cl_2；C：$CrCl_3$；D：$Cr(OH)_3$；E：$KCrO_2$；F：K_2CrO_4）

10.14（A：MnO_2；B：$MnSO_4$；C：O_2；D：$Mn(OH)_2$；E：$MnO(OH)_2$；F：K_2MnO_4；G：$KMnO_4$）

10.18（A：$CuSO_4$；B：$Cu(OH)_2$；C：CuS；D：AgCl）

10.23（$Hg(NO_3)_2$）

参考文献

北京大学化学系仪器分析教学组，1997. 仪器分析教程[M]. 北京：北京大学出版社.
陈虹锦，2008. 无机与分析化学[M]. 2版. 北京：科学出版社.
邓勃，宁永成，刘密新，1991. 仪器分析[M]. 北京：清华大学出版社.
樊行雪，方国女，2004. 大学化学原理及应用[M]. 北京：化学工业出版社.
方惠群，于俊生，史坚，2002. 仪器分析[M]. 北京：科学出版社.
傅献彩，1999. 大学化学[M]. 北京：高等教育出版社.
傅洵，许泳吉，解从霞，2007. 基础化学教程：无机与分析化学[M]. 北京：科学出版社.
华东理工大学化学系，四川大学化工学院，2003. 分析化学[M]. 5版. 北京：高等教育出版社.
倪静安，商少明，翟滨，2005. 无机及分析化学[M]. 2版. 北京：化学工业出版社.
施荫玉，冯亚非，1998. 仪器分析解题指南与习题[M]. 北京：高等教育出版社.
史启祯，2005. 无机化学与化学分析[M]. 2版. 北京：高等教育出版社.
王元兰，2008. 无机化学[M]. 北京：化学工业出版社.
王泽云，范文秀，娄天军，2005. 无机及分析化学[M]. 北京：化学工业出版社.
武汉大学《仪器分析习题精解》委员会，1999. 仪器分析习题精解[M]. 北京：高等教育出版社.
俞斌，2007. 无机与分析化学教程[M]. 2版. 北京：化学工业出版社.
赵藻藩，周性尧，孙悟铭，等，1990. 仪器分析[M]. 北京：高等教育出版社.
朱明华，2000. 仪器分析[M]. 3版. 北京：高等教育出版社.
Kenneth A，Rubinson，2001. 现代仪器分析：英文影印版[M]. 北京：科学出版社.
Skoog D A，Leary J J，1992. Principles of Instrumental Analysis [M]. 4th ed. Cambridge：Harcourt Brace College Publishers.